Richard Fortey

LEBEN

EINE BIOGRAPHIE

Richard Fortey

LEBEN

EINE BIOGRAPHIE

Die ersten vier Milliarden Jahre

Aus dem Englischen
von Friedrich Griese und
Susanne Kuhlmann-Krieg

Verlag C. H. Beck München

Mit 28 Abbildungen

Titel der englischen Originalausgabe
im Verlag HarperCollins Publisher Ltd.:
«Life. An Unauthorised Biography. A Natural History
of the First Four Thousand Million Years of Life on Earth»

Übersetzer: Susanne Kuhlmann-Krieg (Kap. 1–6),
Friedrich Griese (Kap. 7–13)

Die Deutsche Bibliothek – CIP-Einheitsaufnahme

Fortey, Richard:
Leben : eine Biographie;
die ersten vier Milliarden Jahre / Richard Fortey.
Aus dem Engl. von Friedrich Griese und Susanne Kuhlmann-Krieg. –
München : Beck, 1999
Einheitssacht.: Life ⟨dt.⟩
ISBN 3-406-44701-5

ISBN 3 406 44701 5

Für die deutsche Ausgabe:

Satz: Fotosatz Janß, Pfungstadt
Druck und Bindung: Ebner, Ulm
Gedruckt auf säurefreiem, alterungsbeständigem Papier
(hergestellt aus chlorfrei gebleichtem Zellstoff)
Printed in Germany

Für Jackie, in Liebe

Inhalt

Mio J.v.d.G.	Zeit-alter	Größere Perioden	
(0,01)	QUARTÄR	HOLOZÄN	
1,64		PLEISTOZÄN	Eiszeiten. Nordhalbkugel stark betroffen, speziell angepaßte Säugetiere
5,2	TERTIÄR	PLIOZÄN	Verwandte des Menschen
23,3		MIOZÄN	
35,4		OLIGOZÄN	Evolution auf getrennten Kontinenten und periodischen Migrationen
56,5		EOZÄN	
65		PALÄOZÄN	Säugetiere und Vögel diversifizieren sich Massenaussterben Ende der Dinosaurier
145,6	MESOZOIKUM	KREIDE	Verbreitete Ablagerung von Kreide
208		JURA	Meere voller Ammoniten Dinosaurier zu Lande Moderne Ozeane verbreitern sich
245		TRIAS	Massenaussterben
290	OBER-PALÄOZOIKUM	PERM	Superkontinent Pangäa
362,5		KARBON	Kohlensümpfe
408,5		DEVON	Fische und Amphibien
438,1	UNTER-PALÄOZOIKUM	SILUR	Zenith der kaledonischen Gebirge, Besiedlung des Festlands
505		ORDOVIZIUM	Größte Ausdehnung des Urozeans
545		KAMBRIUM	Auftreten der Trilobiten und anderer mariner Tiere
2500	PRÄKAMBRIUM	PROTEROZOIKUM	Vielzelliges Leben
3500		ARCHAIKUM	Leben – eindeutige Spuren im Gestein

1

Das ewige Meer

Die *Salterella* suchte sich ihren Weg zwischen den Eisbergen. Das kleine Boot hüpfte und schlingerte, während ich über die Reling gebeugt in die klaren arktischen Wasser hinabspähte. Ich blickte in ein Gewimmel von Lebewesen, wie ich es nie zuvor gesehen hatte. Dieses eisige Meer war eine einzige bunt gescheckte Masse von Organismen. Winzige Ruderfußkrebse, einander gleich wie ein winziges beseeltes Ei dem anderen, ruderten im Oberflächenwasser zu Tausenden ihres Wegs, sich von Plankton ernährend, von dem ich wußte, daß es da war, obgleich ohne Mikroskop nichts davon zu sehen war. Da gab es Quallen jeglicher Größe: weiße, sacht pulsierende Scheiben, zerbrechlich wie Glaswolle, kleine, von emsig schlagenden Wimpern bedeckte rosafarbene Sperrballons von scheinbar fester Beschaffenheit, die sich aber, wenn man sie aus dem Wasser fischte, in gallertartige, schwer faßbare Wesen verwandelten, und von Zeit zu Zeit schließlich ein orangefarbenes Monster mit Tentakeln, die Fischen und Säugern üble Nesseln verhießen. Wirbelnd und schlagend ließen sie sich zu Millionen von den stummen Gezeiten treiben, ihr Ziel unter Kontraktionen verbergend, die ihnen genauso instinktiv gegeben waren wie das Atmen – Protoplasma-Lungen gleich, die sich in stumpfem Gehorsam gegenüber dem Impuls der Strömungen füllten und leerten. Hinter dem nächstgelegenen Eisberg hingen Küstenseeschwalben flügelschlagend in der Luft, spähten wie ich – allerdings ungleich schärfer – ins Wasser hinunter und stachen dann pfeilgeschwind herab, um einen lebenden Leckerbissen aus dem Meer zutage zu fördern. Das Treibeis war von ihrem Kot rosa verfärbt.

Die *Salterella* kreuzte bei ungefähr 80 Grad nördlicher Breite weit jenseits des Polarkreises in der Hinlopenstretet, einer Meerenge zwischen den Inseln Spitzbergen und Nordaustlandet. Die sommerliche Wärme hatte das Treibeis abschmelzen lassen, und die Launen des Wetters hatten es zu Platten, Klippen und Trugbildern von Riesen geformt. Entlang der Wasserlinie war es vom Meer tief eingekerbt, von beharrlichen Wellen unablässig benagt. Hin und wieder geriet ein Gebilde ins Schwanken und barst. Wenn es mit großem ergebenem Platschen kenterte, ließen die Wellen unser kleines Boot tanzen und sich an den kleineren Eisstücken reiben. Es ist wahr: Der größere Teil eines Eisbergs ist immer unter Wasser, und man nähert sich ihm auf eigene Gefahr. Wenn man hinunter blickte, konnte man sehen, wie sich die bläuliche Masse in der Tiefe verlor und wie Quallen unbeschadet über ihre verborgenen Vorsprünge glitten. Unser kleines Boot bahnte sich seinen Weg durch die Eisschollen. Seine Holzkonstruktion war eigens auf Eisgang abgestimmt. Die Winde hatten das Treibeis stellenweise zu großen, manchmal nahezu undurchdringlichen Massen zusammengetrieben. Dann wieder erlaubten freie Wasserflächen ein rasches Vorankommen, und, vom Knattern des Motors verscheucht, strichen Krabbentaucher und Gryllteiste tief über das Meer davon, um die reichen Gewässer andernorts zu plündern. In der Ferne sah man weit unten am Horizont eine geheimnisvolle Küstenlinie. Die Gletscher reichten bis ins Meer hinein. Eisklippen ächzten und stöhnten, signalisierten das unerbittliche Schieben uralter Eisschichten. Das Boot wirkte wie ein Eindringling.

Ich war einundzwanzig und befand mich auf meiner ersten Expedition. An der Universität von Cambridge gehörte es zur Tradition, junge Geologen nach Spitzbergen zu schicken. Für einen jungen Naturkundler war dies der Himmel auf Erden. Hier gab es ringsherum Vögel, die für ihn bislang nur als Bilder in Vogelkundebüchern existiert hatten. Das Meer, das verschwenderische Meer, war ein schillerndes Zoologielehrbuch. Nichts schien die Freuden des Beobachtens trüben zu können, der Wißbegierde schienen keine Grenzen gesetzt, und es schien undenkbar, daß eine beliebige Entdeckung etwas anderes als atemberaubend sein könnte.

An Bord befanden sich zwei Mann Besatzung und ein paar Wissenschaftler, darunter Geoff und ich. Wir hatten bereits auf dem alten Walfänger gelitten, der uns bei schwerer See von Norwegen quer durch die Barentssee nach Spitzbergen gebracht hatte. Kaum jemand an Bord mochte den Waleintopf anrühren. Unser Expeditionsleiter war der schlimmste Seemann von uns allen und hatte sich bereits kurz hinter dem norwegischen Hafen Boda unter Deck verzogen, von wo er erst eine Woche später wieder auftauchte, als wir die Forschungsstation in Longyearbyen erreicht hatten.

Geoff und ich sollten zusammen über Wochen hinweg in einem kleinen Zelt leben und aneinander beobachten, wie sich die stoppeligen Flecken in unseren Gesichtern zu Schnurrbärten auswuchsen, die einem viktorianischen Haushaltsvorstand alle Ehre gemacht hätten. Wir waren beide auf der Suche nach urzeitlichen Fossilien. Im Jahr zuvor hatte eine Expedition in diesem entlegenen und wenig einladenden nördlichen Teil des Archipels Halt gemacht, um ihre Wasservorräte an einem Schmelzwasserstrom aufzufüllen, der von dem großen Gletscher Valhallfonna herabfließt. Zu jedermanns Überraschung hatten die Expeditionsteilnehmer an seinen Ufern dunkle Gesteinsbrocken gefunden, die von Fossilien nur so wimmelten: Trilobiten, Brachiopoden und daneben zahllose, nicht einzuordnende Dinge. Niemand hatte gewußt, daß es in diesem Teil von Spitzbergen fossile Überreste solcher Tiere gab. Das alles war völlig neu. Doch man hatte in jenem Jahr keine Zeit für Untersuchungen gehabt, weil die Polarnacht nahte. Rasch würde die ewige Dämmerung ewiger Nacht weichen. Die wenigen Funde wurden nach Cambridge gebracht und dort von dem großen Professor Whittington untersucht, der sie für außerordentlich interessant erklärte. So kam es, daß zwei Studenten an Bord der *Salterella* gerieten und Seite an Seite den Quallenschwärmen zuschauten. Solche Zufälle entscheiden über Lebenswege. Man schrieb das Jahr 1967. «All You Need is Love» stand auf Platz eins der Hitparade und sollte sich dort die ganze Expedition hindurch behaupten.

Expeditionen sind etwas Eigenartiges. Sie dauern Wochen, manchmal Monate, und in dieser Zeit entwickeln sie ein Eigenleben, eine Struktur wie ein Theaterstück. Einzelnen Expeditionsteilnehmern fallen bestimmte Rollen zu, nur – und das ist das Sonderbarste an all dem – kann man unmöglich im vorhinein sagen, wer welche Rolle zu spielen bekommt. Die Leute müssen miteinander auskommen, sie haben einfach keine andere Wahl. Sogar pathologische Persönlichkeiten müssen das Ganze überstehen. Natürlich gibt es einen Leiter – ihn muß es geben. Er hat schon so manche Schwierigkeit bewältigt und kann von Nächten mit furchtbaren Schneestürmen erzählen, die den gegenwärtigen harmlos erscheinen lassen. Er kennt Geschichten über Nordenskiöld und die anderen großen Männer, die das alles mit Pemmikan (Trockenfleisch) und Huskies bewältigten. Indem er den schlappen Haufen, den er gerade führt, in eine große Tradition einreiht, verleiht er der gesamten Erfahrung eine übergreifende Bedeutung. Wächst man nicht selbst ein Stück, wenn man auf den Spuren von Riesen wandelt?

Dann gibt es noch den Spaßvogel der Expedition. Er muß nicht unbedingt der witzigste Mann im Team sein, aber er hat den Bogen raus, wie man für gute Stimmung sorgt. Alle schätzen es, wenn er am Abend dabei ist. Er versteht es, selbstlos auch den Humor anderer zu würdigen, mit hingeworfenen Bemerkungen große Heiterkeit auszulösen, stockende Gespräche zu beleben, die Moral zu stärken. Es ist unmöglich, den Humor zu beschreiben, der eine Expedition flott hält. Der Spaßmacher zaubert ihn aus dem Nichts, und er verschwindet wieder ins Nichts, aber solange er da ist, scheint er das Beste auf der Welt zu sein. Der Praktiker der Expedition weiß, wie man einen Paraffinofen oder einen Motor repariert. Er kann eine gerissene Zeltleine spleißen. Er kann Splitter entfernen und gebrochene Arme schienen. Er vermag aus Drahtstückchen und Flaschenverschlüssen Maschinen zu bauen. Er ist ein wahres Wunder, wie seine ungeschickten Freunde, die auf seine Geschicklichkeit angewiesen sind, nie müde werden zu beteuern. Vermutlich gälte der Praktiker im normalen Vorstadtleben ein bißchen als Langweiler, doch wenn mitten im Treibeis der Außenbordmotor versagt, schlägt seine große Stunde. Meine eigene Rolle war eine eher bescheidene – die des Kochs. Fast alle unsere Lebensmittel waren getrocknet: Erbsen, Zwiebeln, Kartoffeln, Reis und Hafer. Schlimmer als alles andere war der Fleischriegel – 200 Gramm getrocknetes Protein, das in heißem Wasser aufquellen mußte und, egal, welche Zutaten man ihm auch beigab, immer gleichmäßig geschmacklos blieb. Viele Stunden angestrengter schöpferischer Tätigkeit flossen in den Versuch, diese Zutaten zu etwas Spektakulärem zusammenzuspinnen. Ich probierte es mit Fleischbällchen, Currys, Kartoffel-Fleisch-Pasteten, Frikadellen und Teigpasteten. Ich klopfte sie flach oder füllte sie mit Zwiebeln und Erbsen. Ich vermählte den Fleischriegel mit Hafer. Man ließ mich ungestört meinem geheimnisvollen Wirken nachgehen, was jemandem wie mir, der ich schon beim Anblick eines Motors in offenkundige Verwirrung gerate, nur allzu willkommen war. Während der Praktiker seine lebensnotwendigen Dinge vollbrachte, der Leiter leitete und der Spaßvogel die Umstehenden aufheiterte, konnte sich der Koch still dem Versuch hingeben, aus Milchpulver, Mehl, Hefeextrakt und getrockneten Schalotten ein Zwiebelsoufflé zu bereiten.

Die eigenartigste Rolle bei einer Expedition ist die des Sündenbocks. Seine Aufgabe ist es, für alles, was schiefgeht, die Schuld zu übernehmen. Der Schraubenschlüssel ist weg? Der Sündenbock hatte ihn zuletzt. Ein Zelt undicht? Ihr wißt, wer die Plane beschädigt hat. Ein unerwarteter Schlechtwettereinbruch? Wer war dran gewesen, die Wettervorhersage einzuholen? Armer Sündenbock. Anders als beim Praktiker, der in aller Regel im voraus zu erkennen ist, läßt sich beim Sündenbock nie vorhersagen, wem diese Rolle zufallen wird. Eins aber haben alle Sündenböcke gemeinsam: *Sie realisieren gar nicht, daß sie der Sündenbock sind.* In aller Regel sind sie selbstbewußte, ein bißchen überhebliche Typen, die von ihrer Beliebtheit und Redlichkeit völlig überzeugt sind. Dennoch ist die Rolle des Sündenbocks von vitaler Bedeutung für eine Expedition. Er personifiziert das Mißgeschick. Statt sein Schicksal zu verfluchen oder zu fragen, ob irgendein Gott sein Spiel mit dem verachteten Menschengeschlecht treibe, domestiziert und vermenschlicht der Sündenbock das Mißgeschick. Mit einem Sündenbock an Bord kann nichts wirklich Schlimmes geschehen. Und wenn die Wahl des Sündenbocks auf den richtigen gefallen ist, dann weiß nicht einmal *er selbst* von der Rolle, die er spielt. Peter genoß die Expedition nach Spitzbergen ungemein und war sich in keiner Weise dessen bewußt, daß man ihn angefangen von Schneestürmen bis hin zur Metallermüdung für alles und jedes verantwortlich machte. Auf solch eine Weise definiert eine Expedition ihre Teilnehmer. Die Richtige Zuordnung der Teile sichert den Erfolg des Ganzen, eine formale Vertrautheit etabliert sich, und die Arbeit geht vonstatten.

Geoff und ich wurden schließlich am Ufer der Hinlopenstretet abgesetzt, nur wir beide. Wir gaben unsere Expeditionsrollen vorübergehend auf und suchten nach den Fossilien, die die Sammler des vorigen Jahres so fasziniert hatten. Es dauerte nicht lange, schon nach wenigen Minuten fanden wir einen pechschwarzen Trilobiten, wunderschön prangte er auf einer weißen Kalkplatte. Wenige Augenblicke später den nächsten und noch einen. Der Fundort war überreich! Wir tanzten herum und drehten jeden Gesteinsbrocken um, der uns interessant erschien. In jedem Felsstück schien es etwas zu geben. Es war die Art von Freude, die Howard Carter am Grab von König Tutanchamon beseelt haben muß. Niemand hatte diese Geschöpfe zuvor gesehen. Unsere Augen waren die ersten, die auf diese urzeitlichen Steine blickten, etwas über die uralte Fracht lernten, die sie in sich trugen, die Konservierung längst ausgestorbener Geschöpfe an diesem öden arktischen Ufer bestaunten. Die beiden übermütigen Enthusiasten müssen an diesem rauhen Ort seltsam deplaziert gewirkt haben.

Doch dann wurde es Zeit, das Zelt aufzuschlagen. Der Küstenstreifen war ein Strand, den die letzte Eiszeit geformt und mit Kies bedeckt zurückgelassen hatte. Der Wind ließ dort niemals nach. Unser robustes Zelt trug den Namen Whymper, in Erinnerung an jenen berühmten

Expeditionsreisenden Colonel Whymper. Wir banden die Zeltleinen um Rundhölzer, die am Ufer herumlagen – Baumstämme, die die Nordatlantikströmung an dieser Insel angeschwemmt hatte, fernab von jeglichem Baumbestand, von den winzigen Zwergbirken einmal abgesehen. Die Stämme vergruben wir im Kies. Eine Sturmböe hätte die Hölzer aus ihren Gräbern herausreißen müssen. Luftmatratzen und dicke Daunenschlafsäcke verschafften uns das, was unter diesen Umständen an Behaglichkeit zu haben war. An jenem Nachmittag schmeckte sogar *Fleischriegel nach Hausfrauenart* wunderbar.

Es gab keine Nacht – dafür waren wir viel zu weit nördlich. Aber unser Leiter hatte uns erklärt, wie wichtig es sei, einen regelmäßigen Wechsel aus Schlafen und Arbeiten aufrecht zu erhalten. Sonst gerieten wir aus unserem biologischen Rhythmus, und es könnte zu merkwürdig verzerrten Wahrnehmungen kommen. Aber das Einschlafen fiel uns nicht leicht in Anbetracht dessen, daß nur wenige Meter entfernt Felsbrocken lagen, die noch nie zuvor von jemandem untersucht worden waren, unsere ganz persönliche Portion Frühgeschichte. Wir lauschten dem ununterbrochenen Rollen und Rauschen der Wellen draußen am Ufer, dem Kreischen der Möwen und den schrillen Rufen der Seeschwalben. An einem Pfosten hatten wir eine Flagge gehißt, sie knatterte in dem unablässigen Wind wie entferntes Gewehrfeuer. Wie wir so lagen, wanderten unsere Gedanken zu dem furchterregenden Eisbären, dem *isbjorn*, der unser Zelt mit einem einzigen Prankenschlag zusammenstürzen lassen, das Bein eines Menschen mit einem einzigen Hieb brechen konnte. Wir hatten sogar Gewehre für den Fall seines Auftauchens dabei. Ich hatte immer kalte Füße, wenn ich in den Schlafsack kroch, und so wand ich mich in meinem warmen Kokon so lange genüßlich hin und her, bis mir eine leichte Wärme in die Zehen kroch. Dann wartete ich darauf, daß sich der Schlaf endlich meiner bemächtigte.

Als uns der Wecker nach den obligatorischen sieben Stunden weckte, schlüpften wir eilig in unsere wollenen Hosen und die dicken Anoraks und rannten zu den Felsbrocken hinaus. Die Stücke, die wir am Ufer aufgelesen hatten, mußten von Gesteinsschichten stammen, die direkt unterhalb der Kiesschicht zutage lagen. Binnen weniger Minuten hatten wir entdeckt, wo diese Lager waren. Die ganze Küste entlang lagerten dünne Kalkschichten übereinander, die sich zum Wasser hin sacht neigten. Die Bewegungen der Erde, die unser urzeitliches Gestein seit Ewigkeiten in die Höhe drücken, hatten es in diesem Falle auch leicht kippen lassen. Kalke gehören zu den Sedimentgesteinen, entstanden durch die allmähliche Ablagerung von Sedimenten auf dem Boden urzeitlicher Meere, wobei jede Schicht eine Dicke von etwa 10 bis vielleicht 30 Zentimetern erreichte. Die Obergrenze jeder einzelnen Schicht ist früher einmal die Oberfläche eines Meeresbodens gewesen. Die Gesteinsschichten, die wir bewunderten, bildeten damit so etwas wie aufeinanderfolgende Seiten in einem Buch, das über längst vergangene Zeiten Auskunft gibt, Zeit in kalkhaltigem Schlamm festgehalten hat, den weitere Zeit gehärtet und zu Stein verwandelt hat. Entlang der Schichtgrenzen erkannten wir die Schatten von Trilobiten, gelegentlich etwas Deutlicheres, einen Schwanz vielleicht. Diese Fossilien waren Panzer von Tieren, die einst den Meeresboden bevölkert hatten, und nun, eingeschlossen wie die Zeit selbst, Teil der steinernen Chronik geworden waren. Wenn wir das Ufer entlang blickten, sahen wir, wie sich die Gesteinsschichten in Reih und Glied in der Ferne verloren. An einigen der dickeren Felsausläufer, die wie Buhnen ins Meer hinausragten, hatten sich Eisschollen gestaut, und durch den Dunst schimmerten weiter entfernte Felsen in verheißungsvoller Undeutlichkeit. Wieviel Zeit mochte an diesem verlassenen Strand begraben liegen?

Und all das war unser! In diesem steinernen Tagebuch war noch nie zuvor gelesen worden. Fast alles konnte sich darunter verbergen und darauf warten, aus den steinernen Buchseiten herausgeklopft zu werden. Wir befanden uns nahe der obersten Stelle dieses dicken Massivs aus aufgetürmten Schichten, die Ablagerungen, die sich uns das Ufer entlang entgegenneigten, wurden immer älter, je weiter sie von uns entfernt waren. Wir wußten, wir würden uns, wenn wir uns den Strand entlang klopften, Schritt für Schritt in der geologischen Zeit zurückbewegen, immer ältere Spuren der Vergangenheit finden, sehen können, was vor diesen gewesen war, und weiter, was wiederum davor lag. Diese einfache Methode hatte das ganze fein untergliederte Gebäude der geologischen Zeitrechnung entstehen lassen, die Summe vieler tausend in steinerne Ordnung gegossener Episoden. Urzeitliche Meere hatten ihre Geschichte im Gestein festgehalten. Mit der Zeit wurde dieses Gestein selbst Opfer jüngerer Meere, die seine Geschichte wieder hinweg erodierten. Doch es würde genug übrigbleiben, um dereinst von inzwischen längst erloschenem Leben zu erzählen, von endlosen Zyklen der Klimaveränderungen und der verborgenen Poesie unserer unbeständigen Welt Zeugnis abzulegen.

> Time like an ever-rolling stream,
> Bears all its sons away …
>
> Strophenanfang aus dem Choral *O God, Our Help in Ages Past* von Isaac Watt (1674–1748)

In den folgenden Wochen klopften wir Steine. Jedem Fossil, das wir freilegten, wurde fein säuberlich sein genauer Platz in der Historie zugewiesen. Notizbücher wurden vollgeschrieben, Skizzen von Schichtkomplexen gekritzelt. Jeder Fund wurde in Zeitungspapier eingewickelt und sorgsam in Leinensäckchen verpackt. Dann wurden die Leinensäcke in denselben Kisten verstaut, in denen wir zuvor unsere Lebensmittelvorräte transportiert hatten. Haferflocken und Trockenfleischriegel wichen den Fossilien. Und Monate später wickelte ich mit zitternden Händen all die kleinen Päckchen wieder aus, die wir damals so mühselig mit vor Kälte steifen Fingern eingepackt hatten.

Unsere Werkzeuge waren Geologenhämmer – robust genug, um dem endlosen Klopfen ohne Splittern zu widerstehen – und Lupen, mit denen wir unsere Funde genau beäugen konnten. Manche von ihnen starrten sogar zurück, denn bestimmte Trilobiten verfügen über die ältesten uns bekannten Augen – gewölbte Netzaugen, die so groß sein können wie ein Libellenauge, zusammengesetzt aus Myriaden polygonaler Linsen. Wir sahen einander zum allerersten Mal in die Augen – jene Trilobiten und wir, die Hunderte von Jahrmillionen voneinander trennten – und mir wurde klar, daß es kaum eine bessere Metapher für den Begriff Entdeckung gab. Wir fanden bald heraus, daß jene Trilobiten dem Ordivizium entstammen mußten (und folglich, ein Alter von ungefähr 480 Millionen Jahren hatten), denn einige Verwandte von ihnen kannten wir von anderen Fundorten, und manche der Kalksteinschichten enthielten überdies die fossilen Überreste von Graptolithen, ausgestorbenen tierischen Planktonorganismen, die sich mit jeder geologischen Periode in bestimmter Art und Weise veränderten – wie, das gehört zu den Dingen, die jeder Geologiestudent auswendig lernen muß. Wie glücklich waren wir in jenen Momenten, daß wir uns jene Litanei der Arten eingetrichtert hatten, aus denen sich geologische Epochen ablesen lassen. Doch bereits mit geringen Kenntnissen konnten wir sehen, daß in diesen Steinen Fossilienarten vorhanden waren, die man noch nie gesehen hatte. Wir wußten nicht, wie wir sie nennen sollten, daher gaben wir ihnen Spitznamen – alberne Namen wie Mildred und Fred. Jahre später wurden sie mit einer wissenschaftlichen Benennung gesegnet – lateinisch und leicht anmaßend, wie es sich gehört: *Cloacaspis* oder *Svalbardites*. Aber die Spitznamen blieben im Gedächtnis, denn sie entsprangen dem hektischen Enthusiasmus jener frühen Tage.

Gelegentlich ließ sich das Wetter nicht länger ignorieren. Spitzbergen scheint die Heimat der schwärzesten meteorologischen Depressionen zu sein. Man sah buchstäblich vor Augen, wie die nordischen

Sagen ihre feuchten, unzugänglichen Strände mit koboldhaften, cholerischen Trollen bevölkerten. Sogar mitten im Sommer wurde das Land von Schauern und Sprühregenböen überschwemmt. Im Süden der Insel leben besonders kleine Moschusochsen, die eine Vegetation von solcher Magerkeit nährt, daß die Tundra im Vergleich dazu üppig erscheint. Der Existenzkampf war auch an den Ufern der Hinlopenstretet hart, wo die Knochen gestrandeter Wale die einzige Nährstoffgrundlage für eine verarmte Flora zu bilden schienen. Winziger Islandmohn drängte sich in Senken, und purpurner Steinbrech schien in dieser farbarmen Welt von geradezu anstößiger Farbenpracht. Wir waren sogar zu weit nördlich für Stechmücken (welch ein Segen). Die pure Freude an der Entdeckung ließ uns die Kälte vergessen: Aber auch die dicksten Wollhandschuhe gingen an den scharfen Felskanten bald in Fetzen, und je länger unsere Haare und Bärte wurden, um so mehr begannen wir Derwischen zu ähneln, die irgendeiner weltabgewandten Sekte angehörten – vor allem, wenn wir einen unerwarteten Fund mit wildem Auf- und Abhüpfen feierten.

Doch gegen einen Schneesturm waren wir machtlos. Wir krochen ins Zelt, schlüpften, ohne den Pullover auszuziehen, in unsere Schlafsäcke und blieben dort mehrere Tage. Gnadenlos machte der heulende Wind das gute Werk des sommerlichen Tauwetters zunichte, bedeckte Felsen mit Schnee, die soeben erst begonnen hatten, ihr Geheimnis zu offenbaren. In diesen Momenten wurde uns klar, warum uns der Leiter empfohlen hatte, *Krieg und Frieden* und *Die Brüder Karamasow* mitzunehmen. Wir verließen unsere Schlafsäcke nur, um den allernötigsten Lebensfunktionen nachzukommen, ein unliebsamer Kompromiß zwischen biologischer Notwendigkeit und der Angst vor Erfrierungen an den intimsten Organen, bei dem Schicklichkeit eine sehr untergeordnete Rolle spielte.

Wieder zurück im sicheren, gefiederten Hafen meines Schlafsacks hörte ich die Brandung gegen den Kies peitschen. Die Wellen, die sich dort an den kalten grauen arktischen Steinen brachen, haben im Ordovizium oder im Jura nicht anders geklungen. Ihr Klang war hörbarer Beweis für die Unvergänglichkeit des Meeres.

Der brodelnde Kessel voller Leben, den ich von Bord der *Salterella* aus bewundert hatte, enthielt anderes Leben – ein anderes Sortiment an Arten, eine andere Ökologie – als das Leben, das wir hier zum ersten Mal aus dem Stein gehauen hatten. Es gibt keine lebenden Trilobiten und keine Ordovizium-Seeschwalben. Das Meer aber war dasselbe. Es war die einzige Konstante in einer unbeständigen Biosphäre. Das Meer des Ordoviziums war die Wiege der Organismen gewesen, die wir erforschten: Es hatte sie erhalten, als sie noch lebten, und es hatte schließlich für ihre Bestattung gesorgt. Ich stellte mir bildlich vor, wie, fast 500 Millionen Jahre vor unserer Zeit, ein Trilobit über den weichen Schlamm krabbelte. Vielleicht war er gestorben, als er sich häutete, vernichtet von verderblichen Gasen, die dem schwefelhaltigen Sediment entwichen. Der harte Rückenschild blieb zurück und legte Zeugnis von dem Leben ab, das sein Träger geführt hatte, ein Archiv aus Kalziumkarbonat, ein Panzer für die Ewigkeit. Weiterer feiner Schlamm bedeckte den Schild, und während die Jahrtausende verstrichen, wuchsen die Ablagerungen über ihm allmählich zu immer größerer Stärke. Von Zeit zu Zeit häufte ein Sturm innerhalb eines einzigen Tages mehr Schlamm auf, als sonst ein ganzes Jahrhundert. Schließlich verhärtete sich die Sedimentschicht, weil das Wasser aus ihr herausgepreßt wurde, und dann setzte der lange geologische Prozeß des Temperns ein – Jahrmillionen hindurch, nicht nur Jahrhunderte – bis aus ihr das dunkle Gestein wurde, das ich nun untersuchte. Und noch immer barg es seine wertvolle Fracht. Die Chance, daß sich je eine Verbindung zwischen mir und dem Fossil ergeben würde, war trotz alledem gering, lagen doch hunderttausend zufällige Ereignisse zwischen dem Leben dieses bescheidenen Invertebraten und meinem eigenen – nicht zuletzt der Umstand, daß mein Hammer ausgerechnet an dieser und keiner anderen Stelle auftraf. Wäre dies auch nur ein kleines bißchen davon entfernt geschehen, hätte dieses Fossil seine Geschichte vielleicht nie erzählt. Und bedenken Sie, was zwischen dem Ordovizium und dem Schneesturm, der in jenem Augenblick um unser Zelt tobte, alles vorgefallen war: drei Eiszeiten, der Untergang von einem ganzen Dutzend Kontinenten und die Entstehung von einem Dutzend neuen, Erdbeben und Erdbewegungen, der Aufstieg von Fischen und Dinosauriern und deren dramatischer Untergang, Gebirgszüge wurden aufgeworfen und dann bis tief in ihre Wurzeln hinein von der Erosion wieder zerfressen, Bombardements aus dem Weltall gingen auf die Erde nieder, und eine endlose Kette von Lebewesen schlang sich in einem großen Pas de deux um diese sich permanent verändernde irdische Welt. Zufälle und die Folgen von Zufällen lenkten den Aufschlag eines Hammers auf Stein, sorgten für ein Stelldichein mit der Geschichte.

Zufall oder nicht, dieser Trilobit repräsentierte einen kurzen Moment geologischer Zeit, und in dem Gesteinsprofil, das sich entlang des arktischen Strandes unseren Augen bot, waren tausend vorangegangene und ebenso viele nachfolgende Momente festgehalten. Die Chronik des geologischen Geschehens setzt sich aus Tausenden solcher Fragmente zusammen, manche von ihnen sind seit 200 Jahren, andere erst seit kurzem bekannt. Die Gesteinsschichten in Spitzbergen waren mein eigenes kleines Stück von dieser Geschichte – einem Doktoranden angemessen, wenn Sie so wollen. Die große Chronik der geologischen Abläufe gleicht einem Patchwork, einem zusammengestükkelten Etwas aus einzelnen, völlig verschiedenen Fragmenten, die unter ganz subjektiven Blickwinkeln entstanden sind, eine Erzählung, an der Helden und Facharbeiter zu gleichen Teilen gewirkt haben. Und diese Erzählung hat ihre eigene Sprache in der namentlichen Untergliederung geologischer Zeiträume, die einem bald mit derselben leichten Vertrautheit von der Zunge geht wie ein Eisenbahnfahrplan – Kambrium, Ordovizium, Silur und so weiter die geologische Leiter hinauf, jedes von ihnen weiter und weiter unterteilt, um der historischen Realität immer besser gerecht zu werden. Es ist eine erstaunliche Geschichte, eine Erzählung über mehr als dreieinhalb Milliarden Jahre. Bedenken Sie nur, was seit Napoleons Tod alles geschehen ist: Interpretationen, die Heerschau der historischen Fakten, Kontroversen – es liegt auf der Hand, daß eine Historie, die mehr als zehnmillionenmal so lang ist wie die Zeitspanne seither, niemals auch nur in ihren groben Umrissen bekannt sein wird. Und wenn diese Geschichte überdies aus kleinen Stücken von Gesteinsprofilen zusammengesetzt wird, wobei der Zufall bei jedem einzelnen Hammerschlag Pate steht, dann kann diese Historie nur eine dürftige Angelegenheit sein, eine sehr angenäherte Sache, dargeboten von Optimisten.

Der Schneesturm war vorüber. Wir konnten uns wieder unserem geduldigen Abklopfen ordovizischer Gesteine zuwenden. Eine Routine entwickelte sich, die der eines Büroangestellten an Regelmäßigkeit in nichts nachstand. Der Wecker riß uns aus dem Schlaf, es folgte der übliche Fluch über das Wetter, und dann war es an der Zeit, Porridge zu kochen – Frühstück hieß immer Porridge. Wir holten Wasser aus einem Schmelzwasserstrom und gaben ein paar Rosinen dazu, um die Sache ansprechender zu gestalten. (Mit unseren Geschmacksknospen war etwas Merkwürdiges geschehen. Wir hatten es gern, wenn der Porridge sehr süß war, und schütteten Kristallzucker darüber, bis er eine dicke Kruste hatte. Unter zivilisierten Bedingungen wäre uns davon schlecht geworden, doch in dieser kalten Einöde hungerte unser Körper nach Kalorien in plumpester Form, und das klebrige Zeug mundete herrlich.) Wir schlangen ihn hinunter. Dann an die Arbeit. Wenn wir nahebei arbeiteten, konnten wir zum Mittagessen zurückkommen, wenn nicht, steckten wir uns ein paar Stück Schiffszwieback und einen Riegel Schokolade ein, das mußte für den Tag genügen. Wenn das Wetter nicht gerade besonders erbärmlich war, konnten wir die meiste Zeit damit zubringen, eine Gesteinsschicht nach der anderen systematisch auf die neue fossile Fauna hin zu durchsuchen. Von Zeit zu Zeit ergab sich etwas Neues oder Spektakuläres, das der glückliche Finder mit Freudenrufen begrüßte und dann dem anderen zur Bewunderung hinhielt. Nur der unablässige Wind machte uns zu schaffen. Er hörte niemals auf, über den nackten Kies des endlosen, erhabenen Ufers, an dem wir lebten, zu fegen. Die Temperatur lag zwar über dem Gefrierpunkt, doch der Chillfaktor war gefährlich. Trotz wollener Kopfschützer und winddichter Jacken, trotz wollener Pullover und wollener Unterwäsche, die selbst unseren Großeltern altmodisch erschienen wäre, drang uns die Kälte bis in die Knochen. Zu Anfang hatten wir Gummistiefel getragen – wir mußten oft meilenweit mühsam durch matschigen Schnee stapfen, und es war wichtig, daß die Füße trocken blieben. Aber wenn wir aufhörten zu gehen, wurden unsere Zehen alsbald von schneidender Eiseskälte durchdrungen, die sich, wenn sie sich erst einmal eingenistet hatte, hartnäckig hielt, bis wir am Ende des Tages in unsere Schlafsäcke krochen. Es war ein großer Augenblick, als wir in unseren Ausrüstungskisten *Mukluks* entdeckten. Sie sehen aus wie riesige, mit Filz gefütterte Drillichstiefel, sind eine Erfindung der Eskimos (Inuit) und halten wunderbar die Wärme. Ab da schmerzten nur noch unsere Finger vor Kälte. Unser Proviant enthielt auch ein paar Dosen Three Castle-Zigaretten von W. D. & H. O. Wills aus Bristol, und wo immer ich eine schützende Klippe fand, zündete ich mir eine an – mindestens ebenso sehr des kurzen Augenblicks der Wärme halber wie des Nikotins wegen.

Ab und zu kamen Besucher. An unserem allerruhigsten Tag stattete uns ein Walroß einen Besuch ab, es schwamm die Meerenge auf und ab und tauchte hin und wieder, um sich seine Lieblingsmuschel auszugraben, die arktische Ausgabe der Klaffmuschel, ein ordentlicher Happen von der Größe einer ausgewachsenen Miesmuschel. Jedesmal, wenn es an die Oberfläche kam, zeigte es seine großen Hauer und atmete laut prustend und spitzend aus wie ein alter Colonel, der seinem Zorn gegen Eindringlinge mit bellendem Schimpfen Luft macht. Winzige schneeweiße Polarfüchse tauchten wie aus dem Nichts auf. Sie fraßen alles, sogar unsere Porridgereste. Wir waren so zurückhaltend (oder aber sie waren so hungrig), daß sie fast zutraulich wurden, obwohl sie ihres Pelzes wegen gejagt werden. Ich nehme an, daß ihre normale Ernährung aus Eiern und Küken bestand. Sie verschwanden so rasch wie sie gekommen waren.

Ständig waren Vögel um uns. Unausgesetzt strichen sie den Strand entlang, kämpften zielstrebig gegen den Wind an: Eissturmvögel spielten mühelos und aerodynamisch vollkommen mit der Meeresoberfläche, die Seeschwalben hatten es schwerer, mußten ihr Fortkommen manchmal mit mühsamen Flügelschlägen erkämpfen. Am wenigsten willkommen waren die Raubmöwen, wenig anziehende Parasiten. Sie lauerten am Strand, um schließlich erbarmungslos über irgendeine unglückliche Möwe herzufallen, die sie bedrängten und wieder und wieder im Sturzflug angriffen, bis die Überfallene schließlich ihre Mahlzeit hochwürgte. Vollendet wurde die Demütigung des Opfers dadurch, daß sein Peiniger den Inhalt des entleerten Kropfes noch im Fluge verschlang. Der Reichtum des Nordpolarmeeres ließ all diese Tiere leben. Sie waren eins mit den pulsierenden Quallen.

Geoff und ich hatten eine Art von Arbeitsfreundschaft zueinander entwickelt. Mit der einer Expedition eigenen Willkür hatte man uns wegen unserer Leidenschaft für die Paläontologie und weniger unter dem Gesichtspunkt der Verträglichkeit ausgesucht. Die Wahrheit ist, daß wir abgesehen von unserer Liebe zu Fossilien nicht unterschiedlicher hätten sein können. Ich glaube, wir haben nach der Expedition nie wieder ein Wort gewechselt. Solange wir aber zusammen waren, waren wir gezwungenermaßen gegenseitig Zeugen eines jeden Rülpsers und jeder Peinlichkeit. Wir stellten uns darauf ein. Natürlich sprachen wir über das, was wir gefunden hatten, und darüber, was wir am nächsten Tag anpacken sollten. Wir sprachen darüber, was wir am Abend mit unseren Fleischriegeln anstellen könnten, ob wir vielleicht Kebabs zustande brächten, wenn es uns nur gelänge, den Kleber aus dem Mehl zu zaubern. Wir tauschten unsere Mutmaßungen über die anderen Expeditionsteilnehmer aus und kommentierten den vergleichsweise strengen Geruch unserer Socken. Es war eine eigene witzelnde Beziehung, sehr nahe aber nicht indiskret. In meinen Augen hatte sie die Art von Nähe, die sich in einer mäßig zufriedenstellenden Ehe einstellt.

Wir hatten nur kurz über die lange Reise entlang der norwegischen Küste miteinander gesprochen. Von Nordnorwegen aus hatten wir zusammen den Maelstrom durchkreuzt und waren an den Lofoten vorbei bis zur Bäreninsel, dem verlassensten Felsblock der Welt, gelangt. Dort waren Besatzungen von Funkstationen stieren Blicks aus dem Nebel aufgetaucht, um sich ihren Proviant abzuholen, der ungefähr zu gleichen Teilen aus Konservendosen und Whisky bestand. Eine besondere Sorte von Sonderlingen sucht diese Orte auf – Männer (es sind immer Männer), die nur unter extremen Bedingungen, in einer Art Einzelhaft, existieren können, Männer, die die Gesellschaft anderer als problematisch empfinden und, von einer Art inversem Herdentrieb beseelt, immer weiterziehen, bis sie schließlich irgendwo landen, wo sie mehr oder weniger allein sein können. Ich sollte dieser Art Menschen im australischen *outback* wieder begegnen. Allem Anschein nach verstärkt sich diese Sehnsucht nach Einsamkeit mit der Zeit. Nach einer Weile reicht es nicht mehr, zusammen mit ein paar anderen eine Funkstation zu betreiben: Der wahre Einsiedler wird die Gelegenheit ergreifen, in absoluter Isolation auf irgendeinem Außenposten zu überwintern. Ich bin einem Mann begegnet, der genau das getan hatte: Er war über Monate hinweg am Ende der Welt in Kälte und Dunkelheit für sich gewesen und erzählte mir mit einem wehmütigen, beinahe traurigen Lächeln, daß er zunächst nach Norwegen zurückgekehrt war, die Menschenmassen in Hammerfest, Norwegens nördlichster Stadt, jedoch unerträglich gefunden habe und mit dem nächsten Boot wieder nach Spitzbergen gereist sei. Sogar während er mit mir sprach, waren seine Augen seltsam unbeteiligt und blickten weit auf das Packeis hinaus, dorthin, wo die Einsamkeit lag.

Geoff und ich entwickelten also eine Beziehung zueinander, die eine reine Expeditionsbeziehung war. Doch im Studium war er mir um ein Jahr voraus – er hatte seine Abschlußprüfungen kurz vor unserer Abfahrt in die Arktis beendet. Wegen dieses einen Jahres war ich Geoffs Assistent, seine rechte Hand – und zu Beginn legte er die Arbeitsstrategie fest. Doch ein weiterer Zufall veränderte unser beider Leben, und die Dinge nahmen einen anderen Lauf.

Wir fanden immer neue Arten, nicht nur eine, sondern Dutzende. Diese Trilobiten waren noch unbenannt, eine ganze Fauna aus einer unkartierten geologischen Epoche, von der bislang niemand etwas gewußt hatte. Während unsere Sammlung wuchs, wurde uns immer klarer, was für eine Menge Arbeit es allein schon bedeuten würde, diese Tiere zu bestimmen. Und wie paßten sie in die Welt des Ordoviziums? Wie hatten sie gelebt? Genauso, wie das Meer einen guten Meter von uns entfernt in verschwenderischer Vielfalt prangte, mußte, so schien es, auch das Meer im Ordovizium ausgesehen haben, das sich unseren forschenden Augen Schicht um Schicht im Gestein präsentierte. Es gab noch mehr fossile Organismen: Schnecken und Perlboote, Schwämme und sonderbare kleine Schlangenlinien, die sich keiner uns bekannten Art zuordnen ließen. Ohne Zweifel war das Leben im Meer Hunderte von Jahrmillionen, bevor unsere Hämmer diesen verborgenen Reichtum freilegten, ein Füllhorn der Vielfalt gewesen.

Das erregende Gefühl solcher Entdeckungen läßt sich nicht kaufen, heucheln oder aus Büchern lernen (obgleich das Gelernte immer dazu beiträgt). Es ist eine Empfindung, die sich aus den frühesten Tagen des Menschen, aus seinen Anfängen als bewußtes Tier erhalten haben muß – dem Gefühl ähnlich, sich erfolgreich an eine Beute herangepirscht oder verborgene Honigwaben hoch oben in einem Baum ausfindig gemacht zu haben. Es ist eine der unkompliziertesten und reinsten Freuden, die allerdings nur allzu rasch von Besitzansprüchen und Habgier verschüttet wird, wie sie die Menschen sonst antreiben. Die Entdeckung einer neuen Art, die sich wunderschön in ihrem steinigen Bett präsentiert, löst einen leidenschaftlichen Freudentaumel aus, der selbst kalte Finger aus dem Bewußtsein verdrängen und einen langen Tag viel zu kurz erscheinen lassen kann. Es ist nicht allein das Gefühl, das eine befriedigte Neugier begleitet – dafür ist es zu intensiv. Es entspringt nicht jenem rationalen Teil des Verstandes, der so gerne Kreuzworträtsel löst, sondern es kommt aus dem tiefsten Unterbewußtsein. Auch nach vielen Jahren läßt es kaum nach. Es muß verborgen und unerkannt unter den leidenschaftslosen Worten der vielen tausend wissenschaftlichen Veröffentlichungen schlummern, die nach allgemeinem Verständnis frei von Gefühlen zu sein haben. Es ist der Grund dafür, daß Naturforscher und Archäologen mit ihrer Suche fortfahren, auch wenn diese vielleicht zum Scheitern verurteilt ist oder von ihren Kollegen nicht gewürdigt wird.

Der Drang zu sammeln ist etwas anderes. Ohne Zweifel ist der Sammeltrieb ebenfalls ein sehr tiefes menschliches Bedürfnis, denn gesammelte Gegenstände gehörten nahezu von Anbeginn an zur menschlichen Kultur. In der Nähe der französischen Stadt Eyzies gibt es sogar eine Grotte du Trilobite, eine Höhle, in der einer der frühesten Bewohner Europas einen Trilobiten als geheiligte Reliquie unter Verschluß hielt. Sammeln ist mehr als Horten. Kinder sammeln Muschelschalen am Strand und ordnen sie fein säuberlich nach Farbe und Muster. Irgendwie müssen sie das Gefühl haben, daß es wichtig ist, Ordnung in ihre Schätze hineinzubringen, und, wenn ihnen das gelungen ist, das Ergebnis festzuhalten. Eine solche Art von persönlichem Museum ist Teil dessen, wie wir uns selbst definieren, ein Archiv unseres Selbst und keine bloße Habgier oder «Briefmarkensammelei». Kinder müssen Dinge klassifizieren, damit sie ein Verständnis von der Welt entwickeln können. Dinge voneinander unterscheiden und identifizieren zu lernen, hat einen Wert, der über den bloßen Nutzen einer Unterscheidung von eßbar und giftig, wertvoll und wertlos oder sicher und gefährlich hinausgeht. Es bedeutet, einen Begriff von der Vielfalt der Umwelt zu entwickeln und von der Stellung, die wir Menschen darin einnehmen. Die Vielfalt der Welt ist das Produkt aus vielen hundert Jahrmillionen der Evolution, aus überlebten Katastrophen und ökologischer Expansion. Wenn man diese Komplexität verstehen lernen will, muß man zunächst ihre einzelnen Komponenten erkennen und charakterisieren – für den Biologen heißt dies, die verschiedenen Tier- und Pflanzenarten zu bestimmen, sowohl die lebenden als auch die ausgestorbenen. Und um über diese erstaunliche Vielfalt überhaupt reden zu können, braucht man einen Anhaltspunkt, ein Exemplar einer Art, das sich mit Vertretern einer anderen vergleichen läßt – kurz: eine Sammlung. Durch Sammeln und Ordnen fangen wir an, unsere Geschichte zu verstehen.

Dem, was sich aus Gestein herauslesen läßt, sind keine Grenzen gesetzt. Jahr für Jahr werden wichtige neue Entdeckungen gemacht, und es gibt keinerlei Anzeichen dafür, daß solche Entdeckungen seltener werden. Das sollte kaum verwundern. Bedenken Sie, wie viele Millionen Arten unsere Welt heute bevölkern. Viele davon sind noch gar nicht benannt und beschrieben. Gelegentlich findet man sogar noch bislang unbekannte große Tiere – nur ein Jahr, bevor ich diese Sätze schrieb, wurde in Vietnam eine bis dahin unbekannte Antilopenart entdeckt. Und die Zahl der Käfer ist endlos: Wir kennen nur einen Bruchteil aller lebenden Arten. Ein Freund von mir ist Käferexperte. Er «begast» die Baumkronen tropischer Bäume und fängt die herunterfallenden Tiere in umgedrehten Regenschirmen auf. Nur sehr wenige der auf diese Weise gesammelten Arten sind früher bereits beobachtet worden. Schon eine vorsichtige Hochrechnung legt den Schluß nahe, daß die lebende Fauna vermutlich Millionen Arten enthält, die noch nicht benannt sind. Bei den niederen Tieren wie den Fadenwürmern gibt es ein ungezähltes Heer nicht bekannter Arten – und diese sind weit schwieriger zu definieren als Käfer. Inzwischen werden sie numeriert statt benannt, sie erhalten molekulare Signaturen, an denen sie sich auch ohne Namen erkennen lassen. Alle diese Tiere aber, die Millionen bekannter und unbekannter Organismen, haben eine Geschichte. Diese Geschichte reicht viele hundert Millionen Jahre zurück, weniger ein evolutionärer Stammbaum denn ein ganzer Wald, von dem ein jeder Zweig eine Spur im Gestein hinterlassen haben kann, oder auch nicht. Alles eine Frage des Zufalls.

Bei manchen Tier- und Pflanzenarten ist die Chance, daß sie erhalten werden, größer als bei anderen. Den augenfälligsten Vorteil genießen Organismen mit harten Geweben wie Panzern, Knochen, Schalen und Holz – den Stoffen, aus denen Versteinerungen meistens sind. Wir sollten daher erwarten, daß Muscheln und Fische reichlich fossile Überreste hinterlassen, und berechtigte Zweifel haben, ob sich von Quallen oder Regenwürmern überhaupt irgendwelche versteinerten Rückstände finden lassen. (Überraschenderweise gibt es welche, wenn auch sehr dürftige). Da Fossilien nur in Sedimenten erhalten bleiben, scheint nicht minder auf der Hand zu liegen, daß man es in den meisten Fällen mit Versteinerungen von marinen Tieren und vielleicht noch von Organismen zu tun haben wird, die in Seen und Flüssen lebten, wohingegen es unwahrscheinlich scheint, daß ein Adlerhorst, die Knochen einer Bergziege oder die vielen Bewohner der Hochebenen irgend etwas hinterlassen, was uns Aufschluß über die Geschichte dieser Habitate geben könnte. Es ist möglich, daß die Berghöhen des Jura von fabelhaften Drachen mit riesigen Zackenkämmen bewohnt wurden, von denen wir nie etwas erfahren werden.

Nur so wenig Gestein liegt offen an der Oberfläche, wo es dem Suchenden ins Auge fällt – das meiste liegt begraben, wohlverborgen unter Landschaften, Stadtzentren, Golfplätzen und Einkaufsmärkten. Gelegentlich werden ein glücklicher Schlag mit der Spitzhacke, der Aushub von Fundamenten für ein neues Gebäude oder die Öffnung einer Tongrube etwas ans Licht befördern, das anderweitig verborgen geblieben wäre. Was freigelegt wird, hängt immer auch von der Härte des Gesteins ab. Harte Kalkgesteine bilden Klippen und Felsspitzen, und es gibt Sandsteinklippen, die an manchen Stellen fossilienenthaltende Schichten freigeben. Weiche Gesteine wie Lehm und Ton treten an Küsten zutage, im Inland findet man sie selten, dort bilden sie in feuchten Klimazonen oft sumpfige Täler, in trockenen Zonen Salzpfannen. Dann gibt es noch Gesteine, die einst vielleicht viele Spuren der Vergangenheit enthalten haben mögen, jedoch durch die große Mangel der Erdbewegungen gegangen und nun im tiefsten Inneren von Bergketten verborgen sind, durch die Einwirkung von Druck und Hitze zusammengepreßt, gebrannt und dergestalt verändert wurden, daß sie nun als glitzernder Glimmerschiefer oder buntgescheckter Marmor vorliegen; dann aber ist ihre kostbare Fracht aus der Vergangenheit auf immer verloren. Wir sehen also die Vergangenheit dunkel, wie durch ein gesprungenes Glas, und wir können nicht absehen, welche Scherbe verwertbar sein und uns womöglich einen kurzen Blick auf das gestatten wird, was vor langer Zeit hier wuchs und gedieh.

Ich muß noch einmal auf die geologische Zeitrechnung zurückkommen. Jeder Bericht braucht ein Zeitmaß. In Romanen werden Zeiträume meist in Dimensionen wie der Spanne eines menschlichen Lebens, einiger entscheidender Jahre daraus oder auch einiger Generationen bemessen. Diese Relationen entsprechen uns. Unsere natürliche Lebensdauer ist uns eine instinktive Richtgröße, Maß sowohl unserer

Sterblichkeit als auch der Veränderungen, die uns die Zeit auferlegt. Wir vermögen historische Veränderungen zu begreifen, die sich über mehrere Generationen hinweg abgespielt haben, können mit unseren Großeltern fühlen, uns sogar eine vage Vorstellung von den Problemen des 13. Jahrhunderts machen. In geologischen Zeiträumen aber ist das alles nicht mehr als ein kurzer Augenblick, ein Moment zwischen einem Hammerschlag und dem nächsten. Die Geschichte des Lebens zu erzählen, bedarf es eines Maßstabs, der über Tausende und Millionen Jahre reicht. Sie umspannt ein Drama, das mehr als 3 Milliarden Jahre währt. Geologen gehen mit solchen Zahlen unbekümmert um. Die Kreationisten unter den Wissenschaftlern glauben einfach nicht an sie. Es ist in der Tat schwer, sich eine solche Unermeßlichkeit vorzustellen, steht sie doch in so krassem Kontrast zu unserer eigenen kurzen Lebensspanne. Man erliegt leicht der Versuchung, sich in handliche, vertraute Metaphern zu flüchten. Stellen Sie sich vor, die Weltgeschichte würde durch das Zifferblatt einer Uhr dargestellt werden. Die Entstehung blaugrüner Bakterien läge dann bei, sagen wir, ungefähr zwei Uhr, die ersten Invertebraten (Wirbellosen) tauchten um circa zehn Uhr auf, und die Menschheit erschiene eine Minute vor Mitternacht – beinahe so plötzlich, wie Aschenputtel am Ende des Balls von der Bildfläche verschwand. Ich weiß nicht, ob solche Bilder irgendeinen Wert haben – außer vielleicht zur Illustration von Lexika. Eine solche Domestikation der Zeit verniedlicht eine Dauer, die uns eigentlich mit Ehrfurcht erfüllen sollte. Aus verschiedenen Gründen bevorzuge ich etwas Vageres, aber in seiner Symbolik Wirklichkeitsnäheres. Das große erhabene Ufer, an dem Geoff und ich in Spitzbergen arbeiteten, und dessen endloser Kiesstrand sich irgendwo im Dunst verlor: Der Kiesel in meiner Hand entspräche dem Auftauchen des *Homo sapiens*. Der weiteste Wurf, den ich zu tun vermöchte, erreichte vielleicht mit Mühe und Not das Zeitalter der Dinosaurier, doch dahinter lägen, mehr oder weniger klar erkennbar, weitere Strände aus endlosen Kiesbänken und dahinter, im Dunst schwach zu erahnen, noch weiter entfernte Ufer, unerreichbar fern, die äußersten Ausläufer der präkambrischen Epoche. Und das Meer an ihrer Seite, das ewige Meer, das alle diese Kieselsteine miteinander verbindet, verleiht der Zeit den großen Rahmen. Dieses Bild läßt uns die Unermeßlichkeit geologischer Zeit zumindest erahnen, läßt uns ihre zahllosen Augenblicke würdigen, die als fossiles Zeugnis vielleicht nicht mehr als ein Häuflein Muschelschalen – hingeworfenes Strandgut – hinterlassen.

Es gibt zwei Zeitskalen, eine relative und eine absolute. Die relative Zeitskala entspricht dem, was Geoff und ich Stück für Stück zusammensetzten: Die obere Gesteinsschicht ist jünger als die darunterliegende, und weiter unten in der Formation liegen immer ältere Schichten. Aus vielen solcher Gesteinsprofile läßt sich eins ums andere ein Zeitpuzzle zusammenfügen. Die Zeit wird geordnet – Periode um Periode. Die Begriffe, die wir alle kennen – Kreide, Jura, Kambrium –, sind Namen, die man großen Abschnitten aus dieser relativen Zeitskala verliehen hat – lange bevor bekannt war, wie viele Jahre sie im einzelnen umspannten und wie weit die Kreidezeit wirklich von der Gegenwart entfernt ist. Die relative Zeitskala ist noch immer unentbehrlich, und ihre Präzision ist fortwährend größer geworden seit jenen Tagen, als die großen Geologen des 19. Jahrhunderts begonnen haben, sie in ihrer Unterteilung zu charakterisieren. Fossilienzonen dienen zur Definition enger Ausschnitte aus dieser Skala, ein Eichmaß, das sich aus der Tatsache ergibt, daß viele ausgestorbene Arten nur begrenzte Zeit existiert haben, so daß sich das fossile Zeugnis einer Periode von dem einer anderen unterscheidet. Manche Tiere – Ammoniten und Trilobiten zum Beispiel – scheinen sich rascher zu verändern als andere und haben daher eine besondere Bedeutung für die Untergliederung der relativen Zeitskala erlangt. All diese Erkenntnisse wurzeln in unserer menschlichen Fähigkeit, Dinge zu erkennen und zu ordnen. Mit Hilfe der in ihnen enthaltenen fossilen Fauna lassen sich Sedimentgesteine von verschiedenen Fundorten einander zuordnen. Die Wissenschaft von diesen Zusammenhängen ist die Stratigraphie. In manchen Fällen ist die Aussage von Gesteinsformationen relativ eindeutig und geradlinig. Es hat in der Erdgeschichte immer wieder Augenblicke gegeben, in denen ein großes Ereignis wie der Einschlag eines großen Meteoriten oder ein Übergreifen der Meere auf das Land (Transgression) deutliche Spuren im Gestein hinterlassen hat. Fauna wie Flora beugen sich solchen folgenschweren Geschehnissen, die die fossile Chronik wie Kapitelüberschriften einer Erzählung durchbrechen.

In der Mehrzahl der Fälle aber ist die Zuordnung eine diffizile Angelegenheit, gespickt mit Diskussionen und Disputen. Artikel werden geschrieben, Meinungen wogen hin und her. Ganz allmählich wird ein Konsens erreicht. Martin Rudwick hat eindrucksvoll beschrieben, in welchem Maße Uneinigkeit und persönliche Differenzen im neunzehnten Jahrhundert die Debatte über das devonische System bestimmt haben, wie fossile Zuordnungen wütende Briefwechsel und persönliche Feindschaften heraufbeschworen – all das wegen der Beschreibung eines kleinen Abschnitts aus der relativen Zeitskala. Der Streit ging hauptsächlich um die ziemlich schlichte Tatsache, daß die

Welt in verschiedene Habitate aufgeteilt ist, von denen jedes seine eigene Flora und Fauna besitzt. Wir erkennen unschwer, daß unsere arktische Fauna zeitgleich mit einer tropischen Fauna existiert, daß Süßwasserbiotope zusammen mit marinen Biotopen und Tiefseebiotope zur selben Zeit wie seichte Gewässer vorkommen – auch wenn diese Lebensräume nicht viele Arten gemeinsam haben. Weit zurück in der Vergangenheit aber verschleiern derartige Habitatunterschiede unter Umständen die Gleichzeitigkeit: Wie sollen wir zeitliche und räumliche Verbreitung voneinander unterscheiden? Wie können wir Gesteine aus verschiedenen Teilen der Welt zueinander in Bezug setzen? Möglich wird so etwas, wenn man auf Gestein stößt, das eine Brücke zwischen verschiedenen Orten schlägt und so eine zeitliche Parallelisierung erlaubt. Um beispielsweise Sedimentgesteine aus urzeitlichen Flüssen mit Gestein korrelieren zu können, das zur selben Zeit in einem damaligen Meer abgelagert wurde, müßten wir Gestein betrachten, das sich in den Flußmündungen jener Zeit gebildet hat, dort, wo beide Lebensräume aufeinander stießen und einander überlappten und wo die charakteristischen Tiere des einen Reiches sich mit denen des anderen vermischen konnten. Es ist ein bißchen so, als synchronisiere man Uhren zwischen verschiedenen Zeitzonen. Sobald der Bezug hergestellt ist, können wir aus der Uhrzeit in einem Teil der Welt auf die Zeit in jedem anderen Teil schließen. In irgendeiner künftigen geologischen Epoche werden die zarten Knochen der arktischen Küstenseeschwalbe vielleicht eine Korrelation zwischen polaren Gesteinen und denen aus gemäßigten Klimazonen – möglicherweise sogar aus tropischen Regionen – erlauben, denn dieser weitgereiste Vogel ist ein typischer Vertreter unserer Epoche, ein Botschafter des Holozäns. Auf diese Weise wird die relative Zeitskala ganz allmählich, Stück um Stück, immer weiter präzisiert.

Die Tatsache, daß bei vielen Tier- und Pflanzenarten die Chance, erhalten zu werden, höchst gering ist, die riesige Zahl an Arten, von denen eine jede mit ihrer eigenen Geschichte aufwartet, die Vielfalt urzeitlicher Habitate und die mannigfaltigen Schwierigkeiten, die dem Versuch im Wege stehen, Gesteine aus einem Teil der Welt mit denen aus einem anderen in Bezug zu setzen, das alles zusammen erklärt, weshalb es höchst unwahrscheinlich ist, daß wir je den Zustand erreichen werden, daß Gesteine uns nichts Neues mehr mitzuteilen haben und wo das, was wir wissen, sich mehr oder weniger mit dem deckt, was an Wissen überhaupt möglich ist. Dieselben Vorgänge, die die Geschichte des Lebens festhalten, filtern sie auch. «I am soft sift in an hour glass», wie Gerald Manley Hopkins es ausdrückte.

Die absolute Zeitskala liefert ein Eichsystem für das reale Alter von Gesteinen: Sie bedient sich dabei des radioaktiven Zerfalls instabiler Isotope (Varianten von Atomen) von bestimmten Elementen oder irgendeines anderen Maßes, das Jahre oder Augenblicke zählt. Im Zerfall werden subatomare Partikel frei, die sich am Geknatter eines Geigerzählers registrieren lassen. Dieser Vorgang bildet eine Art Uhr, die freilich, wie jede Uhr, mit einer gewissen Ungenauigkeit behaftet ist. Ein radioaktives Element geht durch Zerfall aus einem instabilen Zustand in einen stabilen über. Wenn die Hälfte des ursprünglichen Materials zerfallen ist, dann ist seine «Halbwertszeit» abgelaufen. Je nach Element können Halbwertszeiten Minuten oder viele Millionen Jahren betragen. Die Datierung mit Hilfe der Radiokarbon-Methode zum Beispiel eignet sich besonders gut für archäologisches Material, da die C^{14}-Variante des Kohlenstoffs eine kurze Halbwertszeit hat. Isotope des Urans hingegen bilden extrem langsame Uhren, gemächlich genug, um sogar Zeitspannen aus den frühen Stadien des Sonnensystems erfaßbar zu machen. Man braucht nur zu wissen, wieviel von dem Originalmaterial zerfallen ist, und schon läßt sich aufgrund der Zerfallsrate einfach berechnen, wieviel Zeit verstrichen sein muß, bis der gegenwärtige Zustand erreicht wurde. Es gibt ein ganze Reihe radioaktiver Elemente, die als Uhren dienen können – fast so etwas wie eine Auswahl an «Designer-Elementen» – unter anderem das Kalium-Argon-System (K-Ar) oder das Rubidium-Strontium-System (Rb-Sr): Man wähle die zu bestimmende Epoche und suche sich dazu die geeignete Zerfallsreihe. Massenspektrometer, mit denen sich die Atome eines Isotops und die eines anderen auseinanderhalten lassen, haben die Genauigkeit, mit der sich auch sehr kleine Isotopenmengen messen lassen, enorm erhöht. Auf diese Weise haben wir gelernt, daß die Erde 4,6 Milliarden Jahre alt ist*, und daß der Mensch erst vor 15 000 Jahren über die Beringstraße auf den nordamerikanischen Kontinent gelangt ist. Der alten relativen Zeitskala wurden absolute Jahresangaben beigegeben, und so ist selbst die allerfernste Vergangenheit in Zahlen greifbar geworden. Durch immer genauere Methoden zur Messung immer kleinerer Materialmengen nimmt die Genauigkeit dieser Daten unaufhörlich zu.

* In vielen neueren wissenschaftlichen Abhandlungen und Artikeln ist es gebräuchlich geworden, 1000 Millionen durch das Symbol «Ga» (für «Giga») abzukürzen – ich werde die Angabe in diesem Buch jedoch ausschreiben, und sei es nur als kleine Erinnerung an die Größenordnung des jeweiligen Zeitraumes.

Merkwürdigerweise fällt es uns offenbar leichter, die Unermeßlichkeit geologischer Zeiträume zu handhaben, wenn wir sie systematisch in Häppchen zerlegen, denen wir Namen zuordnen. Wir fühlen uns wohler, wenn wir in Begriffen wie «Jura» oder «Kreide» denken, als wenn wir uns Zahlen wie «155 oder 100 Millionen Jahre vor unserer Zeit» merken müssen; wir ziehen es vor, vom «Massensterben am Ende der Kreidezeit» zu sprechen, statt uns die Ereignisse von «vor 65 Millionen Jahren» zu vergegenwärtigen. In ähnlicher Weise verhält es sich mit den Daten der geschriebenen Geschichte – uns fällt das Lernen leichter, wenn wir einer Epoche den Namen eines Königs oder einer Königin aufdrücken können. Jedermann scheint zu wissen, was das viktorianische Zeitalter war, aber wie viele Leute können sagen, von wann bis wann Königin Viktoria regiert hat? Natürlich sind die realen Daten wichtig, aber ein Name ermöglicht es uns, die unvorstellbaren Ausmaße geologischer Zeitspannen zu fassen, die endlose Reihe von Daten in etwas umzuwandeln, das einer Familiengeschichte nahekommt. Wieviel leichter läßt sich mit dem Wort «Kreidezeit» hantieren, als mit der Vorstellung vom Verstreichen vieler Millionen Jahre! Und während die Namen unverändert gültig bleiben, mögen sich die Daten selbst im Rahmen einer immer besseren Auflösung durchaus ändern. Ich selbst habe die Grenze zum Kambrium im Laufe meines Lebens von 600 Millionen Jahren auf 545 Millionen Jahre klettern sehen, und ich bin ziemlich sicher, daß sie in Zukunft noch genauer datiert werden wird – dennoch bleibt sie der Beginn des Kambriums. Tatsächlich wurden Daten – absolute Daten – in dem Maße, wie datierbare Gesteine verfügbar wurden, korrigiert und fehlerhafte Angaben beseitigt. Meßmethoden sind genauer geworden, neue Isotope wurden entdeckt und als Eichmaße eingesetzt. Die eherne geologische Zeitfolge der Lehrbücher ist in Wirklichkeit unbeständig – immer nur so gut wie das letzte Datum, die letzte technische Neuerung oder der Experimentator, der die Arbeit durchführt.

Bedeutender noch als Daten und Namen sind die großen Ereignisse, die ihre einschneidenden Folgen hinterlassen. So wie wir das große Feuer von London, die Pest und das Zeitalter der Pharaonen oder der Inkas als Meilensteine sehen, werden auch bestimmte Epochen der Vorgeschichte durch charakteristische Ereignisse markiert. Die chronologischen Namen dienen nur dazu, sie der Gesamthandlung angemessen einzuordnen. Phrasen wie «Das Zeitalter der Dinosaurier» greifen einen herausragenden Aspekt der Geschichte heraus, ohne sich dabei auf Jahrmillionen festzulegen; solche Dinge lassen sich leicht lernen. Das Ordovizium unterscheidet man vom Jura durch eine Fülle besonderer Ereignisse – unter anderem fand eine Eiszeit statt – und durch eine besondere Ausstattung mit Fossilien, die sich auch ohne chronologische Abfolge erkennen lassen. Das Problem ist, daß Ereignisse ohne zeitlichen Rahmen durcheinandergeraten, sie laufen ineinander und vermischen sich. Wer könnte je den Anblick einer betörenden Raquel Welch vergessen, die von Dinosauriern bedroht wird, so geschehen in dem Film *Eine Million Jahre vor unserer Zeit* – obwohl zwischen den ersten Höhlenmenschen und den Dinosauriern 65 Millionen Jahre liegen?

Selbst in unserem relativistischen Zeitalter fällt es uns leichter, eine chronologische Erzählung mit Anfang, Mitte und Schluß zu begreifen. Bei den Archiven des Lebens liegen die Anfänge teilweise im Dunkeln, und wir kennen das Ende noch nicht, aber wir fangen an, ein bißchen über die Millionen Jahrtausende dazwischen zu erfassen. Die Daten werden immer zuverlässiger und exakter, doch noch immer erfüllen die relativen Maßstäbe aus dem vergangenen Jahrhundert ihren Zweck, machen Zeit erfahrbar und verleihen unserer Chronik eine Sprache.

Als Geoff und ich einen Monat an der Hinlopenstretet verbracht hatten, besuchte uns die *Salterella* erneut. Bis zu jenem Tag hatten wir vier oder fünf große Kisten mit unseren Schätzen gefüllt, und es war klar, daß wir noch viele mehr würden füllen können, bevor wir abreisten. In der ganzen Zeit war die Routine unseres Alltags lediglich unterbrochen worden durch einen viertägigen Schneesturm und durch ein noch weit beängstigenderes Erlebnis:

Ich war am Strand beim Sammeln gewesen, als ich im Aufblicken am Horizont die Umrisse eines *isbjorn* ausmachte, der von der entfernten Landzunge her auf mich zu rannte. Er bewegte sich rasch. Er war eindeutig hungrig, und, schlimmer noch, er hatte Appetit auf *mich*. Ich hatte kein Vertrauen in meine Schützenqualitäten – ja nicht einmal meinem Gewehr traute ich, das ein Überbleibsel irgendeines längst vergessenen Afghanistanfeldzugs zu sein schien. Also rannte ich. Ein Sprint in *Mukluks* bietet ungefähr denselben anmutigen Anblick wie ein Zirkuselefant, der Foxtrott tanzt. Aber ich rannte wie ein Besessener, nahm die Kiesbänke im Galopp, hetzte über Vielecke aus ewigem Eis, bis mein Atem zu einem kurzatmigen, angsterfüllten Keuchen geworden war. Ich mußte stehenbleiben. Jetzt war ich dran, in die Nahrungskette einzugehen. Ich riskierte einen kurzen Blick über meine Schulter und erkannte, daß mein *isbjorn*-Verfolger eine Halluzination war – nichts weiter als die Spitze einer Eisscholle, die sich hinter der

Landzunge auf und ab bewegte. Die Eisscholle war durch einen günstigen Wind umhergetrieben worden, und das Profil ihrer Oberkante konnte als ein Eisbär durchgehen. Einige Augenblicke lang schien sich das scharfe Kreischen der Seeschwalben in Spottgelächter zu verwandeln.

Die *Salterella* brachte als einzige Lieferung die Post. Es hatte etwas merkwürdig Irreales, etwas über die häuslichen Details im ländlichen England zu lesen, Begebenheiten aus dem friedvollen Wiltshire zu erfahren, während man selbst bei 80 Grad nördlicher Breite vor seinem Whymper saß. Die Katze war gestorben, armes Ding. Meine Schwester hatte sich an der Universität eingeschrieben. Im Strohdach nisteten Spatzen. Die Besatzung der *Salterella* erzählte uns von den Fortschritten anderer Expeditionsteilnehmer, den Kartierern im Süden und den Geophysikern im Binnenland. Das waren die richtig harten Kerle, sie zogen mit Schlitten über die Eiskappen, Husky und Mensch friedlich vereint. Es waren die einzigen Wissenschaftler, die ihre gesamte Porridgeration aufaßen. Ich glaube, sie hätten die Tüten mitgegessen, wenn dies mehr Kalorien bedeutet hätte.

Dann gab es noch Neuigkeiten von den *Tripos*. So heißen die Jahresabschlußprüfungen der Universität von Cambridge für den Grad des Bakkalaureus (Bachelor of Arts) (Wissenschaftler oder nicht, man bekommt den BA). Der Name leitet sich von dem dreibeinigen Stuhl her, auf dem die Kandidaten einst sitzen mußten, und wie so viele Dinge bei den Absolventen der guten alten Universität war auch dieser Name als gelehrter Anachronismus erhalten geblieben. Wir waren kurz nach unseren Examen gen Spitzbergen aufgebrochen, und da Geoff mir ein Jahr voraus war, hatte er bereits seine Abschlußprüfungen hinter sich. Vermutlich waren wir gerade durch den Maelstrom geschaukelt, als die Ergebnisse vom Dekanat verschickt wurden. Nun endlich hatten sie uns eingeholt. Mit einiger Nervosität öffneten wir die Umschläge, die uns von unserem jeweiligen College nachgeschickt worden waren. Geoff hatte in seinen Abschlußexamen einen *lower second class degree*, ich aber hatte am Ende meines zweiten Jahres einen *first class degree*.

Es dauerte ein bißchen, bis ihm die Bedeutung dieses Umstands aufging. Als es endlich soweit war, war der arme Geoff am Boden zerstört. Ihm wurde klar, daß er, um einen höheren Grad wie den Doktortitel erwerben zu können, mindestens ein *magna*, vorzugsweise aber ein *summa cum laude* benötigen würde – sogar damals vor dreißig Jahren schon, als die Dinge noch sehr viel lockerer gehandhabt wurden. Damit lag es auch auf der Hand, daß er wohl doch nicht zu den Forschungsassistenten gehören würde, die an dieser wunderbaren neuen Sammlung würden arbeiten dürfen. Sein Feldassistent, der Expeditionskoch hingegen, ... nun, wenn der schon in seinem zweiten Jahr einen *magna*-Abschluß geschafft hatte, dann war es mehr als wahrscheinlich, daß er auch in den Abschlußexamen gut abschneiden würde. Letzten Endes würde es also ich sein, der all den neuen Wundern aus der Hinlopenstretet Namen geben durfte.

Solche Augenblicke entscheiden über ein Leben. Ein anderes Gekritzel auf dem Papier, und wir hätten beide vermutlich einen anderen Weg eingeschlagen. Wären unsere Ergebnisse umgekehrt ausgefallen, hätte ich aller Wahrscheinlichkeit nach nicht mein Leben damit verbracht, der entfernten Vergangenheit nachzuspüren, und vielleicht säße Geoff heute auf meinem Stuhl am Natural History Museum in London. Eine kleine Wendung kann leicht zu einem neuen Kurs führen, und erst der Rückblick gibt den ganzen Richtungswechseln den Anstrich des Unausweichlichen. Es ist schwer, die Folgen bloßer Zufälle von Angelegenheiten zu unterscheiden, die eher vorherzusehen und bestimmter sind. Habe ich mein Glück verdient? So wie die Dinge nun lagen, brach Geoff unmittelbar nach unserer Rückkehr nach Belize auf, um dort in den staatlichen geologischen Dienst zu gehen, und ich habe nie wieder von ihm gehört.

Am selben Abend verließ uns die *Salterella* wieder. Der Kapitän des kleinen Dampfers war sich der ernsten Konsequenzen seines Besuchs in keiner Weise bewußt. Ihn beschäftigte vor allem ein Haufen Eisschollen, der uns über mehrere Wochen hinweg einschließen sollte. Packeis bewegt sich *en masse*, vom Wind unermüdlich vorangetrieben. Obgleich die Gewässer in jenem Jahr außergewöhnlich frei waren, konnte es in diesen nördlichen Breiten immer geschehen, daß die störrischen Winde, die die Hinlopenstretet aufwühlten, große Eisfelder zu dichten Packen zusammentrieben, zu dicht, als daß ein kleines Boot wie die *Salterella* sie durchdringen könnte – und so geschah es. Auch wurde es kälter. Je näher die Expeditionssaison in Spitzbergen sich ihrem Ende zuneigt, um so mehr geht der Welt dort ganz allmählich das nördliche Licht verloren. Eine schleichende Dämmerung beherrscht den Tag, es wird schwierig, einen dunkleren Gesteinsfund genauer zu untersuchen, und man ertappt sich dabei, daß man den Fund in helles Licht halten will, das nicht mehr vorhanden ist. Und während man sich bereit macht, die Insel zu verlassen, um in vertrautere und angenehmere Klimabreiten zu ziehen, überzieht eine fahle Blässe die Landschaft, die Eiskappen verschmelzen mit dem immer trüber werdenden Himmel, und die schwache Sonne hängt, wenn sie überhaupt durchbricht, wie ein unentschlossener Sonnenuntergang am Horizont. Die Schatten, die sie wirft, sind so lang, daß das eigene, ausgedünnte Selbst hundert Meter weit reicht, ein spindeldürres Insekt in menschlicher Verkleidung.

Als wir an jenem Abend in unserem Zelt saßen, trank Geoff seine gesamte Whiskyration aus, systematisch und mit einer gewissen Bedächtigkeit. Er mußte seinem Zorn über unsere vertauschten Rollen Luft machen, wurde sehr betrunken und beschimpfte mich mit allen möglichen Worten. Weit und breit waren weder ein anderer Mensch noch ein anderer Gegenstand, an dem er seinen Ärger hätte auslassen können. Schließlich verließ ich das Zelt, und Geoff kam mir nach. Er schnappte sich ein Stück Treibholz und verfolgte mich den Strand entlang, wobei er von einer Seite auf die andere torkelte, unablässig vor sich hin brummelte und mit dem Holzstück herumfuchtelte, als jage er damit eine Hornisse. Er war viel zu betrunken, um eine ernsthafte Bedrohung darzustellen. Es muß ulkig ausgesehen haben: Zwei kleine Figuren, die man zwischen einer Eiswüste auf der einen und einem endlosen Kiesstrand auf der anderen Seite ausgesetzt hatte, tobten im dünnen Nieselregen den Strand entlang, wobei die vordere zu entkommen suchte, während die taumelnde Gestalt hinter ihr mit einer vom Meer angeschwemmten Planke in die Luft drosch. Nach einer Weile versiegten die Flüche. Und am Ende konnte man nur wieder ins Zelt kriechen und schlafen.

Am anderen Morgen war Geoff ziemlich verlegen. Aber es stimmte: Wir hatten die Rollen getauscht. Von jetzt ab sammelte ich für mich allein, wählte die Methoden und bestimmte das Tempo. Ich wollte nichts verpassen. Es spricht sehr für Geoff, daß er nach kurzer Zeit die neuen Regeln akzeptierte. Die Arbeit mußte gemacht werden, das war Teil des Expeditionsethos. Und überdies gab es in dieser verlassenen Einöde nichts zu tun außer Arbeit. Wie um uns zu belohnen, lichtete sich eines vollkommenen Tages die Düsternis, der unerbittliche Wind ließ nach und die Sonne gewährte uns vierundzwanzig Stunden hindurch ein wohltuendes Bad. Es wurde so warm, daß wir unsere Hemden ausziehen mußten. Sogar die Schreie der arktischen Raubmöwen nahmen an diesem Tag einen wohlmeinenden Klang an, gefrorene Limonade gewährte uns eine köstliche Erfrischung und die Fleischriegel schmeckten nach Protein. Tage wie diesen gibt es in Spitzbergen so gut wie nie. Das Glücksgefühl solcher Augenblicke bereinigte jedwede Uneinigkeit zwischen uns beiden. Wie bei W. B. Yeats (aus *Vacillation*)

> My body of a sudden blazed;
> And twenty minutes more or less

It seemed, so great my happiness,
That I was blessèd and could bless.

In den letzten ein bis zwei Wochen versuchten wir verzweifelt, hinreichend Proben von den ältesten Teilen des Aufschlusses zu gewinnen. Inzwischen waren alle unsere Handschuhe zerschlissen, vom Hacken auf dem widerspenstigen Kalkstein in Fetzen gegangen. Der unablässige Wind hatte unsere Haare zu Locken gepeitscht, die aussahen, als gehörten sie zu einem Gorgonenhaupt, und deren Filz mit keinem Kamm mehr zu bändigen war. Unsere Bärte waren kraus und dicht und bildeten eine Art natürlichen Pelz. Unsere wollene Unterwäsche, Tag und Nacht getragen, hatte einen undefinierbaren Grauton angenommen. Als wir abfuhren, wurde sie von uns feierlich über Bord geworfen. Sie versank ruhig, und ich fragte mich manchmal, wie viele Generationen von Quallen sie wohl genährt haben mag. Bevor wir abreisten, bekamen wir ein letztes Mal Besuch – und zwar vom Sysselman, dem norwegischen Gouverneur auf Spitzbergen. Im Sommer bereist der Sysselman die Inseln an Bord einer offiziellen Yacht oder eher eines Schoners, eines phantastischen Zweimasters mit Messingbeschlägen von der Art, wie man sie bei diplomatischen Auftritten (und vielleicht nur dort) antrifft. Die Ankunft einer Feenkönigin in der Hinlopenstretet hätte nicht überraschender sein können. Wir wurden zu Canapés und Süßigkeiten an Bord gebeten. Die Situation – zwei zottelige, streng riechende junge Männer, denen ein tressengeschmückter Bediensteter auf 80 Grad nördlicher Breite Canapés reicht – war durch nichts zu überbieten. Der Sysselman muß seinen vorangegangenen Besuch beim russischen Gouverneur von Barentsburg im Vergleich dazu als kulturelles Highlight betrachtet haben, obgleich jedermann wußte, daß die Versetzung eines Russen nach Barentsburg im besten Falle die Strafe für Trunkenheit, im schlimmsten Falle für Bestechlichkeit und in aller Regel für irgendeine interessante Kombination aus beidem darstellte. Er muß froh gewesen sein, als wir unser Boot bestiegen und wieder zu unserem verlassenen Ufer aufbrachen.

Um ehrlich zu sein, wir waren nicht minder froh, als wir schließlich von der *Salterella* abgeholt und nach Ny Ålesund im Süden der Insel gebracht wurden, wir waren glücklich, aus dem Zelt herauszukommen und unsere kostbare Ladung in Sicherheit zu wissen. Expeditionen dauern, genau wie Liebesaffären, meist eine Idee zu lange. Das Ende ist stets ein bißchen unrühmlich und hat einen Hauch von Ungeduld.

Auf dem Heimweg legten wir in Biskaerhuken am Nordende von Spitzbergen an, wo man am Strand noch immer Teile von Nazi-Besteck auflesen konnte (dieser Ort war im Zweiten Weltkrieg von strategischer Bedeutung gewesen). Ein paar Meter von der Hütte in Biskaerhuken entfernt befanden sich die Gräber von Walfängern, die, mehr als ein Jahrhundert bevor die Alliierten Hitler hier bekämpften, diese Meere bejagt hatten. Einfache Holzkisten waren mit Steinen überhäuft worden, hier und da sah man die Ecken dieser Behelfssärge aus der Schuttdecke herausragen. Wir waren offenbar nur die letzten in einer langen, traditionsreichen Reihe von Besuchern der Arktis. Auch wir hatten auf unsere Weise geplündert, aber unsere Reise diente mehr der Bereicherung unseres Wissens denn dem finanziellen Gewinn. Es scheint schwer vorstellbar, wie wir einem Walfänger des 19. Jahrhunderts oder auch nur einem deutschen U-Boot-Kommandanten unsere Motive hätten erklären sollen. Wir hatten Zeugnisse eines einzigartigen kleinen Abschnitts aus der großen Chronik von der Geschichte des Lebens gefunden, und dieser Abschnitt gehörte uns. Er würde ein kleiner Beitrag sein zu der großen übergreifenden Geschichte, die ganz zu erforschen niemals möglich sein wird. Wir hatten den Felsen, die für die Ewigkeit geschaffen schienen, ein kleines Archiv abgerungen.

Dieser Bericht über jene Expedition nach Spitzbergen Ende der sechziger Jahre liefert eine Metapher für die Themen, die dieses Buch durchziehen. Die Expedition hatte ihre Rückschläge und Überraschungen, der Zufall spielte eine nicht geringe Rolle, sowohl was unsere Funde betraf, als auch, was unsere eigene Geschichte anging, und bei einer Gelegenheit entschied sich mein Schicksal durch ein winziges Detail auf einem kleinen Stück Papier. Oft hängen die wichtigsten Augenblicke historischer Entwicklungen und Entdeckungen an solchen Einzelheiten, Kardinalereignisse Schulter an Schulter mit dem Trivialen. Eine Entdeckung ist stets unauflösbar verknüpft mit ihrem Entdecker. Es gibt eine Fülle von Darstellungen in Enzyklopädien und Lehrbüchern, in denen die Geschichte des Lebens und die Ereignisse, die uns zu unserem heutigen Kenntnisstand führten, geschildert werden, als handle es sich um einen Dokumentarfilm. Unerbittlich scheinen sich Ereignis um Ereignis, Tatsache um Tatsache in mechanisch heruntergespulter Chronologie aneinanderzureihen. Das wirkliche Leben scheint irgendwie nicht vorhanden. Man spürt weder etwas von dem Staunen, zu dem diese Geschichte Anlaß geben sollte, noch von ihrer eigentümlich menschlichen Dimension – wenn zum Beispiel ein Entdecker in einen Ringkampf mit seinem Rivalen um die Aufdeckung von Geschichte gerät, oder wenn ein Halt zum Auffüllen von Wasservorräten verborgene Schätze aufdeckt. Meine eigene Darstellung, die ich als eine nicht autorisierte Biographie bezeichne, wird einen etwas eigenwilligeren Weg durch die tausend Jahrmillionen der Geschichte des Lebens einschlagen. Kein wirklich bedeutsames Ereignis wird ausgelassen werden, aber es ist unmöglich, sich kurz zu fassen: Die Historie ist einfach zu umfangreich, und die Gestalt des Berichts wird ebensosehr durch das bestimmt werden, was ich auslasse, wie durch das, was ich aufnehme. Isaac Newton verglich in einem berühmten Bericht seine Zusammenstellung von physikalischen Phänomenen des Universums mit dem Zusammenklauben von Strandgut, wobei er aus der endlosen Masse von Angeschwemmtem immer nur die prächtigsten Stücke aufsammeln könne, Dinge, die ihm besonders ins Auge stachen. Wie der Kiesstrand am Ufer der Hinlopenstretet ist auch die Historie eine schier endlose Folge von Details, und man hat grenzenlos viele Möglichkeiten, das eine oder das andere Stück aufzunehmen. Und wo meine persönlichen Erfahrungen mit Leuten oder Orten dazu beitragen können, den Forschungsprozeß mit Leben zu erfüllen, mache ich Abschweifungen, um den Weg vor uns besser auszuleuchten. Wissenschaftler sollen sich ihrer persönlichen Stimme enthalten, was für Fachzeitschriften ohne Zweifel bewundernswert gut funktioniert. Durch solch vorgeschobene Objektivität aber geht ein Großteil dessen verloren, was den Prozess der Entdeckung so aufregend und interessant macht, ihn mit dem ganzen Inventar unserer Fehler und Tugenden erfüllt.

Erwähnen muß ich an dieser Stelle auch das Schreckgespenst der Teleologie – den Versuch, dem evolutionären Geschehen Ziel und Zweck zuzuordnen, so, als strebe die gesamte Schöpfung nach Vollkommenheit. Der Gedanke hat ohne Zweifel etwas Verführerisches. Das Wesen der Anpassung *ist* eine Verbesserung des Gesamtentwurfs – oder zumindest der Eignung. Man stellt sich gern vor, daß Tiere und Pflanzen von dem Wunsch beseelt seien, immer besser, immer angepaßter zu werden, so als sei Leben eine Art von kapitalistischem Unternehmen, das auf ständig steigende Verkaufs- und Produktivitätszahlen aus ist. Eine konträre Ansicht schreibt so gut wie alles in der Evolution dem Wirken herzloser Zufälle zu, zwischen denen das Leben umherirrt wie ein Blinder auf dem Schlachtfeld. Danach entscheidet Glück und nicht die genetische Qualität oder die Vollkommenheit einer Anpassung über das Überleben. Vom Zufall gebeutelt, dem Fallen unzähliger Würfel ausgeliefert, überleben glückliche Arten eine Art Filter des Schicksals. Einen echten Konflikt gibt es hier nicht. Ich sehe keinerlei Veranlassung, mich in dem fruchtlosen Versuch, das Menschliche aus der Geschichtsschreibung zu verbannen, auf eine erzählerische Objektivität zu versteifen. Ob wir wollen oder nicht, in unsere Beschreibung der Naturgeschichte von Pflanzen und Tieren werden stets menschliche Motive einfließen; es ist unmöglich, die biologische Welt zu betrachten, ohne sie mit unserer Menschlichkeit einzufärben. Wir wissen, daß sich der menschliche Gefühlsausdruck in dem zähnefletschenden Knurren und den Grimassen von Tieren widerspiegelt, und daß das genetische Band, das alle Säugetiere miteinander vereint, sich nicht nur auf die Abfolge der Basen in einem DNA-Molekül erstreckt. Es gibt Dinge, die allem Leben gemeinsam sind, und sie zu akzeptieren ist kein Versagen. Anderseits gibt es aber auch Fälle, in denen der Zufall regiert, so blind wie der Einschlag eines Meteoriten oder eine plötzliche Wendung, wie das Eintreffen eines Briefes mit einer unerwarteten und folgenschweren Nachricht.

Eine Erzählung braucht eine Chronologie. Geologische Zeiträume sind paradox und schwierig zu beschreiben. Je weiter wir in der Zeit zurückgehen, um so verschwommener stellen sich uns die Ereignisse dar, um so vager wird die Erzählung. Um der Geschichte des Lebens auf eine möglichst logische Weise nahezukommen, könnten wir beispielsweise mit dem heutigen Tag beginnen und uns ganz allmählich zurückarbeiten. Wir wissen eine Menge über diese letzten paar tausend Jahre, und dank Radiokarbon-Methode und Dendrochronologie können wir die Ereignisse in diesem Zeitraum sehr genau datieren. Wenn wir beim Pleistozän, vor etwa einer Million Jahren, angelangt sind, sind viele Ereignisse nur noch mit einer Genauigkeit von einigen tausend Jahren datierbar. Noch weiter zurück, zum Zeitalter der Dinosaurier vor, sagen wir, 100 Millionen Jahren, und die Genauigkeit ist auf Zehn- vielleicht sogar Hunderttausende von Jahren gesunken: Zur Zeit der Trilobiten schließlich, vor vielleicht 400 Millionen Jahren, wäre eine halbe Million Jahre der kleinste Spielraum, den wir einem Ereignis zuordnen könnten. Aber Leben reicht noch weiter zurück, viel weiter, ungefähr dreieinhalb Milliarden Jahre, und dann wird es fraglich, ob die Lebensspuren dieser Zeit überhaupt noch als Leben zu betrachten sind. In jener fernen Vergangenheit wird die Genauigkeit, mit der ein Ereignis in einem Teil der Welt sich einem anderen Ereignis in einem anderen Teil zuordnen läßt, einen Spielraum von ein paar Millionen Jahren haben. Und je weiter wir in der Zeit zurückgehen, um so weniger fossile Zeugnisse werden wir finden. Mit jedem Mal, da die Gesteine den geologischen Kreislauf durchlaufen haben, ist durch Erosion mehr von den ältesten Teilen der Erdkruste verloren gegangen, und so oft wurde diese uralte Kruste durch die Mühlen riesiger Gebirgsketten gedreht, im Erdinneren gebrannt und gepreßt, daß von ihrem ursprünglichen Charakter nur noch wenig erhalten geblieben ist. Die Vergangenheit wird unablässig ausradiert, und Zeugnisse aus der ältesten Zeit sind nur durch eine Kette kleiner Wunder nicht verlorengegangen. Was sich am ehesten erhält, sind nichtssagende Details; die wenigen Berufssoldaten, die im Ersten Weltkrieg unverletzt aus der Sommeschlacht hervorgingen, verdanken dies vermutlich mehr dem Glück als ihrem Können. Wie jene fernen Klippen, die wir bei unserer Ankunft in Spitzbergen gesehen hatten, ist unsere entfernteste Vergangenheit nur verschwommen zu erkennen, voller Geheimnisse, verlockend, aber sehr undeutlich.

Obgleich es zweifellos sehr reizvoll ist, sich in der Zeit zurückzuarbeiten – vom Vertrauten zum Geheimnisvollen, vom scharf umrissenen Detail zu wildester Spekulation –, habe ich es vorgezogen, nahe bei den Anfängen zu beginnen und mich zur Gegenwart emporzuarbeiten. Vielen Geschichten bekommt eine chronologische Abfolge am besten, und dies gilt besonders für Geschichten, in denen es wie in der meinen eine verwickelte Rahmenhandlung, zahllose Nebenhandlungen und jede Menge Charaktere gibt, die auf Nimmerwiedersehen verschwinden. Die Geschichte des Lebens ist verwickelter als jeder Roman von Charles Dickens, und das gute Ende ist bei weitem nicht so sicher. Ich werde also mit dem beginnen, was am weitesten zurückliegt und von dem man am wenigsten weiß, und ich werde enden mit dem, was fast schon als historisch gesicherte Tatsache gelten kann, unserem geologischen Gestern. Je mehr wir uns der Gegenwart nähern, um so deutlicher wird der rote Faden erkennbar werden. Auch unsere Erinnerungen an die eigenen frühen Jahre sind undeutlich und verschwommen, wobei uns ein großes Ereignis unter Umständen lebhaft, wenn auch ohne nähere Details in Erinnerung sein kann. Erlebnisse aus meiner Jugend und prägende Erfahrungen des Erwachsenseins bilden eine feste Chronologie, an die ich mich mit derselben Deutlichkeit erinnere, die noch heute meine Erinnerungen an meine erste Expedition auszeichnet. Ereignisse von gestern oder vorgestern lassen sich im Kalender nachschlagen. Die chronologische Darstellung geologischer Abläufe ähnelt damit sehr dem Muster unseres Erinnerungsvermögens, einer Gabe übrigens, die bei unserer Art besonders ausgeprägt ist – nur daß hier die Zeitskala das 45millionenfache unserer Lebenspanne beträgt.

Und dennoch ist es eine unvollständige Geschichte, denn sie hat nur einen Mittelteil. Die Frühgeschichte unseres Universums und insbesondere seine ersten paar Sekunden fallen in das Gebiet der Astronomen und der theoretischen Physiker, und was sie zu erzählen haben, ist in komplizierte mathematische Gleichungen gefaßt. Bei jener Schöpfung waren die Kräfte, die die Geschichte unserer Erde geprägt haben – Schwerkraft, Magnetismus und Elektrizität – zu einer außerordentlichen Einheit vermählt, die sich, einmal zerbrochen, erst am Ende aller Zeiten wieder zusammenfinden soll. Die große expansive Explosion von Zeit und Materie im Urknall war eine Schöpferwerkstatt, in der über eine Reihe nuklearer Reaktionen, die in dieser Art nie wieder abgelaufen sind, aus leichteren Elementen schwerere entstanden. Vor elf bis fünfzehn Milliarden Jahren schuf sich das Universum im wahrsten Sinne des Wortes selbst. In einer raumfüllenden Reaktion, die bis heute nur sehr vage verstanden ist, stob Materie auseinander und ließ ungezählte Galaxien entstehen, die am Ende aus Millionen Sternen bestehen sollten. Und im äußersten Winkel einer dieser Galaxien, der Milchstraße, zogen sich unter der Wirkung der Schwerkraft interstellarer Staub und Gase zusammen – so wurde die Sonne geboren. Es gibt Millionen ähnlicher Sterne, denn an den Ereignissen, die zur Geburt der Sonne führten, war nichts Besonderes, doch bislang wissen wir von keinem anderen Stern, der Leben entstehen ließ. Als diese Materie gerann, waren die Bedingungen gegeben für den Beginn jener thermonuklearen Reaktionen, die noch heute die Glut im Herzen der Sonnenwärme unterhalten. Dies ist die Wärme, die Leben nährt. Das intuitive Wissen um diese Tatsache hat Eingeborenenvölker fast aller Kontinente zur Sonnenanbetung inspiriert. Die Menschen glauben, allein die Einhaltung von Riten könne die tägliche beziehungsweise die saisonale Wiederkehr der Sonne sichern, ohne die alles Leben dahinsiecht. Und sie haben recht: Würde diese Wärme auch nur für Sekunden aussetzen, so bedeutete dies den Tod allen Lebens.

Diese frühe Geschichte des Sonnensystems ging der Entstehung von Leben voraus. Doch wäre sie auch nur um ein Jota anders verlaufen, gäbe es keine lebenden Zellen. Aber das ist nicht unser Thema.

Am anderen Ende der Zeit steht die geschriebene Geschichte und mit ihr all das, was die menschliche Zivilisation ausmacht. Hier weicht der Arbeitsbereich des Paläontologen dem des Archäologen und Historikers. Allerdings gibt es zwischen beiden ein ungenau umrissenes Gebiet, eine Grauzone. Die Domestikation von Haustieren war ein einschneidendes Ereignis der menschlichen Evolution und fand möglicherweise an der Grenze zwischen Vorgeschichte und Geschichte statt. In jüngster Zeit hat sich bei vielen wichtigen Ereignissen der menschlichen Geschichte erwiesen, daß sie früher eingetreten sind, als man einst dachte, so wie auch die Ursprünge unserer menschlichen Spezies weiter zurückliegen, als man noch vor zwanzig Jahren annahm. Vielleicht ist das Gebiet der Paläontologie ja im Wachsen begriffen. Archäologen graben genau wie Paläontologen – wenn auch in dem Erdreich über den Felsformationen – in den Hinterlassenschaften vergangener Generationen, in Scherben und Müll, den vergessenen Ruinen verlassener Gebäude. Außer an rituellen Begräbnisstätten besteht der Stoff der Archäologen in erster Linie aus Sachen, die die Leute nicht mehr haben wollten und wegwarfen, oder aus verwahrlosten Gebäuden, die irgendwann einstürzten. Auch die Archäologen müssen sich oft mit Fragmenten dauerhafter Materialien begnügen, mit deren Hilfe sie eine übergreifende Geschichte zu rekonstruieren versuchen, und auch sie unterliegen den Prinzipien der Stratigraphie, wenn sie sich Schicht um Schicht tiefer in die Vergangenheit graben.

Die Geschichte, die ich erzählen will, spielt sich in dem ungeheuren Zeitraum ab, der zwischen dem Augenblick liegt, in dem die Sonne Wärme abzustrahlen begann, und der Zeit, in der die Menschen anfingen, Töpfe herzustellen, Stätten für Begräbniszeremonien zu bauen und die Einzelheiten ihres täglichen Tuns auf Tontafeln festzuhalten. Damit werden wir genug zu tun haben.

2

Vom Staub zum Leben

Die Erde formte sich aus Trümmern, die die entstehende Sonne umkreisten. Sie war ein Planet, gesponnen aus Stein und Staub, eine der kleineren Massen, die im Schwerefeld der Sonne gefangen waren. Der Trümmerkranz, der den Asteroidengürtel ausmacht und nie zu einem planetaren Ball erstarrt ist, geht auf diese Entstehungszeit zurück. Die anderen Planeten zeigen uns, wie die Erde hätte aussehen können, wenn nur ein oder zwei historische Umstände anders ausgefallen wären. Vor allem anderen aber wäre sie unbelebt geblieben.

Man hat einmal geglaubt, daß der Prozeß der Akkretion eher sanft verlaufen sei – daß die Erde aus Staub gewebt wurde wie Zuckerwatte aus Zucker. Inzwischen ist allgemein akzeptiert, daß die Erde sich gewaltsam bildete und wuchs, in einem Chaos aus Einschlägen, Zertrümmerung und Verschmelzung. Nichts hatte Bestand. Unablässig gruben sich Meteorite in die Oberfläche des wachsenden Planeten. Sie schlugen mit solcher Wucht auf, daß die steinige Oberfläche schmolz oder gar verdampfte. Sie selbst wurden dabei zertrümmert und eingeschmolzen, ihre Materie Bestandteil der wachsenden Erde. Das ganze glich einer bizarren, aus großen Klumpen zusammengegipsten Skulptur. Ein besonders gewaltiger Einschlag sprengte möglicherweise den Mond ab, der damit für alle Ewigkeit zu unserem leblosen Satelliten werden sollte. Mit Sicherheit enthält der Mond, fast wie ein Fossil, Hinweise auf eine Epoche, deren Zeugnis Zeit und Erosion auf seinem planetaren Nachbarn längst zunichte gemacht haben.

Der rotierende junge Erdball wurde nun unablässig von wilden Einschlagskaskaden geschmolzen und gebrannt. In einem rasenden alchemistischen Schöpfungsakt wurden Elemente umhergestoßen, zu neuen Mineralien kombiniert. Gleichzeitig erhitzte sich das *Innere* des wachsenden Planeten, der Zerfall instabiler Isotope des Urans und anderer Elemente schürte die inneren Feuer, die noch heute den Kern unseres Planeten heizen. Zwischen der Größe der Erde und der Wärme der lebenden Feuer in ihrem Inneren muß eine überaus delikate Balance geherrscht haben: Ein kleinerer Planet wäre womöglich «ausgebrannt», bei einem größeren wäre es auf der Oberfläche vielleicht niemals zu der richtigen Temperatur gekommen, um Leben entstehen zu lassen. Die Erde dreht sich um ihre Achse, dadurch ist sichergestellt, daß nicht nur ein Teil ihrer Oberfläche der unerbittlichen Sonne ausgesetzt ist. Alle Teile sonnen sich in ihrem Segen, aber niemand wird übermäßig geröstet: Wir werden «medium» gebraten. Auch die Entfernung zwischen Erde und Sonne ist optimal – nicht so nahe, daß wir uns verbrennen, sondern genau richtig, um die chemischen Reaktionen zu ermöglichen, auf denen Leben basiert. Die Position der Erde am Firmament und ihre Bahn im Sonnensystem sind exakt darauf abgestimmt, Leben möglich werden zu lassen. Falls die Entstehung von Leben nichts als eine Frage des Zufalls gewesen sein sollte, so waren die Würfel zu seinen Gunsten gezinkt.

Meteorite kommen aus dem Weltall zu uns, und sie bringen Botschaften aus der Vergangenheit des Sonnensystems. Sie sind steinerne Fragmente festgehaltener Zeit, gefrorene Geschichte, Vagabunden aus der Urzeit. Die meisten von ihnen verbrennen beim Eintritt in die Erdatmosphäre zu nichts – sie verglühen wie Sternschnuppen. In Wüsten – in Australien oder auf der arabischen Halbinsel – habe ich sie beobachten können, wie sie plötzlich im Abstand von wenigen Minuten auftauchen und ihre Spur in den Himmel schreiben. Sie sehen aus wie feine Kratzer, die sich in die große Himmelswölbung gefressen haben, und sind doch so rasch vergänglich wie ein Feuerwerk – genau das sind sie im Grunde auch. In den frühen Tagen der Erde waren sie zahlreicher, größer und häufiger. Zu jener Zeit waren sie keine Kräfte der Zerstörung, sondern Teil einer Schöpfung. Da sie ihre eigenen Elemente mit hierher brachten, waren Meteorite so etwas wie steinerne Päckchen, die dem wachsenden und wilden jungen Planeten zugestellt wurden. Wenn sie beim Aufschlag zerschmolzen, bescherten sie der werdenden Welt ihre Gaben. Daher können wir, wenn wir Meteorite und Kometen betrachten, etwas über die chemischen Elemente lernen, die einst auf unseren primitiven Planeten hinuntergeprasselt sind.

Wunderbarerweise gehörte Kohlenstoff zu den häufigeren Elementen.

Kohlenstoff bildet den Kern allen Lebens, ist dessen allgegenwärtiger und unentbehrlicher Bestandteil. Kohlenstoffatome verbinden sich zu Ketten und vereinen sich mit anderen Atomen zu der ganzen Bandbreite organischer Substanzen, die Leben ausmachen – von der DNA bis zu den Zehennägeln. Nur noch ein weiteres Atom ist genauso vielseitig wie Kohlenstoff, und das ist Silizium, der Hauptbestandteil vieler gesteinsbildender Mineralien. Auch Silizium kann sich mit seinen Nachbarn die Hand zu langen Molekülen reichen. Die Technologie der Siliziumchips macht sich diese Eigenschaften zunutze, und nicht von ungefähr gilt eine Intelligenz auf Siliziumbasis als einzig möglicher Rivale für unser eigenes, auf Kohlenstoff basierendes Gehirn. Man muß kein fanatischer Reduktionist sein, um zu dem Schluß zu kommen, daß die Seele des Lebens dem Kohlenstoff und die Seele der Gesteine dem Silizium entsprungen ist.

Es gibt eine Klasse von Meteoriten, die man als kohlige Chondrite bezeichnet und in denen Kohlenstoff besonders reich vertreten ist. Sie sind seltsame kleine Gebilde, die nicht einmal selten vorkommen und häufig nur so groß sind, daß man sie gut in einer Hand halten kann. Sie sehen ein bißchen aus wie Bälle, haben jedoch eine auffallende ringförmige Kerbe, die ein bißchen aussieht wie die Tonsur eines Priesters. Auf ihrer abgerundeten Seite sind sie beim Durchtritt durch die Atmosphäre geschmolzen und geglättet worden: Hitze und Schmelzprozesse haben sie geformt. Ihr Kohlenstoffinhalt besteht nicht nur aus dem Element selbst, sondern auch aus Kohlenstoffverbindungen, und einige von diesen sind Substanzen verwandt, die auch für die Schaffung und Erhaltung von Leben Bedeutung haben. Es ist durchaus möglich, daß sie einst die «Saat» des Lebens gebildet haben. Auch Kometen sind reich an Kohlenstoff und seinen Verbindungen, und auch sie sind ohne Zweifel in einem späteren Stadium ihrer Entstehung auf die Erde hinabgeschleudert worden. Kohlenstoff und letztlich das Leben selbst haben ihre Wurzeln in den elementaren Schöpfungsprozessen, die sich lange nach dem Urknall und den Anfängen der Expansion des Universums im Inneren «stellarer Schmelztiegel» abgespielt haben. Es kann kaum Zweifel daran bestehen, daß die Einschläge zahlloser Meteoriten und Kometen eine bedeutsame Rolle dabei gespielt haben, die Welt für die Entstehung von Leben vorzubereiten – insbesondere zu Zeiten, als sich noch nicht genügend Erdatmosphäre gebildet hatte, um sie verglühen zu lassen. Nicht minder klar ist, daß in dieser sengenden Schöpfung nicht spontan Leben entstanden sein kann, denn diese «Lebensspender» haben nicht nur die Zutaten der Schöpfung überbracht, sondern auch die Oberfläche des Planeten buchstäblich sterilisiert. Es muß dem biblischen Fegefeuer geglichen haben.

Nicht alle der ungefähr 3000 Meteoriten, die sich rund um die Welt in den Sammlungen der Museen befinden, sind Chondrite. Es gibt auch Meteorite, die aus metallischen Elementen bestehen, insbesondere aus Eisen und Nickel, und mehrere Tonnen wiegen können. In vieler Hinsicht gleichen sie dem Erdinneren, einem Kern, der zu wachsen begann, nachdem sich der Planet geformt hatte. Sie sind außerordentlich schwere Gebilde, die schon immer sehr viel Aufmerksamkeit erregt haben. Steinerne Meteorite könnten Fragmente aus frühen Phasen planetarer Desintegration sein, ein Erbe aus der Zeit des konstruktiven Chaos. Größere Meteoriten sind imstande, verheerende Zerstörungen anzurichten, auch sie prasselten auf die junge Erde herein. Und mag diese Epoche auch so weit in der Vergangenheit liegen, daß sie uns dunkel, fast schon wieder belanglos erscheint, so muß doch betont werden, daß sie für die nachfolgende Geschichte der Evolution von größter Bedeutung gewesen ist. Ich werde hierauf zurückkommen, wenn ich das Verschwinden der Dinosaurier behandle.

Der Mond gibt noch heute Aufschluß über das Vermächtnis dieser Zeit, ist doch seine eigene Geschichte vor Jahrmilliarden zum Stillstand gekommen. Da ihm eine Atmosphäre fehlt, ist seine Geschichte nicht wie die seiner leiblichen Schwester und Nachbarin Erde zahllose Male revidiert worden. Unsere eigene Vergangenheit ist wieder und wieder ausradiert und umgeschrieben worden, war endlosen Zyklen von Meer, Wind und Eis unterworfen. Auf dem Mond aber blieben die Krater erhalten. Jüngere Krater weisen noch heute strahlenförmige Narben auf, die, Zeugnis gewaltiger Einschläge, wie auffällige Einschußwunden wirken. Der größte Teil der Kraterarchitektur des Mondes aber wurde zwischen 4,6 und 3,5 Milliarden Jahren vor unserer Zeit angelegt und hat die Zeiten überdauert, um Zeugnis abzulegen von jenen fernen, in der Hülle der Erde längst vergessenen Tagen der Schöpfung. Eine der wichtigsten Aufgaben der Astronauten, die in den siebziger Jahren mit schwerfälliger Eleganz über die uralte zerklüftete Mondoberfläche wandelten, war das Sammeln von Gesteinsproben. Diese Gesteine lieferten radioaktive Daten, die den Beweis für das Alter des Sonnensystems und eine Bestätigung für das Alter von Meteoriten lieferten. Der Mond steht mit seiner verwüsteten Oberfläche übrigens nicht allein, auch andere Planeten und Monde sind seit ihrer stürmischen Entstehung praktisch eingefroren. Die Raumfahrt hat es uns ermöglicht, die Fußstapfen der Vergangenheit auf entfernten Planeten mit einer Detailgenauigkeit zu betrachten, von der die Astronomen bislang nur hatten träumen können. *Mariner 10* zeigte uns die Oberfläche des Merkur mit Kratern übersät, kahl und tot. *Voyager* entdeckte sechs neue Monde, die Neptun umkreisen, auch diese Monde blatternarbig von urzeitlichen Einschlägen, unvorstellbar leblos. Auf diesen trostlosen Felsmassen hat Leben keinen Fuß fassen können. Kein Zündfunke schweißte die ersten organischen Moleküle zu Zellen zusammen, der komplizierte Reigen des Kohlenstoffs kam über die ersten paar Schritte nicht hinaus. Vielleicht ist das einzig und allein auf der Erde gelungen, wenngleich die NASA kurz vor der Fertigstellung dieses Buches von Hinweisen berichtet hat, denen zufolge es auf unserem Nachbarplaneten Mars möglicherweise einen weiteren Start gegeben haben soll, einen Fehlstart, eine Schöpfung, die nicht von Erfolg gekrönt war.

Zur Entstehung von Leben kam es, weil die Erde irgendwann über eine Gasatmosphäre und Wasser verfügte. Im Laufe der stürmischen Schöpfungsphase des Planeten wäre, was immer sich an primitiver Atmosphäre auch gebildet haben mochte, hinweggefegt worden, so wie die Gluthitze der Oberfläche es verhinderte, daß die ersten geheimnisumwitterten alchemistischen Prozesse zur Entstehung von Leben führten. Später, als die Erde eine feste Kruste entwickelte, entströmten den Vulkanen, Kaminen und Millionen Schloten jene Gase, die sich zur Atmosphäre vereinigen sollten, und ein großer Teil des irdischen Wassers. Während sich der Erdkörper zu seinen vier Schichten ordnete, fanden flüchtigere Verbindungen und Gase den Weg zur Oberfläche. Dieser Prozeß wird von denen, die über die Frühgeschichte unseres Planeten nachsinnen, in der Regel als Entgasung bezeichnet. Wenn Sie wollen, können Sie es so sehen, als seien unsere Atmosphäre und die Möglichkeit zur Entstehung von Leben Folge einer Blähung in den Gedärmen der Erde. Durch die anziehende Wirkung der irdischen Schwerkraft wurde die Atmosphäre festgehalten, die mächtigen Strahlen der Sonne heizten sie auf. Unsere Entfernung zur Sonne war ideal für Reaktionen, die aus Kohlenstoff, Wasser, Stickstoff und einer Handvoll anderer, reichlich vorhandener Elemente auf natürliche Weise die Bausteine des Lebens entstehen lassen konnten. Der Trick der Schöpfung bestand nicht in der Ausgefallenheit ihrer Zutaten, sondern in der Art und Weise, wie sich diese einzig und allein auf der Erde miteinander vereinigen konnten. Es war das Zeitalter der Chemie.

An den Gesteinen, die heute an der Erdoberfläche liegen, können wir nur sehr wenig von diesen Prozessen erkennen. Das älteste erhaltene Gestein stammt aus Isua, Grönland, und wird auf ein Alter von 3,8 Milliarden Jahren geschätzt. Warum gerade dieses Gestein so lange erhalten blieb, ist eine interessante Frage. Die meisten Gesteine der urtümlichen Erdkruste sind längst recycled, früher oder später dem unerbittlichen Druck tektonischer Verschiebungen unterworfen worden. Hitze und Verschüttung haben sie verwandelt, und schließlich hat die Erosion sie wieder in ihre ursprünglichen Bestandteile zermahlen, die dann wieder dem nächsten großen Kreislauf aus Sedimentation und Umwälzung anheimfielen. In Grönland hat sich die Erdkruste früh verfestigt. Daß sie anschließend Jahrmilliarden überstanden hat, war vielleicht nichts weiter als ein Glücksfall. Dieses Gestein gleicht nicht dem Überlebenden eines Feldzugs oder einer Schlacht, sondern jemandem, der einer ganzen Serie von Kriegen entkommen ist. Ein ergrauter alter Soldat mag davon überzeugt sein, daß irgendeine besondere Qualität seinerseits ihn hat überleben lassen, als alle seine Mitstreiter fielen, aber vielleicht war es nichts als Glück – Geschosse und Bomben fragen nicht nach Verdiensten. Bei dem Gestein aus Grönland aber handelt es sich um Sedimentgesteine, die bereits erhitzt und umgewandelt worden sind, das heißt sie müssen ihrerseits aus noch älterem Gestein entstanden sein, das unter dem urzeitlichen Wind und Regen, der über die junge Erde niederging, verwittert war, Beleg für eine noch frühere Geschichte. Sie zeigen auch, daß schon von frühester Zeit an Wasser vorhanden war. Es kondensierte in großen Mengen – sogar in Gestalt von Flachmeeren – aus dem zischenden Dampf der Vulkane. Aus allem, was wir über die Entstehungszeit unseres Sonnensystems wissen, läßt sich einfach errechnen, daß diese noch frühere Geschichte eine weitere Milliarde Jahre zurückreicht. Von dieser Geschichte haben wir nur eine sehr vage Vorstellung. Sie repräsentiert das wirklich dunkle Zeitalter der Erdgeschichte.

Ein frühes Zeitalter der Physik und der Chemie ging also dem Leben voraus und ist noch immer Gegenstand von Spekulationen, ebenso die zentrale Frage, wie Leben entstanden ist. Denn es hat sich dabei um nichts geringeres gehandelt als um die Verwandlung von Materie: darum, seelenlose Elemente zu lebenden Systemen zu schmieden, die imstande sind, sich neu zu bilden. Die Suche nach dem Geheimnis dieser Verwandlung ist alles andere als abgeschlossen, und ihre zahllosen Schritte hier verständlich darlegen zu wollen, käme in etwa dem Versuch gleich, all das, was man über die menschliche Anatomie weiß, auf einer Ansichtskarte zusammenzufassen: Die Umrisse mögen im großen und ganzen stimmen, aber die Details sind zwangsläufig sehr vage.

Die Idee der Verwandlung von Materie hat fundamentalen Charakter – nicht nur soweit sie die Vervollkommnung der menschlichen Seele betrifft, die den Kern der meisten Religionen bildet. Ihre Tradition reicht vom Mittelalter bis in unsere Zeit der Nuklearreaktionen. Die Alchemisten glaubten an die Umwandelbarkeit der Elemente: Mit Hilfe des Steins der Weisen sollten sich einfache Metalle in das Edelmetall Gold verwandeln lassen. Die etwas weltgewandteren alchemistischen Philosophen wie Paracelsus (1493–1541) sahen den physikalischen Prozeß der Transmutation von Elementen als Sinnbild für die Reise der menschlichen Seele und vermengten so das Physische mit dem Metaphysischen. Die Verwandlung in Gold galt überdies als Sinnbild für jedwede medizinische Behandlung, deren Ziel nach damaliger Auffassung darin bestehen sollte, das Unvollkommene aus dem Gleichgewicht des Körpers zu verbannen. Wie Robert Browning in seinem Gedicht über Paracelsus schrieb:

> … a tincture
> Of force to flush old age with youth, or breed
> Gold, or imprison moonbeams till they change to opal shafts
> …

Wir machen es uns zu einfach, wenn wir die Tinkturen mischenden Chemiker jener Zeit von unserem heutigen Standpunkt aus als Scharlatane abtun, die sich an den Sehnsüchten und der Leichtgläubigkeit Unwissender bereicherten. Es gibt guten Grund zu der Annahme, daß ein Großteil dieser Alchemie praktizierenden Virtuosen fest an die Existenz jenes Steins der Weisen glaubte, und es steht fest, daß sie auf ihrer fruchtlosen Suche ganz nebenbei zu echten Erkenntnissen über das Wesen chemischer Reaktionen gelangten. Es entbehrt nicht der Ironie, daß die Möglichkeit der Transmutation von Elementen am Ende durch die Errungenschaften der «richtigen» Wissenschaft bewiesen wurde – der radioaktive Zerfallsprozeß, der diese Transformation bewirkt, durchzieht die gesamte Chronik in diesem Buch wie ein roter Faden (wobei Gold sich aus diesem atomaren Geschiebe allerdings vornehm heraushält). Es überrascht nicht, daß öffentliche Demonstrationen zum Stein der Weisen nicht zu überzeugen vermochten – oder sich hinterher als fauler Zauber entpuppten. Nichtsdestotrotz bildet die Überzeugung, daß es möglich ist, das Rohe und Leblose in das Edle – eine höhere Form also – zu verwandeln, eine Art philosophische Basis für die wichtige Frage nach dem Ursprung des Lebens und letztlich auch nach dem Ursprung von Bewußtsein. Viele Menschen glauben auch heute noch an eine Stufenleiter oder Hierarchie, die von lebloser, träger Materie über eigenständiges Leben zu Geist und schließlich zu Gott führt. Trotz all unserer Erkenntnisfortschritte – diese Sichtweise dürfte unseren metaphysisch ausgerichteten Vorfahren vertraut gewesen sein. Wie wir sehen werden, war die tatsächliche Transformation sogar noch weit bemerkenswerter und tiefgreifender als das, was sich die Alchemisten darunter vorgestellt hatten.

Bisher hat noch niemand den neuen Stein der Weisen vorgelegt, das Mittel für eine künstliche Synthese von Leben. Aber allen dargebotenen Erklärungen liegt die Vorstellung zugrunde (wenn die Autoren dies auch niemals mit so vielen Worten zugeben würden), daß der Ursprung des Lebens sich rein physikalisch erklären läßt, woraus wiederum eindeutig folgt, daß der Prozeß letzten Endes wiederholbar ist. Natürlich noch nicht gleich, sagen sie, wir müssen erst mehr wissen! Aber unterscheidet sich dieser Einspruch wirklich so sehr von dem eines Alchimisten, der inmitten seiner Quecksilberlösungen, Destillierkolben und Retorten von den Zuschauern gedrängt wird, die Umwandlung von Blei in Gold vorzuführen?

Am 1. Februar 1871 schrieb Charles Darwin an seinen Freund Joseph Hooker: «Wenn (und, oh, welch großes Wenn) wir uns vorstellen könnten, daß sich in einem kleinen warmen Teich mit allen möglichen Sorten von Ammonium- und Phosphorsalzen – in Anwesenheit von Licht, Wärme und Elektrizität – auf chemischem Wege eine Proteinverbindung bildete, die in der Lage wäre, weitere und komplexere Verwandlungen durchzumachen – heutigen Tags würde diese Materie augenblicklich verschlungen oder absorbiert, aber vor der Entstehung lebender Kreaturen wäre das nicht der Fall gewesen.» Dies war ein klarer Ausdruck der Hoffnung, daß Leben aus dem entstehen könnte, was in der populären Presse als «Ursuppe» bekannt werden sollte: eine Art Nährbrühe, aus der eine lebende Zelle, gemeinsamer Vorfahr aller Lebewesen, fix und fertig hervorgehen konnte. Darwin selbst war sehr vorsichtig mit weiteren öffentlichen Mutmaßungen über den Ursprung des Lebens. Aber das Bild vom Kochen hat sich gehalten, und es ist ein recht passendes Bild. Denn auch zum Kochen bedarf es zunächst einer Reihe von Zutaten, dann eines Rezepts und schließlich einer Transformation durch Hitze, aus der eine fertige Mahlzeit hervorgeht. Es ist ein angenehm vertrauter Weg zu dem, was der deutsche Zoologe Ernst Haeckel im Jahre 1866 als *radix communis organismorum* (gemeinsame Wurzel aller Organismen) bezeichnete: Durch das richtige Kochrezept läßt sich geeigneten Chemikalien zum Leben verhelfen. Bereits in den zwanziger Jahren konnte der russische Biologe A. Oparin zumindest einen Teil der notwendigen Zutaten und einige Schritte des Kochrezepts benennen, aus denen sich auf diese Weise

Leben herstellen lassen sollte. Es muß damals sogar so ausgesehen haben, als habe man die Synthese von Leben schon fast im Griff. Die einfachen organischen Verbindungen, die zur Lebensentstehung notwendig waren, konnten sich auf natürliche Weise auf der Erde gebildet haben. Diese Kohlenstoffverbindungen hatten die Fähigkeit, sich weiter zu Ketten zu verbinden (zu polymerisieren), sich am eigenen Schopf zu packen und zu den ersten Molekülen aufzuschwingen, die in der Lage waren, sich zu reproduzieren. Das einzige, was benötigt wurde, um den Prozeß am Laufen zu halten, war ein ausreichender Vorrat an Energie – denn alles Leben verbraucht Energie, um seine Vermehrung zu betreiben. Der chemische Kessel hatte etliche hundert Millionen Jahre Zeit, kreativ vor sich hin zu brodeln und zu köcheln, doch als der Durchbruch einmal erreicht war – ein einziges Mal in einer Lotterie von Millionen und Abermillionen chemischen Reaktionen –, hielt sich das Resultat selbst am Laufen. Damit war die Nahrungsaufnahme Teil der Welt geworden, und mit ihr das Leben.

Doch wenn diese bemerkenswerte natürliche Aufspaltung kohlenstoffhaltiger Moleküle einmal hat entstehen können, hätte es dann nicht ein weiteres Mal dazu kommen können – oder gar viele Male? Das Dumme an einem scheinbar einfachen Trick ist, daß jeder ihn lernen kann. Schließlich sind Experimente mit organischen Substanzen im Labor wiederholbar. Im Gegensatz zu den Behandlungsmethoden eines Paracelsus lebt die wissenschaftliche Methode von der Wiederholbarkeit. Wenn dieses erste Gebräu des Lebens nichts Wundersames an sich hatte, ist seine Zusammensetzung womöglich reine Routine gewesen. Dann aber hätte Leben unabhängig voneinander in verschiedenen Organisationsformen entstehen können; Pflanzen und Tiere könnten aus verschiedenen Quellen stammen, und wir wären dann vielleicht doch keine entfernten Cousins der Pilze oder Neffen von Bandwürmern. Denjenigen unter uns, die sich gerne von gräßlichen Parasiten und Krankheiten distanzieren möchten, mag dies eine wünschenswerte Hypothese sein. Aber wir können der Bruderschaft mit den niederen Invertebraten nicht so ohne weiteres entkommen. Denn unsere Moleküle legen Zeugnis von unserer Geschichte ab und verwickeln uns in die Verbrechen unserer Vorfahren.

Heute wissen wir sehr viel mehr über die Feinstruktur von Leben als zu der Zeit, als A. Oparin und J. B. S. Haldane über Mechanismen nachdachten, wie sich aus leblosem Lehm Leben zusammenbrauen ließe. Das Phänomen Leben wird dadurch verständlicher, zugleich aber auch noch erstaunlicher. Die Chemie der Zelle wurde Stück für Stück auseinandergenommen. Da gibt es nicht nur den Mechanismus der Vererbung vermittels der Nukleinsäuren DNA und RNA, sondern eine Unmenge an Enzymen und anderen Biochemikalien, die die chemischen Abläufe in Zelle und Körper regeln. Diese Strukturen werden, Atom für Atom, allmählich erschlossen. Jede Woche, da ich dieses schreibe, werden in der geheimnisvollen DNA-Doppelhelix neue Gene entschlüsselt, und diese Gene enthalten die Anweisungen für den Bau von Proteinen, wie Darwin sie in seinem kleinen Tümpel der Schöpfung zu finden hoffte. Alle diese biologisch hergestellten Moleküle sind unendlich komplexe Konstruktionen, die aus einfachen Ausgangssubstanzen erzeugt werden. Wenn man sie gedruckt abgebildet sieht, erinnern sie an Vorlagen für Modelle, die Kinder aus Stäben und Kugeln zusammenstecken. Das ist eine durch und durch mechanistische Vorstellung. Meccano-Baukästen bestehen mehr oder weniger nur aus Pfeilern, Streben, Schrauben und Muttern, und doch kann man daraus brauchbare Modelle des Eiffelturms bauen. Leben läßt sich als eine Art Meccanosystem von unvorstellbarer Komplexität betrachten, das die Fähigkeit besitzt, sich selbst zu konstruieren – aber eben doch weiter nichts als ein Meccanobausatz, den man mit ein paar Tricks und einem Handbuch zerlegen und in ein oder zwei Schachteln verpacken kann.

Mir fällt es schwer, das Leben so zu sehen, obwohl viele, wenn nicht gar alle großen Siege auf dem Weg zu seinem Verständnis auf einen solchen reduktionistischen Ansatz zurückzuführen sind. Nicht zu rütteln ist an der Tatsache, daß alles Leben – vom Bakterium bis hin zum Elefanten – auf der Ebene der Moleküle gemeinsame Eigenschaften hat. Es gibt einen roten Faden, der die gesamte biologische Existenz durchzieht. Einzelne Gene der ribosomalen RNA sind allem Leben gemeinsam, und hierbei handelt es sich um komplexe Strukturen. Es ist hochgradig unwahrscheinlich, daß solche genetischen Gemeinsamkeiten zufällig entstanden sind. Diese Moleküle durchziehen das Leben auf dieselbe Weise wie das musikalische Hauptthema den letzten Satz von Brahms' vierter Sinfonie. Es gibt eine Reihe von Variationen, die, oberflächlich betrachtet, ganz unterschiedlich klingen, doch ihnen allen liegt eine tiefe Ähnlichkeit zugrunde, die das Ganze zusammenhält. Die Schönheit der Struktur ergibt sich durch die Einzigartigkeit der verklingenden Musik einerseits und den großen Zusammenhalt der Komposition andererseits. Der entscheidende Zündfunke, der unbelebter Materie zum Leben verhalf, entstand nur ein einziges Mal, und jede lebende Existenz verdankt sich diesem Augenblick. Wir sind eins mit Bakterien, die in heißen Quellen leben, mit parasitischen Seepocken, Fledermäusen und Blumenkohl. Wir alle teilen einen gemeinsamen Vorfahren.

Aus dieser erstaunlichen Tatsache ergibt sich eine zwingende Schlußfolgerung. Die Schaffung von Leben war keine einfache Sache. Es muß sich vielmehr um ein unerhörtes Glücksspiel gehandelt haben, einen Treffer, aller Thermodynamik zum Trotz, die den sich selbst replizierenden Systemen entgegenwirkt – Systemen, die Energie *aufnehmen* statt freizusetzen. Wäre dies nicht so schwierig gewesen, dann müßte es Hinweise auf Lebewesen geben, die nicht aus demselben Staub geboren wurden wie andere. Die urtümlichen Fingerabdrücke der Schöpfung sollten den Molekülen aller ihrer Gewebe noch immer anhaften, und sie sollten sich von denen unterscheiden, die den Rest der Lebewelt prägen. Aber dem ist nicht so. Die Ahnenreihe läßt sich allem Anschein nach auf eine gemeinsame Quelle zurückführen. Damit aber sind wir beim Kern des Arguments: Wenn Leben eine so bemerkenswerte Angelegenheit ist, wie können wir dann je hoffen, ein so einzigartiges Ereignis, das so außerhalb jeder Wahrscheinlichkeit liegt, wiederholen zu können? Und begeben wir uns, wenn wir diese Schwierigkeit anerkennen, damit nicht auch aller Hoffnung auf einen neuen Stein der Weisen?

Die Idee von den gemeinsamen Grundlagen allen Lebens ist nicht neu. Sobald sich in intellektuellen Kreisen die Vorstellung von einer auf Evolution beruhenden Abstammung durchgesetzt hatte, führte der Weg zwangsläufig zu Darwins kleinem Teich zurück. George Eliot veröffentlichte im Jahre 1872, kurz nachdem Haeckel eine «gemeinsame Wurzel» für alles Leben postuliert hatte, ihren Roman *Middlemarch*. Der Arzt Dr. Lydgate verkörperte für Eliot den optimistischen, rationalen Humanisten, der an die Aufklärung glaubt und an die Vorteile, die der gemeine Mann (der er selbst nicht war) aus dem Streben nach Wissen ziehen müsse. Insbesondere suchte er nach dem allem Leben gemeinsamen Faden – einem «bestimmten Urgewebe». Es war eine Suche nach dem Gewebe, das «die innerste Wahrheit im lebenden Organismus und die Grenze der anatomischen Analyse markierte, aber es stand einem anderen Geist offen zu sagen: Haben nicht alle diese Strukturen irgendeinen gemeinsamen Grund, von dem sie alle ausgegangen sind, so wie die Futterstoffe, Gaze, Musselin, Satin und Samt von dem rohen Kokon?» Es sollte «... den wahren Kern der Dinge zeigen und alle früheren Erklärungen revidieren.» Was ist die Suche nach dem Ursprung von Leben anderes als die Suche «nach dem wahren Kern der Dinge»?

Dr. Lydgates Beobachtungsebene war nicht die des Atoms, sondern die des Gewebes, beziehungsweise, noch ein bißchen darunter, das Niveau einzelner Zellen. Sechzig Jahre zuvor hatte Baron Frankenstein sein Monster noch aus ganzen Organen entstehen lassen. Danach kam es zu einer fortschreitenden Fokussierung auf immer elementarere Ebenen der biologischen Organisation. Das zwanzigste Jahrhundert schließlich machte eine weitere Dimension der Vergrößerung möglich, die über das Lichtmikroskop hinausging. Es besteht kein Zweifel, daß George Eliot als gebildete und intelligente Frau neuen Schlags sich hatte vorführen lassen, was man durch jene eleganten Messinginstrumente alles sehen konnte, die das Studium der Anatomie verändert hatten. Ernst Haeckel selbst war ein wahrer Virtuose des Lichtmikroskops. Doch die Moleküle, aus denen die Strukturen, die er so gut kannte, bestanden, konnte er nicht sehen.

Es gibt eine interessante Parallele zwischen dieser fortschreitenden Präzision der biologischen Betrachtung und der Verschiebung in den physikalischen Wissenschaften, die das System der Elemente hinter sich ließen und in die atomare Realität darunter vordrangen. Als Watson und Crick im Jahre 1953 die Spiralstruktur der Nukleinsäuren – die berühmte Doppelhelix – aufdeckten, vereinigte sich die Ebene der grundlegenden Strukturen des Lebens endlich mit der Ebene der Atome. Jetzt erst konnte der Mensch als eine Art verspielter Gottheit versuchen, die Schöpfung nachzustellen und Darwins «kleinen Teich» sowie die Bedingungen, unter denen man ihn zum Leben erwecken konnte, nachzubilden.

Die ersten Versuche, einen Kessel voller Leben zu brauen, hatten etwas früher in den fünfziger Jahren stattgefunden, in einer berühmt gewordenen Serie von Experimenten unter der Leitung von S. L. Miller und H. C. Urey. Seither nennt man Experimente dieser Art Miller-Urey-Reaktionen. Man ging von einer Atmosphäre aus, die aus Ammoniak, Methan und Wasserdampf bestand – freier Sauerstoff hingegen fehlte, weil eine solche «reduzierende Atmosphäre» in etwa dem entsprach, was man damals von der Atmosphäre des Jupiter wußte. Als man elektrische Ladungen – als Ersatz für Blitze – durch diese Atmosphäre sandte, sammelte sich ein reichhaltiges Gebräu aus organischen Substanzen an. Wenn auch keineswegs so etwas wie ein lebender Organismus entstand, so war doch diese chemische Bouillon bei weitem ergiebiger, als man es je erwartet hätte. Unter diesen Chemikalien befand sich eine relativ große Ausbeute an Aminosäuren, den Grundbausteinen von Proteinen. Oparins Traum hatte sich erfüllt! Leben ließ sich unter bestimmten Umständen mit einfachsten Mitteln zusammenkochen: So wie aus ein paar Eiern und Mehl die wundersame Komplexität eines Soufflés erstehen kann, ließ sich durch die belebende Kraft elektrischer Funken Einfaches in Komplexes verwandeln, konnten Kohlenstoff, Wasser und Stickstoff dazu gebracht werden, sich in der richtigen Reihenfolge zusammenzufinden und Moleküle des Lebens zu bilden. Niemals, seit Mary Shelley davon geträumt hatte, die Macht des Blitzes auszubeuten, um Dr. Frankensteins Golem zu beseelen, war dem natürlichen Feuer des Himmels eine derart schöpferische Rolle zuerkannt worden. Die Grenze zwischen belebter und unbelebter Materie wurde verwischt, und die Barriere ist, was auch immer an Argumenten um die Schöpfung seither vorgebracht wurde, nie wieder aufgerichtet worden.

Das Ergebnis dieser irdischen Synthese war abhängig von den Bedingungen und Gasen, die in jener Urzeit in der Atmosphäre vorhanden waren. Manche behaupten, es habe gleich von Anfang an eine geringe Menge Sauerstoff gegeben – weniger als 0,1 Prozent der heutigen Konzentration. Mit großer Sicherheit hat man in den Originalexperimenten die Bedeutung der beiden gasförmigen Oxide des Kohlenstoffs – Kohlenmonoxid und Kohlendioxid – in der Gründeratmosphäre unterschätzt. Höchstwahrscheinlich war auch Zyanid (HCN) vorhanden. Alle Wissenschaftler aber sind sich darüber einig, daß die Uratmosphäre für jedes Sauerstoff atmende Tier – uns selbst eingeschlossen – überaus giftig gewesen sein muß. Für unseren Stoffwechsel ist Zyanid die giftigste Substanz von allen, denn es blockiert die Kapazität des Hämoglobins in unserem Blut, Sauerstoff zu transportieren. Kohlendioxid ist ein schweres Gas, das noch heute aus Vulkanen in Mengen austritt, die ausreichen, um Leben zu vernichten. Im Jahre 1967 wurde in Tansania ein ganzes Dorf vergiftet, als eine Gaswolke das Tal hinunterkroch und sich in einer bewohnten Senke sammelte. Es erstickt Leben mit großer Effizienz. Viele lebenswichtige Moleküle enthalten, in ihren organischen Tiefen verborgen, das Zyanidradikal. Professor Oro aus Houston vertritt die These, daß eine chemische Substanz namens Zyanamid als entscheidender Vermittler für die Synthese vieler weiterer Lebensmoleküle diente. Damit sind diese giftigen Substanzen als Teil unserer Schöpfung zu betrachten, die noch immer tief in der Chemie unseres Körpers verankert sind. Während die Chemiker noch um die Einzelheiten feilschen, ist doch eines unumstritten: Aus dieser feindlichen Erde ging blühendes Leben hervor.

Irgendwie müssen Darwins andere Zutaten in das Gebräu gelangt sein. Er erwähnte Phosphor, in Gestalt von Phosphaten ein aktives Element und lebenswichtiger Vermittler beim Transport von Energie durch sämtliche Organismen, ein allgegenwärtiger Motor des Lebens. In seiner rohen, elementaren Form ist auch Phosphor gefährlich giftig. Als man Phosphor noch benutzte, um Streichhölzer herzustellen, kam es häufig vor, daß die Beschäftigten der Zündholzfabriken an einer furchtbaren und entstellenden Nekrose des Unterkiefers erkrankten. Erst im Zusammenschluß mit Kohlenstoff wird diese Energie zu kreativen Zwecken genutzt. Phosphate werden im Inneren lebender Zellen produziert, und die Anwesenheit solcher Verbindungen in den urzeitlichen Isua-Gesteinen wird von manchen Wissenschaftlern dahingehend gedeutet, daß es bereits zur Entstehungszeit dieses Gesteins vor 3,8 Milliarden Jahren aktives Leben gegeben hat. Leben ohne Phosphor ist undenkbar.

Dann sind da noch die bemerkenswerten Eigenschaften der Tone. Ton ist durch und durch anorganisch, und es gibt ihn, seit Wasser begonnen hat, Gestein durch Erosion abzutragen. Die Atome der Mineralien, aus denen er besteht, sind zu feinen, lose zusammengehaltenen Schichten angeordnet; darum ist Ton so weich und schlüpfrig. Zwischen diesen Schichten können sich andere Atome einlagern, und auf diese Weise können Chemikalien so angereichert werden, daß sie miteinander reagieren. Damit wirkt Ton wie eine natürliche Fabrik zur Verdopplung der Größe und Komplexität organischer Moleküle. Es ist eine seltsame Fügung, daß Adam der biblischen Darstellung zufolge von Gott aus Lehm (Ton) geformt wurde. Vielleicht wird die Wissenschaft eines Tages zeigen, daß Ton in den Anfängen des Lebens tatsächlich eine wichtige Rolle gespielt hat.

Doch alle diese Moleküle (von denen ich nur einige wenige herausgegriffen habe) sind noch keine Garantie für die Entstehung von Leben. Um noch einmal auf das Bild vom Kochen zurückzukommen: Wenn man Eier und Mehl zusammen in einen Topf wirft, ergibt das noch lange kein Soufflé. Der etwas technischer veranlagte Leser mag ein Bild aus dem Ingenieurwesen vorziehen: Wenn man Zahnräder, Kolben und Zylinder in eine Schachtel gibt und diese ein bißchen schüttelt, hat man noch keinen funktionierenden Motor. Leben ist nicht nur eine Frage der Chemie: Es ist eine Kooperation zwischen Molekülen, aus der etwas hervorgeht, was unendlich viel größer ist als die Summe der einzelnen Teile. Natürlich verfassen die Chemiker plausible Szenarien für die Herstellung der Zutaten – nur das Kochen ist nach wie vor das Problem. Oder, um das andere Bild heranzuziehen: Die Teile sind vorhanden, aber die Bauanleitung ist noch unvollständig. Da gibt es zum Beispiel die Theorie, daß die erste sich selbst replizierende Welt eine «RNA-Welt» war, die unserer DNA-Welt voranging, in der die Proteinsynthese zum zentralen Prozeß avancierte. Es scheint in der Tat vernünftig anzunehmen, daß es auf dem Weg zur ersten Zelle Stadien gegeben hat, die «lebendig», aber noch nicht zellulär organisiert waren. Denn es war die Entstehung der Zelle, die in der Geschichte des Lebens den großen organisatorischen Durchbruch bedeutete. Die entscheidende Erfindung, die eine Zelle im eigentlichen Sinne definierte, war eine Umhüllung, die die einzelnen Bestandteile in ihrem Inneren (die sogenannten Organellen) einschloß, eine dünne Barriere zwischen belebter und unbelebter Welt: die Zellmembran. Die ersten Zellen waren Bakterien von nur wenigen Tausendstel Millimetern Länge.

Zelluläres Leben umfaßt eine Unmenge chemischer Reaktionen, die in der Abgeschlossenheit einer dünnen Umhüllung stattfinden, einer Hülle jedoch, durch die die Umgebung selektiv wahrgenommen wird. Ein großer Teil der Lebensvorgänge wird vermittels verschiedener Diffusionsraten durch Zellmembranen reguliert. Eine Zelle nimmt Energie auf, und wenn sie genügend Energie angesammelt hat, kann sie sich teilen, verdoppeln und wieder verdoppeln, bis sie die Welt bevölkert hat. Doch wie kommt sie zu ihrer Hülle?

Vielleicht war dies nicht ganz so schwierig wie es scheint. Es gibt Substanzen, die sich automatisch zu Membranen zusammenfinden, und diese Substanzen finden sich auch in jenen kohligen Chondriten (Meteoriten), die der werdenden Erde organische Moleküle brachten. Man hat solche Kohlenwasserstoffe aus ihrem Meteoritenwirt extrahieren können, und unter experimentellen Bedingungen finden sie sich von selbst zu Membranen zusammen, die einen Hohlraum umschließen – zu winzigen Bläschen, die man als Lipidvesikel bezeichnet. Solche Hüllbildner haben möglicherweise auf der Oberfläche von Teichen oder an den Rändern jener frühkambrischen Meere, die sich aus dem Wasserdampf der Vulkane gebildet haben, eine Art Ölschicht entstehen lassen. Denken Sie daran, wie die Brandung ein Ufer mit Schaumkronen übersät. Ich habe oft beobachtet, wie Schaumflocken gleich Löwenzahnsamen über den Strand geblasen werden. Vielleicht sind Zellen aus Schaum geboren.

Wenn aber alle Konstruktionsprozesse beendet und alle Moleküle an ihrem Platz und allesamt von einer Membran umgeben sind, so haben wir es noch immer mit einer Nachbildung von Leben zu tun, leblos wie eine Marionette ohne Fäden. Der Funke, der jetzt noch fehlt, ist Energie, ein Treibstoffvorrat, der den Motor der selbsttätigen Reproduktion antreibt. Ohne diesen Anstoß wäre die bakterielle Vorläuferzelle an ihrem fernen präkambrischen Strand schnurstracks ins Vergessen geblasen worden, der kleine Teich wäre nicht nur die Wiege des Lebens, sondern auch sein Grab.

Das Leben ist ein Dieb. Um ihr Wachsen zu speisen, stahl die lebende Zelle eine energieliefernde Reaktion, sie lernte ,Moleküle so zu teilen, daß Elektronen für den eigenen Gebrauch abfielen. Wir alle wissen von Einstein, daß in Atomen und jenen Ansammlungen von Atomen, die man als Moleküle bezeichnet, Energie gespeichert ist. Primitives Leben reduziert Moleküle – nimmt sie sozusagen auseinander – und produziert dabei als Nebenprodukt neue Chemikalien. Viele Bakterien gewinnen ihre Energie aus den einfachsten Materialien. Manche – die Methanbildner unter ihnen – verwenden Wasserstoff und Kohlendioxid, um daraus Wasser und das leicht entflammbare Gas Methan herzustellen. Ihre Aktivität produziert Gasblasen in stinkenden Sümpfen und Teichen – manchmal sieht man vom Grunde eines Tümpels große Methanblasen aufsteigen, die wirken, als habe irgend eine mysteriöse Wasserkreatur im tiefen Schlamm plötzlich ausgeatmet. Manchmal entzünden sich diese Blasen, und man spricht von Irrlichtern, wenn sie mit fahler, bläulicher Flamme verbrennen. Ihre leuchtende Schönheit hat schon manchem einsamen Wanderer in sumpfigem Gelände einen gräßlichen Tod im heimtückischen Morast beschert. Andere Bakterien reduzieren Sulfate und erzeugen dabei ein weiteres giftiges Gas, den Schwefelwasserstoff (H_2S, den alle Schulkinder wegen seines Geruchs nach faulen Eiern schätzen). Wieder andere Bakterien verwenden Schwefel, um dieses unangenehme Gas zu produzieren. Es gibt sogar Bakterien, die sich die einfachste Reaktion von allen zunutze machen und Wasserstoff und Sauerstoff zu Wasser vereinigen. Viele dieser Bakterien benötigen für ihr Gedeihen nichts außer den Rohmaterialien der Erde. Statt Biochemikalien aufnehmen zu müssen, die von anderen Organismen hergestellt werden, produzieren sie ihre Nahrung selbst – obwohl es den anderen Fall auch zuhauf gibt. Diese primitivsten aller Bakterien erfreuen sich einer höchst wunderbaren Bezeichnung, deren Beherrschung bei gesellschaftlichen Anlässen unter Garantie für lange Gesichter sorgt, denn ihre korrekte Bezeichnung lautet «chemolithoautotrophe Hyperthermophile». Da diese Bakterien oftmals nur etwa einen Tausendstel Millimeter lange, winzigkleine Stäbchen, Scheiben oder Kokken (Kugeln) sind, bieten sie ein ausgezeichnetes Beispiel für eine altbekannte Biologenregel: Die Länge einer Beschreibung ist umgekehrt proportional zur Größe des beschriebenen Organismus.

Hinter dem zweiten Teil des Namens aber verbirgt sich eine äußerst erstaunliche Tatsache: Diese so primitiven lebenden Wesen lieben Hitze. Das heißt nicht, daß sie sich bei Temperaturen sonnen, wie wir sie an einem warmen Tag in der Sahara gerade noch aushalten. Diese

Organismen sind *Hyper*thermophile – das heißt, sie brauchen extreme Hitze und sterben, wenn man sie ihnen vorenthält. Etliche unter ihnen können sich nicht mehr vermehren, wenn die Temperatur unter 80 Grad Celsius fällt – und andere gedeihen nur unter buchstäblich kochendheißen Bedingungen. Man findet sie heute um die Kamine tätiger Vulkane, in Schlammlöchern und heißen Quellen auf dem Meeresboden und in den Tiefen der Erde selbst. Ihre Namen – *Thermoproteus, Thermofilium, Pyrobaculum* – liefern eine exakte Beschreibung ihrer Vorlieben. *Pyrodictum* gedeiht am besten bei 105 Grad Celsius. Das sind Geschöpfe wie aus dem Hades, glücklich in heißen Zubern, die jedem anderen Leben eine Qual wären. Um die Schlammlöcher des Yellowstone National Park, in den Geysiren Neuseelands und nahe den rauchenden Kaminen des Ätna, wo saure vulkanische Gewässer aus plutonischen Tiefen hervorbrechen, gedeihen sie zu Billionen. Sie zeigen sich als farbiger Schmier – rot, orange, sogar blau – auf der Oberfläche von Felsen oder als leichte Trübung auf einem rauchenden Tümpel.

C. S. Lewis stellte sich in *The Silver Chair* thermophile Gnome und Humanoide vor: Diese Erdmenschen waren Verbannte aus dem tiefen Land Bism, in das sie am Ende zurückkehren.

> Tief drunten war es so hell, daß sie zuerst geblendet waren und überhaupt nichts sehen konnten. Als sie sich an die Helligkeit gewöhnt hatten, schien es ihnen so, als sähen sie einen aus Feuer bestehenden Fluß und an den Flußufern so etwas wie Felder und Wälder von unerträglichem, heißem Glanz – (doch mit dem Fluß verglichen waren sie fast düster). Sie schillerten in allen Farben: Blau, Rot, Grün und Weiß; eine sehr schöne bunte Glasscheibe, durch die am Mittag die Tropensonne fällt, mag vielleicht einen ähnlichen Effekt liefern.

Die *wirklichen* Bewohner der Unterwelt weiden auf unwirtlichen Felsen und ernähren sich von Schwefel, was man für phantastischer halten könnte als Lewis' Homunculi. Daß einige von ihnen eng verwandt sein müssen mit Lebensformen, die vor 3,8 Milliarden Jahren entstanden sind, läßt Bism als bescheidene Phantasmagorie dastehen.

Professor Stetter aus Regensburg sammelt diese wärmeliebenden Bakterien und hat viele von ihnen erstmals beschrieben. Er entnimmt Proben aus kochenden Quellen und Tiefseeschloten. Ihn faszinieren die «schwefligen, hydrothermalen Felder oberhalb heißer Magmakammern». Wer mit dem Teufel essen will, braucht einen langen Löffel, und mit diesen Halbwesen, die aus den Höllenfeuern am Anfang der Welt überlebt haben, muß man ähnlich vorsichtig sein. Proben dieser Organismen muß man mit einem sehr langen Spatel entnehmen und sehr heiß halten, sobald man sie gewonnen hat. Stellen Sie sich vor, was für ein Umdenken nötig war, um zu erkennen, daß man seinen Versuchsorganismus am Kochen halten muß, um ihn untersuchen zu können! Zuerst mag das ähnlich abartig gewirkt haben wie beispielsweise die Idee, man könne Schimpansen nur durch regelmäßiges Füttern mit Arsen am Leben halten. Der Durchbruch bei der Untersuchung und Identifikation dieser urzeitlichen Bakterien gelang erst, als man ihre scheinbar unmöglichen Lebensbedingungen in der sicheren Umgebung eines Labors nachzustellen lernte.

Die nächste, wenn auch sicher nicht die letzte Wendung in dieser Mikrobengeschichte ist die Erkenntnis, daß diese hitzeliebenden Arten, unter ihnen die schwefelfressenden und methanerzeugenden Bakterien*, dem Ursprung allen Lebens sehr nahe stehen. Ihren Platz in der Geschichte erkannte man an den Verzweigungen am molekularen Stammbaum des Lebens – einer Ahnentafel anhand der Ähnlichkeiten von ribosomalen RNA-Molekülen und Genen für bestimmte Enzyme, die allem Leben gemeinsam sind. Die grundlegende Erkenntnis aus dieser Genealogie lautet, daß alles Leben, so wie wir es kennen, von Lebewesen abstammt, die nur in extrem heißen Umgebungen existieren konnten. Außerdem waren die meisten von ihnen Anaerobier – das heißt, ihre Biochemie funktionierte nur in *Abwesenheit* von Sauerstoff. Ja, Sauerstoff – eben das Element, das als eine der unverzichtbaren Voraussetzungen für Leben und Ernährung gilt – ist für viele dieser Bakterien tödlich giftig.

Nunmehr ist es an der Zeit, das außerordentliche Bild zu betrachten, daß sich uns für den Ursprung des Lebens darstellt. Ganz im Gegensatz zu Darwins gutartigem, fast schon behaglichen «kleinen Teich» haben wir es mit einem glühendheißen Kessel voller Säuren zu tun, aus dem scharfer Schwefeldampf aufsteigt, und mit einer Atmosphäre, der jeder Sauerstoff fehlt. Beinahe alles in diesem biologischen Eden wäre für die meisten heute lebenden Pflanzen und Tiere von Übel. Im Anfang waren Staub und Chaos und das unablässige Bombardement der Meteoriten. Diese brachten zweifellos auch die Saat des Lebens mit sich, aber danach wurde das ganze wichtige Zubehör für Enzyme, Energieumsatz, Nukleinsäuren, Proteine und Zellmembranen mit großer Wahrscheinlichkeit auf Erden zusammengekocht, und all das vor 4,5 bis 3,8 Milliarden Jahren. Die ersten Zellen waren auf ihrer Außenseite klebrig von Schleim: Leben war ebensosehr Schleim wie

* Viele von diesen werden in Veröffentlichungen zu diesem Thema als Archaebakterien oder Archaea bezeichnet.

Suppe. An den unwirtlichsten Orten der Erde, in heißen Quellen und Vulkankaminen – Absonderungen der Unterwelt, schwefliges Surrogat des Hades – lebt die Erinnerung an diese so weit zurückliegende Welt weiter, und dort kochen auch die Nachkommen der allereinfachsten Organismen noch immer mit Schwefelwasserstoff und Methan nach manch geheimnisvollem Rezept. Leben begann in der Tat mit etwas, das der mittelalterlichen Vorstellung von Hölle sehr nahekommt. Ein Teil der Darwinschen Zutaten war korrekt, doch wie anders war die Zubereitung! Und was hätte er wohl von den Schwefeldämpfen gehalten, die über den Schauplatz jener ersten Schöpfung strichen? Es hat etwas Merkwürdiges, denkt man an die enttäuschten Hoffnungen der Alchemisten zur Veredelung von Materie: Denn das, was mit dem Leben seit seinen Anfängen – und damit auch mit unserem Planeten – geschehen ist, stellt mit Sicherheit eine weit phantastischere Transformation dar, als Paracelsus sie je erträumt hätte.

Und was die Frage betrifft, *wo* die erste Zelle das Licht der Welt erblickte – gab es eine Wiege, einen Hort, in dessen Schutz der wundersame Zusammenschluß all jener Bestandteile des Lebens stattfinden konnte, ohne daß er noch im Augenblick seines Entstehens wieder zunichte gemacht wurde? Mike Russell von der Glasgow University beharrt mit dem Eifer eines Alchemisten der letzten Tage darauf, daß der Ort des Zusammenschlusses eine Tiefseequelle gewesen sein müsse, ein eisen- und schwefelhaltiger Quell, ein Ort, an dem sich die Absonderungen des Erdinneren in das urzeitliche Meer ergossen. Die wichtigste energieliefernde Reaktion war möglicherweise die Bildung der weit verbreiteten Pyritminerale (diese einfache Reaktion ließe sich etwa mit dem Schema $FeS + H_2S = FeS_2$ [Pyrit] $+ 2H + 2e$[Energie] darstellen). Die bei dieser Reaktion freigesetzte Energie hätte dazu genutzt werden können, Kohlendioxid aufzubrechen und den Kohlenstoff zu stehlen, um daraus lebensnotwendige Kohlenstoffverbindungen herzustellen. Das Schöne an dieser Theorie ist, daß sich unter diesen Umständen auch alle zellmembranähnlichen Strukturen am selben Ort bilden würden: Wo Pyrit und Wasser aufeinander treffen, finden sie sich von selbst zusammen. War dies der Boden, auf dem eine echte Lipidmembran entstehen konnte?

Heiße Quellen in den tiefsten Tiefen unserer heutigen Meere kennt man als «Black Smoker», und genauso sehen sie auch aus: Dunkle Dämpfe quellen aus den mittelozeanischen Rücken am Boden der Meere ins Seewasser, wo vulkanische Flüssigkeiten den Weg ins Freie finden. Im Scheinwerferlicht einer Taucherkugel nehmen sie sich aus, als habe man im Lichte seiner Fackel einen der rauchenden Schlote des

Hades entdeckt. Sie sind heiß und schwefelhaltig. Unvorstellbare Mengen von Schwefelbakterien gedeihen dort und bilden die Basis einer einzigartigen Nahrungskette. Tiere (manche von ihnen so seltsam wie Kobolde aus der Feder eines C. S. Lewis) ernähren sich von diesen Bakterien oder beherbergen sie als willkommene Gäste in ihren Geweben. Das Ganze ähnelt einem dunklen, bizarren Garten, der, fernab von allem Licht, von ergiebigen Schwefelströmen genährt wird. Muscheln, die dort leben, wachsen, gehegten Dahlien gleich, zu enormer Größe heran, und rund um die Tiefseevulkane und Quellen wachsen im Meer Pyritsäulen und -kamine wie Orgelpfeifen. Niemand kann etwas dazu oder dagegen tun, der Prozeß wird vorangetrieben durch die unerbittlichen Gesetze der Chemie. Wenn die Wiege des Lebens wirklich in einer schwefelhaltigen urzeitlichen heißen Quelle zu suchen ist, liefern uns diese sonderbaren «Smoker» womöglich ein Modell für jene frühen Tage.

Den größten Teil dieser Geschichte vom Anfang des Lebens hat man aus ihren Nachwirkungen hergeleitet, die die Lebewelt unseres Planeten noch heute prägen. Gesteine berichten uns relativ wenig über diese mysteriöse Periode der Schöpfung. Gesteinsarten aus den archaischen Teilen der Erdkruste aber, die sich seit mindestens 2,5 Milliarden Jahren intakt erhalten haben, bestätigen uns, daß der frühen Atmosphäre Sauerstoff fehlte, oder daß sie zumindest sehr, sehr wenig davon enthielt. So findet man beispielsweise in 2,5 Milliarden Jahre altem Gestein eine einzigartige Form von Eisenerz, das durchzogen ist von schmalen Bändern und Streifen. In diesen gebänderten Erzen liegt Eisen in einer oxidierten mineralischen Form – als Haematit – vor, die sich aller Wahrscheinlichkeit nach in Anwesenheit von freiem atmosphärischem Sauerstoff gebildet hat. Das Eisen band den Sauerstoff, und aus einem feinen Regen winzigster Rostpartikel, der auf dem urzeitlichen Meeresboden niederging, bildeten sich die gebänderten Erze. In noch älteren Gesteinsformationen kommen solche Eisenerze jedoch so gut wie nie vor. Dies läßt sich am einfachsten damit erklären, daß es in jenen frühen Tagen – einer Zeit, in der fast überall reduzierende Bedingungen vorherrschten – an atmosphärischem Sauerstoff mangelte. Rote sandige und tonige Gesteine, wie sie sich unter oxidierenden Bedingungen auf den urzeitlichen Kontinenten bildeten, wurden erst ab etwa zwei Milliarden Jahren vor unserer Zeit auffallend häufiger. Damit scheint die Schlußfolgerung unausweichlich, daß der frühen Erde Sauerstoff fehlte und dieser sich erst langsam, im Laufe von mindestens einer Milliarde Jahren, anreicherte. Die Anaerobier hatten ihre Stunde – oder, um genauer zu sein, ihre Tausende und Abertausende von Jahrtausenden. Sie gediehen fast überall auf dieser frühen Erde, heute gibt es sie nur noch dort, wo die Bedingungen noch immer denen der urzeitlichen Erde ähneln. So unglaublich es scheinen mag, sie allein würden jede künftige Katastrophe, jeden Meteoriteneinschlag überleben. Sie haben all das und Schlimmeres schon einmal überstanden, damals als die Welt noch in ihren Kinderschuhen steckte.

Dies aber war erst der Anfang.

Zu Beginn der achtziger Jahre bestellte mich der Direktor des Natural History Museum in London zu sich und bat mich, an seiner Stelle einer Konferenz in Cardiff beizuwohnen. Professor Hans Phlug sollte auf dieser Tagung direkte Beweise für Spuren von Leben in Meteoriten und in den ältesten, wenngleich leicht veränderten, Sedimentgesteinen von Isua, Grönland, erbringen. Phlugs Gastgeber war Professor Wickramasinghe, Professor für mathematische Astronomie an der University of Wales in Cardiff. «Wickram» selbst war Schüler von Sir Fred Hoyle, der auf eine lange und überaus ehrenvolle Karriere als Astronom und über eine zweite als Science-fiction-Autor zurückblicken kann. Nach dem Vortrag gab es ein erlesenes Essen für Sir Fred und andere Gäste, an dem auch ich teilnehmen durfte. Eine große Zahl von Akademikern war geladen. Ich saß neben einem fröhlichen Professor für keltische Sprachen, der mich über die Tradition der Barden aufklärte. Das eigentliche Thema der Tagung aber war ein Vortrag, der detailliert die vermeintlichen Beweise für extraterrestrisches Leben darlegen sollte und unter anderem über die runden Einschlüsse in kohligen Chondriten berichtete, die, so wurde behauptet, eindeutig organischen Ursprungs seien. Bakterien waren direkt aus dem Weltall zu uns gekommen! Leben war alles andere als ein Einzelphänomen oder gar erdgebunden, kein Produkt unserer Stellung im Sonnensystem und all das, sondern eine fast schon triviale Angelegenheit. Im ganzen Universum verteilt umgab es als Staub die Sterne. Wenn der Zufall es wollte, konnte Leben überall gesät werden: Kometen, die einen Planeten – unseren eigenen eingeschlossen – in nächster Nähe passierten, waren ein bevorzugtes Vehikel für solche kosmischen Interaktionen mit der irdischen Welt.

Hoyle und Wickramasinghe waren Anhänger der Steady State Theorie, der zufolge das Universum im Laufe seiner Expansion immer neue Materie entstehen läßt, um entstandene «Lücken» auszufüllen – im Unterschied zur «Urknall-Theorie», die in der zweiten Hälfte des zwanzigsten Jahrhunderts zur vorherrschenden Lehrmeinung wurde und der zufolge alle Materie auf einen Schlag entstanden ist. Sir Fred spielte ein ehrgeiziges Spiel – es ging um nichts geringeres als um die Entstehung von allem und jedem. In einem stationären Universum mußte Leben an vielen Stellen entstanden und allgemein verbreitet worden sein. Sein Vorhandensein in Kometen und Meteoriten war nichts anderes als eine Bestätigung für den stationären Zustand. Hoyle und Wickram waren überdies der Überzeugung, daß die Spektralanalyse des interstellaren Raumes sich mit der von Bakterien deckte. Und so hatte sich ihre Theorie Schritt für Schritt ergeben. Sogar ein Buch wurde publiziert, in dem behauptet wurde, daß die Evolution von extraterrestrischen Besuchern in Gang gebracht worden sei, und auch, daß die großen Aussterbenswellen sich derselben Ursache zuschreiben ließen. Die Periodizität von Epidemien wurde den sporadischen, aber absehbaren Besuchen von Kometen zugeschrieben: Die große Grippe-Epidemie, von der die Welt nach dem Ersten Weltkrieg heimgesucht worden war, sollte mit dem Schweif eines Kometen zu uns gelangt sein; zur Evolution kam es durch eine Art viraler Infektion mit DNA ... In diesem Sinne durchstöberte man den großen Heuhaufen der Naturgeschichte nach Bestätigungen. Besonders hübsch war die Geschichte über den Ursprung langer Nasenfortsätze, von denen behauptet wurde, sie seien entstanden, um lästige Viren aus der Luft herauszufiltern; den spektakulärsten Rüssel von allen haben die Nasenaffen – und diese Art lebt in Baumkronen, wo eine solche Nase selbstverständlich ständig gebraucht würde, um Keime aus der Luft herauszufiltern! (Kurznasigere Affen lebten unter einem schützenden Blätterdach). Es war ein echtes Bonbon, ein vollendeter Leckerbissen.

Das Natural History Museum wurde durch *Archaeopteryx* in die Sache hineingezogen. *Archaeopteryx* ist ohne Frage das bekannteste Fossil überhaupt – *Tyrannosaurus rex* möglicherweise ausgenommen. Über viele Jahre hinweg war er unter dem Namen «der erste Vogel» geläufig. Sein sensibles Skelett (etwa 170 Millionen Jahre alt) ist auf der Oberfläche feinkörniger Kalkschieferplatten aus dem Jura (Solnhofener Malmkalke) phantastisch gut erhalten, man bezeichnet diese Gesteinsschichten auch als lithographische Schiefer. Das Exemplar des Natural History Museum wurde 1861 in einem Steinbruch bei Solnhofen gefunden. Es handelt sich um einen Vogel mittlerer Größe, vergleichbar etwa einer Elster, der jedoch eine außergewöhnliche Mischung von Merkmalen aufweist. Einem Beobachter mit Vorkenntnissen käme bei seinem Anblick vermutlich zuerst der Vergleich mit einem der kleineren Dinosaurier in den Sinn und weniger der mit einem Vogel: Auf den ersten Blick erkennt man, daß das für Vögel charakteristische Brustbein kaum entwickelt ist und daß die Kiefer eindeutig bezahnt und somit dem Schnabel einer Krähe oder eines Tukans kaum vergleichbar sind. *Archaeopteryx* aber *mußte* ein Vogel gewesen sein, denn um das Skelett herum sieht man einen feinen Halo aus Abdrücken, die ganz offensichtlich von Federn stammen, und Federn sind charakteristisch für Vögel. Die Wahrscheinlichkeit, daß eine derart fein gebaute und dabei komplizierte Struktur wie eine Feder mehr als einmal entstanden sein soll, ist unendlich gering. Durch seinen Körperbau verknüpfte *Archaeopteryx* die Dinoaurier mit den Vögeln und wurde damit zu einem der seltenen Beispiele für ein Tier, das eine Lücke der Geschichte schließt. Er avancierte zu einem Paradestück, einem gefeierten Beispiel für das Wirken von Evolutionsprozessen und zum Chronometer für den Ursprung einer der großen Klassen des Tierreichs.

Der Hoyleschen Theorie zufolge bestand bei *Archaeopteryx* das Problem, daß Vögel erst *nach* dem großen Aussterben der Dinosaurier (das selbstverständlich durch massive letale Infektionen aus dem Weltraum verursacht worden war) entstanden waren, der Solnhofener Schiefer aber schon um die Mitte der Dinosaurierherrschaft über die Erde. Dutzende von Jahrmillionen der Vorherrschaft lagen noch vor ihnen. Das kleine dinosaurierähnliche Skelett des *Archaeopteryx*, so wurde behauptet, mußte in Wirklichkeit ein Dinosaurier sein – es durfte keinen Vogel geben. Kurz, das Fossil *mußte* einfach eine Fälschung sein. Möglicherweise war diese Idee von dem berühmten Schwindel um den «Piltdown-Menschen» inspiriert worden (siehe Kapitel 11), bei dem jemand ein falsches *missing link* aus der Frühgeschichte des Menschen fabriziert hatte, um zu beweisen, was fossile Zeugnisse bislang zu beweisen verabsäumt hatten. Was auch immer das Motiv war, es wurde behauptet, dem anmutigen kleinen Dinosaurier seien Federn «hinzugefügt» worden, indem man Federn von lebenden Vögeln in eine dünne Kalk- oder Zementschicht gedrückt habe, die man zuvor auf die Oberfläche des Fossilfunds aufgetragen hatte. Wissenschaftler seien entweder selbst an dem Betrug beteiligt oder hätten sich zumindest verschworen, ihn aufrechtzuerhalten. Das war starker Tobak. Die Presse hat nichts lieber als «Experten ratlos» – oder «Fachleute verladen»-Geschichten, und die Journalisten wußten, daß der Name Fred Hoyle für eine garantiert gute Story stand. Es dauerte nicht lange, bis Schlagzeilen von der Sorte «Fossil kriegt den Vogel» sämtliche Zeitungen zierten. Das Britische Museum (Abteilung Naturgeschichte), wie es damals noch hieß, veröffentlichte Richtigstellungen, die die Story nur noch pikanter machten. In der Paläontologie wie in der Politik ist nichts mehr geeignet, die Öffentlichkeit von einem Vergehen zu überzeugen, als ein energisches Dementi. Die leiseren Stimmen einiger eher zurückhaltender Paläontologen verhallten in dem ganzen Tohuwabohu ungehört. Nur wenigen Leuten war der Zusammenhang mit Hoyles altem Kampf für die These von einem stationären Universum bewußt. Und sogar als Fred Hoyle ausdrücklich feststellte, er habe gewußt, daß es sich um eine Fälschung handle, noch bevor er das Exemplar gesehen hatte, wurde dies eher als Zeichen seiner Allwissenheit denn als Vorurteil gewertet.

Doch all das war Unsinn. *Archaeopteryx* war im Unterschied zum «Piltdown-Menschen» kein einmaliger Fund. Im Jahre 1877 war ein weiteres sehr schönes Exemplar gefunden worden, es befindet sich heute in Berlin. Seither sind noch drei weitere aufgetaucht, das letzte im Jahre 1951. Fälschungen funktionieren nicht über drei oder vier Generationen hinweg! Man müßte sich sonst eine Art Fälschersippe vorstellen, in der jedes einzelne Mitglied von fanatischer Loyalität und mit einer solchen Selbstdisziplin gesegnet ist, daß der Welt nur hin und wieder ein neues Exemplar präsentiert wird. Und all das ohne (oder für einen sehr geringen) finanziellen Lohn. Das wäre so ähnlich, als nähme ein Bankräuber endlose Mühen auf sich, um den perfekten Überfall auszuhecken, und verlangte am Ende nur einen Sack Kleingeld für sich. Mein Kollege Alan Charig verbrachte leider allzu viel Zeit damit, minutiöseste physikalische und chemische Untersuchungen an der Gesteinsoberfläche anzustellen, um sicherzugehen, daß sie wirklich aus einem Stück war – und sie war es. Die Federn waren echte Fossilien.

In Verfolgung der inzwischen aus der Mode geratenen Steady State-Theorie war der Ruf mehrerer Generationen bislang unbescholtener Paläontologen geschädigt worden. Es stand jedoch außer Zweifel, daß der Betrugsvorwurf widerlegt war. Den Gnadenstoß erhielt er in Gestalt anderer fossiler Federn, die in der brasilianischen Santana-Formation gefunden wurden, ein bißchen jünger waren als *Archaeopteryx*, aber immer noch aus der Zeit der Dinosaurier stammten. Das Ablenkungsmanöver war gescheitert.

Die Geschichte hat allerdings einen merkwürdigen Haken. Es scheint, als habe Sir Fred im Hinblick auf ein paar wichtige Dinge tatsächlich recht gehabt. Ganz sicher war das Prinzip der «Evolution durch Infektion» mit DNA-Fragmenten von Kometen oder Meteoriten, gelinde ausgedrückt, unwahrscheinlich. Auch sind Viren nicht die primitiven Organismen als die man sie hinstellte – vielmehr sind sie hochspezialisierte, reduzierte Lebensformen, die zu ihrem Überleben und ihrer Vermehrung absolut auf die Existenz von Zellen angewiesen sind. Die Beteiligung extraterrestrischer Materie an der Entstehung von Leben entspricht dagegen mit großer Sicherheit der Wahrheit. Ein Teil der Synthese der für das Leben so entscheidend wichtigen Kohlenstoffmoleküle hat möglicherweise in dem großen Schmelztiegel der Schöpfung zu Beginn unseres Universums stattgefunden. Der Staub zwischen den Sternen enthält in der Tat organisches Material, und wir werden erkennen, daß der Einfluß von Kometen und Meteoriten auf das Schicksal der Erde nicht aufhörte, sobald auf ihr lebende Zellen vorhanden waren. Von Zeit zu Zeit kollidierten sie auf dramatische Weise mit der Chronik unseres Planeten. Wie die Astronauten mit all der Durchschlagskraft erklärten, die einer Binsenweisheit innewohnt, wenn sie zum ersten Mal formuliert wird, sind wir nur ein kleiner Planet, der in der Unermeßlichkeit des leeren Raumes schwebt. Dieser Raum aber ist nicht leer – unser Schicksal ist eng verknüpft mit dem der Sterne, Kometen und Meteoriten, sie alle eingetaucht in ein Meer von Strahlung, die zum Teil am Anbeginn aller Zeiten entstanden ist.

Bei der Recherche für dieses Buch las ich eine dicke Abhandlung über die Frühgeschichte des Lebens, die im Jahre 1994 im Rahmen eines Nobel Symposiums erschienen war. Das Literaturverzeichnis umfaßt 1500 Titel, und nirgendwo wurde das Werk von Hoyle und Wickramasinghe auch nur mit einem Wort erwähnt. Mit dem Ansehensverlust, der mit dem Beharren auf einem zweifelhaften Standpunkt einhergeht, geraten auch eventuell vorhandene Verdienste in Mißkredit. Vielleicht hat man auch die Alchemisten wegen ihres Hokuspokus mit solcher Verve verurteilt, daß ihre tatsächlichen Leistungen unerkannt blieben. Die Wissenschaft interessiert sich nur für Gewinner – obwohl die Verlierer manchmal den höheren Unterhaltungswert haben.

In jener frühen Welt war der Gewinner ein Bakterium, das Licht zur Energiegewinnung nutzte. Es mag mehrere Möglichkeiten gegeben haben, dies zu bewerkstelligen, aber das Bakterium, das die gesamte Geschichte des Planeten beeinflussen sollte, verwendete die Lichteinstrahlung auf das grüne Pigment Chlorophyll, um gasförmiges Kohlendioxid in zwei Teile zu zerlegen: in Kohlenstoff, das es für die eigene Ernährung und sein Wachstum nutzte, und in Sauerstoff. Der Sauerstoff wurde als Abfallprodukt in die Atmosphäre freigesetzt, der wertvollste Müll am Firmament. Dieser Vorgang ist unter dem Namen Photosynthese bekannt. Er ist der Motor, der alle grünen Pflanzen antreibt. Die Bedeutung des Lichts läßt sich deutlich an den Auswirkungen eines Lichtmangels ablesen. Wie rasch wirken Pflanzen verkümmert und blaß, wenn man ihnen Licht vorenthält.* Sie verhungern. «Die Kraft, die über die grüne Zündschnur die Pflanzen in Gang hält», wie Dylan Thomas es so treffend beschrieb, ist eine Kraft, die von der Photosynthese gespeist wird. Zur Erhöhung der Effizienz ist das lebenswichtige Chlorophyll im Inneren des Bakteriums ähnlich wie bei Solarzellen in zahlreichen Membranstapeln gelagert. Und was wäre, wenn die Farbe eine andere als Grün gewesen wäre? Vielleicht hätten wir dann braune Lichtungen oder bewunderten die friedliche Ruhe violetter Wiesen.

Doch auf die phantastische, mitunter gespenstische thermophile Welt folgte nun einmal eine grüne – wo immer Licht hindurchdrang und photosynthetisierendes Leben bestehen konnte. Cyanobakterien («blaugrüne» Bakterien) waren die ersten, die dieses Wunder vollbrachten. Die Atmosphäre war reich an Kohlendioxid, und es gab einen hinreichenden Vorrat an anderen lebensnotwendigen Elementen wie Phosphor. Wenn die Zellen größer wurden, teilten sie sich – sie spalteten sich einfach in zwei Zellen auf, diese wieder in zwei ... und immer so weiter. Unter günstigen Bedingungen konnte eine Population ungemein rasch wachsen (noch heute kommt es zu «Bakterienblüten»). Einige dieser frühen Cyanobakterien waren nicht größer als ihre schwefelkonsumierenden Vorfahren. Andere bildeten relativ lange, sehr dünne Fäden von wenigen Tausendstel Millimetern Durchmesser. Es gibt sie noch heute zuhauf, überall dort, wo sich ein Waschbecken unter einem tropfenden Wasserhahn grünlich färbt, in Tümpeln und Quellen, in arktischen Klimazonen und überall. Sie bilden die allerersten Fossilien – oder besser, man hat Fäden und Kugeln, die genau aussehen wie die heutigen blaugrünen Bakterien, in Gestein gefunden, das mit Sicherheit älter als 3 Milliarden Jahre, vielleicht sogar 3,5 Milliarden Jahren alt ist. Es scheint vernünftig anzunehmen, daß diese Ähnlichkeit kein Zufall ist und daß die ersten kleinen Kugeln und Fäden, die wir aus Gestein kennen, als photosynthetisierende Zellen interpretiert werden dürfen.

---

* Eine Ausnahme mag die Schusterpalme bilden, die auch in den dunkelsten Ecken schlecht beleuchteter Räume zu gedeihen scheint. George Orwell beschreibt in seiner Vorstadtgeschichte *Keep the Apidistra Flying* sehr amüsant den Versuch, diese Pflanze umzubringen. Jede Methode erweist sich als erfolglos, sogar das Ausdrücken von Zigarettenstummeln in der Blumenerde regt sie nur dazu an, weitere Blätter zu produzieren. Tatsache ist, daß diese Pflanze Licht zwar mit einer erstaunlichen Effizienz nutzt (ihr natürlicher Lebensraum liegt im Schatten dichter Bäume), aber genauso vom Licht abhängig ist wie jede andere Pflanze.

Ich sollte diese Zeitspanne – 3,5 Milliarden Jahre – noch einmal wiederholen, um ihre ungeheuren Dimensionen deutlich zu machen. Stellen Sie sich einmal vor, jede Zelle stieße eine Sauerstoffmenge aus, die einen Luftballon füllen würde, der kleiner ist als ein Stecknadelkopf. Stellen Sie sich dann eine Welt vor, die prall gefüllt ist mit Milliarden solcher Zellen, die sich immer weiter teilen und bei jeder Teilung einen weiteren winzigen Sauerstoffstoß in die Luft abgeben. Dieser Prozeß verläuft über Generationen, deren Zahl sich nur mit der Anzahl der Sterne im Universum vergleichen läßt. Und in jeder dieser Generationen werden tausend Billionen winziger Sauerstoffballons entleert ...

Und nun stellen Sie sich eine Umwelt vor, die versucht, den Sauerstoff nach seiner Freisetzung baldmöglichst zu entfernen, denn die meisten natürlichen Materialien lieben ein derart reaktives Element. In Kalkstein wurde Sauerstoff in Gestalt von Kalziumkarbonat gebunden. Mineralien oxidierten und schluckten dabei Sauerstoff, banden ihn ein in Eisenerze oder Rost. Sauerstoff kann sich mit so vielen Elementen verbinden, daß es Myriaden Möglichkeiten gibt, ihn aus dem Verkehr zu ziehen. Und gegen dieses kontinuierliche Ausbluten standen einzig und allein Bakterien – winzigste Bakterien von wenigen Tausendstel Millimetern Durchmesser –, die ihre winzigen Atemzüge in die Welt hinausschnauften.

Man kann hierzu ein paar sehr grobe Schätzungen anstellen. Eintausend Millionen Jahre entsprechen 10^9 Jahren, das ist äquivalent zu $3{,}5 \times 10^{11}$ Tagen. Wenn die Lebensspanne eines Bakteriums einen Tag dauerte (viele Lebenszyklen sind sehr viel kürzer), dann ließe sich ein Maß für die im Laufe von 10^9 Jahren freigesetzte Sauerstoffmenge errechnen, indem man die Anzahl der Tage mit der Zahl der auf der Welt jeweils vorhandenen Bakterien multipliziert. Da bereits in einer kaum sichtbaren Schmierspur um irgendeine Pfütze viele Tausend Bakterien existieren können, ist deren Gesamtzahl unschätzbar hoch, und nie würden zwei Fachleute zu derselben Schätzung gelangen. Wie immer sie jedoch lauten mag, ihre Auswirkungen sind unbestreitbar: Sauerstoff wurde rascher produziert als er beseitigt werden konnte, und sollte so die Welt verändern.

Sie erinnern sich, daß die frühe Atmosphäre der unseren recht unähnlich war und für die meisten heute lebenden Wesen eine feindliche Umgebung darstellte. Durch den langsamen, unermüdlichen Prozeß der Photosynthese wurde diese frühe Atmosphäre verändert. Atemzug um Atemzug wurde mehr Sauerstoff produziert, und das Kohlendioxid ging entsprechend zurück. Die ersten Lebensprozesse formten die Atmosphäre und ebneten anderen, höher entwickelten Organismen den Weg. Die ersten blaugrünen Bakterien waren einfache einzellige Wesen (Prokaryonten), denen sowohl ein umhüllter Kern als auch die Fähigkeit fehlten, sich zu größeren Einheiten zusammenzufinden. Sie erinnern an das geheimnisvolle alte Volkslied *Green Grow the Rushes*: «One is one and all alone and evermore shall be so». Aber so sollte es eben nicht sein, oder zumindest nicht für alle Zeiten: Höhere Komplexität war durchaus möglich, sobald die Welt dafür bereit war, aber das sollte noch lange, lange auf sich warten lassen. Stünde die Länge der Kapitel dieses Buches für die verstrichene geologische Zeit, dann müßten diese ersten Kapitel 85 Prozent meines gesamten Textes ausmachen, vielleicht eher mehr. Das Ganze wäre ziemlich eintönig, denn den größten Teil nähme die endlose Wiederholung bakterieller Zellteilungen ein.

Dies war auch die Zeit, in der die Welt ihr Gesicht erhielt. Die Erdkruste hatte sich längst verfestigt, aber die Oberfläche des Globus wies noch keinerlei erkennbare Spuren von Kontinenten auf, wie wir sie heute kennen. Die frühesten Kontinente waren vermutlich klein und nur vorübergehend vorhanden (Mikrokontinente), voneinander getrennt durch große Ozeanbecken voller hydrothermaler Vulkanschlote, in deren Nähe alle die hitzeliebenden Bakterien gedeihen konnten. Vulkaninseln erhoben sich aus den urzeitlichen Meeren, spien Rauch und schweflige Dämpfe aus und setzten weitere Gase aus dem Erdinneren frei. Doch die heißen Quellen, die aus ihren Flanken sprudelten, lebten – einfache Lebensformen nutzten einfache Atome zu ihrer unkomplizierten Verbreitung. In kühleren Tümpeln, in denen das klare Wasser lebenspendendes Licht passieren ließ, sogar zwischen den Sandkörnchen am Ufer lebten Cyanobakterien ihr kurzes, repetitives Leben, unsterblich in dem Sinne, daß eine unabsehbare Kette von Zellteilungen diese frühen Zellen mit denen verbindet, die noch heute, da Sie dieses lesen, in den Felsquellen um Hawaii ihre seelenlosen Teilungen vollführen. Später, um die Mitte des Archaikums (vor drei Milliarden Jahren) vielleicht, kamen die Mikrokontinente zusammen und bildeten den Kern der Kontinente, wie wir sie heute kennen. Die Mikrokontinente bestanden aus relativ leichten, widerstandsfähigen, miteinander verschmolzenen Gesteinen, die eine Einheit bildeten und von den Kräften der Plattentektonik im ganzen umhergeschoben wurden. Das Zentrum Südafrikas, der älteste Teil des kanadischen Schilds, Teile Finnlands und Zentralasiens und natürlich das zeitlose Australien wurden vermutlich um diese Zeit gebildet und haben die Wechselfälle und Turbulenzen der Welt überdauert, um heute als letzte steinerne Überlebende davon Zeugnis abzulegen. Auf diesen urzeitlichen Festlandsbrocken haben sich einige ursprüngliche Lebensfragmente als Fossilien erhalten. Passagiere aus der Urzeit sind sie, gestrandet auf den treibenden Landmassen werdender Kontinente, die, verirrten Seeleuten gleich, um den Globus getrieben wurden. Ihre unstete Natur ist das Geheimnis ihrer Langlebigkeit.

Die höheren Konzentrationen an Kohlendioxid haben vermutlich eine sehr warme «Treibhauswelt» mit einer dichten Atmosphäre entstehen lassen, die den Verlust an Sonnenwärme verlangsamte. Man stelle sich die Stille vor, unterbrochen nur vom Zischen der den Vulkanspalten entweichenden Fumarole und vom trägen Rollen der Wellen, die sich an endlosen öden und unwirtlichen Stränden brachen.

Die erste eindeutig biologische Struktur war eine bescheidene leicht klebrige oder schleimige Hülle, die eine Mikrobengemeinschaft einschloß, ein Etwas, das Sedimente mit einem dünnen Belag überzog. Solche sogenannten Matten bildeten unsere Kinderstube. In salzigen Lagunen der Tropen, an feuchten Orten, wo es nur wenige Algen abweidende Tiere gibt, kann man sie noch heute finden. Es handelt sich um eine erstaunlich alte Ökologie. Die unauffällige Erscheinung solcher Matten sollte uns nicht dafür blind machen, wie langlebig sie sind. Wäre Ausdauer das Erfolgskriterium, dann sind wenige Tausendstel Millimeter lange, in Matten vorkommende Lebewesen die erfolgreichsten Organismen der Erde.

In der dünnen Oberschicht dieser Matten sind photosynthetisierende Fäden und Kugeln miteinander zu einer geschlossenen Hülle verwoben. Dies ist der Teil, der Sauerstoff ausatmet. Unterhalb dieser Oberflächenschicht gibt es wenig Sauerstoff, und hier übernehmen primitive oder spezialisierte Bakterien das Regiment, die in dessen Abwesenheit wachsen (Anaerobier), wobei sie sich zum Teil von den Produkten und Ausscheidungen der Cyanobakterien über ihnen ernähren, eine Nahrungskette in Miniaturausgabe also. Heutzutage können Cyanobakterien über diese Teppiche hinaus eine große Vielfalt an Habitaten besiedeln, und vielleicht galt das auch für das Archaikum. Sie überleben selbst lange Dürrezeiten: In der chilenischen Atacama-Wüste hat man in der Nähe von Calama – an einem Ort, für den seit Beginn der Geschichtsschreibung kein Regenfall registriert wurde – etliche Arten gefunden. Sie widerstehen schädlicher Strahlung, wie sie dies auch am Beginn der Zeiten hatten tun müssen. Sie sind widerstandsfähig.

Matten wachsen. Eine neue Bakterienhülle überlagert die alte. Winzige Staub- und Tonpartikel werden eingefangen, in den Belag eingelagert, und lassen so eine Art Gemenge entstehen: eine Kombination

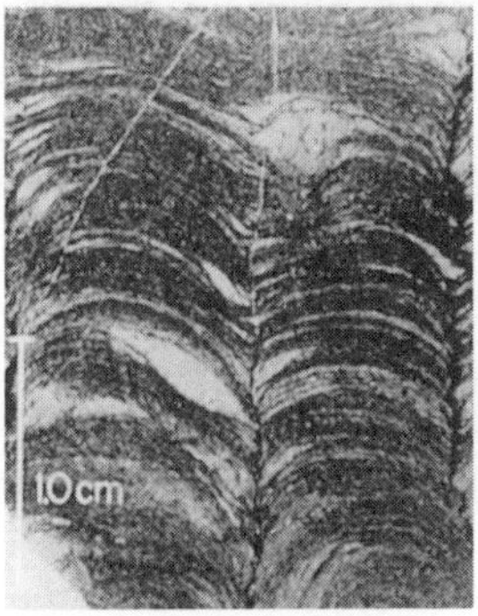

Stromatolithen – Strukturen, erzeugt von Bakterienmatten, der ältesten Lebensgemeinschaft. Das Hauptbild zeigt rezente Stromatolithen, die in der Shark Bay in Westaustralien entstehen. Fossile Stromatolithen in Kalksteinen der präkambrischen Bulawayo-Gruppe zeigt das Bild links.

aus Schlamm und Leben. Schicht um Schicht wachsen sie, immer einen oder zwei Millimeter zur Zeit. Manche bilden sich zu Kuppeln heran von der Größe und Form jenes Lederhockers, auf dem meine Großmutter immer ihre Füße hochlegte. Wenn man einen Schnitt durch diese abgerundeten Kuppeln führt, stellt man fest, daß sie in ganz typischer Art und Weise sehr fein gestreift – laminiert – sind. Man nennt diese Gebilde Stromatolithen, und es gibt sie seit 3 Milliarden Jahren auf der Erde.

Endlich gelangen wir in unserem Bericht zu Objekten, die man in der Hand halten, über die man stolpern kann. Stromatolithen springen ins Auge. Auch auf der arktischen Insel Spitzbergen, auf der ich meine Erzählung begonnen habe, sah ich sie. Dort bilden sie in Gesteinen aus dem oberen Präkambrium sanfte Buckel und gerippte Säulen. An manchen Orten liegen sie zutage, ragen die Erhebungen aus dem sie umschließenden Kalkstein wie die kahlen Schädel verschütteter Skelette. Dort, wo das Schmelzwasser sie abgetragen hat, kann man ihre feinen Schichten erkennen, die wie die vielen hauchdünnen Teigschichten eines Baumkuchens übereinander lagern. Andere waren von komplexerer Gestalt, hatten zahlreiche kleine kompakte Vorsprünge, einem Blumenkohl nicht unähnlich. Wieder andere wirkten wie Stapel aus Röhren oder Schornsteinen von nur wenigen Zentimetern Durchmesser, in denen die gestreifte Schichtung zu Bögen geschwungen war, die das Wachstumsmuster verraten, wie Jahresringe im Holz oder die Furchen in einer Muschelschale. Eingelassen in ganz gewöhnliches Kalkgestein *wirken* sie auf seltsame Weise organisch, zu regelmäßig für eine bloße Unregelmäßigkeit bei der Ablagerung von Sedimenten, und doch nicht so regelmäßig, als daß sich in ihnen die unbeugsame atomare Ordnung eines Kristalls erkennen ließe. Leben produziert Muster, aber diese Muster gleichen nicht den Facetten eines Diamanten, sondern eher geschwungenen Linien, Schnörkeln und Bögen von der Art, wie sie die Jugenstilkünstler liebten. Die einem Stromatolithen ähnlichste anorganische Struktur sind möglicherweise die Lager, die das Mineral Haematit in den bereits erwähnten gebänderten Eisenerzen zu bilden vermag, doch weisen diese in ihrem Inneren nicht dieselben laminaren Schichtungen auf. Bunt gebänderte Achate hingegen haben nicht die Regelmäßigkeit der Form, wie man sie bei Stromatolithen beobachtet, die eben eine ganz eigene charakteristische Anordnung aufweisen.

Als James Hall, ein großer nordamerikanischer Paläontologe des 19. Jahrhunderts, sie jedoch erstmalig entdeckt und als *Cryptozoon* (aus dem Griechischen für «verborgenes Leben») beschrieben hatte, waren viele Leute der Ansicht, diese Strukturen *müßten* einfach anorganischer Natur sein. Sie waren zu alt, um organischen Ursprungs zu sein, dachte man. Jedermann wußte, daß es aus dem Präkambrium keine Spuren von Leben gab, *ergo* durfte dies keine Spur von Leben sein. Darwin schrieb in *Die Entstehung der Arten* (1859): «Auf die Frage, warum wir in der vorkambrischen Zeit keine reichen fossilführenden Ablagerungen finden, vermag ich keine befriedigende Antwort zu geben.» Noch lange, nachdem Darwin dies geschrieben hatte, fanden die Forscher, so gründlich sie auch suchten, an den Stromatolithen nichts, was sich eindeutig als organischen Ursprungs hätte identifizieren lassen. Das ist vielleicht nicht allzu verwunderlich, denn die winzigen, empfindlichen Zellen, die die heute lebenden Stromatolithen entstehen lassen – und die im Präkambrium aller Wahrscheinlichkeit nach nicht viel anders beschaffen waren –, erhalten sich nicht eben leicht. Es hat ein ganzes Jahrhundert gedauert, bis man auf Überreste stieß, deren organischer Ursprung jeden überzeugte. Doch selbst unter diesen Umständen wird man leicht von Kontaminationen und Chimären in die Irre geführt. Ich erinnere mich lebhaft an einen Briefwechsel mit einem älteren Herrn, der felsenfest davon überzeugt war, daß die von ihm beobachtete Anordnung winziger, durch und durch anorganischer Mineralien in größeren Kristallen von metamorphem Gestein – das im Laufe seiner Entstehung unter großem Druck auf mehrere Hundert Grad Celsius erhitzt worden ist – organischen Ursprungs sein mußte. Er glaubte, daß es sich um Radiolarien aus präkambrischen Meeren handle. Manchmal färbt eine Überzeugung die eigene Wahrnehmung zu optimistisch, so wie übertriebene Skepsis einen Augenfälliges übersehen läßt.

Man hat die neuen Fossilien in dünnen Schnitten von Gesteinsproben gefunden. Ein sehr dankbares Gestein für solche Studien ist Hornstein, ein hartes Kieselgestein aus unglaublich feinkörniger Kieselerde (Siliziumdioxid, am besten bekannt aus dem Mineral Quarz). Zu einem frühen Zeitpunkt ihrer Entstehung lagerten die Algenmatten feine Kieselpartikel ein, die die Filamente und Zellen der präkambrischen Organismen wie in eine Zeitkapsel einschlossen und so deren Zerfall verhinderten. Nach den ersten Beobachtungen Mitte der sechziger Jahre begann die NASA, die amerikanische Institution zur Förderung der Weltraumforschung, Forschungen zur frühesten Geschichte des Lebens zu fördern, was sehr für den Weitblick der beteiligten Wissenschaftler spricht. Der Trick hat nachweislich funktioniert. Heutzutage kennt man beinahe 3000 registrierte Vorkommen von Mikrofossilien in präkambrischem Gestein.

Die ältesten unter diesen Mikrofossilien sehen nach den bescheidenen Organismen aus, die sie in der Tat gewesen sind. Die allerältesten von allen sind 3,5 Milliarden Jahre alte Gebilde aus dem Gestein der Fig Tree Group in der südafrikanischen Provinz Transvaal und aus dem Pilbara Block in Westaustralien. In den südafrikanischen Gesteinen findet man bei den fossilen Ablagerungen eine wellenförmige Anordnung, wie sie nur unter Wasser entstanden sein kann, sie ähnelt den Welleneindrücken, die man bei Ebbe an einem Sandstrand beobachtet. Einen deutlicheren Beweis für das Vorhandensein von Wasser an diesem fernen Punkt unserer Vergangenheit kann es nicht geben. Was die Fossilien selbst betrifft, so sind hier kleine Fäden typisch, deren organische Natur sich aus der Regelmäßigkeit ihrer Querwände erschließt. Andere sehen aus wie gewundene Ketten aus winzigen Perlen. Trotz ihrer Einfachheit verblüffen sie durch die Regelmäßigkeit ihrer Größe und Form. Bemerkenswerter noch als dies, sind sie von heute lebenden Cyanobakterienarten praktisch nicht zu unterscheiden. Skeptiker sagen, dies beweise lediglich, daß es zuerst einfache Wesen gegeben hat, und daß uns dies wenig über deren Stoffwechsel oder nähere Verwandte verrate. Aber es scheint nicht ausgeschlossen, daß einige der frühesten Organismen der Erde noch immer unter uns sind, daß sie Jahrmilliarden in jenen Matten überdauert haben. Wie ihre lebenden Verwandten werden auch jene Bakterien eine schützende Schleimhülle ausgeschieden haben, die sie aneinander haften ließ und den Zusammenschlüssen winzigster Zellen in jenen langlebigen Matten Zusammenhalt verlieh.

Australien steht in dem Ruf, Altes bewahrt zu haben, mit der Urzeit auf Du und Du und ein Hafen zu sein, an dem die Zeit spurlos vorübergegangen ist. Vielleicht bilden die Stromatolithen und Mikrofossilien aus dem Pilbara Block und der Bitter Springs Formation im Herzen Australiens das allererste Beispiel für diese mangelnde Bereitschaft, mit dem Rest der Welt Schritt zu halten, und vielleicht ist das Schnabeltier nur einer der jüngsten Anhänger dieser Tradition. Das Zeitfloß mit den Säulen und Buckeln dieser ältesten aller organischen Strukturen an Bord ging rein zufällig in Westaustralien vor Anker.

Australiens *outback*, wo man diese alten Gesteine findet, ist ein außergewöhnlicher Ort. Seine Weite trifft einen wie ein Schock. Die Fahrt durch die Halbwüste bekommt nach kurzer Zeit etwas Desorientierendes, Hypnotisches, Stunden flirrender Hitze verschwimmen zu Tagen. Hin und wieder tauchen für kurze Zeit Spuren auf, um sich alsbald in ungewissen felsigen Senken zu verlieren, und dem verstörten Passagier wird aufgetragen, sich aus dem Fenster zu lehnen, um nach zerbrochenen Zweigen Ausschau zu halten, mögliches Zeichen dafür, daß hier bereits zuvor ein Fahrzeug gefahren ist. Auf manchen Fahrten scheint jeder Zweig zerbrochen zu sein. Ein Großteil des Landes verfügt über so gut wie keine Topographie, und charakteristische Landschaftsstrukturen, an denen man sich orientieren könnte oder die einem vertraut werden, sind sehr selten. Es ist bestürzend, wie leicht man sich verirrt. Bruce Chatwin beschreibt, wie die Ureinwohner (von den Farmern «black fellas» genannt) gelernt haben, sich ihre Wanderwege durch die riesigen Weiten zu «ersingen», sich von einer musikalischen Topographie leiten zu lassen. Der europäische Besucher ist taub. In dieser Wildnis spenden nur die wundervollen weißstämmigen *Eucalyptus papuana* (eine der vielen hundert *Eucalyptus*arten) gelegentlich Schatten. Sie könnten schwören, daß Sie diesen einen Baum wiedererkennen würden, wenn Sie ein zweites mal daran vorbei kämen, doch der nächste verwirrt Sie, und der übernächste sieht aus wie der erste, und der danach sieht aus wie der vorige, und immer so weiter, bis Sie anfangen, sich zu fragen, ob Sie nicht vielleicht im Kreis herumfahren.

Die Landkarten dort können sehr entmutigend sein. Manchmal wird auf die gelegentlich vorhandenen Wasserbohrlöcher hingewiesen, an denen mit Windkraft betriebene Pumpen Wasservorräte tief unter der Erde anzapfen, um ein riesiges rundes Wellblechbehältnis mit Wasser zu füllen. Sie tragen so stolze Namen wie «Dribbling Bore» (Tröpfelbrunnen). Demotivierender noch sind diejenigen, bei denen es heißt: «Bohrloch (trocken)» oder gar «Bohrloch (arsenhaltig!)». Aber wenn man wirklich eines mit Wasser darin findet, ist es eine grandiose Sache, unter der gnadenlosen Sonne in einem solchen künstlichen Tümpel zu schwimmen – kein Millionär am Pool des Waldorf Astoria könnte das kühle Naß auf seiner Haut so genießen. Hin und wieder gibt es ein Flußbett mit einem nur zeitweilig vorhandenen Pool. An solchen Oasen legt der fröhliche Wandersmann sein Bündel gerne nieder. Und auch das Dach eines *coolibah tree* (einer anderen *Eucalyptus*art) kann ich empfehlen. Hier können Sie sich unter den Sternen ausstrekken, und himmlischer Friede umfängt Sie. Des Nachts bedecken die Sterne den Himmel von Horizont zu Horizont, hier gibt es keine Luftverschmutzung und keinen Dunst, der ihre Schönheit verhüllen könnte. Wie viele Sterne es gibt, war mir nie zuvor klar gewesen, und es besteht kein Zweifel, daß sich inmitten dieser Pracht mehr Galaxien befinden, als man zählen kann. Es gibt sicher keinen besseren Ort, um über die außerordentlichen Umstände nachzugrübeln, die auf unserem kleinen Planeten Leben möglich gemacht haben, und über das Wunder, daß man selbst ein bewußtes Wesen ist, das darüber nachdenken kann. In der Nacht kann man die Zeit ticken hören, fühlen, wie dieser Ort aus den frühen Tagen der Erde überlebt hat, man riecht förmlich den scharfen Geruch des Schwefels aus ihren Anfängen, und vor dem inneren Auge ersteht eine leicht hüglige Landschaft, überflutet von flachen Gewässern, die endlose Mikrobenmatten bespülen. Die ungeheure Weite dieser verlassenen Gegend erlaubt es der Phantasie, den außerordentlichen Umfang der Sauerstofffreisetzung nachzuempfinden, die über Tausende von Jahrmillionen hinweg stattgefunden hat. Das Licht des einen oder anderen jener blinkenden, fernen Sterne begann seine Reise zur Retina Ihres Auges zu einer Zeit, die in etwa dem Zeitalter der Stromatolithen entsprach. Das Sternenlicht ist so hell, daß es Schatten wirft. Dies ist der Ort, an dem man versuchen kann, die Vorgänge zu begreifen, durch die die unfaßbar langsame Umwandlung der Atmosphäre durch den Lebensprozeß Molekül für Molekül möglich wurde, und während der ganzen Zeit schienen unverändert dieselben Sterne, genau wie in diesem Augenblick. Im Busch summen Nachtinsekten unermüdlich in den Bäumen. Von Zeit zu Zeit heult ein Dingo gespenstisch in der Ferne, ein beunruhigender Ruf, der einem eine Gänsehaut über den Rücken jagt und einen dazu veranlaßt, den Schlafsack bis zum Hals hochzuziehen.

Dingos mußten zäh sein, um hier überleben zu können, und diese Widerstandskraft haben sie mit den frühen Cyanobakterien gemeinsam. Jeder Organismus hier draußen ist ein Überlebenskünstler. Bäume überstehen Dürre und Feuer. Känguruhs genügt die dürre Vegetation. Die Zähigkeit des weißen Kakadu, in dieser Gegend unter dem Namen *galah* bekannt, ist geradezu sprichwörtlich. Der erste *outback*-Witz, den ich in Australien lernte, lautete: «Wie kocht man einen *galah*?» Man nimmt den gerupften *galah*, salzt und pfeffert ihn und gibt ihn zusammen mit einem Ziegelstein in einen Kessel. Man kocht und kocht, bis der Ziegelstein weich ist und sich mit einer Gabel leicht einstechen läßt. Dann schmeißt man den *galah* weg und ißt den Ziegelstein ...

Sogar die Menschen dort – diejenigen, die weit entfernt von den Hauptstraßen leben – sind von einem besonders rauhen Schlag. Die Eingeborenenstämme hatten viele tausend Jahre Zeit, sich an dieses Land anzupassen, und stehen nun vor dem umgekehrten Problem, wie sie mit den zweifelhaften Vorzügen der sogenannten «Zivilisation» fertig werden sollen. Aber die Weißen dort sind eine seltsame Spezies. Viele von ihnen scheinen schottischer Herkunft zu sein. Sie sind auf eine Art und Weise robust, wie sie in den traditionellen Westernfilmen mit John Wayne und Alan Ladd porträtiert wird.

Die urzeitlichen Gesteine treten auf Hügeln und Bergkämmen zutage, welche die endlosen Ebenen unterbrechen. Diese Orte sind derart entlegen, daß man die älteste fossilführende Formation, einst entdeckt von Stan Awramik, nie wieder gefunden hat (allerdings etliche andere seither). Stromatolithen sind typische kleine Buckel mit einer charakteristischen dichten Schichtung. In kieselhaltigem Gestein aus dieser Zeit haben sich die Überreste feiner Fäden von nur wenigen Tausendstel Millimetern Durchmesser erhalten, die sehr stark denen ähneln, die auch von den heute lebenden blaugrünen Bakterien gebildet werden.

Natürlich mußte es auch Westaustralien sein, wo man *lebende* Stromatolithen entdeckte. In der Sharkbucht, ungefähr 650 Kilometer nördlich von Perth, gibt es solche Erhebungen, niedrige geschichtete Buckel und Säulen von etwa einem halben Meter Höhe, deren Mineraleinlagerungen aus Kalk bestehen und die im Präkambrium gewiß nicht aufgefallen wären. Sie wachsen sehr langsam an diesem seltsamen heißen Ort in der Gezeitenzone, und wenn das salzige Meer sie umspült, ragen sie stolz, wie zahllose prall gestopfte Kissen aus dem Wasser. Sie sehen wirklich nicht aus wie die Wiege des Lebens, sondern erinnern eher an eine seltsam aufgeplusterte Hinterlassenschaft der Erosion. Zu Beginn der sechziger Jahre erkannte man, daß diese auffälligen Buckel das lebende Gegenstück zu den seltsamen Strukturen waren, die man bis dahin bereits in vielen präkambrischen Gesteinen gefunden hatte. Diese Buckel erlauben es uns, in der Zeit bis an den Anfang des Lebens zurückzublicken, ein bißchen so, als schaute man durch ein besonderes, paradoxes Periskop. Sie fühlen sich fest an, von der Sonnenhitze erwärmt – und ein bißchen klebrig. Es ist eine eindrucksvolle Vorstellung, daß unsere Finger 3 Milliarden Jahre zuvor einen ähnlichen Buckel hätten betasten können. Wie bei dem farbigen Schmier in der Umgebung heißer Quellen handelt es sich auch hier um die personifizierte Ewigkeit, um das Überleben von tausend Plagen, unzähligen Klimaveränderungen und sogar von verheerenden Katastrophen, die weit größere Organismen für immer von der Erde verschwinden ließen.

Es war schon, um es bescheiden zu formulieren, eine recht interessante Frage, warum ausgerechnet in der Sharkbucht Stromatolithen überlebt haben sollen – wenn man bloße australische Rückständigkeit als Erklärung einmal beiseite läßt. Schließlich gibt es Tausende anderer tropischer Buchten, in denen sie hätten überleben können – an dieser entlegenen Küste mußte es irgendeinen besonderen Umstand geben. Die Antwort hierauf scheint zu lauten, daß dieser besondere Umstand in der *Abwesenheit* anderer Organismen besteht. Die Stromatolithen wachsen dort, weil es nichts gibt, was sie daran hindern könnte. Viele heute lebende Tiere weiden Algen ab, einige Schneckenarten sind darauf spezialisiert, mit ihrer spitzbewehrten Raspel Algen von deren Unterlage abzukratzen. In Aquarien können Sie solche kleinen Schnecken über Steine und Glasscheiben gleiten sehen, wobei sie stetig Algen und Bakterien, ihre Nahrungsgrundlage, von der Unterlage wegpolieren, unermüdlich aufräumen, ein bißchen wie ein besessenes, übertrieben reinliches Individuum, das seine winzige Wohnung wieder und wieder auf Krümel und Flecken inspiziert. Diese Arten von Tieren machen den Zusammenhalt eines Stromatolithen zunichte. Nur wenn Faktoren wie erhöhter Salzgehalt und extreme Hitze zusammenkommen und die Algenabweider fernhalten, können sich diese urzeitlichen Lebensformen wieder etablieren. Im Präkambrium waren Stromatolithen so viel weiter verbreitet, weil es damals keine Raspler und Weidetiere gab: die Gebilde konnten ungehindert wachsen. In jener Welt der biologischen Matten wurde das Blubbern der Photosynthese von nichts und niemandem gestört, und nur die Stürme rissen die Kissen und Säulen gelegentlich mit sich.

Es dauerte nicht lange, und man fand andere Beispiele für lebende Stromatolithen, insbesondere an Stellen im Meer, an denen die Bedingungen ein ungehindertes Wachstum zuließen. Man fand sie in Mexiko in der heißen, geschützten Inlandbucht von Baja California, und, in größeren Tiefen, in den Gewässern um die Bahamas. Diese lebenden Beispiele bescherten uns ein besseres Verständnis von der recht subtilen Ökologie des Lebens in jenen Kissen und Buckeln. Es wurde bewiesen, daß unter der lebenden, Photosynthese betreibenden «Außenhaut», die dünn ist wie ein Blatt Papier, andere Schichten vorhanden waren, in denen verschiedene Arten von Bakterien lebten, unter anderem einige, die sich durch Gärung von den Abfallprodukten der oberen Schicht ernährten. Eingefangene Sedimentpartikel steuerten die für ihr Wachstum notwendigen Mineralien bei. Es handelte sich um ein autarkes, sich selbst erhaltendes System, ein Miniaturökosystem. Wenn dies tatsächlich den Zustand der im Werden begriffenen biologischen Welt repräsentiert, dann heißt dies, daß Kooperation und Koexistenz schon bald nach seiner Entstehung Teil des Lebens waren. Die Basis aller Existenz bildete eher ein System der Gegenseitigkeit, weniger ein Konkurrenzkampf. Wenn die ersten Lebewesen sich als Team gegenseitig ernährt haben, dann muß das Aufkommen der Tiere den Konkurrenzaspekt der Evolution angeheizt haben. Mit Sicherheit wird sich jede Neuentwicklung, die innerhalb der Matten entstanden ist, verbreitet und Einfluß erlangt haben, aber allein die Tatsache, daß die heute lebenden Algenmatten ihren urzeitlichen Vorfahren in so vieler Hinsicht ähneln – unter anderem bezüglich der Organismen, die in ihnen leben – spricht für einen entschiedenen Konservatismus und eine ausgeprägte Unempfindlichkeit Veränderungen gegenüber. Diese bescheidenen Wesen repräsentieren die Geburt der Ökologie.

Bei aller Einfachheit ihrer mikroskopisch kleinen Bewohner haben es die Stromatolithen zu einer wundersamen Vielfalt der Gestalt gebracht. Nach einem bedächtigen Start im unteren Archaikum waren sie um etwa 2,7 Milliarden Jahre vor unserer Zeit zu zahlreichen verschiedenen Formen erblüht – zu einer Fülle von Säulen und jeder nur möglichen Variation der Faltung. Verschiedene Arten von Stromatolithen bewohnten verschiedene urzeitliche Habitate. Kleine, zerbrechliche Formen mit langen Auswüchsen lebten in den Gezeitenzonen und entlang flacher Gewässer, kräftigere Polster und gemäßigte Buckel konnten der offenen See trotzen. In etwa 2 Milliarden Jahre altem Gestein findet sich der Höhepunkt der Stromatolithenformation in ruhigen Habitaten, die vor verheerenden Stürmen sicher waren. Diese Lebensräume waren Wälder oder Riffe aus riesigen kegelförmigen Stromatolithen, die sich über viele hundert Kilometer erstreckten. Einzelne Kegel konnten bis zu hundert Metern hoch werden. Malcolm Walter, der diese eindrucksvollen Strukturen der erstaunten geologischen Öffentlichkeit präsentierte, beschrieb diese bemerkenswerten *Conophyten* als dicht an dicht aufgestellte Raketennasen. Dies war die Apotheose der Algenmatten, der erste von vielen Beweisen dafür, daß dem Leben ein Hang zur Gigantomanie innewohnt. All das wurde geleistet von winzigsten Organismen, die Schlamm und Schleim in ihr grandioses Konstruktionsschema einbezogen. Leider kommt keiner der heuten lebenden Stromatolithen an die Dimensionen der präkambrischen Riesen heran.

Stromatolithen finden sich als Strandgut auf dem uralten Kern des nordamerikanischen Kontinents, dem Kanadischen Schild. Dieses präkambrische Zentrum des Kontinents bedeckt ein riesiges Gebiet zwischen den Großen Seen und der Hudsonbai. Schon der Name weckt Vorstellungen von tatkräftiger Verteidigung gegen die feindlichen Übergriffe der Zeit, von einem Schild gegen die unausweichliche Zerstörung, die den meisten alten Dingen droht. Der zentrale Bereich des Schilds ist bereits früh in der Erdgeschichte gewachsen, und die Stromatolithen dort erzählen von den ersten Wellen, die auf den jungen Kontinent geschwappt sind. An den Ufern des Großen Sklavensees findet man Stromatolithen aus dem unteren Proterozoikum ausgebreitet zu großen Feldern fossiler Kissen. Dies ist die Reinkarnation einer urzeitlichen Meereslandschaft, die die Erosion ans Tageslicht gebracht hat. Verhüllt man seine Augen vor der modernen Vegetation an diesem Ufer, dann könnte man ebenso gut auf eine präkambrische Szene blikken, die sich vor beinahe 2 Milliarden Jahren dargeboten hat. Das ist eine wirkliche Zeitreise, und wenn die Welt ein Gespür für ihre echten Wunder hätte, wäre dies eine ebenso berühmte Sehenswürdigkeit wie die Pyramiden von Giseh, trotz ihrer bescheidenen Dimensionen.

Der entlegenere Teil des Kanadischen Schilds ist auf seine Art genauso unermeßlich wie das australische *outback*. Endlose Nadelwälder aus einer Handvoll Fichtenarten, die mit den harten Wintern und dem kargen Boden zurechtkommen, aber auf den Lichtungen trifft man grazile Espen und Birken. Ein ausgedehntes Netz aus Sümpfen, Seen und Flüssen bringt jeden in Verlegenheit, der sich abseits der wenigen Pfade bewegt. Die zähen fossilen Stromatolithen überstanden das Schieben und Reiben der riesigen Eisfelder der letzten Eiszeit, die sich erst vor wenigen tausend Jahren aus dieser Landschaft zurückgezogen haben. Ihr Rückzug übersäte die Landschaft mit seinem Schutt aus Findlingen und Moränen, und der Lauf der Gewässer folgt der Laune dieser Geschichte. Durch diese unregelmäßige Schicht aus glazialem Schutt aber treten an vielen Stellen die alten Gesteinsformationen zutage, ragen aus dem Geröll wie die Rücken einer großen Schule von steinernen Walen. Oft findet man gebändertes Gestein – Gneis oder Grünstein –, das im großen Schraubstock des Erdinneren gehärtet, getempert und gepreßt worden ist. Es bildete das Fundament, auf dem die Stromatolithen unter den Strahlen einer jungen Sonne ihre schleimigen Säulen errichteten. Einige der schönsten Zeugnisse früher Lebensformen hat man aus Kieselgestein der Gunflint Iron Formation am Oberen See geborgen. Dieses harte und extrem feinkörnige Gestein hatte die Eigenschaft, große Funken hervorzubringen, wenn man zwei Steine aufeinander schlug (wie dies bei vielen Feuersteinen der Fall ist), und so wurde es bereits lange, bevor es den Weg ins Labor fand, in frühen Feuerwaffen eingesetzt. Vielleicht hatten die Algenmatten zu dem Zeitpunkt, an dem das Gestein der Gunflint Iron Formation gebildet wurde, bereits so viel Sauerstoff in die Atmosphäre freigesetzt, daß die Bildung einer Ozonschicht möglich wurde: einer Schicht aus modifiziertem Sauerstoff in der oberen Atmosphäre, die die schädlichen Anteile des Sonnenlichts herauszufiltern vermag. Ultraviolettes Licht kann in vielen Zellen Schaden anrichten oder schädliche Mutationen verursachen. Bakterien schufen nicht nur den Odem des Lebens, sondern auch den alles beschützenden Schild. Das in jüngster Zeit über der Antarktis entdeckte Loch in der Ozonschicht ist eines der wenigen Phänomene gewesen, die furchterregend genug waren, Regierungen dazu zu bewegen, weiter als bis zur nächsten Wahl zu denken. Bakterien aber sind durch ihre Schleimhülle vor den schlimmsten Auswirkungen des Sonnenlichts geschützt. Experimente haben gezeigt, daß manche Bakterienarten massive Dosen ultravioletter Strahlung ertragen. Ohne diese Widerstandkraft hätte es keine Zukunft gegeben.

In irgendeiner dieser klebrigen Matten müssen an einem längst vergangenen Strand die ersten komplexeren Zellen entstanden sein. Diese Zellen enthalten einzelne, voneinander getrennte Gebilde, und das bekannteste davon ist der Zellkern. Er enthält den genetischen Bauplan und ist in jeder Zelle unseres Körpers enthalten. Die anderen intrazellulären Unterabteilungen von unterschiedlicher Funktion bezeichnet man als Organellen. Man hat zeigen können, daß einige dieser Organellen große Ähnlichkeit mit Bakterien haben, die imstande sind, außerhalb der Zelle unabhängig zu existieren. So entstand die Idee, daß komplexe Zellen durch zelluläre Übergriffe entstanden sein könnten – ein Bakterium verleibt sich ein anderes ein und erreicht damit einen höheren Grad an Komplexität. Bakterien wurden von anderen Bakterien verschlungen, komplett mit allen ihren Lebensfunktionen eingesackt wie Diebesgut von einem Einbrecher. Durch den Zusammenschluß verschiedener kleiner und einfacher Organismen konnte eine komplexere und effizientere Struktur geschaffen werden. Diese spektakuläre Entwicklung ist eine Symbiose* – das «eine Hand wäscht die andere» der Natur – ein eindrucksvolles Beispiel für die Gegenseitigkeit und Kooperation frühen Lebens.

Die Bakterien, über die ich bisher geschrieben habe, besaßen noch keinen Zellkern: Sie waren Prokaryonten, die sich durch Spaltung oder Teilung vermehrten und so (häufig exakte) Kopien ihrer selbst herstellten. Sie konnten zwar große Strukturen wie die Stromatolithen bilden, doch hatten die einzelnen Organismen in der Regel einen Durchmesser von nicht mehr als wenigen Tausendstel Millimetern. Zellen mit Kern (Eukaryonten) sind sehr viel komplexer und können um ein Vielfaches größer werden. Eukaryontenzellen können daher Organellen wie Mitochondrien und Chloroplasten in sich tragen, winzige membranumhüllte Körperchen, die vitale Funktionen wie die Photosynthese und die Produktion von Enzymen für die Zelle übernehmen. Eine Vorreiterin dieser sogenannten «Symbiontentheorie», Lynn Margulis, fand große Parallelen zwischen diesen Organellen und bestimmten Arten von freilebenden Bakterien. Eine Photosynthese betreibende Eukaryontenzelle wäre demnach dadurch entstanden, daß eine nicht der Photosynthese mächtige Zelle das geeignete blaugrüne Bakterium einfing. Einmal Teil der Zelle geworden, wurde das Bakterium auf Dauer zu einem Zellorganell, das ab sofort für die Photosynthese zuständig war, einem Chloroplasten. Chloroplasten gibt es noch immer, sie erfüllen in jeder grünen Pflanzenzelle von Gräsern, Kräutern und Bäumen ihre Funktion. Eine Zelle läßt sich vergleichen mit einer Maschine, die mit chemischem Treibstoff betrieben wird, deren einzelne Motoren jedoch einst in der Lage waren, im Eigenbetrieb zu funktionieren. Das Leben

---

* Nach dem griechischen Begriff für «Zusammenleben».

gab sich selbst den Ruck für den Weg nach oben. Man kann fragen, ob dieser Vorgang durch einen Akt der Nahrungsaufnahme angefangen hat – ein Bakterium wird von einer anderen Art verschlungen, ohne daß es zur Verdauung kommt –, oder ob das Eindringen von Bakterien aus einem anderen Grund, aus purem Zufall vielleicht, geschehen ist und dann als nützliche Einrichtung auf Dauer übernommen wurde. Wie auch immer die Geschichte ablief, dies war das nächste Wunder. Ohne diese Entwicklung wäre eine schleimige, wogende Algenmatte der Höhepunkt biologischer Entwicklung auf Erden geblieben. Vielleicht gibt es in einer der Galaxien, die ich von meinem Schlafsack aus am Firmament über der australischen Wüste betrachtete, eine düstere, wenig entwickelte Welt, in der die Vielfalt des Lebens auf dem Niveau der Stromatolithen Halt gemacht hat. Der in diesem eintönigen Milieu produzierte Sauerstoff würde verbraucht werden und ginge im Rahmen der Ablagerung von Kalken verloren. Die Kontinente lägen brach, auf diesen Böden wüchsen keine Pflanzen, und nicht einmal der bescheidenste Invertebrat störte das gemächliche Wachstum der biologischen Polster und Kissen. Kissen, Millionen von Kissen wären einer derartigen Welt im Halbschlaf wahrhaftig angemessen.

Lynn Margulis ist der Ansicht, daß es zu dieser Nutzbarmachung von Bakterien nicht nur einmal, sondern viele Male gekommen ist – ja, daß sie so etwas wie eine alltägliche Eigenschaft des damaligen Protoplasmas gewesen sei. Das ist vielleicht nicht ganz so eigenartig, wie es klingen mag. Die Welt ist voller Symbiosen —manche davon ganz offensichtlich uralten Ursprungs. Flechten sind die zähesten aller Lebewesen, sie gedeihen auf glühendheißen, toten Steinen in Wüsten und leben vom Tau eines glücklichen Augenblicks. Sie sind ein Team aus Pilzen und Algen. Die Täuschung offenbart sich erst, wenn zum Zeitpunkt der Reproduktion kleine pilztypischen Fruchtkörper entstehen. Viele Korallen enthalten in ihren Geweben photosynthetische Algen, die dem primitiven Polypen wertvolle Nährstoffe zukommen lassen. Pilze nähren die Wurzeln von Orchideen. Die Mägen von Wiederkäuern enthalten eine reichhaltige Verdauungslösung voller Mikroorganismen, die imstande sind, Zellulose abzubauen, ohne sie würden die Tiere rasch verhungern. Die unüberhörbaren Blähungen einer Kuh sind lebhafter Beweis für die in ihrem Inneren ablaufenden Gärungsprozesse. Es sieht so aus, als habe Leben einen starken Hang zu Arbeitsverhältnissen mit Bakterien. Krankheit ist die Kehrseite desselben Prozesses, hier wenden sich die Mikroorganismen gegen ihren Wirt, ähnlich wie ein junger Kuckuck die Jungvögel attackiert, neben denen er aufwächst.

Die biologische Welt ist eine riesige Kooperative, aufrechterhalten und angetrieben von jenen winzigen Organismen, die dieses Unternehmen einst begonnen hatten. Die Chemie der Urzeit lebt weiter in zellulären Prozessen wie der Photosynthese, in Enzymen und Membranen. Größeren, kernhaltigen Zellen aber erwuchs ein neues Potential. Aus ihnen konnten große Organismen hervorgehen: Endlich konnten sie sich zu Zellkomplexen mit verschiedenen Funktionen zusammenschließen – zu *Geweben*, wie sie Eliots Dr. Lydgate vertraut gewesen wären. Sie differenzierten sich zu Geschlechtern mit der Möglichkeit zum Austausch von genetischer Information und erhöhten so die natürliche Variabilität und damit auch die Anpassungsfähigkeit. Alle diese Zellen aber waren Aerobier – das heißt, sie benötigten Sauerstoff, um leben zu können. Durch die rastlosen Bemühungen eifrig Photosynthese treibender Algenmatten war die Welt mit hinreichend Sauerstoff versehen worden, um – etwa 2 Milliarden Jahre vor unserer Zeit – die Entwicklung von Aerobiern möglich zu machen. Damit hatte die lange, allein von Bakterien bestrittene Ouvertüre die Szene für den ersten großen Chor bereitet.

Es gibt eine Vorstellung von dem ersten primitiven Leben, die am ehesten dem nahekommt, was man als «Protoplasmatröpfchen» bezeichnen könnte. Als die Metapher vom Kochen noch im Schwange war, hätte man vielleicht auf das Bild verfallen können, daß dieses «Tröpfchen» eines schönen Tages fix und fertig aus der Ursuppe gekrabbelt kam. Unter den heute lebenden Organismen sind Amöben diesem Archetyp am ähnlichsten. Eine Amöbe besteht aus einer einzelnen Zelle. Sie bewegt sich vorwärts, indem sie in Kriechrichtung Arme – sogenannte Pseudopodien – entwickelt und ausstreckt, die am Substrat haften und sich, während die Zelle ihnen allmählich folgt, unablässig in ihrer Gestalt verändern, wobei das Protoplasma der sich ständig verändernden Form nachfließt. Sie ist in der Lage, Nahrung wahrzunehmen, umfließt sie und nimmt sie in sich auf. Sie stellt ihre Nahrung also nicht selbst her, sondern ist auf andere Dinge angewiesen. Und sie besitzt einen Zellkern. Alte Gruselfilme haben dieses «Tropfenwesen» gelegentlich zum Thema. In einem Fall quollen aus Löchern im Erdreich riesige Plasmatropfen, die wie Gelee wabbelten und jede Menge Dinge verschlangen. In solchen Filmen wird der Wissenschaftler stets mit «Doktor» angesprochen. (Ich muß dazu sagen, daß ich in all den Jahren, die ich in der Wissenschaft tätig war, wirklich nur ein einziges Mal mit «Doktor» angeredet worden bin – und da hatte man mich für einen Kardiologen gehalten.) Die Aufgabe des «Doktors» ist es, in den ersten siebzig Minuten abwechselnd erstaunt und grimmig dreinzublicken, bevor ihm in den letzten fünf Minuten eine messerscharfe Einsicht von erstaunlicher Banalität kommt, mit der sich sämtliche Tropfen unverzüglich erledigen lassen. Man muß kein Vertreter postmoderner Theorien sein, um zu begreifen, daß diesen amüsanten und keineswegs sehr gruseligen Filmen eine allgemein verbreitete Vorstellung von etwas zugrundeliegt, was primitiv und zugleich bedrohlich ist. Bedrohlich vermutlich deshalb, weil das Fehlen jeglicher Form, das Amorphe, eine Art verderblicher Strukturlosigkeit repräsentiert – schließlich haben vernünftige höhere Lebensformen allesamt eine *Struktur*. Vielleicht hat diese Vorstellung H. G. Wells dazu veranlaßt, in *Krieg der Welten* riesenhafte Kraken als Aliens zu wählen, obgleich Wells andererseits auch genügend biologisch gebildete Freunde hatte, um wissen zu können, daß diese Mollusken für Invertebraten hochintelligent sind. Doch in Wirklichkeit kann gar keine Rede davon sein, daß eine einzelne Zelle zu den ungeheuren Dimensionen jener Tropfen heranwachsen könnte – so etwas ist unmöglich ohne die Hilfe organisierter Gewebe: ohne Muskeln, ohne die interzelluläre Kommunikation vermittels eines Nervensystems und so weiter. Und welche Zeiträume, welcher Grad an Organisation liegt zwischen diesem amöbenhaften Tierchen und der lebensspendenden Ursuppe – vermutlich entstand es erst um die Mitte der langen Erdgeschichte. Es war bestimmt das langsamste Krabbeln aus der «Suppe», das man sich vorstellen kann. Und was die Beweislage angeht, so gibt es an solchen Protoplasmageschöpfen wenig genug, was als Fossil erhalten bleiben würde.

Die ersten erhaltenen Eukaryonten, die man gefunden hat, sind Pflanzen – verschiedene Arten von Algen. Manche von ihnen bildeten Fäden, die denen der Cyanobakterien ähnelten, allerdings sehr viel größer und komplexer waren. Andere schlossen sich den Stromatolithengemeinschaften an (die allerdings weiterhin von Prokaryonten beherrscht blieben). Aber es tauchten auch kugelige Gebilde auf, die einen Durchmesser von bis zu einem fünftel Millimeter haben konnten. Manche von ihnen waren mit Stacheln ausgerüstet, die sie aussehen ließen wie schwimmende Minen. Diese Formen haben mit großer Wahrscheinlichkeit planktonisch, als Teil einer Lebensgemeinschaft im offenen Meer, gelebt. Sie besaßen feste organische Zellwände, die vermutlich dem Schutz der Zellen während einer «Ruhephase» dienten. Diese Zellwände aber blieben bemerkenswert gut erhalten: Behandelt man Schiefer mit Flußsäure (HF) (die so gut wie alles wegätzt, die Fingernägel des Forschers eingeschlossen, so dieser nicht strikte Vorsichtsmaßnahmen ergreift), lassen sich die kleinen, robusten Fossilien gewinnen. So simpel das Verfahren, brachte es doch die Überzeugung ins Wanken, daß solche alten Gesteine keine Spuren von Leben enthielten, denn man fand diese Fossilien in großer Zahl – insbesondere in Gesteinen, die sich vor etwa 1000 bis 850 Millionen Jahren auf dem Boden der Meere abgelagert hatten. Riesen sind aus dieser Zeit zu vermelden, einzellige Monster: *Chuaria* maß einen Zentimeter im Durchmesser. Das mag nicht an jene Tropfen heranreichen, aber für eine kugelförmige Alge ist das erstaunlich groß.

Die Bedeutung dieser unscheinbaren Kugeln für die Entwicklung der Erde kann gar nicht genug betont werden. Die Besiedlung der offenen Meere erhöhte die von photosynthetisch aktiven Organismen bewohnte Fläche um ein Vielfaches. Bestand die Erdoberfläche damals, wie heute auch, zu zwei Dritteln aus Meeren, dann breitete sich die dünne Brühe sauerstoffliefernden Lebens über das Dreifache ihres ursprünglichen Lebensraumes aus. Die neuen Möglichkeiten dieses fremden Lebensraumes gaben neuen Entwürfen eine Chance. Während zwischen dem Archaikum und dem Proterozoikum Tausende von Jahrmillionen und danach weitere 1,5 Milliarden Jahre verstrichen, gab es eine ganz allmähliche, unfaßbar langsame Zunahme der Vielfalt. Die Meere begannen zu atmen – aber sie wirkten auch als «Gullys», in denen Nährstoffe auf Nimmerwiedersehen verschwanden, wenn die sterblichen Überreste schwimmender Organismen in ihre Sedimentgräber auf dem Meeresboden niedersanken. Die Welt wuchs sich aus zu einem eng geknüpften Netz des Lebens, der Chemie, der Ozeane und der Geologie – selbst der skeptischste Leser wird zustimmen können, daß es mit diesem Teil von Professor Lovelocks *Gaia* seine Richtigkeit hat. Leben machte die Erdoberfläche zu dem was sie ist, obwohl es die ganze Zeit über nur ihr Untermieter war.

Einige Algen der offenen Meere scheinen wie Bakterien erstaunlich widerstandsfähig und robust gewesen zu sein. Bestimmten Fossilien lassen sich bestimmte Mitglieder der lebenden Flora zuordnen. Dies gilt für Grünalgen aus der Familie der Prasinophyceae oder bestimmte Rotalgen. In manchen Fällen stimmen die urzeitlichen Fossilien mit den noch lebenden Arten bis ins Detail überein. Die primitive Pflanzenwelt hat den Tanz der Zeiten überstanden.

Manche Wissenschaftler, die sich mit frühem Leben beschäftigen, zeigen eine eigene Art von Widerstandsfähigkeit. Es steht außer Frage, daß das australische *outback* der härteste und rauheste Ort der Welt ist, um Geologie zu treiben. Die Exkursionsarbeit dort setzt eine beinahe prokaryontische Zähigkeit voraus. Jeder Busch ist voller Dornen – mit Ausnahme derer, die Stacheln tragen. Dort gibt es ein scheußliches

Unkraut namens *Spinifex (Triodia)*, das in blaugrünen Halbkugeln von einem Meter Durchmesser wächst und allem Anschein nach aus *nichts anderem* als Dornen besteht. Seine Waffen sind mit Kieselsäure überzogen, demselben Material, aus dem der fossilienführende Hornstein besteht. Wer in einen Spinifexgras stolpert, erlebt quasi einen Unfall mit einer Fuhre von in Vitriol getunkten Injektionsnadeln. Man beginnt, die evolutionäre Churzpe des Pflanzenreiches von Herzen zu verfluchen. Außerdem wird behauptet, daß ein Großteil der Insekten dort draußen giftig sei. Insekten habe ich auf meinen Streifzügen durch den Busch keine gesehen, aber *Spinifex*-Büsche gab es, wohin ich mich auch wandte. Umgekehrt verhält es sich in der Wildnis kanadischer Nadelwälder, wenn auch die Arbeit dort nicht weniger Durchhaltevermögen verlangt. Hier gibt es keine besonders ekelhaften Pflanzen, hier herrscht die Bosheit des Insekts. Hier gibt es Moskitos für jede Gelegenheit: solche mit braunen, bepelzten Köpfen, die sich bei Tag sehen lassen, riesige, schwarze, besonders gefräßige, die in stillen Nächten mit dem unstillbaren Wunsch zum Vorschein kommen, ihre Stechrüssel in Achselhöhlen oder hinter den Ohren tief in der Haut zu versenken, und dann gibt es noch die nahezu unsichtbaren «not-see-thems», sie müssen Cousins ersten Grades zu den schottischen Gnitzen sein. Am schlimmsten von allen aber ist die unerbittliche Kriebelmücke, die einem kleine Bissen aus der Haut reißt und dabei die Stelle mit einem Tröpfchen Antikoagulans bestreicht, so daß der Biß immer weiter blutet. Ein kleines Blutbächlein rinnt einem den Arm oder das Gesicht hinab. Von den kanadischen Nationalparks herausgegebene Broschüren trösten den Leser mit der völlig nebensächlichen Versicherung, daß diese Kreaturen für das Ökosystem von vitaler Bedeutung seien.

Eine andere Sorte von Ausdauer läßt jene Hartnäckigkeit entstehen, die einen Wissenschaftler dazu treibt, 10000 Quadratkilometer präkambrischen Gesteins nach Fossilien von wenigen Tausendstel Millimetern Durchmesser zu durchkämmen. Professor Bill Schopf hat für diese Jagd mehr getan als jeder andere, und seine besondere Art von Rauhbeinigkeit steht in keinem Widerspruch zu seinem Humor. Er ist ein großer Enthusiast und absolut unermüdlich. Während seiner Forschungssemester am Natural History Museum brannte das Licht in seinem Büro oft noch lange, nachdem ich längst Feierabend gemacht hatte. Die Entschlossenheit, die Goldader ausfindig zu machen, läßt einen Hunderte von Objektträgern durchmustern. So etwas kann langweilig und entmutigend sein. Allmählich aber stellt sich Erfahrung ein, verkürzt das rasche Erkennen der richtigen Art von Kieselgestein in der richtigen geologischen Umgebung die Suche. Doch Geduld ist mehr als eine Tugend, sie ist eine Notwendigkeit. Große Bereiche der Paläontologie erfordern diese Art von Ausdauer. Wir werden ihr wieder begegnen, wenn wir die Suche nach fossilen Zeugnissen unserer eigenen Vorfahren beschreiben. Manchmal trennt nur ein schmaler Grat die unermüdliche Suche von vergeblichem Bemühen. Eine enttäuschte Hoffnung macht selten Schlagzeilen. Doch auch eine vergebliche Suche zeigt dem nächsten Forscher, wo er zu suchen hat. Es kommt nicht oft vor, daß ein Biograph ein außergewöhnliches Versagen rühmt, den Betreffenden preist, der die ganze Zeit auf der linken Seite gehämmert hat, wo er doch auf der rechten Seite hätte suchen sollen. Letzten Endes trägt eine gewisse Fixiertheit vermutlich zum Erfolg bei. Wenn es möglich wäre, heidnische Gottheiten in der christlichen Lehre unterzubringen, dann müßte der Schutzheilige der Paläobotaniker des Präkambriums Sisyphus sein, der dazu verdammt wurde, bis in alle Ewigkeit einen Stein den Berg hinaufzurollen, der ihm stets kurz vor dem Ziel entgleitet und an den Anfang zurück rollt. Den paläontologischen Sisyphussen aus Fleisch und Blut aber gelingt es hin und wieder, den Berg zu erklimmen.

Dieses Kapitel blickt auf gute 3,5 Milliarden Jahre Erdgeschichte zurück, an seinem Ende sind wir etwa 1 Milliarde Jahre vor der Gegenwart angelangt. Das ist der größere Teil der Zeit. Das Leben ist nun bei einer einzelnen großen und komplexen Zelle angelangt, einem Organismus von der Art, wie man ihn sich früher vielleicht als Ausgeburt der Ursuppe vorgestellt hatte. Kann das alles gewesen sein? Die Ereignisse, die im Laufe dieses gigantischen Zeitabschnitts stattgefunden haben, mögen, jeder für sich betrachtet, geringfügig erscheinen. Doch wenn man sie einmal im Zeitraffer vor sich abspulen läßt, sieht die Sache ganz anders aus. Zuerst dominierte die organische Chemie das Geschehen, jonglierte mit einem guten Tausend Verbindungen, die allesamt auf der Eigenschaft des Kohlenstoffs basierten, sich zu Ketten, Ringen und Polymeren zusammenschließen zu können. Einige der Zutaten in dieser fruchtbaren Brühe wurden uns, eingegossen in das Material von Meteoriten, von irgendwo außerhalb unseres Planeten beschert. Die Synthese von Kohlenstoffverbindungen ist ein Erbe aus den Anfängen des Universums. Doch mögen wir auch zwischen den Sternen empfangen worden sein, die folgenden Schritte waren strikt erdgebunden. Da gab es die Generation der Zellmembranen – der Hüllen des Lebens. Vielleicht ging der ersten echten Zelle eine RNA-Welt voraus. Es gab die Nutzbarmachung von Phosphatverbindungen, zur Kanalisierung der zum Leben notwendigen Energie. Die einfachen chemischen Reaktionen zur Energiegewinnung, mit deren Hilfe Leben sich würde fortpflanzen können, wurden in die Zelle aufgenommen —vielleicht war der grundlegende Prozeß etwas so einfaches wie die Produktion der geläufigen Pyritminerale. Enzyme sicherten die für den Stoffwechsel nötigen chemischen Transformationen. Die DNA sorgte für die Reproduktion und die Herstellung von Proteinen. Und all das geschah in einer Atmosphäre, die für alles heute auf der Erde vorhandene Leben feindlich – sogar tödlich – gewesen wäre. Eine heiße, eine fast kochende Welt brachte die ersten Bakterien hervor – die Archaea, die sich in heißen Quellen tummelten und an Fumarolen gütlich taten. Die Welt war bunt gefärbt von Bakterienbelägen, für die Sauerstoff Gift gewesen wäre. Ein weit verstreutes Puzzle aus Vulkanöffnungen und Tiefseequellen nährte diese winzigen Zellen. Doch noch immer teilen sie genetische Merkmale mit allem anderen Leben – uns selbst eingeschlossen –, die bezeugen, daß dieses höchst außergewöhnliche Ereignis, diese Singularität, diese Erschaffung von Leben nur ein einziges Mal geschehen ist.

Und dann gab es in irgendeiner kleinen Ecke irgendeines schleimigen Mischmaschs aus Bakterien eine Zelle, die Licht benutzte, um aus Kohlendioxid Kohlenstoff abzuspalten – nicht mehr als eine einfache chemische Auftrennung. Aber diese kleine Zelle produzierte als Abfallprodukt Sauerstoff. Damit war der Grundstein für die Metamorphose der Welt gelegt. Als die Kontinente begannen, sich zu großen Landmassen zusammenzuschließen, die bis zum heutigen Tag überdauern sollten, arbeitete die Gemeinschaft der Bakterien zusammen und ließ Matten entstehen. Vor der Unbarmherzigkeit ultravioletter Strahlung durch eine Schleimschicht geschützt, wuchsen jene Matten zu Buckeln, Säulen und Polstern heran. In tieferen Gewässern bildeten sie riesengroße Kegel, ihresgleichen hat man auf der Erde seit 1,5 Milliarden Jahren nicht mehr gesehen. Letzten Endes brachten jene Matten den Menschen hervor.

Durch Photosynthese freigesetzter Sauerstoff transformierte allmählich die Atmosphäre, und einige der ursprünglichen Atmosphärengase, die die weitere Entstehung von Leben möglicherweise hätten verhindern können, wurden neutralisiert. Das alles mag ohne das dramatische Trara einer Revolution vonstatten gegangen sein, doch die Zunahme an zellulärer Größe und Komplexität war revolutionär über alle Maßen. Erreicht wurde sie durch einen Übergriff, durch die Entführung von Zellen durch andere Zellen, so daß Bakterien, komplett mit all ihren Fertigkeiten, im *Inneren* einer größeren Zelle verstaut wurden. Photosynthese treibende Bakterien wurden so zu Photosynthese treibenden Organellen. Die Zelle, bis dahin ein Soloinstrument, das wie eine Panflöte, anrührend aber eingeschränkt, mit dünnem Klang eine Melodie geträllert hatte, war plötzlich zu einem Orchester geworden. Welche Sinfonien würden mit diesem neuen Instrument möglich werden, welche Oratorien, welche endlos variierenden Stücke? Die nachfolgende Geschichte des Lebens wurde mit größerem Klangreichtum und in zunehmend vielfältigerer Harmonie und Besetzung musiziert. Man kann über den Begriff «Fortschritt» streiten, unstrittig aber ist, daß Leben immer komplexer und interessanter wurde.

Beschleunigt wurde diese Bereicherung durch die Sexualität. Die entscheidende Innovation bestand in der Kombination von genetischer Information aus zwei separaten Elternzellen, durch die dem Nachwuchs eine neue Kombination aus dem genetischen Material beider Eltern mitgegeben wurde. Dieser Vorgang des gegenseitigen Austauschs erhöhte die natürliche Vielfalt – neue und nützliche genetische Veränderungen (Mutationen) konnten sich rasch innerhalb einer Population ausbreiten. Bakterien vermehren sich durch einfache Zweiteilung, und es ergeben sich Klone. Wenn es zu Mutationen kommt, werden auch sie durch Teilung verbreitet. Die Rekombination der DNA zweier Eltern jedoch läßt problemlos neue und vielfältige Kombinationen von genetischer Information entstehen. Professor John Maynard Smith von der Sussex University, der Doyen der Evolutionsbiologen, sieht die «Erfindung» der Sexualität als den vermutlich entscheidenden Entwicklungschritt in der Geschichte des Lebens. Vor kurzem hörte ich in Budapest einen Vortag von ihm, der, so sagte er zumindest, für ihn seit zwanzig Jahren der erste war, in dem das Wort «Sex» nicht vorkam. Für diejenigen, die an die Hegemonie der DNA glauben, war die Einführung der Sexualität der Schritt, der ihr die globale Vorherrschaft sicherte. Warum genau es zur Differenzierung der Geschlechter gekommen ist, wird noch immer heiß diskutiert, und allein mit diesem Stoff könnte man ein Buch von derselben Länge wie dieses hier füllen. Da es dabei überwiegend um Einzelheiten der inneren Abläufe von Zellen geht, die keine Spuren im Gestein hinterlassen, werde ich diesem Thema hier nicht die Aufmerksamkeit widmen, die es zweifellos verdient. Fest steht, daß es sich hierbei offenkundig um eine frühe, präkambrische Erfindung handelt, denn sehr viele Tiere und Pflanzen – sogar Pilze – weisen alle Merkmale einer sexuellen Reproduktion auf. Der Sexualtrieb reicht weit in die Vergangenheit zurück.

Bemerkenswert ist die Tatsache, daß primitive Formen überdauert haben – Zellen, von denen man annehmen könnte, daß sie im Laufe der Veränderungen von unserer Welt verschwunden seien, überholt und verdrängt wurden von Zellen, die komplexer und einer ebenfalls weiterentwickelten Umgebung besser angepaßt sind. Aber der einfache Bauplan war effizient, robust und langlebig. Dort, wo noch immer Bedingungen wie auf der jungen Erde herrschen, gibt es auch heute noch jene kleinen Zellen, die sich dort wohlfühlen. In tiefen Bohrlöchern, in Millionen Jahre altem Gestein, leben vor den Augen der Menschen wohlverborgen, Bakterien. Wo immer der Druck der Algenabweider nachläßt, in Küstengewässern, salzigen Buchten oder tropischen Schlammniederungen, wachsen Algenmatten, wie sie auch die Ufer des Präkambriums geziert haben könnten. Die schlichte Wahrheit ist, daß das Alte neben dem Neuen überdauert, wenn auch verborgen in vergessenen Nischen oder heißen Pfützen, zu denen sich nur der engagierte Bakteriologe hingezogen fühlt. Die Erde hat ihre anaerobe Vergangenheit keineswegs abgeschüttelt, sie hat sie nur in die absonderlichsten Winkel verbannt. Man hat mir erzählt, daß ein urtümliches Bakterium an den Mauern einer Kneipe wiederentdeckt wurde, an einer Stelle, an der Männer seit Generationen Wasser lassen. Das mit der menschlichen Harnausscheidung assoziierte Ammoniak weckte die Erinnerung an einen Ammoniakstoffwechsel, der tief in den Archiven des Archaikums verborgen lag. Die Erde vergißt nicht – zumindest ist ihre Amnesie selektiv.

Wenn der erste große Schritt die Entstehung des ersten Bakteriums samt seiner genetischen Ladung war und der zweite im Beginn der Photosynthese bestand, dann war der dritte die Entstehung verschiedener komplexer Zellen. An einfachen Lebewesen, die überlebt haben, können wir diese Stufen nachlesen. Welche Arroganz zu glauben, wir seien so etwas wie die Krone der Schöpfung, wenn diese biologischen Methusalems noch immer leben. Wenn die Krone der sportlichen Leistungen im Marathonlauf besteht, dann sind diese kleinen Stäbchen und Fäden Marathonläufer des Daseins schlechthin. Ihre Namen gehen einem nicht leicht von der Zunge: *Methanococcus*, *Pyrobaculum*, *Lyngbya*, *Eoentophysalis*. Vielleicht sollten wir mit ihnen genauso vertraut sein wie mit *Archaeopteryx* oder *Tyrannosaurus*. Solche Namen scheinen eine Last, verpackt in all die klassische Vielsilbigkeit, aber für Leute mit einem Ohr für diese Sprache sind sie durchaus informativ: Bestimmt hat *Pyrobaculum* etwas mit Hitze und Feuer zu tun, *Methanococcus* muß mit Methan in Zusammenhang stehen. Schon ihre Namen verraten etwas über ihre Geschichte.

Im Anfang war Staub, und eines Tages wird das großartige, unwahrscheinliche Experiment des Lebens wieder im Staub enden. Wir sind nicht in Sicherheit. Wie schon bei unserer Schöpfung, die mit der Geburt von Sonnen und dem erschreckenden Tumult von Asteroiden und

Meteoriten unlösbar verknüpft war, sind wir noch heute integraler Bestandteil des Kosmos. Cyanobakterien schufen den Kokon einer Sauerstoffatmosphäre, den dünnen Schutzschild gegen die Leere. Die unvorstellbaren Weiten des gleichgültigen Universums liegen jenseits dieser Hülle. Wie wir sehen werden, machte die Unermeßlichkeit dort draußen von Zeit zu Zeit ihre Macht wieder geltend, und sie wird dies vielleicht wieder tun – mit tödlichem Ausgang. Doch welche Asteroiden die Erde auch in Zukunft treffen werden, mit Sicherheit wird es wieder heiße Quellen und Vulkankamine geben, die einmal mehr dafür sorgen werden, daß urtümliche Zellen die Erde mit buntem Belag überziehen werden, während Geschöpfe voller Komplexität und Eleganz längst das Zeitliche gesegnet haben.

3

Zellen, Gewebe, Körper

Edward Lear veröffentlichte seine *Nonsense Botany* im Jahre 1870. Mit großer Wonne machte er sich über die lateinischen Namen von Pflanzen lustig und verulkte das schwere Geschäft, das Pflanzenreich angemessen zu klassifizieren und mit Namen zu belegen, nach Strich und Faden. *Cockatooca superba* ist eine Lilie, deren Blüte aus einem Papagei besteht, und *Piggiwiggia pyramidalis* prangt mit einer herrlichen Blütentraube aus lauter Schweinchen. Neben *Nasticreechia krorluppia* würde wohl niemand beim Picknick sitzen wollen. Zu seiner Zeit war das Botanisieren bei den Damen einer bestimmten Schicht der englischen Gesellschaft zu einem angesehenen Zeitvertreib avanciert. Dr. Joseph Hookers *Flora* half den Novizinnen bei ihren Bestimmungsübungen und machte die lateinische Namensgebung einem weiteren Kreis vertraut. «Du liebe Güte, was für ein wundervolles Exemplar von *Geranium robertianum*«, mögen sie ausgerufen haben, um der Entdeckung eines Ruprechtskrauts den richtigen Nachdruck zu verleihen. Zwar enthalten einige der Namen von Lears Scheinpflanzen Artefakte (man braucht nicht allzu viel Phantasie, um sich *Washtubbia circularis* bildlich vorzustellen), doch die meisten von ihnen vermischen Tier- und Pflanzennamen. Uns mag Lears Witz ein bißchen gekünstelt erscheinen, doch den viktorianischen Sinn für Humor muß er ziemlich gut getroffen haben, denn seine *Botany* erschien in etlichen Auflagen.

Die Unterscheidung zwischen Pflanzen und Tieren scheint uns heute offensichtlich, aber das war nicht immer so. In der antiken griechischen Weltanschauung gab es zuhauf beseelte Wesen, die auf Dauer mit dem Pflanzenreich vermählt waren, und eine bestimmte Art von

Piggiwiggia Pyramidalis

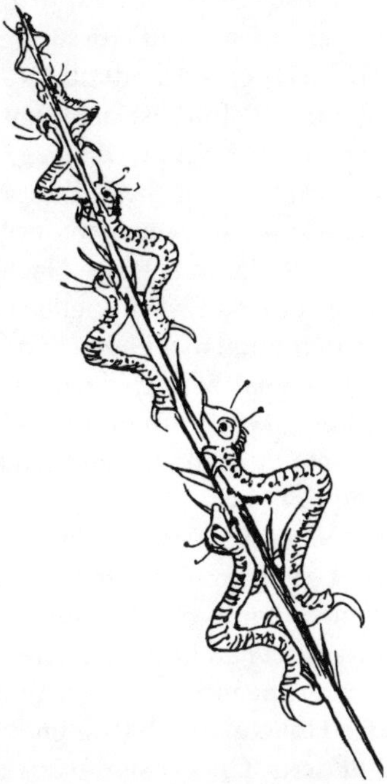

Nasticreechia Krorluppia

Nymphen, die Dryaden, waren ebenso sehr Bäume wie Elfen. Die Götter bedachten Wesen aus Gründen der Rache oder des Mitgefühls mit biologischen Transformationen: Die Narzisse entstand durch Metamorphose aus menschlichem Narzißmus, sogar der knorrige Olivenbaum verfügte über eine menschliche Biographie. Die Kategorien hatten keine festen Grenzen, und der Animismus war vermutlich weit verbreitet. J. R. R. Tolkien belebte in *Der Herr der Ringe* die Figur der bewußten, beseelten Baumgeister in Gestalt der gutmütigen aber schwerfälligen Ents neu. Es war ein wunderbarer Einfall, die Gespräche dieser Pflanzengeister sich über Tage erstrecken zu lassen, da in Anbetracht ihrer Langlebigkeit keinerlei Anlaß zur Eile bestand. Dryaden lebten angeblich zehn «Palmenleben», und die Altphilologen würden dies auf 9720 Jahre schätzen. Die Ents hatten ihre Partnerinnen – die Entfrauen – an ein weit entferntes, ödes Land verloren und waren daher zum Aussterben verdammt. Dieses Schicksal erinnert sehr an den traurigsten Baum des Königlichen Botanischen Gartens in Kew,

Encephalartos woodii, ein urtümlicher Brotpalmfarn aus Zululand, der in der freien Wildbahn ausgestorben ist und von dem es auf der Welt nur noch eine Handvoll Exemplare gibt. Er sieht aus wie eine spitzblättrige Palme, ist aber mit dieser höherentwickelten Familie nicht verwandt. Er ist zweihäusig, und offenbar hat, genau wie im Falle der Ents, kein weibliches Exemplar der Art überlebt. Er ist sicher einer der einsamsten Organismen der Welt, er wird älter und älter, ist allein und dazu verdammt, keine Nachkommen zu haben. Niemand weiß, wie lange er leben wird. Vielleicht ist es eine Gnade, daß er, im Gegensatz zu den Ents, nicht sprechen kann.

Die Einsicht in eine natürliche Ordnung unter den Organismen aber führte zu einer Trennung zwischen Tieren und Pflanzen, und natürlich trennte diese auch zwischen dem mit Bewußtsein begabten Menschen und dem instinktgetriebenen Tier. Als Lear seine Chimären schuf, lag die Veröffentlichung von Darwins *Entstehung der Arten* zehn Jahre zurück, doch mußte man nicht unbedingt die Evolution anerkennen, um seine Botanik als Nonsens zu entlarven. Die Vorstellung von der naturgegebenen Ordnung aller Dinge war bereits in vielen älteren Klassifizierungen von Tieren und Pflanzen verwurzelt, man unterschied das Höhere vom Niederen, was der große Naturforscher des 18. Jahrhunderts, Gilbert White aus Selborne, als System bezeichnete (ein Begriff, der sich in der Wissenschaft von der Klassifizierung, der Systematik, erhalten hat). Sein System unterteilte die natürliche Welt als oberste Hauptunterscheidung alles Lebendigen in Reiche, und diese beiden Reiche waren das Tier- und das Pflanzenreich (Animalia und Plantae). Über diese große Trennungslinie wagten sich nur Humoristen oder Phantasten.

In der hier vorliegenden Chronik sind uns bereits einige andere Reiche und sogar noch größere, übergreifende Abteilungen des Lebendigen begegnet, die Gilbert White mit der ihm zur Verfügung stehenden Ausrüstung niemals hätte wahrnehmen können. Zu nennen sind hier zum Beispiel die urtümlichen Bakterien – die Archaea –, die Bakterien (Eubakterien) selbst, zu denen auch die so wichtigen blaugrünen Bakterien (Cyanobakterien) gehören, und die ersten Eukarya, Zellen mit einem Zellkern, der bereits die Grundform des Vererbungsapparats enthält, wie er für alles höhere und komplexere Leben typisch ist. Tiere, Pflanzen und Pilze, sie alle sind *Unter*abteilungen der Eukarya. Von einer scharfen Trennung zwischen Tieren und Pflanzen war bislang nur bei der Beschreibung jener archetypischen, amöbenähnlichen Organismen die Rede, Tieren sicher, die verstohlen zwischen den Fäden einer schleimigen Algenmatte umherkrochen.

Die Unterscheidung in Tier- und Pflanzenreich ist in Wahrheit sehr viel weniger eindeutig als *Nasticreechia krorluppia* uns weismachen will. Allerdings offenbart ein Besuch im Buchladen des Natural History Museums in South Kensington rasch, daß diese einfache zweigeteilte Welt sich zumindest in der Benennung der Regale noch immer hält. Wenn Sie ein Buch über Pilze suchen, müssen sie zu den Regalen mit der Aufschrift «Botanik» gehen. Und doch stehen Pilze den Tieren vermutlich näher als den Schneeglöckchen und der Ackerwinde. Das augenfälligste Merkmal, das sie mit Pflanzen teilen, ist die Tatsache, daß sie an ihrem Wachstumsort verwurzelt sind – sie bewegen sich nicht fort, um Nahrung zu suchen. Doch wie Tiere produzieren sie ihre Nahrung nicht selbst, sondern ernähren sich von den Leistungen anderer, verdauen Holz und Gemüseabfälle. Sie verfügen über Enzyme, die Zellulose abbauen können – jenes Kohlenhydrat, das einem Großteil des Pflanzenreichs seine strukturelle Stabilität verleiht. Pilze ernähren sich von Abfällen. Vielleicht verdanken sie ihren gemüsehaften Ruf eher ihrem Platz auf der Speisekarte als irgendwelchen typischen Merkmalen. Im Supermarkt stehen die Pilzkisten jedenfalls zwischen Auberginen und Schnittlauch. Pilzen fehlt ganz offensichtlich das entscheidende Pigment – das Chlorophyll – gemeinsames Merkmal alles Grünen* –, doch wie Tiere sehen sie auch nicht aus, und daher müssen sie wohl Pflanzen sein. Allerdings pflanzen sie sich mit Hilfe unfaßbar kleiner Sporen fort – und primitive Pflanzen wie die Farne haben auch Sporen. Doch «Spore» ist nichts weiter als eine Bezeichnung für ein kleines Behältnis mit einem Keim darin, und dessen Verbreitung mit Hilfe von Luft und Wasser macht eine solch geringe Größe notwendig. Sporen allein sagen uns noch nichts über die biologische Stellung des betreffenden Organismus: Auf jeden großen, gut sichtbaren Hutpilz kommt ein ganzes Dutzend mikroskopisch kleiner Pilzarten, und etliche von diesen verfügen in ihrer Entwicklung über bewegliche Sta-

* Es entbehrt nicht der Ironie, daß einer der wenigen grünen Pilze gleichzeitig auch der giftigste ist. Es handelt sich um den Grünen Knollenblätterpilz *(Amanita phalloides)*, aber das kränkliche Grün dieser Art ist ein Pigment, das mit Chlorophyll überhaupt nichts zu tun hat. Die moderne Medizin hat bislang kein Heilmittel für die in dieser Art enthaltenen tödlichen Alkaloide entdeckt. Nach langem Leiden und gelegentlichen trügerischen Anzeichen der Erholung stirbt der Betreffende unweigerlich. Im Unterschied zu giftigen Eigenschaften im Tierreich ist bei Pilzen nur schwer einzusehen, welchen Vorteil der Pilz von seinen tödlichen Eigenschaften hat. Wären wir noch immer dem Animismus verfangen, schiene es uns vermutlich nur allzu folgerichtig, diese Eigenschaften einem übelwollenden Geist zuzuschreiben.

dien, die zu einem Vergleich mit einzelligen Tieren förmlich einladen. Die Trennlinie zwischen Pilzen und sehr kleinen Tieren ist also nicht so unüberwindlich, wie man vielleicht geglaubt hat. Und heute, da man die Kodierung für die Abfolge der Aminosäuren auf Nukleinsäureebene zu lesen vermag, wird es immer wahrscheinlicher, daß Pilze bestimmten Tieren näher stehen als Pflanzen. Zumindest verdienen sie, als eigenes Reich betrachtet zu werden. Vielleicht entsprechen die beiden Judasohren, die in Walt Disneys *Fantasia* zur Musik Tschaikowskijs tanzen, der biologischen Realität eher als *Nasticreechia*.

So kommt es, daß eine klare Unterscheidung zwischen verschiedenen Reichen nicht ohne weiteres möglich ist. Im Präkambrium waren die Abgrenzungen vermutlich noch weniger klar. Die Antwort auf die Frage, was ein Tier eigentlich ausmacht, ist längst nicht so leicht und offensichtlich wie der Vergleich zwischen einem Löwen und einer Stange Lauch. Von vielen Arten heute lebender, einzelligen Eukaryonten gibt es absolut kein fossiles Zeugnis, da sie erstens zu klein sind und sich zweitens ihre Substanz nicht hierfür eignet. In ihrer Gesamtheit werden diese einfachen Organismen als Protisten bezeichnet. Die Amöbe ist nur eine Art von vielen, in Bakterienmatten, Tümpeln und feuchten Zonen lebten noch viele andere Arten. Den früheren Namen Protozoa («Tiervorläufer») hat man fallen lassen, da nicht klar ist, ob es sich überhaupt um tierische Zellen handelt, und es wird zunehmend deutlicher, daß man es mit zwei oder mehr Gruppen von Organismen zu tun hat, die möglicherweise nur entfernt miteinander verwandt sind. Wenn man den Begriff Protozoa verwendet, dann ist das so, als bezeichnete man sämtliche Angehörige aller früheren Zivilisationen mit einem einzelnen Begriff als «dem Altertum zugehörig» – damit hat man nicht viel gewonnen, außer daß man ihnen damit insgesamt einen gewissen antiken Status zuerkennt. Aus der einfachen Organisation der Protisten geht hervor, daß sie im Stammbaum des Lebens eine der untersten Positionen einnehmen. Doch wie die Zweige jenes frühen Baumes im einzelnen gestaltet waren, ist noch nicht geklärt.

Margulis' Theorie von der Vereinnahmung gewisser Bakterien zum Zwecke der Organellenbildung liefert eine Erklärung für die Entstehung zunehmend komplexerer Zellen. Immer mehr einfache Zellen, die höchstwahrscheinlich zunächst selbständig als Prokaryonten gelebt haben, verschwanden im Inneren irgendwelcher Wirtszellen. Auf diese Weise wurden zum Beispiel Mitochondrien auf Dauer installiert, und nach wie vor sind sie der entscheidende Ort für den Energiestoffwechsel aller höheren Zellen. Eine einzige Leberzelle kann tausend Mitochondrien enthalten. Es gibt noch andere Organellen:

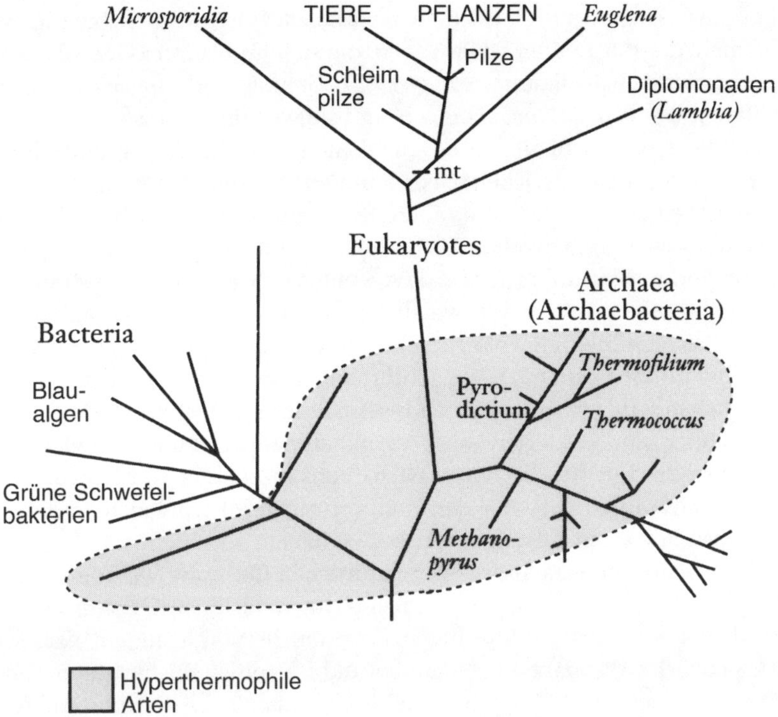

Der grundlegende Stammbaum des Lebens:
Unter den Organismen an seinem Anfang sind hitzeliebende (hyperthermophile) Bakterien

Golgiapparate, Lysosomen, Glyoxysomen, sie alle erfüllen lebenswichtige zelluläre Aufgaben. Die Werkzeuge waren angeschafft und die Zellen waren bereit, sich heimlich, still und leise die Erde untertan zu machen.

Viele der einfacheren Zellen bedienen sich zur Fortbewegung geißelähnlicher Organe, der sogenannten Flagellen. Manche Wissenschaftler halten, was die Organisation von primitivem Leben angeht, die Struktur dieser winzigen Geißel für bedeutsam: Manche Flagellen beispielsweise sind mit winzigen Härchen bedeckt, andere bilden eine Art Kragen oder Manschette. Der riesigen Süßwasseramöbe *Pelomyxa palustris* fehlen Mitochondrien, und sie hat eine verblüffende Ähnlichkeit mit den zuvor erwähnten Protoplasmatropfen, doch ist sie bereits zu spezialisiert, um als gemeinsamer Vorfahr aller Protisten in Frage zu kommen. Es gibt eine stattliche Anzahl solcher Organismen. Sie tragen Namen, die nur Leuten etwas sagen, die sich für obskure Organismen interessieren: Flagellaten wie *Euglena*, *Trichomonas* und *Diplomonas*, oder Ciliaten wie *Paramecium*. Dennoch sind sie wichtig für unser Verständnis von den verschiedenen Möglichkeiten, wie die ersten, einfachen Organismen sich entwickelt haben könnten. Aus der evolutionären Vergangenheit *aller* Eukaryonten folgerte Margulis, daß es nicht weniger als fünf Reiche gegeben hat, die in unterschiedlicher zellulärer Verpakkung vorkamen, und nur zwei davon entsprechen dem uns vertrauten Tier- und Pflanzenreich. Wie weit haben wir uns doch von der sauberen, zweigleisigen Biologie entfernt! Die evolutionären Ereignisse, die von einem Protisten zum nächsten geführt haben, müssen im Präkambrium geschehen sein, vermutlich irgendwo im Inneren der Mikromatten, und tatsächlich sind Bakterien- und Algenmatten noch immer ein vielversprechender Ort für die Suche nach Protisten. Leider werden für die einzelnen Stadien zwischen den Hauptgruppen wir wohl niemals einen direkten Beweis in Gestalt von Fossilien haben.

Das für unser Verständnis der natürlichen Ordnung wichtige Prinzip lautet: Pflanzen, Tiere und Pilze – die vielzelligen Organismen – sind aus einfacheren, einzelligen Protisten hervorgegangen. Anders ausgedrückt: Wir haben mit Palmen und Kartoffelbovisten einen Vorfahren gemeinsam. Und die Amöbe liegt als eine Art evolutionäres Fundament am Fuße des Reichs der vielzelligen Pflanzen (Metaphyten). Und wenn die Amöbe ein Tier ist, dann leiten sich die höheren Pflanzen logischerweise von einem Tier her! Es gibt Wissenschaftler, die eine Pflanze für eine Art Amöbe halten, die einen Chloroplasten verschlungen hat.

Schleimpilze nehmen in dieser Argumentation eine besondere Stellung ein. Am Ende eines feuchten Sommers gleiten sie auf Waldböden durch Erdreich und gefallenes Laub oder über feuchtes Holz, wie ein Schwarm von Amöben, formlos, oder zumindest ständig wandelbar. Sie wachsen und teilen sich, während sie die Nährstoffe aus den Laubabfällen absorbieren, und können die Größe eines Suppentellers erreichen. Aber wenn dann das Laub sich verfärbt und in Mengen von den Bäumen fällt, geht mit ihnen eine seltsame Wandlung vor sich. Das flüssige Protoplasma fließt zäher, dickt ein und erstarrt. Es verfestigt sich zu einer bestimmten Form. Bei manchen Arten entsteht eine Reihe aufgeblasener Ballons, bei anderen eine Reihe kleiner «Kreisel» auf kurzen Stielen, bei wieder anderen bilden sich zerbrechliche Spindeln, die von einem Stäbchengerüst gestützt werden. Der Schleimpilz bildet seinen Fruchtkörper, und während er das tut, hört er mit dem tiergleichen Wanderverhalten auf und wird so etwas wie ein Pilz. Das Protoplasma bildet sich um zu einer Masse brauner Sporen, die sich, wie alle anderen Sporen auch, verbreiten, um auf anderen Waldböden neue Individuen hervorzubringen. Schleimpilzen hat man den Namen Myxomyceten gegeben. Der hintere Teil des Namens – «mycet» – deutet auf die pilzhaften Eigenschaften, die man bei ihnen vermutet hat – ein Organismus, so könnte man denken, der zwischen zwei Reichen angesiedelt ist. Manche Myxomyceten entwickeln, während sie heranreifen, eine gespenstische Farbenpracht, eine Orgie in Rosa, Gelb oder Rot. Meine Tochter entwickelte einen leichten Ekel gegen Schleimpilze, als sie auf einen heranreifenden *Lycogala epidendron* traf: Der Pilz bildet hellrosafarbene Kissen auf faulen Kiefernstümpfen, die aussehen, als hätte ein vergeßliches Kind eine Handvoll Süßigkeiten auf dem weichen Holz liegenlassen. Als sie aus lauter Neugier ihren Finger auf eines der Kissen tupfte, explodierte dieses und spie rosafarbenen Schleim über ihre Hand: Wenn es je eine *Nasticreechia* gegeben hat, dies war eine. Andere Schleimpilze sind größer. Sie bilden große weiche, weiße Erhebungen, die aussehen wie Semmeln, die sich auf der Unterseite feuchter Äste angesiedelt haben. Professor Bonner von der Harvard University hat die Vermutung geäußert, Schleimpilze könnten ein Modell sein für Leben in jenem Stadium, als es Richtungen zu unterscheiden begann und die erste Unterscheidung in vorne und hinten stattfand. Leben an der Nahtstelle zur Bildung spezialisierter Gewebe. Bonner kultiviert Schleimpilze mit derselben Hingabe, die ein Taubenzüchter seinen prachtvollen Zöglingen widmet. Ihre molekularen Eigenschaften bestätigen, daß sie in der Evolution kurz vor der Verzweigung angesiedelt sind, wo sich höhere Pflanzen von Pilzen und vielzelligen Tieren abtrennten, sie halten die Erinnerung wach an jene ferne Verknüpfung zwischen dem Beweglichen und dem Verwurzelten, und ihr amöboides Stadium erzählt von einer Zeit, in der alles tierische Leben in der Gestaltlosigkeit des Protoplasmas pulsierte, ein Leben ohne Form.

Was also sind Tiere? Zuerst einmal fressen sie: Sie ernähren sich von Pflanzen – entweder direkt, oder indem sie ein anderes Tier fressen, das sich seinerseits von Pflanzen ernährt. Tiere sind Schmarotzer, die von der harten Arbeit der Photosynthesebetreiber profitieren: Sie weiden oder jagen, oder sie absorbieren Nährstoffe aus einer organischen Brühe, die letztlich wiederum von Pflanzen gebraut wurde. Während Pflanzen als *autotrophe* (das heißt, sich selbst ernährende) Lebewesen ihr Wachstum und ihr Dasein selbst unterhalten, nutzen Tiere in ihrer Rolle als *heterotrophe* (sich von anderen Organismen ernährende) Wesen diese Selbstgenügsamkeit aus. Viele Tiere sind beweglich, und sind es sicher von Anfang an gewesen. Sie streifen also – wie Schleimpilze – umher, um Nahrung zu finden. Sie raspeln, erbeuten, absorbieren und beuten aus. Und sie atmen – sie benötigen Sauerstoff, um ihren Stoffwechsel am Laufen zu halten, jenen Sauerstoff, den Cyanobakterien und Algen seit dem frühen Archaikum mit einer solchen Geduld über Jahrmilliarden hinweg produziert haben. Organische Nahrung zu verwerten, erfordert eine Art sauerstoffbetriebenen Verbrennungsprozeß. Deshalb wird der Nährwert in Kalorien angegeben, der Einheit der Verbrennung. Ohne die endlose Photosynthesearbeit zur Herstellung von Sauerstoff wären Tiere schlicht nicht möglich gewesen. Die heute lebenden Protisten unterscheiden sich erheblich in ihrem Sauerstoffbedarf, aber ohne Zweifel müssen dem ersten Tier photosynthesetreibende Organismen vorausgegangen sein, die die ursprüngliche Atmosphäre aufbereiteten und mit Sauerstoff anreicherten. Cyanobakterien und Algen machten die Welt zu einem Ort, an dem Tiere gedeihen konnten, und das Abweiden hat seither nie aufgehört. Größe war wichtig, denn bei Pflanzen wie bei Tieren folgten auf die einzelligen Organismen die vielzelligen. Wohin Pflanzen auch kamen, die Tiere folgten ihnen. Wir werden sehen, daß diese Abfolge in der Geschichte des Lebens mehr als einmal stattgefunden hat. Tiere hängen von Pflanzen heute noch genauso ab wie damals im Präkambrium. Gerade so, wie wir Menschen um unserer Enzyme und unserer Widerstandskraft gegenüber Infektionen willen pflanzliche Nahrung zu uns nehmen müssen, sind Tiere schon immer abhängig von ihrer Ernährung gewesen. Eine mangelhafte Ernährung brachte unterernährte und wenig leistungsfähige Tiere hervor, und wenn die Nahrung ausgeht, stirbt das Tier. Während Pflanzen vor allem um Licht als den kostbaren Treibstoff der Photosynthese konkurrieren, können Tiere von einem Ort zum anderen laufen oder krabbeln um ihre Herrschaft als Art oder als Individuum zu sichern: Sie heizten den Konkurrenzkampf an. Der Preis für ein Versagen in diesem Kampf kann das Aussterben der Art sein.

Es gibt Fossilien in Gestein aus dem oberen Präkambrium, und inzwischen werden sie an allen möglichen Orten rund um die Welt gefunden. Vor noch nicht einmal einem Jahrhundert waren solche Hinweise auf frühes Leben völlig unbekannt. Vielleicht hatten sich die Leute einfach Darwins Enttäuschung angesichts der mangelnden Hinweise auf Leben aus dieser bedeutenden Epoche zu bereitwillig angeschlossen. Wie in Lewis Carrolls *Jagd nach dem Schnark* schien der Lohn die Mühen nicht wert, da am Ende doch immer nur ein Buuhdschamm herauskam. Warum nach etwas suchen, von dem man doch in seinem

Innersten weiß, daß man es nicht finden wird? Vielleicht bedurfte es der naiven Sichtweise eines Schuljungen, um das Augenfällige zu erkennen. Das erste präkambrische Fossil Englands – und eines der ersten der Welt – wurde von so einem jungen Mann gefunden: John Mason entdeckte es im Jahre 1957 im Charnwood Forest in der Grafschaft Leicestershire.

Dieser Wald liegt in den englischen Midlands und bildet dort eine Insel der Wildnis – ein Urwald voller Ginster, Birken und Unterholz. Um ihn herum gibt es Farmen, beschauliche Vorstädte und die Leichtindustrie der Midlands. Der Wald wirkt wie ein Relikt aus grauer Vorzeit, denn die Gesteine, die dort durch die ansonsten kilometerweit vorhandene Überlagerung durch jüngere, mesozoische Gesteinsschichten herausragen, sind wirklich alt. John Mason fand in einem Steinbruch einen großen, blattähnlichen Abdruck von der Größe eines kleineren Farnwedels. Hierbei handelte es sich nicht um Schnatz und Buuhdschamm, sondern um organische Überreste, die sich in das sandige Sediment eingegraben hatten. Die Zeit und die Bewegungen der Erdoberfläche haben den Meeresboden des oberen Präkambriums hochkant gestellt, und zwar so, daß der Wedel beinahe senkrecht, wie ein Bild in einer Galerie, an der Felswand hing. Mason hatte Glück, daß er mit Trevor Ford von der University of Leicester einen Wissenschaftler zur Verfügung hatte, der unvoreingenommen genug war, die Entdeckung nicht kurzerhand vom Tisch zu wischen. Er fertigte einen Gipsabdruck an, der deutlich zeigte, daß die Struktur einen Stiel aufwies, der den Wedel wie eine Mittelrippe in zwei Hälften teilte, die ihrerseits gelappt waren, und auf den einzelnen Lappen konnte man feine Streifen erkennen. Das alles war viel zu delikat und strukturiert, als daß es sich um eine «Laune der Natur» – ein zufälliges Resultat von Wind und Wetter – hätte handeln können. Ein erneuter Besuch im Steinbruch brachte mehr Abdrücke dieser Art. Auch einen runden, scheibenförmigen Abdruck gab es, auf dem der Wedel, wie man später vermutete, vielleicht wie Tang auf einer Unterlage aufgesessen hatte. Der Farnwedel erinnerte ein bißchen an die heute lebenden Seefedern. Und so wurden im Jahre 1958 *Charnia* und *Charniodiscus* erstmalig beschrieben. Der junge Mr. Mason wurde damit belohnt, daß die eine Art nach ihm benannt wurde: *Charnia masoni*. Nicht viele Schuljungen sind auf solche Weise unsterblich geworden, und da nach einem Gesetz, das die internationale zoologische Nomenklaturkommission gebilligt hat, ein wissenschaftlicher Name, einmal vergeben, nie wieder geändert werden darf, ist dem Scharfblick Mr. Masons ewiger Ruhm sicher.

Eine der kleineren Vergnügungen, die sich bei der Beschreibung neuer Fossilien ergeben, ist die wissenschaftliche Benennung. Hierfür gibt es Regeln, die es zu befolgen gilt, und kontrolliert und bestätigt werden sie von eben jener Institution, die auch Mr. Masons Ruhm auf ewig begründet hat. So ist beispielsweise eine lateinische oder griechische Form der Benennung Pflicht, und die Namen müssen in einer anerkannten wissenschaftlichen Zeitschrift offiziell publiziert werden. Man kann nicht einfach eines Montagsmorgens nach dem Aufstehen beschließen, einem ganzen Sammelsurium von Arten neue Namen zu verpassen. Beleidigungen sind nicht gestattet, auch das besagen die Regeln. In der Vergangenheit war es möglich gewesen, sich mit ein bißchen Scharfsinn an denjenigen zu rächen, die einen geärgert oder niedergemacht hatten, indem man irgendwelche fürchterlichen Organismen nach ihnen benannte oder innerhalb des Namens wenig schmeichelhafte Vergleiche anstellte. *Blenkinsopia foetens* könnte beispielsweise bedeuten, daß Ihr alter Widersacher Blenkinsop ein Stinkstiefel war (*foetens* ist das lateinische Wort für übelriechend). Vorbei. Es mag noch immer möglich sein, einen neuen Blutegel nach einem notorischen Schnorrer zu benennen, aber dabei kann es leicht passieren, daß der Betreffende sich durch die Aufmerksamkeit geschmeichelt fühlt. Es gibt einen ziemlich unbedeutenden Trilobiten namens *Forteyops*, Scherze sind schon noch möglich. Ein Molluskenforscher wartete jahrelang auf eine neue Art der Gattung *Abra* – damit er ihr den Artnamen *cadabra* anhängen konnte. In vielen Fällen aber verweist der Name zu Recht auf den Entdecker oder auf jemand anderen, der einen größeren Beitrag zur Forschung geleistet hat.

Ähnliches gilt auch für Mr. Sprigg. In den Ediacara-Hügeln der südaustralischen Flinders Mountains gibt es ein feinkörniges, hartes Gestein, das den Namen Pound-Quarzit trägt. In diesem Gestein wurde eine große Vielfalt an Tieren aus dem oberen Präkambrium gefunden, und einige von ihnen haben bemerkenswerte Ähnlichkeiten mit denen aus dem Charnwood Forest auf der anderen Seite des Erdballs. Diese urzeitliche Ansammlung tierischer Fossilien ist bekannt geworden unter dem Namen Ediacara-Fauna, und man bezeichnet das obere Präkambrium nach ihr gelegentlich auch als Ediacarium. Mr. Sprigg war ein gewissenhafter und erfahrener Sammler, und so blieb ihm die organische Natur dieser Überreste nicht verborgen, die sich, ähnlich wie die Charnwood-Exemplare als Abdrücke in Sandstein, hier in Pound Quarzit erhalten hatten. Es handelte sich um die Weichkörper von Tieren, die in ganz außergewöhnlicher Weise konserviert worden waren. R. C. Sprigg hatte einige dieser Fossilien bereits im Jahre 1947 beschrieben, sie damals jedoch dem unteren Kambrium zugeordnet – denn zu jener Zeit wurde die Existenz noch älterer, großer Fossilien für so gut wie unmöglich gehalten. Er veröffentlichte mehrere Artikel in *Transactions of the Royal Society of South Australia*, einer Zeitschrift, die nur wenige Bibliotheken hielten. Infolgedessen kam diesen Tieren längst nicht die Aufmerksamkeit zu, die sie verdienten, und sie wurden mit anderen quallenähnlichen Kuriositäten in irgendeiner dunklen, wenig frequentierten Ecke des paläontologischen Wissensschatzes abgelegt. Traurig aber wahr: In der Wissenschaft ist Publicity oft ebenso wichtig wie Wahrheit. Erst nachdem in den sechziger Jahren andere Ediacara-Fossilien gefunden worden waren, und diese in Professor Martin Glaessner einen engagierten Fürsprecher gefunden hatten, und als man darüber hinaus erkannt hatte, daß diese Organismen aus Gestein stammten, das unterhalb kambrischer Schichten lagerte und daher älter als diese sein mußte, erst dann stieg die Ediacara-Fauna zu ihrem heutigen Ruhm auf. Eines der Tiere erhielt schließlich den Namen *Spriggina*.

Spriggina war kleiner als *Charnia*, verfügte über einen sichelförmigen «Kopf» und einen leicht gekrümmten Körper, der in zahlreiche Segmente unterteilt war. Es handelte sich bei ihr eindeutig um ein Tier mit bilateraler Symmetrie, wie sie in vielen vielzelligen Organismen – uns selbst eingeschlossen – zu finden ist und wie sie anderen Vielzellern, Quallen beispielsweise, fehlt. Letztere weisen eine sogenannte *radiale* Symmetrie auf wie ein Rad oder eine Torte. Auch von diesen gab es in der Ediacara-Fauna verschiedene Arten, manche von ihnen erreichten Tellergröße. Viele dieser quallenähnlichen Tiere haben strahlenförmige «Speichen» oder konzentrische Furchen. Ihre runden Abdrücke auf der Gesteinsoberfläche sehen ein bißchen so aus, als sei etwas übergeschwappt, als seien sie geschaffen worden, indem man flüssigen Gips aus einer Höhe von einigen Fuß auf den Stein hatte tropfen lassen. Manche von ihnen hatten offenbar einen zentralen, stielartigen Anhang, und von *Cyclomedusa* und *Ediacara* nimmt man an, daß sie eher seßhafte Organismen gewesen sein müssen, statt frei mit dem Plankton zu treiben wie die glockengleichen Quallen, die ich vor Spitzbergen gesehen hatte. Die Anwesenheit von Quallen in der Ediacarafauna war vielleicht am wenigsten überraschend. Schließlich hatten die meisten Evolutionsbiologen sie ohnehin bereits auf einer ziemlich niederen Stufe der Evolutionsleiter angesiedelt. Das ist übrigens nicht nur ihrem Mangel an dauerhafter Substanz und ihrer radiären Symmetrie zuzuschreiben, auch ihre Gewebeorganisation ist kaum differenziert: Blut fehlt ihnen völlig, und ihr Nervensystem ist sehr einfach strukturiert. Ihre Körperhülle besteht nur aus zwei Zellschichten, die durch eine «Gallertschicht» voneinander getrennt sind. Die Innenschicht kleidet die Bauchhöhle aus, und ist oftmals wenig mehr als eine Art Sack, der gleichzeitig auch die Nahrung absorbiert. Der Mund besteht aus einer einfachen Öffnung, umgeben von bewaffneten Tentakeln, die von einer phantastischen Vielfalt sein können – von kurzen, plumpen Stummelfingern bis hin zu eleganten Fransensäumen. Die Tentakeln von Tiefseequallen könnten meterlang werden. Sie enthalten die Nesselzellen (Cnidoblasten) mit den für diese ganze Organismengruppe typischen Nesselkapseln (Nematocysten). Das von ihnen abgesonderte Gift unterscheidet sich von einer Quallenart zur anderen, und wer um das Große Barriereriff herum schwimmen geht, ist gut beraten, sich vor der Gelben Haarqualle in acht zu nehmen – ihr Gift kann tödlich sein. Einer der letzten Fälle von Sherlock Homes war «Die Mähne des Löwen», und in ihm geht es um die tödlichen Eigenschaften von «*Cynea! Cynea capillata!** Auch die Löwenmähne genannt!» Diese «scheußliche Kreatur» trieb vor der Küste von Sussex ihr Unwesen und «sah tatsächlich wie die Mähne eines Löwen aus. Es lag auf einem flachen Felsen, ... eine merkwürdig bebende, vibrierende, haarige Kreatur mit Streifen von Silber in den gelben Tressen. Sie pulsierte mit langsamen, schwerfälligen Dehnungen und Kontraktionen.» Dieses Pulsieren hält die Qualle bei ihrer langsamen Reise durch die Meere schwebend im Wasser. Als ich auf meiner ersten Reise nach Spitzbergen über die Reling gebeugt ins Wasser blickte, sah ich solche pulsierenden Monster gemächlich die arktischen Gewässer durchkreuzen. Vor 700 Millionen Jahren hätte ich dasselbe Bild vor Augen gehabt. Mit ihren Nesseln lähmen Quallen die Planktonorganismen, die ihre Nahrung bilden. Anschließend befördern sie sie zur Verdauung in ihre Bauchhöhle. Eine solche direkte, unaufwendige Nutzung des Planktons war jederzeit möglich, seit die Ozeane im Proterozoikum von einfachen Algenzellen besiedelt worden waren, die sich einer freischwebenden Existenz verschrieben hatten. Quallen gehörten vermutlich zu den ersten, die sich an den Gaben der Photosynthese gütlich taten. Eine andere Gruppe von Hohltieren zog es zu einem seßhaften Leben auf dem Meeresboden, wo sie nun aus der Sicherheit einer fe-

* Arthur Conan Doyle gibt den wissenschaftlichen Namen hier übrigens korrekt wieder. Der Name wird kursiv geschrieben, der Gattungsname fängt stets mit einem Großbuchstaben an, die folgende Artbezeichnung nicht! Da es sich um einen Namen handelt, ist vor *Cynea* auch kein Artikel notwendig, genauso wenig wie bei George Ford und Bill Blenkinsop.

sten Basis heraus Plankton ernteten. Die Seeanemonen gehören zu dieser Art von Polypen, aber auch andere Tiere, die sich auf sandigen Meeresböden verankert hatten. In der Ediacara-Fauna kommen sie häufiger vor als ihre schwebenden Verwandten. Das obere Präkambrium muß ein nesselnder, sengender Wald gewesen sein, die Blütezeit der Nematocysten. Verwandte dieser Organismen haben, wie Algen und Bakterien vor ihnen, in Fülle überlebt, lebender Beweis dafür, daß einfache Organismen sehr beständig sein können.

Andere hingegen überlebten nicht. *Spriggina* gehörte zu diesen. Eine andere Art war das größte Geschöpf der Ediacara-Fauna, ein bizarres Wesen namens *Dickinsonia*, erstmalig benannt von Mr. Sprigg. Bei ihm handelt es sich um eine flache, elliptische Scheibe, die in ihren Umrissen ein bißchen einer Pitta gleicht und entlang einer Mittelachse in zahlreiche Segmente oder Kompartimente eingeteilt ist. An den beiden Enden der Ellipse verläuft die Segmentierung strahlig um die beiden Achsenenden herum. *Dickinsonia* wuchs, indem sie nach und nach immer mehr Segmente bildete, und konnte schließlich die Größe eines Tellers erreichen. Wie bei *Spriggina* ist auch hier der Körper bilateral symmetrisch, die linke Körperhälfte spiegelbildlich zur rechten. Entlang der Mittelachse verläuft eine dünne Linie. Allerdings hätten Sie große Schwierigkeiten, wenn Sie Kopf- und Schwanzende oder oben und unten unterscheiden sollten. Anders als bei *Charnia* gibt es bei *Dickinsonia* keinen Stiel. In gelbem Sandstein wirken die *Dickinsonia*-Exemplare ein bißchen wie riesenhafte Handabdrücke. Zu Lebzeiten werden sie vermutlich wie weiche, strukturlose reglose Plattfische auf der Oberfläche des sandigen Sediments gelegen haben. In der heute lebenden Fauna läßt sich nichts Vergleichbares finden.

Doch es gibt noch seltsamere Dinge. *Tribrachidium* wirkt wie ein Medaillon von der Größe einer kleinen Münze, dessen Oberfläche von drei radial verlaufenden Furchen eingekerbt ist, die sich zur Kante des Medaillons hin krümmen. Das Ganze hat bemerkenswerte Ähnlichkeit mit der Flagge der Isle of Man. Gut erhaltene Exemplare weisen zwischen den «Hauptarmen» ein Netz aus fein verzweigten «Adern» auf. *Anfesta* ist ein ganz ähnliches Wesen. Mischa Fedonkin entdeckte es am Weißen Meer in Nordrußland, hier sind die Furchen nicht gekrümmt, sondern gerade. In gewissem Sinne sind diese Tiere von radialer Symmetrie, wenn diese Symmetrie auch leicht verzerrt ist. *Arkarua* ist ein weiteres scheibenförmiges Geschöpf mit einer Fünferanordnung seiner «Arme». Es gibt jedoch auch weitere bilateral symmetrische Tiere, die eine Gliederung in «Kopf» und Rumpf erahnen lassen: *Parvancorina* und *Vendia* haben einen sichelförmigen Kopf

Dickinsonia – eines der größeren weichkörperigen Tiere aus der Ediacara-Fauna

und eine Mittelachse, von der auf beiden Seiten ein halbes Dutzend Segmente ausgeht.

Diese Tiere sind es wert, im einzelnen beschrieben zu werden, denn sie machen deutlich, daß damals ein außerordentliches Spektrum an Größen und Formen bestanden hat – es gab nicht nur ein vielzelliges Weichtier, sondern eine ganze Galerie, und mit Ausnahme einiger Quallen sind sie alle ein Rätsel. Wir haben es zu tun mit aufrecht wachsenden Federn, flachen, radialsymmetrischen Scheiben, bilateralen Wesen ohne Vorder- und Hinterende und solchen mit Kopfenden und anschließendem Rumpf. Manche davon waren groß, und viele von ihnen haben sich vermutlich nicht bewegt. Die Vorstellung, ein gigantischer Schleimpilz von endloser Plastizität habe den Vorfahren aller höheren Tiere (Metazoa) hervorgebracht, ist eindeutig absurd. Es hat eine große Artenvielfalt gegeben, und noch immer bringt jedes Jahr neue Entdeckungen. Dieser Ediacara-Fauna ist man inzwischen an vielen Fundorten begegnet: Besonders reichhaltige Faunen hat man in Rußland und vor allem in Sibirien entdeckt, manche von ihnen sind weit besser erhalten als die australischen Fossilien. In Neufundland ist man auf sie gestoßen, in China, Kalifornien und Westafrika. Wo immer diese Fauna vorkommt, findet man sie – zumindest an den meisten Orten – relativ dicht unterhalb von Gestein, das die frühesten der uns besser vertrauten Skelettfossilien enthält, die wir seit über einem Jahrhundert vor allem aus dem Karbon kennen. Ihre genaue Einordnung in die geologische Zeitskala ist gesichert.

Es gibt einige noch ältere vielzellige Organismen, die meisten von ihnen werden eher als Pflanzen denn als Tiere eingeordnet, nicht zuletzt deshalb, weil sie sehr häufig auf dieselbe Art als Kohlenstoffablagerungen erhalten sind wie die fossilen Überreste späterer Pflanzen. Sie sind selten und treten nur sehr sporadisch auf. Die ältesten bekannten Fossilien in dieser Sparte sind zusammengeknäulte Spiralen mit einem Durchmesser von etwa einem Zentimeter. Ihr Gattungsname ist *Grypania*, und sie lassen sich etwa 2 Milliarden Jahre zurückdatieren. Damit hat man das bislang früheste Datum für den Beginn vielzelligen Lebens. Ein seltsamer ballonförmiger Organismus mit einem fadenähnlichen Stiel trägt den Namen *Longfengshania* (und stammt natürlich aus China). Andere organische Formen von zylindrischer oder in verschiedenster Weise gewundener Gestalt sind beschrieben worden, aber natürlich weiß niemand, ob sie echte «Arten» darstellen. Sie scheinen ungewöhnlich große Zellen besessen zu haben. Warum es von der Entstehung vielzelligen Lebens an 1,4 Milliarden Jahre gedauert haben soll, bis die vielen verschiedenen Arten der Ediacara-Fauna entstanden waren, wird noch diskutiert. Es steht außer Frage, daß zwischen dem Auftreten von Pflanzen und Tieren eine große Lücke klafft. Die einfachste Erklärung wäre, daß die blaugrünen Bakterien und Algen mit ihrer Aufgabe, die Atmosphäre mit hinreichend Sauerstoff anzureichern, noch nicht so weit gediehen waren, als daß größere Tiere hätten atmen können. Tiere konnten die für ihr Funktionieren erforderliche Energie nicht aufbringen.

Doch als die Ediacara-Fauna auf der Bildfläche erschien, muß irgendeine Schwelle überschritten gewesen sein, und fortan sollten die Tiere nie wieder ganz verschwinden – wenngleich sie Rückschläge erleiden sollten, die erheblich zur Dramatik der Geschichte des Lebens beitragen. Noch immer waren Bakterienmatten weit verbreitet, denn algenabweidende Tiere, die sie hätten zerstören können, waren offenbar noch nicht entstanden. Man hat behauptet, allein die Erhaltung der Ediacara-Fauna sei schon der Beweis für das Vorhandensein solcher Matten, weil nur diese hinreichend fest waren, um die flüchtigen Abdrücke von Weichtieren aufzunehmen, die sonst spurlos hätten verschwinden müssen. Denn warum gibt es in Sandstein jüngeren Datums keine «Ediacara-Faunen» von Quallen und dergleichen? Wir wissen, daß es diese Tiere gab, denn es gibt sie noch immer. Mit dem oberen Präkambrium muß es etwas Besonderes auf sich gehabt haben, und dieses Besondere war vermutlich das weit verbreitete Bestehen jener Matten, die die Ufer arider Landzonen schon zwei Milliarden Jahre zuvor besiedelt hatten.

Bisher bin ich der überaus schwierigen Frage ausgewichen, was für Tiere die Organismen der Ediacara-Fauna eigentlich genau waren. Quallen kennen wir, und einige Leute glauben, *Charnia* sei mit den heute lebenden Seefedern verwandt, aber viele andere sind uns ein Rätsel. Sind sie Monster, hoffnungsvolle Monster, Grundsteine für alles Folgende, oder gescheiterte Experimente, der Vergessenheit anheimgegeben? Der *Ancient Mariner* des Samuel Taylor Coleridge hatte eine Vision von den wildesten und monströsesten Auswüchsen der Natur:

> Schleimiges Zeug mit Beinen kroch
> auf dem schleimigen Meer.

Offenbar sind es die Beine, die dieses Wesen so grauenhaft erscheinen lassen, und bei präkambrischen Tieren sind keinerlei Gliedmaßen erhalten (die meisten von ihnen hatten sicher auch keine). Schleim wird es im Überfluß gegeben haben, denn für die Bakterien war er sowohl Schutz als auch haftender Untergrund. Aber die Tiere der Ediacara-Fauna waren weder Bakterien noch romantische Monster. *Spriggina* und *Parvancorina* halten manche für urtümliche Gliederfüßer (Arthropoden) – in diese Kategorie fallen von den Krabben bis zu den Käfern sämtliche Tiere, deren Beine aus einzelnen Segmenten bestehen und mit Gelenken versehen sind, die diese in sich und gegen den Körper beweglich machen. *Tribrachidium* wurde als urtümlicher Seeigel gesehen. Falls sie wirklich die Organismen waren, die den Grundstein für kommende Arten gelegt haben, kann etwas nicht stimmen, denn sie ähneln in keiner Weise dem, wie man sich die entsprechenden Vorfahren vorstellen würde, sie sind viel zu bizarr und spezialisiert. So gelangte man zu der Theorie, daß die gesamte Ediacara-Fauna nur eine Nebenlinie in der Geschichte des Lebens war – daß *keines* dieser Tiere für uns als Vorfahr in Frage kommt, sondern daß sie alle eng miteinander verwandt waren und eine Art beherrschende Lebensform dargestellt haben, lange bevor Tiere, wie wir sie heute kennen, erstmals in erkennbarer Form aufgetreten sind.

Professor Dolf Seilacher von der Universität Tübingen ist Hauptverfechter dieser Theorie. Seilacher ist ein hervorragender Beobachter. Er pflegt auch die geläufigsten Attribute im Gestein minuziös zu betrachten und nimmt dabei die Dinge in einer Art und Weise wahr wie kein anderer Naturforscher vor ihm. Ich saß einmal in Oman mit ihm am Strand, und er erklärte mir, wie Mollusken es fertigbringen, Nahrung zufangen, wenn sie von Wellen überspült werden. In der australischen Wüste beschrieb er mir, wie Trilobiten ihre Spuren in den Sandstein schrieben, und wie die Aborigines Steingeräte herstellen. Das Gewirr der Galaxien wurde mir erklärt, ich lernte die Namen der Sterne. Seilacher ist ein hochgewachsener Mann mit kurzen grauen Haaren (fast einem Bürstenschnitt) und für seine siebzig Jahre ungemein aktiv. Er hat nur zwei Schwächen: Die eine gilt riesigen Zigarren, die einen beißenden Geruch verbreiten, die andere ist ein Hang zur Belehrung, der ihm aus der tiefen Überzeugung erwächst, daß er immer und überall recht hat. Auch noch die scharfsinnigste Beobachtung wird einem mit den Worten abgeschnitten «Nein, denn Sie müssen wissen ...», worauf eine einleuchtende Erklärung folgt, weshalb Sie im Unrecht sein müssen. Ich bin mir nicht sicher, ob dies eine Eigenart aller großen deutschen Professoren ist; in jeder anderen Hinsicht ist er ein überaus reizender und großmütiger Mann. Der beste Ort ist seiner Ansicht nach der, an dem noch kein anderer vor einem war – in intellektueller Hinsicht natürlich. Und hier kommt seine Erklärung für die Ediacara-Fauna ins Spiel. Seilacher zufolge zeigen all diese Organismen – *Dickinsonia, Spriggina* und die übrigen – eine Strukturbesonderheit, die sie von allen anderen Organismen unterscheidet – eine Unterteilung wie durch die Steppnähte in einem Quilt. Die segmentartigen Unterteilungen, die Mr. Mason bei *Charnia* aufgefallen waren, und die Banden von *Dickinsonia* markieren innere Wände, die zu Lebzeiten des Tieres einen erhöhten Innendruck aufrechterhielten. Die dadurch entstehende Festigkeit vermochte einen Abdruck in der Oberfläche von Bakterienmatten zu hinterlassen. Seilacher versuchte damit auf elegante Weise zwei Dinge zu erklären: Erstens die Tatsache, daß die Ediacara-Fauna überhaupt erhalten geblieben ist, und zweitens deren strukturelle Besonderheiten. Diese merkwürdigen Organismen waren passiv. Ihre große Oberfläche bildete einen idealen Boden für symbiontische Bakterien – vielleicht solche, die Photosynthese treiben konnten, oder in einer anderen Situation vielleicht auch Schwefelbakterien. Derart passive Kreaturen benötigten nicht viel Sauerstoff, denn ein großer Teil ihrer Stoffwechselaktivitäten würde von ihren bakteriellen Mitbewohnern erledigt. In gewissem Sinne war dies eine Reprise von Lynn Margulis' Symbiontentheorie, der zufolge Eukaryontenzellen dadurch entstanden, daß kleinere bakterielle Organismen von größeren verschlungen wurden. Die Welt zur Zeit der Ediacara-Fauna war eine andere, eine Welt, in der sich große inaktive Wesen, von Weidetieren und Räubern unbehelligt, unter den Sonnenstrahlen des oberen Präkambriums in den Flachmeeren (oder auch tiefer unten in den schwefligen Tiefen der Meere) sonnen und ausbreiten konnten – Tiere gewiß, aber doch wohl eher im Grenzbereich, Organismen, die in beinahe androgyner Weise zwischen den Reichen lagen.* Man hat jene Welt auch den «Garten Ediacara» genannt, worin die Vorstellung von einer «Zeit vor dem Sündenfall» mitklingt, von dem ab echte Tiere auftauchten – Räuber und Ausbeuter, die, von Sexualität und Aggression getrieben, mit ihrer Flegelhaftigkeit den symbiontischen Frieden der Urzeit zunichte machten.

Das alles klingt, wie alle Theorien Seilachers, höchst originell und plausibel. Allerdings ist dieser Standpunkt auch unproduktiv, denn letztlich macht er jeden Versuch überflüssig, die Ediacara-Fauna in die Welt des Kambriums und danach «einzupassen». Auf paradoxe Weise errichtet er erneut die Mauer zwischen dem Präkambrium und allem, was danach geschah, über die Charles Darwin schon ein Jahrhundert zuvor nachgegrübelt hatte. Ein großer Teil dessen, was ich bislang berichtet habe, drehte sich vor allem um das Einreißen dieser Mauer im Lichte neuer Erkenntnisse.

Bei einem Aufenthalt in Australien zeigte man mir in einer Gegend, die sich nicht allzusehr von der unterschied, in der man *Dickinsonia* gefunden hatte, die in Stein gehauenen Bilder der dort lebenden Aborigines. Sie zeigten Spiralen und einfache Formen, unter anderem auch Ellipsen, die sehr an die Organismen der Ediacara-Fauna erinnerten. Ich fragte mich vergebens, ob jene aufmerksam beobachtenden Künstler die eigenartigen Fossilienabdrücke im Gestein gesehen und ihnen magische Kräfte zugesprochen hatten. Noch leben in jener Wüste Leute, die die Bedeutung der eingemeißelten Symbole im Rahmen

---

* Während diese Seite entstand, erschien eine weitere abweichende Ansicht zum Thema Ediacara; eigentlich sollen die «Tiere» Flechten gewesen sein – womit man sich auf eine weitere Organismengruppe beruft, die weder das eine noch das andere ist.

ihres Traumzeit-Mythos erklären können. Stellen Sie sich jedoch vor, der letzte der Aborigines wäre aus dieser trockenheißen Gegend verschwunden – die Bedeutung dieser Zeichnungen wäre auf immer verloren. Niemand könnte sich an diese Zeit erinnern, es bliebe allein der Phantasie überlassen, eine Bedeutung für verlorene Symbole zu finden, und auch meine Geschichte würde einleuchtend klingen. Zweifellos gäbe es andere, kohärentere Geschichten, doch ohne einen Bezug zu anderen Zeiten und anderen Kulturen gäbe es keine Möglichkeit, ihren Wahrheitsgehalt zu prüfen. Gleiches gilt für die Ediacara-Fauna: Begreift man sie als komplett «anders», dann verweist man sie auf einen obskuren, wenn auch faszinierenden Nebenschauplatz der Geschichte, wo im Prinzip nichts von alledem, was unsere eigene Welt ausmacht, für ihre Interpretation von Bedeutung wäre. Es läßt sich kaum leugnen, daß manche Tiere aus dem oberen Präkambrium wirklich schwer zu interpretieren sind. Seilacher hatte wie so oft recht, als er feststellte, daß die Segmente der linken und der rechten Körperhälfte bei diesen Tieren oft nicht im Lot sind – es sieht aus, als wären sie um eine halbe Stufe verschoben. Gleichzeitig aber scheint es unsinnig, beispielsweise die Unterteilung in «Kopf» und Körper bei *Spriggina* zu leugnen – ein Merkmal, das dieses Wesen eindeutig in die Reihe der bilateral-symmetrischen Tiere stellt. Vielleicht lautet die Antwort, daß manche Tiere der Ediacara-Fauna wirklich Kuriositäten abseits der Hauptentwicklung darstellen, während andere sich auf dem Weg zu etwas befanden, das uns vertrauter ist. Bei historischen Kontroversen erweist sich die Kompromißantwort am Ende sehr häufig als der Wahrheit am nächsten, wobei es ohne die Hypothesen an den Grenzen des Wissens auch sehr viel weniger neue Ansätze gäbe. An diesen Grenzen hat Dolf Seilacher sein Leben lang gearbeitet.

Einige der seltsamsten und auffälligsten unter diesen Tieren haben das Präkambrium eindeutig nicht überlebt. In jüngeren Gesteinen hat man *Dickinsonia* und *Tribrachidium* nie gefunden. Zwischen der alten Welt – der Welt der vorangegangenen zwei Milliarden Jahre – und der neuen Weltordnung, die mit dem Kambrium begann, lag eine Periode des Aussterbens. Wie groß wir das Ausmaß dieser Aussterbenswelle annehmen, hängt natürlich davon ab, wie wir letztlich die Ediacara-Fauna einordnen. Wenn man jedoch die erstaunliche Kontinuität des lebenden Planeten bedenkt, die für die niederen Bakterien und Algen typisch war, die schon die früheste Geschichte des Lebens dominiert hatten, dann haben wir es hier mit einem bedeutsamen Einschnitt zu tun: Zum ersten Mal ist etwas für immer verloren gegangen, bis dahin bestand Veränderung immer nur im schrittweisen *Hinzufügen* von mehr und mehr Organismenarten. Es steht außer Frage, daß am Ende des Präkambriums, kurz vor dem Beginn des Kambriums, eine der größten Umwälzungen in der Geschichte unseres Planeten stattgefunden hat. Dies ist der Zeitpunkt, an dem die Erde ihren Kinderschuhen entwuchs und heranzureifen begann, an dem ihrem Charakter die Züge des Erwachsenendaseins eingemeißelt wurden. Die Veränderungen geschahen rasch. Bisher habe ich große Zeiträume mit einer Sorglosigkeit durchstreift, wie sie die Muße entstehen läßt, das Bewußtsein, daß der biologische Wandel unsagbar langsam vonstatten ging und daß große Veränderungen sich über lange Zeiträume hinweg etablierten. Das entspricht der Wahrheit, auch wenn die Datierung und Bestimmung bedeutsamer Ereignisse (wie dem Auftreten der ersten Eukaryontenzelle) oftmals sehr vage sein müssen, denn derart weit zurückliegende Ereignisse lassen sich zwangsläufig nur schwer dem absoluten Zeitrahmen einordnen. Bei der allmählichen Säuberung der Atmosphäre und der kumulativen Anreicherung der Sauerstoffkonzentration durch Photosynthese herrschte keine Eile. Aber zum Ende des Präkambriums fand eine Revolution statt.

Binnen weniger Millionen Jahre entstanden Tiere mit harten Schalen, und dies in großer Vielfalt. Einige der Formen sind uns aus den heutigen Meeren vertraut: Wenn schon nicht direkte Vorfahren, so sind sie doch immerhin die lange vermißten Cousins zahlreicher mariner Lebensformen, die sich in Riffen und Fluttümpeln tummeln. Neben diesen gab es noch eine Fülle anderer Lebewesen, die man heute in keinem Fluttümpel mehr findet und die auch kein Scheinwerfer einer Taucherglocke mehr aufscheucht. Sie sind genauso geheimnisumwittert wie die Wesen der Ediacara-Fauna.

In vielen anderen Teilen der Welt jenseits der australischen Wüsten ist diese Chronik aus dem Gestein gelesen worden. In der chinesischen Provinz Yunnan gibt es wundervolle Gesteinsprofile, deren Schichten einen Zeitrahmen vom Präkambrium bis zum Kambrium umspannen, an manchen Orten der nordamerikanischen Ost- und Westküste sind die Schichtungen beinahe ebenso schön. In Schweden gibt es kleine Steinbrüche, in der sibirischen Arktis ganze Flußufer, die sich über achtzig Kilometer und mehr erstrecken. In England gibt es bei Church Stretton in der Grafschaft Shropshire nahe der walisischen Grenze kleine, ergiebige Senken und hier und da ein Flußbett. Doch die offizielle Festlegung des Kambriumbeginns erfolgte nach viel gereiztem akademischem Gezänk auf der Insel Neufundland. Mich hat diese Entscheidung (aus dem Jahre 1990) sehr gefreut, nicht zuletzt deshalb, weil sie mir einen weiteren Grund gab, diese außergewöhnliche Insel zu besuchen. Auf der Karte sieht es so aus, als sei sie ein Stück von Nordamerika, aber das hat mit ihren wirklichen Wurzeln so gut wie nichts zu tun. Dem Geist nach ist Neufundland ein Stück Irland, das auf der anderen Seite des Ozeans vertäut wurde, aufgelockert mit ein bißchen Cornwall und an dem einen oder anderen Ort vielleicht mit einer Prise Frankreich. Die Mundart der «Newfies» ist voll von obskuren irischen Anklängen, durchsetzt mit saftigen Flüchen und allerlei Fischereijargon. The Rock, wie die Neufundländer ihr Land nennen, war eine der ersten britischen Kolonien in Nordamerika. Fast bis in die vierziger Jahre hinein, als es sich der kanadischen Föderation anschloß, blieb es kulturell erstarrt. Es scheint eigenartig passend, daß diese Insel auch urzeitliche Fossilien in ihren Klippen bietet, die sich unverändert erhalten haben.

Ortsnamen in Neufundland reflektieren diese Geschichte: Da gibt es Städte wie Trepassey, das genausogut in Cornwall liegen könnte, und St. Shotts – denn auch hier gibt es, wie in jenem anderen seltsamen Teil der Welt, Heilige, von denen man andernorts nie gehört hat. Man sagt, die Ahnen der Bürger von St. Shotts an der Südküste von Neufundland hätten früher derselben berüchtigten Beschäftigung gefrönt wie die Einwohner Cornwalls – sie lockten vorüberfahrende Schiffe mit Fackeln in die felsigen Uferzonen und raubten die zerschellten Wracks aus. Vielleicht brauchten die Einwohner etwas, das sie den außergewöhnlich langen Winter hindurch bei Laune hielt – der Schneematsch hält sich bis Mai. Die Neufundländer erzählen einem, St John's liege auf dem gleichen Breitengrad wie Paris, und das ist ohne Zweifel richtig. Wäre die globale Wetterlage eine andere, läge das Paradies der Boulevardcafès vielleicht hier. Im Herbst strotzen die Klippen vor Heidelbeeren, und an windstillen Tagen ist das Wetter manchmal nahezu vollkommen: heiter und warm. Man versteht, warum die ersten Siedler versucht waren, dort zu bleiben – aber nur solange, bis sie die schreckliche klimatische Wahrheit erfahren hatten (dann segelten sie weiter und gründeten Maryland). Zu den Pflanzen, die im Binnenland am besten gedeihen, gehören Krüppelkiefern, Birken und Espen, das Unterholz ist manchmal undurchdringlich. Die Küstenlandschaft aber ist überall ein wahres Wunder, ein unvergleichlicher Wechsel aus steilen Klippen, sanften Hängen und lieblichen Buchten, voller Einschnitte und Landzungen, die in der neufundländischen Sprache oft mit dem Beinamen *tickle* (Feder) bezeichnet werden. Ich habe Goose Tickle und Dildo Run besucht (woher der Name der letzteren stammt, ist unklar). Rings um die Buchten gibt es kleine

Fischerdörfer aus schindelbedeckten Holzhäusern, die weiß, blau oder pink gestrichen sind und deren schmucklose einfache Giebelfront ihrem Entwurf nach oftmals einer Kinderzeichnung ähnelt: In der Mitte eine Haustür und ringsherum vier Fenster. Die Hafengebäude unten am Wasser sind aus einfachem Holz und stehen auf oft waghalsigen Stelzen im Wasser. Haupterzeugnis der Insel war Kabeljau, das ging so weit, daß noch Ende der siebziger, Anfang der achtziger Jahre, als ich zum ersten Mal dorthin kam, der Begriff Kabeljau gleichbedeutend war mit dem Wort Fisch – wer nach Fisch fragte, bekam Kabeljau. Die einzig andere bekannte Fischsorte war Lachs. Inzwischen hat das Überfischen – nicht durch die Neufundländer übrigens, sondern durch mit Sonar ausgerüstete Fabrikschiffe – dazu geführt, daß die Boote auf dem Trockenen liegen und jene typischen, einst so geschäftigen Dörfer wieder einmal in einen Dämmerschlaf verfallen sind. Doch sie sind zäh, diese Neufundländer, und heutzutage haben sie wenigstens die Sozialhilfe, die sie erhält, wo ihre Vorfahren noch hätten hungern müssen. Sie werden ihre einsamen Gestade nicht verlassen.

Die Klippen, die sich in der Nähe von Mistaken Point im Süden der Burin-Halbinsel ins Meer senken, sind voller fossiler Zeugnisse aus der Ediacara-Fauna. Es ist ein guter Platz zum Arbeiten, denn die steife Brise hält Moskitos und Kriebelmücken fern. Die Fossilien dort unterscheiden sich ein wenig von denen in Australien – sie lebten offenbar in tieferen Gewässern und repräsentieren daher andere Arten. Dennoch gibt es Tiere, die eindeutig aussehen wie *Charnia*. Das Gestein ist furchtbar hart, und es besteht keine Möglichkeit, diese Wesen zu sammeln und mit zurück ins Labor zu nehmen. Statt dessen schleppt man Eimer mit Latexlösung über die Klippen, bepinselt die Exemplare und läßt das Ganze im Winde fest werden. Wenn man mehrere Schichten aufgetragen hat, läßt sich die Gummischicht leicht abpellen und liefert einen perfekten Abdruck von dem, was seit Hunderten von Jahren allmählich auswittert. Folgt man den Gesteinsformationen entlang der Küste, so gelangt man Schritt für Schritt an immer jüngere Scheiben der Geschichte; genauso waren Geoff und ich damals an jenem anderen verlassenen und einsamen Strand in Spitzbergen vorgegangen. Es gibt keinen Ersatz für gute Augen und das regelmäßige Klopfen des Geologenhammers. Als erstes fällt auf, daß die Spuren der Ediacara-Fauna völlig verschwinden. Dann geschieht etwas Außerordentliches. Der Paläontologe, der sich, fast mit der Nasenspitze am Gestein, manchmal auf allen Vieren aufmerksam voranarbeitet, fängt an, in den sandigen oder tonigen Oberflächen Dinge zu sehen – keine Schalen, sondern regelmäßige Wirbel oder gekrümmte Schlangenlinien von wenigen Zentimetern Länge. Sie sind vom Sediment selbst gebildet – ein Eindruck auf der Oberfläche vielleicht, oder gelegentlich auch röhrenförmige Strukturen. Dies sind, so begreift er allmählich, Abdrücke, die wandernde oder vielleicht, auch sich eingrabende Organismen hinterlassen haben, auf jeden Fall etwas, das nur richtige, echte Tiere haben hinterlassen können. Gehen Sie bei Ebbe an einen beliebigen Sandstrand, und Sie werden Dinge sehen, die diesen Abdrücken ähneln. Dolf Seilacher wüßte die Namen all jener Tiere, die sie hinterlassen haben. Dieses sind Spurenfossilien: versteinerter Beweis für die Aktivitäten von Tieren, die sich vor 600 Millionen Jahren durch Sand oder Schlamm gewühlt haben. Ob wir die Körper der Tiere, die sie produziert haben, finden werden oder nicht (und wir werden sie vermutlich nicht finden), so wissen wir doch, daß es die entsprechenden Tierarten gegeben haben muß. Nur Wesen, die laufen, gleiten, krabbeln oder graben, können Spuren hinterlassen. Wie die Fußabdrücke am Schauplatz eines Verbrechens künden auch diese Spuren von Taten, für die man vielleicht einmal eine Erklärung suchen wird.

4

Meine Tiere und andere Familien

In Gestein, das oberhalb jener Schichten liegt, in denen man die Spuren und Eindrücke von weichkörperigen Tieren findet, gibt es winzige Röhren. Sie wirken relativ unauffällig, wenn man sie im Gestein eingebettet sieht – wie eine leichte Sprenkelung auf der Schichtoberfläche vielleicht. Kalksteinformationen, die in eben diesem geologischen Zeitabschnitt entstanden sind, findet man rund um die Welt – in China, Rußland und Australien –, und wenn man Proben in verdünnter Säure auflöst, kann man die Röhren aus den Überresten heraussieben. Denn viele von ihnen bestehen aus Kalziumphosphat, das sich in dieser Säure nicht löst. Auf den ersten Blick erkennt man, daß man es neben den einfachen Röhren noch mit verschiedenen anderen Formen zu tun hat – es gibt Spiralen, kleine asymmetrische Schuppen und gewundene Formen, die sehr nach einem beliebten spanischen Fettgebackenen, den *churros*, aussehen. Bei einigen wenigen Gebilden handelt es sich ganz offensichtlich um winzige Schalen oder Panzer. Außerdem findet man noch kleine, häufig verzweigte Dornen, die sich bei näherer Betrachtung als Kieselnadeln oder *Spiculae*, Skelettbestandteile von Schwämmen, entpuppen. Röhren, Panzer und Kieselnadeln sind allesamt harte Strukturen – die Tiere hatten inzwischen offenbar gelernt, Skelette zu bilden. Das bedeutet, daß wir uns nunmehr im Kambrium befinden, in dem zum ersten Mal Panzer und Schalen als typische Merkmale auftreten. Und das Bemerkenswerteste ist, daß wir dies überall auf der Welt in den entsprechenden Gesteinsprofilen beobachten, ob sie nun auf den nackten Felsklippen Neufundlands oder in der trockenen, heißen Wildnis Australiens zutage liegen. Oberhalb präkambrischer Gesteinsschichten treten plötzlich «kleinschalige Fossilien» auf, wie die Paläontologen sagen. Da die frühesten Fossilien wenigen, sehr ähnlichen Arten angehören und an verstreuten, weit voneinander entfernten Fundorten vorkommen, ist die Schlußfolgerung unausweichlich, daß diese folgenschwere Entwicklung hartschaliger Tiere sich innerhalb kurzer Zeit, sprich weniger Millionen Jahre, überall auf der Welt vollzogen hat. Von nun an wird das fossile Zeugnis sehr viel ergiebiger, denn harte Mineralien erhalten sich für gewöhnlich. Zum ersten Mal traten Tiere mit Skelett* auf, und mit ihnen die ersten Andeutungen der künftigen Erfolge biologischen Erfindungsreichtums. Größe ist innerhalb der Biosphäre von erheblicher Bedeutung, und große Körper sind auf eine mechanische Versteifung angewiesen. In diesen ersten bescheidenen Überresten steckt schon die Möglichkeit des Blauwals.

Von dem allerersten röhrenförmigen Fossil weiß man heute, daß es unmittelbar vor jener großen Blüte der Artenvielfalt am Beginn des Kambriums gelebt haben muß. Es heißt *Cloudina*, zu Ehren von Preston E. Cloud, einem der Pioniere bei der Erforschung dieser großen Wende in der Geschichte des Lebens. *Cloudina* ist ein seltsames kleines Ding von einem bis zwei Millimetern Länge. Sein Skelett bestand vermutlich aus Kalziumkarbonat, wie die meisten Muschelschalen heute auch: Platten aus Kalzit wurden, Pappbechern neben einem Trinkwasserbrunnen gleich, zu Stapeln aufgetürmt. Niemand kann sagen, mit welchem heute lebenden Wesen *Cloudina* möglicherweise verwandt sein könnte.

Bei der raschen Zunahme an hartschaligen Organismen zu Beginn des Kambriums gibt es jede Menge ungeklärter Existenzen. In Röhren beispielsweise können viele verschiedene Wesen leben, und die Form der Röhre gibt keinerlei Hinweis auf die Identität ihres Bewohners. Denken Sie an eine der Geister-Parties, an denen jeder als Graf Dracula zu kommen hat – je verbreiteter die Verkleidung, um so schwerer läßt sich sagen, wer hinter der einzelnen Maske steckt. Ellis Yochelson, ein ergrauter, überaus scharfsinniger Molluskenexperte von der Washingtoner Smithsonian Institution pflegte zu sagen: «Ach zum Teufel, nenn' sie alle Würmer», was durchaus praktische Vorteile hätte, an den biologischen Fragen aber leider ziemlich vorbei zielte. In manchen Fällen wurde die Maske zumindest teilweise gelüftet. Man hatte angenommen, das Phosphatskelett vieler der frühen hartschaligen Fossilien sei das ursprüngliche – und dieses Material (das dem unserer Knochen

* Der Fachausdruck hierfür lautet «Biomineralisierung».

sehr ähnlich ist) sei für die Entstehung mineralisierter Gewebe von entscheidendem Vorteil gewesen. Nach sorgfältigen Untersuchungen der mikroskopischen Beschaffenheit jener Schalen, Röhren und Platten sind Wissenschaftler jedoch überzeugt, daß das Phosphat in manchen Fällen eine frühere Schalensubstanz *ersetzt* hat, die wahrscheinlich aus Kalziumkarbonat – dem bei heute lebenden Tieren häufigsten Schalenmaterial – bestand. Zu Beginn des Kambriums gab es mit Sicherheit mehr phosphathaltige Schalen als heute, aber Kalziumkarbonat kam zum Zeitpunkt der Entstehung von Schalen mit ähnlicher Häufigkeit vor. Schwämme und bestimmte einzellige Lebewesen wie die Radiolarien (oder Strahlentierchen) verwendeten für ihr Skelett Siliziumdioxid (SiO_2) und tun dies auch heute noch. Das Ganze wird immer merkwürdiger, scheint es doch, als wären alle geläufigen Skelettmaterialien gleichzeitig an den Start gegangen, obwohl uns die nüchterne Überlegung sagen würde, daß ihre Sekretion durch lebende Gewebe unterschiedliche Bedingungen voraussetzte.

Es gibt noch weitere Rätsel. Möglicherweise waren die ersten hartschaligen Tiere gar nicht so klein, wie es die in den Sieben hängengebliebenen kleinen Fragmente nahezulegen scheinen. Im Jahre 1990 wurde in unterkambrischen Gesteinen Grönlands eine bemerkenswerte Kreatur von mehreren Zentimetern Länge gefunden. Dieses seltsame Geschöpf namens *Halkieria* war wirklich aus Hunderten von winzigkleinen Skelettplatten zusammengesetzt, die auf seinem Rücken wie bei einem Panzerhemd zu Reihen angeordnet waren. Damit nicht genug, gab es an jedem Ende dieses Mosaikwesens zwei zusätzliche, sehr viel größere, fast kreisrunde Platten. Die kleinen Platten unterschieden sich in ihrer Form völlig von den großen, und bis zu diesem Fund hatte keinerlei Grund bestanden, die beiden miteinander in Verbindung zu bringen. Die einzelnen Teile, Sklerite genannt, waren viele Jahre zuvor entdeckt worden, und man hatte ihnen bereits verschiedene Namen gegeben. Was immer dieses merkwürdige Geschöpf gewesen sein mag, bei seinem Tod zerfiel es offenbar in seine Einzelteile – und so wurden aus einem Individuum zahlreiche Fossilien. Diese Entdeckung klärte mit einem Schlag das Rätsel mehrerer Organismen – schuf dafür aber ein noch hartnäckigeres. Sie eröffnete die Möglichkeit, daß andere, kleinere Schalen Teile von etwas Größerem sein könnten. Der angesehene schwedische Paläontologe Stefan Bengtson beispielsweise ist der Ansicht, *Halkieria* gehöre zu den Mollusken und ihre Sklerite markierten ein wichtiges Stadium in der Evolution von Schalen: Er vermutet, sie seien als kleine Elemente entstanden und später zu einer durchgehenden mineralisierten Hülle verschmolzen. Einige der primitivsten heute lebenden Mollusken, die Käferschnecken, weisen noch heute Schalen aus einigen wenigen Reihen kleinerer Schildplatten auf: *Halkieria* steht mutmaßlich für ein sogar noch früheres Stadium, in dem die Schalen aus noch mehr Reihen bestanden. Ganz befriedigend ist diese Antwort allerdings nicht, denn sie erklärt nicht die größeren Platten, die dieser Organismus außerdem trug.

Es wird zunehmend deutlich, daß auch andere «Arten» unter den frühen hartschaligen Tieren nur Sklerite größerer Organismen waren. Da gibt es zum Beispiel die merkwürdigen Tommotiidae, Tiere mit einem echten Phosphatskelett aus sehr unregelmäßigen kleinen Platten, von denen bisher aber nicht mehr als zwei zusammenhängende gefunden wurden. Die Schwämme sind nicht ganz so geheimnisumwittert, denn auch bei den heute lebenden Vertretern besteht das Skelett aus feinen Stäbchen und Nadeln (Spiculae). Sie sind miteinander auf ganz ähnliche Weise verknüpft, wie ich es für organische Moleküle beschrieben habe, die aneinander binden, um größere und komplexere chemische Konstrukte entstehen zu lassen. Einer der Organismen, die nicht zu entkommen versuchen, wenn sich im Abyssal, der Tiefseeregion, in die nie ein Sonnenstrahl dringt, der Scheinwerfer eines Tauchboots auf die Bewohner des Meeresbodens richtet, ist der Glasschwamm. Die sackförmigen Wesen sind am Meeresboden verankert und verdanken ihren Namen der Tatsache, daß ihr Nadelskelett wie Glas aus Siliziumdioxid besteht; es ist aber zu einem so feinen, kunstvollen Gitterwerk gesponnen, daß kein Glasbläser es je nachmachen könnte. Viele der Glasnadeln sind sechsstrahlig. Schwämme haben in ihrem Körper eine oder mehrere Kammern, in denen sie verwertbare Nahrung aus dem sie durchströmenden Meerwasser herausfiltern. Die Zellen der Kammerinnenwände sind mit kleinen Geißeln (Flagellen) versehen, die durch ihren Schlag den Wasserstrom durch die Kammer hindurch aufrechterhalten. Einzeln betrachtet sehen diese Zellen sehr nach frei lebenden Protisten aus: Ein Schwamm ist ein recht lockerer Zusammenschluß solcher Zellen und stellt eine Art Vorläufer von Geweben dar. Manche Schwämme bilden sich sogar neu, nachdem sie in winzige Teile zerrissen wurden. Es verwundert kaum, daß man diese einfachen Konglomerate aus Zellen unter den frühesten Fossilien findet, aber daß sie sich bis auf den heutigen Tag erhalten haben, ist bemerkenswert – nicht zuletzt deshalb, weil man die Nadeln einer *Hyalonema* im Lichtkegel unserer Taucherlampe kaum von denen unterscheiden kann, die sich aus kambrischem Gestein herauslösen lassen. Glasschwämme haben wie Stromatolithen in jenen Winkeln der Erde überdauert, in denen es wenig Veränderungen gab. Der wohlbekannte Badeschwamm enthält übrigens keine kieselhaltigen Nadeln – sonst wäre es doch recht schmerzhaft, sich mit ihm zu waschen. Er besteht aus einem robusten organischen Material namens Spongin. Die erstaunliche Fähigkeit seiner Innenkammern, Wasser aufzunehmen, hat im Englischen Anlaß zu einer Metapher gegeben, die Schwämme in die Nähe von Schmarotzern rückt, was ziemlich unfair ist: Schwämme sind alles andere als Parasiten*. Würmer, Kröten und Hunde werden auf ähnliche Weise herabgewürdigt, und soweit ich weiß, führen die beiden erstgenannten ein absolut vorbildliches Leben (mit Ausnahme vielleicht der Aga-Kröte, obgleich selbst diese Kreatur ihre Anhänger hat); Hunde hingegen sind ein Spiegel ihrer Herren. Mir ist aufgefallen, daß die bösen Kerle im Film neuerdings häufig mit der Bezeichnung: «You *slime*!» als schlimmstmöglicher Beleidigung tituliert werden. Man erinnert sich vielleicht, daß Schleim eine entscheidende Rolle bei der Stabilisierung von Bakterien- und Algenmatten gespielt hat, ohne die dieses Buch sehr kurz ausgefallen wäre. Ich kann daraus nur schließen, daß der Grad einer Beleidigung proportional zur Stellung des Organismus in der Evolution ist und mit dessen tatsächlichen Lastern und Tugenden in keinerlei Zusammenhang steht. Bereits die große Unterteilung des Tierreichs in Wirbellose und Wirbeltiere läßt solches erahnen – wer wird schon gerne als «rückgratlos» bezeichnet?

Unter den frühesten kleinen kambrischen Schalen gab es einige, die bestimmt nicht nur ein Bruchstück von etwas Größerem waren. Es gibt verschiedene Arten sehr kleiner Mollusken, entfernte Verwandte heute lebender Schnecken und Muscheln. Manche davon haben ganz sicher die mattenbildenden Algen abgeweidet und sind daher mitschuldig an dem Niedergang dieser typisch präkambrischen Lebensgemeinschaft. Außerdem gab es die ersten Brachiopoden (Armfüßer), auch eine Tierart, die zwischen zwei Schalen eingeschlossen lebt und der wir im weiteren Verlauf der Erdgeschichte in der reichen marinen Artenvielfalt erneut begegnen werden. Brachiopoden filtern kleine organische Partikel aus dem Meerwasser. In Australien hat es um diese Zeit möglicherweise die ersten Korallen gegeben, die sich auf dieselbe Weise ernährten.

Nur etwas höher in den Gesteinsschichten Neufundlands, Chinas, Sibiriens, Marokkos und Australiens folgt auf die kleinen hartschali-

---

* Ein sehr genauer Leser wird womöglich einwenden, daß der Schwamm *Cliona* in der Tat ein Parasit ist, der sich in die Schalen der von ihm bewohnten Muscheln hineinbohrt und durch seine Anwesenheit die Muschel – in vielen Fällen tödlich – schädigt.

Ein schöner Trilobit, der Wissenschaft bisher unbekannt, an der rauhen Küste entdeckt. Ich nannte ihn Gog, weil er der Riese in der fossilen Fauna war

gen Organismen eine noch weit größere Vielfalt skelettbildender Wesen. Die bekanntesten unter diesen sind die Trilobiten. Bei ihnen handelt es sich um Gliederfüßer (Arthropoden), Tiere also, deren Körperanhänge gegliedert und durch Gelenke in sich und gegen den Körper beweglich sind. Spinnen, Fliegen, Flöhe, Hummer und Krabben, Zekken, Käfer ohne Ende – eigentlich ist so gut wie alles, was krabbelt, sticht oder Angst macht, ein Arthropode. Im Vergleich zu den meisten der zuvor genannten Organismen handelt es sich bei ihnen keineswegs um primitive Organismen. Sie haben ein voll ausgebildetes Nervensystem, so etwas wie ein Gehirn, Augen, Gliedmaßen, Kiemen, Antennen, und manche von ihnen jagen. Die Trilobiten sind *meine*

Familie. Vermutlich hatten sie mich, bevor ich gen Spitzbergen segelte, längst adoptiert, damals, als ich, ein junger Kerl, mit viel Optimismus und einem Kohlenhammer bewaffnet, die walisischen Klippen und Flußufer auf der Suche nach ihnen abklapperte.

Die drei Abschnitte, die diesen Tieren ihren Namen gaben, unterteilen ihren harten Kalzitrückenpanzer längs in einen deutlich erkennbaren, vielgliedrigen Hauptast, der Gehirn und Gedärm beherbergt, und die beiden flacheren Loben zu beiden Seiten. Eine halbkreisförmige Kopfregion trägt – oftmals sichelförmige – Augen und zwei nach hinten gerichteten Dornen. Der anschließende Rumpf ist in Segmente unterteilt, die gegeneinander beweglich sind und dem Körper eine bestimmte Flexibilität verleihen. Dieser bewegliche Thorax verleiht den Trilobiten oberflächlich betrachtet eine gewisse Ähnlichkeit mit Asseln. Am Hinterende tragen sie einen Schwanz, der in vielen Fällen, ähnlich wie das Kopfende, mit einem Schild bedeckt ist, welcher bei manchen Arten relativ groß werden kann, bei den primitiven Arten jedoch in der Regel sehr klein geraten ist. Der Panzer besteht wie bei Muscheln und Brachiopoden aus Kalziumkarbonat, und er ist es, der den Trilobiten ihre hervorragende Konservierbarkeit verleiht. Lange hat man sie für die *einzigen* kambrischen Arthropoden gehalten. Auf jeden Fall sind sie die bei weitem häufigsten Fossilien, und die kambrischen Flachmeere müssen von ihnen ganz hübsch gewimmelt haben. Leider werden höchst wichtige Körperteile von Trilobiten so gut wie nie erhalten, und zwar die Gliedmaßen, die der Rückenpanzer vor Schaden bewahren soll. Die Gliedmaßen selbst waren nicht mit Kalziumkarbonat bedeckt, und so blieb kaum etwas von ihnen, was sich unter normalen Umständen im Gestein erhalten konnte. Ganz selten hinterlassen sie aber doch fossile Abdrücke, und diese zeigen, daß Trilobiten viele Beinpaare besaßen – an jedem Segment eines – und am Kopf Antennen trugen. Die Gliedmaßen sind ihrerseits in kleine Segmente unterteilt, zwischen denen man kleine Borsten oder Borstenfelder erkennt. Betrachten Sie einmal ein Hummerbein genauer, in Gelenknähe werden Sie dieselbe Anordnung von Borsten finden – sie dienen der Bewegungswahrnehmung, und manche von ihnen verfügen über besondere Sinneszellen und fungieren als «Riechorgane». Wenn Sie also einen Trilobiten in die Hand nehmen und auf den Rücken drehen könnten – manche von ihnen waren schwerfällig genug, um sich leicht fangen zu lassen –, würden Sie beobachten, daß er, genau wie ein Hummer, verzweifelt mit seinen Gliedmaßen strampelnd das Weite zu suchen und ins Meer zu entkommen bemüht war. Seine Augen waren einzigartig, und überdies stellen sie das älteste bekannte visuelle System dar. Sie ähneln den Augen von Fliegen oder Hummern, denn es sind Facettenaugen, die aus vielen Linsen bestehen. (In einem einzigen Auge habe ich bis zu 3000 Linsen gezählt.) Einzigartig aber war bei ihnen, daß jede Linse aus einem Kalzitstäbchen bestand. Ganz gewöhnlicher Kalkspat, dieselbe chemische Verbindung wie Kalkstein oder Gartenkalk, diente zum Sehen – und seine Härte und Haltbarkeit machten es möglich, daß diese Augen erhalten blieben. Der optische Mechanismus war nicht kompliziert. Jede einzelne Linse war so orientiert, daß ihre Längsachse genau einer bestimmten Kristallachse entsprach: Kalzit ist ein relativ komplexes Mineral, aber seine transparenten Kristalle haben stets eine bevorzugte Achse, längs derer Licht ungebrochen durch sie hindurchtritt. Kalzitlinsen «sehen» daher entlang ihrer Längsachse – und damit wird es möglich, das Sehfeld von Tieren zu rekonstruieren, die seit 500 Millionen Jahren tot sind, buchstäblich in die Vergangenheit zu sehen. Das Bild, das dieses Auge lieferte, war eine Art Mosaik.

In seinem Buch *Geheimes Wissen. Das Natürliche des Übernatürlichen* beurteilt Lyell Watson das Trilobitenauge als zu hoch entwickelt für seine Zeit, eine frühreife Struktur, die ihrer angemessenen Verwendung weit voraus war. Andererseits ist es jedoch klar wie Kalzit, daß die Augen gebraucht wurden. Sehschärfe war notwendig, um einen Räuber frühzeitig entdecken oder ein Beutetier verfolgen zu können. Man hat Spuren kambrischer Trilobiten gefunden, die mit der Kriechspur eines Wurmes zusammenliefen – nur die Trilobitenspur führte nach dieser Begegnung weiter. Bestimmt war es nicht der Wurm, der hier gejagt hat. Offenbar war bereits eine geologische Sekunde nach dem Auftreten kambrischer Skelette etwas entstanden, das deutliche Züge einer modernen marinen Ökologie trug – mit Jägern und Gejagten, Algenabweidern und Filterern. Stefan Bengtson hat sogar so etwas wie die Bohrspuren eines Räubers erkannt, der sich offenbar an die allerersten Schalen machte, die *Cloudina* gehörten. Alles andere als ein vorzeitiger Luxus, war das Trilobitenauge ein für die Behauptung in einer feindlichen Welt notwendiges Stück Ausrüstung. So ging die Welt der Ediacara-Fauna und des Präkambriums dahin, und es wurde ein weiterer großer Schritt über eine historische Schwelle getan, unwiderruflich. Die zelluläre Existenz wich der Nahrungskette, gegenseitiges Verschlingen wurde zur Norm, und seither hat die Gefräßigkeit nie nachgelassen. Wenn es einen Punkt in der Geschichte gibt, an dem Tennysons berühmte Wendung «Nature, red in tooth and claw» («die Natur, rot an Zähnen und Klauen») zum ersten Male Gültigkeit hatte, dann war es dieser und nicht das Zeitalter der Dinosaurier – weit

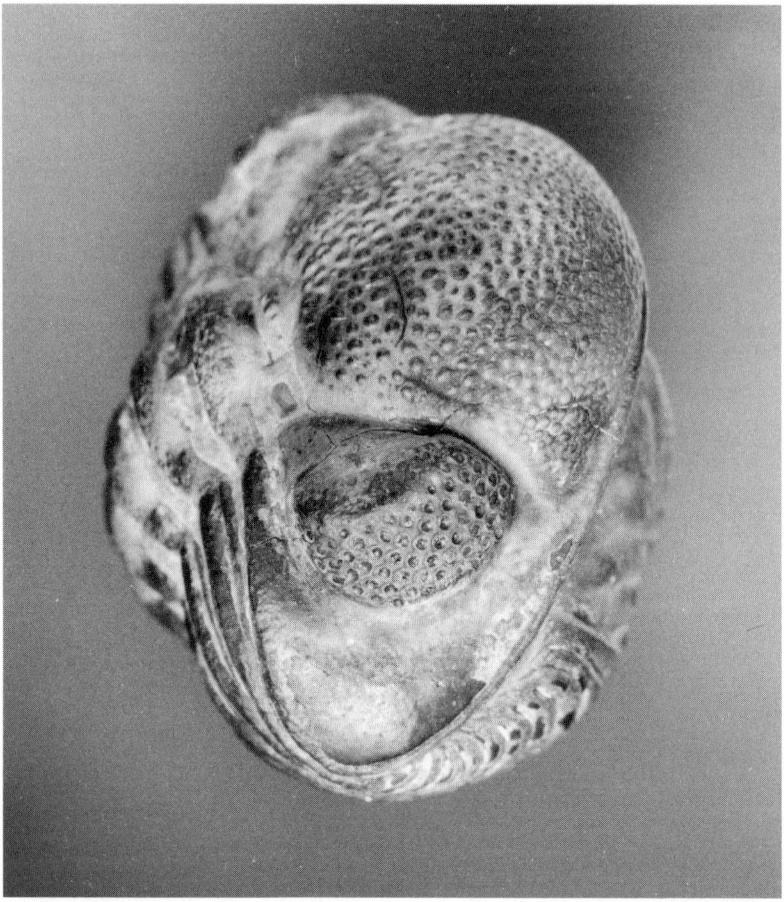

Der Trilobit Phacops aus dem Devon mit seinem hochentwickelten Auge; die einzelnen Linsen sind über Hunderte von Jahrmillionen hervorragend erhalten

weniger noch das der Säugetiere. Vielleicht war das erste «Gefressenwerden» das Ergebnis einer verunglückten, zuvor erfolgreichen Kooperation: Die biographischen Details sind leider nicht überliefert. Mit dem Zeitalter photosynthetischer Passivität und friedlicher Koexistenz von Bakterien und Algen war es auf der Erde vorbei, und der Vorrang der Starken ist seither nie unbeachtet geblieben.

Es wäre irreführend zu behaupten, das Auftreten mineralisierter Skelette sei *das* entscheidende Ereignis gewesen, das die Welt verändert habe, denn es ist nur ein Teil der Geschichte, wenn auch ein be-

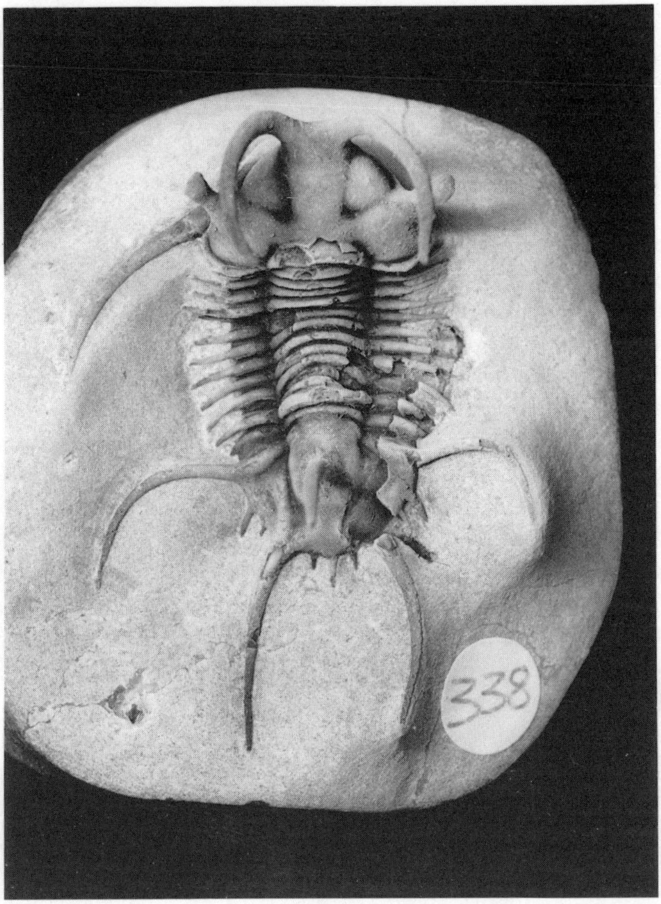

Ein stacheliger Trilobit, Ceratarges, aus den marinen Devongesteinen

deutender Teil. Schließlich haben auch heute noch die meisten marinen Organismen *keine* harten Skelette, und diese Geschöpfe sind für die Ökologie genauso bedeutend wie solche mit Skelett. An einigen Orten gibt es besondere geologische Funde, die uns einen umfassenderen Einblick in das gewähren, was im Kambrium gelebt hat. An solchen Fundorten sind neben den Panzern und Schalen auch die Abdrücke von Weichteilen – häufig in wunderbarer Detailtreue – erhalten geblieben. Dolf Seilacher nannte diese besonderen Gesteinsschichten *Konservatlagerstätten*, ein etwas schwülstiger Ausdruck, der dennoch Eingang in die Wissenschaftssprache gefunden hat. Und die berühmteste dieser Lagerstätten ist zweifelsohne der Burgess-Schiefer.

An den Hängen des Mount Stephen im Yoho National Park hoch oben in den kanadischen Rocky Mountains gibt es an einem Steilhang eine kleine Einbuchtung. Eine mittlere Schutthalde zeugt von den Grabungsaktivitäten mehrerer Generationen von Paläontologen. Es ist ein anstrengender Marsch, den ganzen Weg von dem Städtchen Field bis hier hinauf, wo es bis weit in den Sommer hinein kalt und selbst dann häufig noch unwirtlich ist. Berühmt wurde dieser Ort Ende des 19., Anfang des 20. Jahrhunderts durch Charles Doolittle Walcott – einen Mann mit einem zweiten Vornamen, wie er unpassender nicht hätte ausfallen können, denn es gibt so gut wie nichts, was Walcott nicht getan hat. Er beschrieb kambrische Fossilien aus aller Welt, China eingeschlossen (aneinandergereiht beanspruchen seine Bücher fast einen Regalmeter.). Er war ein geschätzter Administrator, und er entdeckte den Burgess-Schiefer. Die Legende will es, daß sein Maultier an der entscheidenden Stelle ein Hufeisen verlor, aber in Wirklichkeit durchstöberte er bereits seit längerem den in diesen Bergen vorhandenen Schutt aus dem mittleren Kambrium, so daß er für einen glücklichen Zufall gleichsam prädestiniert war. Auf der Oberfläche einer schwarzen Schieferplatte war Walcott ein leichtes Glitzern aufgefallen. Nur wenn das Licht aus einer bestimmten Richtung auf die Schichtoberfläche fiel, zeigten sich die darin verborgenen, bemerkenswerten Fossilien. Sie bildeten einen leicht glitzernden, silbrigen Film, der nur sichtbar wurde, wenn das Licht ganz genau stimmte – andernfalls waren sie, tiefschwarz in das etwas weniger schwarze Gestein eingebettet, nur sehr schwer zu sehen. Walcott ging die Bedeutung dessen, was er dort gefunden hatte, rasch auf: nichts Geringeres als eine vollständig erhaltene Lebewelt von größeren Organismen aus dem Kambrium. Die Tiere waren so rasch von Sediment verschüttet worden, daß ihre Weichkörper dieses eine Mal der Verwesung entgingen. Er machte die fossilienführende Hauptader bergauf aus, und so entstand dort eine Grabungsstätte. Hunderte und Aberhunderte von Exemplaren wurden später gesammelt und im Washingtoner US National Museum aufbewahrt. Walcott befürchtete, die Welt könne an der Realität seiner aufregenden Entdeckung zweifeln, und verschickte zur Vorsicht eine Kollektion von Exemplaren an Museen rund um die Welt, damit die Kuratoren dort auch etwas zum Staunen hatten. Er konnte ein paar Exemplare entbehren, denn einige der Arten waren alles andere als selten. Als ich einmal den heute strikt abgesicherten Fundort besuchte, fand ich binnen weniger Minuten Exemplare von Walcotts «Spitzenkrebs» [nach der Klöppelspitze – A. d. Ü.] *Marrella** zwischen den achtlos fortgeworfenen Schuttplatten am Hang. Sie waren zweifellos häufig genug, um liegengelassen zu werden.

Der schwarze Schiefer dort hatte sämtliche Gliedmaßen und auch die fein verästelten Antennen eines Trilobiten namens *Olenoides* erhalten. Er hatte Schwämme und Seetang, Armfüßer (Brachiopoden) und Quallen konserviert. In ihm fand sich ein *Charnia*-ähnliches Überbleibsel der Ediacara-Zeit. Er enthielt wurmähnliche Tiere, von denen manche ohne weiteres als Angehörige heute lebender Gruppen, der Gliederwürmer oder der Priapswürmer beispielsweise, durchgehen würden, aber auch solche, die sehr viel befremdlicher wirkten und möglicherweise eher der frühkambrischen *Halkieria* zuzuordnen waren. Auch enthielt er wenigstens ein Tier, das *Amphioxus* stark ähnelte – jenem Lanzettfischchen, das früher von Biologiestudenten seziert wurde, wenn diese einen Eindruck von den Organisationsgrundlagen der Tiere bekommen sollten, die, wie wir selbst, einen dorsalen Nervenstrang besitzen. Von einem anthropozentrischen Standpunkt aus betrachtet könnte dieses Wesen namens *Pikaia* vielleicht als das bedeutendste Tier von allen gelten. Vor allem aber gab es im Burgess-Schiefer jede Menge Gliederfüßer (Arthropoden), als deren mehr oder weniger einzige kambrische Vertreter man einst die Trilobiten angesehen hatte. Wie falsch diese Vorstellung war. Denn auf den dunklen Schieferplatten fand sich ein Sortiment an Arthropoden, das jeden Fischhändler glücklich gemacht hätte: große, kleine, blinde, solche mit Augen, Tiere mit Greifzangen, andere mit stacheligen Beinen, mindestens sechsundzwanzig verschiedene Arten. Eine davon, *Marrella,* ein zartgliedriges, federgleiches Wesen ohne richtigen Panzer war das bei weitem häufigste Geschöpf – und doch kannte man es von keinem anderen Fundort. Das Meer muß von diesen kleinen schwimmenden Kreaturen gewimmelt haben, aber in keinem anderen Gestein hatte man eine Spur davon gefunden. Schließlich waren da noch bizarre, rätselhafte Tiere, die sich jeder systematischen Einordnung in einen der biologischen Archivkästen, in denen Zoologen die von ihnen entdeckten Tiere zu verstauen pflegen, zu widersetzen schienen. Schon die Namen dieser Tiere künden von sonderbaren,

---

* Walcott ging eindeutig keinerlei Risiko ein. *Marrella* wurde benannt nach Johnny Marr, Woodward-Professor an der Universität Cambridge und höchste Instanz der britischen Paläontologie. Verschiedene andere Arten aus dem Burgess-Schiefer benannte er allerdings nach Mitgliedern seiner Familie, wobei *Sidneya inexpectans* vielleicht das hübscheste Beispiel ist.

ungelösten Geheimnissen: *Hallucigenia* und *Anomalocaris*. Wie paßten diese verrückten und paradoxen kambrischen Merkwürdigkeiten in die Geschichte des Lebens? *Anomalocaris* war ein großer Räuber von der Größe eines Hummers, er besaß zwei große stachlige Fangarme und eine Mundöffnung, die ein offenbar einmaliger Plattenkranz umgab. Und was *Hallucigenia* betrifft, so muß sie mehr oder weniger ausgesehen haben wie ein Darm auf Stelzen, der auf seiner Oberseite sieben flexible Schläuche trägt. Wäre sie Edward Lear untergekommen, hätte dieser vermutlich entschieden, daß sie keinerlei Ausschmückung bedürfe, sondern so, wie sie ist, bereits unsinnig genug aussähe. Ein genauer Blick in die kambrischen Meere machte deutlich, wie bruchstückhaft das Wissen war, das sich aus den Skeletten allein ergab, wieviel reicher die Welt einst gewesen war und wieviel weniger berechenbar.

Die moderne Bewertung des Burgess-Schiefers erfolgte in den siebziger Jahren unter der Leitung von Professor Whittington, Marrs Nachfolger auf jener Woordward-Professur an der Universität Cambridge in den siebziger Jahren. Harry Whittington identifizierte als erster die ordovizischen Trilobiten aus Spitzbergen, und seine Beobachtungen waren für meine Zukunft mitentscheidend. Er beschrieb eine Reihe der Burgess-Tiere in penibelster Weise und betreute im übrigen Studenten, die sich mit *Anomalocaris, Hallucigenia* und der ganzen übrigen Menagerie der Burgess-Arthropoden auseinandersetzten. Als ließen sie ein Schleppnetz durch die Zeit in verborgene Meere von vor 520 Millionen Jahren hinab, legten er und seine Studenten einen Katalog kambrischer Anatomieentwürfe an. Sie kitzelten mit ihren Präpariernadeln die Einzelheiten aus dem Gestein, entfernten vorsichtig hauchfeine Stücke darüberliegender Schichten, fertigten mit Hilfe der Camera lucida Zeichnungen sämtlicher Gliedmaßen an und überprüften ihre Rekonstruktionen so lange, bis plausible dreidimensionale Bilder entstanden – eine mühevolle und zeitraubende Arbeit. Dank ihrer kennt man die Burgess-Tiere heute jedoch fast so gut wie Tiere, die erst gestern aus den Tiefen gefischt wurden.

Was trugen diese Tiere zu unserem Verständnis der Evolution bei? Wo hatten sie ihren Platz in der Geschichte des Lebens? Da sie zu den ersten komplexen Tieren gehörten, die wir kennen, hatten sie ganz sicher eine besondere Botschaft für uns – wir mußten sie nur zu entziffern verstehen. Harry Whittington war die Eigentümlichkeit der Burgess-Arthropoden aufgefallen. In seinen Augen besaßen sie nicht die Anatomie, die man von den Vorfahren der heute lebenden Arthropoden zu erwarten hätte, sie schienen insgesamt zu sonderbar. Seine angeborene

Vorsicht ließ ihn zögern, mehr als einen oder zwei von ihnen als enge Verwandte von etwas Vertrauterem zu interpretieren. Im Laufe der achtziger Jahre festigte sich bei ihm die Idee, daß der Burgess-Schiefer vielleicht gar keine Vorfahren beherbergte (wie Walcott eventuell geglaubt hatte), sondern Baupläne, die längst von der Erde verschwunden waren. Seine Rekonstruktionen der bemerkenswerten Tiere *Hallucigenia* und *Anomalocaris* schienen diese Vermutung zu bestätigen. Diese Tiere waren mit *keinem* der Organismen zu vergleichen, die sich in unseren Zoologielehrbüchern finden.

Die oberste Unterteilung des Tierreichs bildet die Aufgliederung in Stämme. Die Weichtiere (Mollusken) bilden einen Stamm, Gliederfüßer (Arthropoden) einen anderen, Quallen und Konsorten wieder einen, Armfüßer (Brachiopoden) einen weiteren, et cetera. Fossile Zeugnisse für beinahe alle diese Stämme finden sich mit auffallender Plötzlichkeit zu Beginn des Kambriums oder zumindest nahe an diesem Zeitpunkt – so als würde ein Bühnenvorhang mit einem Ruck aufgerissen und gäbe plötzlich, mitten in der Handlung des ersten Aktes, den Blick auf ein Drama frei. Vielleicht, so die Überlegung, hatten sich im Kambrium ungeahnte Dramen abgespielt, hatte es nie erfaßte Stämme, eine Vielfalt ohnegleichen gegeben. *Hallucigenia* mußte einer dieser verschwundenen Entwürfe sein, *Anomalocaris* ein anderer. Verschiedenen anderen Burgess-Wesen wurde die Ehre zuteil, in die Liste der fehlgeschlagenen Experimente des Lebens eingereiht zu werden. Die Vorstellung von einer «verlorenen Welt» voller abenteuerlicher Kreaturen, die einst über den Meeresboden krochen, hat etwas Romantisches. Manche von ihnen würden, vielleicht durch nichts weiter als eine Portion Glück begünstigt, überleben, gedeihen und die kommenden Millionen Jahre bevölkern. Die weniger glücklichen würden nur als undeutliche Schatten auf der Oberfläche von Schieferplatten erhalten bleiben, die man aus den Hängen kanadischer Berge klaubt und wären ohne das zufällige Straucheln von Walcotts Maultier vielleicht für immer unbekannt geblieben – nie verzeichnete Beinaheexistenzen. Man fühlt sich erinnert an Thomas Grays Grübelei über das Leben im Verborgenen in seinem Gedicht *Elegy Written in a Country Churchyard* «Some mute inglosious Milton here may rest». Stumm und unerkannt waren diese mysteriösen Fossilien in der Tat. Wie konnten sie dazu gebracht werden, ihre Identität preiszugeben?

An diesem Punkt betritt Stephen Jay Gould die lärmende kambrische Szene. Im Jahre 1989 publizierte er ein Buch, in dem er der Welt den Burgess-Schiefer nahebrachte. *Zufall Mensch* wurde im Original zum Bestseller und vermittelte vielen die Faszination, die von der

Erforschung der Vergangenheit ausgeht. Auch bei ihm ist die Rede von einer nie wieder erreichten Vielfalt der Grundbaupläne im Kambrium. Sein Bericht läßt Derek Briggs und Simon Conway Morris, zwei ehemalige Studenten von Harry Whittington, als Helden einer Detektivgeschichte auftreten, deren Auflösung in nichts geringerem besteht als in einem ganz neuen Bild vom Stammbaum des Lebens. Folgt man seiner Deutung der Burgess-Fossilien, gehörte diese so vertraute Metapher für den Ablauf der Evolution auf den Kopf gestellt: In der Vergangenheit war der Baum des Lebens als eine Art Busch gesehen worden, der sich seitlich und nach oben immer weiter verzweigte. Nun konnte der Baum umgekehrt werden. Um das vertraute Bild von einem Baum nicht ganz zu verlassen, schlug er einen Weihnachtsbaum als Metapher vor – einen Baum, der unten breit ist und sich nach oben verjüngt. In den Anfängen nahe dem Fuß des Baumes, hatte es sehr viel mehr Baupläne gegeben. Die schlagartige Verbreiterung, die gegenüber dem «Stamm» der gemeinsamen Abstammung eintritt, versinnbildlicht die explosionsartige Artenzunahme zu Beginn des Kambriums, die in einer unerreichten Fülle von Entwürfen gipfelte. Danach kam es zu einer zunehmenden Ausdünnung dieser frühen Vielfalt, bis nur noch eine Handvoll verschiedener Entwürfe die weitere Evolution durchlaufen hat, um die Welt von heute zu bevölkern. Wenn es möglich wäre, die Geschichte zurückzuspulen und ein zweites Mal ablaufen zu lassen, hätte der Zufall ganz andere Tiere «ausgemerzt», und die lebende Welt sähe heute völlig anders aus. Die Entwicklung des Lebens war nicht von vornherein determiniert. Wenn einer jener silbrigen Streifen auf den Burgess-Schieferplatten nicht versagt hätte, so wäre seine Geschichte weder stumm noch unerkannt und ruhmlos verlaufen. Das ist eine Überlegung, die einleuchtet und sich leicht vermitteln läßt und die von Gould in virtuoser Weise verfochten wird.

Die Idee, einen Lebensfilm zurückzuspulen, wurde in Frank Capras Film *It's a Wonderful Life* aus dem Jahre 1947, von dem Gould seinen Buchtitel *Wonderful Life* entliehen hat, schon einmal durchgespielt. Eine Kurzgeschichte von Ray Bradbury – die bei Gould unerwähnt bleibt –, liefert eine genaue Illustration seiner Idee. Die Geschichte beschreibt, wie Jäger aus der Zukunft in die geologische Vergangenheit zurückreisen, um Dinosaurier zu erlegen. Den Trophäenjägern ist es strikt untersagt, in den Geschichtsverlauf einzugreifen, und so dürfen nur kränkliche Tiere getötet werden – auf diese Weise gäbe es keine Auswirkungen auf die weitere historische Entwicklung. Ein Mitglied der Jagdgemeinschaft verläßt jedoch den geschützten Pfad und tritt auf ein

Insekt. Als die Jäger in ihre eigene Gegenwart zurückkehren, erwartet sie ein Stamm von Riesenameisen ...

Wenn die Paläontologie eine Priesterschaft wäre, Steve Gould wäre ihr Pontifex. Der Burgess-Schiefer aber ist ein Fall, in dem er, glaube ich, fehlbar war. Der Gedanke, diese Ideen zu verbreiten, war derart aufregend und verführerisch, daß er die realen Beweise aus dem Burgess-Schiefer schlicht übergangen hat. Dies mindert jedoch in keiner Weise ihre Bedeutung. Seine Fehlinterpretation rührt auch daher, daß er Forschern folgte, die Whittingtons Unsicherheit hinsichtlich der verwandtschaftlichen Beziehungen einiger ausgefallenerer Tiere zu Mutmaßungen über bis dahin unbekannte Tierstämme aufbliesen, die sie mit entsprechend geheimnisumwitterten Namen versahen. Eine gründlichere Untersuchung ergab, daß die Tiere sich in ihrer Organisation weit weniger drastisch von bekannten Arten unterschieden, als eine erste Bewertung hatte glauben machen. Bei *Hallucigenia* – dem Paradebeispiel für ein «bizarres Wunder» – stellte sich heraus, daß man bei seiner Interpretation Ober- und Unterseite verwechselt hatte! Die flexiblen Organe auf seinem Rücken erwiesen sich – ganz prosaisch – als Beine; als man das Fossil ganz freigelegt hatte, fand man eine zweite Beinreihe und interpretierte das Tier flugs um zu einem stummelfüßigen Geschöpf mit Stacheln auf dem Rücken. Einige andere Funde, auf die man Ende der achtziger Jahre in China gestoßen war, machten deutlich, daß diese Art von Organismen im Kambrium weit verbreitet war und wahrscheinlich mit der heute lebenden Gruppe stummelfüßiger Geschöpfe, den seltsamen kleinen Onychophora (Stummelfüßer), verwandt ist. In vielen Gegenden der Südhalbkugel findet man diese Tiere unter faulenden Baumstümpfen. Diesen primitiven Wesen wurde in der Hierarchie des Lebens lange ein niedriger Rang zugewiesen, manche Autoren hatten sogar angedeutet, daß sie eine Art Arthropoden-Vorläufer repräsentieren könnten – genau die Art von Viechern also, von denen man *erwarten* würde, daß sie auf dem Boden kambrischer Meere umherkrabbelten. Inzwischen wird mehr und mehr deutlich, daß die Stummelfüßer im Kabrium weitaus variantenreicher und verschiedenartiger waren als heute – es gab sehr viel mehr Baupläne, und diese unterschieden sich stärker voneinander, als dies heute der Fall ist. Stachelige Arten gibt es heute zum Beispiel nicht mehr. In diesselbe Richtung wies eine Entdeckung, die Simon Conway Morris in den achtziger Jahren bezüglich einer anderen obskuren Gruppe heute lebender «Würmer», der Priapswürmer (oder Priapuliden) gemacht hatte, die ebenfalls im Burgess-Schiefer in einer sehr viel größeren Vielfalt vorkommen als in unseren heutigen Meeren.

Das ist eine wichtige und aufregende Erkenntnis: Wir können genau so wenig vorhersagen, welche Arten von Stummelfüßern im Kambrium lebten, wie wir uns rein theoretisch die Gestalt von Dinosauriern auszumalen vermögen. Nur Fossilien können die Geschichte umreißen. *Hallucigenia* war keine Halluzination, sondern eher eine Vision. Dasselbe gilt für *Anomalocaris*. Für denjenigen, der sich wie ich viel mit Arthropoden beschäftigt hat, sind seine Greifarme nur ein weiteres Beispiel für die große Vielfalt an Arthropoden-Bauplänen. Heute sieht es so aus, als seien auch sie weit verbreitet gewesen. Man hat Anomalocariden auch auf der südaustralischen Känguruhinsel gefunden, und zwar in kambrischem Gestein, das sogar noch älter ist als der Burgess-Schiefer. Ihre Facettenaugen und die Gestalt ihrer Gliedmaßen passen besser zu einem Arthropoden als zu allem anderen, zu einem Arthropoden freilich, der bereits ein hochspezialisierter Jäger war. (ZWEIMETER-GARNELE HERRSCHTE ÜBER DIE URZEITLICHE WELT, wie es ein Revolverblatt formulierte). Natürlich hätte man die Existenz von *Anomalocaris* nicht vorhersagen können ohne die wunderbaren Einblicke, die uns besondere Fossilienfunde gewährten, aber hat es keinen Sinn, diese Art einem neuen Stamm zuzuordnen. Man kann den Erfindungsreichtum der Natur auch bestaunen, ohne haltlose Behauptungen darüber aufzustellen, daß jedes Fossil einer anderen, eigenen Welt angehört.

Auch viele der anderen Arthropoden wirken weniger fremdartig, wenn man sie im Lichte dessen interpretiert, was sie mit anderen bekannten Arthropoden *gemeinsam* haben, und nicht nur ihre Eigentümlichkeiten betont. Keines dieser Wesen war so merkwürdig wie die Entenmuscheln unserer Tage oder so bizarr wie eine Termitenkönigin. Sicher, es bleiben viele problematische Tiere übrig, aber das Problem bei ihnen scheint eher in der Frage zu bestehen, wie sie denn genau zusammengesetzt waren, als in einem unsicheren gemeinsamen Ursprung. Die beweglichen Gliedmaßen der Arthropoden können ganz unterschiedlich angeordnet sein, wobei sie, wie die Teile eines Baukastensystems, auch sehr unterschiedliche Aufgaben erfüllen können. Manche von ihnen haben Greifzangen, andere feine Borsten oder Härchen zur Körperpflege, wieder andere Borsten, Härchen oder Dornen zum Filtern. Nicht umsonst läuft mancher Roboter, den wir bauen, auf spindeldürren Beinen umher, und nicht grundlos hat er verschiedene Arme für verschiedene Aufgaben. Wie diese Werkzeuge exakt ausstaffiert sind und in welcher Reihenfolge sie zusammengesetzt wurden, das ist es, was wir bei diesen kambrischen Tieren zu verstehen versuchen. In den Anfängen der tierischen Evolution sind sicher viele lebensfähige, in unseren Augen aber seltsam anmutende Wesen entstanden, die prächtig gediehen. Wir müssen etwas über diese Tiere in Erfahrung bringen, um uns wenigstens eine gewisse Vorstellung vom einstigen Reichtum des Lebens zu machen. Gewiß: *Wenn* – doch welch ein großes *Wenn* (um nochmals Darwins Ausspruch zur Entstehung des Lebens zu bemühen) – statt diesem einen ein ganz anderes Tier überlebt hätte, wäre die Geschichte ganz anders verlaufen: Eine andere Verzweigung hätte einen anderen Baum, letztlich sogar einen anderen Wald zur Folge gehabt. Wenn jemals behauptet worden sein sollte, daß die Evolution sich, könnte man sie noch einmal ablaufen lassen, sklavisch wiederholen würde, so habe ich zumindest nie davon gehört. Kein Zweifel, daß wichtige Weichen per Zufall gestellt wurden, und auch kein Zweifel, daß eine andere Richtung andere Folgen gehabt hätte.

Diese ein wenig rätselhaften Argumente sind von entscheidender Bedeutung. Jede Geschichte des Lebens steht vor der Wahl, die Aufeinanderfolge der Arten entweder als einen geordneten, ja geradezu gesetzmäßigen Fortschritt darzustellen – oder als ein chaotisches, turbulentes Geschehen, aus dem allein der Zufall die Überlebenden herauspflückt. Die Schnelligkeit der Veränderungen, die wir zu Beginn des Kambriums beobachten, steht außer Frage. In dieser Zeit konnten Tiere in bis dahin und seither nie wieder gekannter Weise gestaltet werden. Vielleicht weil ihre Genetik damals flexibler war als zu jedem anderen Zeitpunkt der Geschichte. Auf jeden Fall versteht man viele kambrische Tiere besser, wenn man sie im Lichte dessen sieht, was nach ihnen kam, aber auch im Lichte der Arten, die heute noch leben, vor allem, wenn man sie mit den rätselhaften Ediacara-Tieren vergleicht. Was immer die leidenschaftlichen Befürworter «neuer Stämme» sagen mögen (in einem Buch ist die Rede von wenigstens hundert kambrischen Tierstämmen, die nicht überlebt haben sollen), kaum einer der kambrischen Baupläne ist uns gänzlich unvertraut. Viele ranken sich wie *Hallucigenia* in unerwarteter, phantasievoller Weise um einen Grundplan, den wir bereits kennen, nicht unähnlich den Variationen über ein musikalisches Thema, das wir nur dann heraushören, wenn wir ganz aufmerksam lauschen.

Der «englische Mozart» George Frederick Pinto kam im Jahre 1786 in London zur Welt. Samuel Wesley sagte über ihn: «Ein größeres musikalisches Genie hat man nie gesehen ... England hätte die Ehre zuteil werden können, einen zweiten Mozart hervorgebracht zu haben.» Wie Wolfgang Amadeus Mozart verfügte auch Pinto über eine erstaunliche Begabung, und wie es bei diesen Wunderkindern Mode war, hatte auch er bis zu seinem elften Geburtstag bereits ausgiebig in der Öffentlichkeit brilliert. In den folgenden Jahren schrieb er Klavier- und Violinsonaten von bemerkenswerter Reife. Seine Lieder wurden mit denen des jungen Schubert verglichen. Seine Zeitgenossen setzten große Erwartungen in seine künftige Größe und feierten ihn stürmisch. Leider sollte er diese Erwartungen enttäuschen, denn er starb kurz vor seinem zweiundzwanzigsten Geburtstag. So ist er zu einer Randfigur der Musikgeschichte geworden, sicher nicht stumm und unerkannt, aber dennoch eine Beinaheexistenz. Der Historiker kann nur darüber spekulieren, welchen Weg die musikalische Entwicklung gegangen wäre, wenn Pinto länger gelebt hätte, aber man kann nicht sagen, daß er, weil er ebenso begabt war wie Mozart, deshalb auch denselben Platz in der Geschichte *verdiene*. Mozarts Größe beruht weniger auf dem, was er war, als auf dem, was er tat. Unser Urteil ist unausweichlich gefärbt durch die historische Perspektive – wie könnte es anders sein? Denjenigen, die dem «englischen Mozart» gegen Ende des achtzehnten Jahrhunderts voller Bewunderung lauschten, sollten wir aber auch zugestehen, daß sie keineswegs irrten, als sie dem hübschen Wunderkind, das so brillant Klavier spielte, eine ruhmreiche Zukunft prognostizierten. Ohne das Eingreifen eines erbarmungslosen Bakteriums hätte es durchaus dazu kommen können. Hört man Pintos Musik heute, so fügt sein kurzer Beitrag zur Musikgeschichte sich dem musikalischen Kontext seiner Zeit nahtlos ein, ähnlich wie Mozart sich zunächst an Joseph Haydn orientierte. Der unglückselige Pinto läßt sich vergleichen mit einem kambrischen Organismus, dem es beschieden war, nicht mehr als eine Handvoll Nachkommen zu hinterlassen: Ohne einen frühen Schlag des Schicksals hätten es durchaus sehr viel mehr sein können. Mag der Zufall auch das eine Tier eher hinweggerafft haben als das andere, so herrschte andererseits doch eine gewisse Regelmäßigkeit, denn jedes Tier war im Rahmen seiner Fähigkeiten dem kambrischen Meer angepaßt, gerade so wie Musik deutlich hörbar jeweils ihrem Zeitalter angehört – unabhängig von dem Genie dessen, der sie geschrieben hat.

Wo Räuber wie *Anomalocaris* herumschwammen (von den altmodischen Quallen ganz zu schweigen), war selbst in diesem frühen Stadium der Metazoenentwicklung kein Platz für hinkende, schlecht angepaßte, verwundbare Leckerbissen. Aber über den kambrischen Schlamm krabbelten auch Geschöpfe, die uns einige Lücken zwischen verschiedenen Gruppen von Tieren schließen helfen, die aus späterer Sicht wenig gemein zu haben scheinen. Gemeint sind Mischformen zwischen Trilobiten und Krebstieren (Crustaceen), oder zwischen Muscheln und Schnecken, weniger ein Kabinett der *missing links* als vielmehr ein Potpourri der Beweise für eine gemeinsame Abstammung, Überlebende eines unbeständigen Zeitalters. Das Aussterben früher Formen trug dann dazu bei, daß die Unterschiede zwischen den überlebenden Arten deutlicher wurden, doch im Kambrium waren die Grenzen noch sehr unklar. Natürlich gab es keine Learschen Chimären zwischen Pflanzen und Tieren, aber es gab Mischungen zwischen Mollusken und zweifelhaften Arthropoden. Heute lebende Stummelfüßer wie *Peripatus* sind sämtlich Landbewohner. Die Gattung *Aysheia* aber, zu der seine kambrischen Verwandten gehörten, waren marine Lebewesen mit Kiemen. Natürlich würde man *erwarten*, daß ein meeresbewohnender Verwandter von *Peripatus* Kiemen hat. Whittingtons Unentschlossenheit bezüglich der Klassifizierung dieser Tiere entsprang nicht in erster Linie deren fremdartiger Erscheinung, sondern vor allem ihrer unschlüssigen systematischen Position, ihrer bislang unbekannten Kombination von Merkmalen. Goulds Fehler bestand darin, ihnen aufgrund eben dieser neuen Merkmalskombination einen Status zuzuerkennen, den sie nicht verdienten. Wichtig sind diese kambrischen Fossilien nicht als Galerie der Merkwürdigkeiten, sondern eher als Schlüssel zu einem besseren Verständnis der Tierwelt in ihren Anfängen. Wichtiger kann eine Einsicht kaum sein.

Ich habe mich mit dieser Frage der «kambrischen Explosion» so lange aufgehalten, weil sie nach der ersten Vereinigung organischer Moleküle zu Polymeren vermutlich die nächstbedeutende Hürde ist, die zu überwinden war. An diesem Punkt unserer Geschichte war es mit der Gemütlichkeit vorbei. Die Tiere, die im Kambrium entstanden sind, müssen geschoben und gedrängelt haben, um sich als erste zu paaren, und dies stets auf der Hut vor Räubern. Der Wettbewerb hatte in die Ökologie Einzug gehalten: Diese Tiere führten ein aufregendes Leben, konkurrierten miteinander, wetteiferten um die optimale Anpassung. Das Leben der Mattenbildner hingegen, die endlose präkambrische Zeiträume überdauert haben, ja sogar noch der Ediacara-Fauna verlief fast ereignislos. Als sich dies änderte, war das eine Veränderung für immer. Noch immer regiert der Wettbewerb alles Leben: «Nehmend und gebend verzehren wir unsere Kräfte.» Und alles Nehmen geschieht auf Kosten einer anderen Kreatur.

Was die verschiedenen Interpretationen der Bedeutung der kambrischen Fossilien betrifft, so liefern diese ein Paradebeispiel für die Relativität der Wahrheit. Flann O'Brien, einer der größten irischen Schriftsteller des zwanzigsten Jahrhunderts, schuf die Figur des Naturphilosophen De Selby, der alternative Theorien über die atomare

Beschaffenheit der Natur aufstellte. De Selby war beispielsweise der Ansicht, daß Dunkelheit nicht, wie allgemein angenommen, die Abwesenheit von Licht ist, sondern vielmehr eine fortschreitende Ansammlung kohlrabenschwarzer Partikel. Die Nacht bricht demnach herein wie ein Sturm, wenn die schwarzen Teilchen überhand nehmen. Da sich so gut wie alles in der modernen Physik in Teilchenform beschreiben läßt, entbehrt De Selbys originelle Idee, Hell und Dunkel als spiegelbildlich aufzufassen, nicht einer gewissen Attraktivität. Derartige philosophische Mehrdeutigkeit empfiehlt sich auch in der Deutung kambrischer Tierbaupläne, die man je nach Betrachtungsweise als merkwürdig fremd oder merkwürdig vertraut empfinden kann. Alles hängt davon ab, wie man Fremdartigkeit oder Vertrautheit definiert.

Es gibt verschiedene kambrische Tiere, die in der Tat allen Versuchen widerstanden haben, sie mit irgendetwas Vertrauterem in Zusammenhang zu bringen. *Opabinia* aus dem Burgess-Schiefer beispielsweise hat eine ganze Reihe von Augen und besonders eigenartige Körperanhänge. Manche der über und über mit Skleriten ausgerüsteten Tiere waren weder Schwamm noch Wurm und repräsentieren möglicherweise eine große Organismengruppe, von der keine näheren Verwandten bekannt sind. Zweifelsohne wurde die Einzigartigkeit der kambrischen Baupläne jedoch übertrieben von Leuten, deren Augenmerk vor allem auf das Neue und weniger auf die Gemeinsamkeit der Abstammung gerichtet ist. Eine besondere Welt war das Kambrium schon, aber sie war trotzdem zum Wiedererkennen. Es gab ebenso viele Zusammenhänge wie offene Fragen.

Nur wenige Paläontologen sind so exzentrisch wie *Opabinia*, und man wünschte, es wären mehr. Gewöhnlich hält sich die Exzentrik in den Grenzen akademischer Vielfalt und Freiheit, ein zugegebenermaßen weit gefaßter Begriff, der Zerstreutheit, merkwürdige Ausdrucks- oder Sprechweisen, jahrzehntelang getragene, landstreichermäßige Kleidung und dergleichen einschließt. Einige wenige sind über diese prosaischen Grenzen hinausgewachsen und zu legendären Figuren geworden. Dr. Rosseau H. Flower war ein Exzentriker großen Stils. Er war eine Autorität auf dem Gebiet der Perlboote (Nautiloiden) – das heute lebende Perlboot ist der letzte Repräsentant einer einst vielfältigen Gruppe mariner Tiere, die entfernt mit den Kraken verwandt ist. Die geraden oder spiraligen Gehäuse von Nautiloiden findet man ab dem Ordivizium an den verschiedensten Orten. Zwischen den sechziger und achtziger Jahren lebte Flower in New Mexico; ursprünglich stammte er aus New York. Vermutlich war es Folge dieser Verpflanzung, daß er sich stärker zum «Westerner» entwickelte als die dort ansässigen Bewohner. Stets trug er handgearbeitete Cowboystiefel mit aufwendig verschnörkelten Stickereien, dazu passend Hut und Jacke. Er war extrem kurzsichtig und pflegte ähnlich zielstrebig und heftig vor sich hin murmelnd umherzustolpern wie die Cartoonfigur Mr. Magoo. Wenn ihm eine besonders ansprechende Idee aufging, hielt er inne und rief mit einer Art überraschter Begeisterung laut «Aha!» – so als hätte er soeben einen alten, sehr geschätzten Freund wiedererkannt. Im Feld trug er stets eine Bullenpeitsche bei sich, und er war bekannt dafür, daß er damit auf Zutageliegendes eindrosch, das ihm seinen Tribut an Nautiloiden vorenthielt. Dasselbe soll er sogar mit einem sechsschüssigen Revolver versucht haben, angesichts seiner ungenauen Art zu zielen allerdings zum blanken Entsetzen der Umstehenden. Er war ein unverbesserlicher Kettenraucher, was ihm am Ende das Emphysem eintrug, an dem er verstarb. Ich erinnere mich, wie er, als wir einmal ein Hotelzimmer teilten, aus der Dusche kam: Von der abgeknickten Zigarette, die noch immer zwischen seinen Zähnen klemmte, tropfte es traurig auf den Fußboden. Daneben war er ein meisterhafter Cellist – er konnte tatsächlich das Dvořák-Konzert spielen, den Mount Everest aller Werke für Cello. Trotz aller Exzentrik führte Rousseau Flower ein produktives und zufriedenes Leben. Vielleicht sollten wir uns an sein Beispiel erinnern, wenn wir uns den Kopf zerbrechen über die angeblichen Extravaganzen lang ausgestorbener Tiere, die auf dem Meeresboden ihrer untergegangenen Welten wohl ebenfalls erfolgreich zu leben vermochten. Unsere Wahrnehmung ist geschult an dem, was wir kennen, und so fällt es uns schwer, uns das Leben im Kambrium oder noch früher vorzustellen.

Bleibt die Frage der zeitlichen Zuordnung. Es trifft zu, daß sich die biologische Welt zwischen Ediacara und Kambrium verändert, ja sogar dramatisch verändert hat. Nach radiometrischen Messungen schätzt man den fraglichen Zeitraum auf allerhöchstens fünfzehn Millionen Jahre. Skelette haben sich vermutlich in noch kürzerer Zeit etabliert. Es kann kaum Zweifel daran bestehen, daß in einer Art Kettenreaktion eine Veränderung auf die andere folgte, denn die Gesteinsfolgen in Neufundland und Sibirien zeigen dies mit der schlichten Klarheit eines Volksmärchens: Erste Räuber traten auf den Plan, und mit ihnen entwickelten sich schützende Panzer bei den Opfern, was wiederum die Entwicklung besserer Räuber zur Folge hatte, die wiederum Tiere mit dickeren Panzern begünstigten und so weiter, ganz nach dem Muster eines Wettrüstens. Doch wir wissen, daß sich zur selben Zeit auch Fossilien oder Spuren von Tieren mit weichen Körpern mehrten: Die kambrische Explosion war also nicht nur durch die Entstehung von

Panzern und Schalen gekennzeichnet, obwohl dies sicher dazugehört. Inzwischen ist in den ältesten kambrischen Gesteinen von Chengjiang in China und Sirius Passet in Grönland eine ganze Palette von Tieren gefunden worden, die denen aus dem Burgess-Schiefer sehr ähnlich sind, es sieht also so aus, als habe die Differenzierung tierischer Baupläne sogar noch früher stattgefunden und als seien deren Resultate noch weiter verbreitet. Kürzlich hatte ich eine Dissertation über die grönländischen Organismen zu korrigieren; der Autor ist davon überzeugt, daß es dort eine große Vielfalt an *Peripatus*-Verwandten gab, die in unterschiedlichem Maße Zwischenstadien auf dem Weg zu vertrauteren Arthropoden repräsentieren. Und dennoch: Wie konnte diese ganze Vielfalt scheinbar *mit einem Schlag* zu Beginn des Kambriums entstehen? So sicher, wie wir wissen, daß der heute lebende *Peripatus* primitiver ist als ein Schmetterling, wissen wir auch, daß manche dieser Tiere primitiver waren als andere. Kurz, es muß eine Entwicklungsgeschichte gegeben haben, die ihre Spuren nicht in die windigen Gestade Neufundlands oder in die sibirische Tundra an den Flußufern der Lena eingegraben hat. *Marrella, Anomalocaris,* die Trilobiten und all die übrigen Arten müssen eine gemeinsame Abstammung haben, die erklärt, was ihnen gemeinsam ist – so wie wir eine gemeinsame Vorgeschichte mit den Schimpansen haben, denn wir können unsere Daumen auf dieselbe Weise benutzen wie sie. Wo aber waren diese Vorfahren? Warum waren sie allem Anschein nach unsichtbar?

Für dieses Paradoxon gibt es nur eine Auflösung: Die spätpräkambrischen Vorfahren von Arthropoden, Mollusken und allem übrigen waren sehr klein, höchstens ein paar Millimeter lang. Erst als die kleinschaligen Tiere Schalen bekamen, wurden sie sichtbar. Inzwischen waren sie auch groß genug geworden, um Fußabdrücke und Spuren zu hinterlassen. Vielleicht existierten diese Kleinstlebewesen als Teil des Planktons, wo auch heute noch die Larven vieler Tiergruppen leben. Die meisten von ihnen sind im Fossilbestand so gut wie nicht auszumachen. Das ist nicht an den Haaren herbeigezogen: Auch bei den heute lebenden Tiergruppen sind die primitivsten Arten oft sehr, sehr klein. Die primitivsten Insekten beispielsweise sind winzige, flügellose Springschwänze. Es gibt seltsame, primitive kleine, wurmähnliche Mollusken, die Furchenfüßer. Und Spitzmäuse sind nicht nur die kleinsten, sondern vermutlich auch die primitivsten aller Säugetiere. Klein ist nicht nur schön, sondern häufig auch beständig.

Die kambrische Explosion der Artenvielfalt ist also möglicherweise das Ergebnis einer Größenzunahme kleinerer Vorfahren. Ein großer Teil der harten evolutionären Vorarbeiten ist vielleicht schon im oberen

Präkambrium geschehen. Der scheinbar magische Vorhang, der im Kambrium aufging und den Blick auf eine Fülle von Lebewesen freigab, markiert den Augenblick, in dem die Schauspieler des Dramas plötzlich ihre Kostüme anlegten und für die Zuschauer sichtbar wurden. Die Arbeiten hinter der Bühne, die im Präkambrium stattgefunden haben, die abgebrochenen Proben, das Schreiben und Umschreiben, all das ist in dem Moment vergessen, da sich der Vorhang hebt und den Blick auf die beleuchtete Bühne freigibt. Vielleicht sind die Kostüme – die Schalen, Panzer und Gehäuse zum Beispiel – als Folge einer Größenzunahme entstanden: Größe braucht schließlich ein Gerüst. Einem kleinen Organismus genügt als stützender Faktor sein eigener Innendruck, er benötigt weder innere Verstrebungen noch äußere Schalen, um seine Form aufrechtzuerhalten. Doch Schalen und Gehäuse leisten noch eine Menge anderer Dinge, außer daß sie Schutz gewähren. Sie umschließen eine Kammer zur Nahrungsaufnahme, sie ermöglichen es einem Organismus, in den Sedimenten des Meeresbodens vergraben zu leben, ohne dabei zu ersticken, und sie bieten den Geschlechtsorganen eine wohlabgeschirmte Behausung. All das ist vielleicht nur als Nebenprodukt – Geschenk des Zufalls – angefallen, nachdem Schalen und Gehäuse aus ganz anderen Gründen entstanden waren – beispielsweise zum Schutz ihrer Bewohner. Auch bei der Entdeckung der Gärung und ihrer berauschenden Primärprodukte vermerkte man es als zusätzlichen Pluspunkt, daß Wein außerdem noch gut schmeckt und ein Getränk liefert, das frei ist von jenen gefährlichen Bakterien, mit denen Wasser gelegentlich infiziert war. Diese beiden Eigenschaften werden kaum das Hauptmotiv für die ursprüngliche Entwicklung gewesen sein, doch wird der Kenner – vor allem, wenn die zweite Flasche schon fast leer ist – ohne Zweifel behaupten, daß der Geschmack deren weitreichendste und wichtigste Konsequenz sei. Solche zunächst zufälligen Vorteile wurden, als Weine begannen darum wettzueifern, den Gaumen auf möglichst angenehme Art zu kitzeln, zum Hauptgrund für die weitere Entwicklung und Verfeinerung, bis es schließlich zu den Tausenden von Weinbergen, Châteaux und Haciendas gekommen war. Es ist immer verlockend, solche Veränderungen im Sinne einer zielstrebigen Entwicklung zu beschreiben. Für das Kambrium hieße dies, daß eine Schale schon ein Vorteil war, der nur auf seinen großen Moment wartete, und daß das Tier bereits darauf sann, deren diverse Eigenschaften auszunutzen. Hier werden Ziel und Wirkung verwechselt. Fraglos kam es jedoch im Kambrium zu neuartigen Formen der Wechselwirkung zwischen Tieren, unter anderem zu Wettbewerb und Räuber-Beute-Beziehungen, die eine explosive Zunahme der Lebensvielfalt auslösten, auch wenn die grundverschiedenen Baupläne schon vor Dutzenden von Jahrmillionen bei Tieren von geringer Größe entstanden waren. Das Ganze war eine Kettenreaktion, die, einmal begonnen, nicht mehr aufzuhalten war, ein Bacchanal zoologischen Erfindungsreichtums, wie es nie wieder stattfinden sollte. Dies ist der Punkt in meiner Biographie, an dem sich jene Kräfte, die noch immer als Antrieb menschlichen Wirtschaftens gelten, zum ersten Mal im Haushalt der Natur selbst bemerkbar machten.

Die Erklärung, daß die Sauerstoffkonzentration zu diesem Zeitpunkt ein die Atmung ermöglichendes Niveau erreicht hatte, knüpft in angenehmer Weise bei der Rolle jener bescheidenen, unauffälligen Photosynthese treibenden Organismen an, die in den zurückliegenden Äonen geologischer Zeit – der «Schleimzeit» – die Atmosphäre ganz allmählich transformiert hatten. Möglich, daß der Sauerstoff sich soweit angereichert hatte, um in der oberen Atmosphäre eine schützende Ozonschicht entstehen zu lassen, durch die die empfindlichen tierischen Gewebe vor schädlicher Sonneneinstrahlung bewahrt wurden. Möglich, daß Schalen und Gehäuse zusätzlichen Schutz boten, ein weiterer unvorhersehbarer Vorteil dieser Neuerung. Doch die Geologen haben Hinweise auf einige interessante Ereignisse gefunden, die sich um den Beginn des Kambriums zugetragen haben. Zu dieser Zeit griffen die Meere auf die Kontinente über und hinterließen reiche Sedimentablagerungen – in manchen Teilen der Welt (wie in vielen Gegenden Skandinaviens) überfluteten diese Meere eine Landschaft, die sehr alt und bereits in hohem Maße erodiert war. In solchen Gebieten war eine geologische Dokumentation des entscheidenden Zeitabschnitts überhaupt erst nach der Überflutung möglich. Vielleicht war die Zunahme der Artenvielfalt eine Begleiterscheinung dieser Überflutung von Land, denn durch sie wurden der neuen und größeren Fauna nährstoffreiche Kontinentalsockel zugänglich – im wahrsten Sinne des Wortes ein Jahrmarkt der Möglichkeiten, die sämtlich nur darauf warteten, genutzt zu werden.

Hinzu kam eine deutliche Veränderung in der Verfügbarkeit des lebenswichtigen Nährstoffs Phosphat in den urzeitlichen Meeren. John Shergold, mein Partner auf den australischen Exkursionen, befaßte sich mit der Menge von Phosphatablagerungen im obersten Präkambrium und im Kambrium, die als Quelle für Dünger und Industriechemikalien wirtschaftlich bedeutsam sind. Er nahm mich mit zu einer Mine in Mount Isa im Nordwesten von Queensland. Wie alle Minen, die im Tagebau betrieben werden, ist auch diese ein krasser, störender Eingriff in die Landschaft – ein Loch, wo keines hingehört. Bergwerke und Minen erwecken immer den Eindruck von Vergänglichkeit, der oft gerechtfertigt ist, da sie kurz nach ihrer Blütezeit stillgelegt werden. Hier aber wurde mir mit einem Schlag klar, daß die kambrischen Meere das präkambrische Australien überflutet haben müssen, um ein schwarzes schiefriges Sediment mit kleinen Phosphateinschlüssen zu hinterlassen, Meere, die von winzigen schwimmenden Trilobiten wimmelten, deren massenhaftes Auftreten das Wasser verdunkelt haben muß. Hier handelte es sich nicht um eine ringende, vom Untergang bedrohte Ökologie, sondern um ein Füllhorn biologischer Aktivität. Aus der ganzen Welt kennt man ähnliche Ablagerungen aus dem Kambrium. Ohne Zweifel muß die Produktion dieser Phosphate durch irgend etwas stimuliert worden sein, und John Shergold möchte dieses seltsame Phänomen gerne mit dem mehr oder weniger gleichzeitigen Auftreten zahlloser Tiere mit phosphathaltigen Schalen und Gehäusen erklären. Noch heute führt eine ergiebige Phosphatquelle im Meer zu Rekordernten. Dort, wo – wie vor der Westküste Südamerikas – Meerwasser an die Oberfläche sprudelt, das reich an gelöstem Phosphat ist, findet man Napfschnecken von der Größe eines Suppentellers. Die gesamte Guanoindustrie basiert auf Phosphat, das von Millionen von Seevögeln ausgeschieden wurde und letztlich aus den umgewälzten Tiefengewässern stammt. Vielleicht wurde die kambrische Zunahme an Vielfalt durch Phosphat angetrieben und durch einen verjüngten ozeanischen Kreislauf katalysiert und beschleunigt. Andere haben versucht dieses Argument umzudrehen, und behauptet, am Ende des Proterozoikums hätten Pflanzen und Tiere bei der Ablagerung von Mineralien einen Durchbruch erzielt, durch den mehr Phosphat *gebunden* wurde und sich dann im Gestein hat erhalten können. Sie verweisen darauf, daß die meisten geologisch jüngeren Phosphatablagerungen wie die Guanoentstehung, eng mit biologischen Phänomenen zusammenhängen.

Bedeutende Ereignisse in der Geschichte des Lebens stehen natürlich in unauflöslichem Zusammenhang mit Ereignissen der Außenwelt und umgekehrt. Leben und Umwelt bilden ein einziges System, sind wie über eine Nabelschnur miteinander verbunden. Man kann nicht über einen Durchbruch in der Geschichte der Organismen sprechen, ohne zu berücksichtigen, was in den Meeren ringsum geschah, wie die Kontinente verteilt waren oder wie sich all das auf die Zirkulation von Wind und Wasser ausgewirkt haben könnte. Das Leben selbst hat die Bedingungen geschaffen, unter denen weiteres Leben gedeihen konnte, und so entstanden die komplexen wechselseitigen Beziehungen, die das Wesen der Ökologie ausmachen.

Ich kann mir vorstellen, abends an einem kambrischen Meer zu stehen – ähnlich wie damals, als ich an den Ufern Spitzbergens stand und zum ersten Mal über die Biographie des Lebens nachsann: Das Meerwasser, das meine Füße umspült, sieht genauso aus und fühlt sich genauso an. Dort wo Meer und Land aufeinandertreffen, befindet sich ein Feld aus leicht klebrigen, rundlichen Stromatolithenkissen, Überlebenden der unabsehbaren Wälder des Präkambriums. Der Wind pfeift in meinem Rücken über die Ebene, auf der keinerlei Leben erkennbar ist, und ich fühle die Nadelstiche des feinen Sandes, den er mir in die Waden bläst. Doch in dem schlammigen Sand zu meinen Füßen erkenne ich Wurmspuren, kleine gekräuselte Linien, die mir ganz vertraut erscheinen. Ich kann feine Eindrücke im Sand erkennen, die von flüchtenden krebsähnlichen Tieren stammen. Am Strand schimmert eine ganze Palette von Schalen – emporgespült vom letzten Sturm, vermute ich – manche von glänzendem Perlmutt, andere dunkel glänzend, allesamt aus Kalziumphosphat. Am Ufer wird ein toter Schwamm im Schaum der Brandung umhergewirbelt, von den Wellen vor und zurück getragen. Große Büschel von rotem und braunem Seetang liegen am Strand, dazwischen gestrandete Quallen, eine von ihnen pulsiert, halb im Wasser, noch schwach vor sich hin. Abgesehen von dem Pfeifen des Windes und vom Brechen und Rollen der Wellen am Strand ist es vollkommen still, nichts erfüllt die Luft mit Geschrei. Ich wate hinaus zu einem Fluttümpel, der sich in den Felsen gebildet hat. Durch das klare Wassers sehe ich etliche Lebewesen, nicht größer als meine Handfläche, die sehr langsam auf seinem Grund umherkrabbeln oder gleiten. Manche von ihnen tragen auf dem Rücken einen Panzer aus Platten. Eine Käferschnecke kann ich erkennen, die anderen sind mir fremd. Im Sand verbergen sich scheue Röhrenwürmer. Ein Trilobit von der Größe einer Krabbe hat einen von ihnen erbeutet und ist dabei, ihn mit seinen Zangen zu zerlegen. Ein anderer krabbelt über meinen Fuß und ich fühle, wie seine vielen Beine meine nackte Haut kitzeln – doch halt, das ist gar kein Trilobit, sondern eine andere Arthropodenart mit gestielten Augen vorne am Kopf und zarten «Greifhänden». Ich schaue aufs Meer hinaus und erkenne einen ganzen Schwarm ähnlicher, emsig durch das helle Oberflächenwasser paddelnder Arthropoden – und ist jene dunkle Gestalt mit den schimmernden Augen etwa *Anomalocaris* auf Jagd? Tatsächlich, einen Augenblick lang taucht der vordere Teil seines Körpers kurz aus dem Wasser auf, und ich erhasche einen kurzen Blick auf seine furchterregenden Greifarme. Dort, wo er aus dem Wasser bricht, glänzt es einen Augenblick lang hell in dem ersterbenden Licht – das Meerwasser muß voll von leuchtenden Planktonorganismen sein –, und die Millionen anderen mikroskopisch kleinen Organismen, die dieses schimmernde Meer mit Leben erfüllen, kann ich mir nur im Geiste ausmalen.

5

Reichtümer des Meeres

Es gibt, so wird behauptet, nur vier verschiedene Arten von Witzen: den Schwiegermutterwitz, die sexuelle Anspielung, Witze über Ausländer und Witze über Politiker. Das Repertoire von Witzblättern besteht aus Abwandlungen und Kombinationen dieser Grundmuster, die zwar mit jeweils anderen Personen besetzt oder auf verschiedene Situationen angewandt werden, denen aber nichts anderes zugrunde liegt als eben diese vier Grundtypen. Dasselbe gilt auch für die Ökologie. In den Weltmeeren gibt es nur eine recht begrenzte, geringe Zahl von Habitaten, doch es gibt viele verschiedene Möglichkeiten, wie ein Tier seinen Lebensunterhalt in diesen bestreiten kann. Verschiedene Organismen können in einem bestimmten Lebensraum die verschiedensten Rollen spielen – weit mehr, als Variationen zum Schwiegermutterwitz möglich sind. Aber die Gegebenheiten, mit denen diese Organismen sich auseinandersetzen müssen, haben sich seit dem Kambrium ständig mit großer Ähnlichkeit wiederholt. Angetrieben wird die gesamte ökologische Maschine durch Energie – Energie, die von der Sonne kommt und durch Photosynthese gebunden wird. Alles andere hängt von diesem Prozeß ab. Einen Großteil des Präkambriums hindurch endete die Geschichte bei der Photosynthese. Doch nach den tiefgreifenden Veränderungen zu Beginn des Kambriums gab es neue Rollen für Tiere, und neue Möglichkeiten für deren wechselseitige Beziehungen zueinander. Die Geschichte wurde bunter; die Show hatte begonnen.

Da waren zuerst einmal jene Geschöpfe, die sich direkt von Pflanzen ernährten. Es gab ein reichhaltiges Plankton aus Algen und mit Sicherheit hatten viele Tiere des Kambriums planktisch lebende Larven, die sich von dieser nahrhaften Suppe ernährten, wie es ihre Nachfahren noch heute tun. Das heutige Plankton sieht nicht trüber aus als eine klare Hühnerbrühe, aber in dieser fade scheinenden Bouillon spielen sich auf mikroskopischer Ebene wahre Dramen um Herrschaft und Unterwerfung ab – die Gier nach Nahrung führt massenhaft zu gegenseitigem Fressen und Gefressenwerden und reduziert die Chance auf das Weiterleben von Tieren, die eine Million Eier gelegt haben, daß vielleicht wenigstens eines davon bis ins Erwachsenenalter überleben wird. Das Abweiden von Algenrasen wurde rasch zu einer weiteren Option für Bodenbewohner – insbesondere für Mollusken, die sämtlich über eine raspelähnliche Radula, so etwas wie eine mikroskopisch kleine Fräse, als Mundwerkzeug verfügen, mit der sich der nahrhafte Belag von seiner Unterlage abschaben läßt. Bestimmte Arthropoden lernten, denselben Trick mit Hilfe ausgeklügelter Gliedmaßen zu vollbringen, die je nach Bedarf zu Schabern, Feilen oder Sieben ausgebildet sein können. Andere Tiere, wie beispielsweise die Armfüßer und viele Stachelhäuter, entschieden sich dafür, verwertbare Materialien direkt aus dem Meerwasser herauszufiltern, so ähnlich wie schnurrbärtige Großväter in Comics, denen unweigerlich ihre Suppe im Bart hängen bleibt. Es ist ein ganz einfacher Vorgang: Das einzige, was dazu nötig ist, ist eine Möglichkeit, den Wasserstrom durch ein Freßorgan zu leiten, um so die Nahrung an den Ort ihres Verzehrs zu schwemmen. Da diesen Tieren ihr planktisches Mahl durch die Strömungen des Wassers serviert wird, sind sie in der Regel unbeweglich und am Meeresboden angewachsen. Diese Art der Nahrungsaufnahme war bereits im Kambrium eine altbewährte Methode, man wird sich vielleicht erinnern, daß Schwämme und Polypen sich so ernähren. Das wohlabgestimmte Schlagen winziger Wimpern ist eine Möglichkeit, den Nährstoffstrom aufrechtzuerhalten. Sobald die winzigen Organismen und anderer organischer Abfall im Inneren hängengeblieben waren, wurden sie zur weiteren Verarbeitung an spezielle Verdauungszellen weitergeleitet. Manche Stachelhäuter strecken ihre Arme in die Strömung und nutzen das dem Meere eigene Zirkulationssystem als eine Art Förderband, das ihnen die Leckerbissen direkt anliefert.

Diese Primärverbraucher konnten dann wiederum von anderen Tieren gefressen werden. Tierische Nahrung ist pro Gewichtseinheit nahrhafter als pflanzliche, und so konnten Tiere, die sich von anderen Tieren ernährten, größer werden als andere. Zunehmende Körpergröße heißt aber auch, daß es mehr Ecken und Winkel gibt, in denen überschüssige Nahrung in Gestalt von Fett gespeichert werden kann – eine neue Möglichkeit, schwere Zeiten zu überstehen. Als mehr oder minder unerwarteter Nebeneffekt der Entwicklung unterschiedlicher Freßgewohnheiten entwickelten sich bestimmte *Überlebensstrategien*, unabhängig davon, ob der betreffende Organismus seine Nahrung nun filtriert oder abweidet, Jäger oder Gejagter ist. Es läßt sich leicht ausrechnen, daß die Zahl der Interaktionsmöglichkeiten mit der Komplexität des Ökosystems in geometrischer Reihe zunimmt: Kommt eine weitere Stufe hinzu, verdoppelt das die Möglichkeiten nicht nur, sondern vervielfacht sie, in einer Art Kettenreaktion, dramatisch. Damit verhält es sich so ähnlich wie mit dem Reichtum eines kapitalistischen Industriemagnaten: Jeder Deal schafft ein Dutzend neue Möglichkeiten, bis es schließlich unmöglich wird, den Weg eines einzelnen Pfunds, Escudos oder Dollars nachzuvollziehen. Der Arme dagegen weiß genau, wohin jeder Pfennig geht.

Wenn andere reich werden, kann man auch als Parasit leben. Es ist unbekannt, wann diese Gelegenheit zum ersten Mal genutzt wurde. Von allen der Natur entlehnten Vergleichen mit der Menschheit ist, wie jeder Biograph weiß, der Begriff «Parasit» der abschätzigste. Anständige Tiere (und Pflanzen) arbeiten für ihren Lebensunterhalt, scheint er zu besagen, und alles andere ist moralisch verwerflich. Wahrscheinlich haben Organismen schon sehr früh in der Geschichte des Lebens eine Abkürzung zu dem tugendsamen Kreislauf von Produktion und Konsum entdeckt: Aus dem Kambrium gibt es Fälle von Deformationen an Trilobiten, die vermutlich eine Reaktion auf den Befall mit einem urzeitlichen Parasiten darstellen (die Plagegeister selbst sind nicht erhalten). Sobald die Nahrungskette eine respektable Länge erreicht hatte, fanden sich offenbar ein paar Schlaumeier, die gewillt waren, ein paar Stationen zu überspringen – woraufhin sich dann eine neue Kette von Parasiten entwickelte. Wie Dekan Swift, die menschliche Parallele im Sinn, scharfzüngig und treffend bemerkte:

> So, naturalists observe, a flea
> Hath smaller fleas that on him prey;
> And these have smaller fleas to bite 'em,
> and so proceed *ad infinitum*.*

---

* Einer hübschen Ironie des Schicksals ist es zu danken, daß diese Beobachtung vermutlich besser aus einem Couplet von Augustus de Morgan bekannt ist:

> Great fleas have little fleas upon their backs to bite ,em,
> And little fleas have lesser fleas, and so *ad infinitum*.

Das untere Ende dieser großen Kette des Schnorrens bilden vermutlich die Viren, denn sie sind sehr viel kleiner als eine Zelle. Ein noch kleinerer Floh ist nicht vorstellbar, und diesen konnte der Dekan noch nicht kennen. Obwohl in mancher Hinsicht autonom, sind Viren doch auf andere Zellen angewiesen, um ihren Lebenszyklus zu vollenden – sie unterwerfen den zellulären Reproduktionszyklus ihren eigenen Zielen. Sie sind zwar einfach, aber wohl doch keine evolutionäre Vorstufe der Zelle, sondern eine *Vereinfachung*. Falls der Befall durch Parasiten der kambrischen Explosion auf dem Fuß gefolgt sein sollte, so ist er seither nicht verschwunden. Krankheit und pathologische Deformationen haben die lange Geschichte des Lebens stets begleitet, und sie werden uns sicher auch zu den Sternen auf den Fersen bleiben.

Es sind also relativ wenige «Freßrollen» zu besetzen. Auch die Zahl der marinen Lebensräume, in denen Organismen ihre Rollen spielen könnten, ist begrenzt und hat sich mit der Zeit kaum verändert. Im Gegensatz zu Dinosauriern und Trilobiten ist das Meer nicht verschwunden. Die grundlegende Einteilung der Meere ist die in einen oberen Teil, den noch Licht durchdringt, und einen tieferen Teil, den kein Licht mehr erreicht, ein Reich der ewigen Dunkelheit. Doch selbst hier glimmen hin und wieder kurze Blitze auf, in speziellen Leuchtorganen von bestimmten Krebsen biologisch erzeugt. Photosynthese kann nur in Anwesenheit von Licht stattfinden, damit bleibt die Primärproduktion auf die oberen Teile des Meeres beschränkt, in denen Algen leben können. Das offene Meer ist das Reich des Planktons. Die meisten Planktonlebewesen sind klein (in der Regel unter einem Millimeter lang), und einige von ihnen sind einzellige Überlebende aus dem Präkambrium, darunter photosynthetisch aktive Algen. Die Larven vieler mariner Lebewesen, die als adulte Tiere auf dem Meeresgrund leben, verbringen ihre Entwicklungszeit im Plankton. Die obersten Meter der Meere sind sowohl Kinderstube als auch Medium zur Verbreitung von Arten, und das schon seit mindestens 540 Millionen Jahren. Larven sehen in der Regel anders aus als die adulte Form, zu der sie sich durch Metamorphose entwickeln. Sie sind auf ein Leben im Plankton spezialisiert, so wie eine Raupe darauf spezialisiert ist, Blätter zu fressen. Manche Organismen des rezenten Planktons betreiben seit dem Kambrium dasselbe Gewerbe. Die fein ziselierten kugel-

---

Da diese Zeilen fast ein Jahrhundert nach Jonathan Swifts Tod verfaßt wurden, sind sie wohl selbst als eine Art von literarischem Parasitismus zu betrachten. Und, wie alle Parasiten, so war auch Mr. De Morgan im Vergleich zu seinem Wirt ein Winzling.

förmigen Strahlentierchen beispielsweise besitzen ein filigranes Skelett aus Kieselsäure, das einen Protoplasmakörper umhüllt, der andere Planktonorganismen «angeln» oder erbeuten kann. Sie haben im Kambrium und im Ordovizium nichts anderes getan als heute. Früher glaubte man, im Laufe ihrer langen Geschichte habe sich – ähnlich wie bei den stromatolithenbildenden Bakterien – nichts bei ihnen getan, sie seien statische Wesen, die in der gedächtnislosen Brühe des offenen Meers schwebten. Inzwischen ist klar, daß dem nicht so ist und die frühen Radiolarien sich in etlichen Einzelheiten ihrer Skelettkonstruktion von ihren rezenten Verwandten unterschieden. Obwohl sich die jeweilige Rolle innerhalb der Meere nicht verändert hat, so haben doch die Organismen, die diese Rolle ausfüllen, immer wieder gewechselt. Dies scheint auf einen großen Teil des Planktons zuzutreffen – es bildet das immer gleiche Szenario, doch die Darsteller, die die verschiedenen Charaktere verkörpern, wechseln wiederholt. Man fühlt sich an Agatha Christies langlebiges Kriminalstück *Die Mausefalle* erinnert, das solange sämtliche anderen Produktionen überdauert hat, bis allein seine Langlebigkeit Grund genug für seine Weiterführung geworden war. Einige Schauspieler harrten bis zum Pensionsalter in ihren Rollen aus, andere ergriffen die erstbeste Gelegenheit zum Wechsel. Egal. Das Stück blieb dasselbe. Es wird immer Plankton geben, aber es wird nicht immer *dasselbe* Plankton sein. Diese Metapher mag nicht sehr originell sein, aber sie trifft.

Die belichtete Zone in Küstennähe ist der artenreichste und vielseitigste Teil des marinen Lebensraumes. Algen aller Arten bilden ganze Gärten; in ertragreichen Meereszonen wie denen vor der Küste Kaliforniens oder Cornwalls wuchern braune Algenbänder in solcher Fülle, daß sie jedes Reisfeld und jedes Bambuswäldchen in den Schatten stellen. Tiere haben zahllose Möglichkeiten, sich von diesen üppigen Gewächsen zu ernähren oder sie als Ankerplatz zu verwenden, um von dort aus ihren eigenen Geschäften nachzugehen. Welcher jugendliche Naturforscher ist noch nie durch einen Priel gewatet, hat noch nie im Seetang herumgestochert, um zu sehen, was darunter lauert, was für kriechende oder krabbelnde Kreaturen sich unter Blättern und in Spalten verbergen, um dem Zugriff seiner jungen Finger zu entgehen? Hier gibt es Möglichkeiten, sein Leben zu fristen, die sich seit Anbeginn allen tierischen Lebens erhalten haben – man kann zum Beispiel napfschneckengleich an Felsen kleben, um bei Hochwasser Algen abzuweiden, oder wie ein Fächer wachsen, um in der kochenden Brandung aus einem Schwall nährstoffreichen Wassers Nahrung herauszufiltern. Ein halbes Sternenleben von ihnen entfernt, waren die

Trilobiten des Kambriums vielleicht ein Abbild rezenter Krabben. Sandige und schlammige Meeresböden haben ihre eigene Fauna und die physikalischen Gegebenheiten dieser Lebensräume erlegen den Geschöpfen, die dort leben können, bestimmte Einschränkungen hinsichtlich ihrer Gestalt auf. Und auch diese Einschränkungen haben sich im Laufe langer geologischer Zeiträume nicht verändert. Somit lassen sich die Baupläne ausgestorbener Tiere verstehen, wenn man genug über ihre urzeitlichen Lebensräume weiß. Haben Sie schon einmal an einem Sandstrand nahe am Wasser gelegen und beobachtet, wie die Wellen ständig darüber hinweg spülen und Sandwolken aufwirbeln? Wie kann etwas in einer so unbeständigen und rastlosen Umgebung existieren, ohne bei lebendigem Leibe verschüttet zu werden? Und doch ist der Strand mit Muscheln übersät, es gibt also offenbar Lebewesen, die dort existieren können. Das Geheimnis liegt in stabilisierten Wohnbauten: Gefressen wird in dem Augenblick, in dem das Wasser über diese hinweg spült. Es sickert vielleicht in eine speziell zur Nahrungsaufnahme konstruierte Röhre oder wird von einem organischen Netz gefiltert, in welchem es seine ganze nahrhafte Planktonfracht mit einem Schlag zurückläßt. Diese Methode war schon zu Beginn des Kambriums verbreitet, denn es gibt Ufersande aus dieser Zeit, die – heute zu Sandstein gehärtet – übersät sind mit vertikalen Röhren, die Zeugnis ablegen von ganzen Armeen spezialisierter Tiere, die den Trick mit dem Sand längst beherrschten. Was waren das für Tiere? Vielborster vielleicht, vielleicht aber auch nicht – mit welcher Lebensweise wir es zu tun haben, ist klar, aber nicht unbedingt, welches Tier sie gepflegt hat, denn sein Körper hat im Sand keine Spuren hinterlassen. Klar ist, daß die Ökologie dieselbe war, und so muß auch die Strategie zur Lösung der Probleme eines Lebens unter Treibsandbedingungen dieselbe gewesen sein. Solches «Röhrengestein» findet sich überall auf der Welt in verschiedenen Schichten. Ich sah meine ersten Exemplare an den Stränden der Hinlopenstretet in Spitzbergen. Erstmals beschrieben wurden sie im vergangenen Jahrhundert an den Ufern um Durness, hoch oben im Nordwesten von Schottland, und zwar unterhalb von Gesteinsschichten mit frühkambrischen Trilobiten. Wenn Sie bei Niedrigwasser nahe Balnakeil den Sandstrand entlang wandern, einer Küste von makelloser Vollkommenheit, gelangen Sie irgendwann an einen robusten gelben Sandsteinfelsen, der aussieht, als habe ihn jemand mit einem stumpfen Messer senkrecht eingeritzt. Auf der Oberfläche der fossilführenden Schicht erkennt man kleine runde Löcher, und man sieht rasch, daß jedes Loch mit einer Röhre verbunden ist. Mit Sicherheit hat es sich hier einst um vertikale Löcher gehandelt, die, mehr oder weniger gleichmäßig verteilt, die sandige Oberfläche durchsetzten und von Sandstrategen bewohnt wurden. Dieser Pipe Rock ist ein typisches Exemplar, dem jeder vorbeiziehende Geologe seinen Respekt zu erweisen hat.

Schlammige Meeresböden stellen andere Anforderungen: Ihre geschmeidige Weichheit bietet seßhaften Organismen kein gutes Fundament, doch es gibt eine Menge Geschöpfe, die über den Schlick krabbeln, oder seine schwarze Masse nach Nährstoffen durchkämmen können – Weichtiere, Gliederfüßer, vielborstige Würmer und feingliedrige Verwandte unserer heutigen Seesterne, die Schlangensterne. Schlamm und Schlick sind oft dort zu finden, wo Flüsse ins Meer münden, die feine Schlickbestandteile als Schwebeteilchen mit sich führen. Ihren Ursprung haben diese Teilchen jedoch in Gestein, das durch die Erosion abgetragen wird. Auf diese Weise wird die Substanz der Welt immer wieder umgewälzt, denn dieser Schlamm wird im nächsten geologischen Kreislauf wiederum selbst zu Stein, der, wenn die Reihe an ihm ist, wiederum erodiert wird.

Wir gehen weiter, über die Festlandsockel hinaus und gewinnen an Tiefe, gehen immer tiefer, bis das Licht zu schwach wird, um Photosynthese zu ermöglichen. Doch was von den Pflanzen und Tieren herabsinkt, die das lichtdurchflutete Oberflächenwasser bewohnen, garantiert einen nie abreißenden Nährstoffregen für diejenigen, die in den Lexika meiner Kindheit immer als «Unterweltbewohner» bezeichnet wurden (so weit ich weiß, beschränkt sich dieser Begriff auf Tiefseebewohner und Angehörige der kriminellen Szene). Die wirkliche Unterwelt befindet sich jedoch außerhalb des Schelfs, in größerer Tiefe als man sich vorstellen kann, in den Abgründen am Fuße der Kontinentalabhänge. Doch auch hier herrscht trotz aller Dunkelheit und trotz des kolossalen hydrostatischen Drucks keine Wüste, denn es gibt viele Kreaturen, die an ein Leben unter diesen Bedingungen besonders angepaßt sind: Schreckenerregende Fische findet man dort, die fast nur aus Maul zu bestehen scheinen, stets bereit, zu verschlingen, was ihnen an karger Kost begegnet; leuchtende Krabben gibt es und nicht minder merkwürdige Arten von Tintenfischen und daneben zahllose Arten, von denen bislang niemand etwas ahnt und die noch ihrer Entdeckung harren. Noch weniger ist aus der geologischen Vergangenheit über dieses dunkle Reich bekannt. Da sich die Meeresböden durch plattentektonische Verschiebungen an den mittelozeanischen Rücken permanent erneuern, ist ihre Frühgeschichte einfach durch Subduktion verschwunden. Damit wird ihre Geschichte, soweit sie älter als 120 Millionen Jahre ist, unsichtbar. Wir können die Tiefsee des Ordoviziums mit Gebilden unserer Wahl bevölkern, unsere Phantasie wird niemals durch etwas so Langweiliges und Halsstarriges wie eine Tatsache ernüchtert werden. Doch die Tiefsee ist nicht weniger beständig gewesen als alle anderen marinen Lebensräume, und so ist es wahrscheinlich, daß es einige der heute dort lebenden Tiere, wie beispielsweise die Schlangensterne, schon recht früh dorthin, in eine Art sicheren Hafen, gezogen hat. Tief unter den Turbulenzen der Oberflächenwelt war dieses lichtlose Refugium so etwas wie eine Kühlbox, die manches erhielt. Tierarten wie die gestielten Seelilien haben dort möglicherweise überdauert, als ihre nahen Verwandten in den flachen Meeren längst ausgestorben waren. Ich habe immer gehofft, daß ein Tauchboot eines Tages einen Trilobiten ans Tageslicht befördern würde, vielleicht den letzten seiner Art, vor Hunderten von Jahrmillionen in die Tiefe geflüchtet, wo er überlebt hat, während seine Verwandtschaft in den seichteren Gewässern ihr Ende fand. Diese Hoffnung ist nicht so abwegig, wie man denken könnte. Als man die «Black Smokers» entdeckte – jene schwefelspeienden Tiefseevulkane, die eines der Modelle zur Entstehung des Lebens bilden –, fand man an ihren Rändern primitive Tiere, Hummer unter anderem, die man bis dahin nur aus Fossilien der Trias gekannt hatte. Vielleicht haben sich hier wirklich manche Lebensformen gehalten, nachdem ihre natürliche Lebensdauer an der Oberfläche längst zu Ende gegangen war. Ich würde einen lebenden Trilobiten mit derselben ungläubigen Dankbarkeit begrüßen, die jemanden erfüllt, der entdeckt, daß ein geliebter Cousin allen gegenteiligen Meldungen zum Trotz doch den Krieg überlebt hat.

In flachen Meeren, in denen das Licht die klaren Wasser durchdringt und alles Leben von Wärme umflutet wird, können Riffe wachsen. Die Riffe unserer heutigen Meere bestehen aus Korallen und harten Kalkalgen. Sie halten auch schwerer See stand, denn sie verfügen über ein robustes Kalkgerüst, das ausgeschieden wird von den winzigen Organismen, die sie bewohnen und erbauen: Wälle, die jedem Taifun widerstehen und sich nach einem Wirbelsturm regenerieren können. Seit dem Kambrium hat es in klaren tropischen Gewässern ohne Unterbrechung Riffe gegeben. Wohl wurden sie zu verschiedenen Zeiten von verschiedenen Organismen gebildet, aber stets mit derselben Geometrie. Der Lebensraum, den sie bilden, und ihre Struktur ist beständig. Wie bei jenen Witzen, die sich um einen Engländer, einen Schotten und einen Iren drehen, kann man die Protagonisten den Umständen entsprechend austauschen, doch die Pointe bleibt sich gleich. Alle Riffbewohner sind an dieselben Bedingungen angepaßt und daher einander ähnlich. Häufig wachsen sie dem Licht entgegen, und viele von ihnen verfügen in ihren Geweben über symbiontische Algen, die für ihr Überleben auf Licht angewiesen sind, und so ist eine weitgehende Ähnlichkeit wenig verwunderlich. Es gibt Kissen, Fächer und Röhren, die nach oben oder seitwärts auswachsen, und, je nachdem, wie sehr sie der Brandung ausgesetzt sind, kräftig und robust oder fein verästelt sind. Die ersten Riffe im Kambrium bestanden aus Schwämmen und schwammähnlichen Tieren sowie aus den allgegenwärtigen Kalkalgen. In der Wildnis von Labrador habe ich einige davon untersuchen können, sie bilden dort meterhohe Erhebungen.

Im Ordovizium hielten die Korallen Einzug und beteiligten sich an der Riffbildung. Als koloniebildende Verwandte der Quallen bilden sie ein Kalkskelett, das den fleischigen, haltlosen Polypen ein Gerüst verleiht, aus dem heraus sie sich dem Licht zuwenden können. Während das Schicksal eine Art von Riffbewohnern begünstigte, benachteiligte es eine andere. Es gab wahre Blütezeiten für Korallenriffe – so zum Beispiel in den früheren Abschnitten des Karbons, die die Nordamerikaner als Mississippian bezeichnen, weil es entlang des Mississippitals sehr gut erhaltene Gesteine aus dieser Zeit gibt; zu anderen Zeiten waren sie relativ selten. Bis vor 230 Millionen Jahren waren die Korallenarten andere als die, die wir heute kennen – doch selbst ein sehr oberflächlicher Betrachter würde die grobe biologische Einordnung jener verzweigten «Orgelpfeifen» erkennen, die in so vielen grauen Kalksteinklippen des Karbons zu finden sind. Die Häufigkeit der Korallenriffe hing von der Zusammensetzung der Atmosphäre ab. Sie blühten, solange es warm war und reichlich Kohlendioxid gab (CO_2 wird unter anderem gebraucht, um Kalziumkarbonat für kalkhaltige Skelette auszufällen). Die einst dem Meer zugewandte Seite karbonischer Korallenriffe war oft verstärkt durch die verkrusteten Überreste kalkausscheidender Algen und dicke Schichten aus seltsamen schwammähnlichen Organismen, den Stromatoporen. Vom Ordovizium an zog der Lebensraum Riff viele zusätzliche Arten von Tieren an. Da gab es koloniebildende Moostierchen (Bryozoen), die Netze oder niedrige Kissen bildeten, jedes Tier für sich ein zerbrechliches kleines Kunstwerk, doch in Kolonien oftmals zahlreich genug, um dem anbrandenden Wasser ein Hindernis entgegenzusetzen. Konnte ein Tier, in dem Augenblick, in dem die reißenden Wogen sich an einem Riff brachen, organische Teilchen aus dem Wasser herausfiltern, so hatte es gute Chancen auf ein Leben in Fülle. Innerhalb eines Riffs verschwimmt häufig die Grenze zwischen den Einzelorganismen, denn auf der Suche nach Licht und Nahrung wachsen Pflanzen und Tiere dicht an dicht über- und durcheinander. Korallen, Moostierchen und Schwämme sind koloniebildende Tiere, Zusammenschlüsse von Individuen, die ein gemeinsames Interesse verbindet. Der Tod eines einzelnen Polypen führt nicht zum Tod der Kolonie. Koloniebildende Tiere leben wie die Musketiere nach dem Motto: «Alle für einen, und einer für alle.» Riffe sind ein Füllhorn des Lebens, in dem viele Arten in gegenseitiger Abhängigkeit zusammenleben, die zum Reichtum des Meeres auf dieselbe Weise beitragen, wie tropische Regenwälder die Flora und Fauna der terrestrischen Biosphäre bereichern. Ihre Größe variiert von den ungeheuren Dimensionen des viele hundert Kilometer langen Großen Barriereriffs über Atolle von der Größe einer kleinen Stadt bis hinunter zu Strukturen, die nicht größer sind als ein Haus.

Im Grenzland zu Wales habe ich Riffe aus dem Silur gesehen, die heute die Anhöhen von Wenlock Edge bilden. Dort, wo der Shropshire Lad des A. E. Houseman verträumt in den Westen nach Wales hinunter geblickt haben mag, rauschen jetzt Autos eine belebte Straße entlang, aber schon wenn man einen öffentlichen Rastplatz ansteuert, sieht man stellenweise das weiße Riffgestein. Wenn man sich niederkniet und genauer hinschaut, erkennt man an der honigwabenartigen Musterung die nunmehr tief im Stein eingebetteten Korallenkolonien. Manche sehen aus wie Miniaturspinnweben, andere wie kleine Ketten oder wie Colliers aus kleinen Röhren. Leicht rosa gefärbte, ein bißchen ausgefranst erscheinende Flecken könnten die fossilen Überreste von Stromatoporen sein. Zusammen schufen diese Organismen jene mächtigen Riffe, die heute noch stolz über dem Wenlock Edge aufragen. Verstreut zwischen den zahllosen Gerüstbauern lebten Dutzende von verschiedenen Trilobiten und Armfüßern, Moostierchen und Schnecken, gelegentlich auch Seelilien – das Meer muß von Leben nur so gesprüht haben. Und vergessen Sie eines nicht: Dies sind nur die Organismen mit Panzern oder Schalen – es muß Hunderte weiterer Arten gegeben haben, die keine versteinerungsfähigen Körperteile hatten. Keine dieser Arten lebt heute noch, und doch ist die ausgestorbene Lebensgemeinschaft leicht als das zu erkennen, was sie war – ein Riff, bevölkert von heute ausgestorbenen Organismen, die jedoch das vertraute ökologische Szenario eines Riffs nachspielten. Höher hinauf in der geologischen Zeitskala habe ich ähnliche Riffe gesehen, im Westen Kanadas zum Beispiel solche aus dem Devon mit einer nicht geringeren Fülle von Korallen, Trilobiten, Armfüßern und Seelilien, allesamt völlig andere Arten als im Silur – aber nichtsdestoweniger Riffe. Die massiven Kalkgesteine aus dem Karbon, die Derbyshire und Yorkshire durchziehen und Englands «Rückgrat» bilden, bestehen zum Teil aus fossilen

Riffen. Auch hier sind die früheren Arten allesamt ausgestorben, doch neue Korallen haben sie ersetzt. Da gibt es große, von Röhren durchzogene Klumpen und rundliche Kissen aus Dutzenden, dicht gepackten hexagonalen Korallen. Es gibt solitäre Korallen, die wie Hörner aussehen, Zusammenschlüsse, die kleine hexagonale Arrangements bilden, und große Lager aus zerstoßenem Korallenschutt, entstanden durch die Erosion an der Frontseite eines Riffs, an der sich die mächtigen Wellen brachen, die von den über die verlassenen Meere brausenden Wirbelstürmen aufgetürmt wurden. Die Riffe aus dem Mississippian, die man in den zentralen und südlichen Staaten Nordamerikas findet, künden von der Hochzeit der Seelilien – es sind dies keine pflanzlichen Lilien, sondern seßhafte Verwandte der Seeigel, die darauf spezialisiert waren, mit ihren Armen mikroskopische kleine Nahrungspartikel aus dem Wasser zu filtern. Im Perm gab es in den texanischen Glass Mountains Riffe, in denen Moostierchen und Schwämme weit stärker vorherrschten als Korallen. Keines dieser besonderen Riffe hatte über das Perm hinaus Bestand. In den Riffen des Jura gab es eine andere Korallenbesetzung – entfernte Verwandte der heutigen Korallen. In Frankreich säumen sie die Weinanbaugebiete des Midi, und auch weiter östlich im Juragebirge finden sich Riffe aus dem Jura, die oft von einem warmen Ockergelb sind. Ähnliche Riffe finden sich auch in der Kreideformation des Mittelmeerraumes. An den Stränden Griechenlands findet man in den harten weißen Klippen nicht selten Enden von Korallenästen. Und so geht es weiter. Nicht immer hat es Riffe gegeben, doch unter geeigneten Bedingungen entstanden sie von selbst aus den in Frage kommenden, jeweils verfügbaren Organismen. Wo genau sie in der jeweiligen geologischen Periode wuchsen, das hing von der Stellung der Kontinente zu den Tropen ab, denn Wärme war immer eine notwendige Voraussetzung für die Bildung von Riffen.

Dieser «Wandel in Kontinuität» erschließt sich nicht leicht. Es ist etwas ganz anderes als «gar kein Wandel» nach Art der Bakterienmatten, und wieder etwas anderes als die radikalen Umbrüche – wie beispielsweise der Übergang von den einzelligen Tieren zu den Vielzellern –, die schon durch ihre dramatische Wucht in den Mittelpunkt jeder Geschichtsschreibung drängen. Die Reichtümer der Meere beruhen weitgehend auf der Konstanz ihrer verschiedenen Lebensräume.

Manche der Tiere, die diese verschiedenen Lebensräume bewohnten, sind und waren immer rätselhaft. Ihre ökologische Rolle ist unklar geblieben, weil, ähnlich wie bei dem noch größeren Mysterium der Ediacara-Fauna, auch hier niemand so recht sagen konnte, um was für Tiere es sich eigentlich handelte. An erster Stelle unter diesen rätselhaften Organismen stehen die Conodonten. Legt man ein Stück marines Kalkgestein, im Alter irgendwo zwischen ausgehendem Kambrium und Trias angesiedelt, in Essigsäure, so löst es sich allmählich sprudelnd auf, weil die Säure das Karbonat angreift. Übrig bleibt alles, was aus Kalziumphosphat ist, denn diese Verbindung ist in dieser Art von Säure unlöslich. Spült man die Überbleibsel in einem Sieb, dann findet man am Ende vielleicht winzige, glänzende, zahnähnliche Gebilde von höchstens ein paar Millimetern Länge. Das sind Conodonten. Untersucht man sie unter dem Elektronenmikroskop, dann entdeckt man eine unglaubliche Vielfalt hinsichtlich der Zahl, Größe und Anordnung ihrer «Zähne», und bereits vor fünfzig Jahren erkannte man, daß man Gesteine mit ihrer Hilfe genau datieren kann, weil die Conodonten einer Gesteinsprobe sich von denen in jeder anderen, jüngeren oder älteren, Probe unterscheiden – sie bilden einen natürlichen Chronometer. Doch so nützlich sie in praktischer Hinsicht auch waren, so geheimnisvoll blieben sie. Es war klar, daß sie Teil eines größeren Tieres sein mußten – aber was für eines Tieres? So wie es unmöglich ist, die Gestalt eines Menschen allein aus dem Aussehen von Fußnägeln oder Zähnen herzuleiten, bereitete die Gestalt des conodontentragenden Tieres den Biologen, die sich für die Frühgeschichte des Lebens interessierten, großes Kopfzerbrechen. Ein paar Tatsachen ließen sich vermuten. Das Conodontentier war vermutlich ein guter Schwimmer, denn rund um die Welt wurden aus Gesteinen gleichen Alters sehr ähnliche Conodonten geborgen. Conodontentiere vermochten in unterschiedlichen Lebensräumen – in seichten Küstengewässern ebenso wie in beträchtlicher Tiefe – zu gedeihen, was in diesem Fall aus den Gesteinsarten gefolgert wurde, in denen man sie findet. Zumindest einige von ihnen gehörten wahrscheinlich dem Plankton an. Sie haben nie Süßwasser besiedelt, und sie müssen sehr häufig gewesen sein, denn an manchen Orten erhält man aus einer faustgroßen Gesteinsprobe Hunderte von Exemplaren. Hätten wir in die Meere des Silurs oder des Karbons ein großes Schleppnetz hinabgelassen, so hätten wir Unmengen von Conodontentieren heraufgeholt, ja vermutlich hätten wir sie wieder ins Wasser zurück geworfen und dabei geflucht: «Warum fange ich immer nur diese nichtsnutzigen Conodontenviecher?»

In den dreißiger Jahren entdeckte man, daß bestimmte Arten von Conodonten durchweg zusammen vorkommen. Als statistische Tatsache war das offensichtlich, doch nur selten fand man die Conodonten nicht bloß als säureunlöslichen Bestandteil von Kalkgestein, sondern auf der Oberfläche von Sedimentschichten in einer bestimmten Anordnung zusammen liegen, so wie wenn ihr Träger an dieser Stelle gestorben und verwest wäre und sie dabei zurückgelassen hätte. Diese Conodonten waren paarweise angeordnet, mit einander gegenüberliegenden «Zähnen». Überdies kamen in einem solchen natürlichen Komplex verschiedene Arten von Conodonten vor – einige spitz und scharf, andere mit kammähnlichen Einkerbungen aus noch feineren «Zähnen». Die Conodontentiere schienen immer rätselhafter und zugleich immer komplexer zu werden. Es war so, als sei ein Künstler einer untergegangenen Zivilisation von seiner Arbeit aufgestanden und habe einige komplizierte Werkzeuge zurückgelassen, die später von Archäologen ohne jeglichen Hinweis auf deren Verwendungsweise ausgegraben werden. Die Conodontenspezialisten nannten diese Arrangements «Apparate» – eine entzückende Benennung, mit ihrer Andeutung von Präzision. Aber ein Apparat für was? Die Funktion blieb nach wie vor unklar. Von Zeit zu Zeit versuchte man, das Conodontentier aus Überlegungen zur Struktur des Apparats zu rekonstruieren. Vor über zwanzig Jahren hörte ich einmal einen unterhaltsamen Vortrag, in dem der damalige Nestor der Conodontenforschung, Professor Mauritz Lindström versuchte, die Gestalt des Conodontentiers streng aus der Struktur des Apparats herzuleiten. Professor Lindström ist der Inbegriff des schwedischen Professors – groß und hager, ernst und schwerfällig in seinem Gebaren. Dazu wollte es nicht recht passen, daß die Frucht von Professor Lindströms Gedanken sich als so etwas wie eine kleine, dicke, auf ihrer Außenseite mit paarig angeordneten Conodonten besetzte Klopapierrolle entpuppte – ein schwimmendes, filtrierendes Tier von pummeliger Statur, und obendrein stachlig. Irgendwie schien das nicht das Gelbe vom Ei zu sein. Es hatte Berichte gegeben, daß ein ganzes Tier samt seiner Conodonten gefunden worden sei, doch eines dieser Exemplare – ein seltsames Tier, beschrieben aus der Bear Gulch Formation in Montana von den beiden Doktoren Melton und Scott – hatte sich als Tier mit einem Magen voller Conodonten erwiesen, ein Ungetüm, das das Rätsel aufgefressen hatte, statt es zu lösen. Dann, zu einem Zeitpunkt, da der Gedanke, das Rätsel des Conodontentiers werde niemals, weder mit Glück noch mit Verstand, aufgeklärt, schon nicht mehr verwerflich erschien, wurde es entdeckt!

Zwei meiner Arthropodenkollegen, Euan Clarkson und Derek Briggs, beschrieben zu Beginn der achtziger Jahre fossile Garnelen und deren Verwandte in schottischen Gesteinsfunden aus dem Karbon. Die Qualität der Konservierung war bemerkenswert, auf den weichen Schieferplatten konnte man die Einzelheiten von Gliedmaßen und Antennen ganz genau erkennen; unterdessen füllt die Schubladen des Royal Scottish Museum eine große Sammlung. Euan fiel ein merkwürdiger Schimmer, ein flüchtiger Schatten auf. Auf den zweiten Blick erkannte er ein wurmähnliches Gebilde, lang und dünn und kleiner als ein kleiner Finger, ein leichter Eindruck nur, aber doch real. So manchem Forscher mag es zuvor unerkannt durchgegangen sein. Eine genauere mikroskopische Untersuchung ergab, daß sich an seinem einen Ende eine Häufung von Conodonten befand. War es möglich, daß sie es mit einer Chimäre, einer zufälligen Überlagerung von zwei Dingen zu tun hatten? Da weder Briggs noch Clarkson Conodontenexperten sind, riefen sie Dr. Dick Aldridge zu Hilfe – er ist einer. Ich kann mir das Gestammel, das Dicks ersten Blick durch das Mikroskop begleitet haben mag, nur ausmalen: zunächst ein Gefühl der Skepsis, die blitzartige Erkenntnis und dann, vor dem inneren Auge, schlagartig der fertige Titel des entsprechenden wissenschaftlichen Artikels. Es ist wirklich ein Jammer, daß Männer (vor allem Wissenschaftler) keine Hüte mehr tragen, denn es muß gut tun, sie in einem solchen Augenblick in die Luft zu werfen. Dick erkannte in den Conodonten nicht nur eine bereits bekannte Gattung, sondern es war zudem klar ersichtlich, daß er das vor sich hatte, was man bislang als «Apparat» bezeichnet hatte – die natürliche Anordnung der Conodonten, die seit einem halben Jahrhundert zum Rätsel des Conodontentieres gehört hatte. Dieses elegante Tier von der Größe eines Sandaals hatte mit Professor Lindströms stachliger Konstruktion nun wirklich überhaupt keine Ähnlichkeit. Nicht zuletzt deshalb, weil der Conodontenapparat nur einen Bruchteil der Länge des Tiers einnahm und sich in der Nähe des Kopfendes befand. Das Hinterende hatte an den Seiten zickzackförmig verlaufende Muskelpakete, und es ist gut möglich, daß der schmale Körper seitlich Flossen trug. Ganz offensichtlich war dieses Tier flexibel und, wie der Sandaal auch, ein guter Schwimmer, und vielleicht lebte es auch wie dieser in Schwärmen. Die frühen Vermutungen darüber, wem oder was das Conodontentier ähneln könnte, waren auf ihre Weise richtig gewesen, aber niemand hatte sich das Tier in den Details seiner Anatomie so genau vorzustellen vermocht.

Noch erstaunlicher waren die Folgen dieser Entdeckung. Seinem Aussehen nach war das Conodontentier offenbar mit den Wirbeltieren verwandt, jener großen Gruppe von Tieren, die Fische, Mensch und Federvieh gleichermaßen umfaßt. Es hatte seiner Muskelstruktur nach eine mehr als nur oberflächliche Ähnlichkeit mit einer der Säulen studentischer Sektionskunst – dem Lanzettfischchen oder *Amphioxus (Branchiostoma)*. Eines der Tiere aus dem Burgess-Schiefer, *Pikaia*, war bereits mit diesem Geschöpf verglichen worden, doch seine genaue systematische Einordnung war umstritten. Das Lanzettfischchen ist weithin bekannt, da es in der marinen Welt ein evolutionäres Bindeglied darstellt zwischen den niedersten Vertebraten und deren engsten Verwandten unter den Seegurken und anderen, noch seltsameren Organismen. Durch die Conodonten verlegten sich die Anfänge des Stammes, dem auch wir angehören, also vermutlich bis ins Kambrium, zu all den anderen. Eine der ersten Vermutungen zur Identität des Conodontentieres war interessanterweise bereits in Richtung Vertebratenverwandte gegangen – wohl aufgrund der großen Ähnlichkeit zwischen Conodonten und Zähnen, und auch, weil sie wie Knochen und Zähne aus Kalziumphosphat bestanden. Manchmal werden Spekulationen auf Umwegen schließlich doch zu harten Fakten.

Meine eigene Begegnung mit diesem Thema betraf das «Riesenconodontentier von Südafrika». Zu Beginn der achtziger Jahre wurden mir einige Trilobiten zugeschickt, die man in einem weichen Schiefer gefunden hatte, der in dem herrlichen, zerklüfteten Gebiet um den Tafelberg bei Kapstadt zutage liegt. Das Gestein, aus dem sie stammten, war auf Silur datiert worden, doch eine genauere Untersuchung der neuen Funde ergab, daß sie wahrscheinlich aus dem oberen Ordovizium stammten – eine verdienstvolle Randbemerkung zum Thema Erdgeschichte, aber kaum mehr wert als eine flüchtige Erwähnung in einem Lehrbuch. Die erneute Durchmusterung dieses Schiefers brachte jedoch auch ein paar andere Fossilien zum Vorschein, und eines von ihnen wurde als eine sehr frühe terrestrische Pflanze beschrieben, der man den Namen *Promissum pulchrum* gab. Im Rückblick erscheint es merkwürdig, daß eine solche Pflanze Seite an Seite mit den streng marin lebenden Trilobiten auftreten sollte. Tatsächlich erkannte Dick Aldridge ein paar Jahre später, daß jene «Pflanzen» in Wirklichkeit aus einer Ansammlung von Riesenconodonten bestanden, mehr noch, daß sie einen «Apparat» darstellten. Eine große Menge dieses Schiefers wurde daraufhin geklopft und schließlich entdeckte man in ihm ein weiteres Conodontentier, vollständig erhalten samt Muskeln und Flossen (und daneben noch eine ganze Reihe von Weichkörpertieren). Dies war jedoch der Riese unter den Conodontentieren, er hatte die Größe eines kleinen Fisches. Mit einem Schlag war klar, daß die Conodontentiere mehr gewesen sein könnten als reine Planktonfresser. Und diese neuen Objekte wiesen etwas auf, was man bei den schottischen nicht beobachtet hatte: Am Vorderende befand sich ein Paar runder Bläschen – Augen! Das sah immer mehr nach einem Fisch aus: Eine Rekonstruktion nach den südafrikanischen Exemplaren hat eine mehr als oberflächliche Ähnlichkeit mit Junglachsen. Der Conodontenträger war kein blindes Kriechtier gewesen, sondern ein sehfähiger Schwimmer, der für die Meere des Ordoviziums dieselbe Bedeutung gehabt haben wird wie die kleinen Schwarmfische für den heutigen Atlantik. So wurde eine Pflanze zum Tier, und ein geheimnisvolles Rätsel kam ganz allmählich ans Licht.

Ich habe mir in den letzten zwanzig Jahren oft vorzustellen versucht, wie es gewesen sein mag, sich in den Meeren des Ordoviziums zu tummeln. Auf meiner Reise durch die Erdgeschichte war dies die Station, an der ich auf dem holperigen Weg zur Erleuchtung am längsten Halt gemacht habe. Es ist unmöglich, mehr als einen flüchtigen Blick auf lang vergangene Welten zu erhaschen. Wenn, wie im Falle der Conodontengeschichte, allmählich Klarheit durch dumpfe Verwirrung dringt und, wie Sommersonne, die dem Morgendunst eine unerwartet schöne Landschaft entreißt, die Sicht auf etwas bislang Unbekanntes freigibt, stellt sich Entdeckerfieber ein. In Wahrheit wird die Vergangenheit aber niemals vollständig enthüllt werden, denn durch die Lükken in der Fossildokumentation werden Teile des Bildes immer undeutlich bleiben. Auch vermögen ein paar neugierige Forscher höchstens eine Handvoll Szenen von einer Erde zu enthüllen, die bereits vor 450 Millionen Jahren von großer Komplexität und Vielfalt gewesen ist. Die Beständigkeit der Ökologie und der marinen Habitate liefert uns nur spärliche Hinweise zur Erhellung der düsteren Vergangenheit. Dennoch hat uns die Dauerhaftigkeit dieser Habitate und ihrer verschiedenen ökologischen Bedingungen zumindest einige vertraute Bezugspunkte beschert, während so viele andere Aspekte der Geschichte unsicher und vage bleiben müssen. Wandel war die Regel: Das Antlitz der Welt hat sich viele Male gewandelt, wieder und wieder entstand nie dagewesene Vielfalt.

Die Geographie der Kontinente hat sich wiederholt verändert. Die Vorstellung von dem, was man einst als Kontinentalverschiebung und heute als Plattentektonik bezeichnet, ist uns beinahe vertraut geworden, doch einst ließ sie seriöse Wissenschaftler fast vor Wut platzen. Heute ist es nicht schwierig, die charakteristischen Umrisse Afrikas und Südamerikas im Geiste aneinanderzufügen, und auch nicht, Australien quer durch den Indischen Ozean an seinen ursprünglichen Platz in der Nähe von Afrika zu schieben, oder sich den Atlantik wegzudenken, um Europa und Amerika zu einem riesigen Ganzen verschmelzen zu lassen. Daß es in der Trias, vor etwa 220 Millionen Jahren, einen einzigen Superkontinent, die Pangäa, gab, gehört fast schon zum Allgemeinwissen. Allmählich wuchsen die Ozeane, und die Kontinente trennten sich voneinander, angetrieben durch den unermüdlichen Motor der Konvektionsströme tief im Erdinneren, die auf ihrem Rücken die Kontinentalplatten tragen, wie weiland der Titan Atlas die gesamte Weltkugel auf seinen Schultern getragen haben soll. Erdbeben sind die Schauder der widerstrebenden Erdkruste, sie entstehen, wo Platten sich untereinanderschieben oder sich ruckartig aneinander reiben, wobei sie kalifornische Autobahnen sprengen und japanische Supermärkte bersten lassen. Vulkane sind das feurige Erbe der schmelzenden Kruste, dort, wo an den Rändern der Kontinente die Platten vergehen oder dort, wo aus jungfräulicher Kruste inmitten der Ozeane neue Platten entstehen. Die rastlose Erde bewegt sich mit ihrer eigenen Geschwindigkeit, gleichgültig gegenüber menschlichen Zeiteinteilungen und, hin und wieder, in katastrophaler Weise auch menschlichem Leben gegenüber. Die Plattentektonik hat die Weltkarten der Vergangenheit gezeichnet, und das Leben hatte sich im Laufe der geologischen Evolution der Kontinente den verschiedensten Landkarten anzupassen.

Doch Pangäa war nicht der Anfang, sie war kein stabiles Eden, das sich gleich blieb, bis die irdischen Platten ihr unerbittliches Mahlen begannen. Pangäa war ihrerseits aus älteren Fragmenten entstanden, gesäumt von längst vergangenen Ozeanen: Veränderung addierte sich zu Veränderung. Die Bewegung der Kontinentalplatten ist ein kontinuierlicher Prozeß, der bis in die Unergründlichkeit des Präkambriums zurückreicht. Die Welt vor dem Perm ist weniger sicher bekannt, ihre Karten weit vager. Stellen Sie sich zuerst den längst verschwundenen Superkontinent Pangäa vor und zerschneiden Sie ihn dann in zwei Hälften. An manchen Stellen werden die Schnitte den Umrissen späterer Meere folgen, uralte vorgegebene Schwachstellen nachzeichnen, die sich dem Gesicht der Erde schon vor über einer Milliarde Jahren eingeprägt hatten. Doch es wird auch neue Linien geben, die auf dem Erdball der Gegenwart durch die Überreste urzeitlicher Gebirgsketten markiert sind. In manchen Fällen sind sie recht augenfällig: Der Verlauf des Uralgebirges, das sich mitten durch Asien schlängelt, wirkt wie die Naht einer uralten Narbe. Und genau das ist es: die Schweißnaht zwischen zwei asiatischen Hälften, die, einst durch ein Meer getrennt und später wieder zusammengetrieben, zum Herzstück der Pangäa gehörten. In anderen Fällen sind die Verbindungen weniger augenfällig und umstrittener: Mitten in China, in der Provinz Jiangxi, liegt das Tsin-ling Gebirge, von dem man heute annimmt, daß es die Uferlinie eines dieser Meere nachzeichnet. Ich erinnere mich gut an einen alten chinesischen Professor, der mir höflich mitteilte, daß jedwede Idee in diese Richtung blanker Unfug sei, aber es ist ja auch keine ganz alltägliche Angelegenheit, die Erde umzumodeln.

Ich habe in den vergangenen zwanzig Jahren oft versucht, die geographischen Verhältnisse im Ordovizium zu rekonstruieren, die Schatten vergangener Welten zusammenzustückeln. Es ist, als wolle man ein Puzzle aus Bruchstücken und Träumen zusammensetzen. Fossilien dienten mir dabei als Wegweiser. Durch Dschungel und Wüsten bin ich ihnen nachgejagt. An arktischen Stränden und hinter verlassenen Scheunen in Wales habe ich ihre Spur verfolgt. Diese Arbeit im Feld sorgte dafür, daß ich mit beiden Füßen am Boden und mit den Händen am Gestein blieb. Das Hämmern auf Schiefer und Kalkstein ließ Theorien entstehen, zauberte Visionen vom urzeitlichen Gesicht der Kontinente.

Auf diese Weise bin ich dem Äquator des Ordoviziums nachgegangen. Ein heißes Klima läßt, heute wie auch in der Vergangenheit, bestimmte Arten von Sedimenten entstehen, und diese Sedimente werden zu bestimmten Arten von Gestein gewandelt – zu massiven Kalken zum Beispiel oder auch zu solchen, wie sie entstehen, wenn isolierte Binnengewässer unter der tropischen Sonne eindampfen. Bestimmte Tierarten sind auf diese warmen Zonen beschränkt. So war es auch in der fernen Vergangenheit, und dadurch wird es möglich, dem Urzeitäquator nachzuspüren, wenn man nach den entsprechenden Gesteinsarten und den Fossilien der zugehörigen Tiere sucht, die sich in der Tropensonne getummelt haben. Ich bin einer Linie gefolgt, die von den Vereinigten Staaten über Kanada und das vereiste Grönland durchs Polarmeer bis nach Sibirien verläuft, habe unaufhörlich die im Gestein eingeschlossenen Trilobiten und andere Tiere gesammelt und verglichen, um die Hinterlassenschaft eines vergangenen warmen, kalkreichen Flachmeeres aufzuspüren, wo die Sonne immer wieder bestimmte Bereiche und Tümpel austrocknen und den Schlamm zu spröden Vielecken reißen ließ. Heute sind sie zu Kalkstein geworden, zu Schichten voller Algenknollen und den spiraligen Gehäusen wärmeliebender Schnecken gestapelt. Diese Suche nach dem Äquator des Ordoviziums brachte mich nach Zentralaustralien, wo Gluthitze noch immer und fast ohne Pause Gestein erwärmt, auf das dieselbe Sonne schon vor beinahe 500 Millionen Jahren geschienen hat. Die Felsen sehen hier, im Herzen von Queensland, genauso aus wie jene unterhalb der Eiskappen Grönlands oder Spitzbergens: Die Welt um sie herum hat sich verändert, die Launen der Plattentektonik haben sie an ihre gegenwärtigen Standorte verfrachtet. Wie anders die Welt im Ordovizium aussah – Kontinente sind herumgeschoben worden wie die Karten auf dem Tisch einer Wahrsagerin.

Schließlich brachten mich meine Studien über den urzeitlichen Äquator nach Thailand. Die Exkursionsarbeit im Freiland kann komfortabel oder spartanisch ausfallen. Seit meiner Initiation in Spitzbergen ist es offenbar mein Los, die rauhe Variante ertragen zu müssen. Mein Korallenkollege Brian Rosen treibt sich ständig in Italien herum, um urzeitliche Riffe zu untersuchen, die sich meist unterhalb irgendwelcher Wälle atemberaubender Palazzi verbergen. Inmitten von Olivenbäumen und Bougainvilleen ragen kleine Klippen voller Korallen ans Tageslicht. Abends schlendert er in das kleine *Ristorante* hinunter, um sich *Antipasti* und *Risotto ai funghi* einzuverleiben. Seine italienischen Freunde sorgen dafür, daß jede dort geborene Theorie zur fernen Vergangenheit von Korallenriffen mit einem angemessenen Tropfen begossen wird, und die Forschung ist begleitet vom Singen der Zikaden und von fröhlichem Geplauder unter einer Pergola. Wenn er ein lebendes Riff untersuchen muß, damit er seine Fossilien besser verstehen lernt, muß er sich auf irgendeine tropische Insel begeben – oder vielleicht auch zum Großen Barriereriff. Von solchen Reisen kehrt er sonnengebräunt und in blendender Verfassung zurück, angetan mit einem Hawaiihemd und behängt mit den Kunstwerken Ozeaniens. Wenn man ihn fragt, wie alles gelaufen ist, schüttelt er den Kopf und verzieht den Mund: «Beim Morgengrauen aus dem Bett ... tropische Hitze ... giftige Fische ... giftige Kollegen ... kein Picknick, ich sage Dir ...» Weiteres Nachfragen ergibt, daß er gezwungen war, im Hotel Magnifico abzusteigen, und daß die zugehörige Exkursion zufällig nach Mustique führte.

Meine eigenen Exkursionen sind irgendwie das genaue Gegenteil. Aus welchen Gründen auch immer scheinen Trilobiten unwiderstehlich von kaltem oder feuchtem Klima oder aber von gnadenloser Hitze angezogen zu werden. Meine Anatomie scheint dazu verdammt, entweder gebraten, mit Frostbeulen übersät oder von Kopf bis Fuß wund und rissig zu werden, manchmal auch alles auf einmal. Vier-Sterne-Köche meiden die Arktis oder das Innere Australiens ebenso wie die Wüsten Nevadas und die feuchten Zonen im Norden von Wales. In kälteren Gegenden bilden Zelte die Standardunterkunft, in Wüsten sind die Sterne unser Deckbett. Urzeitliches Gestein tritt am reichhaltigsten genau dort zutage, wo man jene anderen Sterne – die vom Michelin verliehenen – vergeblich sucht. Die älteren Gesteine, die Gegenstand meiner besonderen Leidenschaft sind, kennt man nicht auf jenen tropischen Inseln, in deren Nähe Korallen gedeihen, denn Ozeaninseln sind geologische Küken, aufgeworfen von Vulkanen, die noch immer schwelen und köcheln und von Zeit zu Zeit auch ausbrechen. Urzeitliches Gestein, das Trilobiten enthält, findet sich, gut verborgen, an den Rändern präkambrischer Kontinente, an verlassenen Ufern oder vergraben in unwirtlichem Hinterland. Und unzählige Male hat sich erwiesen, daß die besten Exemplare immer in größtmöglicher Entfernung zum Lager zu finden sind.

Viele Jahre habe ich die Welt nach einem Ort durchkämmt, an dem ich es Brian Rosen würde gleichtun können, einer unerforschten Gegend, in der auch ich mich im Namen der Forschung an Korallenstränden würde ergehen können. Endlich hatte ich ein solches Paradies ausfindig gemacht. Die Insel Tarutao liegt im Andamanischen Meer vor der Südküste von Thailand, nahe der Grenze zu Malaysia. Aufgrund einer geologischen Laune sind die Felsen des Festlands hier seewärts gekippt und bergen eine reiche Fossilienfracht aus dem Ordovizium. Auf dieser Insel schmiegen sich rezente Korallenriffe und uralte Sedimente auf einzigartige Weise aneinander, und hier konnte ich endlich meinem Ordovizium-Puzzle ein weiteres Stück hinzufügen und dabei gleichzeitig mit den Zehen im tropischen Sand wühlen. Erkundigungen einiger australischer Freunde, die Tarutao zuvor besucht hatten, hatten ergeben, daß hier das war, was ein Reiseprospekt ohne Zweifel als «tropischen Garten Eden mit weißen, palmengesäumten Stränden, vom Massentourismus unberührt» angepriesen hätte. Ich konnte es kaum erwarten, dorthin zu kommen.

Ich wurde nicht enttäuscht. Ein kleines Fischerboot holte uns vom Festlandhafen Pak Bara ab. Spät am Abend laufen dort die Fischerboote der Thais in die fruchtbaren, seichten Küstengewässer aus. Jedes kleine Boot – und es gibt eine ganze Flotte davon – ist mit einer Lichterkette geschmückt, die sich in dem dunklen Wasser spiegelt, so daß die Meeresoberfläche wie eine glitzernde Regatta, eine schwimmende Parade, wirkt. Ich ließ meine Hand faul ins noch immer angenehm warme Wasser baumeln. Von Zeit zu Zeit schnellte, von den Lichtern verführt, ein fliegender Fisch empor, glitt mit Hilfe seiner mächtigen Brustflossen durch die Luft und landete elegant auf dem Wasser. Gelegentlich landete sogar einer im Boot, ein Abendessen, das sich selbst auf den Tisch brachte. Geschlafen wurde in kleinen Hütten, und nur das Scharren der Krabben störte uns im Dunkeln. Dies war der ideale Jagdgrund für einen Ordoviziumspezialisten.

Es stellte sich heraus, daß die fraglichen Felsen überhaupt nicht auf der idyllischen Insel lagen, sondern etliche Kilometer vom Meer entfernt, im Inland, inmitten von Gummibäumen. Der Ort erwies sich als heißer als die Vorhölle. Scharfe Rattanpalmen schnitten mir in die Beine, und ab und zu ließ sich ein malariaübertragender Moskito auf meinem Schenkel nieder. Man munkelte, im Unterholz gäbe es giftige Schlangen. Ganz sicher aber gab es giftige Ameisen, die ihre Nester aus Blättern zusammenfügten und mir, wenn sie dabei gestört wurden, den Arm hinauf krabbelten und dabei wie wahnsinnig bissen. Natürlich war dies der Ort, wo Trilobiten sich gerne aufhielten. Wie hatte ich so dumm sein können zu glauben, sie würden die Küste bevorzugen?

Die Soziologie einer Exkursion in Thailand ist, wie man sich leicht vorstellen kann, eine andere als die im hohen Norden. Auf Expeditionen sind die Rollen innerhalb der Gruppe das Allerwichtigste. Es gibt keine Gesellschaft außerhalb des Zelts. Doch in einem fremden Land, bei der Arbeit in einem anderen Kulturkreis, ist Etikette alles. Ich fand bald heraus, daß meine thailändischen Gastgeber die höflichsten Menschen waren, denen ich je begegnet war. Ein paar Regeln hatte man mir bereits erklärt: Ziehe stets die Schuhe aus, wenn du ein Haus oder eine Wohnung betrittst, vermeide es, die Beine übereinander zu schlagen und mit den Zehen auf deine Freunde zu deuten, erhebe die Stimme nie (je leiser du sprichst, um so höher ist dein Status), faß' deine Kollegen niemals an, und, vor allem anderen, sei stets voller Respekt gegen den König von Siam. Aber das war nur der Anfang. Ich hatte das Gefühl, als tastete ich mich ohne Führung durch ein undurchdringliches Dickicht von Verhaltensregeln. Die Toleranz meiner Gastgeber war grenzenlos, dennoch war nicht zu übersehen, daß ich sie in irgendeiner Form verletzte. Während unserer Abendessen, die Stunden dauerten, wurde in endloser Speisenfolge ein Gang um den anderen serviert. Ich hatte das Gefühl, irgend etwas falsch zu machen, aber was?

Die Thaiküche ist erbarmungslos scharf. Es ist interessant zu beobachten, wie Chili auf den Stoffwechsel wirkt. In meinem Falle reizte er die Tränendrüsen, so daß ich oft vor Rührung weinte, wenn ich meinen Gastgebern Komplimente über einen besonders delikaten gedämpften Fisch machte. Außerdem stimulierte er dieselbe Drüse in meiner Nase – mit demselben Effekt. So war ich fast während des ganzen Essens am Schniefen und Weinen, während ich zugleich begütigend lächelte und mit anerkennender Gestik meine Stäbchen schwang, um die (ungelogen) hervorragende Qualität des Essens zu würdigen – stets sorgsam darauf bedacht, meinen thailändischen Kollegen vom staatlichen geologischen Dienst nicht versehentlich zu berühren oder mit meinem Fuß in seine Richtung zu deuten. Hin und wieder putzte ich mir geräuschvoll die Nase und wischte mir über die Augen. Immer wenn ich das tat, kicherte der Fahrer. Mir wurde klar, daß Naseputzen, oder besser das Unterlassen desselben, eine weitere Regel war, von der man mir besser erzählt hätte. Das war es, was ich die ganze Zeit über falsch gemacht hatte.

Schneuzen kam also offensichtlich nicht in Frage, womit das Problem, wie mit dem Chili zurechtkommen, ungelöst blieb. Ich entschied mich für einen Kompromiß zwischen Höflichkeit und Notwendigkeit und schniefte, solange ich mich traute, heimlich vor mich hin, bis ich spürte, daß ich an den Grenzen meiner Inhalationskapazität angelangt war – was sich gewöhnlich durch einen Tropfen an meiner Nasenspitze ankündigte. Dann legte ich mit einer, wie ich hoffte, vornehmen und ungezwungenen Geste meine Stäbchen nieder und lief, so rasch es die Balance des wachsenden Tropfens an meiner Nase erlaubte, zu den Toiletten. Drinnen ließ ich dann jegliche Vornehmheit fahren. Das Schlimmste war aber, daß es oft weder Papiertaschentücher noch weiches Toilettenpapier gab. Um meine rebellierende Nase zu entleeren, mußte ich daher Fetzen der *Bangkok Times* bei mir führen, in die wir normalerweise unsere Funde einwickelten. Ich mußte meine Abende sorgfältig im voraus planen, und mein einheimischer Exkursionsassistent sah mir verdutzt zu, wenn ich den Anzeigenteil der *Times* in kleine Quadrate zerriß. Ich rollte diese Behelfstaschentücher zu Zylindern, die ich in meiner Hosentasche verbarg.

Richtig schlimm wurde es, als die Mädchen anrückten. Beinahe jedes Restaurant in der Provinz wirbt marktschreierisch mit seinen Sängerinnen, die, meist von einer Hammondorgel begleitet, die neuesten Hits aus den thailändischen Top Thirty zum besten geben. Wenn sie mit ihren Nummern fertig sind, setzen sich die Sängerinnen gewöhnlich zu den Gästen, und da Ausländer in jener Gegend eine Seltenheit sind, erschienen die Damen in der Regel ungebeten an unserem Tisch. Eine wie die andere waren sie schön, zierlich und anmutig. Manche waren chinesischer, andere malayischer Herkunft, aber jede war umwerfend. Keine von ihnen sprach auch nur ein Wort Englisch. Die Höflichkeitsregeln, die für den Umgang mit diesen Sängerinnen galten, blieben mir ein großes Rätsel. Offenbar sollte ich mich mit ihnen unterhalten, wobei mein Gastgeber als Vermittler und Übersetzer fungierte. Ich vermutete, daß ein paar förmliche Komplimente angebracht seien, und sie waren nicht schwer zu formulieren. Ich versuchte es mit abgedroschenen Feststellungen wie «Sie müssen das schönste Mädchen Thailands sein», und die Tatsache, daß dieser Satz, ins Thai übertragen, ein Lächeln hervorrief, deutete ich als Zeichen dafür, daß ich das Richtige getroffen hatte. Das nächste Lied war bereits in vollem Gange und mein Gastgeber sprach sehr leise (als Zeichen seines hohen Rangs), so daß ich nur vage begriff, was er mir als Antwort des Mädchens übermittelte, aber ich konzentrierte mich darauf, liebenswürdig zu wirken ohne zu flirten – und darauf, den Tropfen in Schach zu halten. Irgendwann stellte ich fest, daß mein Bedürfnis, die Nase zu putzen, größer war als mein Wunsch, fremde Mädchen zu beeindrukken, so schön sie auch sein mochten. Es war ein ziemlicher Schock, als das Mädchen mir behutsam die Hand auf den Schenkel legte. Das, so redete ich mir ein, war wohl auch so ein Brauch von ihnen. Was sie allerdings gedacht haben mag, als ihre Hand auf die zusammengerollten Stückchen aus der *Bangkok Times* traf, entzieht sich meiner Kenntnis, aber mir fiel auf, daß sie wie angestochen aufsprang, auf die Bühne eilte und dort ein weiteres jener merkwürdig durchdringenden Lieder zum besten gab, die es in Thailand auf Platz eins bringen. Aus irgendeinem Grund kam sie nicht mehr zurück.

Solchen Entbehrungen verdanken sich wissenschaftliche Entdeckungen. Ich verließ Thailand mit Schachteln voller Fossilien aus dem Ordovizium, die noch niemand zuvor gesehen hatte. Ich fand Beweise dafür, daß diese entlegene Gegend zur Zeit des Ordoviziums nahe am Äquator gelegen hatte, ja, sie war sogar, was die Breitengrade angeht, mehr oder minder geblieben, wo sie war – ganz im Gegensatz zu den arktischen Regionen, die ich zuvor untersucht hatte. Schließlich konnte ich das Gestein datieren. Ähnliche Fossilien waren aus China beschrieben und ziemlich genau auf das obere Ordovizium datiert worden. Fossilien als Zeitmesser zu benutzen ist einfach und praktisch. Das einzige, was man dazu braucht, ist Erfahrung. Kein ausgeklügelter Apparat für ein paar hunderttausend Dollar ist nötig, schon eine Lupe reicht, um manche Fossilien im Freiland zu identifizieren. Hier wird der überstrapazierte Spruch *Wissen ist Macht* wahr, obwohl es kaum eine harmlosere Art von Macht geben dürfte als den Einsatz von Fossilien als Stoppuhr der Geschichte.

Die allerbesten Chronometer für die Formationen Ordovizium und Silur sind weder Trilobiten noch Conodonten, sondern Graptolithen. Auf den ersten Blick könnte man sie mit feinem Gekritzel auf der Oberfläche einer Schieferplatte verwechseln, einer Reihe fein gezeichneter Linien (daher übrigens ihr Name: Er stammt aus dem Griechischen und meint wörtlich: «auf Stein geschrieben»). Sieht man genauer hin, dann scheint ein Graptolith am ehesten dem Blatt einer Metallsäge zu ähneln, einer dünnen, etwa einen Millimeter breiten Klinge von wenigen Zentimetern Länge, auf der einen Seite mit Einkerbungen versehen, die einer Reihe von Sägezähnen ähneln. In vielen weichen Schiefergesteinen sind Graptolithen zahlreich vertreten. Überdies sind sie weit verbreitet. Man findet auf der ganzen Welt ähnliche Arten. Damit ist es möglich, sich die Einteilung geologischer Zeiträume mit

Graptolithen «schreiben in die Steine». Die sägeartigen Ränder waren Röhren, die von kleinen Tieren bewohnt wurden. Der ordovizische Didymograptus auf schwarzem Schiefer (natürliche Größe)

Hilfe dieser sonderbaren Felszeichnungen zu erleichtern. Mehr Stein als Organismus, erinnern sie an Hieroglyphen, die in der Sprache der Zeit geschrieben wurden.

Sieht man noch genauer hin, so erkennt man, daß jeder Zahn dieser «Säge» eigentlich eine Röhre ist. Der Graptolith bestand also aus einer Kolonie von winzigen Röhren von etwa einem Millimeter Länge. In einer Kolonie mag es hundert oder mehr solcher Röhren gegeben haben. Wären sie nicht von einer so eindrucksvollen Regelmäßigkeit und Feinstruktur, könnte man sie für eine Koralle halten. Von dem Bewohner, der diese Röhren einst besiedelt hat, ist nichts geblieben. Es war wohl ein weichkörperiger «Polyp», aber da es keine lebenden Graptolithen gibt, kann man über die weichen Teile nur Vermutungen anstellen. Graptolithen finden sich in beinahe allen Sedimentgesteinen, die sich in Ordovizium und Silur abseits der turbulenten Uferzonen angehäuft haben. Ihr Skelett ist ungemein zart und wird durch die Brandung leicht zerstört. Wie die Conodonten waren auch sie lange ein Rätsel. Zuerst glaubte man, sie seien mit einem der häufigeren koloniebildenden Tiere heutiger Meere verwandt. Man rückte sie in die Nähe von Polypenverwandten, die ebenfalls Röhren bewohnen und Kolonien bilden – Tieren wie den Hydren zum Beispiel. Andere Fachleute argumentierten, sie ähnelten eher den Moostierchen, deren verästelte Kolonien oft nach einem Sturm am Strand angeschwemmt und irrtümlich für «weißen Seetang» gehalten werden. Man erkannte bald, daß Graptolithen imstande gewesen sein mußten, im offenen Meer zu existieren, denn ihre Überreste fanden sich in dunklem Schiefer, wie er sich, fern vom Ufer, auf urzeitlichen Meeresböden an Orten abgelagert hat, wo es wegen der Tiefe nur wenig Sauerstoff gab. Deshalb wiesen diese Schiefer auch keinerlei Anzeichen von anderen Bodenbewohnern auf, weder von Trilobiten noch von Schnecken oder irgendeinem der anderen fossilen Tiere, die ich aus Thailand mitgebracht hatte. Der schlammige Meeresgrund mußte demnach unbelebt gewesen sein. Woher kam dann diese Unmenge von Graptolithen? Dafür schien nur eine Erklärung möglich: Graptolithen waren Teil des Planktons und ließen sich durch die paläozoischen Meere treiben. Sie lebten in gut durchlüfteten Oberflächenwassern und sanken erst nach dem Absterben auf den Meeresboden, wo sie der dunkle Schlamm in lebloser Tiefe begrub. Da dort nichts anderes leben konnte, erhielten Graptolithen ein Einzelbegräbnis.

Graptolithen waren ein großer Gewinn für die Ökologie des offenen Meeres, vermutlich die wichtigste Neuerung seit dem Auftreten jener einfachen planktischen Lebensgemeinschaft, die für das Kambrium typisch gewesen ist. Die Tiere, die die winzigen Röhren in den Sägezahnreihen bewohnt hatten, müssen sich von wiederum kleineren Planktonorganismen ernährt haben, darunter einfache einzellige Pflanzen, die seit dem Präkambrium 100 Millionen Jahre und mehr überlebt hatten. Derart präzise konstruierte koloniebildende Tiere stellten eine einzigartige Anpassung an die Anforderungen dar, die das Leben im Plankton an einen Organismus stellt: Im heutigen Atlantik oder auch im Pazifik gibt es dergleichen nicht. Ich stelle mir vor, daß das Meer des Ordoviziums gelegentlich von verknäulten Graptolithenmassen geradezu gewimmelt hat; vielleicht nagten auch Conodontentiere an ihren verletzlichen weicheren Geweben. Auch die tieferen Regionen konnten mit verschiedenen Arten dieser außergewöhnlichen freischwebenden Kolonien aufwarten. Wie immer die winzigen Tiere, die die winzigen Graptolithenröhren bewohnten, auch ausgesehen haben mögen, sie müssen es ausgezeichnet verstanden haben, mikroskopisch kleines Plankton zu ernten.

Moostierchen waren sie wahrscheinlich nicht, denn ihre Röhren bestanden aus organischem, proteinreichem Material, und es gab keinerlei Anzeichen für die typischen Spezialisierungen einzelner «Zellen» einer Bryozoenkolonie. Auch die Hydrozoentheorie war nicht sonderlich befriedigend, denn die Graptolithenröhren wiesen ein seltsames zickzackförmiges Wachstumsmuster auf, das man von Hydrozoen nicht kannte, und auch die außergewöhnliche Regelmäßigkeit der Graptolithenkolonien unterschied diese von den unregelmäßigen Bauten der Hydrozoen. Es hatte den Anschein, als seien sie insgesamt sehr viel höher organisiert gewesen: rätselhaft, freischwebend, Kolonien bildend und ubiquitär, ein weiteres geologisches Rätsel, ein in Stein geritztes Paradoxon.

Während ihre systematische Stellung unklar blieb, wurde ihr praktischer Nutzen für die Datierung von Gestein von Charles Lapworth erkannt.

Das neunzehnte Jahrhundert hat eine Reihe von Männern hervorgebracht, die die Wissenschaft revolutioniert haben, doch für die meisten Leute zählt Lapworth nicht zu ihnen. Das ist ein Versäumnis. Wir verdanken ihm einige außerordentlich bedeutsame Erkenntnisse, und nur, weil man ihn nicht mit einer leicht benennbaren Leistung in Verbindung bringen kann, die sich in einer einzigen Phrase zusammenfassen läßt – der «Evolution» im Falle Darwin oder dem Periodensystem der Elemente bei Mendelejew – gehört sein Name nicht zu denen, die wir in der Schule lernen. Im Jahre 1879 benannte er das ordovizische System, und es ist vielleicht kein übles Denkmal, 100 Millionen Jahre Erdgeschichte getauft zu haben. Charles Lapworth war zunächst Schulmeister, ein bodenständiger Mensch, der seinen Scharfsinn an geologischen Rätseln erprobte. Er beendete seine Laufbahn als Professor an der Universität von Birmingham, auf einem Lehrstuhl, der noch heute seinen Namen trägt. Er war ein Geologe von praktischem Verstand, ein grandioser Beobachter im Feld. Seine Protokollbücher sind vergnüglich zu lesen, voller wirklichkeitsgetreuer Skizzen, die den Betrachter in die Lage versetzen, das Gestein genau so zu sehen, wie er es gesehen hat, und ihre Wahrheit zu erschließen wie er. Er ließ sich stets von höchsten Prinzipien leiten, und das oberste war für ihn die Evidenz dessen, was er mit eigenen Augen sah.

Die Graptolithen bildeten den Schlüssel zum Verständnis eines eigenwilligen Landstrichs, an dem alle geologischen Interpretationsversuche gescheitert waren. Die Southern Uplands sind eine wildromantische Hügelkette, die den Süden Schottlands von Westen nach Osten durchzieht, ein Land der Schafherden und der gurgelnden Bäche; die Felsen dort weisen eine monotone Schichtung aus hartem Sandstein und weichem Schiefer auf, die sich Meile um Meile endlos durch verlassenes Moorland zieht. Nichts hört man dort außer dem Heulen des Windes und dem Schrei der Bussarde, klagende Töne, die jedem Versuch des in den Hügeln umherstolpernden Forschers, das Gestein in drei Dimensionen zu verstehen, zu spotten scheinen. Lapworth erkannte, daß die blassen Hieroglyphen im dunklen Schiefer – die Graptolithen – den Schlüssel zum Verständnis dieses mysteriösen Flekkens Erde bildeten. Graptolithenarten erscheinen in einer bestimmten Reihenfolge: «Jeder Art und Varietät von Graptolithen kommt in der vertikalen Schichtfolge ein definierter Bereich zu», schrieb Lapworth im Jahre 1878. Damit konnte man sie heranziehen, um die Schichtung rings im Land zu verfolgen, denn sie hatten den verschiedenen Schieferschichten zuverlässig ihren Stempel aufgedrückt als Beweis für die Identität der Gesteinsformationen. Bei der Auffaltung des kaledonischen Gebirges, von dem die Southern Uplands bloße Ausläufer bilden, sind die Gesteinsschichten verformt und gegeneinander verdreht worden. Einst horizontal auf den Meeresböden von Ordovizium und Silur abgelagert, stehen die Gesteinsschichten heute zum Teil senkrecht, sind gefaltet und teils sogar ganz auf den Kopf gestellt worden. Doch nachdem die Graptolithen ihnen einen je eigenen Charakter bescheinigt hatten, bekamen die endlosen Züge aus Sandstein und Schiefer plötzlich eine Persönlichkeit. Man konnte bestimmte Arten wie gute alte Freunde begrüßen. Arten, die dauernd zusammen angetroffen wurden, bildeten nunmehr die Grundlage für die Einteilung in «Zonen», kleinste geologische Zeiteinheiten. Wenn die gewöhnliche Reihenfolge auf dem Kopf stand, warum dann nicht auch die Gesteine? Diese Frage brachte Lapworth zu der Erkenntnis, daß die scheinbar endlose Schichtung lediglich aus Wiederholungen bestand, aus ein und derselben Packung, die wieder und wieder gefaltet worden war. Ohne jene schwebenden Chronometer wären die schottischen Southern Uplands ein ewiges Rätsel geblieben. Mag die Plattentektonik auch den Rahmen und die Einzelheiten verändert haben, der Kern von Lapworth' Interpretation bleibt davon unberührt.

Es ist traurig, daß Lapworth die Lösung des Graptolithenrätsels nicht mehr erlebt hat. Sein Interesse galt allerdings ohnehin mehr ihrem praktischen Nutzen als ihrer Biologie. Mit der Antwort auf die Frage nach letzterer verhielt es sich wie im Falle der Conodontenstory – auch hier fand man vollständig erhaltene Exemplare erst, als man sie aus dem sie umschließenden Gestein herauszulösen vermochte. In Kalkstein sind sie manchmal gut erhalten. Am Laggan Burn in Ayr fand ich unter üppigen Farnen und Moosen dünne Kalksteinschichten. Sie wirken wenig aufregend, langweiliges, dunkles Gestein, doch wenn man sie im Labor in Essigsäure wirft, lösen sie sich auf, und zur Oberfläche des Behälters schwimmen, nach über 400 Millionen Jahren aus dem Gestein befreit, kleine Röhren, die unverwechselbar zu den

Graptolithen gehören. Die organischen Wände der Kolonien lösen sich in der Säure nicht, und schwimmen, solchermaßen freigesetzt, wie sie auch im Ordovizium geschwommen sein müssen. Mit einem Mal lassen sich Lapworths einstige Hieroglyphen auf andere Weise untersuchen: Unter dem Mikroskop geben sie wundersame Details zu Konstruktion und Wachstum ihrer Kolonien preis. Man erkennt, daß die Röhren aus Untereinheiten zusammengesetzt sind, die entlang einer gezackten Linie aufeinandertreffen. Bei noch höherer Vergrößerung, im Elektronenmikroskop, erkennt man auf der Außenschicht der Kolonien ein Gewebe, das aus gekreuzten Streifen zu bestehen scheint und das Ganze wie die Bandagen eines Gipsverbands einhüllt.

Ein Pionier der Untersuchungen an isolierten Graptolithen war Professor Bulman von der Universität Cambridge. Zu meiner Studienzeit war Bulman bereits im Ruhestand, aber seine zurückhaltende Gestalt war stets gegenwärtig – ein Tablett mit Graptolithenmaterial in der einen Hand und eine Zigarette in der anderen. Ersteres hielt ihn jung, letzteres sollte ihn schließlich das Leben kosten. Er war schlank und hatte einen leichten Professorenbuckel, was seine Nase noch größer wirken ließ. Bulman war so in sich gekehrt, daß er uns oft nicht zur Kenntnis nahm. Nachdem ich ihm ein paar Arbeiten über Graptolithen vorgelegt hatte, verdiente ich offenbar eine gewisse Anerkennung, und er grüßte mich mit den Worten «Ah, Fortey!» und einer Art nachdenklicher Überraschung, wie um zu zeigen, daß mein Erscheinen in seinem Blickfeld nur wenig zur Bekräftigung meiner Existenz beitrug. Ich bin ziemlich sicher, daß ich in seinem Klassifizierungsschema irgendwo in der Nähe von Quallen und Plattwürmern hätte angesiedelt sein können.

Der charakteristische Gewebeaufbau einer Graptolithenkolonie erwies sich als Schlüssel zum Verständnis ihrer Stellung im Tierreich. In den heutigen Meeren gibt es unscheinbare, kolonienbildende Organismen mit dem Namen *Rhabdopleura*. Ihre Angehörigen sind weder Hydrozoen noch Moostierchen, obwohl sie Kolonien bilden und in kleinen Flecken auf Schalen und Steinen wachsen. Sie bauen ihre Kolonien auf ganz ähnliche Weise wie die Graptolithen und verwenden dazu sogar dasselbe Material. Sogar die einem Ährenverband ähnliche Anordnung der äußeren Gewebeschicht, die man bei den Graptolithen beobachtet, findet man bei *Rhabdopleura*. Diese unauffälligen Tiere gehören einer Gruppe von Organismen an, die man als Kragentiere *(Hemichordaten)* bezeichnet und die sich in den Stammbaum des Lebens irgendwo unterhalb all der Tiere mit Rückgrat (zu denen auch wir gehören) einreihten. Damit war ein weiteres Rätsel um die Identität eines Fossils gelöst. Die wenigen heute lebenden Kragentiere bilden offenbar den Nachhall einer einst sehr viel ruhmvolleren Geschichte, in deren Verlauf ihre Graptolithenverwandten in ihrer Rolle als primäre Planktonfresser die Meere der Welt erfüllten und ihre Überreste in Gestalt vieler Millionen verlassener Skelette auf dem Meeresgrund hinterließen. Damit hinterließen sie zugleich eine der besten natürlichen Uhren auf fossiler Ebene, mit deren Hilfe sich Ereignisse in Ordovizium und Silur rund um die Welt haben sychronisieren lassen.

Charles Lapworth war ein frühes Beispiel für einen Wissenschaftler, der dank seiner angeborenen Fähigkeiten und harter Arbeit den Aufstieg schaffte. Im neunzehnten Jahrhundert war Geologie häufig eine Liebhaberei von Gentlemen. Ihr haftete sogar ein ausgesprochen aristokratisches Flair an, denn viele ihrer einflußreichsten Persönlichkeiten besaßen beste Verbindungen. Einen Nachmittag mit dem Hammer in der Hand zu verbringen, galt für einen Herrn von Stand als würdiger, sogar männlicher Zeitvertreib. Während die Damen botanisierten, frönten die Herren der Geologie. Bevor die Photographie Verbreitung erlangte, waren Notizbücher das übliche Mittel, Beobachtetes festzuhalten. Da zur Allgemeinbildung eines jungen Herrn auch zeichnerische Fertigkeiten gehörten, bildeten die Feldnotizen ein wichtiges Dokument, und in Adelskreisen landeten sie nicht selten als persönliche Kostbarkeit in der Bibliothek des gnädigen Herrn. Briefen berühmter Kollegen wurde dieselbe Ehre zuteil. Dank all dieser Umstände sind die Leistungen der Geologen des 19. Jahrhunderts für den Historiker transparent. Wir wissen von den wissenschaftlichen Kontroversen, der Wichtigtuerei der beteiligten Forscher, ihrer Verbohrtheit und ihren Schwächen. Ich bezweifle, daß das Elektronikzeitalter uns ein solches Archiv hinterlassen wird. Geistreiche Anmerkungen per e-Mail werden so rasch gelöscht, wie sie übermittelt werden, und der lebendige Vorgang der Forschung bleibt undokumentiert. Ob die Bildung, der ein Forscher im 19. Jahrhundert teilhaftig wurde, der heute vermittelten überlegen ist, mag dahingestellt bleiben, aber es läßt sich kaum leugnen, daß man damals die besseren Briefe schrieb. Heftig, treffsicher und voller Schmähungen, verblüffen selbst die Notizen unbekannter, der Naturforschung ergebener Vikare und vergessener Akademiker den modernen Leser durch ihre Selbstsicherheit und Ausdruckskraft. Vielleicht machte das Bewußtsein, einer ständischen Gesellschaft anzugehören, die Debatte zu einer intimeren Angelegenheit. Man gab sich literarisch ungezwungen und verstand, dies auf unterhaltsame Weise zu tun. Der obere Mittelstand war sich seiner gesellschaftlichen Position sicher. An den Disputen, von denen es jede Menge gab, beteiligte sich nur, wer einen gewissen sozialen Rang einnahm.

Aber es gab Ausnahmen. John W. Salter war der erste englische Experte für meine persönlichen «fossilen Haustiere», die Trilobiten. Er war von vergleichsweise geringer Herkunft und benannte etliche der ausgestorbenen Arten aus Kambrium und Silur, die von etwa einem Dutzend geistlicher und herrschaftlicher Sammler um die Mitte des 19. Jahrhunderts in den urzeitlichen Hügeln Englands und Wales' gefunden worden waren. Er verdankte seinen Aufstieg dem mächtigsten Mann der britischen Geologie, Sir Roderick Murchison.

Murchison war ein Aristokrat, den ein ausgedehntes Netz von Beziehungen mit dem englischen und walisischen Landadel verband. Ihm standen ausreichende Mittel zu Gebote, um sich der Geologie älterer Sedimentgesteine widmen zu können, ohne seinem Bankkonto allzu große Aufmerksamkeit schenken zu müssen. Wichtiger noch, er konnte bei seinen großen Streifzügen durch die Grafschaften mit Gastfreundschaft und intellektueller Unterstützung rechnen. Geistliche öffneten ihm bereitwillig die Kommoden mit ihren persönlichen Fundstücken und empfanden es als Privileg, ihm beim Verfassen seiner wissenschaftlichen Synthesen behilflich sein zu dürfen. Er schrieb zwei große Werke: *The Silurian System* (1839) und *Siluria* (1854), die die urzeitlichen Gesteinsformationen in Wales zusammenfassend darstellten und sich auf all das gründeten, was er auf seinen Besuchen in den Landhäusern in Erfahrung gebracht hatte. Ohne Zweifel war er all den Lords, Grafen und Geistlichen, die ihm unterwegs begegnet waren, zu großem Dank verpflichtet, aber die seinem Stande eigene Dreistigkeit ließ ihn nicht zögern, einen Großteil dessen, was andere schwer erarbeitet hatten, als eigene Leistung auszugeben. Er war skrupellos, arrogant, eingebildet und überheblich, aber er war als einziger imstande, die Frühgeschichte der eigentümlichen walisischen Landschaft, eines geologischen Rätsels, für das man bis dahin keine vernünftige Erklärung gefunden hatte, zusammenzufassen und einem wißbegierigen Publikum zu Gehör zu bringen. Wie Lapworth später in den Southern Uplands Schottlands erkannte, lieferten die Fossilien jede Menge Stoff für neue Interpretationen. John Salter war für dieses Unternehmen von ausschlaggebender Bedeutung. Er war mit einem sehr aufmerksamen Auge begabt und in der Lage, die Fossilien aller Gesteinsformationen treffsicher voneinander zu unterscheiden. Er veröffentlichte Artikel um Artikel. Sein Vertrag im staatlichen geologischen Dienst ernährte seine Familie und sicherte ihm weitreichende Anerkennung. Aber es verlangte ihn nach einer permanenten Position, einer Stellung, die seinen Fähigkeiten angemessen sein würde, einem Posten, den Sir Roderick ihm hätte beschaffen können. Tatsächlich war Murchison denjenigen, die ihm geholfen hatten, bei ihrem Fortkommen behilflich. Er sorgte dafür, daß Archibald Geikie (später Sir Archibald) als Leiter des staatlichen geologischen Dienstes verpflichtet wurde. Dies hatte in nicht geringem Maße damit zu tun, daß Geikie Sir Roderick bei dessen Deutung der geologischen Struktur der schottischen Hochlande unterstützt hatte – eine Deutung übrigens, die sich später als falsch herausstellen sollte und deren Demontage Charles Lapworth sich angelegen sein ließ. Vielleicht hatte es aber auch damit zu tun, daß Geikie in Gesellschaft vorzeigbar war. Der arme Salter gehörte hingegen ganz und gar nicht in diese Klasse. In Murchisons Augen war er kaum mehr als ein besserer Dienstbote, den zweifellos die für diese Dinge zuständige Gottheit auf sein Anwesen geschickt hatte. Trotz seiner Dienstbeflissenheit erwuchs Salter nie die Bevorzugung, die ihm seiner Ansicht nach zukam. Vielleicht war es sein enttäuschter Ehrgeiz, der seinen Sinneswandel herbeiführte, vielleicht auch die Frustration eines Untergebenen, der sich seinem Herrn ein Leben lang unterlegen fühlte. Er schrieb Sir Roderick zunehmend forderndere Briefe, in denen er ihm seine Not schilderte und um dessen Fürsprache ersuchte:

> Sir Roderick (so schrieb er am 4. Oktober 1867) – Ihr habt eine gute Gelegenheit, die Fehler der Vergangenheit wiedergutzumachen – Unterstützt meinen Antrag auf Zuerkennung einer Pension an die Schatzkammer. Beruft mich in die Kohlekommission (Ihr wißt, daß ich dafür geeignet bin) – Überlaßt mir Euren Satz walisischer Karten. Laßt meinen Sohn Willie zur Schule gehen (St. Pauls oder irgendein anderes gutes Gymnasium) und ich werde Euch bitten, mir Eure neueste Photographie zu schicken.
>
> Ich brauche Euch nur mitzuteilen, daß der Kummer meine Frau in den Wahnsinn getrieben hat und sie mich verlassen hat, damit Ihr wißt, wieviel Gutes noch zu tun bleibt an
>
> J. W. Salter.

Dieses pathetische Flehen scheint Sir Roderick nicht gerührt zu haben. Ein Bittsteller, der seine Sache zu heftig und zu hysterisch verfolgt, erreicht unter Umständen genau das Gegenteil von dem, was er zu erreichen hoffte. John Salter versank in Verzweiflung. Am 2. August 1869 machte er seinem Leben ein Ende, indem er von einem Dampfer in die Themse sprang und unweit von Thames Haven ertrank. Wenige Minuten vor seinem Freitod hatte er seinem jungen Sohn William die Golduhr geschenkt, die man ihm viele Jahre zuvor in Anerkennung seiner geologischen Leistungen verliehen hatte.

Die Beschreibung fossiler Faunen war eine internationale Angelegenheit. Etwa zur selben Zeit als John Salter in Wales arbeitete, präsentierte Joachim Barrande der Welt Gesteine des unteren Paläozoikums aus Böhmen und ihre Fossilien. Er hatte seit der Jahrhundertmitte eine ganze Reihe von wunderbar illustrierten Wälzern in französischer Sprache veröffentlicht. Die Bände enthielten Lithographien von höchster Qualität, hatten jeweils den Umfang eines Bandes der *Encyklopaedia Britannica* und bilden ein außergewöhnliches persönliches Denkmal. Es gibt eine Vorstadt von Prag, die bis auf den heutigen Tag als Barandov bekannt ist, heute sind die nationalen tschechischen Filmstudios dort ansässig. Ich war verblüfft, daß viele Einheimische dort alles über jenen Mann zu wissen schienen, dem ihre hügelige Umgebung ihren Namen verdankt. Barrandes gute gesellschaftliche Beziehungen werden ihm ebenfalls nicht geschadet haben. Das ansehnliche Vermögen seiner Frau wurde für die Publikationen geopfert, und wer würde heute bestreiten, daß dieses Geld gut investiert war? Barrande war also ebenso wie Murchison in sozialer, finanzieller und intellektueller Hinsicht gut bestallt. Was sich von der Mitte des 19. Jahrhunderts über die Zeiten Lapworths bis hin zur Ära Professor Bulmans vollzog, in der angeborene Tüchtigkeit genügte, um sowohl ein Einkommen als auch die Publikation wissenschaftlicher Arbeiten zu erzielen, stellte einen großen Schritt dar: Er machte Wissenschaft der Allgemeinheit zugänglich und sorgte dafür, daß Fachleute für ihre Kenntnisse und Fertigkeiten bezahlt wurden, ein Triumph des intellektuellen Egalitarismus. Es wurde zu einem Beruf, die Reiche der fernen Vergangenheit zu untersuchen, weil man überzeugt war, es werde dem Gemeinwohl förderlich sein. Staatliche geologische Dienste wurden eingerichtet: in den Vereinigten Staaten beispielsweise inspiriert durch den großen James Hall, in Frankreich, Irland und Schweden. Die entstehenden Sammlungen wurden in öffentlichen Museen untergebracht, wo sie weiteren Studien zugänglich sind. Wer von uns in solchen Museen gearbeitet hat, ist vertraut mit den in gestochener Handschrift verfaßten Beschriftungen der ersten Kuratoren, die die Funde ihrer Kollegen zu sortieren und zu sytematisieren pflegten. All das kam zu spät, um John Salter zu retten.

Dem Wachstum des Wissens über ausgestorbene Arten rings um den Erdball und der steten Verfeinerung der von Lapworth und seinen

Nachfolgern eingeführten geologischen Zeiteinteilung scheinen keine Grenzen gesetzt. Der Reichtum längst verschwundener Meere füllte die Schubladen von Museen und die Regale von Bibliotheken. Es war nur natürlich, daß man von den Listen und Monographien dazu überging, die Teile zusammenzuführen und sich der Ökologie zuzuwenden, mit der dieses Kapitel begonnen hat. Wann begannen die Meere so zu sein wie unsere Meere? Wann teilten Korallenriffe, Muschelbänke und artenreiche Planktonschwärme die Ressourcen der Meere erstmals in die ökologischen Teilsysteme auf, die wir heute kennen? Die natürlichen Systeme der Meere, die deren Ökologie bestimmen, etablierten sich vor 490 bis 430 Millionen Jahren im Verlauf des Ordoviziums vor dem Hintergrund einer veränderlichen Welt von fremdartiger Geographie, deren Beschaffenheit ich in der Gluthitze jener thailändischen Gummiplantagen zu erhellen versucht hatte.

Die Ordovizier waren ein keltischer Stamm, der zur Zeit der römischen Eroberung in den Hügeln von Nordwales lebte. Lapworth benannte das ordovizische System nach ihnen und folgte damit Murchisons Beispiel, der das silurische System nach einem anderen Keltenstamm, den Silurern, benannt hatte. Gestein aus dem Ordovizium bildet den Kern vieler der von endlosen Steinmauern durchzogenen Hügel, in denen den vorüberziehenden Wanderer einzig das Blöken der Schafe im feuchten Gras grüßt. Ich liebe diesen ordovizischen Landstrich trotz all seiner verborgenen Sümpfe und vielen unbegreiflichen Tore aus tiefster Seele. An einigen Orten wie in Snowdon und Cadair Idris türmen sich die ordovizischen Gesteine zu wahren Bergen auf, überall dort, wo sie durch Ströme von Lava und Bimsstein verstärkt wurden, die sich einst wütend in ein Meer voller Brachiopoden, Trilobiten, Conodontentiere und träger, unermüdlich Plankton filternder Graptolithen ergossen haben. Dies ist ein Landstrich, an dessen Enträtselung Sir Roderick Murchison mitgewirkt, und den er seinem silurischen System einverleibt hatte. Der gleichermaßen gefürchtete Woodward-Professor Alan Sedgwick von der Universität Cambridge beanspruchte einen Großteil davon auch für sein kambrisches System. Der Zwist zwischen beiden um die Ausdehnung des einen oder des anderen Systems löste einen jahrzehntelangen heftigen Disput in der Geological Society of London aus. Charles Lapworths berühmter Kompromiß aus dem Jahre 1897 bestand darin, die ältesten dieser walisischen Gesteine dem Kambrium und die jüngsten dem Silur zuzuschlagen, wobei er zwischen beiden eine Periode einführte, der er den Namen Ordovizium gab. Er beendete damit eine Kontroverse, die andernfalls vermutlich bis zum jüngsten Tag gedauert hätte. Es dauerte lange, bis die Welt diesen Kompromiß akzeptierte, obwohl dieser so ungemein sinnvoll war. Ich besitze eine russische Monographie, die etwa um die Zeit des Zweiten Weltkriegs erschienen ist und den Begriff Silur noch immer im alten, Murchisonschen Sinne verwendet. Aber die Graptolithen und die aus ihnen abgeleitete Universaluhr halfen der weltweiten Anerkennung dieser gewaltigen erdgeschichtlichen Zeitspanne auf die Sprünge. Heute kennt jeder das Ordovizium als das, was es ist, die Wurst zwischen den beiden Brötchenhälften Kambrium und Silur, und wann immer der Begriff fällt, bedeutet dies eine Verneigung vor Charles Lapworth und seinem pragmatischen Verstand.

Heute sehen wir im Ordovizium nicht nur einen klugen Kompromiß, sondern eine völlig natürliche Einteilung der Erdgeschichte. Die kambrischen Merkwürdigkeiten wurden durch Panzer und Schalen abgelöst, die uns aus der Gegenwart vertraut sind. Ein neugieriger Geologe, der geduldig Sedimentgesteine aus dem Ordovizium aufbricht, um ihre organischen Überreste zu betrachten, findet darin eine ihm halbwegs vertraute Welt. Er entdeckt vielleicht, daß Riffe sich Korallen zugelegt hatten, und vielleicht haben sich diese Riffe auf den ersten Blick nicht allzusehr von denen um das heutige Bikini-Atoll unterschieden. Plötzlich gab es Muscheln an den Sandstränden, und die Strände sahen genauso aus wie die, an denen wir heute Herzmuscheln sammeln, denn zu dieser Zeit hatten sie gelernt, sich einzugraben. Andere Organismen, die keine Versteinerung ihrer Körper hinterlassen haben, wühlten sich durch meterdicke Sedimentschichten. So wie es auch heute noch dort geschieht, wo der Meeresboden weich und gut belüftet ist. Die Geologen finden die Spuren solcher Aktivitäten als feine Löcher im Gestein, die entstanden, wo jene verschwundenen «Würmer» ihre Wohnröhren schufen. Dann gibt es noch die Überreste großer Räuber, beispielsweise die auffällige Erscheinung der Nautiloiden, manche von ihnen gekrümmt wie das Horn eines Widders und offensichtlich Cousins des heute lebenden Nautilus, andere langgestreckt und riesengroß, länger als ein Mensch. In Schweden bilden diese ausgestorbenen Nautiloiden kleine Klippen, in China sind sie Hauptbestandteil jenes Gesteins, aus dem man seit jeher Pagoden baute. Wie wir gesehen haben, gab es auch im Kambrium schon Räuber, doch im Ordovizium scheinen sie jedes Habitat erobert zu haben. Wer dem Nautilus entkommen war, blieb dem furchterregenden Riesenskorpion ausgesetzt. Bei ihm handelte es sich um einen frühen, wasserlebenden Verwandten des echten Skorpions. Er war sehr viel größer als ein Hummer und verfügte über zwei große Zangen, über deren Zweck man nicht lange nachdenken muß und die die Evolution von Schutzmechanismen auslösten. Viele Schalentiere wurden größer und entwickelten dickere Schalen. Ihre fossilen Überreste begannen sich in Gestalt von Lagern anzuhäufen, ähnlich den Muschelbänken aus Austernschalen, die man in den Randgebieten von Flußmündungen findet. Es gab die ersten Seeigel, Cousins zweiten Grades zu jenen, die heutzutage an den weißen Kalkfelsen des Mittelmeerraumes entlang schaben, Seesterne, die sehr denen glichen, die ein neugieriges Kind in einem Fluttümpel beobachten kann, und anmutige Seelilien. Das Meer wimmelte von Krebstieren. Auch Fische gab es, aber diese waren winzig und hatten noch keine richtigen Kiefer. Es gab Moostierchen, Meeresschnecken und Seegurken, all jene unscheinbaren Geschöpfe, die sich unter dem Tang der Fluttümpel verstecken. Kurz: Bei einem Tauchausflug in ein Meer des Ordoviziums würde sich das, was wir sehen, nicht allzu sehr von dem unterscheiden, was wir in unseren Meeren heute sehen. Bei genauerem Hinsehen würden wir feststellen, daß es Trilobiten und andere Tiere gab, die sich nicht so ohne weiteres in unsere Menagerie heute lebender Tiere einreihen lassen, doch das Treiben dieser Tiere auf dem Meeresboden – die einen vergraben sich in Sedimenten, die anderen verleiben sich rücksichtslos ein, was immer sie finden – machte keinen allzu großen Unterschied zu dem, was wir heute im Meer vor der Küste Cornwalls, Nantuckets oder Sidney Harbours finden. Hier wurde das Verhaltensrepertorie in seiner ganzen Breite geprobt, und wenn die künftigen Vorstellungen auch von mancher Krise geschüttelt werden sollten, die zugundeliegende Dramaturgie stand fest.

Die erste dieser Krisen war eine Eiszeit.

Im marokkanischen Antiatlas-Gebirge findet man öde Hänge, in denen Gestein nahezu unbedeckt von jeglicher Vegetation frei zutage liegt. Ziegen fressen an den wenigen verbliebenen Dornbüschen. Hier muß man nicht erst eine Decke aus Weideland abtragen, um in die geologische Vergangenheit zurückzureisen, denn die Gesteinsformationen erstrecken sich weit über den Horizont wie zahllose übereinandergestapelte Tortenschichten: Der vorüberziehende Geologe muß sich nur die Rosinen herauspicken. Hier findet man am Ende des Ordovizium-Abschnitts der lokalen geologischen Säule eine seltsame Gesteinsformation, die sich von allem anderen unterscheidet, was unter ihr liegt. Sie sieht aus wie ein großer Haufen aus zusammengekitteten Findlingen und Kopfsteinen, bei genauerem Hinsehen aber fällt auf, daß es zwischen den großen Brocken auch kleinere Kiesel gibt und daß das gesamte sonderbare Gemisch in einer Matrix aus feinem Ton «schwimmt». Das Gestein erinnert an einen altmodischen Fleischpudding, einen mit kleinen Stückchen Fleisch und Gemüse gesprenkelten Teigkloß. Dieses Gestein ist die Hinterlassenschaft einer wenig bekannten Eiszeit, die 430 Millionen Jahre vor jener stattfand, die unsere Vorfahren in Nordeuropa zu erdulden hatten und in denen wollige Mammute die Tundra durchstreiften. Das Eis hinterließ dieses merkwürdig zusammengewürfelte Gestein bei seinem Rückzug: Die Gletscher ließen beim Abschmelzen alles hinter sich, was sie einst eingeschlossen hatten – große Findlinge ebenso wie feinen Schlamm – und legten es ab, wie ein müder Wanderer plötzlich sein Gepäck absetzt.

Diese Eiszeit war ein großes Ereignis. Rund um die Welt gibt es Hinweise auf eine massive Klimaverschlechterung gegen Ende des Ordoviziums. Es wurde immer kälter. Nur wenige Gegenden waren noch so warm, daß sich Kalkstein ablagern konnte. Trilobiten, die bis dahin nur in den Polarregionen gelebt hatten, begaben sich plötzlich in niederere Breiten. Sogar in Thailand habe ich welche gefunden, heute lagern sie zwischen Gummibäumen. Die Riffe, die im Ordovizium in schimmernder Blüte gestanden hatten, zogen sich nach wer weiß wo zurück. Die große Eisdecke hatte ihr Zentrum auf dem heutigen Afrika, denn zu jener Zeit lag der Südpol irgendwo im Norden dieses Kontinents, und von ihm aus breiteten sich die Gletscher in alle Richtungen aus. Es muß eine sehr dicke Eisdecke gewesen sein, vergleichbar mit der, die heute die Antarktis bedeckt, denn während sie allmählich wuchs, sank der Meeresspiegel auf der übrigen Welt dramatisch. Viele Tierarten – über die Hälfte aller zuvor lebenden Arten, um genau zu sein – starben in Folge dieser Klimaveränderung aus. Dies ist ein weit größeres Massensterben, als es die letzte Eiszeit im Pleistozän im Gefolge hatte. Auch einige meiner Lieblingstrilobiten, jene, die ich in Spitzbergen gesammelt hatte, sind bei dieser Abkühlung, die die ganze Erde betraf, ausgestorben. Das Meerwasser wurde schließlich toxisch, vermutlich deshalb, weil beim Abschmelzen der Gletscher mit einem Schlag große Nährstoffmengen freigesetzt wurden, durch die es zu massiven «Algenblüten» kam, die dem Wasser den gesamten Sauerstoff raubten. Die Graptolithen wurden auf eine oder zwei Arten reduziert, aus denen kurz darauf die zahlreichen silurischen Arten hervorgingen. Das Ende des Ordoviziums war so etwas wie eine Zäsur, ein Satzzeichen in der Geschichte des Lebens, mit dem die erste große Phase der Diversifikation und Reorganisation marinen Lebens auf natürliche Weise endete. Jene Tiere und Pflanzen, die überlebten, gestalteten die moderne Welt; hätte die Liste der Überlebenden nur einen Deut anders ausgesehen, sähe auch die heutige Welt ganz anders aus.

Es mag eine Überraschung sein, von einer so lange zurückliegenden Eiszeit zu erfahren. Es war weder die erste, noch wird es die letzte sein, und niemand kennt ihre Ursache. Ich habe bereits erwähnt, daß es gute Hinweise auf mehrere größere Vereisungen im ausgehenden Präkambrium gibt. Ich werde auch noch auf eine weitere zwischen Karbon und Perm zu sprechen kommen. Es hat den Anschein, daß die Erde alle paar hundert Millionen Jahre abkühlt. Es handelt sich dabei um eine periodisch wiederkehrende Krise. Auf unserem unbeständigen Planeten sind nicht einmal die Kontinente fest, sondern können ganz allmählich durch die Tropen zu den Polen wandern, und so gibt es auch eine periodische Klimafluktuation von heiß nach kalt und von kalt nach heiß. Die Welt, so scheint es, wird auf ewig Spielball der Veränderungen sein. Zwischen den großen Vereisungskrisen gibt es viele kleinere klimatische Zyklen, und das Leben hat keine Chance, sich auf seinen Lorbeeren auszuruhen, denn wie kann Leben unverändert bleiben, wenn sich die Welt darum herum mit einer solchen Geschwindigkeit verändert? Die Beziehungen von Tieren zueinander und zu ihrer Umgebung – ihre Ökologie – wirkten auf die einzelnen Baupläne ein, die erneut Fuß fassen konnten, als das Klima nach der ordovizischen Eiszeit wieder besser wurde. Im Silur wuchsen die Riffe wieder, und tropischer Überfluß garantierte ein neues Füllhorn des Lebens in seichten, warmen Gewässern. Aber die einschneidende Krise am Ende des Ordoviziums macht lebhaft deutlich, daß große Ereignisse die Welt formen, und auch, daß sie nach solchen Ereignissen nie wieder dieselbe ist. Würde das Leben ohne solche Krisen nicht einfach träge und ereignislos vor sich hindümpeln, Kleinbauern ähnlich, deren Techniken sich seit dem Beginn der Geschichtsschreibung nicht verändert haben? Die Eiszeiten zwingen alles Leben durch eine Art Lotterie, in der überlebt, wessen Anpassungen sich als nützlich erweisen, und untergeht, bei wem das nicht so sein wird. Es läßt sich nicht einmal vorhersagen, welche Qualitäten dem Überleben und dem späteren Erfolg dienlich sein werden. Wer hätte voraussehen können, daß zu den Überlebenden kleine unbeholfene gepanzerte Fische gehören würden, aus denen Tiere hervorgehen würden, die an Land umherspazieren und, nachdem sie schließlich menschliche Gestalt angenommen haben, lernen würden, zu sprechen und zu argumentieren, während gleichzeitig so viele wunderbare Arten von Trilobiten noch vor dem Anbruch des Silurs ihrer letzten Ruhestätte entgegenkrabbelten?

6

Landwärts

Es kann kein bedeutenderes Ereignis gegeben haben als das Ergrünen der Welt, denn es bereitete den Weg für alles, was hernach auf der evolutionären Bühne an Land geschehen sollte. Die Liebe zu Grün ist nicht nur eine sentimentale Verbundenheit mit den Ferien auf dem Land, jenen Tagen im Grünen, an die man sich aus Kinderzeiten erinnert. Sie wurzelt tiefer als das. In Wüstenländern krönt ein Scheich seinen Reichtum mit einem Garten, der vor übermäßiger Sonneneinstrahlung geschützt ist. Wir bewundern die Großartigkeit wilder Landschaften, Berge, Canyons, Wüsten und Gletscher. Irgendwann aber wird man in solchen Gegenden der Majestät überdrüssig, ein vages Gefühl der Unzufriedenheit stellt sich ein. Irgend etwas fehlt. Im Grünen aber liegt Erholung. Es ist erwiesen, daß die Wellenlängen des grünen Lichts die Retina am wenigsten reizen. Rot ist aggressiv, Blau ist kalt, Grün aber bedeutet Ruhe. In *Der goldene Zweig (The Golden Bough)* verzeichnet Sir James Frazer endlose Variationen menschlicher Rituale zur Begrüßung des wiederkehrenden Frühlings, des Regens, der Belaubung und des Wachstums. Es gibt die mittelalterliche Figur des «Wilden Mannes», eine urtümliche Gestalt, die, in Holz oder Stein geschnitzt oder gemeißelt (selten auch koloriert) in europäischen Kirchen und Kathedralen zu finden ist. Brauen und Nase seines Gesichts entspringen Ranken, denen einfache Blätter entsprießen und die sich zu Büschen verzweigen. Diese Gewächse könnten eine Darstellung früher Pflanzen wie *Cooksonia* oder *Rhynia* sein. Alles tierische Leben zu Lande entstand im Schatten grüner Pflanzen, und noch immer hängen wir von ihnen ab. Grün steht noch immer für Fruchtbarkeit und reichen Ertrag, und selbst in der hochtechnisierten Stadt lebt in den Menschen ein unbestimmtes Bedürfnis weiter, das sie in Parks und Gärten zieht. In China reihte ich mich einmal in eine lange Schlange aus Hunderten schweigender Chinesen ein, die bewundernd die Pflanzen in dem großen Garten von Hangzhou betrachteten. Das war zu einer Zeit, als es in China noch nicht üblich war, sich als Individuum zu präsentieren, und so standen die Genossen in ihrem blauen Drillich geduldig in Reih' und Glied. In einem Winkel unseres Unterbewußtseins lebt vielleicht noch immer die Erinnerung an das Ergrünen der Landschaft in Silur und Devon, jenem ersten Eden. Andrew Marvells wundervolle Zeilen sind es wert, daß man sich ihrer in diesem Zusammenhang erinnert:

> The mind, that Ocean where each kind
> Does straight its own resemblance find;
> Yet it creates, transcending these,
> Far other worlds, and other seas;
> Annihilating all that's made
> To a green thought in a green shade.

Ein Drittel der Welt war im Kambrium unbelebt. Kahl war die Landoberfläche in einiger Entfernung vom Meer. In der Umgebung von Quellen und auf Felsen, die regelmäßig vom Regen befeuchtet wurden, mag es durchaus ein paar bunte Flecken mit Bakterienkolonien gegeben haben. Aber die weichen Grüntöne fehlten der Landschaft. Unseren Augen wäre sie nackt und rauh erschienen. Nichts gab es, was lose Böden festhielt oder dem schlimmsten Wetter wehrte, so daß jeder große Regen eine kleine Überschwemmung auslöste und das nächstbeste Flußbett mit Steinen und Kieseln verstopfte, die die Hänge hinuntergespült wurden. Es war eine Welt der Erosion, eine Welt, in der die Elemente Schlimmstes anrichten konnten. Einen Eindruck von einer solchen Welt erhalten wir in den entlegeneren Gegenden der arabischen Halbinsel, wo kein Baum die scharfe Linie des Horizonts unterbricht. Sandstürme fegen über die Ebenen und lassen allmählich Dünen wachsen. Das Gestein wird geformt von Wind und Sand, die jede Schwäche aufspüren. Bei jedem Gewitter nimmt das Wasser große Mengen Steine mit; die Fluten sammeln sich schließlich in Senken, in denen sie zu glitzernden Salzpfannen verdunsten. Es gibt kein Geräusch außer dem Heulen des Windes noch das geringste Anzeichen dafür, daß es nicht schon immer so war seit Anbeginn der Zeiten. Die bergigen Regionen des Kambriums müssen wir uns wie den hohen unbewachsenen Himalaya vorstellen. Der Frost sprengte das Gestein in Platten ab, und der Regen trug seine steinerne Beute beinahe so rasch ab, wie die Tektonik sie emporstemmte. Große Halden aus verstreuten Steinen müssen die Ebenen darunter bedeckt haben. Die Landschaft wird von einer herben Schönheit gewesen sein, aber unsere Augen hätten schon bald den wohltuenden Anblick einer Oase oder eines grünen Tals vermißt.

Die Begrünung des Landes war ein umwälzender Beitrag zur Verschönerung der Welt, nicht nur eine Gelegenheit, die Wirksphäre des Lebens stark auszuweiten. Ich stelle mir diesen Durchbruch gerne als dramatischen Szenenwechsel vor, so, als seien Ebenen und Berghänge in einem einzigen geologischen Augenblick ergrünt, als sei die ganze Kahlheit der urzeitlichen Landschaft schlagartig mit einem dünnen Teppich aus photosynthetisierendem Grün bedeckt worden. In Wirklichkeit war es sicher nicht so, weder so plötzlich noch so vollständig. Zur Besiedelung des Landes durch Pflanzen mußten etliche wichtige und verzwickte physiologische Hürden genommen werden. Wenn eine Pflanzenart den Durchbruch fern vom Wasser schaffen sollte, mußte sie hundert Vorläufer gehabt haben, die diese Schwierigkeiten vor ihr gelöst hatten. Es steht außer Frage, daß den ersten Landpflanzen Algenvorläufer vorausgingen. Man hat einst angenommen, die ersten Landpflanzen seien im Devon entstanden, doch dann wurden auch in silurischem Gestein Exemplare gefunden. Wer diesen Abschnitt der Frühgeschichte erforscht, sucht heute nach Sporen, und zwar solchen, die sich nicht im Wasser, sondern in der Luft ausbreiten, ein sicherer Indikator für eine terrestrische Lebensweise oder zumindest ein solches Entwicklungsstadium. Sporen erhalten sich eher als das zarte Laub von Pflanzen, und sie lassen sich aus Sedimentgesteinen extrahieren, indem man diese in Flußsäure auflöst. Inzwischen hat man Sporen* von entsprechender Gestalt und Prägung in Gestein aus dem Ordovizium gefunden. Das bestätigt leider, daß ich mit meiner dramatischen Vision völlig daneben liege, und daß die Begrünung sich über viele Millionen Jahre hinzog.

Dabei ging es nicht allein darum, von einem wässrigen Lebensraum in dünne Luft überzuwechseln. Gewebe sind empfindlich, und Austrocknung ist die schlimmste Art von Zerstörung, die ihnen widerfahren kann. Pflanzen mußten sich daher auf der Außenseite ihrer Blätter eine dünne Wachshülle zulegen, die den Wasserverlust verhindern

---

* In diesem Falle nach dem griechischen Wort für «verborgen» als *Cryptosporen* bezeichnet.

oder zumindest stark eindämmen konnte. Sicher haben sich die ersten Pflanzen versuchsweise in Wassernähe aufgehalten, stets verwundbar durch ein bißchen zuviel an Sonneneinstrahlung, welkend, wenn die Bedingungen sich verschlechterten, sich erholend, sobald Tau oder Regen auf sie fiel. Das Atmen durch eine solche Wachsschicht warf neue Probleme auf – denn was Feuchtigkeit zurückhält, schließt Luft aus. Der Kompromiß besteht in einer speziellen Anordnung von Zellen, die an der Blattoberfläche sogenannte Spaltöffnungen (Stomata) bilden, winzige Löcher, umgeben von gekrümmten Schließzellen, die Luft einlassen können, die Öffnung jedoch verriegeln, wenn die Bedingungen zu trocken werden – eine Art natürlicher Klimaanlage auf mikroskopischer Ebene. Sobald ein flacher Schößling mit Wachshülle und Schließöffnungen ausgestattet war, konnte er auf feuchtem, schlammigem Untergrund entlang ranken und schließlich Triebe in die Luft sprießen lassen, er konnte kurze Wurzeln aussenden, die Nährstoffe aufnehmen, während die grüne Oberfläche Photosynthese betrieb, wuchs und sich in der neuen Welt von Luft und Licht entfaltete.

Wenn Sie einmal an einem Bachufer niederknien, wo es feucht und kühl ist, und, dem Rauschen des Wassers lauschend, die überhängenden Farne beiseite schieben, werden Sie mit großer Wahrscheinlichkeit dicht am Boden ein solches Blatt entdecken. Von dunklem Grün und an den Rändern ein bißchen gekräuselt, wird diese Pflanze wenig Anstrengungen unternehmen, sich über ihr schlammiges Ufer zu erheben. Sie bildet eine grüne Kruste und scheint sich, naß und kriechend, in schummrigem Licht wohlzufühlen, wo nichts anderes wächst. Bei dieser Pflanze handelt es sich um ein Lebermoos. Es kommt den Pflanzen, die den ersten Schritt aus dem Wasser wagten, so nahe wie nichts anderes in unserer lebenden Flora, obwohl es an einem Lebermoos wenig genug gibt, was als Fossil erhalten bleiben könnte. Die Pflanze ist von solcher Einfachheit, daß sie noch nicht einmal über Spaltöffnungen verfügt. Heute sind Lebermoose beschränkt auf dunkle Höhlen und Uferzonen, besetzen sie wieder einmal die Nischen, in denen ihre Existenz möglicherweise ihren Ausgang genommen hat. Photosynthetisch aktive Polsterpflanzen wie diese breiten sich auf Boden und Schlamm in zweidimensionaler Richtung aus. Dergestalt der Sonneneinstrahlung und Wärme ausgesetzt wie ein am Strand ausgestreckt liegender Sonnenanbeter, müssen sie sich vor den Wirkungen schädlicher UV-Strahlung schützen. Man wird sich erinnern, daß diese Strahlung zum Teil von der Ozonschicht gefiltert wird, die sich durch die Umwandlung von Sauerstoffmolekülen in der oberen Atmosphäre bildet. Vermutlich hat es im Ordovizium bereits genug Sauerstoff für die Bildung eines solchen schützenden Schildes in der Atmosphäre gegeben, Ergebnis der langen, drei Milliarden Jahre währenden geduldigen Arbeit von Algen und blaugrünen Bakterien, die unablässig Sauerstoff in die Atmosphäre freisetzten. Damit haben wir eine Brücke zu den ersten Tagen der Erde geschlagen: In gewissem Sinne entstammen diese Blätter jenen ersten klebrigen Mikrobenmatten.

So ziemlich jede andere Pflanze, deren Namen man nennen könnte, ist bestrebt, nach oben, dem Licht entgegen, zum Himmel empor zu wachsen. Damit entsteht augenblicklich ein ganz neuer Lebensraum: geschützte, beschirmte Flecken unter Stämmen und Laubkronen. Aber ein kriechender Bodendecker bedarf zunächst einer Versteifung, bevor er sich über das Erdreich erheben kann, und er benötigt gewisse Wachstumszonen, an denen sich seine Triebe konzentrieren, damit er nicht unkontrolliert zu wuchern beginnt. Wenn ein Sproß länger wird, braucht er überdies ein System, das Wasser von den Wurzeln bis in die Triebspitze transportiert, um der gesamten Struktur durch einen erhöhten Innendruck Festigkeit zu verleihen. Umgekehrt müssen auch die Produkte der Photosynthese aus den Blättern der übrigen Pflanze zugeleitet werden. Kurz, die Pflanze ist nichts anderes als eine photosynthetisch arbeitende Fabrik mit denselben Verteilungs- und Nachschubproblemen, die jeder andere Hersteller auch zu bewältigen hat. Sollten Sie der Meinung sein, hier werde das Wunder der Pflanzen auf allzu trockene, reduktionistische Weise dargestellt, so bedenken Sie bitte, was geschieht, wenn irgendein Teil des Systems versagt: Denken Sie an die welkende Topfpflanze, die man zu gießen vergaß, das bleiche verkümmerte Exemplar, dem ausreichend Licht fehlt, das schlaffe Bild einer Pflanze, der man ein übermäßig rasches Wachstum aufgezwungen hatte. Pflanzen sind das, was die Systemanalytiker des ausgehenden 20. Jahrhunderts als integrierte Rückkopplungssysteme bezeichnen würden: Wenn die Rückkopplung versagt, teilen sie Ihnen das mit, indem sie welken und schließlich eingehen. Die technischen Probleme, die zu überwinden sind, um eine lebensfähige aufrechte Pflanze entstehen zu lassen, fallen in die Gebiete Installations- und Ingenieurtechnik, Chemie und Aerodynamik.

An erster Stelle steht die Statik. Manche Pflanzenorgane erreichen ein gewisses Maß an Stabilität, indem sie ihre Zellen aneinanderschweißen, sie aneinander anlehnen, damit sie sich gegenseitig stützen. In meinen Kindertagen erntete man auf einigen Höfen den Weizen noch mit Geräten, die sehr viel weniger technisiert waren als ein Mähdrescher. Die geschnittenen Halme wurden zu aufrechtstehenden Bündeln zusammengebunden, die dann auf dem ganzen Feld verstreut standen. Man nannte sie Garben. Es ist seltsam, wenn man sich bewußt macht, wie veraltet dieses Wort ist, denn außer im Hintergrund eines Bildes von Constable oder Breughel kann ich mir keine Gelegenheit vorstellen, wo man in Zukunft noch Garben wird sehen können. Aber das Prinzip unterscheidet sich nicht allzu sehr von dem, das hinter der Konstruktion eines Baumstamms oder eines Pflanzenstengels steht. Die meisten Stengel bestehen im Querschnitt aus dicht gepackten langen Röhren, die aus Gründen der Festigkeit miteinander verbunden sind. Diese Röhren befördern Flüssigkeiten – den Saft, das «Blut» der Pflanzen. Die Zellwände erhielten Verdickungen – die oftmals zu einem charakteristischen Spiralmuster angeordnet waren. Das robuste organische Baumaterial Lignin festigte die Struktur zusätzlich. Installation und Ingenieurleistung taten sich zusammen, um ein aufrechtes Wachstum zu ermöglichen. Diese ganze Merkmalskombination ist typisch für Gefäßpflanzen, die die Erde von heute bedecken.

Vielleicht haben Schößlinge vor den Blättern existiert. Einige der frühesten Landpflanzen des Silurs waren kleine, kriechende Gewächse, die ein paar aufrechte Triebe aussandten, welche sich wie Kandelaber ein oder zweimal verzweigten. Keines davon ist mit heute lebenden Arten identisch, trotz einer oberflächlichen Ähnlichkeit mit einigen der einfachsten Moose. Die ersten Blätter waren oft nicht mehr als kleine Schüppchen, die den Sproß bedeckten. Man weiß, daß die frühesten Fossilien von Landpflanzen im Zusammenhang mit Sedimenten zu finden sind, die sich in Flüssen und Flußmündungen abgelagert haben. Um irgendeinen urzeitlichen Tümpel oder Fluß herum müssen die ersten Triebe ihre Köpfe aus dem Wasser gestreckt haben. Aber warum haben sie das schützende Wasser verlassen? Was veranlaßte das Leben dazu, sich über solche Hürden hinwegzusetzen?

Diese Frage kann man hier ebenso gut behandeln wie an jeder anderen Stelle unserer Chronik. Manche Autoren, vor allem Genetiker, nennen als Grund den gebieterischen Drang nach Fortpflanzungserfolg, den kategorischen Befehl der DNA, für ihre Vermehrung zu sorgen, bis sie schließlich die Sterne selbst beherrscht. Zweifellos war die Zeit aber auch reif dafür. Für einen Planeten mit einer Evolutionsgeschichte, die sowohl Ergebnis als auch Bestandteil der Organismen war, die sie geformt haben, war dies der Moment, an dem einfach etwas Neues passieren mußte. Die Atmosphäre war bereit, das Klima war bereit. Doch ebensogut könnte der Zufall als Hauptursache genannt werden. Tümpel und Teiche sind bekanntermaßen unzuverlässige Lebensräume, mal trocknen sie aus, dann wieder werden sie überflutet. Zu den entscheidenden Bauplanveränderungen kam es vermutlich als Antwort auf solche Unwägbarkeiten. Wieviel besser ist es, eine Trockenperiode zu überstehen, statt ganz auszusterben, und welcher Anreiz könnte stärker sein, Pflanzen zu begünstigen, die sich vermittels Sporen fortpflanzen, welche über die Luft verbreitet werden? Die frühesten Stadien dieser Geschichte werden tatsächlich nur durch jene Sporen belegt, die sich über die Lebensräume der ersten Landpflanzen hinaus verbreiten konnten und in seichten Gewässern und Flußmündungen zurückblieben. Die mikroskopisch kleinen Sporen selbst mußten auf bestimmte Weise konstruiert sein, um außerhalb des Wassers überleben zu können: Sie hatten eine robuste Hülle, die Exine. Diese Umhüllung ist unglaublich dünn, aber dennoch schützt sie erfolgreich den sensiblen reproduktiven Inhalt. Deutliches Zeichen für die Widerstandsfähigkeit dieser winzigen Gebilde ist die Tatsache, daß sie über Hunderte von Jahrmillionen hinweg überlebt haben. Vielleicht wird eines schönen Tages ein glücklicher Hammerschlag den *Archeopteryx* oder den *Australopithecus* der Pflanzen freilegen.

Frühe Pflanzen haben sich als dünner, schwarzer Film auf Schieferplatten erhalten. Oftmals sehen sie allenfalls nach feinem dunklem Gekritzel auf der Gesteinsoberfläche aus. Ihre zarten Details muß man mit besonderen Präparationsmethoden herauskitzeln, mit denen sich urzeitliche Gewebestrukturen freilegen lassen. Diane Edwards, Professorin an der University of Wales, ist hell begeistert über dunkle Schimmer auf Gestein aus dem unteren Devon, wie es entlang der Mündung des Towy im Süden von Wales zutage tritt, denn sie ahnt, daß sich dahinter eine Fülle von Details verbergen kann. Sie hat mehr als jeder andere zu unserem Wissen über die entscheidenden Schritte beigetragen, die die bescheidenen Pflanzen der Urzeit vollbrachten.

Wer pflanzliche Fossilien jagt, ist besonders erpicht darauf, Sporangien zu finden, jene Behältnisse, in denen eine Pflanze ihre Sporen aufbewahrt. Diese kleinen Säckchen lassen sich auseinandernehmen, und man kann die in ihnen enthaltenen Sporen extrahieren. Auf diese Weise können wir versuchen, die geläufigen Fossilien, die wir *nur* von ihren Sporen her kennen, mit anderen Arten ausgestorbener, primitiver Pflanzen zu verknüpfen. Leider sind viele fossile Triebe ohne Sporangien. Jene Fälle, in denen eine verläßliche Zuordnung möglich war, zeigen jedoch, daß es im Laufe der frühen Pflanzenevolution eine zunehmende Anpassung an die Windverbreitung gegeben hat, denn die Sporen werden kleiner. Gelegentlich findet man Versteinerungen, die eine vollständige Rekonstruktion einer Pflanze, bis hinunter zur letzten Zelle zulassen. Bei dem berühmtesten Beispiel hierfür, dem Rhynie Chert, einem harten gräulichen Kieselgestein aus dem Devon, das man

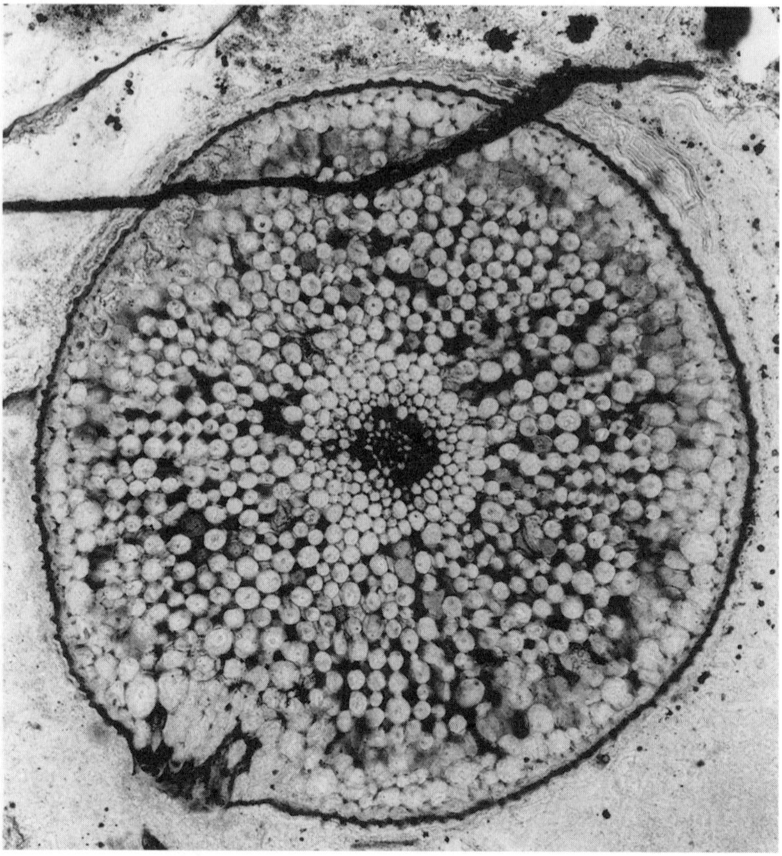

Der Dünnschnitt durch devonischen Rhynia-Hornstein zeigt die kleinsten Details jeder pflanzlichen Zelle, ein Schnappschuß aus der frühen Besiedelung des Festlands. Hier ein 40fach vergrößerter Schnitt durch Rhynia

zu Beginn des 20. Jahrhunderts in Schottland in der Nähe des gleichnamigen Dorfes gefunden hat, wurde jede Zelle unmittelbar nach dem Absterben der Pflanze mit Kieselerde ausgefüllt, so daß man die Feinstruktur der Pflanzen an Dünnschnitten dieses Gesteins sehr genau untersuchen kann. Bei manchen von ihnen ist das Gefäßsystem bereits relativ hoch entwickelt, und man kann sich gut vorstellen, daß sie mit Farnen verwandt sind. Von Farnen nimmt man an, daß ihre Geschichte beinahe so lange zurückreicht wie die der Lebermoose. Auch die heute lebenden Farne gehören ins grüne Schattenreich, wenngleich manche Arten recht zäh sind und sogar Dürreperioden überstehen. Ich war überrascht, sie im Inneren Australiens auf sehr trockenen Berghängen in Gesellschaft von *Spinifex* und *Eucalyptus* anzutreffen. Auf der Unterseite ihrer Wedel sitzen die Sporensäckchen als kleine braune Flekken. Stäubt man ihren Inhalt auf feuchten Torf, keimen die Sporen aus. Die kleinen Pflanzen, die daraus entstehen, bringen ihrerseits keine Sporen hervor, sondern bilden als reproduktive Zwischengeneration in spezialisierten Geweben ihres Pflanzenkörpers männliche und weibliche Keimzellen aus. Erst wenn letztere durch erstere befruchtet worden sind, kann ein neuer Farn heranreifen. Diese Befruchtung geschieht in Wasser, mag dieses auch einen noch so dünnen Film bilden, in dem sich die Spermien schwimmend fortbewegen können. Damit steht der Farn seinen Algenverwandten noch sehr nahe, bleibt er weiterhin dem Wasser verpflichtet, dem er entsprungen ist. Dementsprechend gedeihen Farne auch heute noch am üppigsten dort, wo es, wie in den Wäldern Neuseelands, oft und ausgiebig regnet. Dort ragen Baumfarne wie ein Feuerwerk himmelwärts; von den Zweigen anderer Bäume hängen, fein gewebt wie Spitze, epiphytische Farne; jedes freie Fleckchen Erde wird von kriechenden Farnen überwuchert. An einem Farn ist nichts Überholtes, Veraltetes, obgleich sein fossiles Zeugnis bis in die frühesten Tage der Landbesiedelung zurückreicht.

Es gibt Orte, die den Paläontologen heilig sind. Das Städtchen Ludlow an der Grenze zu Wales gehört zu diesen Heiligtümern: In der Nähe von Ludlow hat man aus Gestein des oberen Silurs viele wichtige Episoden im Zusammenhang mit der Eroberung des Festlands durch Pflanzen und Tiere rekonstruieren können. Die Stadt hat sich einen Charakter bewahrt, dem weder Einbahnstraßen noch Großmärkte etwas haben anhaben können. Noch immer neigen sich die Fachwerkhäuser zur Straßenmitte, überraschen mit ihrer Kopflastigkeit und prangen im Glanze ihres Eichengebälks mit einem Stolz, der von Jahrhunderten beschaulichen und friedlichen Wohlstand Zeugnis ablegt. Das Feathers ist ein feines, altes Hotel, ebenfalls in schwarz-weißer Livree herausgeputzt. Dort steigen seit den frühen Tagen die Geologen ab. Wenn Sie einem tschechischen oder estnischen Geologen gegenüber Ludlow erwähnen, wird er schmunzeln, Ihnen auf die Schultern klopfen und sagen: «Ah, das Feathers! Sehr gut!» Dort gibt es Zimmer mit schiefen Winkeln und Aquarelle, die sich niemals gerade hängen lassen werden. Ein gutes Bier haben sie dort, ohne das kein Wissenschaftler irgendwelche gültigen Schlußfolgerungen und schon gar keine von bleibendem Wert ziehen kann. Und die Leute dort gehen noch davon aus, daß Sie ehrlich sind, und verlangen keine zwölf verschiedenen Legitimationen von Ihnen, wenn Sie einen Scheck einlösen wollen.

Es gibt einen Landstrich, der sich entlang der alten Grenze zu Wales von Church Stretton nach Ludlow im Osten und nach Bishop's Castle im Westen erstreckt. Es ist keine besondere Landschaft, wenn Sie unter «besonders» spektakulär verstehen. Aber meiner Ansicht nach läßt der Long Mynd, ein urzeitliches wildes Stück Gestein aus dem Herzen des Präkambriums, das sich hoch über die umgebenden niedrigen Hügel erhebt, in puncto Spektakel wirklich nichts zu wünschen übrig. Ich suche ständig nach Vorwänden, um nach Bishop's Castle zurückkehren, dorthin, wo Miss Sheckleton in einem Tudorhaus mit Steinfußböden und unglaublichen Treppenaufgängen das Nonplusultra an Pension führt. Ihr Frühstück ist weder zu reichlich noch zu sparsam, das Eigelb stets weich und das Weiße gar. Der Toast ist warm und in Dreiecke geschnitten, auf die man fruchtige hausgemachte Marmelade streicht, und ungefragt gibt es kannenweise Tee. Bei einem solchen Frühstück kann niemand zufriedener sein als ein geologischer Forscher, der den Entdeckungen des Tages entgegenfiebert. Wer in Shropshire mit dem Hammer in der Hand flußaufwärts wandert, kann sich kaum des Gedankens erwehren, daß sich hier seit dem Devon nur wenig geändert hat, denn noch immer gibt es massenhaft Farne und Lebermoos: Wurmfarn säumt die Ufer, Tüpfelfarne entsprießen der felsigen Oberfläche wie zahllose Federn, und das ganze Flußufer entlang findet man auch heute noch eine Kruste aus tiefgrünem Lebermoos.

Am Ende des Silurs und im darauffolgenden Devon befand sich dieser Teil des walisischen Grenzlandes südlich der sich auffaltenden kaledonischen Gebirgskette, die unter anderem jenen Landstrich im Norden Britanniens durchzog, den heute die Schottischen Hochlande mit ihren wilden, sumpfigen Mooren und langen Tälern beanspruchen. Die heutigen Berggipfel sind lediglich die abgeschliffenen Relikte eines Massivs, das sich einst bis hinauf nach Nordnorwegen erstreckte. Hoch aufragend wie die Alpen speisten die schneebedeckten Gipfel Flüsse und Ströme, welche die Berge noch im Wachsen wieder abtrugen, Gestein und Geröll mit sich rissen, um es in den darunterliegenden Ebenen und letzten Endes im Meer abzuladen. Während der großenteils aus Sand und Schlamm bestehende Schuttgürtel, der sich durch das langsame Abtragen der kaledonischen Gebirgszüge ansammelte, immer weiter wuchs, zog sich das Meer ganz allmählich gen Süden zurück. An vielen Orten hat das Eisen, das hier unter der urzeitlichen tropischen Sonne verwitterte, dem Gestein eine tiefrote Farbe verliehen, manchmal sogar ein dunkles Violett. Man kennt diesen Sandstein seit langem unter der Bezeichnung Old Red, und eben dieser bescherte Diane Edwards im Süden von Wales einige ihrer schönsten fossilen Pflanzen. In den friedlichen Gefilden der Grafschaft Shropshire, in denen heute Kühe und Schafe grasen, befand sich damals ein Labyrinth von Flußmündungen, Flüssen und Seen, über die von Zeit zu Zeit – wenngleich immer seltener – das Meer hinwegging. Die Ablagerungen der Flußufer und des Meeresgrundes unterhalb der Flußmündungen haben viele fossile Zeugnisse bewahrt, an denen sich der Wechsel vom Wasser zum Land anhand von Übergangshabitaten ablesen läßt. Was heute eine sanfte Landschaft ist, war einst Zeuge tiefgreifendster Ereignisse in der Geschichte des Lebens. Irgendwie scheint sie in ihrer ländlichen Gemütlichkeit zu zahm dafür: Es verlangt einen geradezu nach einer spektakulären geologischen Erscheinung, die der Bedeutung der im Gestein bezeugten Ereignisse gerecht wird. Denn hier finden sich die Kadaver früher Fische, von denen manche so wenig bekannt sind, daß sie als Rätsel gelten können. Es gab Fische von der Größe eines Herings, denen bewegliche Kiefer fehlten, sie verfügten lediglich über eine Mundöffnung, und viele, wie *Cephalaspis*, waren durch harte, knöcherne Platten auf ihrer Außenhaut mehr oder weniger gut geschützt, und es scheint, daß sie sich von Algen und anderen organischen Materialien im Schlamm ernährten. Zu Zeiten des Silurs müssen Fische den Übergang von einem rein marinen Leben zu einer Existenz in Süß- und Brackwasser geschafft haben. Nachdem sie die physiologischen Probleme des Wechsels vom Salz- in Süßwasser bewältigt hatten, haben sich diese Tiere langsam, immer dem nährstoffreichen Schlamm nach, flußaufwärts gearbeitet und dabei eine Nahrungsquelle angezapft, die bislang von nichts Höherem als von Bakterien genutzt worden war. Einen kurzen, ruhmreichen Augenblick lang war es ein gutes Los, ein einfacher Fisch zu sein.

Es ist interessant, einmal darüber nachzudenken, welche Rolle historische Zufälle in der Geschichte des Lebens gespielt haben. Ohne die Konvulsionen der Erde bei der Auffaltung des kaledonischen* Gebirges und des Appalachengebirges, hätte es die Myriaden Seen und Flüsse, in denen sich die Kinderstuben für neue Arten etablierten, nicht gegeben. Arten entstehen in der Isolation, und in den devonischen Gebirgszügen ließen diese einzigartigen historischen Umstände kleine abgeschlossene Nischen entstehen, die es Tieren ermöglichten, eigene Wege zu gehen. Um eine passende Analogie aus der Linguistik zu

* An dieser Stelle ist hinzuzufügen, daß sich in anderen Teilen der Welt zur selben Zeit ähnliche Gebirgsketten bildeten, die diesen Prozess zusätzlich bereicherten.

bemühen: Unter den paar Millionen Einwohnern Norwegens gibt es mehr extrem unterschiedliche Dialekte als in den ganzen riesigen Vereinigten Staaten. Diese Dialekte entstanden längs der schmalen, aber unüberwindlichen kaledonischen Küstenketten, die sich an der heutigen Atlantikküste Norwegens entlangzieht. Die glaziale Erosion hat eine Reihe spektakulärer tiefer Fjorde in diese Küste eingeschnitten. Der Kontakt zwischen den Siedlungen verschiedener Fjorde ist sehr begrenzt und nur auf dem Seeweg möglich. Vor der Einführung moderner Kommunikationsmittel entwickelten die von ihren unmittelbaren Nachbarn isolierten Norweger ihre eigene Art zu reden, fast eine eigene Sprache.

Es ist leicht vorstellbar, daß in ähnlich isolierten Spalten und Ritzen jenes urzeitlichen kaledonischen Gebirges unternehmungslustige, innovative Arten fernab von einem allzu direkten Wettbewerb gedeihen konnten. Das terrestrische Leben entwickelte und entfaltete sich am Rande sterbender Gebirgszüge. Diese längst verschwundenen Alpen und Anden waren aufgeworfen worden durch das, was Charles Lapworth als den «großen Erdmotor» Tektonik bezeichnete. Der große Durchbruch zum Leben an Land verdankt sich der Ruhelosigkeit einer Erdkruste, auf der Leben sich hält wie ein Floh im Pelz eines Bisons. Durch Subduktion verschwanden Ozeane, die im Ordovizium große Ausdehnung besaßen, und so stießen Kontinente aufeinander und warfen Bergketten auf, die sich durch die Appalachen im Südosten der Vereinigten Staaten, über Vermont, Neubraunschweig und Neufundland und schließlich über die Schottischen Hochlande bis nach Norwegen erstreckten. So war es im Ordovizium zu einem weit verbreiteten Rückzug der Ozeane gekommen. Schöpfung hatte genauso viel mit Geographie zu tun wie mit Genetik.

Zur selben Zeit, als die Pflanzen begannen, das Land zu erobern, verließen auch Tiere das Wasser. Ihre Frühgeschichte ist, so dies überhaupt möglich ist, sogar noch verworrener als die der Pflanzen. Es wird niemanden überraschen, daß die Arthropoden zur Vorhut gehörten. Manche Leute behaupten, daß gewisse arthropodentypische haarfeine, gefältelte Reihen von Abdrücken darauf hindeuten, daß diese den «Landgang» der Pflanzen begleitet haben, ja, ihnen womöglich vorausgegangen seien. Nun kennt man solche Spuren aus den silurischen Gesteinen Westaustraliens. Aber es ist wohl übertrieben, den Arthropoden solche Frühreife zuzuschreiben, denn es gibt, wie schon erwähnt, Hinweise auf die Existenz von Landpflanzen (in Gestalt ihrer Crypotosporen) schon aus dem Ordovizium. Es besteht allerdings kein

Zweifel, daß an manchen Orten, an denen Arthropoden selbst nicht in Erscheinung treten, fossile Fußabdrücke von diesen zu finden sind. Die Tiere, die sie hinterlassen haben, waren möglicherweise zu zart und zerbrechlich, so daß sie leicht fortgewaschen, ihre Skelette zerstört und verstreut werden konnten. Ihre Spuren aber blieben auf den sandigen Flächen rund um temporäre Tümpel oder an den Uferbänken entlang der Flüsse offenbar relativ leicht erhalten. Somit mag eine der beiläufigsten Handlungen im Leben eines Tieres zur Unsterblichkeit bestimmt, das Vergängliche mit dem Ewigen verknüpft sein:

> To see a World in a grain of sand,
> And a Heaven in a wild flower,
> Hold Infinity in the palm of your hand
> And eternity in an hour.

Wie es in jenem Gedicht von William Blake heißt.*

Während des Übergangs vom Wasser zum Land war es den Arthropoden vergönnt, für kurze Zeit an der Spitze der Lebenspyramide zu stehen. Riesenskorpione – *Eurypteridae* – machten die Flußmündungen, Seen und Flüsse in Silur und Devon unsicher: Sie waren die Giganten in ihrer gliederfüßigen Verwandtschaft. Die längste Art der Gattung *Slimonia* war so groß wie ein Mensch. Vorne trug sie zwei große Zangen, der abgeflachte Körper wurde von dünnen Beinen getragen, auf der Oberseite des Kopfes hatte sie Augen, und am Hinterende trug sie ein blattähnliches «Paddel». Andere Arten hatten einen Dorn am Hinterende, der vermutlich als Stachel fungierte. Ihr Gattungsname ist kein Zufall, sie sind in der Tat Verwandte jener äußerst giftigen Räuber heißer Klimazonen. In Mexiko gehören Skorpionstiche noch immer, weit vor Schlangenbissen, zu den häufigsten Todesursachen. Die Vorstellung von einem zwei Meter langen wasserlebenden Skorpion läßt einem das Blut in den Adern gefrieren. Das größte Exemplar von *Slimonia* im Natural History Museum in London ist eingebettet in eine knapp zwei Meter lange Sandsteinplatte, ein wirklich mächtiges Tier, bei allem was recht ist. Einmal fiel es meinem Assistenten

---

* In der Eichhorn-Übersetzung (William Blake: Zwischen Feuer und Feuer, dtv 1996) lautet es:

> Die Welt zu sehn im Korn aus Sand,
> Das Firmament im Blumenbunde,
> Unendlichkeit halt' in der Hand
> Und Ewigkeit in einer Stunde.

auf den Fuß und ließ seinen großen Zeh über Wochen hinweg in sämtlichen Blautönen schillern – ein schlagender Beweis dafür, daß es auch nach 400 Millionen Jahren noch Schaden anrichten kann. In seichten Senken lauernd, bis irgendeine unglückselige Kreatur in die Reichweite ihrer Zangen geriet, müssen diese Tiere die kieferlosen Fische der damaligen Zeit das Fürchten gelehrt haben. Ihre Lungen lagen gut verstaut auf der Unterseite des Körpers, ihr Sauerstoff absorbierendes Gewebe war sorgsam gefaltet wie die Servietten in einem feinen Restaurant. *Slimonia* mußte mit ihrem Sauerstoff haushalten. Ich stelle mir vor, wie sie, ähnlich manchen Krokodilarten unserer Zeit, über Stunden oder gar Tage hinweg reglos dagelegen hat, bis ein irregeleitetes Geschöpf ihr nahe genug kam. Dann ... ein plötzlicher Ausfall, blitzartig wie das Zuschnappen einer Mausefalle.

Dem Schrecken der Arthropoden sind Grenzen gesetzt, die allerdings durch die Gesetze der Physik abgesteckt werden und nicht durch die Grenzen der Phantasie. Das Arthropodenskelett ist eine wunderbare Konstruktion – aber sie funktioniert am besten im kleinen. Gliederfüßer haben ein *Exo*skelett, eine Reihe von Röhren und Hohlräumen, die Fleisch und Muskeln in ihrem Inneren bergen. Darum müssen wir an ein Hummerbein mit so feinen Gabeln herangehen, damit wir auch das letzte Stückchen Fleisch noch ergattern. Aber je größer die nach einem solchen Bauplan angelegten Beine werden, um so schwieriger wird es, die Stützfunktion mit Hilfe von Röhren aufrechtzuerhalten – dies gilt insbesondere für ein Leben zu Lande und an der Luft. Die Röhrenwände müssen immer dicker werden, und damit wird es zunehmend schwieriger, die Funktion eines Gelenks aufrechtzuerhalten. Dasselbe gilt für das Atmen. Der Sauerstoff muß, genau wie bei Pflanzen, eine zunächst einmal undurchlässige Haut durchdringen. «Lungen» sind nichts anderes als kleine Röhren- oder Kanalsysteme – Tracheen –, die mit der Körperoberfläche in Verbindung stehen. Durch sie kann Luft hindurchströmen und vermittels dünner Membranen in der Körperhöhle absorbiert werden. Bei geringer Körpergröße reicht es, wenn diese im Körperinneren dann weiter diffundiert. Wenn die Arthropoden jedoch größer werden, nimmt ihre Körperoberfläche mit der zweiten Potenz, das *Volumen*, das mit dem eingeatmeten Sauerstoff zu beatmen ist, mit der dritten Potenz zu. Die Rechnung liegt auf der Hand. Eine Verdopplung der Körperoberfläche macht die achtfache Menge an absorbiertem Sauerstoff nötig. Es muß also eine obere Grenze der Körpergröße geben, jenseits derer das Atmen unmöglich wird. Es spricht also einiges dafür, daß unser Eurypterid die meiste Zeit über apathisch in irgendeinem schlammigen Fluß auf der Lauer lag und auf die richtige Gelegenheit wartete, seine Kräfte für einen raschen Fang schonte. (Man wird sich vielleicht erinnern, daß gewisse, heute lebende Arthropoden namens Bettwanzen in der Lage sind, über sehr lange Zeiträume ohne jede Nahrung auszukommen. Sobald sich ihnen aber die Möglichkeit zu einer Mahlzeit bietet, verfallen sie mit überraschender Behendigkeit in Aktion.) Gift trägt dazu bei, die Zeit, in der das Opfer sich wehrt, zu verkürzen – eine Technik, die sich noch heute viele Schlangen zunutze machen. Die Riesenskorpione wurden als Räuber bald von Fischen mit Kiefer abgelöst, doch ich stelle mir gerne vor, daß der Angstschauer, der uns noch heute überläuft, wenn wir einen Skorpion aufstören, ähnlich von einem devonischen Fisch verspürt wurde, wenn ihn die Klauen eines verborgen lauernden Skorpions aus seiner friedlichen Mahlzeit im Schlamm rissen.

Der Rhynie Chert bewahrte weit mehr als nur frühe Pflanzen. Der außergewöhnliche Schutz vor Verwesung, den das kieselhaltige Wasser bot, wurde auch unscheinbarsten Wesen zuteil. Pflanzen wie Tiere wurden gleichermaßen versteinert von einer heißen Quelle, die unablässig kieselhaltiges Wasser auf ihre Umgebung tröpfelte, bevor diese verwesen konnte. Die Kieselsäure erhielt jede Zelle absolut naturgetreu. Vermutlich wuchsen die Pflanzen um warme Tümpel herum, von Substanzen genährt, die von Quellwassern aus dem Erdinneren mit nach oben gebracht wurden. In ihrem Schatten wird sich ein feuchtes Mikroklima gehalten haben, so daß Pflanzenreste rasch verrotteten und den ersten humusreichen Boden bildeten. Dieser Lebensraum muß ein Ort der Zuflucht vor den Härten der jungen Welt gewesen sein, ein grüner Garten voller Gelegenheiten, seinen Lebensunterhalt zu bestreiten. Im Rhynie Chert gibt es spinnenähnliche Kreaturen, sogenannte Trigonotarbiden, die mit kräftigen Kiefern ausgerüstet und mit Sicherheit Räuber waren. Sie spannen keine Netze, sondern krochen vermutlich einfach über ihr Opfer, um es aufzufressen. Aber sie sind ein Beweis dafür, daß bereits im Devon eine Nahrungskette existiert haben muß. Dann gab es noch Milben. Sie sind mit einer Länge von höchstens einem bis zwei Millimetern sowohl die artenreichste als auch die unscheinbarste Arthropodengruppe. Heutzutage besiedeln sie in Massen das Erdreich, schaffen kleine Partikel weg, ernähren sich von Hautschuppen des Menschen und erregen unsere Aufmerksamkeit nur dadurch, daß die Ausscheidungen von Hausmilben Asthmaanfälle auslösen können. Für Tausende anderer Geschöpfe im lehmigen Dunkel des Erdreichs sind sie Nahrung und mit den Spinnen verbindet sie ein entfernter gemeinsamer Vorfahr. Noch ein anderes winziges Tier gibt es, den Springschwanz, der als primitivstes aller Insekten gilt. Springschwänze haben zwar keine Flügel, wohl aber, wie alle anderen Insekten, nur drei Beinpaare. Heute lebende Springschwänze kann man an den Rändern von Tümpeln beobachten: Bringt man die feuchte Vegetation ein bißchen durcheinander, so wird man kleine schwarze «Würmchen» «hüpfen» sehen. Die «Sprunggabel» am Hinterleib macht diese heftige Fluchtreaktion möglich. Das Exemplar aus dem Rhynie Chert ist komplett samt Sprunggabel erhalten. Es gibt kaum andere fossile Überreste von ihnen, aber ihre Allgegenwart in unserer Zeit läßt wohl vermuten, daß sie ihr unauffälliges Leben schon in sehr früher Zeit geführt haben. An einem anderen Fundort mit fossilen Ablagerungen aus dem Devon, bei Gilboa im Osten der Vereinigten Staaten, gibt es andere kleine Tiere, unter ihnen ein merkwürdiges Wesen, dem man den Namen Pseudoskorpion (Afterskorpion) gegeben hat. Dieser Miniaturräuber ist noch heute an beinahe allen feuchten Orten zu finden, er lebt von anderen winzigen Tieren im Erdreich. Seine Waffen scheinen sich seit dem Devon nicht verändert zu haben.

Das Erstaunliche an diesen frühen Lebensgemeinschaften aus kleinen Arthropoden ist nicht der Unterschied zu ihren heute lebenden Gegenstücken, sondern vielmehr die unerhörte Ähnlichkeit. Man kann daraus schließen, daß ab dem Zeitpunkt, da Tiere und Pflanzen das Wasser verlassen haben, eine gegenseitige Abhängigkeit entstanden ist, die seither unverändert Bestand hat. Es handelt sich um die abbauende Lebensgemeinschaft der im Boden lebenden Tiere, die organische Materie abbauen, wiederverwerten und dem Boden erneut zuführen. Es ist ein unspektakuläres kleines Ökosystem, wenn man so will, konservativ, ja langweilig. Aber es ist von entscheidender Bedeutung für die Gesundheit unseres Planeten. Sollten die Springschwänze einen mysteriösen Tod erleiden – und mit ihnen womöglich noch die Milben, die auch im Erdreich leben, und auch die winzigen Pilze, von denen sie sich ernähren, käme es sehr rasch zu einer ökologischen Krise von Ausmaßen, die wir uns kaum ausmalen können. Nährstoffe blieben erneuter Nutzung entzogen, der Boden würde zusehends verarmen, größere Pflanzen würden absterben und die Tiere folgten ihnen alsbald. Erzählungen, in denen eine Endzeitwelt heraufbeschworen wird, scheinen stets davon auszugehen, daß der Boden auf wundersame Weise überleben wird, und daß eine Bohne, die man in verbrannte Erde steckt, still und leise zu einer ertragreichen Nutzpflanze heranwächst. Doch das Erdreich ist kein passives Medium, es lebt. Ich bezweifle, daß sich viele Leser fänden für eine Erzählung aus der «Nachendzeit», in der die verzweifelte Suche des Helden nach einer Milbe beschrieben wird. Aber wehe der Welt, wenn die Milben und ihre winzigen Verbündeten aufhörten zu gedeihen!

Es gibt noch andere Überlebende. Bärlapp, Lebermoose, andere Moose und Farne gibt es schließlich noch immer an vielen Orten der Welt, überlebende Boten aus den Tagen der großen Begrünung. Vielleicht wird die Erde einst doch den Sanftmütigen gehören. Aber denen, die sanftmütig bleiben – über Hunderte von Jahrmillionen hinweg. Es ist, als sichere der Mangel an Ehrgeiz auf geheimnisvolle Weise die Langlebigkeit. Leben und Lebermoos lassen! Diese Organismen erinnern an den braven Soldaten Schweijk, jenen Soldaten, der überlebte, weil er im entscheidenden Augenblick immer gerade nicht an der Front war. Vermeide phlegmatisch jeden Konflikt, setz' Dich an die Seitenlinie, wähle die kampflose Möglichkeit. Werde zum Lebermoos. Wenn sich Dauerhaftigkeit durch den Verzicht auf Abenteuer erkaufen läßt – dann bitte.

Die Wirbeltiere folgten also unmittelbar, nachdem die Pflanzen den Schritt ans Land getan hatten. Im Devon gab es neben den kieferlosen Fischen bereits Fische mit Wirbelsäule und Kiefer, die an der Seite ihrer Verwandten schwimmend die ersten Seen erkundeten. Unter diesen «bekieferten» Fischen gab es eine Art, die zum Vorfahren für alle landlebenden Tiere – Echse, Fledermaus, Vogel und Dinosaurier – werden sollte. Die genetische Ähnlichkeit zwischen allen landlebenden Tieren mit Rückgrat sagt uns, daß dieser Schritt höchstwahrscheinlich nur einmal getan wurde. Daß heißt nicht, daß nicht auch andere Tiere an der Grenze zwischen den beiden Welten herumgelungert haben, um ihr Glück zu versuchen. In tropischen Mangrovensümpfen gibt es seltsame kleine Fische, die Schlammspringer, die auf ihren Flossen aus dem Wasser watscheln können, aber irgendwie scheinen sie keine Kandidaten für die Rolle des Löwen zu sein. Heute kann man sich die Umstände des sumpfigen Exodus, der das Antlitz der Erde in so vieler Hinsicht verändern sollte, nur schwer vorstellen. Die Hand, die diese Seite schreibt, hat ihren Ursprung in einem hinkenden unbeholfenen Anhang, der nur dadurch überlebte, daß er der erste seiner Art war. Das erinnert mich an die Versuchung, der jeder Biograph zu widerstehen hat, nämlich die Neigung, eine Geschichte zu glatt zu machen, die Stufen – in diesem Falle die buchstäblich vorhandenen Stufen – zu logisch aneinanderzureihen. Die ersten Wirbeltiergliedmaßen waren vermutlich recht armselig; erst die natürliche Selektion hat sie verfeinert. Wir können uns die unterschiedlichsten Flossen vorstellen, die durch eine Verschiebung dieses oder jenes Knochens zu Händen und Füßen hätten werden können. Alle landlebenden Tiere werden als «Tetrapoden» – zu deutsch Vierfüßer – bezeichnet, und es ist offensichtlich, daß die meisten Amphibien, Reptilien und Säugetiere in der Tat vier Gliedmaßen haben. Bei Organismen, denen diese Vierbeinigkeit abhanden gekommen ist, den Schlangen beispielsweise, ist dieser Verlust als eine evolutionäre Weiterentwicklung von ursprünglich vierbeinigen Vorfahren zu sehen. Wo ein Gliedmaßenpaar umgebildet wurde, wie beispielsweise im Falle des Vogelflügels, ist es nicht minder eindeutig, daß dieses als *Äquivalent* der ursprünglichen Gliedmaßen zu sehen ist, das einer neuen Funktion entsprechend gestaltet wurde – Flügel entstanden nicht neu. Werfen Sie einmal einen Blick auf ein zappelndes, noch ungefiedertes Vogelküken, und Sie werden in seinen Knochen nur allzu leicht Arme erkennen, die letztlich einen Flügel bilden werden. Ein Biologe würde Flügel und Arme als *homologe* Strukturen bezeichnen, das heißt, sie sind im evolutionären Grundbauplan identisch. Gliedmaßen können verloren gehen, aber sie können nicht neu erfunden werden, denn ihr Bauplan ist festgelegt. Des weiteren haben Katzen, Hunde und Menschen gleichermaßen fünf Zehen. Das gilt für fast alle Tetrapoden: Wo die Zahl sich geändert hat – wie beispielsweise beim Pferd, das nur noch einen einzigen Zeh hat – geschah dies nachweislich aufgrund einer Reduktion und des Verlustes von Zehen. Die ursprüngliche Zahl war fünf. Doch warum fünf? Bekanntlich gibt es unter den Menschen genetische «Spielarten», die ganze Dörfer voller Leute mit sechs Fingern hervorbringen können. Es scheint sich dabei auch um keine letale Mutation zu handeln. Sie bringt keine größeren Probleme mit sich – außer daß es in jungen Jahren vielleicht etwas schwieriger ist, das Dezimalsystem zu lernen. Die Zahl Fünf scheint – ohne erkennbaren Grund – die «richtige» Anzahl an Fingern und Zehen zu sein, und doch ist sie vielleicht nicht mehr als eine Laune des Zufalls, die kapriziöse Selektion eines bestimmten Individuums zu Ungunsten eines anderen an einem Ufer des Devons. Ich erinnere mich an die Umstände, die mich zum Paläontologen machten, und daran, wie sehr sie von einem einzigen Prüfungsergebnis abhingen. Es hätte so leicht ein ganz anderer Zettel, ein ganz anderes Ergebnis, sein können.

Man weiß heute, daß einige der frühen Tetrapoden sieben Zehen hatten. Die fossilen Überreste dieser *Ichthyostegalia* – ein unhandlicher Name, vielleicht nicht ganz unpassend für Tiere, die vermutlich recht unbeholfen durch die devonische Landschaft watschelten – wurden aus Sand- und Siltstein im Osten Grönlands geborgen, aus Gestein also, das sich nicht allzusehr von dem unterscheidet, das man auch in Südwales und an der Grenze zu Wales findet – und das ebenfalls der großen kaledonischen Gebirgskette angehört. Das Klima in Grönland war zu dieser Zeit warm. Von den *Ichthyostegalia* hat man behauptet, daß sie nicht mehr seien als «gehende Fische», und es stimmt, daß sie von ihren wasserlebenden Vorfahren einen fischähnlichen Schwanz und einen langen Kiefer mit undifferenzierten Zähnen ererbt haben. Ihre Gliedmaßen aber waren immerhin schon funktionstüchtige Beine geworden, wenn sie auch noch stark angewinkelt und gespreizt angebracht waren. Ihre Zehen waren eine echte Überraschung. Frühe Forscher haben vielleicht ohne viel Federlesens angenommen, daß sie fünf Zehen gehabt haben *mußten*, da wir den Hang haben zu sehen, was wir sehen wollen, und schließlich und endlich jeder weiß, daß Tetrapoden fünf Zehen haben. Jenny Clark und ihre Mitarbeiter von der Universität Cambridge haben einige der frühen Sammlungen mit solchen Exemplaren nochmals untersucht und auch selbst ein paar elegante neue Funde zu verzeichnen. Sie stellten eine überraschend hohe Variabilität bezüglich der Zehenzahl fest. In dieser schwerfälligen Welt war sieben offenbar genauso gut wie fünf. Per Ahlberg hat mir erzählt, daß er an einer Art mit acht Zehen arbeitet. An irgendeinem Punkt muß einer dieser fischähnlichen Landbewohner mit fünf Zehen alle anderen überholt haben, und dieser oder diese war der Gründervater oder die Gründermutter der Fünfheit für alle folgenden landbewohnenden Wirbeltiere. Wenn einer seiner anderen watschelnden Zeitgenossen zum erfolgreichen Urahn aller folgenden evolutionären Linien geworden wäre, kämpften wir heute vielleicht mit siebenfingrigen Handschuhen oder könnten auf dem Klavier einhändig eine Oktave spielen, ohne die Finger über- oder untersetzen zu müssen. Oder vielleicht wären auch Dörfer mit sechsfingrigen Bewohnern die Norm, und man munkelte dort hinter vorgehaltener Hand von jenen absonderlichen Orten, an denen Gerüchten zufolge die Leute mit nur fünf Fingern zur Welt kämen.

Lungen wurden ebenfalls notwendig. An Land zu atmen stellt einen Organismus vor dieselben Probleme, die die Pflanzen durch die Entwicklung von Spaltöffnungen gelöst haben: Es geht darum, den Prozeß der Sauerstoffabsorption ins Innere des Organismus zu verlegen. Externe Kiemen trocknen rasch aus, sogar in einer Schlammniederung. Kleine Insekten und Tausendfüßer haben das Problem gelöst, indem sie kleine Röhren, sogenannte Tracheen, in ihren Körper einbauten, aber, wie wir gesehen haben, würden diese bei größeren Organismen nicht funktionieren. Bei den Wirbeltieren hatten die Lungenfische bereits früh jenes entscheidende luftatmende Organ entwickelt, dem sie ihren Namen verdanken. Beide, Tracheen wie Lungen, absorbieren den

Sauerstoff über feuchte, nach innen verlegte Membrane. Eine Reihe von Lungenfischen lebt in Afrika, und wenn die Flüsse trocken fallen, was während der Trockenzeit tatsächlich geschieht, dann können sich diese Arten im kühlen Schlamm vergraben und Luft atmen, bis sich das Wetter wieder gebessert hat. Ob ein solcher Trick der Auslöser war, der die natürliche Selektion veranlaßte, die erste Lunge auszubauen? Schließlich wissen wir, daß das Klima zu Zeiten der Auffaltung des kaledonischen Gebirges heiß war, die Gesteine sind voller Belege für die Austrocknung von Tümpeln, wie sich an deren mosaikartig eingerissenem Schlamm ablesen läßt. Bei heute lebenden Tieren ist die Lunge stark gefaltet, um die Sauerstoffabsorption zu erhöhen, und es ist leicht einzusehen, daß, nachdem dieses so wichtige Organ einmal erfunden war, Bauplanverbesserungen daran rasch Priorität erlangten. Sobald also jenes vierbeinige Wirbeltier ausgestattet war mit einer Schuppenhaut, die es vor Austrocknung schützte, vier Watschelbeinen (wobei die Zehenzahl einmal gleichgültig sein soll) und Lungen, konnte unser Vorfahr – und die Ichthyostegalia kommen seiner Gestalt recht nahe – sich vom Wasser entfernen. Er war vermutlich kein Pflanzenfresser und muß sich daher von anderen Tieren ernährt haben, die am Strand angespült wurden, oder Arthropoden gefangen haben, die sich auf dieselbe Weise vom Wasser weg begeben hatten. Vermutlich kehrte er zur Aufzucht seiner Nachkommen immer wieder zum Wasser zurück, denn ein Larvenstadium im Wasser wird ihm von seiner Fischvergangenheit erhalten geblieben sein. Es muß nicht alles auf einmal geändert werden.

Ganz in der Nähe des Londoner St. James' Park befindet sich an der Mall am Ende einer Régenceterrasse ein imposantes Gebäude. In ihm residiert der Athenaeum Club, bevorzugter Treffpunkt von Bischöfen, Professoren und hohen Regierungsbeamten. Aber es gibt dort noch einen weiteren Club, der sich von Zeit zu Zeit in einem Eßzimmer im Kellergeschoß trifft. Dieser Club trägt den Namen Tetrapods. Gegründet wurde er in den dreißiger Jahren von Julian Huxley und seinen Freunden. Von einem Gastredner werden aktuelle biologische Themen besprochen, und der Vorsitzende des Abends klopft mit dem Schambein eines Wals auf den Tisch, um für Ruhe zu sorgen. Der Club hat, wie andere Tetrapoden auch, so manches Auf und Ab erlebt. An seinem tiefsten Punkt traf man sich in einer Kneipe namens The Goat. Einige seiner Mitglieder sind schon sehr lange dabei – genau genommen erinnert sich keiner, wer die ältesten Mitglieder sind. Doch von ihren Zusammenkünften diffundieren Ideen in die wissenschaftliche Welt hinaus, und ich erinnere mich, an einem jener Abende von den wichtigen Erkenntnissen zur Zehenzahl gehört zu haben. Im Anschluß daran riß der Vorsitzende (auch das gehört zur Tradition) noch ein paar schwache Witze über einige Mitglieder, die gegen Ende des Abends offensichtlich im Begriff waren, sich wieder auf die ursprüngliche Tetrapoden-Gangart zu verlegen.

Der Übergang zum Landleben hatte vermutlich im Silur begonnen und wurde im Devon abgeschlossen – das heißt vor etwa 410 bis 360 Millionen Jahren. Ich sollte das Leben und die Zeitläufe dieser entscheidenden Periode kurz erwähnen. Das Devon erhielt seinen Namen nach der englischen Grafschaft Devonshire im Südwesten von England. Die Landschaft dort ist von einzigartiger Lieblichkeit und verdankt ihren Charakter zu einem großen Teil devonischen Gesteinsformationen. Der größte Teil von Exmoor ist davon untermauert, und selbst die ständigen Einfälle der Touristen können den Charme des Barle Valley oder die Freundlichkeit von Dolverton nicht trüben. Rauher Sandstein wechselt ab mit Moorland, auf dem Heide und Schafe gedeihen. Noch immer versucht man, die ungezähmte Landschaft mit modernen Methoden der Landwirtschaft kleinzukriegen, doch es bleibt genug übrig, so daß wir uns vorstellen können, wie es hier einst gewesen sein muß. Der Reiz beruht vor allem auf dem Kontrast zwischen offenen Mooren und abgeschiedenen Tälern mit ihren uralten, strohgedeckten Cottages. Weiter im Westen bilden marine devonische Schiefer einen Großteil der bizarr geformten Klippen Cornwalls. Im Süden der Grafschaft, um Torquay, gibt es ganz andere devonische Gesteine mit marinen Fossilien. In dieser Gegend hat sich kaum etwas aus der Zeit der Besiedlung des Landes erhalten. Statt dessen legt sie Zeugnis ab von der Fortdauer der Reichtümer silurischer Meere, belegt durch die Hinterlassenschaft von Korallen, Muscheln, Brachiopoden und Trilobiten. Die devonischen Gesteine in Teilen Ohios, Ontarios und des Staates New York ähneln diesen in ihrem Charakter, sind aber sogar noch mannigfaltiger. Es gibt einen berühmten Trilobiten namens *Phacops rana*, der an bestimmten Orten massenweise auftritt. Er hat einen runden Kopf und verfügt über große Augen mit sphärischen Linsen. Dutzende anderer solcher Tiere finden sich in großen Gebieten Brasiliens, Marokkos und der Türkei. Wenn Sie diese Kreaturen betrachten, kämen Sie nie auf die Idee, daß zu ihren Lebzeiten andernorts eine große Begrünung im Begriff war, das Antlitz der Erde lieblicher zu gestalten.

Die beiden unterschiedlichen Gesichter des Devons – das marine und das der Seen und Gebirgsmulden – stellen eine Art zeitlicher Schizophrenie dar. Die nicht marinen Gesteine sedimentierten als Old Red, und es hat seine Zeit gedauert, bis zu jedermanns Zufriedenheit bewiesen war, daß diese bunt gefärbten roten Gesteine, die von dem größten Abenteuer des Lebens berichten, exakte Zeitgenossen unauffälliger heller Kalke und dunkler Schiefer waren. Sie sahen so völlig anders aus und hatten so wenige Fossilien gemeinsam. Es gab ungemein wenig, was auf einen Zusammenhang verwiesen hätte zwischen den Pflanzen und Fischen der kaledonischen Senken und den marinen Gesteinen voller Brachiopoden und Trilobiten. Dies führte im 19. Jahrhundert zu einer großen Kontroverse um die Beschaffenheit und das Alter des Old Red. Martin Rudwick hat beschrieben, wie das Old Red-Problem gelöst wurde, gestützt auf ergiebige zeitgenössische Briefe und Dokumente, aus denen eine Debatte wieder lebendig wird, in der es damals ebenso heftig zuging wie wenig später in der Frage der Entstehung der Arten oder der Entdeckung des AIDS-Virus in unseren Tagen. An ihrem Ende war eine der friedlichsten Grafschaften Englands unauflöslich verknüpft mit einer der revolutionärsten Episoden in der langen Geschichte des Lebens.

Eines der Probleme, mit denen sich jeder denkende Mensch angesichts dieses folgenschweren Durchbruchs konfrontiert sieht, ist die Frage, wie eine solch tiefgreifende Umwandlung durch eine Reihe kleiner schrittweiser Veränderungen des Körperbaus zustande kommen kann. Doch je mehr Beweise sich ansammeln, umso mehr Arten werden als Fossilien entdeckt, die das eine oder andere Merkmal eines Übergangs vom Wasser zum Land aufweisen. Kluge Anatomen können zeigen, daß die Knochen eines Reptilienarms anderen Knochen eines Vertreters der *Ichthyostegalia* sehr, sehr nahe kommen. Die Molekularbiologen entdecken in den Genen mehr und mehr tiefgreifende Ähnlichkeiten, die auf ein gemeinsames Erbe aller Tetrapoden hinweisen. Nein, wir können eine gemeinsame Abstammung heute als *Tatsache* hinnehmen, als genauso gesichert wie unsere eigene Herkunft und als ebenso wundersam wie eine Geburt. Daß Pflanzen und Tiere sich weiter und weiter in feindliches Territorium vorwagten, ist befriedigend nur damit zu erklären, daß ihr Wagemut mit einem überwältigenden Fortpflanzungserfolg in diesem jungfräulichen Habitat belohnt wurde. Sie bekamen mehr Junge, die besser gediehen und sich infolgedessen selbst ungehinderter fortpflanzen konnten. Mit einem Wort, diese Arten waren die tauglicheren. So funktioniert die natürliche Auslese. Mag die Wiege dieser Veränderungen irgendeine isolierte Senke eines längst vergangenen Himalaya gewesen sein, ein Ort, an dem die ersten unbeholfenen Gliedmaßen ihre neue Funktion erproben konnten, so läßt sich ihr anschließender Erfolg ablesen am praktisch allgegenwärtigen Auftreten von Tetrapoden im Karbon, der auf das Devon folgenden Formation. Es gibt dafür noch andere Gründe, zu denen wir später kommen werden.

Die Besiedelung des Landes ist ein Durchbruch, der uns leichter faßbar erscheint als die Evolution einer Zelle, so ungeheuer wichtig diese auch gewesen sein mag. Es ist leichter, sich die Probleme vorzustellen, die dabei zu lösen waren, sich in den ersten unbeholfen strauchelnden Tetrapoden, in die Notwendigkeit zu atmen hineinzudenken oder sich anmutig im feuchten Dunkel der Vegetation entschwinden zu sehen, um den unbarmherzigen Strahlen der Sonne zu entgehen. Doch so sehr wir uns in die Tiere zur Zeit der Landbesiedelung hineinversetzen können, projizieren wir auch beinahe unausweichlich unsere menschlichen Werte auf den Sachverhalt. Wir verkörpern die Sprache des Ehrgeizes. Wir reden, wie ich selbst es soeben im vorhergehenden Text mehrfach getan habe, von Leistungen, Errungenschaften und Erfolg. Es ist ganz leicht, aus dieser Geschichte ein Drama über ein Wettrennen um den ersten Platz zu machen. Ich für meinen Teil finde es fast unmöglich, die Vorstellung von einem Willen zum Erfolg aus meiner Erzählung von den Wandlungen des Lebens herauszuhalten. Die Forschung selbst ist häufig von dem Willen getrieben, erster zu sein, den eigenen Namen mit einer Entdeckung zu verknüpfen. Das schlägt sich unübersehbar in der Sprache nieder. Eine wissenschaftliche Leistung wird als «Durchbruch» gefeiert. Sie ermöglicht die Entwicklung eines neuen Gebiets, die Erkundung einer neuen Wissenschaftslandschaft. Das Rennen um den ersten Platz ist der Antrieb, der hohläugige Forscherteams dazu veranlaßt, nächtelang aufzubleiben und gefesselt die Blasenkammer zu beobachten, in der Hoffnung, den flüchtigen Beleg für irgendein fundamentales Teilchen zu erhaschen. Das Rennen um den ersten Platz ist auch das Motiv, das kühne Paläontologen auf der Suche nach unbekannten Dinosauriern in die Ödnis der Wüste Gobi treibt. Medizinische Forscherteams kämpfen, um ein anderes Team zu schlagen und als erste die Struktur eines bestimmten Gens zu publizieren oder die Eigenschaften einer chemischen Substanz zu beschreiben, die das Wachstum entarteter Zellen zum Stillstand bringt. Kein Wunder, daß ich die evolutionäre Vervollkommnung mit dem Prozeß des wissenschaftlichen Fortschritts in eins gesetzt habe. Natürlich gibt es wichtige Unterschiede zur natürlichen Auslese. Schließlich widmet sich Forschung in aller Regel anderen Dingen als dem Fortpflanzungserfolg (es sei denn, Sie drücken ein Auge zu und betrachten die erfolgreiche Verbreitung einer Idee als eine besondere Art von Fruchtbarkeit). Und von Zeit zu Zeit haben einige Wissenschaftler es zumindest vorübergehend geschafft, erster zu werden, indem sie die Verdienste eines anderen für sich reklamierten oder die Arbeit eines intelligenten Studenten als ihre eigene ausgaben oder in der Akademie der Wissenschaften die richtigen Fäden zogen.

Die Natur kennt hingegen keine Sünde. Die Natur kann auch nicht betrügen. Auf manchen Gebieten ist es schlecht um die Moral der wissenschaftlichen Forschung bestellt, und so mancher kluge Kopf ist von einem mißgünstigen Professor betrogen worden, doch es gilt noch immer die goldene Regel: *Du sollst deine Ergebnisse nicht fälschen*. Die Paläontologie ist besonders anfällig für falsche Behauptungen oder vorsätzliche Versuche der Irreführung. Das für die Wissenschaft grundlegende Vertrauen besagt, daß, wenn von einem Fossil berichtet wird, es stamme von diesem oder jenem Fundort und es sei echt, nun gut, man nicht weiter nach der Glaubwürdigkeit fragt. Der Skandal um den Piltdown-Menschen ist das wohl am besten bekannte Beispiel für den Mißbrauch dieses Vertrauens. Die Fälschung eines «missing link» zwischen Mensch und Affe war, vorsichtig ausgedrückt, ein kühner Gedanke, und im nachhinein ist es erstaunlich, daß dieser Schwindel nicht eher entlarvt wurde. Allerdings ist die Geschichte der Paläontologie von anderen Betrugsfällen aufgestört und in gewisser Weise auch belebt worden, die der Öffentlichkeit weniger gut bekannt sind. Bis zum gegenwärtigen Stand unserer Geschichte hat es sogar mehrere davon gegeben.

Der Fall des Professors V. J. Gupta geriet in den achtziger Jahren ins Rampenlicht. Der Name Gupta war jedem vertraut, der sich mit der Geologie des Himalaya befaßte. Er hatte ein Lehrbuch darüber geschrieben und verfügte über eine ausgesprochen respektable akademische Qualifikation von der University of Wales in Aberystwyth, wo seine ehemaligen Kollegen sich jederzeit für sein gewinnendes Wesen und seine Intelligenz verbürgen werden. Als er nach Indien zurückkehrte und einen hohen Posten an der Universität Chandrigar erhielt, mochte es durchaus scheinen, als habe er nichts weiter als den verdienten Lohn für eine wohlbegründete Karriere erhalten. Er veröffentlichte zahlreiche wissenschaftliche Artikel. Eine ganze Reihe von diesen befaßte sich mit der Altersbestimmung von Gesteinen aus entlegenen Gebieten des Himalaya. Natürlich war dies ein wichtiger Beitrag zum Verständnis der Geologie der höchsten Bergkette der Welt. Die Publikationen beschrieben Fossilien, die Gupta selbst gesammelt hatte, und dies zum Teil unter einem gewissen persönlichen Risiko, da er manche Exemplare aus politisch problematischen Gegenden oder von schwer zugänglichen Bergen kühn ergattert hatte. Die Mehrzahl dieser Artikel war zusammen mit anderen Autoren verfaßt worden, deren Fachwissen bezüglich der einen oder anderen Fossiliengruppe weithin bekannt war. Es gab auch Artikel über Trilobiten darunter. Das Ganze lief so ab, daß V. J. dem entsprechenden Professor ein Päckchen mit fossilem Material zusandte, natürlich nicht ohne auf dessen Bedeutung zu verweisen. Der hoch erfreute Professor erkannte ohne größere Schwierigkeiten einen Großteil der Fossilien. Das war höchst befriedigend, denn damit konnte das Alter der fraglichen Gesteine als gesichert gelten. Das Ergebnis war eine recht bequeme Veröffentlichung – eine mehr auf der Publikationsliste des Professors und eine weitere für V. J. – und so waren alle zufrieden. Das einzige Problem war, daß einige der Fossilien nicht von dort stammten, wo sie angeblich gefunden wurden. Es gab Fossilienkombinationen, wie sie für andere, bekannte Fundorte wie Böhmen kennzeichnend waren, und es sah so aus, als seien sie in genau derselben Art und Weise erhalten geblieben, was sich beispielsweise an einer bestimmten Färbung oder an ihrer chemischen Zusammensetzung ablesen ließ. Es begann sehr verdächtig danach auszusehen, als seien die «Himalayafossilien» im Laufe von Guptas Reisen in ganz anderen Ländern gesammelt (oder gar gekauft) worden. Schließlich hatte er einige Zeit in der damaligen Tschechoslowakei zugebracht, und nichts wäre einfacher gewesen, als ein paar Fossilien von einem der dortigen renommierten Fundorte einzupacken. John Talent, ein australischer Forscher, stellte schließlich eine Reihe von Beispielen für solcherlei faulen Zauber zusammen und veröffentlichte in *Nature* eine vernichtende Enthüllung. Einige der angeblich aus dem Himalaya stammenden Fossilien ließen sich anderen wohlbekannten Fundorten zuordnen, die weit weg von Asien lagen. Es sah ganz danach aus, als habe der Erfolg V. J. schließlich sogar sorglos werden lassen, denn manchmal erschienen Photographien derselben Exemplare mehrfach, sollten aber angeblich von verschiedenen Fundorten stammen! Wenn Sie einmal mit einer unglaublichen Dreistigkeit durchgekommen sind, schleicht sich vermutlich das Gefühl ein, Ihnen könne nichts passieren. So war es bei V. J. Ein paar andere Fakten rundeten das Bild ab. Der Trilobiten-Koautor Fred Shaw vom Lehman College in der Bronx hatte an den Trilobiten, die er zusammen mit Gupta beschrieben hatte, ein solches Interesse gefaßt, daß er den durchaus verständlichen Wunsch hegte, ein bißchen Feldarbeit im Himalaya zu unternehmen, um dort mehr und bessere Exemplare aufzutun. In der Hoffnung, dies tun zu können, unternahm er die lange

Reise nach Chandrigar, nur um festzustellen, daß der Professor nicht zu sprechen war. Er war auf mysteriöse Weise verschwunden. Der arme Fred war darüber ziemlich verstimmt, doch selbst jetzt ahnte er noch nicht sofort, daß er auf einen Trick hereingefallen war, so stark ist in der wissenschaftlichen Welt der Glaube an die Rechtschaffenheit des anderen. Doch nachdem Talent gesagt hatte, was zu sagen war, wurden sämtliche Arbeiten Guptas mit Mißtrauen beäugt, und wenn an ihnen etwas Gutes war, so wurde es zusammen mit dem Schlechten verworfen. Natürlich gab es einen Skandal. V. J. wurden etliche seiner Titel aberkannt. Sein regelmäßiges Erscheinen auf der Szenerie der internationalen Konferenzen fand ein Ende. Mit Sicherheit wird man seine Arbeiten zukünftig nur mit einem Hauch des Zweifels zitieren. Aber Indien ist ein großes Land, und Chandrigar ist weit weg von London und New York. Mir wurde berichtet, daß V. J. Gupta noch immer sein Gehalt bekommt und noch immer eine Position an der Universität bekleidet.

Was das Motiv betrifft, so war Fortkommen sicher der wichtigste Aspekt. Akademiker werden selten reich, aber zumindest können sie recht gut versorgt und sogar einflußreich werden:

> Fame is the spur that the clear spirit doth raise
> (That last infirmity of noble mind)
> To scorn delights and live laborious days;
> (John Milton; *Lycidas*, 1637)

Für manchen ist Ruhm eine Versuchung, doch arbeitsreiche Tage sind allzu kraftraubend und die Freuden unwiderstehlich.

Solche Abwege sind den Bestrebungen Hunderter ehrlicher Forscher, die versuchen, die Geschichte des Lebens zu enträtseln, nicht eben zuträglich. Aber der Fall Gupta wirft die Frage nach der Verläßlichkeit von Beweisen auf, und das ist ein interessantes Thema. Woher wissen wir, daß wir uns der Wahrheit über unsere Geschichte nähern? Es ist ganz klar, daß wir heute ungleich mehr über die Besiedelung des Landes durch das Leben wissen als noch vor fünfzig Jahren. Neue Feldfunde haben nicht unwesentlich dazu beigetragen, aber auch die Neubewertung altbekannter Tatsachen. Doch sogar Tatsachen sind ein bißchen nebulös. Denn schließlich galt es auch als «Tatsache», daß fünf Zehen von universaler Verbreitung sind – bis man sieben Zehen fand, indem man ein «altes» Fossil noch einmal genauer betrachtete. Ohne die Ehrlichkeit einzelner Personen in Frage stellen zu wollen: Jeder Paläontologe weiß, daß manche Beobachter verläßlicher sind als andere. Manche Wissenschaftler erkennen Fakten besser als andere, könnte man sagen. Wir gewöhnen uns zunehmend an die Feststellung der Quantenphysiker, daß der Beobachter Teil der Gleichung ist. Vielleicht ist dieses Phänomen weiter verbreitet als wir es uns eingestehen. Ich kann zum Beispiel, was meine eigene Lebensgeschichte angeht, die Ereignisse in meinem Leben nachträglich uminterpretieren, und so habe ich ohne Zweifel auch etliche der in dieses Buch eingeflochtenen autobiographischen Fakten modifiziert, wenn auch nur, um die Story zu verbessern. Vielleicht befinden sich unsere Fälscher am äußersten Ende eines breiten Spektrums der Verläßlichkeit im Hinblick auf die Tatsachen.

Wenn Tatsachen unzuverlässig sind, woran können wir dann erkennen, daß wir zur Wahrheit vorgedrungen sind? Ich hege den Verdacht, daß wir über die Besiedelung des Landes nie hinreichend Bescheid wissen werden. Jahr für Jahr hat es Überraschungen gegeben, und nichts deutet auf ein Ende hin. Noch nie hat eine neuentdeckte Pflanze aus dem Devon dem entsprochen, was wir nach den vorliegenden erwartet hätten. Jedes neuentdeckte frühe landlebende Wirbeltier bringt eine andere Überraschung mit sich. Dafür gibt es gute Gründe. Einer davon ist schieres Glück: Schon die Chancen, überhaupt ein Fossil zu finden, stehen schlecht, wieviel geringer sind sie erst, wenn es um frühe Tiere geht, die überdies auch noch selten sind. Die Flüsse in Wales und die Gletscher in Grönland bahnen sich ihren Weg auf Geheiß der Elemente und nicht, um der Wissenschaft einen Dienst zu erweisen. Somit ist jede Entdeckung ein kleines Wunder, ein Treffer in der Lotterie des Zufalls. Fakten mögen eine unsichere Sache sein, aber eines ist sicher: Wir haben nicht genügend davon. Dann gibt es noch das Problem der Konservierung: Zarte Wesen wie Insekten und Spinnen benötigen einen Rhynie Chert, damit sie erhalten bleiben. Die primitivsten Insekten waren zweifelsohne flügellos, und wir kennen ein oder zwei Fossilien, die das beweisen. Sie waren überdies sehr klein, und schon ihre geringe Größe ist ein gewichtiger Faktor gegen den Erhalt fossiler Überreste. Als Flügel in den fossilen Zeugnissen auftauchten, waren sie also schon voll entwickelte Strukturen. Ein Fachmann ist imstande, auf das eine oder andere primitive Merkmal hinzuweisen, aber ein Laie erkennt sie ohne Zögern als das, was sie sind. Bislang kennt man keine Zwischenstufen, und die Chancen, sie heutzutage noch zu finden sind mit Sicherheit sehr gering. In diesem Falle können wir also sagen, daß es uns an Fakten fehlt; wir *wissen*, was uns fehlt. Man kann also darüber spekulieren, wann Flügel entstanden sind, und es hat, wie wir sehen werden, jede Menge Spekulationen gegeben. In anderen Fällen mag nicht so klar sein, was uns noch zu entdecken bleibt – zum Beispiel Pflanzen, die um jene neuartigen, zuerst besiedelten Tümpel herum existiert haben und vielleicht ein Bindeglied zwischen unseren heutigen Moosen, Lebermoosen und Farnen und ihren Urahnen darstellen. Das bringt mich zurück zu einer ganz praktischen und eher unkomplizierten Definition der Grenzen unseres Unwissens. Wenn fortgesetztes, ausdauerndes Sammeln stets nur mehr von dem liefert, was man bereits kennt, dann gibt der Forscher irgendwann aus reiner Erschöpfung auf. Weitere, noch unbekannte Tatsachen mögen seinen Augen verborgen sein, aber irgendwann wird das Streben nach etwas, was sich zwar suchen, aber nicht finden läßt, unproduktiv. Eine vollständige Rekonstruktion der Geschichte wird uns nie gelingen. Selbst wenn wir bis in alle Ewigkeit suchen würden, besteht kaum Aussicht, daß wir direkte Beweise für die Existenz winziger substanzloser, kleiner Würmer wie der Nematoden finden werden. Als das Land besiedelt wurde, hielt neben *Ichthyostega* und *Rhynia* eine ganze unsichtbare Phalanx kleiner Tiere und Pflanzen Einzug. Es ist sehr heilsam, sich zu vergegenwärtigen, daß es immer eine verborgene Geschichte gab und sie immer geben wird.

Man kann mit der Tatsache zurechtzukommen, daß die Geschichte niemals ganz erkannt, das Geschehen der Vergangenheit niemals völlig rekonstruiert werden wird, und man muß nicht ständig neuen Fakten nachstellen. Dazu muß man in seinen Überlegungen zum Verlauf der Evolution von den tatsächlichen Abstammungsverhältnissen abgehen und sich Theorien über *Beziehungen* zuwenden. Damit befaßt sich die Schule der Kladistik. Ich habe einen Großteil meines Arbeitslebens im Herzen der Kladistik zugebracht. Wohl hat man mich von seiten der Eiferer gescholten, die Methoden nicht mit der gebotenen Reinheit zu praktizieren. Gleichzeitig haben mich andere Traditionalisten einen «verdammten Kladistiker» genannt. An der Art und Weise, wie wir unser Wissen um die Vergangenheit erwerben, haben sich erstaunlich heftige Leidenschaften entzündet. Manche Wissenschaftler haben über Jahre hinweg nicht mit ihren Kollegen gesprochen, und wenn dann nur mit grollenden Untertönen. Dabei ist die Kladistik in keiner Weise unpassend oder anstößig.

Wir sind wohl alle daran gewöhnt, in Darstellungen der Evolution des Lebens auf evolutionäre Stammbäume zu treffen. In Absicht und Anlage ähneln sie unseren Familienstammbäumen, aus denen hervorgeht, wessen Vater Onkel Cuthbert war und wen Tante Mildreds Sohn zeugte. Sie sind buchstäbliche, historische Schilderungen der Abstammung, der Genealogie. Sie füllen die leicht ermüdenden Anfangstexte biblischer Schriften, in denen in mühseliger Kleinarbeit aufgezählt wird, wer wen gezeugt hat. Im Falle der älteren Geschichte, die sich vor dem Beginn der Geschichtsschreibung zugetragen hat, ist die Genealogie sehr viel problematischer. Dasselbe gilt für die verwandtschaftlichen Beziehungen von Arten. Sicher wissen wir allerdings, daß, falls es eine Evolution gegeben hat, die evolutionären Veränderungen – ob sie nun die in diesem Kapitel beschriebenen Gliedmaßen betreffen oder die in diesem Buch immer wieder erwähnten Gene – an künftige Arten weitergegeben werden, die denselben Vorfahren teilen. Der Erwerb neuer Merkmale bildet die Grundlage der Kladistik. Statt den Versuch zu unternehmen, Stammbäume im eigentlichen Sinne zu erstellen, zeichnet man Kladogramme, in denen anhand der Merkmale der Tiere selbst die Beziehungen zwischen verschiedenen Arten als eine Folge von regelmäßigen Verzweigungen dargestellt ist. Immer dort, wo sich ein Verzweigungspunkt befindet, wurde ein neues Merkmal erworben, das dann an jede Art, die sich im Diagramm oberhalb dieses Punktes befindet, weitergegeben wird (siehe Seite 212). Tiere oder Pflanzen, deren Stammeslinien sich auf *einen* gemeinsamen Vorfahren zurückführen lassen, bilden eine zusammengehörige Gruppe. Mehrere Gruppen mit einem gemeinsamen Satz von Merkmalen lassen sich zu einer übergeordneten Tier- oder Pflanzengruppe zusammenfassen. Diese Gruppen können sehr groß sein – einen großen Anteil am Tier- oder Pflanzenreich umfassen – oder auch sehr klein – eine Gattung mit einer Handvoll Arten beispielsweise – das Prinzip aber ist dasselbe. Wir sind bereits den Tetrapoden begegnet, jenen Tieren, die das Merkmal Vierbeinigkeit miteinander teilen: Wenn es jemals eine große Gruppe gegeben hat, dann diese. Auf der anderen Seite gibt es innerhalb der Tetrapoden die Gattung *Homo*, ihr gehören intelligente, aufrecht gehende Affen an, die Werkzeuge herstellen und sich zu jeder Zeit, unabhängig vom Östrus, paaren können. Um ein Kladogramm zu konstruieren, benötigen wir nicht alle Arten, denn das einzige, worauf es ankommt, ist die relative gemeinsame Abstammung. So kann man ohne weiteres ein Kladogramm entwerfen, aus dem hervorgeht, daß der Mensch dem Schwein verwandtschaftlich näher steht als den Fischen, ohne damit zu behaupten, daß der Mensch vom Schwein abstammt, oder daß Schweine menschlicher sind, als wir vielleicht angenommen haben. Ein solches Kladogramm stützte sich auf unsere gemeinsamen Merkmale: Mit Schweinen haben wir (unter anderem) unser warmes Blut gemeinsam, vier Gliedmaßen, die Struktur unserer Ohren sowie die Tatsache, daß wir unsere Jungen lebend gebären und säugen. Diese Merkmale reichen hin, um zu zeigen, daß

Mensch und Schwein zusammen in eine Stammesgruppe gehören – wir bezeichnen diese Tiergruppe als Säugetiere. Mit Fischen *und* Schweinen haben wir eine Wirbelsäule und zwei paarig angeordnete Augen gemeinsam, und das sind nur zwei der Merkmale, die zeigen, daß diese drei Tierarten gemeinsam einer noch übergreifenderen Gruppe angehören – den Wirbeltieren.

So leicht das Prinzip auch formuliert ist, die Praxis ist doch um einiges komplizierter. Je mehr Arten in einem Kladogramm behandelt werden, um so mehr potentielle Beziehungsdiagramme ergeben sich, insbesondere, weil nicht alle Merkmale in dieselbe Richtung weisen. So wissen wir zum Beispiel, daß sowohl Vögel als auch Fledermäuse Flügel besitzen, und doch sind Fledermäuse keine Vögel, sondern Säugetiere. Zu erkennen ist dies daran, daß sie mehr gemeinsame Merkmale mit Säugetieren haben (sie säugen ihre Jungen, haben keine Federn, sondern ein Fell und so weiter) als mit Vögeln (mit denen sie nur ihre Flugfähigkeit verbindet). Unser gesunder Menschenverstand erkennt, daß Fledermäuse eher fliegende Säugetiere denn behaarte Vögel sind. Was unser natürlicher Witz hier intuitiv praktiziert, ist die Anwendung der Ockhamschen Regel auf die Abstammung von Fledermäusen. Wir erkennen mehr Merkmale, die Fledermäuse mit anderen Säugern verbinden, als Merkmale, die Fledermäuse mit Vögeln verbinden; damit scheint es uns einfacher anzunehmen, die Natur habe weniger Veränderungen vornehmen müssen, um ein insektenvertilgendes Säugetier in eine Fledermaus zu verwandeln, als wenn sie umgekehrt einen Vogel in eine Fledermaus habe verwandeln wollen. Dieses einfache Leitprinzip soll Wilhelm von Ockham (frühes 14. Jahrhundert) aufgestellt haben: Wenn wir die Wahl haben, entscheiden wir uns stets für die einfachere Erklärung. Wenn die Kladogramme durch die Einbeziehung immer neuer Arten und Merkmale komplizierter werden, kann nur noch der Computer herausfinden, welche der vielen hundert Möglichkeiten die einfachste Anordnung von Arten repräsentiert.

Das alles mag ziemlich esoterisch scheinen und keinerlei Anlaß für Zorn und Kontroversen bieten. Aber die Kladistik rüttelt an liebgewordenen Vorstellungen von Abstammung, betrachtet sie von einem neuen Standpunkt aus. Recht häufig ergeben sich neue Antworten, und diese sind nicht notwendigerweise allzu willkommen bei Leuten, die sich einer anderen, traditionellen Sichtweise verschrieben haben. Ein Beispiel hierfür ist der Ursprung der terrestrischen Lebensweise. Die Tetrapoden galten lange als Nachkommen einer Fischgruppe mit seltsamen quastenförmigen Fleischflossen; diesen Standpunkt findet man in vielen populären Büchern. Die Flossen der am besten untersuchten Quastenflosser verfügen über eine fleischige zentrale Achse, die oberflächlich betrachtet einem Bein ähnelt, und es schien eine naheliegende Überlegung, sie seien die Basis für die Entstehung jener für das Landleben so überaus wichtigen Organe. Der heute noch lebende Quastenflosser *Latimeria* ist das wohl berühmteste aller «lebenden Fossilien». Sein Spitzname «Urvierbeiner» kündet deutlich von dem ihm traditionell zugewiesenen Platz in der Geschichte des Lebens. Wenn er an ein paar Stellen des Indischen Ozeans träge seine Kreise zieht, bildet er in der Tat eine überaus melancholische Erinnerung an die ferne Vergangenheit. Doch in den Flüssen und Seen des Devon gab es noch andere Fischarten. Zu ihnen gehörten die ersten Lungenfische. Einige Arten von Lungenfischen sind noch heute am Leben, der ursprünglichste darunter ist *Neoceratodus*, ein sich langsam fortbewegendes, mit großen Schuppen bekleidetes Tier, das es heute nur noch in Australien gibt. Er arrangiert sich mit einem geringen Sauerstoffgehalt des Wassers, indem er Luft atmet, eine Anpassung, die ihn womöglich seit dem Perm, in dem seine inzwischen ausgestorbenen Verwandten lebten, über die Zeiten gerettet hat. *Neoceratodus* fehlen jegliche gliedmaßenähnlichen Flossen. Die Kladisten gingen ans Werk und analysierten *sämtliche* Merkmale der Lungenfische, darunter versteckte Merkmale der Kopfknochen und so augenfällige wie die Lungen. Sie verglichen diese Merkmale im Hinblick auf Gemeinsamkeiten mit den Quastenflossern einerseits und den Tetrapoden andererseits. Und hier ergab sich eine ganz andere Antwort: Es waren die Lungenfische und nicht, wie üblicherweise angenommen, die Quastenflosser, die mit den Tetrapoden am engsten verwandt waren. Unser Quastenflosser wurde aus der Hauptabstammungslinie verdrängt und zum «Möchtegern-Urvierbeiner». Natürlich waren diejenigen, die einen Großteil ihres Lebens hindurch die Quastenflossertheorie verfochten hatten, skeptisch, es gab Streit und manch wütenden Schlagabtausch. Doch die Kladisten hatten vermutlich recht. Heute, da man die Sequenzen von Molekülen analysieren kann (womit man eine weitere Reihe von Merkmalen zur Verfügung hat), erfährt ihr Standpunkt zusätzliche Unterstützung. Ein Blick zurück auf andere Fossilien zeigte, daß *frühe* Fische wie *Eusthenopteron* über Flossen verfügten, die für die Weiterentwicklung zu Gliedmaßen in Frage kommen. Spätere Nachkommen der devonischen Lungenfische wie der bereits erwähnte *Neoceratodus* hatten sie im Laufe von Millionen Jahren verloren. Insgesamt war dies eine Revolution im Verständnis jener entscheidenden Epoche an den Ufern des Devons.

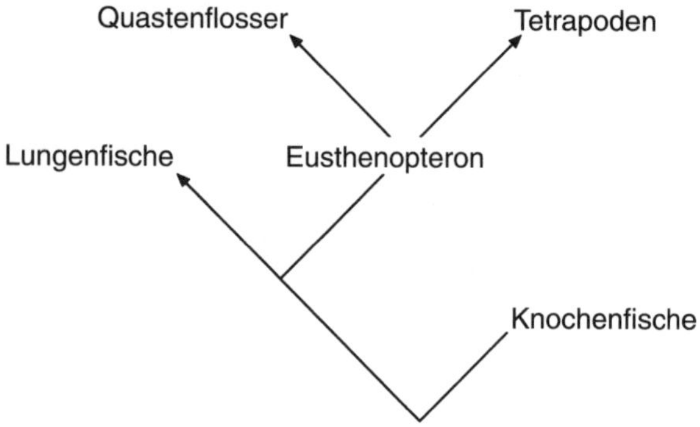

Traditioneller Stammbaum der Evolution

Die frühen Verfechter der Kladistik standen in den siebziger Jahren vereint gegen ein weitgehend feindliches «Establishment». Der Widerstand schmiedete sie, die vom Wert ihrer Beobachtungen (zu Recht, wie ich meine) überzeugt waren, zusammen. Der Gründervater der Kladistik, der deutsche Entomologe Willy Hennig, wurde zu einem weltlichen Heiligen erhoben. Seine Arbeiten lesen sich nicht eben leicht, möchte ich sagen. Die neue Disziplin schuf sich ihre eigene Sprache, welche diejenigen, die nicht zu den neuen Methoden konvertiert waren, zusätzlich entfremdete. (Ich habe hier auf den Fachjargon verzichtet, aber seine Unhandlichkeit – Symplesiomorphie, Synapo-

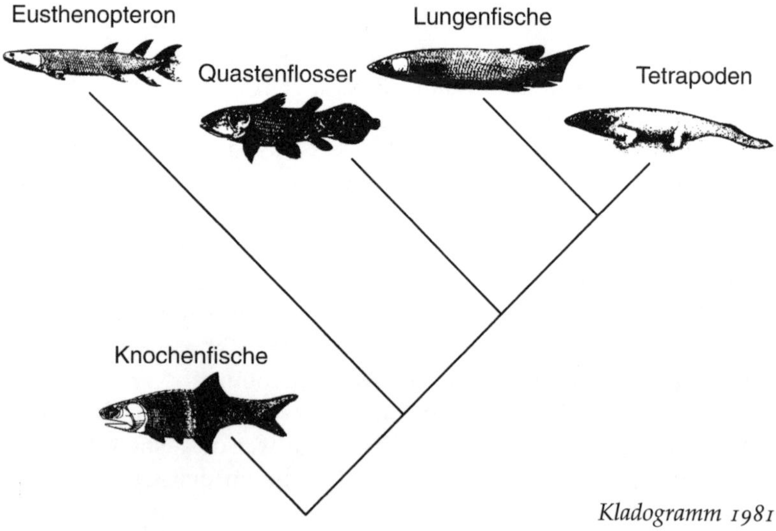

Kladogramm 1981

morphie, Semaphoront, um nur einige wenige Beispiele zu nennen – trug vielleicht nicht unwesentlich zu der Entfremdung des einen oder anderen bei.) Die Kladisten blieben unter sich, und diejenigen, die der Lehre ungläubig gegenüberstanden, grollten und zürnten, gleichfalls unter sich. Das ganze war ein Paradebeispiel für das, was Philosophen einen Paradigmenwechsel nennen.

Jeder Wandel in der Art und Weise, wie die Welt gesehen wird, folgt einem gewissen Schema. Die heroischen Anfänge vereinen eine Reihe engagierter Wissenschaftler, die sich den Entwicklungen der neuen Theorie anschließen. Man erfindet eine eigene Spache für die neuen Theorien, um die eigene Identität zu festigen – und um Häretiker fernzuhalten. Der führende Kern entwickelt sich zu einer Art Hohepriesterschaft. Ministranten sind zugelassen, vorausgesetzt sie ordnen sich der Lehre unter. Diplomanden und Doktoranden sind meist die eifrigsten Konvertiten, denn in ihnen vereint sich die Energie der Jugend mit dem Wunsch, ihrem neuen Herrn zu gefallen. Sie möchten gern «dazugehören». Das Natural History Museum in London und das American Museum of Natural History in New York wurden in jenen heroischen Tagen zu Zentren der theoretischen Weiterentwicklung der Kladistik. Kollegen erkundigten sich mit gesenkter Stimme bei ihren Freunden «Bist Du, oder bist Du nicht?» Man wurde Kladist, wie man anderweitig Buddhist wurde. Einige der energischsten Angehörigen der Priesterschaft waren auf geradezu übernatürliche Weise für ihre Rolle prädestiniert. Vor allem die Fischexperten hatten ihre große Stun-

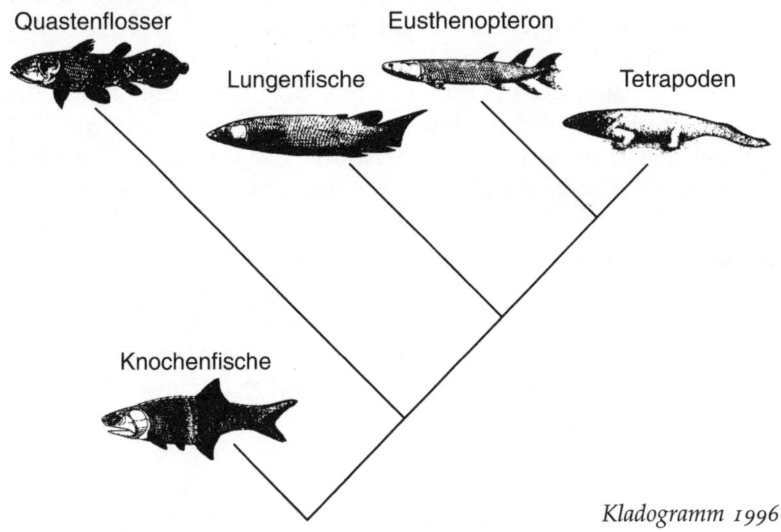

Kladogramm 1996

de. Gareth Nelson vom American Museum strahlte den Eifer eines leicht wahnsinnigen Propheten aus. Seine Vorlesungen waren von jener lässigen Brillanz, die einem das Gefühl gab, echt blöde zu sein, wenn man nicht verstand, wovon zum Kuckuck er überhaupt redete. Natürlich war einem klar, daß etwas derart Unverständliches es wert sein mußte, entschlüsselt zu werden. Der Fischexperte des Londoner Museums, Colin Patterson, ging den genau entgegengesetzten Weg, seine Vorträge vereinten Klarheit und Charisma zu gleichen Teilen. Dann gab es noch Dick Jefferies, der seine ganz eigenen esoterischen Theorien zur Entstehung sämtlicher Wirbeltiere hat. Dick ist die Inkarnation eines Professors, er verfügt über umfangreiches Wissen zu beinahe allem und jedem, zitiert bei jeder Gelegenheit Chaucer und vermag Embryologie-Lehrbücher im Original, das heißt in Deutsch, zu lesen. Um der ganzen Sache zusätzliche Würze zu verleihen, gab es noch David Hull, einen Wissenschaftsphilosophen aus New York, der die Kladismusdebatte als eine Art laufendes Experiment zu der Frage verfolgte, wie sich eine Idee in der wissenschaftlichen Welt durchsetzt. Aufmerksam spazierte er in der Londoner Abteilung umher und lauschte andächtig allem, was gesagt wurde. Einige der Gegner der Theorie waren interessanter als deren Vertreter. Beverley Halstead, Professor an der Universität Reading, hatte ein Händchen für wirksame Auftritte und das Talent, böses Blut zu erzeugen. Überdies hatte er ein merkwürdig gewinnendes Wesen, wenn man bedenkt, wieviel Ärger er anrichtete. Noch in mittleren Jahren hatte er sich eine jungenhafte Flinkheit und eine Menge Energie bewahrt, und er schien Glück bei Frauen zu haben. Halstead hatte sich ausführlich mit fossilen Fischen aus Silur und Devon befaßt und war daher von den Auswirkungen der Kladismusdebatte direkt betroffen. Er hielt nichts davon. Ich erinnere mich an einen Ausbruch auf einer Konferenz, auf der Dick Jefferies seine Theorien über den Ursprung der Vertebraten vorstellte. «Hören Sie mit diesem Wahnsinn auf, bevor es zu spät ist, Jefferies!» rief er. Sein Talent, Unheil zu stiften, bekam das Londoner Natural History Museum im Jahre 1981 anläßlich einer Ausstellungseröffnung zu spüren. Zu den Exponaten gehörten unter anderem Kladogramme über den Ursprung des Menschen. MARXISTEN ÜBERNEHMEN DIE MACHT AM NATURAL HISTORY MUSEUM, in dieser Art betitelte Halstead seine Kritik an der Ausstellung. Er hatte auf recht naive Weise seine beiden persönlichen Schreckgespenster (Kladistik und Marxismus) zu einem wortreichen Angriff auf diejenigen kombiniert, die für die Ausstellungen im Museum zuständig waren, indem er die intellektuelle Vormachtstellung dieser Leute mit jener unversöhnlichen Orthodoxie gleichsetzte, für die das damalige Sowjetregime stand. Es war eine hanebüchene Anschuldigung, aber sie sorgte für Aufsehen. Eine weitere Behauptung, die Schlagzeilen machte, war der Satz DARWIN IST TOT, der seiner Ansicht nach die Lehrmeinung am Natural History Museum repräsentierte. Dies war eine andere Mißdeutung des Einsatzes von Kladogrammen – es ging darum, daß man sie konstruieren kann, ohne *anzunehmen*, daß eine Evolution stattgefunden hat. Natürlich sprechen auch die gemeinsamen Merkmale, auf die ein Kladogramm sich gründet, für eine gemeinsame Abstammung, also dafür, daß eine Evolution stattgefunden haben *muß*. Dennoch zog sich die Debatte über Monate hin. Ich habe mir die Zeitungsausschnitte durchgesehen, es war eine ganze Menge zusammengekommen. Am Ende wurde die Ausstellung ein bißchen modifiziert, was Bev Halstead zweifelsohne als Triumph für sich verbuchte. Er wäre der Wahrheit näher gekommen, wenn er registriert hätte, daß Kladogramme als Ausstellungsobjekte überaus langweilig sind, mögen sie für die Wissenschaftler, die sie hergestellt haben, auch noch so interessant sein. Bev hatte eine liebreizende Angewohnheit: Wenn er wieder eine seiner Attacken geritten hatte, kreuzte er quietschvergnügt im Paläontologischen Institut auf, wie ein ungezogener, aber selbstbewußter Schuljunge, der gerade mit einer besonders üblen Rüpelei im Sportunterricht aufgefallen war. Es war ein großer Verlust für unser aller intellektuelles Vergnügen, als er vor ein paar Jahren auf tragische Weise bei einem Unfall ums Leben kam.

Die nächste Phase des wissenschaftlichen Paradigmenwechsels beginnt, wenn die neuen Ideen anfangen, allgemein Fuß zu fassen. Nun werden sie zum Stoff für Anfängerkurse; Kladogramme zur Beziehung zwischen Fischen und frühen Tetrapoden werden etwas Selbstverständliches. Diejenigen, die einst gegen diese Ideen gewettert haben, gehen in Ruhestand oder werden verrückt, oder sterben früh wie der arme Bev Halstead. Bald wenden fast alle die neuen Methoden an. Um etwa dieselbe Zeit kommt es unter den ursprünglichen Anhängern zu ersten Spaltungen. Punktuelle Unterschiede werden zu gegensätzlichen Schulen aufgeblasen. Einige der Getreuen werden exkommuniziert. Es gibt Krach unter Leuten, die von Irrtümern in methodischen Feinheiten überzeugt sind, vor allem, wenn Computer im Spiel sind, denn nur wenige Menschen sind intelligent genug, um Algorithmen zu verstehen. Die ganze Bewegung beginnt einer politischen Partei oder einer religiösen Sekte zu ähneln.

Aus heutiger Sicht wird deutlich, daß der Kladismus ein Analogon zu anderen Bewegungen war, die in der zweiten Hälfte des 20. Jahrhunderts mehr oder minder alle Bereiche des Geisteslebens erfaßt hatten. Das Hauptanliegen der Kladistik war das Streben nach Genauigkeit bei der Beschreibung der Beziehungen zwischen verschiedenen Arten. Ihr Kernsatz lautete: Wenn Sie einen Organismus klassifizieren wollen, dann richten Sie sich bitte nach den im Laufe der Evolution erworbenen Merkmalen, die er mit anderen Organismen gemeinsam hat, den Merkmalen der Sache selbst also. Die modernistische Literaturkritik zog sich die Aversion rivalisierender Gelehrter in einer Weise zu, die dem ganzen Wirbel um den Kladismus zum Verwechseln ähnelte, weil sie dem Text selbst absolute Priorität einräumte. Sie versuchte, Literatur von ihrem historischen Ballast zu befreien, um ihre Prinzipien besser durchschauen zu können. Wie im Falle der Kladistik entwickelte sich auch hier eine eigene Sprache, die in den Händen eines fortgeschrittenen Praktikers wie Jacques Derrida unverständlich und enervierend wirken konnte. Der Anfang von alledem ist, insoweit Anfänge überhaupt auszumachen sind, wohl in jenem Strukturalismus zu suchen, als dessen Vorreiter der Anthropologe Claude Lévi Strauss gelten kann. Die deskriptive Anthropologie bestand bis dahin aus einer Fülle von Fallstudien zu Stammesriten und Systemen, die wegen ihrer nahezu unbegrenzten Vielfalt nach einer reduktionistischen Sichtweise, nach eigenen Interpretationsprinzipien, verlangten, wenn sie mehr sein sollten als ein bloßer Beleg menschlicher Phantasie und Erfindungsgabe. Die Entschlüsselung des Übergangs vom Wasser auf das Land, wie ich sie hier beschrieben habe, handelt nicht nur von der Auffindung von Tatsachen, sie ist gleichzeitig auch eine anthropologische Studie, genauso menschlich wie die Intention eines Romans.

Erkenntnis hört niemals auf. Einige der extremen Vertreter des Kladismus schienen irgendwann zu glauben, daß es durch ihre neuen Methoden mehr oder weniger überflüssig würde, neue ausgestorbene Tiere zu entdecken. Das ist gefährlicher Unsinn. Die Möglichkeit und Wichtigkeit neuer Entdeckungen kann nicht besser illustriert werden als durch die röntgenologische Untersuchung des Hunsrück-Schiefers. Dieser dunkle Schiefer enthält leicht verschwommene Exemplare verschiedener Tierarten – Trilobiten, Seesterne, Seelilien – für Fossilien nichts übermäßig Aufregendes. Man wußte, daß im Hunsrück auch die «Weichteile» von Tieren erhalten geblieben waren, offenbar waren sie zu einem sehr frühen Zeitpunkt mit Pyrit überzogen worden, das jene Teile schützte, die sonst der Verwesung anheimgefallen wären. In den siebziger Jahren kam Wilhelm Stürmer auf die Idee, daß diese Pyrite auf Röntgenaufnahmen der Schieferplatten zu sehen sein müßten. Er hat nicht ahnen können, welche Vielfalt an wunderbaren Details seine Röntgenstrahlen enthüllen würden. Die Tiere sahen aus, als seien sie zum Zeitpunkt ihres Todes eingefroren worden: Seesterne, in deren Versteinerungen sich winzigste Details erhalten hatten; Seelilien, deren zarte, federgleiche Fortsätze, anmutiger als eine Pfauenfeder, sich nach Nahrung reckten, und, nicht minder aufregend, Trilobiten, deren Gliedmaßen und Antennen haarklein erhalten geblieben waren, sowie etliche andere seltsame Arthropoden, von denen man außer im kambrischen Burgess-Schiefer nirgends sonst Überreste gefunden hatte. Sie alle waren Meeresbewohner, doch was könnte eine Entdeckung wie diese zu unserem Wissen über die Besiedelung des Landes beitragen? Welcher Hammerschlag wird die nächsten Geheimnisse bloßlegen?

7

Schweigende Wälder, wimmelnde Meere

Baumstämme ragen mehr als dreißig Meter in die Höhe. Sie reichen beinahe unverzweigt bis zur Krone. Die Luft ist so feucht, daß die Feuchtigkeit sich in großen Tropfen auf Ihren Schultern niederschlägt und Ihnen den Rücken hinunterläuft. Das Dach, das die Bäume weit oben bilden, fängt sehr viel Licht ab; der Weg liegt weitgehend im Dunkeln, nur dort, wo ein Baum niedergebrochen ist, dringen helle Sonnenstrahlen durch die Nebelstreifen und beleuchten Tausende von Farnen, die wie grüne Fontänen aus dem Waldboden sprießen. Die umgestürzten Bäume haben flache Wurzeln, die sich regelmäßig verzweigen und wie eine große Hand den Weg versperren. Man kommt in dem Wald nur schwer vorwärts, wegen des dichten Gewirrs der Wurzeln und der Baumstämme, die quer über den Weg liegen, teils überzogen vom seidigen Grün der Lebermoose, teils glitschig von feuchtem Moos. Kein Farbtupfer unterbricht das eintönige Braun und Grün; man hat den düsteren, geradezu bedrückenden Eindruck eines unaufhaltsamen Wucherns. Allgegenwärtig ist auch ein warmer Modergeruch. Berührt man die Rinde eines der hohlen Bäume, so fühlt sie sich rauh an: Sie setzt sich aus rautenförmigen Auswüchsen zusammen. Nichts ist zu hören, kein Geheul in der Ferne, kein Vogelgezwitscher. Schwach ist zwischen den Bäumen ein trüber Bach auszumachen, vielleicht auch ein Tümpel. Plötzlich ein klatschendes Geräusch, das unverkennbar Bewegung anzeigt. Am Rande des Tümpels schwimmt träge ein Tier, vielleicht ein Krokodil? Bei näherem Hinschauen findet man weitere Anhaltspunkte von Leben. Zwei sehr große Schaben ziehen sich hastig unter den verrottenden Stumpf eines baumartigen Farns zurück. Sie meiden das Licht und verstecken ihre Fühler im Dunkeln. Auch Fluginsekten, manche darunter groß, fleischig und plump, flattern langsam durch die feuchte Luft. Keines ähnelt den Schmetterlingen, die man in diesem sumpfigen Wald fast erwartet hätte. Wenn eines sich auf Sie setzt, weil es Sie irrtümlich für einen Baum hält, wischen Sie es unwillkürlich ab, und es fällt strampelnd in einen Tümpel. Durch Ihre heftigen Bewegungen haben Sie möglicherweise etwas aufgestört, denn aus dem Inneren eines Baumstumpfes dringt leise ein kratzendes Geräusch. Es könnte ein Skorpion sein. Sie schaudern und setzen Ihren Weg fort.

So sah es vor 330 Millionen Jahren in einem Steinkohlenwald des Karbons aus. Die Welt ist voller Bäume und verborgener Geschöpfe. Seit die Erde im Devon ergrünte, hat sich vieles verändert. Die Vegetation, die einst nur zögernd aufs Land vordrang, deckt es jetzt vollkommen zu. Hier, wo Verfall und Erneuerung so innig miteinander verwoben sind, ist eine Ähnlichkeit mit den tropischen Regenwäldern von heute, ihren hochragenden Stämmen und der feuchten Atmosphäre, unverkennbar. Es gibt sogar lianenartige Gewächse, die sich durch und über die Stämme der hohen Bäume schlingen, und durch das Schweigen dringt eine erwartungsvolle Stille, die allein von der Fruchtbarkeit herrührt. Aber es gibt auch große Unterschiede. Der Wald ist stumm, weil nichts da ist, das einen Laut hervorbringen könnte. Zu hören ist nur das Scharren von Insektenbeinen oder vielleicht das leise Zischen eines Lurches. Es gibt kaum Farbe, weil noch keine Pflanzen da sind, die die Leuchtkraft von Blüten entwickelt haben. Die dunklen Grün- und Brauntöne rühren von Bärlappgewächsen und Baumfarnen her; hier und da leuchtet das hellere Grün eines Schößlings auf oder eine Primärfarbe, erzeugt von dem hellen Fruchtkörper eines Pilzes. Aber überall sind Insekten. Manche, wie etwa die Schaben, sind uns vertraut. Andere ähneln Libellen, fliegen aber schwerfälliger als die, die über unseren Dorfteichen umherschießen. Das krokodilartige Tier war in Wirklichkeit kein Reptil, sondern ein Lurch. Die Mannigfaltigkeit dieser Tiere ist beispiellos: Sie kriechen durch das Unterholz, verstecken sich in verrottenden Baumstämmen oder schwimmen durch die Tümpel. Ein schwimmender Lurch schnappt das Insekt, das Sie abgewischt haben, und schlingt es mit den langsamen, konvulsivischen Bewegungen der Amphibien herunter.

Es ist erstaunlich, wie rasch sich aus niederen Pflanzen Bäume entwickelt haben. Es herrschte ein Drang nach oben. Der Kampf um das Licht war zweifellos einer der Gründe für stärkere und höhere Pflanzen, die ihre Fächer der Sonne entgegenstrecken und niedriger wachsende Konkurrenten beschatten konnten. Als technisches Problem betrachtet, stellt ein Baum eine bemerkenswerte Lösung dar. Er muß, während er wächst, das Blätterdach tragen, das ihm Leben gibt. Große Blätter sind schwer. Wie wahr das ist, werden Sie wissen, wenn Sie jemals versucht haben, ein Bananenblatt zu schwenken. Das läßt sich dadurch erleichtern, daß das Blatt aufgeteilt wird in kleinere Blätter, die sogar federartig werden können. Oder dadurch, daß kleinere Flächen gebildet werden. Beide Strategien wurden vielfach verfolgt. Mehr Erfolg wird ein Baum haben, der mehr Blätter hervorbringt, was ihm aber wenig nützt, wenn das Ganze anschließend zusammenbricht. Diese erhebliche Last zu tragen, ist Aufgabe des Stammes. Zellen sind stark, wenn ihre Wände durch Lignin verdickt sind, und wenn solche Zellen zusammengepackt werden, ist das Ganze um ein Vielfaches verstärkt. Beton wird bekanntlich oft durch Eisenstäbe verstärkt, die ihm eine gewisse Flexibilität geben. Auch ein Baumstamm braucht eine gewisse Flexibilität, sonst wird er vom ersten Sturm genauso leicht geknickt, wie Sie einen Zweig zwischen den Fingern zerbrechen. Da der Stamm den ganzen Apparat der Photosynthese in die Höhe wuchtet, führt er ein vertikales Hindernis zwischen Wurzel und Krone ein, wo die eigentliche Arbeit, die Aufnahme von Wasser und Nährstoffen beziehungsweise die Verwandlung von Licht in organische Substanz, stattfindet. Da stellt sich sogleich das Problem, wie das Wasser und die lebenswichtigen Nährstoffe zu den Blättern, die sich so weit über dem Boden befinden, gebracht werden. Der Stamm ist gewissermaßen bloß toter Raum, ein Rohr. Die Zellen des Stamms enthalten hohle «Röhren», durch die Wasser nach oben gelangen kann. Ohne dieses Wasser würde das Blätterdach sogleich verwelken. Diese Röhren (Tracheiden) haben verstärkte Wände, die zur Stärke des Stammes beitragen, und sind in Bündeln angeordnet. Nun kommt aber das Problem, das Wasser hinaufzupumpen, es entgegen der Schwerkraft vom Boden zum Himmel zu befördern. Das erfordert Energie, doch besitzen Pflanzen keine beweglichen Teile, wie etwas das Herz eines Tieres, das die benötigte Energie liefern kann. Es ist eine natürliche Folge der Struktur der Blätter, und auf solch einen Einfall würde ein moderner Ingenieur wohl kaum kommen, daß die nötige Kraft statt dessen durch Verdunstung bereitgestellt wird. Während in der warmen Sonne von der Blattoberfläche Wasser verdunstet, *zieht* die Kapillarwirkung Wasser von den Wurzeln nach oben. Je heißer der Tag, desto stärker ist diese Transpiration und desto schneller wird das Wasser befördert. Verwelken tritt nur bei Dürre ein, wenn der Wasservorrat zur Neige geht. Der Stamm ist also zweierlei, Strebe und Schlauchleitung. Aber das ist nicht alles. Er muß auch fähig sein, in die Höhe und *in die Breite* zu wachsen, denn ein spindeldürrer Baum müßte bald umfallen. Geleistet wird das bei vielen Baumarten durch einen Gürtel von starkwüchsigen Zellen, der dicht unter dem äußeren Rand des Stammes verläuft. In den Einzelheiten des Stammaufbaus gab es große Unterschiede zwischen Baumfarnen, Bärlappgewächsen und anderen Bäumen des Karbons. Manche Baumfarne waren kaum mehr als Bündel aus einzelnen Stämmen; andere Bäume hatten ausdifferenzierte Gewebe für die Leitung von Flüssigkeiten und Nährstoffen. Allesamt waren sie Meisterwerke der hydraulischen Technik. Wenn ich bei der Beschreibung von Bäumen solche Konstruktionsprinzipien anführe, tue ich das ohne schlechtes Gewissen, denn sie sind wirklich Wunderwerke. Aber man kann die Abfolge der Veränderungen an den frühen Pflanzen kaum beschreiben, ohne von einer «Verbesserung» zu sprechen. Das heißt nicht, einen Konstrukteur zu unterstellen, etwa die lenkende Hand von Mutter Natur oder sonst eine metaphysische Abstraktion, denn die Prinzipien, nach denen die Konstruktion funktioniert, sind geradezu eine logische Folge des Strebens nach Licht, verbunden mit der Evolution von Blättern, die Spaltöffnungen besitzen. Wem es gefühllos erscheint, die Herrlichkeiten der Baumform allein auf eine naturwüchsige Konstruktion zurückzuführen, der hat nicht genügend Sinn für die staunenswerte, schöpferische Findigkeit, die das Leben immer wieder bewiesen hat.

Die Beweise für die großartige Entfaltung des Baumlebens im Karbon sind oft äußerst dürftig. Vor zwanzig Jahren kletterte ich gerne in den Klippen bei Saundersfoot in Südwales herum. Das Kohlengebirge reicht dort bis an die Küste, wo die Winterstürme an ihm nagen. Die herausragenden Vorsprünge aus Sandstein weisen häufig Kräuselungen und andere Hinweise auf das Wasser auf, in dem sie ursprünglich abgelagert wurden, als Teile urzeitlicher Ströme oder Deltas. Zwischen den Sandsteinen finden sich weiche, bröckelige Schiefertöne, oft dunkelgrau. Dünne, noch dunklere Linien, die sich dann und wann finden, sind winzige Kohleschichten. Wenn ich mit dem Geologenhammer sanft auf den Schiefer klopfte, splitterten dünne Schichten ab, auf deren Oberfläche sich oft fossile Blätter fanden, dunkel wie Ruß, auf denen aber eindeutig Blättchen zu erkennen waren, die feine Äderungen aufwiesen, wie wir sie von lebenden Blättern kennen. Es ist dies ein winziger, blättriger Teil eines uralten Baums, vom Strom fortgetragen in ein schlammiges Grab. An der Oberfläche der dünnen Kohleschichten fand sich gelegentlich ein rautenförmiger Abdruck, die Rinde von *Lepidodendron*, dem im Karbon verbreiteten Baum aus der

Gruppe der Bärlappgewächse. Kohle besteht bekanntlich aus Kohlenstoff, hervorgegangen aus uralten Bäumen, Bäumen, die nicht zu Staub zerfielen, weil sie in sumpfigem Boden unter Sauerstoffabschluß erhalten blieben. Schon der Name dieses Zeitabschnitts, Karbon,* deutet auf das Hauptprodukt dieses geologischen Zeitalters hin, die Kohle. Mächtige, abbauwürdige Kohleschichten waren das Ergebnis von Generationen von Bäumen, aber es gibt auch dünnere, wie etwa die, die ich an der Küste von Südwales untersuchte, vielleicht das Ergebnis einer einmaligen Anschwemmung von Baumstämmen, die im Laufe der Zeit zu einer hauchdünnen Spur verdichtet wurden. Dort findet man oft reiche direkte Spuren von Bäumen in Gestalt von Rindenabdrücken. Sehr viel seltener haben sich jedoch die Zellen erhalten, aus denen die Bäume bestanden. Aus ihnen ließe sich die Geschichte der Technik ihres Flüssigkeitstransports rekonstruieren; sie wurden vornehmlich von «Kohleklumpen» festgehalten, Versteinerungen in Kieselerde, welche die ursprünglichen Gewebe früh genug durchdrang, um alle Einzelheiten zu erhalten. Von außen sehen Kohleklumpen äußerst langweilig aus, aber sie enthüllen ihre Wunder, wenn man sie aufschneidet und poliert. Viele wurden von Fossiliensammlern aus Abraumhalden geborgen (wegen der Kieselerde sind sie als Brennstoff ungeeignet), jenem Abfall des Kohlebergbaus, der paradoxerweise unerwartete Schätze für die Wissenschaft birgt.

Als bedeutender wirtschaftlicher Rohstoff ist die Kohle im Westen derzeit im Niedergang begriffen, verlästert als Ursache der globalen Erwärmung und der Luftverunreinigung mit Schwefel sowie als Erzeuger von saurem Regen. Es begann in der von Kohlekraft angetriebenen Industriellen Revolution, als die im Karbon eingefangene Sonnenenergie wieder freigesetzt wurde, um die Schwungräder zu treiben und die lodernden Heizkessel zu befeuern. Vielleicht wäre das dadurch frei werdende Kohlendioxid besser eingesperrt geblieben, gar nicht zu reden von seinen schwefligen Beimengungen. Denn was wir ausbeuten, ist das Sonnenlicht, das bündelweise zwischen den Stämmen von *Lepidodendron* durchdrang, auf den zarten Farnen tanzte und die Dunkelheit liebenden Schaben überraschte. Dieses Sonnenlicht kann heute nur wieder lebendig werden durch die Zerstörung der

---

* In Nordamerika wird das Karbon üblicherweise unterteilt. Der frühere Zeitabschnitt wird Mississippian genannt, nach den feinen Ablagerungen aus dieser Zeit, die das Mississippital säumen; der spätere Abschnitt wird Pennsylvanian genannt, nach einem der großen Kohlenförderungsgebiete der nördlichen Hemisphäre.

Dinge, die es schuf. Falls die globale Erwärmung eine Realität ist, angetrieben von einem Treibhauseffekt, hervorgerufen durch Kohlendioxid, das in die Atmosphäre freigesetzt wird, dann ist sie allein unserer Einmischung zuzuschreiben.

Die Rekonstruktion urzeitlicher fossiler Bäume ist eine schwierige Kunst. Solche großen Objekte fossilieren nicht ungeteilt. Die Äste trieben von ihren Wurzeln fort, die Blätter von den Ästen. Sporenkapseln sind selten erhalten, doch die Sporen selbst (und verwandte Organe) sind verbreitete Fossilien; das Problem ist nur, den Zusammenhang mit der Mutterpflanze herzustellen, da sie sich in Meere und Seen verteilten. Es ist, als wollte man ein Puzzle vervollständigen, ohne von dem fertigen Bild eine klare Vorstellung zu haben. Man versucht, Ekken zu finden, die zusammenpassen – vielleicht ein fossiles Blatt, das an einem Zweig hängt, oder ein sporenhaltiges Organ wie etwa einen Zapfen, der von einem Ast herabhängt, der sich in einem dunklen Schiefer erhalten hat. Viele solcher Zusammenhänge sind noch nicht hergestellt worden, woraus sich die faszinierende Möglichkeit ergibt, daß einzelne Teile ein und derselben ausgestorbenen Pflanze mit unterschiedlichen lateinischen Namen in Verbindung gebracht werden. Die Sporen ordnet man dann einem bestimmten Namen, die Rinde einem anderen und die Wurzeln einem dritten zu. *Stigmaria* ist ein verbreitetes Wurzelfossil, das mit mehr als einer Baumart des Karbons in Verbindung gebracht wird. Es gibt viele Sandsteinformationen, in denen man nichts anderes als *Stigmaria* findet. Diese ziemlich reinen weißen Gesteine waren manchmal die «Wurzelböden», auf denen Kohlenbäume wuchsen. Die Wurzeln, auf der Oberfläche mit regelmäßigen Vertiefungen versehen, sind oft armdick und können sich horizontal über mehrere Meter erstrecken. Aus den Vertiefungen der Oberfläche entsprangen Wurzelhaare. Um *Stigmaria* mit Bärlappbäumen in Verbindung zu bringen, mußten seltene Fossilien entdeckt werden, die zwischen Wurzeln und Rinde eine Brücke schlugen, «missing links» in einem ganz pedantischen Sinne.

War die Wuchsform der auffälligste Wandel in der Vegetation vom frühen Devon zum Pennsylvanian-Abschnitt des Karbons, so vollzogen sich weniger auffällige Veränderungen am Fortpflanzungssystem, als die Beschränkungen der Sporen überwunden wurden. Die Samen als weibliche Fortpflanzungsteile wurden größer und mit Nährstoffen aufgefüllt, während die männlichen Pollen klein blieben. Ein Samen ist eine Methode, die Aussichten einer erfolgreichen Keimung zu verbessern. In schweren Zeiten kann er ruhen, bis wieder gute Zeiten kommen; er kann Kälte widerstehen. Eine gutbestückte Speisekammer kann dem Sämling einen Vorsprung gegenüber seinen Konkurrenten verschaffen. Der Pollen blieb klein, weil seine Hauptaufgabe, die Befruchtung, von einem größeren Umfang keinen Nutzen hat und die Verbreitung durch den Wind sehr vorteilhaft für die Kreuzbefruchtung der Art ist. Bei vielen Arten befanden sich männliche und weibliche Organe auf ein und derselben, bei anderen Arten auf verschiedenen Pflanzen. Daß Samen für das terrestrische Leben ein echter Vorteil waren, ersieht man schon daraus, daß so viele verschiedene Pflanzen Samen entwickelt haben.

Samenfarne *(Pteridospermae)*, die im Karbon reichlich vorkamen, unterschieden sich im Laubwerk nicht sonderlich von den anderen Farnen, aber ihre Samen konnten so groß wie Datteln sein. Die Nadelbäume, Ginkgos und, sehr viel später, die Blütenpflanzen verdankten ihren Erfolg allesamt ihren Samen. Wir Menschen verdanken unser Leben allein der pflanzlichen Samenbildung, denn beim Ackerbau geht es um nichts anderes als das Zusammentragen von Samen, und die Zivilisation überhaupt beruht auf der Kultivierung von Samen. Es ist gewiß kein Zufall, daß das Sperma in der Bibel als «Samen» bezeichnet wird, bezeugt diese Analogie doch eine instinktive Einschätzung der Bedeutung des Samens für die Fortpflanzung all der Dinge, die wirklich wichtig sind.

Man kann nicht umhin, zwischen Samen und Eiern eine Parallele zu ziehen. Die Amphibien waren als Landtiere an das Wasser gebunden, weil sie zum Laichen dorthin zurückkehren mußten, so wie sie es auch heute noch tun. Aus winzigen, schalenlosen, klebrigen Eiern schlüpften Kaulquappen, nackte und einfache Tiere, die nur in Süßwasser leben konnten. Die Probleme des terrestrischen Lebens konnten erst in einer späteren Lebensphase angegangen werden. Viele rezente Amphibien haben diesen gespaltenen Lebenszyklus paradoxerweise in einen Vorteil verwandelt, weil Kaulquappen an geschützten Orten überleben können. So gibt es eine Tropenfroschart, deren Kaulquappen sich nur in dem Wasser entwickeln können, das sich in der Blattwölbung von Bromeliazeen sammelt, Pflanzen, die wie Körbe von den Ästen von Bäumen herabhängen. Es ist die Höhe, die diese Kaulquappen schützt und sie den Nachstellungen aller Freßfeinde entzieht, abgesehen von Schlangen. Bis in die jüngste Zeit schien es, als könnten Frösche, Wassermolche und Kröten sich sehr gut gegen die Übergriffe der Menschheit behaupten (derzeit geht ihr Bestand rätselhafterweise weltweit zurück). Sie waren, von der Evolution her betrachtet, keine Bürger zweiter Klasse. Doch ans Wasser waren und bleiben sie gefesselt. Amphibien kommen, wie Lebermoose, mit Trockenheit schlecht zurecht. So wie das Auftreten des Samens die vorhergegangenen Sporen zu einer neuen Größe «aufblähte», so war das Reptilien-Ei vergleichsweise riesig und nährstoffreich. Es entwickelte, wie ein fleischiger Samen, eine feste Hülle, die seinen flüssigen Inhalt im Verlauf der Entwicklung vor dem Austrocknen bewahrte. Das ist alles andere als einfach, denn die Hüllmembran muß fest sein, den Embryo aber auch «atmen» lassen: Die Membranhäute von Reptilien-Eiern erfüllen diese schwierige Aufgabe. Das Wichtigste war, daß das Baby sich vor dem Ausschlüpfen dank des großen Eis verhältnismäßig weit entwickeln konnte. Es ist ein wunderbarer Anblick, wenn frischgeschlüpfte Schildkröten auf das Meer zukriechen, weil alle ihre Sinne sich schon im Ei entfaltet haben. Frisch geschlüpfte Krokodile sind als Krokodile voll entwickelt. Erst später, weit später wurden die Eihüllen durch Kalziumkarbonat verstärkt, um die Austrocknung zu verhindern. Dies ist die definitive Antwort auf die alte Scherzfrage: «Was war zuerst da, das Huhn oder das Ei?» Es war das Ei. Die Evolution der ledrigen Hülle des dotterreichen Reptilien-Eis stellte eine tiefgreifende Veränderung dar. Wann genau diese Veränderung eintrat, ist schwer zu sagen (weiche Eier erhalten sich als Fossilien nicht sonderlich gut), aber sie muß auf das Auftreten von Riesenlibellen und hohen Bäumen gefolgt sein, die sich durch Samen fortpflanzten. Tiere und Pflanzen veränderten sich in einer Art gleichgerichteter Harmonie, so als wären sie in einen Tanz verwickelt, von dem sich niemand ausschließen konnte.

Man darf dies alles nicht so verstehen, als sollte die Geschichte des Lebens in dem Sinne geschrieben werden, daß es immer nur vorwärts und aufwärts ging. Auch muß man bedenken, daß Milben und Farne und Amphibien nicht *ausstarben*, als diese neuen Strategien entwickelt wurden. Sie lebten weiter und änderten im Rahmen ihrer jeweiligen Beschränkungen ihr Verhalten. In den königlichen botanischen Gärten in Kew im Westen Londons gab es ein Gewächshaus für die zarten Farne, die vergänglichsten und empfindlichsten von allen, versteckt in einem Winkel der Gärten, wo nicht viele Besucher hinfanden. Das Gewächshaus war ein Überbleibsel des 19. Jahrhunderts, das in die Farne vernarrt war, und ein geradezu symphonischer Tribut an die Fähigkeit grüner Muster, das Auge zu entzücken. Manche spotten über den Geschmack des viktorianischen Zeitalters, aber ich kann diese Wertschätzung der vielfältigen Muster ohne überflüssige Ornamente sehr gut verstehen. Farnhäuser genossen damals eine nie mehr erreichte Beliebtheit. Auch im alten botanischen Garten von Glasgow werden die Farne auf entzückende Weise gefeiert – sie scheinen dort mit den Mahagonitreppen, den filigranen Eisenbeschlägen und den üppigen

Stuckdecken eine vollkommene Harmonie zu bilden. Inzwischen sind andere Pflanzen in Mode gekommen, die man gerne zieht und zur Schau stellt. Heute stechen in den Gartencentern vor allem leuchtende Geranien und blühende Fleißige Lieschen ins Auge. Farne stehen, unter dem Gesamtbegriff «Zimmerpflanzen», versteckt in irgendeinem Winkel. Ihre gartenbauliche Geschichte ist ein treffendes Symbol des wechselhaften Geschicks einiger der Pflanzen, die im Karbon gediehen.

Bärlappgewächse bildeten hohe Bäume in den Kohlenwäldern, die äußerlich riesigen Palmen ähnelten (mit denen sie ganz und gar nicht verwandt sind). Von ihnen hat die kriechende Pflanze *Selaginella* überlebt und bildet heute ein lebendes Bindeglied zur Vergangenheit. In Thailand sah ich diese Pflanze am Rand von Reisfeldern wachsen, ein kriechendes kleines Etwas, verziert mit zarten, winzigen Blättern, das sich am Rand des Waldes auf nacktem Boden herumdrückt, wo sonst kaum etwas überleben konnte, ein strapazierfähiger Zuschauer, ein Bürgerlicher, der von einem alten königlichen Haus übriggeblieben ist. Schachtelhalmgewächse stechen in der heutigen Flora sehr viel stärker ins Auge, auch wenn sie selten willkommen sind. Es sind federartige, gegliederte Pflanzen, die fast an kleine, blattlose Weihnachtsbäume erinnern, leicht erkennbar an den sporentragenden «Zapfen», die wie bräunliche Finger zwischen den Pflanzen aufragen. Oft entsprießen sie einem gemeinsamen Wurzelstock, der viele Pflanzen hervorbringt, und sie können ein kaum auszurottendes Unkraut sein. Wenn man sie herausziehen will, brechen sie an einem ihrer zahlreichen Glieder ab. Dem Gärtner bleibt nur eine Handvoll Grünzeug und die sichere Gewißheit, daß die Pflanze erneut sprießen wird, kräftiger denn je. Schachtelhalmgewächse können in Sümpfen und auf trockenen Feldern gedeihen, und sie scheinen wenig Nahrung zu benötigen. Ihre Geschichte reicht bis ins Devon zurück, und auch sie bildeten im Karbon Bäume. Manche kletterten, während andere zu Büschen mit recht großen Blättern heranwuchsen. Vielleicht waren die Schachtelhalmgewächse in jenen feuchten Wäldern so vielfältig wie die Farne, doch haben von diesen unterschiedlichen Formen der Frühzeit nur wenige überlebt. Der Grund ist ebenso rätselhaft wie die wechselhaften Gartenmoden. Denn auch heute entwickeln sich Schachtelhalmgewächse so kraftvoll, daß sie es mit jeder der «moderneren» Pflanzen aufnehmen können. Käme eine Katastrophe über die Erde, welche die Zivilisation in Staub und die Werke der Menschheit in Nichts verwandeln würde, so würden, wenn die Regenfälle wieder einsetzten, um die Ruinen zu nässen, die ersten Schößlinge, die aus den verwüsteten Ebenen hervorsprießen würden, vermutlich zu einem Schachtelhalmgewächs gehören. Vielleicht waren diejenigen, die sich aus dem Karbon erhalten haben, die einzige Art, die mit dieser Anpassungsfähigkeit gesegnet war; ihre baumartigen Verwandten mögen mächtiger gewesen sein, waren aber so verwöhnt, daß sie auf feuchte Wälder angewiesen waren. Die Asketen haben sie überdauert.

In den Wäldern des Karbons wurde die letzte physikalische Schwelle überschritten: vom Boden in die Luft.

Viele Schläfer werden von einem wiederkehrenden Traum heimgesucht. Durch heftiges Wedeln mit den Armen hebt sich der Träumer in die Lüfte, er fliegt! Bald blickt er aus großer Höhe auf Rom oder New York hinab, Herr der ungreifbaren Lüfte. Wie der kleine Puck wird er die Welt in 40 Minuten umrunden. Wenn es nur so einfach wäre! Das Fliegen unterliegt physikalischen Gesetzen, die ebenso unerbittlich sind wie jene, die das Aufwachsen der Pflanzen regieren. Das Schlagen mit den Armen wird niemals genügend Auftrieb zum Fliegen erzeugen. Skeptiker haben längst klargemacht, daß Engel unmöglich große Brustmuskeln benötigen würden, um sich von der Erde in den Himmel zu erheben. Von den schönen Gestalten, wie sie Maler des Quattrocento auf Darstellungen von Mariä Verkündigung festgehalten haben, kann es keiner gelungen sein, vom Boden abzuheben, jedenfalls nicht ohne göttliches Eingreifen. Doch je kleiner ein Körper ist, desto leichter kann er emporgetragen werden. Man kann sagen, daß die ersten Sporen, die durch die Luft verbreitet wurden, zum ersten Mal dieses Element erobert hatten. Sporen brauchen nur extrem leicht zu sein und in die Luft verstreut zu werden, und schon weht der leiseste Hauch sie fort. Es waren jedoch die Insekten, die anderen Tieren den Weg vorzeichneten. Noch immer ist die Zahl der Fluginsektenarten um ein Vielfaches größer als die Zahl aller fliegenden Tiere des übrigen Tierreichs. Die Vorteile, die das Fliegen für ein Insekt bietet, kann man sich unschwer vorstellen. Es gelangt effizienter von einer Nahrungspflanze zur anderen als seine laufenden Verwandten. Es findet leichter einen Geschlechtspartner (speziell einen mit einem anderen Genpool). Es kann zwischen einer Futterphase und einer Flug-, Ausbreitungs- und Paarungsphase trennen und dadurch seine Zeit im wesentlichen auf das ernste Geschäft der Nahrungsaufnahme konzentrieren, um den Sex auf äußerst flüchtige Verbindungen zu beschränken. Die Vorteile des Fliegens liegen also auf der Hand. Bleibt das Problem, wie man es anfängt, sich einen Flügel «wachsen zu lassen». Es ist bekannt, daß die ersten Fluginsekten ziemlich starre Flügel hatten, die vom

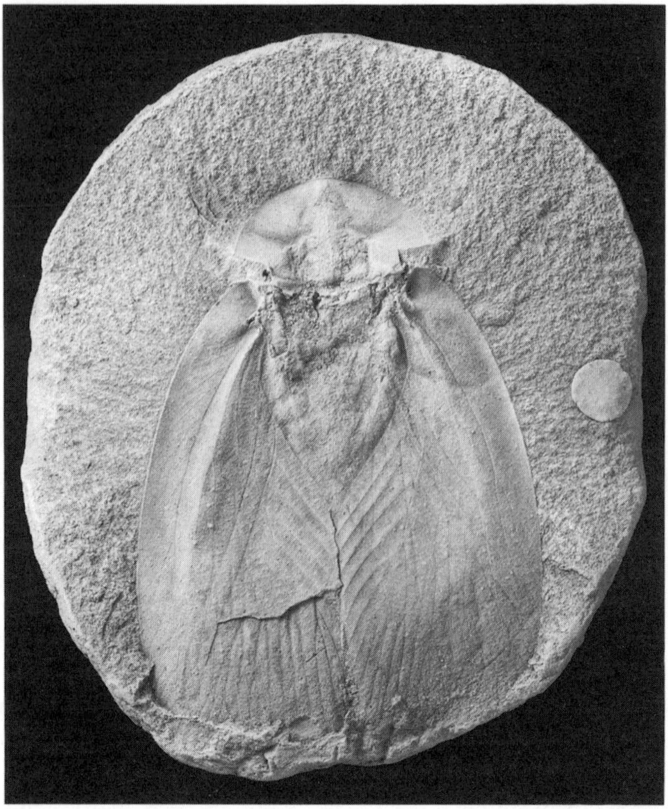

Karbonzeitliche Schabe Pronotum (ein großes Insekt, wie die rezenten Schaben)

Körper abstanden, ähnlich wie bei den heutigen Libellen. Die Flügel bestehen eindeutig aus demselben Material wie die Haut, die den übrigen Insektenkörper bedeckt, wobei sie allerdings durch Streben verstärkt und im hohen Maß ihrer Zweckbestimmung angepaßt sind. Bei den frühesten Arten waren die stützenden Adern netzartig. Nach einer gängigen Theorie entwickelten sich die Flügel ursprünglich als häutige Auswüchse des Körpers, deren Evolution möglicherweise einem ganz anderen Zweck galt, und dann erhielten sie beinahe zufällig eine neue Verwendung beim Gleiten von einer Pflanze zur anderen. Einmal mit dieser Verwendung verknüpft, wurde jede Vergrößerung des «Flügels» von der natürlichen Auslese begünstigt. Anschließend kam es zu einer Mutation, durch die aus starren Vorrichtungen wie denen eines Gleiters gelenkige Anhänge wurden, die so etwas wie Aerodynamik erlaubten. Dies ist vielleicht nicht so unplausibel angesichts der zahlreichen Gelenkverbindungen bei den Gliedmaßen und Fühlern am übrigen Insektenkörper. Eine der häufigen Mutationen bei der für Versuche verwendeten Fruchtfliege *Drosophila* verläuft umgekehrt; die entsprechende Variante nennt man «flügellos», was wohl kaum näherer Erläuterungen bedarf. Dennoch kann ich mir die Entstehung von Bäumen leichter vorstellen als die Entstehung von Flügeln, auch wenn es in beiden Fällen grundsätzlich um technische Konstruktionsprobleme geht. Dies ist ein Fall, wo auch nur ein einziges zufällig erhaltenes Insektenfossil, das eine Frühphase in der Evolution des Fluges zeigt, ganz sicher neue und überraschende Tatsachen liefern würde, die für die Geschichte der Eroberung der Luft von Bedeutung wären.

In kurzer Zeit entwickelte sich das Fliegen zu einer spektakulären Angelegenheit. Als die Bärlappbäume riesige Ausmaße erreichten, gab es auch einige riesenhafte Insekten, zum Beispiel eine Libelle, die so groß wie eine Seemöwe war. Sie gelangte zu kurzem Ruhm, nachdem sie in den 1970er Jahren entdeckt und als «Bolsover-Libelle» benannt wurde, das größte Insekt, das je gelebt hat, benannt nach der englischen Stadt, bei der seine kolossalen Flügel erstmals aus dem Kohlengebirge herausgehämmert wurden. Ich stelle mir vor, wie dieses Insekt zwischen den massigen Baumstämmen träge umherflatterte und in den nebligen Dünsten erschien und wieder verschwand. Es war nicht auf große Geschwindigkeit ausgelegt. Es war jedoch der Beweis dafür, daß die Luft im späten Karbon besiedelt und voller Leben war. Libellen waren nicht die einzigen Giganten im Karbon. Es gab auch riesige Tausendfüßer. Sie haben auf sandigen Oberflächen ihre Fußabdrücke hinterlassen, paarige Abdrücke, die einen Durchmesser von einigen Zentimetern belegen. Sie waren möglicherweise so lang wie ein Mensch. Was für ein schreckliches Geschöpf muß das gewesen sein, eine marschierende Armee von Beinen, die ihren Weg durch die feuchte Vegetation nahm! Vielleicht war es das, was man in den hohlen Baumstämmen scharren hören konnte? Einige der heute lebenden Verwandten sind hochgiftig, und wenn dieses ausgestorbene Tier seiner Größe entsprechend giftig war, mußte man es um jeden Preis meiden.

Riesenbäume, Rieseninsekten, Riesentausendfüßer – im Karbon gab es offenbar einen Drang zum Gigantischen. Vielleicht hatte es seinen Grund, daß die normalen Regeln nicht galten. Jemand hat die geniale Erklärung vorgeschlagen, daß das Karbon eine ungewöhnliche Zeit war, in der die Sauerstofferzeugung durch Photosynthese die Fähigkeit übertraf, den Sauerstoff durch Oxidation zu binden, so daß sein Anteil an der Atmosphäre höher war, als er heute ist und vorher gewesen war. Diese reiche, berauschende Luft erlaubte den Arthropoden, zu Monstern heranzuwachsen. So erklären sich auch spezielle Kohlearten, die man häufig in Gesteinen aus dem Karbon findet und die auf Holzkohle zu beruhen scheinen, die bei Waldbränden gebrannt wurde. Durch den hohen Sauerstoffgehalt muß eine enorme Hitze entstanden sein; über die großen Wälder dürften von Zeit zu Zeit Waldbrände hinweg gefegt sein, die wahrscheinlich noch zerstörerischer waren als die Brände, die heutzutage die Waldungen im Mittelmeerraum und in tropischen Breiten verheeren. Die Bäume mußten damit irgendwie fertig werden, und vielleicht haben sie, wie der Eukalyptus und *Banksia* im australischen Busch, spezielle Anpassungen entwickelt, um der glühenden Hitze zu widerstehen und erneut zu sprießen, nachdem sie vorüber war. Tatsächlich ist es ja so, daß die Hitze in heimgesuchten Wäldern die Keimung von Samen fördert, die erst abwarten, bis ein Großbrand ihnen den Startschuß zum Leben gibt. Vielleicht entwickelten sich die Samen, die wir in den Kohlegebirgen finden, als eine paradoxe Folge des Feuers.

Nicht alle Waldtiere waren riesenhaft. Es gab Skorpione. Es gab Verwandte des heutigen Schwertschwanzes *(Limulus)*, die in schlammigen Prielen umherkrabbelten. Einige dieser Tiere sahen nicht sehr viel anders aus als ihre heute lebenden Pendants; die Schwertschwänze hatten einen kreisförmigen Kopfschild, der über klauenbewehrte Beine hinausragte. Mit einem beweglichen Schwanzstachel konnte sich das Tier wieder in die richtige Lage bringen, wenn es in Rückenlage geraten war. Kleine Netzaugen auf dem Kopfschild beobachteten die Szene des Karbons. Die Tiere ähneln ein wenig den Trilobiten, und in der Tat gehört *Limulus* zu deren engsten heute lebenden Verwandten. Sie bringen nicht viel Fleisch mit, könnte man meinen, doch im Süden Thailands war ich erstaunt, sie auf der Speisekarte zu finden. Offenbar handelte es sich um ein seltenes, saisonbedingtes Gericht. Wo, überlegte ich, mochten sich die fleischigen Teile verstecken? Wenn ich einen Schwertschwanz verspeisen würde, wäre es fast so, als bekäme ich meine Lieblingfossilien zu kosten, und da ich mir diese einzigartige Gelegenheit nicht entgehen lassen wollte, bestellte ich mir einen. Das Tier kam, pochiert, der Kopfschild so groß wie der Teller. Das Rätsel des Fleisches wurde gelöst, als der Kopfschild abgehoben wurde. Darunter saß, nahe am Vorderende, eine Masse von Eiern von der Größe und Form von Linsen. Für einen Arthropoden sind diese Eier groß und dotterreich. Davon abgesehen, wies dieses zähe Tier nichts auf, was als Nahrung in Frage gekommen wäre, und deshalb standen die Limuliden nur auf der Speisekarte, während sie Eier trugen. Die hatten einen ganz eigenartigen, strengen, öligen, fischigen Geschmack. Genießbar wurden sie erst, wenn man sie mit einer Menge Reis vermengte. Sollten Trilobiten denselben Geschmack gehabt haben, würde das zu einem gewissen Teil ihre lange Geschichte im Fossilbestand erklären.

Sowohl Skorpione als auch *Limulus* können beanspruchen, als «lebende Fossilien» zu gelten. Das ist zwar ein Widerspruch in sich, aber doch eine hilfreiche Idee. Natürlich sind lebende Tiere nicht mit ihren fossilen Vorfahren wirklich *identisch*, und gemeint ist nur, daß sie Überlebende aus früheren Weltaltern sind. Oft schwingt dabei mit, daß es früher viel mehr von ihnen gab und sie jetzt als einzige übriggeblieben sind, die letzten ihrer Art. Unausgesprochen bleibt dabei, daß diese Überlebenden den Anhängern der *Flat Earth Society* ähneln, die mit ihrer Überzeugung, die Erde sei flach, nicht mehr ganz auf der Höhe der Zeit sind und vornehmlich wegen ihrer Verschrobenheiten geschätzt werden. Haben diese Tiere ihr Überleben einem glücklichen Zufall zu verdanken – oder ihren besonderen Vorzügen? Haben sie, wie der Fisch *Latimeria*, in einem toten Winkel die Zeit überdauert und die Modernisierung der Welt einfach nicht zur Kenntnis genommen? Allzu leicht denkt man sich irgend etwas aus, um die Langlebigkeit der Überlebenden zu erklären. Ich muß dabei an die Antworten denken, die sehr alte Leute geben, wenn man sie nach dem Geheimnis ihres langen Lebens fragt. Der eine schwört auf Enthaltsamkeit, der andere auf Whisky; der eine auf Ehelosigkeit, der andere auf eine glückliche Ehe. Kaum einer führt sein Glück allein auf den Zufall zurück. Das Überleben der Skorpione kann man nur auf ihre Fähigkeit zurückführen, in Wüsten zu gedeihen, und vielleicht überlebten die Limuliden, als die Trilobiten ausstarben, weil sie Brackwasser, ein ganz spezielles Habitat, vertrugen. Bemerkenswert ist aber auch, daß all diese Langstrecken-Tiere die Gewohnheit angenommen haben, relativ *wenige* Nachkommen zu haben, die mit ihrem größeren Körperumfang eine größere individuelle Überlebenschance haben. Doch vielleicht ist die weniger befriedigende Erklärung am Ende die einzig richtige: Sie hatten einfach Glück, und ihre Stärken und Vorzüge haben keine Rolle gespielt.

Unter den Gesteinen des Kohlengebirges mit ihren Schichten von karbonisierten Waldbäumen und ihrer Hinterlassenschaft von Bränden, ihren fossilen Böden («Wurzelböden»), in denen die Riesenbäume wuchsen, und ihren Sandsteinen, die an Ufern und Strömen entstanden, finden sich hin und wieder dünne, dunkle Gesteinsschichten, die eine ganz andere Art von Leben festgehalten haben. Hier findet man marine Fossilien: Ammoniten, Trilobiten, sogar Korallen. Als die dunklen Gesteine entstanden, muß offensichtlich das Meer über die Kohlesümpfe des Karbons vorgedrungen sein. Dabei sind Bäume, Amphibien und Skorpione gleichermaßen untergegangen. Dennoch entstand kein bleibender Schaden, denn die Pflanzen und Tiere tauchen in dem Aufschluß jeweils einen oder zwei Meter oberhalb dieser «marinen Zwischenschichten» wieder auf. Das Meer drang vor und überflutete die alten Wälder, doch die Bäume und ihre Tiere konnten die Überschwemmung nicht hinnehmen und zogen sich für die Dauer der Flut in trockenere Hochebenen zurück. Über die Gründe der Überflutung ist man sich nicht einig. In einigen Fällen hängt sie offenkundig mit dem An- und Abschwellen einer Eiskappe zusammen, in anderen scheint sie mit besonders aktiven Perioden der Tektonik einherzugehen. Die marinen Zwischenschichten sind jedoch ein weiterer Beleg für die wandelbare Erde. Vor Jahrzehnten glaubte man nämlich, anhand der in ihnen enthaltenen Fossilien erkannt zu haben, daß die Zwischenschichten über zahlreiche Kohlebecken hinweg vollkommen gleichzeitig entstanden seien. Wenn getrennte Becken identische marine Zwischenschichten aufweisen, paßt dazu nur eine Erklärung: Die Zwischenschichten müssen entstanden sein, als der Meeresspiegel relativ zur Landoberfläche anstieg. An diesem weltweiten, «eustatischen» Anstieg des Meeresspiegels muß es gelegen haben, daß das Meer auf das Land vordrang.

Als der Meeresspiegel deutlich anstieg, überflutete Meerwasser die üppigen Kohlesümpfe, begrub das ganze Material unter sich und bedeckte die Landschaft mit einem gleichförmig grauen Schlamm. Man bezeichnet einen weltweiten Anstieg des Meeresspiegels, der einen solchen Faunenwechsel auslöst, als «marine Transgression». Zieht sich das Meer wieder zurück, spricht der Geologe von einer marinen «Regression». Tatsächlich lassen sich bestimmte marine Zwischenschichten in ganz Europa erkennen, und viele können bis nach Amerika oder Asien verfolgt werden. Die Photosynthese, die in den Kohlensümpfen in hohem Maße stattfand, kam durch diese Überschwemmung für eine Weile zum Stillstand, die frühere Vorherrschaft des Meeres wurde wiederhergestellt, und solche Veränderungen des Meeresspiegels unterliegen einer eustatischen Regelung. Während der gesamten Zeit, aus der wir Fossilien besitzen, schwankte der Meeresspiegel, und man kann heute die jeweilige Meereshöhe während aller geologischen Epochen grafisch darstellen: Mal schwappte das Meer über die Kontinente, mal floß es ab und ließ die Hänge entblößt zurück. Besonders eindeutig ist das Phänomen in den einstigen Kohlesümpfen, weil hier die Effekte so dramatisch sind.

Doch die Revolution, die durch die Eroberung des Landes in Gang kam, wurde ungeachtet der schwankenden Meereshöhe nicht wieder rückgängig gemacht. Amphibien konnten sich in die Geborgenheit von Bächen zurückziehen, ihre Kaulquappen waren nicht gefährdet. Die inzwischen flugfähigen Insekten konnten zu anderen Pflanzen an anderen Orten fliegen. Viele der Amphibien waren träge, salamanderähnliche Tiere. Manche erreichten eine Größe, an die keiner ihrer heute lebenden Nachkommen heranreicht. Sie lebten als Raubtiere, eine Rolle, die heute von Reptilien und Säugetieren ausgefüllt wird, weil diese schneller sind und schärfere Sinne haben. Doch den Anforderungen der damaligen Zeit waren sie vollauf gewachsen. Wenn das Karbon, wie es häufig geschieht, als «Zeitalter der Amphibien» bezeichnet wird, so wird man der Lebenskraft dieser Tierklasse nicht ganz gerecht. Frösche und Kröten leben und gedeihen auch heute noch, doch sie sind, anders als *Limulus* und seinesgleichen, keine «lebenden Fossilien». Sie haben vielmehr ihre Beschränkungen in einen Pluspunkt verwandelt: Ihre Kaulquappen können auch dort noch gedeihen, wo sonst kaum etwas wächst, ihre hochspezialisierte Zunge ist im Fangen von Fliegen besser als alle anderen Fliegenfallen der Natur, und ihre Hinterbeine erlauben ihnen eine wunderbare Fluchtmethode. Meine Katzen bringen regelmäßig Frösche als Jagdtrophäen ins Haus, wobei sie sie ganz behutsam im Maul tragen. Die Frösche überstehen das Erlebnis in der Regel, anders als Mäuse oder Vögel. Ihre klebrige, ekelhaft schmeckende Haut hält Felix davon ab, fest zuzubeißen; sie stellen sich tot; schließlich stoßen sie einen lauten, quiekenden Ton aus, wie ein Furzkissen, aus dem die Luft entweicht, so daß die Katze sie beunruhigt fallen läßt. Kröten sind zu gut geschützt, um auch nur über die Schwelle zu kommen. Ich verstehe sehr gut, daß Kenneth Grahame die Kröte in *The Wind in the Willows* (deutsch unter den Titeln: *Der Wind in den Weiden* und *Hallo, Meister Dachs)* als eine so selbstbewußte Persönlichkeit dargestellt hat (ihr Geschwindigkeitswahn ist aber wohl ironisch gemeint). Die heute lebenden Amphibien beweisen, daß das Überdauern einer Tierklasse, die früh in der Geschichte des Lebens ihren Ursprung hat, keineswegs gleichbedeutend ist mit Primitivität. Es kommt ganz darauf an, was in der Zwischenzeit passiert ist, und es gibt Organismen, unter ihnen die Frösche und Kröten, die, was die Evolution angeht, lange nach dem späten Karbon sehr fleißig waren.

Mitten in einem Wald des Karbons könnte sich das erste Ei mit einem Amnion entwickelt haben, ein Ei, das durch eine feste Hüllmembran vor dem Austrocknen bewahrt wurde, und damit war das erste Reptil geboren. Wie viele Anfänge, die in diesem Buch beschrieben werden, liegt auch dieser im Dunkeln. Doch eine (an den Knochen erkannte) Reptilienart des Karbons wurde vor zehn Jahren in Schottland von Stan Wood entdeckt. Die Leute vom Fach nennen sie «Lizzie». Äußerlich macht sie nicht viel her – ein schwarzes Ding auf einem schwarzen Stein. Doch wenn es darum geht, die Eroberung des Landes zu datieren, ist sie von überragender Bedeutung. Stan Wood ist ein pfiffiger Glasgower, der es sich zur Aufgabe gemacht hat, seltene Fossilien aufzuspüren. Er verfügt über die unkomplizierte Offenheit des geborenen Verkäufers, den Geschäftssinn eines Getty und einen sagenhaften Spürsinn für Fossilien. Hätte er seinen Lebensunterhalt nicht in der Jagd nach Fossilien gefunden, hätte er unzweifelhaft auch davon leben können, den Bauern Kartoffeln zu verkaufen. Sein Charme ist ebenso sagenhaft wie seine Hartnäckigkeit. Er entdeckte eine Reihe von merkwürdigen neuen Haien, riesigen Skorpionen, Amphibien und «Lizzie», indem er in Steinbrüchen im Midland Valley von Schottland genau in der richtigen Höhe bohrte und Steinplatten abschlug. Viele dieser Entdeckungen wurden vom Royal Scottish Museum in Edinburgh erworben, so daß es von ihrem Fundort bis zu ihrem Dauerwohnsitz nicht weit ist. Einige, darunter «Lizzie», sind an deutsche Museen gegangen, die besser bei Kasse sind als Edinburgh. Hätte ich bei einem Essen im Tetrapods Club einen Abend neben Stan Woods verbracht, wäre ich sehr wahrscheinlich bereit gewesen, «Lizzie» höchstpersönlich zu kaufen.

In Glasgow wird die Geologie seit jeher ernst genommen. Im Victoria-Park, mitten in der Stadt, gibt es ein Museum, das in der viktorianischen Ära über einem fossilierten Wald errichtet wurde. Es ist eines der unbesungenen Wunder Großbritanniens. Man betritt einen ganz normalen Park in Kelvingrove, umgeben von einem Gitter mit Pfeilspitzen, ein offener Raum zwischen den Häusern, wie es ihn in den Vorstädten britischer Städte zu Hunderten gibt. Ein Weg führt in einen Steingarten, einen Garten allerdings, der etwas über die geologischen Fundamente der Stadt enthüllt, denn er ist in den Untergrund gegraben worden. Den Eingang bilden wuchtige Sandsteine. Man betritt ein niedriges Gebäude, und dort wartet die Überraschung. Was man hier ausgegraben hat, ist ein Waldboden aus dem Karbon. Vor sich sehen Sie mehrere massige Stämme von *Lepidodendron*, einem Baum von beeindruckender Größe, dessen Stämme es an Umfang mit jeder Eiche aufnehmen könnten. Von den Stämmen ist nur die Basis erhalten, doch die Wurzeln des Baums breiten sich über den Sandstein aus, der einmal ein Waldboden war. Die Abstände zwischen den Bäumen entsprechen denen in einem richtigen Wald von heute. Hier können Sie Ihrer Phantasie freien Lauf lassen und sich in die dunklen Mysterien der untergegangenen Sümpfe zurückversetzen. Machen Sie eine Pause, um die 300 Millionen Jahre zwischen jener Zeit, als diese Riesen lebten, und Ihrem Eindringen in die ausgegrabene Vergangenheit auf sich wirken zu lassen. Denken Sie einmal daran, daß diese Bäume die Verbindung herstellen zu den ersten photosynthetisierenden Pflanzen im tiefen, nur undeutlich erkennbaren Präkambrium. Dies ist kein sentimentales Geschwafel. Hier haben Sie ein spektakuläres Stück der realen, greifbaren Vergangenheit vor sich.

Es ist bemerkenswert, daß die Viktorianer solche Monumente zur Erbauung der gesamten Bevölkerung erhalten haben. Dem Glauben, Erkenntnis an sich sei gut und führe zur Hebung der Moral, haftete zweifellos auch ein gewisses sentimentales Wunschdenken an, aber an dem Ziel selbst ist kaum etwas auszusetzen. Was man sieht, ist fast durchweg die wahre Realität. Kein Gedanke an virtuelle Realität oder an eine spektakuläre Schau, in die man unbemerkt eine kleine Erklärung einfließen läßt, so wie ein Gangster einem vielleicht heimlich K.O.-Tropfen in den Drink tut. Man läßt die Objekte für sich selbst sprechen. Als ich einige der teilnahmslosen Besucher beobachtete, die es in Kelvingrove leider nicht schafften, eine Beziehung zur Vergangenheit herzustellen, kam mir der Gedanke, daß die Erklärungen, mit denen uns das 20. Jahrhundert überhäuft, uns vielleicht abgestumpft haben, so daß wir auf herrliche Objekte nicht mehr direkt reagieren können. Wir betrachten lieber das Video, das uns sagt, was wir fühlen und denken sollten. Es ist möglich, diese untergegangenen Wälder elektronisch so zu rekonstruieren, daß sie realer, lebendiger wirken als graue, kalte Fossilien, die unter einem viktorianischen Dach Zuflucht gefunden haben. Aber es ist wie mit all solchen Bildern – wenn der Strom abgeschaltet wird, verblaßt die Erinnerung; was Tatsache ist, wird überblendet von allen möglichen Fiktionen. Deshalb sollte man sich wieder den harten, in Stein gefaßten Tatsachen zuwenden, wie man sie in Kelvingrove antrifft.

Der Kohlebergbau sucht nach den Schichten, die *Lepidodendron* und seinesgleichen hinterlassen haben. Als ich noch zur Schule ging, pflegte uns der Erdkundelehrer zu fragen: «Na, mein Junge, wie würdest du die Kohle bezeichnen?» Die richtige Antwort darauf war: «Schwarze Diamanten, Sir!» Der Glanz ist inzwischen ein wenig verblaßt. Die schweflige Hinterlassenschaft hat Wälder zerstört und das Leben in Seen vernichtet. Das, was die Kohle zur Kultur des Industriezeitalters beigetragen hat, im Guten wie im Bösen, ist kaum zu überschätzen. In der nördlichen Hemisphäre trieben die Wälder des Karbons den Wandel von einer bäuerlichen zu einer industriellen Kultur an. Dank der Erfindung der Verkokung, durch die viele der natürlichen Verunreinigungen der Kohle ausgeschieden wurden, konnte man Stahl im großen Maßstab herstellen, wodurch Isambard Kingdom Brunels Dampfschiffe und weitgespannte Brücken ohne Stützpfeiler ebenso wie Eisenbahnen und mächtige Ladebäume möglich wurden. Kohle trieb die Dampfmaschinen an, die wiederum Webstühle und Drehbänke antrieben. Tuch aus Bradford, Stahl aus Philadelphia – es wurden Vermögen gemacht, und industrielle Dynastien wurden gegründet. Aber das ganze Gebäude des Fabrikwesens wurde errichtet auf den Fundamenten des schwarzen Minerals, das von den härtesten aller Arbeiter aus Bergwerken herausgeholt wurde. Es waren diese Arbeiter, die in vorderster Reihe für die Rechte der Gewerkschaften kämpften, die den politischen Einfluß des gemeinen Mannes definierten und letztlich das Verhältnis zwischen Regierenden und Regierten veränderten. Der Triumph der natürlichen Technik, die den ersten Baum schuf, zog Hunderte von Jahrmillionen später den Gipfel der *künstlichen* Technik nach sich, in den Händen praktischer Machtmenschen, die an die Bildung des Charakters ebenso glaubten wie an den Bau von Brücken.

In den Meeren waren einige der Tiere, die uns erstmals im Ordovizium begegneten, bereits im Devon ausgestorben; so waren planktonische Graptolithen für immer verschwunden, ebenso wie viele der aufregenderen Trilobiten. Im Devon gab es mehrere Fälle von Artensterben, die erst vor kurzem erkannt wurden und deren Ursache noch immer umstritten ist. Während die Pflanzen und die kühneren Tiere ihre Eroberung des Landes vollendeten, entstanden im Meer andere Arten von Wäldern. Es gab Wälder von Seelilien (Crinoidea), die mit den rastlosen Strömungen hin und her schwankten. Die Seelilien sind Verwandte der Seeigel und haben mit Pflanzen absolut nichts zu tun. Ihre «Blüten» sind mit Armen besetzte Becher und mit langen Stielen am Meeresboden befestigt. Die Arme filterten planktonische Nahrung heraus, die einem Mund in der Mitte des Bechers zugeführt wurde. In den warmen, nährstoffreichen Meeren des Karbons gediehen die Seelilien wie zu keiner anderen Zeit der Erdgeschichte. Es gibt ganze Kalkklippen, die aus nichts anderem als den Überresten von Seelilien bestehen, die von Stürmen abgerissen und dann wieder abgelagert wurden. Fachleute können Hunderte von verschiedenen Arten unterscheiden, hauptsächlich anhand der Details der Platten, aus denen der Becher und die Arme bestanden. Es gab sehr kleine Arten, die durch die Evolution ihre Stiele verloren und zum Teil des Planktons wurden.

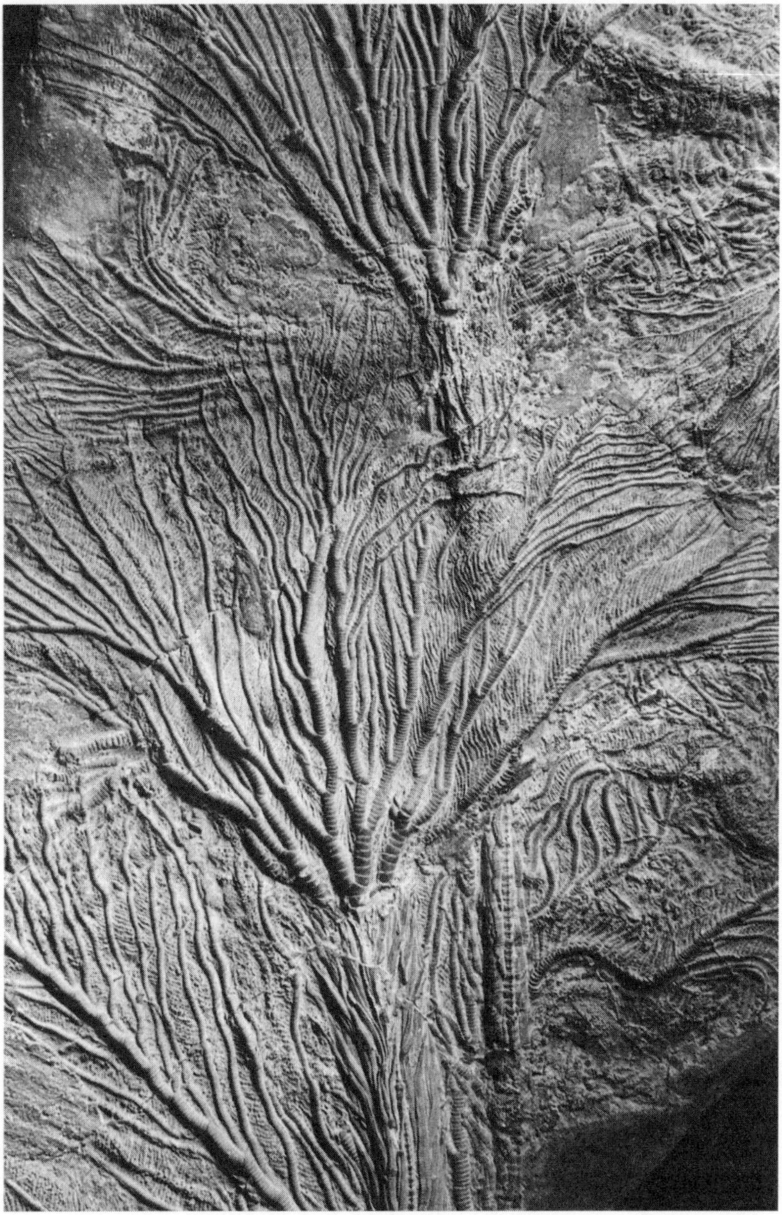

Eine schöne jurassische Seelilie (Crinoide) aus der Lias-Formation. Die gefiederten Arme ähnlen Blütenblättern, und das Tier war durch einen langen Stiel am Meeresboden verankert

Andere Arten wurden riesenhaft. Die heutigen Seelilien bilden «Gärten» in der Tiefsee. Als in den Anfängen des 20. Jahrhunderts das bahnbrechende Forschungsschiff *Challenger* zum ersten Mal die Tiefen des Ozeans mit seinen Netzen abfischte, waren die Wissenschaftler erstaunt, daß das ganze Deck von Crinoidea bedeckt war. Was sie vor sich hatten, war zweifellos ein Bild aus dem Karbon, als die flachen Meere und der Kontinentalschelf von Crinoidea wimmelte. Die Gesteine des Mississippian bestehen in weiten Teilen Europas und Nordamerikas aus massivem Kalkstein, der seine Zusammensetzung weitgehend diesen gestielten Planktonfressern verdankt; im dünnen Querschnitt erkennt man die charakteristischen, schwammartigen Gewebe von Echinodermen, auch wenn man an der Oberfläche die Fossilien nicht sehen kann. Wenn man Platten dieses Gesteins poliert, erhält man einen dekorativen «Marmor».

Manche der Crinoidea lebten zusammen mit Korallen und wurden Bestandteile von Riffen, die ähnliche Ausmaße wie heutige Riffe erreichen konnten. Aufgeschnitten und poliert, bieten die Korallen ein entzückendes Bild. Man entdeckt netzartige Korallenskelette, so zart wie ein Spinnengewebe, und manchmal haben sie durch mineralische Veränderungen des Calcits, aus dem sie bestanden, eine herrliche Färbung – rosa oder pink – angenommen. Daß auch diese Korallenkalke seit langem als dekorative Steine verwendet werden, ist nicht erstaunlich. Nicht alle Korallen lebten in Riffen: Es gab andere Arten in tieferen Gewässern, die Becher oder kleine Kolonien bildeten und sich im Skelett von den massiven Riffbewohnern stark unterschieden. An den Riffen des Karbons waren außerdem Schwämme, Bryozoen und Algen beteiligt.

Das Karbon war die Hochzeit der Brachiopoden. Diese recht unscheinbaren fossilen Schalenträger wimmelten in den flachen Meeren in solchen Mengen, die uns vielleicht an Austernbänke im heutigen Meer denken lassen. Oft sammelten sich die Schalen in Bänken oder Geschieben. Die als Productiden bezeichneten Brachiopoden hatten eine flüchtige Ähnlichkeit mit Austern. Sie wurden sehr groß: Der Name des größten – *Gigantoproductus giganteus* – beschreibt ihn hinreichend genau. Sicherlich waren sie so groß wie Kammuscheln. Doch soviel Fleisch dürften sie kaum enthalten haben, weil die Klappen der Riesen so ineinander geschmiegt waren, wie man eine Hand in die andere schmiegen kann – für Fleisch bleibt da wenig Raum. Die Brachiopoden waren, vom größten bis zum bescheidensten, Filterer. Es gibt eigenartige flache Formen, die zum Vergleich mit jener Art von Muscheln einladen, die symbiotische Algen in ihren Geweben wohnen lassen, und es ist denkbar, daß sie wie diese lebten. Es gab allerdings auch kleine, dicke Brachiopoden, ferner glatte ebenso wie gerippte, leichte wie schwere, solche, die in Gemeinschaft, und andere, die einzeln lebten. Und neben den Brachiopoden gab es Schnecken und Muscheln und frühe Verwandte der in sich zusammengerollten Ammoniten, Goniatiten genannt, sowie Nautiloiden, die entfernt mit dem heute lebenden, perlmuttfarbigen *Nautilus* verwandt sind. Es wimmelte in den Meeren von Leben jeglicher Art.

Für Gelehrte ist dieser Reichtum eine Herausforderung, ihn in wissenschaftlichen Monographien zu beschreiben, zu dokumentieren und festzuhalten. In dieser Zeit, die sich dem kurzen Termin und der schnellen Mark verschrieben hat, mag es rätselhaft erscheinen, wenn jemand sein Leben der Dokumentation verschwundener Lebensformen widmet. Ich habe einige der bedeutendsten Monographen kennengelernt. G. Arthur Cooper hat vermutlich mehr Brachiopoden beschrieben und benannt als irgendein anderer in der Geschichte. Von der Smithsonian Institution in Washington aus betrieb er so etwas wie eine archivarische Fabrik, hielt er die Geschichte eines großen Tierstammes fest, indem er über die Spezies, die einst verschwundene Meere bevölkerte, ein Buch nach dem anderen publizierte. Er begann in den 1920er Jahren und setzte seine Studien bis in die 1980er Jahre fort, ehe er sich mit neunzig Jahren schließlich in den Ruhestand begab. Im Lauf eines Lebens, das von ungewöhnlicher Zielstrebigkeit gekennzeichnet war, benannte er Brachiopoden-Fossilien von den ersten Anfängen dieser Gruppe an, und er klassifizierte sie alle bis hin zu den heute lebenden Formen. Er ist ein kleiner, bedächtig agierender Mann, und nur die Klarheit seines Ausdrucks läßt seine Kraftreserven erahnen. Nur die Freundlichkeit eines anderen Wissenschaftlers von der Yale-Universität, der ihn anstellte und ihm aus eigener Tasche ein minimales Gehalt zahlte, bewahrte ihn während der Weltwirtschaftskrise vor absoluter Armut. Wer ihn in den sechziger Jahren in der Smithsonian Institution besuchte, wurde von Cooper oft zum Essen ins FBI-Gebäude mitgenommen, das vom Museum aus auf der anderen Seite von The Mall liegt. Ich war bei einer solchen Gelegenheit bei ihm, und es überraschte mich, daß der bedeutende Mann sich auf ein Zehn-Cent-Stück stürzte, das im Rinnstein lag. Er warf mir einen wissenden Blick zu. «Wer die Wirtschaftskrise durchgemacht hat, weiß, was zehn Cent wert sind», sagte er.

Es gibt einen Unterschied zwischen Gelehrsamkeit und Pedanterie, auch wenn beides gelegentlich in einen Topf geworfen wird. Der Unterschied ist folgender. Gelehrsamkeit im besten Sinne sucht das Wissen zu mehren, und der Gelehrte bleibt auch dann noch ein Studierender, wenn er auf seinem Fachgebiet längst mehr Wissen erworben hat als alle Zeitgenossen. Solche Menschen bleiben fast durchweg bescheiden angesichts dessen, was sie noch nicht wissen, denn sie begreifen vor allem, daß es eine nahezu unmögliche Aufgabe ist, die Geschichte zu verstehen oder auch nur ihre Tatsachen erschöpfend aufzuzählen. G. A. Cooper ist ein Beispiel eines solchen Gelehrten. Der Pedant dagegen erwirbt Detailwissen über irgendeine unbedeutende Sache und fällt dann über jeden her, der sich erdreistet, in sein kleines Gebiet einzudringen. Statt ehrwürdig vor der Geschichte zu verharren, leugnet er in seiner Kleinkariertheit die Größe der Aufgabe, wacht er mit mäkeliger Rechthaberei über einen unbedeutenden Teil der Vergangenheit, eifrig darauf bedacht, seine Kenntnis auch noch der letzten Fußnote und des allerkleinsten Details zur Geltung zu bringen. Auf wissenschaftlichen Tagungen erkennt man den Pedanten sofort daran, daß er sich zu Wort meldet, um den, der zuletzt gesprochen hat, in irgendeinem Detail seines Vortrags zu korrigieren. Er beginnt stets mit einer Formel, die wie eine Entschuldigung klingt: «Sie haben, fürchte ich, zu erwähnen versäumt ...» Dem unbeteiligten Beobachter *erscheint* der Pedant bisweilen kenntnisreicher als der Gelehrte, weil er selbstbewußter ist und über das entlegene Detail besser Bescheid weiß. Das Gegenteil ist der Fall, und die akademische Welt hat darunter zu leiden. Auf einem Gebiet wie der Paläontologie, deren Wissensmenge nahezu unüberschaubar ist, ist es verhältnismäßig leicht, einen kleinen Bereich abzustecken, in dem man sich genau auskennt: eine kaum bekannte fossile Schnecke vielleicht, ein vernachlässigter Farn, ein vergessener Nautiloide – wer zur Pedanterie neigt, macht hier leicht einen Fang. Er wird vielleicht, wie Robert Brownings «Grammatiker», den «gekritzelten Text des Lehrstoffes» meistern, aber Vorsicht, denn «dieser Mann beschloß, nicht zu leben, sondern zu wissen».

Es ist verlockend, in dieser Geschichte des Lebens das Neue hervorzukehren, und um einen gewissen Ausgleich zu schaffen, möchte ich dieses Kapitel mit einem Gegenbeispiel beenden, einer von Kontinuität geprägten Geschichte. Es war im Devon und Karbon, als die fernen Verwandten der Haie durch die Ozeane zu streifen begannen. Seither haben sie sich fest an der Spitze der marinen Nahrungskette behauptet. Der Hai ist Appetit mit Eigenantrieb, mobil gewordene Gefräßigkeit, ein durch Hunderte von Jahrmillionen verfeinerter Jäger. Die führenden Raubtiere auf dem Land haben mehrmals gewechselt: *Tyrannosaurus* wurde verdrängt durch den Tiger, *Velociraptor* durch den Wolf. Doch in den Ozeanen setzte der Hai seine Streifzüge fort, auf der Suche nach Beute, nach dem kranken Fisch, den ein schneller Tod ereilte. Es hat Ereignisse gegeben, von denen die meisten Arten auf dem Land und im Meer ausgerottet wurden, doch die Haie schwammen weiter und verbesserten heimlich ihre Form. Schon vor 170 Millionen Jahren gab es Haie, die ganz den heutigen ähneln. Gerechterweise muß man sagen, daß nicht alle Haie Raubtiere sind. Die größte lebende Art, der Walhai, ist ein Planktonfresser, der freundlich durch die Meere streift und Krill einsaugt. Verwandte der Haie, die Rochen, haben ähnliche Gewohnheiten. Ihre Anatomie verrät uns jedoch, daß diese Friedlichkeit eine spätere Entwicklung war und daß Jagen ein Grundmerkmal der Haie ist. Sie sind, ihrem Alter angemessen, eine in mancher Hinsicht primitive Ordnung von Fischen geblieben. Die asymmetrische Form der Schwanzflosse war im Devon und Karbon auch bei anderen Fischen verbreitet. Am Kopf haben sie seitlich eine Reihe von Schlitzen, um die Kiemen mit Wasser zu umströmen, während bei höheren Fischen die Kiemen von einer breiten Klappe bedeckt sind. Die Haie haben aus diesen primitiven Merkmalen Kapital geschlagen. Ihr Rückgrat besteht nicht aus Knochen, sondern aus zähem Knorpel. Früher galten die Haie auch hinsichtlich dieses Merkmals als primitiv, denn Knorpel ist vergleichsweise primitiv, und die Verknöcherung der Wirbel ist ein fortgeschrittenes Merkmal von Tieren mit einem Rückgrat. Inzwischen gilt das flexible Knorpelskelett jedoch als weitere Spezialisierung im Hinblick auf die rastlose Nahrungssuche. Haie waren durchaus in der Lage, Knochengewebe zu bilden, und sie besitzen auch welches in Gestalt harter Plättchen in der Haut. Des weiteren besitzen sie diese vorspringende, über den Rest des Körpers hinausragende «Nase». Sie ist nicht nur exakt darauf abgestimmt, durch das Wasser zu schneiden, mit der Präzision des Bugs eines U-Bootes (und weitgehend derselben Form wie dieser), sondern sie ist außerdem mit höchst empfindlichen Geruchsorganen ausgestattet, die in einem ansonsten leeren Meer über viele Kilometer hinweg winzige Spuren von Blut riechen können. Unter dem Maul befinden sich spezielle Organe, die wie ein Pfefferstreuer aussehen, die Lorenzinischen Gefäße, die höchst empfindlich für Schwingungen sind. Aus großer Ferne nehmen sie das Zappeln eines verwundeten Fisches wahr, ja sogar das Atmen eines Krebses. Eine feinere Wahrnehmung für etwas Eßbares besitzen auch die Geier nicht. Mit der Gelassenheit eines Anwalts, der ein Honorar winken sieht, kreuzt der Hai durch den Ozean und läßt sich nichts entgehen.

Die Zähne heutiger Haie entstehen an einer Art Fließband, das ständig dafür sorgt, daß frische, furchtbare Waffen zur Verfügung stehen.

Sie sind dreieckig und abgeflacht, und ihre Reihen weisen nach hinten zum Schlund, so daß ein Tier, wenn es erst einmal gefangen ist, unmöglich entkommen kann. Abgestoßene Haifischzähne finden sich häufig als Fossilien in Gesteinen der Trias oder jüngerer Epochen. Das Maul befindet sich an der Unterseite des Kopfes, was dem Hai einen tückisch grinsenden Ausdruck verleiht. Wenige Arten erreichen die Größe des Weißen Hais, des Ungeheuers aus dem gleichnamigen Film. Sehr viel zahlreicher sind die Haiarten von der Größe eines Hundshais, und die frühen Arten waren überwiegend ziemlich klein. Da die Überreste von Haien, abgesehen von den grausigen Zähnen, nicht ohne weiteres fossilieren – Knorpel hält sich im Gestein nicht so leicht wie Knochen –, sind ganze Tiere im Fundgut kaum anzutreffen. Vergleichsweise gut vertreten sind dagegen einige mit den Haien verwandte frühe Arten, die mehr Knochenplatten in der Kopfregion besaßen. Stan Wood entdeckte das phantastischste Haifossil *(Stethacantus)* an einem seiner Fundorte aus dem Karbon. Die Oberseite dieses Gebildes war erstaunlicherweise mit kleinen knöchernen Platten bedeckt, die jedermann für *Zähne* halten würde. Das muß man sich einmal vorstellen: ein Hai, der außen mit Zähnen gepanzert ist! Es war, als hätte ein verrückt gewordener Forscher einen genetischen Befehl für die Zahnbildung dazu benutzt, um überall Zähne wachsen zu lassen. Im Gestein mit einem schwarzen Glanz überzogen, haben die «Zähne» sich erhalten, so daß das Geschöpf wahrlich wie ein Bote der Finsternis wirkt.

Die finstere Persönlichkeit, die dem Hai zugeschrieben wird, unterscheidet sich von der aller anderen «Bösewichte», die die Natur kennt. Es kann nicht nur an seinem Rachen liegen, denn schließlich werden alljährlich mehr Menschen von Skorpionen getötet als von Haien. Vielleicht hat es etwas mit ihrem Alter zu tun – sie sind düstere Mahnzeichen einer vergessenen Zeit. Oder liegt es vielleicht daran, daß das Tier plötzlich auftaucht, wie ein Racheengel, praktisch aus dem Nichts, ohne Warnung, um furchtbare Verheerungen anzurichten? Bis vor kurzem glaubte man, daß die größeren Haie niemals schlafen und bis zu ihrem Tode ständig in Bewegung sind. Inzwischen hat man zumindest einige Arten in einem Zustand «zeitweilig eingeschränkter Lebhaftigkeit» gefilmt, aber für die großen Haie gilt weiterhin, daß kein anderes Tier auf der Suche nach Nahrung so weite Strecken zurücklegt. Sie haben etwas Unerbittliches an sich. Die Tatsache, daß sie so viel weniger intelligent sind als beispielsweise Tiger, vermag unsere Ängste nicht im geringsten zu dämpfen, ganz im Gegenteil: Wir wissen, daß sie mit List oder Vernunft nicht von ihrem Ziel abzubringen sind. Haie setzen ihren Angriff einfach so lange fort, wie die entsprechenden Sinnesorgane gereizt werden; sie haben etwas von einer Maschine an sich. Niemals sehen wir Bilder von Haien, die wie die Tiger freundlich zu ihren Jungen sind. Kredithaie haben, bildlich gesprochen, ihre Gefräßigkeit entlehnt. Fruchtlos bliebe der Hinweis auf die Dienste, welche die Haie der Hygiene der Ozeane oder der natürlichen Auslese oder der Gesunderhaltung natürlicher Populationen durch Ausmerzung kränklicher Individuen erweisen. Die Angst schert sich nicht um die Erkenntnisse von Evolutionsbiologen, noch weichen Alpträume der Statistik.

8

Der große Kontinent

Ein Toyota-Geländewagen raste durch die sandigen Weiten der Wüste von Oman. Es ist eine Kunst, mit einem schweren Fahrzeug sandige Flächen zu durchqueren. Man könnte zwar meinen, daß das Gelände zur Vorsicht gemahnt, aber wenn man zu langsam fährt, graben sich die Räder ein. Wüstensand bietet praktisch keinen Halt: Nur eine falsche Einschätzung, und plötzlich steckt man bis zu den Achsen in äußerst feinem und unerträglich heißem Sand. Dann hilft nichts – man muß das Ding selbst ausgraben. In der unerbittlichen Sonne einen Spaten zu schwingen, macht wenig Spaß. Kaum hat man sie herausgeschaufelt, rutschen die verdammten gelben Körner wieder in das Loch zurück. Schließlich gucken die Reifen vollständig heraus, erst dann kann man Sandbleche unter sie schieben. Sandbleche sind tragbare, geriffelte Startbahnen. Wenn man großes Glück hat, kommt man mit seinem Allradantrieb auf den Blechen heraus und entgeht dem Zugriff der Düne. Hat man weniger Glück, kommt man rukkelnd und rutschend mühsam ein paar Meter weiter, dichte Sandfontänen hinter sich hochschleudernd, um dann erneut mit einem Ruck zum Stehen zu kommen. Es gibt deshalb für den Sand nur eine Fahrweise, und zwar gleichmäßig, aber so schnell, wie man sich traut, so daß sie durchaus dem Skifahren und in gewissem Maße dem Schlittern vergleichbar ist, wobei die Reifen gerade genug Griffigkeit behalten müssen, damit man in Fahrt bleibt. Dann entrinnt man vielleicht dem Sand und gelangt in die Steinwüste, die oft erstaunlich flach und scheinbar endlos ist und in der man vollkommen unbekümmert fahren kann. Das liegt nicht zuletzt daran, daß es in keiner

Richtung etwas gibt, womit man zusammenstoßen könnte, aber auch keine Landmarke, so daß man sich mit dem Kompaß orientieren muß. Hin und wieder stößt man auf die Wagenspuren eines anderen Fahrzeugs, das möglicherweise schon vor Jahren hier vorbeigekommen ist, denn in dieser öden Gegend vergehen die Spuren nicht. Der Boden schimmert kupferfarben von «Wüstenfirnis», einer Patina auf der Oberfläche von Steinen, die der unablässige Wind poliert hat. Auf der arabischen Halbinsel findet man noch die echte, unberührte Wüste. Wenn hin und wieder ein Fahrzeug wie das meine auftaucht, wirkt es wie ein frecher Eindringling in ein Land vollkommener Leere.

Ich war in bestimmter Absicht dort, was mir wenn nicht eine Entschuldigung, so doch eine Rechtfertigung verschaffte. Die Halbinsel besitzt eine reiche Vergangenheit, und nicht immer wurde ihr von erbarmungslosen heißen Winden so übel mitgespielt. Jenseits der Steinwüste erheben sich niedrige Hügel, in denen Sedimentgesteine eine Zeit bezeugen, als dieses öde Land von einem fruchtbaren Meer bedeckt war und in den flachen Gewässern Schnecken und Seeigel Seite an Seite lebten. Noch früher krabbelten dort, wo jetzt nur bei Einbruch der Dunkelheit gelegentlich ein zäher Skorpion auf spindeldürren Beinen auftaucht, Trilobiten umher. Ich gelangte an ein kleines Wadi, ein Tal, geschaffen von Wassern, die noch vor wenigen tausend Jahren reichlicher strömten. Auch heute noch kann es passieren, daß eine plötzliche Überschwemmung das Wadi füllt und den unvorsichtigen Reisenden in Minutenschnelle ertrinken läßt. Wir kletterten den steilen Abhang hinunter, vorbei an ein paar staubigen Sträuchern mit vollkommen kugelförmigen, fleischigen Blättern. Der Talgrund war gänzlich flach und sandig, ein naturgegebener Pfad. Während ich mich auf diesem Pfad langsam vorwärts bewegte, wurde ich auf die Gesteine zu beiden Seiten aufmerksam, die steile, etwa dreißig Meter hoch aufragende Klippen bildeten. Es war ein merkwürdiges Durcheinander. Stellenweise ragten große, unregelmäßig geformte Felsblöcke aus den Klippen, die jedoch in einem gräulichen Ton steckten. Bei genauerem Hinschauen bemerkte ich nicht nur die Felsblöcke, sondern auch kleine Kieselsteine, genaugenommen Steine von jeglicher Form und Größe, die alle in den Klippen steckten wie Rosinen in einem Kuchen. Offenbar waren die Gesteine auch von unterschiedlicher *Art*: weiße Kiesel aus Kalk, große Sandsteinblöcke, sogar Teile von Granit und anderen Gesteinen, die aus glühendem Magma hervorgegangen waren. Sie steckten jedoch so lose in dem Ton, daß man einige aus den Klippen herausklauben konnte. Ich nahm ein kleines Stück von einem feinkörnigen Eruptivgestein in die Hand und sah es mir genau an. An einer Seite schien es abgeflacht zu sein. Auf dieser Seite wies es so etwas wie eine Politur auf – im Sonnenlicht schimmerte es leicht –, doch die Politur wurde durch eine ganze Reihe von Kratzern entstellt. Ohne Zweifel hatte irgend etwas eine Reihe von Rillen in die Oberfläche gemeißelt. Die meisten waren nicht tiefer als ein bis zwei Millimeter, und sie verliefen überwiegend parallel zueinander. Da dies aber offensichtlich ein hartes Gestein war, mußte das, was die Kratzer und die Politur bewirkt hatte, erheblichen Druck ausgeübt haben.

Ein Stück weiter das Wadi hinunter bot sich ein höchst ungewöhnliches Bild. Das ganze Tal öffnete sich zu so etwas wie einem natürlichen Amphitheater, umgeben von steilen Klippen, die offensichtlich aus dem merkwürdigen Mischgestein bestanden. Den Boden des Amphitheaters bildete jedoch eine vollkommen andersartige Substanz, ein hartes, massives Gestein, der vollkommene Gegensatz zu dem Ton mit Felsblöcken, von dem man jetzt erkennen konnte, daß er wie eine große Decke unmittelbar auf diesem Boden auflag. Das Ungewöhnliche war, daß auch dieses harte Gestein poliert und eingeritzt worden war, aber in einem kolossalen Ausmaß. Der ganze Talboden war verschrammt: Tiefe Rillen durchzogen die Oberfläche und bildeten Linien, die praktisch parallel von einer Seite des Wadi zur anderen verliefen. Einige der Rillen waren stellenweise vertieft, so als seien sie herausgekratzt worden von den Fingernägeln eines Titanen, der seine Hände zornig in den Boden gekrallt hatte.

Die Wahrheit ist jedoch noch erstaunlicher. Was ich erblickte, war der Beweis einer Eiszeit. Hier, wo heute eine Sonne brennt, die Eis so rasch schmelzen läßt wie Butter in einer heißen Pfanne, hatte es einmal Eisströme gegeben – Gletscher. Rauhe Findlinge, in diesen Gletschern eingeschlossen und von ihnen wie stumpfe Waffen mitgeschleppt, hatten die Kratzspuren auf dem harten Boden des Wadi hinterlassen; feineres Gesteinsmaterial hatte die Politur hervorgerufen. Viele Tonnen Eis hatten den nötigen Druck geliefert, um das zu erzeugen, was jetzt als Gletscheruntergrund zu erkennen war. Damit waren die Kratzer auf dem Kiesel, den ich untersucht hatte, erklärt. Und als dann die Eisdecke, die einmal die arabische Halbinsel bedeckt hatte, endlich dahinschmolz, war das gesamte Material, das sie zuvor mitgeschleppt hatte, zu Boden gesunken. Findlinge und Steine, deren Ursprungsort möglicherweise viele Kilometer entfernt war und die das Eis herbefördert hatte, wurden ebenso deponiert wie die feinsten, zu Staub und Schlamm zermahlenen Gesteine. So war diese merkwürdige, an einen Rosinenkuchen erinnernde Gesteinsformation zustande gekommen, die auf dem Gletscheruntergrund lag. Wenn Sie identische Gesteine sehen wollen, müssen Sie nach Norwegen oder Kanada fahren, wo sich das Dauereis bis heute gehalten hat. Dort zeigt das Gestein zwischen Zwergweiden und Feuchtmooren noch immer die Kratzspuren, die unter dem Eis entstanden, das sich nur wenig zurückgezogen hat. Es überwiegen glaziale Tonschichten mit eingelagerten Findlingen und Schuttmassen mit Schleifspuren. Die Übereinstimmung ist vollkommen. Da ich dieses unverkennbare Gemenge viele Jahre zuvor im hohen Norden gesehen hatte, konnte ich nur folgern, daß über den Arabischen Schild eine große Eiszeit hinweggeschrammt sein mußte.

Durch meinen Besuch der arabischen Halbinsel wurde mir deutlich, wie scharfsichtig jene Geologen in den Anfängen unseres Jahrhunderts gewesen waren, die an verschiedenen Orten Afrikas, Arabiens und Südamerikas die Spuren des Eises wahrgenommen hatten. Sie mußten sich von eingefleischten Vorstellungen lösen, um sich dessen, was unter der Tropensonne auf den ersten Blick unglaublich erschien, sicher zu sein. Daß die Gestalt der Erde, die Form der Kontinente und die Verteilung der Klimazonen sich wieder und wieder gewandelt haben könnte, war damals noch nicht Bestandteil des allgemeinen Weltbildes. Man glaubte vielmehr, die Kontinente seien von Anfang an in ihrer heutigen Gestalt dagewesen. Um auf einen derart grundstürzenden Klimawandel in der fernen Vergangenheit zu kommen, bedurfte es einen kühnen Schlusses. Damit aber nicht genug: Noch sehr viel kühner war die Erkenntnis, daß Afrika, Südamerika und Indien mitsamt der arabischen Halbinsel und sogar Australien einmal einen einzigen Kontinent gebildet hatten. Man konnte die Kontinente zu einer Art von grobem Mosaik zusammenfügen; schon für ein Kind, das gern Puzzle spielte und erkannte, wie gut die Konturen der Westküste Afrikas und der Ostküste Südamerikas zueinander paßten, war das offenkundig. Wenn man sie wieder zusammenfügte, wurden die Gletscherablagerungen, wie ich sie untersucht hatte, auf einen Schlag als Folgen einer einzigen Eismasse erkennbar; wenn man sie sich dagegen als von Anfang an getrennt vorstellte, hätte das Eis auf verschiedenen Breitengraden und von verschiedenen Zentren aus wachsen müssen. Das Alter der Gletscherablagerungen war auf beiden Seiten der jeweiligen Einheit durch Fossilien gegeben. Von ihnen ausgehend, sprach alles dafür, daß der vermutete Urkontinent im späten Karbon und/oder in der anschließenden geologischen Epoche, dem Perm, existiert hatte. Hatte es diesen einzigen Kontinent wirklich gegeben, dann mußte er auseinandergebrochen sein, und diese Bruchstücke mußten im Laufe der letzten 160 Millionen Jahre auseinandergedriftet sein, bis unsere heutigen Kontinente ihre heutige Lage erreicht hatten. Die Idee der «Kontinentalverschiebung» war geboren.

Vorläufer dieser Theorie hatte es schon in den 1850er Jahren gegeben, doch der Vater der modernen Vorstellungen war ein deutscher Meteorologe, Alfred Wegener, der sein berühmtes Buch *Die Entstehung der Kontinente und Ozeane* 1915 veröffentlichte, als er an der Universität Marburg lehrte. Die Implikationen für die Erdgeschichte waren so weitreichend, daß die meisten Wissenschaftler damals ratlos vor ihnen zurückwichen. Allein aus den Eisablagerungen folgte zum Beispiel, daß der Südpol nicht immer dort gewesen sein konnte, wo er heute ist. Das südliche Afrika, Indien und Südamerika mußten alle im polaren Einflußbereich gelegen haben, wie der südafrikanische Geologe Alex du Toit schon 1927 erkannt hatte. Offensichtlich hatten im Laufe der Kontinentalverschiebung die Pole ihren Ort gewechselt. Ich habe keine Ahnung, welche Stellung ich in der großen Debatte, die dann einsetzte, bezogen hätte (wobei ich natürlich zu der Annahme neige, daß ich auf der richtigen Seite gestanden hätte). Zu den größten Gegnern der Verschiebungstheorie gehörten damals bekanntlich einige der bedeutendsten Physiker; diese renommierten Mathematiker fanden keinen akzeptablen Mechanismus, um die Verschiebung zu erklären. Die Beweise für die Verschiebung wurden überwiegend Stück für Stück von praktisch forschenden Geologen und Paläontologen zusammengetragen, die charakteristische spätpaläozoische und triassische Belege wie etwa die *Glossopteris*-Flora entdeckten – eine typische terrestrische Flora kühler Klimazonen, deren Verteilung man kaum hätte erklären können, wenn man nicht die südliche Hemisphäre zu einem Kontinent zusammenfaßte, wie der britische Botaniker A. C. Seward rasch erkannte; Wegener selbst führte *Mesosaurus* an, ein kleines charakteristisches marines Reptil, das in gleichaltrigen Gesteinen Südamerikas und Afrikas gefunden wurde. Diesen Geologen und Paläontologen ging es weniger um die Mechanismen als vielmehr um die Dokumentation dessen, was sie als unausweichliche Tatsachen betrachteten. Das aus Indien, Afrika, Südamerika und Australien bestehende Gebilde wurde Ende des 19. Jahrhunderts von dem österreichischen Geologen Eduard Sueß Gondwanaland genannt (der Name leitet sich von dem in Zentralindien lebenden Stamm der Gond her). Es gibt ein noch größeres Gebilde, das auch Eurasien und Nordamerika einschließt, die nicht nur miteinander, sondern auch mit Gondwanaland verschmolzen waren, so daß im späten Perm sämtliche Kontinente der Erde zu einer einzigen Einheit vereint waren: Dies kommt in dem Namen zum

Ausdruck, den Wegener ihm gab, wörtlich «die gesamte Erde» – Pangäa.

In der Wissenschaft gibt es, wie in so vielen menschlichen Tätigkeitsbereichen, eine Hackordnung. In amtlichen Dokumenten wird man diese Ordnung vergeblich suchen, doch prägt sie die Auffassung der meisten Wissenschaftler über ihre Stellung innerhalb des Ganzen. Die intellektuellsten und gescheitesten Wissenschaftler, die die Spitze der Hierarchie bilden, sind die theoretischen Physiker, durch die Bank Mathematiker. Das Vorbild lieferte Isaac Newton mit seiner ans Übernatürliche grenzenden Erkenntnis physikalischer Gesetze, die man bis dahin nicht verstanden hatte. Den Archetyp in neuerer Zeit stellte Albert Einstein dar, und Richard Feynman schien ein würdiger Nachfolger zu sein. Besser als alle Zeitgenossen verkörpert Stephen Hawking die Idee eines reinen Intellekts in diesem Sinne, denn während sein Körper gelähmt ist, befaßt sein ausgezeichneter Verstand sich ungezwungen mit unvorstellbaren Dingen und steht mit der Ewigkeit auf vertrautem Fuß. Solche großen Männer bewegen sich in abstrakten Welten, wo geringere Geister den Trost der Metapher oder die prosaische Hilfe einer Analogie suchen. Irgendwo nicht weit unter ihnen befinden sich die experimentellen Wissenschaftler, die entweder Physiker oder Chemiker (und heutzutage in der Regel auch Biochemiker) sein können. Diese Wissenschaftler übersetzen die Träume der Theoretiker in Versuchsanordnungen. Früher mögen solche experimentellen Genies geheimnisvolle Gestalten gewesen sein, wie der aristokratische Chemiker Lavoisier, und sich in einem vergessenen Flügel eines vormals stattlichen Gebäudes zu schaffen gemacht haben, während das Anwesen verfiel und verrückte Tanten im Ostflügel umhergeisterten. Heute sind sie in der Regel geschäftsmäßige und entschlossene, mit allen Wassern gewaschene wissenschaftliche Administratoren, die Scharen von Assistenten in weißen Kitteln leiten, Millionenbeträge für die neueste Technik verausgaben und Teams von jungen Forschern dazu antreiben, schneller als ihre Konkurrenten ans Ziel zu kommen. Sie forschen nach fundamentalen Teilchen oder Genen, viralen Strukturen oder was gerade aktuell ist. Sowohl die theoretischen als auch die führenden, einfallsreichen experimentellen Wissenschaftler kommen für Nobelpreise und ganzseitige Nachrufe in der *Times* in Frage. Daß ein praktischer Geologe eine solche Auszeichnung erlangt, ist kaum zu erwarten.

Die Auseinandersetzung zwischen Anhängern und Gegnern der Verschiebungstheorie ist einer der wenigen Fälle, in denen der Feldforscher über den theoretischen Physiker triumphierte.* Der Triumph muß dem kleinen Mann gutgeschrieben werden – oder sagen wir, dem etwas kleineren Mann. Noch jahrzehntelang nahmen einige der einflußreicheren Physiker die Tatsachen – die Verteilung der glazialen Gesteine und die charakteristischen Fossilien – nicht zur Kenntnis. Erst mit der Entwicklung paläomagnetischer Verfahren in den 50er Jahren – sie erlaubten es, frühere Positionen der Pole mit einiger Sicherheit zu bestimmen – konnten Beweise für wandernde Pole und sich ständig wandelnde Kontinente in einer Weise beigebracht werden, die die Mehrheit der Geophysiker zufriedenstellte. Die früheren Positionen der Pole, die man von verschiedenen, verstreuten Kontinenten der Gegenwart aus ermittelte, ergaben nur dann einen Sinn, wenn die Kontinente früher eine Einheit gebildet hatten. Hier waren endlich «harte» experimentelle Daten, welche die Verschiebungshypothese unterstützten. Doch bald kamen sehr viel mehr ergänzende Daten hinzu. Die Erforschung der Meere mit Hilfe moderner Forschungsschiffe enthüllte neben ozeanischen Gräben und Gebirgsrücken viele weitere Einzelheiten, die ein erstes genaues Bild des Meeresbodens ergaben. Die Details waren nur zu erklären, wenn man die Existenz des Urkontinents Pangäa und sein späteres Auseinanderbrechen unterstellte. Erst mit der Entwicklung der Plattentektonik in den späten 60er und 70er Jahren wurden Beobachtung und Theorie miteinander versöhnt. Die spätpaläozoische Pangäa verlor jetzt endgültig den Status einer Hypothese und wurde gewissermaßen zu einer historischen Tatsache. Die Rekonstruktion der Kontinente kam groß in Mode. An den reicheren Universitäten wurden Computer entwickelt, die hinreichend große Datenmengen verarbeiten konnten, um die früheren Kontinente mit ausgeklügelten Methoden optimal zusammenzufügen, während sich die Pragmatiker vorher mit Reißbrett und Herumgerate begnügt hatten. Das ganze wurde sehr wissenschaftlich.

Als die Wissenschaftler endlich die physische Realität des alten «Superkontinents» bestätigt hatten, machten sie sich daran, die Beteiligung der geologischen Feldforscher und Paläontologen an der Aufdeckung dieses Sachverhalts herunterzuspielen. Die Geschichte zu ignorieren fiel den Physikern nicht schwer, weil sie sie ohnehin als ein nicht hinreichend experimentelles Gebiet verachteten. Sie hatten dazu

* Damit der Paläontologe nicht ganz und gar zum «braven Burschen» gerät, sei daran erinnert, daß aus seinen Reihen auch einige der letzten und hartnäckigsten Gegner der Verschiebungstheorie stammten, darunter der verstorbene Professor Curt Teichert von der Yale-Universität.

einen gewissen Anlaß. Um die Theorie der Plattentektonik weiterzuentwickeln, brauchte man Informationen sowohl über die Natur des oberen Mantels als auch über die Tiefenstruktur der Erde. Ein schlichter Geologe mit Hammer und Lupe konnte da nichts ausrichten, anders als diejenigen, die mit Hilfe seismischer Informationen in Tiefen vordrangen, in die nie ein Mensch gelangen würde. Den unbestreitbaren Beweis dafür, daß Platten sich untereinander schieben, leiteten Scharen von Analytikern aus Profilen ab, die im Labor erzeugt worden waren. In den an Ozeane grenzenden Erdbebengebieten, also an den aktiven Rändern der Platten, lieferten die tiefen seismischen Reflexionsprofile genau das Bild einer ozeanischen Platte, die sich unter den benachbarten Kontinent schiebt und für immer verschwindet. Als man am Meeresboden «Streifen» einer Basaltkruste mit normaler beziehungsweise umgekehrter Magnetisierung entdeckte, hatte man den Beweis, daß die Platten von den mittelozeanischen Bergrücken fortgewandert waren. Die Beweislast verlagerte sich also von der Feldforschung ins Labor und auf das Forschungsschiff, wo es auf den Mathematiker und die «Black Box» ankommt. Bald gewannen Computerverfahren eine größere Bedeutung als ein scharfes Auge und eine durch nichts beschränkte Vorstellungskraft. Pangäa war bewiesen. Die Mathematik war wieder einmal die Herrin.

Auch wenn sie jetzt in die «harte» Wissenschaft einbezogen ist, behält die Idee von einem uralten Land, wo alles eins war, einem Kontinent, auf dem Einigkeit herrschte, etwas Romantisches. Pangäa ist das wahre verschollene Land, auf jeden Fall eine Tatsache, die uns jedoch daran erinnert, daß die Vorstellung von verschollenen Ländern auf eine längere kulturelle Tradition zurückblickt. Vielleicht waren es die Gespenster dieser anderen sagenhaften Länder, die in den 20er Jahren nüchterne Physiker wie Harold Jeffreys zunächst instinktiv vor Wegeners Pangäa oder Sueß' Gondwanaland zurückschrecken ließen. Platon hatte im *Timaios* die Geschichte von Atlantis erzählt. Dieses Land lag westlich der Säulen des Herkules. Es war eine wegen ihres Reichtums und ihrer Schönheit gepriesene Insel, die mächtig genug war, um ein Imperium zu beherrschen, das Teile von Afrika einschloß. Sie wurde wegen ihres gottlosen und anmaßenden Wandels vom Meer verschlungen und ging unter. Passenderweise war ihr Ende ein tektonisches und nicht einmal ein so unplausibles. Das Mittelmeer ist ein tektonisches Puzzle, und es ist seismisch sehr aktiv, wie Platon und seine Zeitgenossen sicherlich erkannt hatten. Es ist durchaus denkbar, daß griechische Fischer erlebt haben, wie eine hohe See auf das Land zuraste – schon das geringste unterseeische Erdbeben löst eine solche

Woge aus. Etwas Ähnliches beobachtete ich 1967, während ich in einer schmalen Bucht im Norden des (damaligen) Jugoslawien am Strand lag. Auf einmal war das Meer verschwunden. Da ich am Boden nichts spürte, muß ich wohl weit genug vom Epizentrum dessen, was diese Erscheinung verursacht hatte, entfernt gewesen sein. Ich konnte jedoch hinauswandern zu felsigen Tümpeln, in denen sich Fische, Muscheln und Meerespflanzen fanden, die normalerweise weit unter Niedrigwasser leben. Man konnte auch aufgeblähte Seegurken aufsammeln, die außerhalb ihres Elements gestrandet waren. Aber nicht lange, denn sehr schnell kehrte das Wasser zurück, wie eine Flutwelle, und reichte bald weit über die normale Hochwassermarke hinaus. Entsetzte Touristen mußten sich ihre Sonnenölflaschen schnappen und die Flucht antreten. Wenn so schon die Folgen eines schwachen Bebens aussahen, konnte man sich ausmalen, wie dramatisch die See nach einem größeren Beben über eine flache Insel herfallen würde. In dieser Region kommt es tatsächlich vor, daß Gebiete sich heben und senken, wie man auf vielen griechischen Inseln an trockengefallenen Stränden beobachten kann.

Atlantis liefert, auch wenn es nur eine Legende ist, doch so etwas wie eine mythische Parallele zu Gondwana und Pangäa. Die Idee, daß weite Landstriche unter dem Meer verschwunden waren, wurde bis weit ins 19. Jahrhundert hinein von ernsthaften Wissenschaftlern erwogen. T. Vernon Wollaston war ein Biologe, der heute vor allem dadurch in Erinnerung ist, daß er eine der ersten kritischen Besprechungen von Darwins *Entstehung der Arten* veröffentlicht hat. Er hatte durchaus seriös über die Fauna der Kanarischen und Kapverdischen Inseln geforscht, wo es zahlreiche endemische Arten gibt, die unter ähnlichen Umständen leben, wie sie Darwin auf den Galapagos-Inseln berühmt gemacht hat. Er gelangte zu Schlußfolgerungen, die denen Darwins völlig entgegengesetzt waren, und behauptete, daß die Arten, die er untersucht hatte, getrennt erschaffen worden und unwandelbar seien. Ihre Vielfalt führte er auf die frühere Existenz eines größeren Kontinents zurück, der zum Teil wie Atlantis untergegangen war, so daß nur Inseln übrig geblieben waren. Wie sehr er an dieser Theorie hing und woher er sie ableitete, wird deutlich in einem Buch mit Gedichten von ihm, *Lyra Devoniensis* (1868), wo es heißt:

O blest Atlantis! can the legend be
Built on wild fancies which thy name surround?
Or doth the story of thy classic ground
With the stern facts of Nature's face agree?

Physiker, die wahren Hüter der von Wollaston bemühten «strengen Tatsachen» der Natur, wollten weder damals noch wollen sie heute etwas mit einem solchen dichtenden Liebhaber von Atlantis zu tun haben. Seinen Reiz hat es aber bis heute nicht verloren. Ein billiges amerikanisches Sensationsblatt kam vor ein bis zwei Jahren mit der kleinen Schlagzeile heraus: ATLANTIS ENTDECKT! Dieser verblüffenden Enthüllung war eine Karte beigefügt, aus der hervorging, daß das untergegangene Land in der Nordsee lag, direkt vor der Küste von East Anglia, unweit von Ipswich. Ob Platon es anerkannt hätte, darf man bezweifeln.

Die Tatsache, daß diese großen Landmassen im späten Perm vereint waren, hat weitreichende biologische Implikationen. Wir sind dermaßen an unsere verstreuten Kontinente gewöhnt, daß wir die Folgen der Isolation für selbstverständlich halten. Man stelle sich einmal vor, alle Kontinente wären heute vereint. Pflanzen und Tiere würden sich nach allen Richtungen verteilen, und es käme zu einem allgemeinen Gerangel; gewiß würden einige Arten begünstigt, aber viele andere auch nicht: So hat sich die Tatsache, daß der Mensch vor noch gar nicht so langer Zeit Katzen und Füchse nach Australien brachte, auf Dutzende der endemischen Beuteltierarten verheerend ausgewirkt. Die Känguruhratte, ein Beuteltier von der Größe eines Kaninchens, war dort einmal allgemein verbreitet; heute überlebt sie überwiegend in katzenfreien Enklaven. Bei unbeschränkter Konkurrenz würde es mehr Verlierer als Gewinner geben, weil ein Habitat in einem bestimmten Lebensraum nur eine begrenzte Zahl von Arten ernähren kann. Man kann sich daher vorstellen, daß die Vielfalt insgesamt zurückginge. Eine vereinte Welt wäre insofern eine verarmte Welt. Natürlich würde nicht überall das gleiche Klima herrschen, so daß klimatisch abgegrenzte ökologische Zonen weiterhin von großer Bedeutung wären, doch würde der geeinte Kontinent auch das Klima auf ungeahnte Weise verändern. Tatsächlich erstreckte sich der einstige Superkontinent von den Polen bis zum Äquator, und die biologische Vielfalt hing weitgehend davon ab, wo sich ein Tier oder eine Pflanze in diesem klimatischen Profil befand. Zu einer *totalen* Vereinigung kam es, wenn überhaupt, nur für kurze Zeit, denn kaum war der große Kontinent zusammengefügt, als er schon wieder auseinanderzubrechen begann.

Am Ausgang des Karbons war die Erde eine Welt des Überflusses. Während die Teile von Pangäa aufeinander zu wanderten, um schließlich zum Superkontinent zusammengefügt zu werden, verschlechterte sich das Klima. Die Umlagerung der Kontinente bewirkte, daß der Südpol ins Innere des Kontinents zu liegen kam, was wiederum das

Wachstum einer Eiskappe begünstigte. Ich darf noch einmal daran erinnern, daß die Eiskappe des Nordpols verhältnismäßig dünn ist, verglichen mit den ungeheuren, gnadenlosen Eisdecken, die sich um die Antarktis gebildet haben, die ja ein richtiger Kontinent ist. Über großen Landmassen, fern der lindernden Wirkung des Meeres, werden Eisdecken dicker. Wie die Dinge lagen, wurde der überwiegende Teil des südlichen Gondwana schließlich von der Vereisung betroffen, die in dem omanischen Wadi, mit dem dieses Kapitel begann, so beeindrukkende Spuren hinterlassen hat. In Südafrika gibt es in der Kapprovinz und in Natal Ablagerungen glazialen Ursprungs, die alles, was ich auf der arabischen Halbinsel sah, in den Schatten stellen; desgleichen in New South Wales und Queensland in Australien sowie in Indien und der Antarktis. Die Vergletscherung, die am Ende des Karbons schon im Gange war, ging weiter bis in die Permzeit; zum ersten Mal seit dem massenhaften Aussterben, mit dem das Ordovizium geendet hatte, erlebte die Welt den Vormarsch von Eismassen kontinentalen Ausmaßes. Bei eingehender Untersuchung erkennt man eine verwickelte Folge von Eisdecken, die abwechselnd zu- und abnahmen. Hat vielleicht die weite Verbreitung kühler Klimata die Entwicklung eines tierischen Metabolismus begünstigt, der seine Temperatur selbständig aufrechterhalten konnte, eine Art von Zentralheizung des Körpers? Wenn die Reptilien des Karbons einen Organisationsgrad erreichten, der sie neben die Amphibien stellt, beides Kaltblüter, gab es dann vielleicht vor dem Ende des Perms ein kleines, kältevertragendes Tier, das ein Fell hatte, warmblütig war und seine Jungen lebend gebar? Fossilien von etwas, das wir als Säugetier anerkennen würden, finden sich erst in der Trias, lange nachdem die Gletscher verschwunden waren, und so entsteht eine große zeitliche Lücke. Man darf sich aber fragen, ob nicht eines Tages ein glücklicher Hammerschlag das fehlende Fundgut freilegen wird.

Machen wir eine Rundfahrt durch die permische Pangäa. Zunächst erstreckten sich beiderseits des Äquators riesige Wüsten, wo außer Skorpionen kaum etwas gedeihen konnte. Diese Wüsten reichten vom Zentrum des heutigen Nordamerika bis nach Europa. Dort, wo wenige Millionen Jahre zuvor üppige Karbonsümpfe gedampft hatten und große Libellen durch den Dunst gejagt waren, erstreckten sich nun sichelförmige Wanderdünen und endlose Sandflächen. Aus diesen riesigen Dünen wurde der massive Gelbsandstein, wie man ihn etwa bei der nordenglischen Stadt Penrith antrifft, zusammengesetzt aus Körnern, die von den unablässig wehenden Winden der Permzeit so glatt geschliffen wurden wie ein Hirsekorn. Ähnlich trocken waren weite Teile des heutigen Südamerika. Es muß wohl nicht ausdrücklich gesagt werden, daß in solchen Gesteinen, die alle älteren Gesteine unter sich begruben, Fossilien überaus rar sind. Gelegentlich kann man aber auf fossile Fußspuren stoßen. Auf der arabischen Halbinsel fand ich zu meinem Erstaunen jeden Morgen in den Sanddünen winzige Fußspuren, die Gott weiß was für ein nächtliches Wesen in der Kühle der Nacht hinterlassen hatte. Wenn es in der Wüste des Perms noch irgendwo Tümpel und Lagunen gab, so wurden sie von der Sonne trokkengelegt, und die Verdunstung ließ Salz- und Gipsablagerungen zurück. In dem Teil der Welt, der aus dem heutigen Afrika, Indien, der Antarktis und weiten Teilen Australiens bestand, sorgten die Gletscher für eine leblose Wüste anderer Art, entsetzlich kalte Regionen, die hier und da von einigen spezialisierten Pflanzen besiedelt wurden, die mit der Kälte zurechtkamen *(Gangamopteris)*. Rings um die kältesten Polargebiete gab es Wälder des Baumes *Glossopteris*, die in der südlichen Hemisphäre von Gondwanaland endlose Haine bildeten. Das entsprechende Habitat der nördlichen Hemisphäre, im heutigen Sibirien und der Mongolei, bildete, allerdings mit anderen Arten, die AngaraFlora. Der *Glossopteris*-Baum hat echtes Holz mit Jahresringen, die auf ein saisonales Wachstum schließen lassen, und fast weidenartige Blätter, die in der kühlen Jahreszeit den Waldboden bedeckt haben müssen. Man kann sich unschwer vorstellen, daß dieser Baum die urzeitliche Landschaft ebenso geprägt hat, wie heute die Nadelwälder Kanada und die Taiga prägen. In den Tropen jedoch gab es, wie stets in den Tropen, Orte, die weder eisig kalt noch trocken und glühend heiß waren. Im heutigen Nord- und Südchina gediehen üppige Regenwälder, und ähnliche Wälder wuchsen wohl auch auf der malaiischen Halbinsel und in Venezuela. Einige Arten erstreckten sich sogar bis Nordamerika. Hier gediehen weiterhin die Nachkommen der karbonzeitlichen Wälder. Stellenweise bildeten riesige Bärlapp- und Schachtelhalmgewächse, Baum- und Samenfarne nach wie vor Kohlevorkommen.

In den flachen Meeren rings um den gewaltigen Kontinent gab es viele marine Tiere, die sich aus ihren karbonzeitlichen Vorfahren weiterentwickelten. Zwischen dem Norden Gondwanas und Laurasien (das ist Asien plus Europa) erstreckte sich ein tropisches Mittelmeer. Der große Geologe Eduard Sueß (1831–1914), zuletzt Professor der Geologie an der Universität Wien und Verfasser eines der Meisterwerke über die physikalische Geschichte unseres Planeten, *Das Antlitz der Erde*, nannte es Tethys, nach der Gattin des Gottes Okeanos. In wechselnder Gestalt bestand die Tethys über Jahrmillionen hinweg. Homer zufolge ist Okeanos der Beginn jeglicher Schöpfung und Tethys die Mutter aller Dinge, die sogar noch den Göttern selbst vorausgeht. Da fügt es sich gut, daß die in der Tethys abgelagerten Gesteine so oft voll von den Überresten früheren Lebens sind – nur findet sich kein Zeugnis von der Geburt der Götter. Die Tethys erstreckte sich nach Osten durch das Mittelmeergebiet bis zur Krim, weiter östlich bis ins Pamirgebirge und von dort nach Timor und ins südliche China; nach Westen reichte sie bis ins heutige Texas. Es war ein heißes Meer, aber voller Leben – Tausende verschiedener Arten von Korallen und Bryozoen und Brachiopoden und Schnecken und Ammoniten. In Texas und Neu-Mexiko, in den Guadeloupe Mountains und den Glass Mountains, gab es riesige Hügel, zusammengesetzt aus Schwämmen, Bryozoen und Brachiopoden in wildem Durcheinander. In der Tethys lebten die allerletzten Trilobiten, zusammen mit vielen der Echinodermen wie den Cystoiden, die noch aus dem Ordovizium und dem Silur überlebt hatten. Viele dieser Tiere sollten am Ende des Perms aussterben.

In den seichten tropischen Gewässern der Tethys gab es seltsame Tiere, zum Beispiel kleine, kegelförmige Tiere, die sich auf ein Gewirr von Stacheln stützten und in Klumpen zusammenlebten. Auf den ersten Blick ähnelten sie Korallen, doch im Unterschied zu diesen waren sie innerhalb der Schale nicht in sogenannte Septen untergliedert. Sie besaßen außerdem einen «Deckel», der ziemlich genau auf den Kegel paßte. Aus der Anatomie des «Deckels» kann man entnehmen, daß diese seltsamen Geschöpfe letztlich abweichende Formen von Brachiopoden waren. Sie waren dazu übergegangen, in provisorischen Kolonien zusammenzuleben, oft in Gemeinschaft mit Schwämmen oder Bryozoen. Sie erhielten den Namen Richthofeniiden, nach dem deutschen Geographen Freiherr von Richthofen (und nicht, wie ich glaube, nach dem erfolgreichen Jagdflieger des Ersten Weltkrieges, der auch der «Rote Baron» genannt wurde). Die Ähnlichkeit mit Korallen war wohl nicht ganz zufällig, denn wie Korallen zogen sie Nährstoffe aus dem umgebenden Meer, und für diese Lebensweise ist die Kegelform, die sich nach oben und nach außen ins Meerwasser erstreckt, sinnvoll. Ebenfalls wie Korallen mögen diese seltsamen Brachiopoden zusammengewachsen sein, um sich gegenseitig zu stützen, obwohl Korallenfachleute immer sehr ärgerlich werden, wenn man in diesem Zusammenhang von «Riffen» spricht. Martin Rudwick vermutet, daß die Deckel sich auf und ab bewegten, um einen Nahrungsstrom zu erzeugen. Er könnte ihnen Nährstoffe zugeführt haben, denn Brachiopoden leben davon, daß sie dem Meerwasser kleine eßbare Teilchen entziehen. Einige Arten hatten einen «Deckel», der auffällig durchlöchert war, wie ein Sieb. Es könnte sein, daß sie sich passiv ernährt haben von dem, was die Strömungen ihnen brachten, sofern sie in einer Umgebung gelebt haben, in der Strömungen ihnen Nahrung zuführten. Man hat sogar vermutet, daß in ihren Geweben, wie bei anderen Doppelgängern der Korallen, symbiotische Algen lebten, die für ihren bescheidenen Nährstoffbedarf sorgten. Brachiopoden sind keine gefräßigen Tiere. Sie mögen jahrelang unter der tropischen Sonne gelegen haben, um still zu wachsen, ohne daran zu denken, daß ihnen nur eine kurze Zeit auf der Erde beschieden sein würde.

Es gab etwas in den tropischen Gewässern der Tethys, daß den Gigantismus förderte. War es vielleicht das ungewöhnlich heiße Klima? Sogar einzellige Foraminferen wurden riesig, gemessen an ihrer Normalausführung. Eine bemerkenswerte Gruppe dieser normalerweise unauffälligen Organismen hatte sich seit ihren Anfängen im Karbon fortlaufend diversifiziert. Diese verhältnismäßig riesigen Formen bezeichnet man als Fusulinen. Es sind spindelförmige Fossilien, die einen Durchmesser von mehreren Zentimetern erreichen können. Sie bringen einen zwar zum Nachdenken, denn für eine einzelne Zelle ist das schon eine bemerkenswerte Größe, aber ansonsten sind sie äußerlich ziemlich unauffällig. Gewöhnlich von grauer Farbe, lassen sie eher an eine Samenart als an eine Tierart denken, aber sie hatten im Unterschied zu Samen eine Kalkschale. Im Inneren stellen sie technische Wunderwerke dar. Oft kommen sie in großen Mengen vor und bilden zusammen einen harten Kalkstein, den man aufschneiden und polieren muß, um sie anschließend im Querschnitt richtig studieren zu können. Dann sieht man, daß sie aus zahlreichen Kammern bestehen. Ihre Wände sind perforiert, und sie erinnern an Schwämme. Sie sehen aus, als seien sie mit Blasen gefüllt gewesen, so zahlreich sind ihre Unterteilungen. Schaut man genauer hin, so sind diese Kammern nicht willkürlich angeordnet, sondern bilden Schichten. Das Fusulin ist gewachsen, indem es Schicht auf Schicht um sich gewickelt hat, und jede Schicht ist ihrerseits in die winzigen Kammern unterteilt, die ihm ein so schaumiges Aussehen verleihen. Da es zunächst eine winzige Zelle war, von der aus das Tier gewachsen ist, muß die Wicklung von innen nach außen erfolgt sein, bis die Spindelform fertig war. Um sich den Aufbau zu veranschaulichen, stellt man sich am besten eine Bisquitrolle vor. Dank der außerordentlich komplizierten Bauweise konnte eine einzige Zelle zu unerhörten Ausmaßen anwachsen. Sie stellte ihr eigenes Stützgerüst her und brachte so lange Kalcit-Wohnräume und

In den warmen Meeren des frühen Tertiärs wimmelte es von riesigen einzelligen Foraminiferen, Nummulites gizehensis. Sie haben die Größe kleiner Münzen. Dieser Kalkstein ist berühmt: er stellte das Baumaterial der ägyptischen Pyramiden

Erweiterungen hervor, bis ein regelrechter protoplasmischer Palast fertig war.

Dies sind nur zwei Beispiele aus den wimmelnden permischen Meeren der einstigen Tropen, aber sie zeigen, daß das marine Leben immer wieder neue Dinge erfand. Sogar der einzellige Protist, der auf einen Stammbaum von über 1000 Millionen Jahren zurückblicken konnte, war so einfallsreich wie ein evolutionärer Neuling. Ein bestimmter Organisationstyp büßt seine Wandlungsfähigkeit nicht schon dadurch ein, daß er schon lange auf der Erde existiert hat. Das schöne an der

Suche nach Fossilien ist, daß sie immer wieder mit Überraschungen aufwarten. Es gibt Organismen, die scheinbar untergehen oder aus dem Blickfeld verschwinden, nur um in neuer Gestalt wieder aufzutauchen. Es ist wie bei den letzten Konzertauftritten von Frank Sinatra: stets scheint es noch einen Auftritt an einem anderen Ort zu geben. Die Ammoniten sind mehrfach nahezu verschwunden, nur um erneut ein reiches Leben zu entfalten. Am Ende gaben sie allerdings eine wirklich allerletzte Vorstellung, und dabei gab es keine Vorhänge.

Im nördlichen Europa existierte ein anderes Meer, das sich von Rußland über den größten Teil Europas erstreckte und kurzzeitig bis Durham und Yorkshire im Norden Englands reichte. Es war das Zechsteinmeer. Hier lebten andere Arten als in der Tethys. Es gab Muscheln und Ammoniten und vor allem Bryozoen und Brachiopoden. Der Fossilname, den ich am meisten schätze, gehört einer der Brachiopoden: *Horridonia horrida*. Was kann der arme Brachiopode nur verbrochen haben, um einen so entsetzlichen Spitznamen zu verdienen? Der Brachiopodenforscher, der ihn benannt hat, muß blind gewesen sein, wo doch eher wilde Dinosaurier, furchterregende Haie und säbelzahnbewehrte Säugetiere auf diesen Titel Anspruch erheben können. Das Schrecklichste an diesem Brachiopoden waren Dornfortsätze der Schalen, die sich mit den Zähnen von *Tyrannosaurus* wohl kaum messen können.

Das Zechsteinmeer war der für das Perm so typischen Dürre unterworfen. Unter der erbarmungslosen Sonne verdunstete es teilweise. Meerwasser ist salzig, und das Salz besteht überwiegend aus Natriumchlorid, dem Salz des Kellers und der Küche. Im Meerwasser sind jedoch noch andere Substanzen gelöst, und wenn unter geeigneten Bedingungen eine hinreichende Menge verdunstet ist, kristallisieren diese. Die entsprechenden Mineralien faßt man unter der Bezeichnung Evaporite zusammen. Wenn eine Lagune durch eine Verbindung zum offenen Meer mit Meerwasser versorgt wird, entsteht eine Art Kessel, der kontinuierlich nachgefüllt wird. Die Fällung von Mineralien aus einer Lösung hängt von ihrer jeweiligen Löslichkeit ab. Das erste Mineral, das sich abscheidet, ist das hydrierte Kalziumsulfat, das wir als Gips kennen. Die Lake muß weiter bis auf mehr als ein Zehntel ihres ursprünglichen Volumens konzentriert werden, ehe Steinsalz, Natriumchlorid, sich abzuscheiden beginnt; wenn diese Fällung aber einmal einsetzt, können sich rasch gewaltige Ablagerungen bilden. Ein anderes wirtschaftlich bedeutendes Mineral, das sich etwa in diesem Stadium aus der Lösung herauskristallisiert, ist das wasserfreie Kalziumsulfat, der Anhydrit. Ist die Lake dann schließlich soweit konzentriert, daß sie beinahe trocken ist, kristallisieren sich in kleineren Mengen verschiedene Kalium- und Magnesiumsalze heraus. Werden die Salze dann durch Ton oder Mergel versiegelt, sind sie auch in dem Fall, daß das Klima sich ändert und wieder feucht wird, davor bewahrt, sich erneut zu lösen, und wenn sich dann weitere Ablagerungen über ihnen bilden, können sie in beträchtlicher Tiefe unter der Erdoberfläche lagern. Alle Mineralien, die sich niederschlagen, sind wirtschaftlich bedeutsam: Kalziumsulfat ist Stuckgips, während Gips und Anhydrit zur Herstellung von Fasergipsplatten und vielen weiteren Industrieprodukten verwendet werden; Salzsäure, Schwefelsäure, Kali und Ammoniak gehörten zu den Reagenzien, die die späteren Phasen der industriellen Revolution ermöglichten und in Fabriken rings um die Evaporitquellen in großen Mengen produziert wurden. Die chemischen Industrien, die im ausgehenden 19. und beginnenden 20. Jahrhundert in ganz Europa entstanden, beruhten letztlich auf diesen Evaporiten. Imperial Chemical Industries, heute ein mächtiger Konzern, entwikkelte sich aus bescheidenen Anfängen in Middlesbrough, über dem permischen Gestein. Eisenbahnnetze wurden eigens gebaut, um die wunderbaren chemischen Produkte des Industriezeitalters zu Häfen zu befördern, von wo aus sie in die ganze Welt exportiert werden konnten. Man kann sich darüber streiten – meistens kommt man dabei zu keinem schlüssigen Ergebnis –, ob diese Ausbeutung für die Menschheit oder die Welt ein Segen war, aber ihre Bedeutung für die Entwicklung der Industriezivilisation ist unbestreitbar. Letzten Endes beruhte das ganze Gebäude der Chemie auf der Existenz des Superkontinents Pangäa und den Klimaverhältnissen, die eine Verdunstung von Meerwasser im großen Maßstab ermöglichten. Seine Fundamente wurden nicht auf Stein oder auf Sand errichtet, sondern auf Salz.

Orte, an denen Evaporite entstanden, wurden von Landwirbeltieren gemieden. Für Lebewesen sind sie gräßlich. Ein modernes Gegenstück solcher Orte habe ich entlang der Golfküste und in Teilen des großen Salzsees in Utah gesehen. Die Hitze ist dermaßen drückend, daß man meinen könnte, sie wäre ein böser Geist, beinahe etwas Lebendiges. In der Ferne nimmt man nichts wahr, nur ein Schimmern und Schwanken. Die Luftspiegelung läßt einen wirklich glauben, man habe einen funkelnden See vor sich, und die Täuschung wird nur dadurch offenbar, daß sie sich ständig verschiebt und ungreifbar bleibt. Plötzlich erheben sich aus einer gewissen Entfernung Berge über dem Horizont und schweben auf der Luftspiegelung, als wären es Eisberge im Hades. Salz- und Gipskristalle glitzern auf der weiten Ebene mit einem trügerischen Glanz. Hier kristallisieren die Mineralien unter der Wärme der Sonne aus der Lösung. Unter dieser trügerischen *Sabka* verbirgt sich ein heißer Morast, in dem sich ein Fahrzeug leichter verfangen kann als in einer Düne. Dies ist kein Ort für ein Tier, das sich eine Chance erhofft, seine Gene weiterzugeben.

Abseits der Evaporitsenken gab es Reptilienarten, die mit trockenen Bedingungen fertig werden konnten. Eine ledrige Haut und ein kaltblütiger Stoffwechsel – das war genau das Richtige für die Hitze und ist es noch immer. Auch heute noch trifft man in Halbwüsten tagsüber auf Reptilien. Das Pangäa-Kapitel der Erdgeschichte nahm in der Entwicklung des Lebens auf dem Lande eine Schlüsselstellung ein. An seinem Anfang gab es Reptilien, die Ansätze einer gewissen Höherentwicklung zeigten, doch als es endete, gab es Dinosaurier und Meerechsen und Säugetiere, und alle großen Wirbeltiergruppen außer den Vögeln hatten sich eingestellt. Im weiteren Verlauf des terrestrischen Lebens ging es nur noch darum, welche der Gruppen jeweils dominierte.

Paläontologen, die diese Geschichte entwirren wollen, müssen vor allem Knochen lieben. Sieht man einmal von dieser seltsamen Vorliebe ab, scheinen viele dieser Wissenschaftler vollkommen normal zu sein. Sie sind sich dessen bewußt, daß die Geschichte in Knochen geschrieben ist – und in den Veränderungen, die Knochen einmal erfahren haben. Knochen liefern eine Straßenkarte zur Evolution. Nur in sehr seltenen Fällen ist etwas anderes als Knochen – Haut oder Haar zum Beispiel – als Fossil erhalten. Wirbeltierspezialisten müssen in der Lage sein, sich ein umfangreiches anatomisches Lexikon von Knochennamen ins Gedächtnis zu rufen, die auszusprechen fast so mühsam ist, wie sie zu behalten. Es ist eine Sprache, die so spezialisiert ist wie das Baskische und von sehr viel weniger Menschen gesprochen wird. Es ist jedoch eine wissenschaftliche Sprache, und die braucht man, um die Verschmelzung, den Verlust und die Übersteigerungen, welche Knochen erfahren können, kartieren und beschreiben zu können. Die Knochen des Schädels und des Kiefers sind besonders aussagekräftig, denn hier enthüllt sich am ehesten die Eigenart des Tieres, sowohl seine Ernährungsweise als auch seine Abstammung. Allein schon aus den Zähnen läßt sich vieles erschließen. Scharfe, dolchartige Zähne deuten auf eine räuberische Lebensweise, und scharfe Zähne mit Sägekanten gehören zu Fleischfressern. Zähne mit einer flachen Krone, besonders wenn die Kaufläche mit Kämmen versehen ist, sind typisch für Herbivoren. Kleine, zugespitzte Zähne gehören (bei kleinen Tieren) oft zu Insektivoren. Der Schädel ist nicht nur ein festes Gehäuse für die Aufnahme und den Schutz des Gehirns; er ist auch der Ansatzpunkt von Muskeln für die Kiefer und der Sitz der Sinnesvermögen: des Sehens, Schmeckens, Riechens und Hörens. Es ist gewinnbringender, die Lebensgewohnheiten von pangäischen Wirbeltieren zu deuten als beispielsweise die von Conodontentieren. Mit ein wenig Phantasie können wir uns in ein permisches Reptil hineinversetzen. Wir können nach heute lebenden Tieren suchen, die unter Umständen interessante Entsprechungen aufweisen. Wir können die Technik seines Kauapparats verstehen. Wir sind uns einer biologischen Verwandtschaft mit Tieren bewußt, mit denen wir vertraut sind – einer Verwandtschaft wenn nicht wie mit einem Vetter, so doch wie mit einem fernen Verwandten, der in einem Seitenzweig des Familienstammbaums auftaucht.

Die Schädel der frühen Wirbeltiere waren eine solide Angelegenheit: sie hatten einen durch und durch knöchernen Kopf. Die frühesten Reptilien waren echsenartige Tiere mit entsprechenden Schädeln. Viele der Transformationen, die sich an den Schädeln vollzogen, zielten auf eine offenere Struktur. Es treten Löcher auf. Man bezeichnet sie als Fenster (Schläfenfenster), und das ist vielleicht eine sehr passende Bezeichnung, denn sie haben dazu beigetragen, viel Licht auf die Hauptlinien der Wirbeltierevolution zu werfen. In einigen Fällen wurde durch diese Fenster der Bewegungsspielraum stärkerer und größerer Muskeln erweitert. Es ist merkwürdig, aber in der frühen Evolution der Landtiere ging es weitgehend darum, besser zu beißen. Frühe Landwirbeltiere wie *Ichthyostega* konnten gerade einmal ihre Kiefer zuschnappen lassen. Um die Kiefer zusammenzupressen oder zu kauen, bedarf es einer zugleich feineren und flexibleren Muskulatur. Änderungen bei den Muskeln zogen Änderungen bei den Knochen nach sich. Heute sind es unter den Reptilien nur noch die Schildkröten, die, abgesehen von den Augenhöhlen, keine größeren Schädelöffnungen aufweisen. Man könnte sagen, daß diese Tiere die knochige Alternative gewählt und sich gründlich versiegelt haben. Als Überlebensmechanismus hat das offenbar recht gut funktioniert, eine Lehre, die schon Äsop in seiner Fabel von der Schildkröte und dem Hasen zu würdigen wußte. Am anderen Ende der Skala stehen Tiere, deren Schädel außer den Augenhöhlen beiderseits je zwei Schläfenöffnungen aufweisen, die Diapsiden, eine Gruppe, zu der viele echsenartige Tiere und Krokodile sowie sämtliche Dinosaurier und Vögel gehören. Warum die letztere Gruppe zu den Dinosauriern gehört, werden wir noch herausfinden. Synapsiden hatten beiderseits nur je eine, ziemlich tief liegende Schädelöffnung. Dieses Merkmal wies eine bestimmte Reptiliengruppe auf, die ausgestorben ist und in der nach Meinung der meisten Paläontologen die engsten Verwandten der Säugetiere zu suchen sind. Das kommt in ihrer umgangssprachlichen Bezeichnung zum Ausdruck; man nennt sie «säugerähnliche Reptilien».*

Das älteste Fossil eines Eis mit einer Schale wurde in den permischen Gesteinen von Texas entdeckt, und es könnte durchaus von einem dieser Tiere gelegt worden sein. Sie waren vermutlich die am weitesten verbreiteten und am häufigsten anzutreffenden Reptilien, die Pangäa durchstreiften. Man weiß besonders gut über sie Bescheid aufgrund wunderbarer Fossilien aus der Karroo-Serie aus Südafrika, bei deren Einlagerung, sieht man vom Zwischenspiel der großen Vereisungen ab, ein kühl-gemäßigtes Klima herrschte. Anfangs noch klein, hatten sie sich bis zum Perm zu säugerähnlichen Reptilien entwickelt, und in der Trias tauchten einige verhältnismäßig massige Arten auf, die eine Länge von drei Metern oder mehr erreichen konnten. Wie man an ihren Zähnen ablesen kann, hatten sie auch unterschiedliche Lebensgewohnheiten entwickelt. Einige waren Herbivoren. Andere aus denselben fossilen Lagerstätten hatten massive Köpfe mit mächtigen Muskeln; unter ihren Zähnen waren auch solche, die offenbar als Fangzähne dienten und kraftvoll zupacken konnten. Die hinteren Zähne dienten dazu, anschließend das Fleisch hinreichend gut zu zerkleinern, um es in großen Brocken zu verschlingen. Zu den Reptilien mit «Rückensegel» gehörte die bekannte Gattung *Dimetrodon*, die in Rekonstruktionen der permischen Welt oft gänzlich unzutreffend als «Dinosaurier» eingestuft wird. Das über den Rücken verlaufende «Segel» wird von absurd verlängerten Dornfortsätzen der Wirbel gestützt und soll als eine Art Sonnensegel fungiert haben, um das Tier frühmorgens aufzuwärmen – die Lösung eines kaltblütigen Tieres für das Problem, morgens früh in Gang zu kommen, um einen Wurm zu fangen (oder vielmehr, da *Dimetrodon* ein Raubtier war, das schlafende Reptil). Diese Tiere lebten in für Reptilien verhältnismäßig hohen Breiten, und so könnte dieses Talent für ihr Überleben von beträchtlicher Bedeutung gewesen sein. Sehr viel gedrungenere und muskulösere säugerähnliche Reptilien waren die Therapsiden, zu denen auch furchterregende Raubtiere wie *Anteosaurus* zählten. Sie konnten sich ihre Beute aus den Herden ihrer zahlreichen pflanzenfressenden Ver-

* Ich sollte auch die Euryapsiden erwähnen, mit je einer Schläfenöffnung wie die Synapsiden, die sich jedoch oben am Schädel befand. Diese Gruppe, zu der wichtige marine Reptilien wie die Ichthyosaurier und Plesiosaurier gehörten, ist vollkommen ausgestorben.

wandten holen, zu denen die Dicynodonten gehörten, die wie ein reptilisches Flußpferd aussahen, mit einem untersetzten Körper und kurzzehigen Füßen. Die Dicynodonten besaßen zwei lange Stoßzähne, während der übrige Kiefer umgewandelt war in eine Art Schnabel, der Pflanzen zerkleinern und zermahlen konnte. Die pflanzliche Nahrung dürfte zum Teil zäh gewesen sein, wie es etwa die Blätter von Palmfarnen und Ginkgos sind, und es muß mühsam gewesen sein, sich davon zu ernähren. Hatte ein Tier das aber einmal gelernt, dann konnte es ihm nur gutgehen. Gleichzeitig mit diesen Veränderungen in der Ernährungsweise wurde die «Liegestützhaltung», die sich daraus ergab, daß die Oberschenkel seitwärts gerichtet waren, zugunsten einer gestreckten Beinhaltung, mit nach unten gerichteten Oberschenkeln, aufgegeben. Dadurch verschwand auch der seitlich schlängelnde Gang, wie ihn heutige Eidechsen noch haben. Die senkrechte Beinstellung machte die Tiere schneller, und sie konnten mehr tragen.

In der Trias gab es schon einige Reptilien, die dank ihrer flexiblen Ernährungs- und Lebensweise fast überall auf Pangäa gedeihen konnten. Nie wieder stand die Welt dem wandernden Vierfüßer so offen wie damals, jedenfalls nicht bis zur Erfindung des Bootes. Die längste Reise, die wir heutzutage zu Fuß unternehmen können, ist vermutlich nicht sehr viel länger als die Reise, die Marco Polo im 13. Jahrhundert von Venedig nach China führte. Man muß sich einmal vorstellen, wie es gewesen sein muß, von Australien über Afrika nach China zu wandern, wie es *Kannemeyeria* getan hat. Wieviel Zeit ein Reptil benötigt hat, um auf diese Weise die gesamte bekannte Welt zu durchwandern, weiß niemand, aber sicher wird es viele hundertmal länger gedauert haben als die achtzig Tage des Phileas Fogg. Es können auch 80000 Jahre gewesen sein – das wäre bei so großen Entfernungen noch innerhalb der Grenzen der Verläßlichkeit, mit der man Gesteine einander zuordnen kann. Bevor sich die Erkenntnis durchsetzte, daß Pangäa existiert hat, erklärte man sich solche Großtaten mit Hilfe von Landbrücken, die einst die heute bestehenden Kontinente miteinander verbunden haben sollen. Man stelle sich eine schmale Landenge vor, die Südafrika mit Südamerika verbindet, so wie heute die Landenge von Panama Nord- und Südamerika miteinander verbindet. Um ihre weltweite Verbreitung zu erklären, nahm man an, daß schwerfällige Reptilien über diese Brücken gehastet sind. Einer anderen Theorie zufolge sollen Reptilien sich an schwimmende Baumstände geklammert haben; man stützte sich dabei auf Berichte von Seeleuten, die Geckos auf entwurzelten Bäumen gesichtet hatten, die mitten im Pazifik trieben. Man nahm an, daß selbst ein Wesen, das länger ist als ein Mensch, eine

Ozeanüberquerung geschafft haben könnte, wenn das Glück ihm nur hold war. Bevor man sich über solche sonderbaren Vorstellungen lustig macht, sollte man bedenken, daß es bestimmt einfacher ist, sich einen treibenden Baumstamm vorzustellen als einen treibenden Kontinent. Der Skeptiker würde fragen: Können die fossilen Überreste einer Handvoll von Reptilien wirklich ausreichen, um die Kontinente aus ihren ewigen Verankerungen loszureißen?

Inzwischen dürfte klar sein, daß zur Zeit von Pangäa auf dem Land so etwas wie eine Nahrungskette existierte. Es gab reptilische Pflanzenfresser, die in Herden umherzogen; es gab kleine, eidechsenartige Geschöpfe, die sehr wahrscheinlich Insektenfresser waren; es gab Raubtiere verschiedener Art, die auf diese Pflanzenfresser Jagd machten, aber auch ohne Zweifel Aas fraßen, wenn sich die Gelegenheit bot. Seither ist diese Struktur – eine «Nahrungspyramide», an deren Spitze einige große und ernstzunehmende Fleischfresser stehen – ein ständiges und wiederkehrendes Thema des terrestrischen Lebens. Von den ursprünglichen *Arten* hat sich kaum ein Exemplar bis heute gehalten, doch die *Struktur* lebt weiter, wobei andere Tiere die Verhaltensrollen spielen, die einst von den säugerähnlichen Reptilien und ihren Zeitgenossen ausgefüllt wurden. Dies ist wieder ein Beleg dafür, daß die Ökologie oder das Ökosystem alle einzelnen Tierarten, die ihm angehören, an Dauerhaftigkeit übertrifft. Wir sind diesem Prinzip schon begegnet, etwa im marinen Riff und im Wald. Wie schon bei diesen anderen ausdauernden ökologischen Systemen fällt es schwer, nicht von Fortschritt zu sprechen, von Anpassungen, die besser und immer noch besser werden, wenn man die Veränderungen beschreiben will, die sich im Laufe der Zeit im Ökosystem vollzogen, aber das wäre eine irreführende Ausdrucksweise. Gewiß gab es bei den Reptilien ziemlich offenkundige Verbesserungen in der Kiefermuskulatur oder in der Körperhaltung, doch haben sie nichts mit der Ökologie zu tun, die eher als ein System funktioniert. Wenn eines der frühen räuberischen Reptilien plötzlich die Schnelligkeit und Effizienz eines Tigers erworben hätte, dann hätte es passieren können, daß das ganze pangäische System sofort zusammengebrochen wäre. Veränderungen in der Ökologie vollziehen sich in der Weise, daß Tiere miteinander interagieren; wenn ein Pflanzenfresser besser und schneller wird, wird der Ausgleich geschaffen durch einen noch effektiveren Jäger, der aber nicht so effizient ist, daß er seine eigene Nahrungsgrundlage beseitigt, wie es die Seeleute taten, die sich dereinst an Dodos gütlich taten. Als bester Vergleich fällt mir in diesem Zusammenhang die Entwicklung der Sinfonie ein. Die Verbesserungen bei den Instrumenten sind unbestreitbar. Das Cello hat aus gutem Grund die Gambe ersetzt. Die Trompeten erhielten bessere Ventile. Bei den Hörnern wurde die Stimmung (und die äußere Form) verändert. Das Cello als Generalbaßinstrument ist nahezu verschwunden. Der Serpent ist ausgestorben. Die ältesten Geigen und Bratschen waren nach wie vor die Besten. Doch die Veränderungen bei den Instrumenten bedeuteten nicht zwangsläufig eine andere Qualität der Musik. Es war möglich, eine herrliche Sinfonie für die älteren Instrumente zu schreiben, die vollkommen harmonisch zusammenklangen. Gewiß wurden in der Folgezeit manche Sinfonien komplexer, und zwischen verschiedenen Teilen des Orchesters wurden mehr Interaktionen möglich, als es im 19. Jahrhundert größer wurde, doch folgte nicht zwangsläufig eine höhere Qualität der Musik. Wenn das Leben eine Abfolge von Sinfonien ist, die von verschiedenen Arten von Instrumenten gemeinsam aufgeführt werden, dann ist das Orchester nur das Medium und nicht die Komposition. Und von Zeit zu Zeit gab es sowohl in den vorderen Reihen als auch in der Begleitung größere Veränderungen.

Die bedeutendsten dieser Veränderungen wurden durch Massensterben bewirkt. Und es steht auch außer Frage, daß das größte Massensterben sich in der Zeit von Pangäa ereignete. Wahrscheinlich handelt es sich um einen zweifachen Vorgang, mit einem massiven Artenschwund gegen Ende des Perms, vor etwa 250 Millionen Jahren, und einem weiteren gegen Ende der Trias, etwa 10 Millionen Jahre später. Es fällt mir schwer, das Ausmaß des Wandels, der sich in diesem Zeitraum vollzog, zu begreifen. Er warf die Evolutionsgeschichte zurück. Eine Erzählung, die sich seit dem Ende des Ordoviziums fortgesponnen hatte, wurde rigoros abgebrochen. Irgendwie fällt es schwer, das Aussterben von 500 Brachiopoden oder 100 Muschelarten ernstzunehmen. Würde es zu einem «realeren» Ereignis, wenn es fünfmal so viele gewesen wären? Das Dahinschwinden der Dinosaurier am Ende der Kreidezeit, auf das wir in einem späteren Kapitel zu sprechen kommen, ist ein «richtiges» Aussterben: eine Katastrophe und Tragödie; etwas Spektakuläres verschwindet plötzlich in der Versenkung. Das Dahinsterben von alltäglichen Arten, und seien es noch so viele, hat etwas merkwürdig Prosaisches. Dabei wurde die Natur am Ende des Perms gründlich umgekrempelt. Es war wirklich ein massenhaftes Aussterben, ein Gemetzel von einer Größenordnung, das die Erde bis dahin noch nicht gesehen hatte. Im Gefolge des permischen Massensterbens trat die Mehrzahl der heute dominierenden Tierarten auf die Szene. Am stärksten war der Wandel offenkundig im Meer, wo 96 Prozent aller Arten (und nahezu 60 Prozent der Familien, einer höheren Klassifikationsstufe) ausgestorben sein sollen. Das massenhafte Aussterben war selektiv – bestimmte Tiergruppen wurden davon stärker betroffen als andere. Viele überlebten es gar nicht. Angenommen, eine durchschnittliche Kleinstadt würde im gleichen Ausmaß betroffen werden, dann würden wir uns hinterher in den menschenleeren Straßen umschauen und unter den wenigen Überlebenden auf den Bürgersteigen kein vertrautes Gesicht erkennen. In den Supermärkten würde niemand an der Kasse sitzen. Vielleicht würde man nachts ein verlassenes Kind wimmern hören. Insgesamt würde jedoch Leere herrschen.

Hier die Fakten. Die Trilobiten verschwanden auf Nimmerwiedersehen. Die letzten permischen Trilobiten waren offenbar durchaus erfolgreiche Geschöpfe von derselben allgemeinen Art, die mindestens 100 Millionen Jahre lang floriert hatte. Ihre Langlebigkeit änderte jedoch nichts an ihrem Schicksal. Die Fusuliniden, Maestros unter den Einzellern, verschwanden ganz und gar. Von den Korallen überlebte nicht eine. Die Kalcitkorallen, die eine so charakteristische Erscheinung der Tethys waren und seit dem Ordovizium ein Bestandteil des Ökosystems der Riffe gewesen waren, wurden gänzlich eliminiert. Die Korallen, die später folgten, waren natürlich immer noch Korallen, aber sie hatten eine andere Symmetrie und eine andere mineralogische Zusammensetzung ihres Skeletts; viele Fachleute halten es für möglich, daß überhaupt keine enge Verwandtschaft zu den Korallen des Paläozoikums bestand. Unter den Brachiopoden kam es zum Massensterben. Viele der großen Gruppen des Paläozoikums überlebten nicht oder wurden so dezimiert, daß von hundert Arten nur zwei übrig blieben. Sämtliche Weichtiere wurden in Mitleidenschaft gezogen: viele Muschel- und ebenso viele Schneckenarten starben aus. Die Ammoniten, die unter den Weichtieren die meisten Fossilien stellen, wurden erheblich dezimiert. Wie ich mir sagen ließ, stammen alle späteren Ammoniten von höchstens vier bis fünf überlebenden Arten ab. Nicht anders erging es den Stachelhäutern: dies war das Ende der Cystoidea und Blastoidea sowie der paläozoischen Crinoidea; viele der archaischen Arten von Seeigeln sollten nie wieder auftauchen. Die Verlustliste ist noch länger. Das alles war jedoch nicht Folge einer einzelnen Katastrophe; es scheint vielmehr, als hätten sich die letzten Auftritte über eine längere Zeit im späten Perm hingezogen, als habe es sich nicht um einen blitzschnellen Mordanschlag, sondern mehr um einen allmählichen Niedergang gehandelt, an dessen Ende erst der Gnadenstoß erfolgte.

Während die Tatsachen von niemandem bestritten werden, verhält es sich mit der Ursache ganz anders. Das Beweismaterial ist lückenhaft. Nur an sehr wenigen Stellen der Erde zeigen Aufschlüsse eine kontinuierliche Sedimentation vom Perm bis zur Trias. Es ist, wenn man so will, ein dunkles Mittelalter der Erdgeschichte, ein Zeitabschnitt, in dem schwer an beweiskräftige Tatsachen heranzukommen ist. Zum Glück hat er nicht im gleichen Maße die Aufmerksamkeit von Schwindlern auf sich gezogen wie der entsprechende, ungenügend dokumentierte Abschnitt der europäischen Geschichte. Einige der besten Aufschlüsse befinden sich an unzugänglichen Orten: im Salt Range von Indien, in Kaschmir, im nördlichen Iran oder in Grönland. Genau in der entscheidenden Zeit kam es zu einer Regression, zog sich das Meer von den Küsten Pangäas zurück, und so entstand eine Lücke in der Geschichte vieler Gebiete: kein Meer, keine Sedimente, keine Fossilien. Wer weiß schon, ob die letzten Trilobiten nicht vielleicht in einem vergessenen Winkel der Erde weiterlebten, ohne sich jedoch als Fossilien erhalten zu haben? Es ist entmutigend, in Sedimenten des späten Perms nach Fossilien zu suchen. Die Gesteine wollen offensichtlich nichts hergeben. Möglich, daß viele Lebewesen irgendwo Zuflucht gefunden haben, um das Mesozoikum abzuwarten. Insgesamt gewinnt man jedoch den Eindruck, als sei das Meer völlig entleert, seiner Vielfalt beraubt, unwirtlich und arm gewesen.

Nicht so eindeutig ist das Bild bei den Landwirbeltieren. Viele der Hauptarten von Reptilien, darunter die säugerähnlichen Reptilien, überlebten vom Perm bis zur Trias, doch die meisten Arten und Gattungen überstanden diese Zeit nicht. Ein Großteil des fossilen Fundguts stammt aus der Karoo-Senke in Südafrika, doch ist bekannt, daß die Gesteinsserien dort unvollständig sind. Schon mit der Benennung der Fossilien gibt es Schwierigkeiten, weil es gelegentlich vorgekommen ist, daß man Tieren nur deshalb unterschiedliche Namen gegeben hat, weil sie aus unterschiedlichen Zeiten stammen. Außerdem hat man verschiedene Teile ein und desselben Tieres mit unterschiedlichen Namen belegt. So ergibt sich ein recht verworrenes Bild. Dennoch besteht heute Einigkeit, daß viele der Landwirbeltiere zur gleichen Zeit wie die niederen Muscheln und Brachiopoden von einem (wenn auch weniger ausgeprägten) Massensterben betroffen waren.

Es gibt eine Reihe von Erklärungen für das große Sterben. Die Beweislage ist mittlerweile ausgesprochen schlecht. Die einzigen Zeugen des Möchtegern-Detektivs sind stumm und, was noch schlimmer ist, ausgestorben. Gewisse Einzelheiten des Falles sind unstrittig. Die marinen Tiere, die die höchsten Verluste erlitten, waren jene Bewohner der Tethys, die ein Leben in warmen tropischen Gewässern bevorzugten. Die Vielfalt des permischen Lebens verdankt sich weitgehend dieser Fauna, und dementsprechend beruhte der Artenschwund weitgehend auf ihrer Beseitigung. Ferner gab es so etwas wie einen Verzögerungseffekt: Verschiedene Tiere sind offenkundig zu verschiedenen Zeiten verschwunden. Offenbar unterscheidet sich dieses Aussterben qualitativ vom Aussterben am Ende der Kreidezeit, das mit dem Verschwinden der Dinosaurier zusammenhängt, und auch von dem oft übersehenen Aussterben am Ende des Ordoviziums, das mit einer vorhergegangenen Vereisung zusammenhängt. Daß die Vereisung von Pangäa eintrat, *bevor* es zu dem Aussterben kam, steht außer Zweifel, und ergebnislos suchte man nach Beweisen für Meteoriteneinschläge am Ende des Perms, die einen dramatischen Klimawechsel hervorgerufen haben könnten. Eine weitere beweiserhebliche Tatsache ist Pangäa selbst. Die Existenz eines gewaltigen Superkontinents, der sich von Pol zu Pol erstreckte, war ganz bestimmt ein Faktor; undenkbar, daß eine so eigentümliche Verteilung der Landmasse sich nicht auf fast alles ausgewirkt haben sollte. Schließlich gibt es gute Anhaltspunkte für ein Zurückweichen des Meeres, das die Breite der Kontinentalschelfe eingeengt und die Landfläche des Superkontinents selbst vergrößert haben muß. Die hier angeführten Tatsachen mögen, wenn man sie zusammennimmt, ausreichen, um die Zerstörung bewirkt zu haben; die Frage ist dann allerdings: wie?

Es gab einige interessante falsche Spuren. Mir gefällt die Idee der Massenvergiftung, so als wäre plötzlich eine kosmische Borgia auf die Welt losgelassen worden. Vanadium wurde als eines der Elemente denunziert, die verantwortlich sein könnten (man findet zu dieser Zeit hohe Konzentrationen in mineralischen Ablagerungen). Doch leider zeigen Berechnungen, daß für die Schandtat eine unvorstellbar große Menge der seltenen Elemente erforderlich gewesen wäre – auch wenn der Mechanismus plausibel war. Auch erhöhte Strahlung, durch die unfruchtbare degenerierte Mutanten entstanden, ist als Erklärung inzwischen in Ungnade gefallen.

Eine andere, sehr pfiffige Erklärung beruft sich auf einen drastischen Rückgang des Salzgehalts. Die meisten marinen Tiere können brackige Bedingungen nicht vertragen und würden sicherlich aussterben, wenn sich solche Bedingungen auf den ganzen Ozean ausdehnten. Gestützt auf die unbestrittene Feststellung, daß es einen weltweiten Überfluß an Salzablagerungen permischen Ursprungs gibt, trug N. D. Newell die Idee vor, daß die Ozeane durch den *Entzug* von soviel Salz so brackig wurden, daß die meisten marinen Tiere es nicht vertrugen. Sie wurden fortpflanzungsunfähig. In den letzten zehn Jahren fand man durch die Untersuchung der Isotope in verschiedenen Aufschlüssen außerdem Anhaltspunkte dafür, daß in der entscheidenen Zeit der Sauerstoffgehalt der Meere drastisch zurückging.

Schließlich machte der berühmte Paläontologe S. J. Stanley darauf aufmerksam, daß es verläßliche Anhaltspunkte für eine Abkühlung des globalen Klimas gegen Ende des Perms gebe – und Klimaveränderung ist ja eine bekannte Ursache des Aussterbens. Nach diesem Ereignis weist die frühe Trias eine recht begrenzte fossile Fauna auf, die über weite Bereiche auffallend gleichförmig ist. Die besagte Klimaverschlechterung erklärt auch ziemlich elegant das Verschwinden der Korallenriffe, die nur unter tropischen Bedingungen im späten Perm gedeihen. Aber wie erklärt man sich den (allerdings nicht so drastischen) Rückgang der Landtiere? Was gingen sie der Salzgehalt oder Temperaturänderungen im Meer an? Falls die Regression des Meeres zur gleichen Zeit erfolgte, dann hat sich im Einklang mit den Veränderungen in den Weltmeeren wohl auch die äußere Erscheinung des Landes geändert. Ein weitgehender Rückzug des Meeres entblößte in den küstennahen tiefliegenden Gebieten gewaltige Flächen und verringerte so die Vielfalt der Habitate – es war so, als wenn sich ganz Europa plötzlich in ein einziges Weideland verwandelt hätte. Für eine Handvoll Arten, die an das Weiden angepaßt sind, könnte das attraktiv sein, aber andere mit abweichenden ökologischen Präferenzen wüßten nicht, wo sie bleiben sollen. Für dieses Szenario sprach wiederum die Existenz von Pangäa, denn auf einem so riesigen, homogenen Monsterkontinent, auf dem alles miteinander zusammenhing, fehlte es an Rückzugsmöglichkeiten. Ungünstige Entwicklungen breiteten sich ungehindert aus. Die Idee hat durchaus Plausibilität.

Am besten tut man wohl daran, wenn man die größte Unterbrechung der Geschichte des Lebens als eine verhängnisvolle *Kombination* dieser einzelnen Mißgeschicke deutet. Schon immer hatte das Leben den Wechselfällen des Zufalls widerstehen müssen, doch nun kam das Unglück knüppeldick. Das Klima, die Veränderung des Meeres, die Geographie – von allen Seiten erhielt das Leben entsetzlich schlechte Karten. Die marinen Bewohner der Tethys waren an gleichmäßige tropische Hitze gewöhnt und kamen mit einer kühleren Welt nicht zurecht. Reptilien konnten, als das Klima sich abkühlte, kein hinreichendes Aktivitätsniveau aufrechterhalten. Meerestiere wurden Opfer einer Sauerstoffkrise und erstickten. Wenn man all diese Katastrophen aufzählt, kommt es einem unglaublich vor. Dabei haben wir Verständnis für eine solche Verkettung von Tragödien in einem Roman oder einer Biographie. Ich bin vermutlich nicht der einzige Leser, der Thomas Hardys Roman *Jude the Obscure* irgendwann aus der Hand legen muß, weil es nicht zu ertragen ist, daß ein einziger Mensch von soviel Unglück heimgesucht wird. Das sämtliche Kinder der Hauptperson umkommen, geht schon über das hinaus, was der Literatur erlaubt sein sollte, aber es ist die grauenhafte Art und Weise, auf die sie umkommen, die uns ein Weiterlesen verwehrt, und nicht die Überzeugung, daß ein solches Unglück unmöglich sei. Das Glück – wir wissen es intuitiv – kann uns bisweilen gänzlich im Stich lassen.

Wir neigen zu der Vorstellung, daß Tugend von Erfolg belohnt werde. In der vor Thomas Hardy erschienenen Literatur war ihr das oft vergönnt, auch wenn der Weg zum Erfolg mühselig und mit vorübergehenden Rückschlägen und Mißgeschicken übersät war. Wir schreiben uns selbst Tugend zu, um uns die Segnungen zu erklären, die uns in unserem Leben zuteil werden. Glücklicher Zufall? Den gibt es natürlich, doch insgeheim glauben wir, das Gute, das uns widerfährt, verdient zu haben; es ist ein Tribut an unsere größere Intelligenz oder unser Talent. Auch um zur richtigen Zeit am richtigen Ort zu sein, bedarf es eines überdurchschnittlichen Scharfsinns. Ein solcher spiritueller Optimismus zieht sich wie ein Leitmotiv durch ältere Darstellungen der Geschichte des Lebens. Wenn wir an das Aussterben denken, beschleicht uns die Vorstellung, es sei eine Strafe für Unzulänglichkeit. Diese Vorstellung lebt fort in der abschätzigen Verwendung des Wortes «Dinosaurier», die uns von Journalisten in solchen Klischees wie «Zum Aussterben verurteilte industrielle Dinosaurier» oder «Die Zeit der Gewerkschafts-Dinosaurier ist abgelaufen» dargeboten wird. Und wenn doch der Zufall eine überragende Rolle spielen sollte? Wir sitzen auf tektonischen Platten, die uns forttragen, unserem Schicksal entgegen. Wir sind so unerbittlich an sie gebunden, wie wenn der Mythos zuträfe, daß die Welt auf dem Rücken einer Schildkröte ruht. Was auch geschehen mag – ob wir erfrieren oder in der Sonne braten, ob wir in den Fluten versinken oder austrocknen, ob wir in Nahrung schwelgen oder darben werden – es hängt davon ab, wohin uns die Platten tragen. Selbst das Klima hängt weitgehend von der Konfiguration der Platten ab, denn diese bestimmt den Weg der Meeresströmungen und der Luftmassen. Am Ende des Perms wirkten sämtliche physikalischen und chemischen Bedingungen des Wassers und des Klimas im gleichen Sinne: sie zwängten das Leben auf und um Pangäa durch ein Sieb. Auch danach hing das Überleben noch von hervorragenden Eigenschaften ab. Es war nicht so, wie es bei Francis Bacon heißt, daß das Laster am ehesten in glücklichen Zeiten, die Tugend aber in Notzeiten zutage tritt. War es vielleicht gar keine Frage der Tugend, sondern nur von großem Glück, ob einer überlebte? War es vielleicht ein Lotteriespiel, genauso geistlos, wie wenn man Lose aus einem Hut zieht?

Es hat wirklich den Anschein, als hätten die Fähigkeiten, die die Überlebenden besaßen, wie zufällig zu ihrem Glück beigetragen. Weder stand im voraus fest, daß diese Eigenschaften einmal begünstigt sein würden, noch waren die Überlebenden fraglos besser geeignet als die Opfer, die Geschichte des Lebens fortzusetzen. In einem kühler werdenden Klima waren die gedrungeneren säugerähnlichen Reptilien beispielsweise besser in der Lage, Wärme zu speichern, als lange und dürre Reptilien. Sollte eines von ihnen – was wir nicht wissen – bereits zu einem Warmblüter geworden sein wie die rezenten Säugetiere, so wäre das noch besser gewesen. In den Meeren war es von Vorteil, langlebige Larven zu haben, die sich verbreiten konnten. Zu den Überlebenden gehörten auch Arten, denen eine Änderung der Temperatur oder des Salzgehalts nichts ausmachte. Unter den erfolgreichsten Lebewesen des Perms, die am Ende ausstarben, waren dagegen solche Tiere, die ohne ein längeres Larvenstadium rasch groß wurden. Autres temps, autres mœurs. Das Überleben hing also durchaus von verborgenen Vorzügen ab. Für all die Tiere und Pflanzen, die wie auch immer überlebt hatten, war das, was dann folgte, jedoch eine ungeahnte Chance, die, wie wir noch sehen werden, mit vermeintlichen Tugenden nicht das geringste zu tun hatte.

Die Vorderseite von Pangäa hatte eine Kehrseite, vergleichbar der dunklen Seite des Mondes, bevor seine unbeachtete Ruhe von Satelliten gestört wurde. Wenn die Kontinente zu einer einzigen Hemisphäre vereint waren, dann bestand die andere Hälfte der Erde aus einem riesigen Ozean. Es war ein Ozean, der völlig verschwunden ist; die anschließende Verschiebung der Platten hat seine letzten Spuren getilgt. Dies ist wirklich eine untergegangene Welt, die wir nur noch in Gedanken bereisen können. Es hat in diesem Ozean sicherlich Inseln gegeben, und dort, wo unterseeische Gebirge bis an die Meeresoberfläche reichten, wuchsen sicherlich Korallenriffe, an denen sich die Brandung brach. Hinter den Riffen gab es vermutlich stille Lagunen, in denen es von Fischen wimmelte, die von Vorfahren aus der Karbonzeit abstammten. Was für ein Garten Eden mag an den vulkanischen Hängen einer solchen Insel geblüht haben? Ozeaninseln sind, wie die Zoologen wissen, Treibhäuser der Evolution. Auf abgelegenen Inseln wie Hawaii wimmelt es (oder sagen wir, wimmelte es, bevor der Mensch sie zu verwüsten begann) von speziellen Tier- und Pflanzenarten, von denen viele nur auf einer oder zwei Inseln vorkommen. Nur sehr wenige Tiere sind durch Zufall bis zu diesen terrestrischen Außenposten gelangt, aber diejenigen, die sie zu besiedeln vermochten, konnten zu Begründern einer Dynastie von Kuriositäten werden. Wer weiß, was für seltsame pangäische Mutanten es gewesen sein mögen, die an Ufern von makellos weißem Korallensand ihre Artgenossen begrüßten? Die höhergelegenen Teile können wir uns als mit allerlei prächtigen und unwahrscheinlichen Pflanzen besiedelt denken: mit Farnen vielleicht, die so groß wie Palmen waren, denn Farnsporen hat der Wind sicherlich bis zu diesen geheimnisvollen Gestaden getragen. Wir können uns vorstellen, daß über eine lichtdurchflutete Lagune eine von Düften erfüllte Brise hinwegstrich, während ein schwerfälliges Krustentier – vielleicht ein pazifischer Landkrebs, mag er auch noch so unwahrscheinlich sein – sich auf gegliederten Beinen vorsichtig einen Weg durch das Bodenlaub eines stummen Waldes bahnte. Schon damals hat es Riesenschildkröten gegeben oder ein Reptil, das wie ein Dodo auf den Hinterbeinen einherstolzierte, grotesk wie irgendein von Hieronymus Bosch ersonnenes Wesen. Diese vergessene ozeanische Welt wurde von den Launen des Zufalls besiedelt, blühte auf dank der Gelegenheiten, die der Zufall schuf, und wurde wieder zerstört durch eine erneute zufällige Änderung der Bedingungen. Diese untergegangene Hemisphäre fiel der Tatsache zum Opfer, daß auf einem Globus, der aus sich verschiebenden Platten besteht, jegliches Leben ein Wagnis ist.

9

Ungeheuer und unscheinbar

Nach einem verbreiteten Bild der Erdgeschichte ging die Welt von einer Art grünlicher Ursuppe rasch zu den Dinosauriern über, die dann (auf rätselhafte Weise) ausstarben, so daß die Welt besiedelt werden konnte von keulenschwingenden Menschen, die in Felle gehüllt waren, welche sie über einer Schulter trugen. Der am wenigsten verworrene Teil dieser Geschichte sind immer die Dinosaurier. Sie dominierten im Jura und in der Kreidezeit (190–65 Millionen Jahre vor der Gegenwart), und die lateinischen Namen der Dinosaurier sind, sieht man einmal von *Chrysanthemum* ab, die im Englischen vertrautesten wissenschaftlichen Namen aus der Welt der Natur: Ich nenne als Beispiele nur *Triceratops, Tyrannosaurus rex* oder *Velociraptor,* ja sogar *Pachycephalosaurus*. Dinosaurier sind, wenn man das zoologische Alphabet durchgeht, bekannter als Ameisenbären und charismatischer als Zebras. Ich scheue mich fast, auf meiner eigensinnigen Reise durch die Geschichte des Lebens etwas zu den Dinosauriern zu sagen. Schließlich sind die Dinosaurier mittlerweile Allgemeinbesitz.

Die Faszination durch Ungeheuer ist sehr viel älter als die Entdekkung der Dinosaurier. In den griechischen Mythen wimmelt es von Ungeheuern. Die Medusa besaß sogar das geologische Talent, jeden, der in ihr schreckliches Antlitz sah, in Stein zu verwandeln. In nordischen Sagen kommen Ungeheuer ebenso vor wie in indischen Bestiarien und in Legenden der Inuit. Der Mensch hat offenbar einen angeborenen Hang, das Monströse zu kultivieren. Jedes Kleinkind glaubt irgendwann felsenfest, daß sich hinter den Vorhängen ein böswilliges Ungeheuer verbirgt. Auf der düsteren Radierung Francisco

Goyas schläft ein ermüdeter Gelehrter am Tisch; der brütende Himmel hinter ihm ist erfüllt von Schreckensvorstellungen. Goya benannte sein beunruhigendes Bild «Der Schlaf der Vernunft gebiert Ungeheuer». Vielleicht ist es das frei assoziierende Unbewußte, das Trolle und Drachen erfindet, Ungeheuer, die im günstigsten Fall nichts von der Menschheit wissen wollen, gewöhnlich aber darauf aus sind, uns zu schaden.

Mit der Entdeckung der Dinosaurier werden die Riesen der Alpträume heraufgeholt in die reale Welt. Als würden sie mit dem Schleppnetz aus den tiefsten Schichten des Unbewußten gerissen, steigen sie aus den Tiefen des Gesteins empor, um sich der Phantasie zu bemächtigen. Marine Reptilien wie Ichthyosaurier und Plesiosaurier (beides keine echten Dinosaurier, denn diese waren ausschließlich Landtiere) entdeckte man in jurassischen Gesteinen etwa zur selben Zeit wie die Dinosaurier als solche. Eine frühe künstlerische Gestaltung jurazeitlicher Meerechsen von John Martin (1840) zeigt diese als ebenso finster wie die Gesichte, die Goyas Träumer quälten. Offenbar sah man in ihnen, als sie erstmals entdeckt wurden, den Urkundenbeweis für die Existenz von Drachen. Konnte es denn ein Zufall sein, daß chinesische Künstler den Drachen eindeutige Züge von Reptilien verliehen hatten? Man kann sich sogar vorstellen, daß die ersten Forscher beinahe damit rechneten, im Schlund ihrer Funde Feuerdrüsen zu entdecken.

Doch anders als die Wesen, die hinter den Vorhängen lauerten, waren die Dinosaurier mit Sicherheit ausgestorben. Die Zeit hatte ihre Zähne entschärft. Zweifellos waren sie Ungeheuer, aber harmlose Ungeheuer. Vielleicht sind sie deshalb für Kinder so unwiderstehlich. Kinder empfinden noch den Schauder der Gefahr, wenn sie eine (übertrieben lebensechte) Illustration betrachten, auf der *Tyrannosaurus rex* einem nicht ganz so wilden Tier nachsetzt. Das Bild ist jedoch sicher auf die Buchseite gebannt und kann ihr nicht entweichen; die Kinder wissen, daß hier tote Knochen mit unechtem Fleisch überzogen wurden. Sie können die Knochen im Natural History Museum besichtigen, wo sie auf einem glänzenden Sockel dargeboten werden, erstaunlich allein schon durch ihre Größe, ebenso sehr Denkmal wie Ungeheuer. Als man zusätzlich zu den Exponaten Rekonstruktionen mit vollem Fleischbesatz aufstellte, die sich durch eine verborgene Mechanik bewegen ließen, brach mein kleiner Sohn in lautes Gebrüll aus und wollte die Galerie nicht betreten. Plötzlich waren seine festgefügten Kategorien durcheinandergeraten. Eigentlich durften Dinosaurier sich nicht plötzlich herabbeugen und zischen – sie hatten damit die Gefahrlosigkeit der Buchseite durchbrochen. Doch der Realismus, den wir heute von Dinosaurier-Rekonstruktionen erwarten, ist eine relativ junge Entwicklung. Man vergißt leicht, daß die genauen Proportionen dieser fleischigen Ungeheuer nach wie vor hypothetisch sind, daß hier nach einer untergegangenen massiven Gestalt getastet wird, indem man die Knochen wieder mit Muskeln und Sehnen und schließlich mit Haut überzieht.

Dinosaurier wurden erst im 19. Jahrhundert entdeckt, und die Geschichte ihrer Interpretation ist eine einzige Folge von Revisionen und Revolutionen. Die Ehre ihrer erstmaligen Identifikation wird gewöhnlich der veröffentlichten Beschreibung von *Iguanodon* im Jahr 1825 zuteil. Es war Mary Ann Mantell, die Ehefrau des Landarztes Dr. Gideon Mantell, die 1822 den Fund machte. Die braunen, schimmernden Zähne, die Frau Mantell entdeckte, ragten aus Sandsteinblöcken eines Steinbruchs bei Cuckfield im Wald von Sussex hervor, damals wie heute eine entzückende ländliche Gegend im Süden Englands. Es waren gewaltige Zähne, mehrere Zentimeter lang. Sie waren seltsam meißelförmig und auf einer Seite ausgekehlt. Mantell war, wie viele Ärzte damals, ein begeisterter Naturforscher, mit einem besonderen Hang zur Geologie. Er wußte, daß die Steine aus dem Steinbruch aus der Kreidezeit stammten, und er begriff allmählich, daß sie Ablagerungen darstellten, die sich rings um ein riesiges Binnengewässer angesammelt hatten. Es spricht für seine geistige Eigenständigkeit, daß er darauf bestand, diese riesigen Zähne mit denen der lebenden Echsen vom Leguan-Typ, die in Mittelamerika vorkommen, zu vergleichen. Der von ihm gewählte Name *Iguanodon* belegt seine Überzeugungen (*Iguana* ist der englische Name des Leguans, *don* das griechische Wort für «Zahn»). Nichts von dem, was man damals wußte, deutete darauf hin, daß auf der Erde einmal Riesenreptilien den Ton angegeben hatten, und es gab nichts, was die Menschen auf einen solchen Wechsel der Größenordnung der kaltblütigen Landtiere vorbereitet hätte. Die Anatomen stimmten seiner Auffassung zunächst nicht zu. Als dann aber der große französische Anatom Baron Cuvier Mantells Interpretation anerkannte, war es schon so gut wie sicher, daß die Riesenreptilien zum Bestandteil der allgemeinen Kultur wurden, denn sie fanden sogleich einen ungeheuren Anklang. Wie so oft nach einer Entdeckung setzte bald eine fieberhafte Suche ein, mit bemerkenswertem Erfolg. Innerhalb von zehn Jahren fand man sehr viel mehr vollständiges Skelettmaterial von *Iguanodon* und mehreren anderen Tieren. Man begriff außerdem, daß man bereits Dinosaurierknochen in Sammlungen hatte, nur war deren Bedeutung nicht recht erkannt worden. Dean Buckland hatte sogar ein Jahr vor Mantells Benennung von *Iguanodon* eine jurazeitliche Form benannt, *Megalosaurus*, und wenn wir statt der Konvention der Priorität folgen würden, müßten wir diesen als den ersten identifizierten Dinosaurier anerkennen.*

1841 kannte man bereits neun verschiedene Arten dieser Riesenreptilien. Jetzt wurde für sie auf einer Konferenz der British Association for the Advancement of Science in Plymouth der Ausdruck «Dinosaurier» geprägt. Richard Owen leitete den Namen aus dem Griechischen ab; er bedeutet «schreckliche Echse». Er unterschied die Dinosaurier von den Krokodilen, den Ichthyosauriern und den Flugreptilien. Richard Owen sollte zum ersten Direktor des Natural History Museum in London werden. Viele der ersten entdeckten Dinosaurierknochen, die aus dem ganzen Mesozoikum (Trias bis Kreidezeit) stammen, lagern dort bis heute. Diese Knochen ruhen in Schränken hinter den Kulissen, verborgen vor dem forschenden Blick des allgemeinen Publikums, das sie wohl einigermaßen enttäuschend finden würde. Verglichen mit den Ausstellungsstücken in den Galerien nehmen sie sich in der Tat kümmerlich aus – kleine Brocken, die allzu deutlich die Kratzer der Nadel des Paläontologen zeigen oder die Spuren eines Leims, der aus den Knochen von *rezenten* Tetrapoden gekocht wurde. Ihr Status als das originale oder, wie es korrekt heißt, «typische Material» wird angezeigt durch einen recht unscheinbaren farbigen Punkt, rot oder grün. Dennoch sind es diese Knochen, die den Namen, den ihr Entdecker ihnen gab, für immer tragen werden. Diese langweiligen Fossilien wirken nicht gerade wie starke Stützen, an denen man ein geändertes Weltbild festmachen könnte, und es ist inzwischen kaum noch vorstellbar, wie sie in den Händen ihres ursprünglichen Sammlers ruhten, der, vor Aufregung zitternd, den entscheidenden Beweis aus seinem steinigen Grab hervorholte. Doch in diesen stillen Gewölben ruht der beredte Beweis, auf den sich Dutzende von Filmen und Tausende von Kinderbüchern stützen.

Daß der Entdeckung von Dinosauriern etwas Romantisches anhaftet, erkannte man fast augenblicklich. In der ersten Hälfte des 19. Jahrhunderts war man nicht so peinlich darauf bedacht, zwischen den Künsten und dem, was man heute Wissenschaft nennen würde, zu trennen. Ich kann mir kaum vorstellen, daß ein Dichter heute die Entdeckung von Higgs-Bosonen oder Schwarzen Löchern mit derselben Unmittelbarkeit feiern würde, mit der Thomas Lovell Beddoes (1803–1849) auf die Enthüllung von urzeitlichen Reptilien reagierte:

* Es gibt sogar noch einen früheren. Dr. Robert Plot, ein Altertumsforscher des 17. Jahrhunderts, hatte die Basis einer Dinosaurier-Extremität als *Scrotum humanum* beschrieben. Dieser Name erlangte niemals offizielle Anerkennung!

The mighty thoughts of an old world
Fan, like a dragon's wing unfurled,
The surface of my yearnings deep;
And solemn shadows then awake,
Like the fish-lizard in the lake,
Troubling a planet's morning sleep.

My waking is a Titan's dream,
Where a strange sun, long set, doth beam
Through Montezuma's cypress bough:
Through the fern wilderness forlorn
Glisten the giant hart's great horn
And serpents vast with helmed brow.

«*The mighty thoughts of an old world*», «Die ungeheuren Vorstellungen von einer alten Welt» – das könnte ein durchgehender Titel für meine ganze Erzählung sein. Beddoes zumindest hielt den Drachen und die Schlange für angemessene Bilder, um sie in sein Gedicht einzuflechten. Was das «Farngewirr» angeht, habe ich den Verdacht, daß Beddoes dazu angeregt wurde durch allzu viele lange Nachmittage, die er, Chinatee trinkend, im kühlen Gewächshaus verbrachte, es sei denn, hier läge eine Verwechslung mit dem Karbon vor.

Die Lücke zwischen den Dinosaurierknochen und dem Tier aus Fleisch und Blut ist in den letzten anderthalb Jahrhunderten geschrumpft. Mantell rekonstruierte sein Tier zunächst, durchaus naheliegend, als eine riesige Echse, vierbeinig, niedrig gebaut. Er stützte sich dabei nur auf Bruchstücke – wonach sonst hätte er gehen sollen außer nach seinem lebenden Vergleich, in der Größe ein bißchen zurechtfrisiert? Verfeinert wurden diese Rekonstruktionen von Richard Owen, und verewigt sind sie in den Gärten des Kristallpalasts im Süden Londons. Wenn Sie durch die landschaftlich geformten Gärten schlendern, kommen Sie an einem ziemlich ausgedehnten Teich vorüber, aus dem sich eine mit Nadelbäumen bestockte Insel erhebt. Zwischen den Bäumen ragt, angestrichen in einem faden Grünton, in Lebensgröße ein Modell von *Iguanodon* hervor. Sein Maul ist leicht geöffnet, und trotz seiner Größe mag es bei Ihnen Erinnerungen an Eidechsen wecken. Es steht standfest auf sehr kräftigen Beinen. Das *Iguanodon* wurde von Waterhouse Hawkins aus verschiedenen Materialien konstruiert (bei einigen ist inzwischen das Alter und der Restaurierungsbedarf unübersehbar). 1853 fand im Kristallpalast ein berühmtes Festessen statt, bei dem zwölf der vornehmeren Gäste in dem halbfertigen Dinosaurier sitzen durften. Ihnen war der ungewöhnliche Genuß vergönnt, gleichzeitig eine Mahlzeit zu sein und eine solche zu sich zu nehmen. Setzt man den Weg um den See fort, stößt man auf Hawkins' Vorstellung von *Megalosaurus*, ebenfalls als Vierbeiner rekonstruiert, und auf einige Modelle von Amphibien, die als gewaltige, stummelschwänzige Frösche rekonstruiert sind. Diese lebensgroßen, an einem Rundweg aufgereihten Modelle ausgestorbener Tiere können sich durchaus um den Ruhm bewerben, der erste Themenpark überhaupt zu sein. Die Rekonstruktionen sind praktisch in allen Punkten von A bis Z verkehrt, aber sie besitzen noch immer eine unwiderstehliche Ausstrahlung – vielleicht sind sie ja der Traum eines Titanen.

An den Modellen wird auch deutlich, wie unser Verständnis der Vergangenheit sich wandelt. 1877 entdeckte man bei Bernissart in Belgien neues Material – vollständige Skelette von *Iguanodon*. War man für fehlende Teile bisher auf bloße Vermutungen oder auf Vergleiche mit lebenden Tieren angewiesen, so konnte man dafür jetzt reale und ganz massive Knochen einsetzen. Die Beinknochen konnten mit den Hüftknochen verbunden werden; jeder Wirbel konnte an seinem richtigen Platz eingefügt werden. Der Schwanz des Dinosauriers wurde derweil länger und länger, bis feststand, daß er groß und fleischig war und sich zum Ende hin verjüngte. Dieses Erscheinungsbild, das eine Mehrheit der Dinosaurier zeigt, ist uns mittlerweile gründlich vertraut, aber es gab eine Zeit, da war es neu. Noch seltsamer ist, daß die Hinterbeine offensichtlich ein ganzes Stück länger waren als die Vordergliedmaßen. Hawkins' schwerfälliges Tier mußte anscheinend imstande sein, sich auf den Hinterbeinen aufzurichten, um eine echtere Repräsentation zu sein. Alles andere als große Echsen, mußten die ausgestorbenen Großreptilien Tiere gewesen sein, die sich zweifüßig fortbewegen konnten. Die Zähne indes trogen auch jetzt nicht; es scheint, als sei *Iguanodon* wirklich ein riesiger Vegetarier gewesen. Noch ein merkwürdiges Detail: In der ursprünglichen Rekonstruktion hatte Gideon Mantell den Daumen des *Iguanodon* auf dessen Nase plaziert und damit eine Geste geschaffen, die dazu angetan war, dem Wissenschaftler die gebotene Demut angesichts der Tatsachen einzuflößen.

Nachdem die Knochen zusammengesteckt waren, galt es, sie wieder mit Fleisch zu umkleiden. Das ist nicht so schwierig, wie man vielleicht meinen könnte. Es ist natürlich immer möglich, daß ein ganz und gar fleischiger Lappen oder Kamm keinerlei Spur im Skelett hinterlassen hat, doch im allgemeinen spiegelt der Körper der Reptilien sehr genau ihren inneren Aufbau. Die Ansatzstellen von Bändern sind erkennbar, die Funktionsweise von Gelenken läßt sich recht genau aus unserer Kenntnis von heute lebenden Tieren ableiten, und die Größe der Muskeln läßt sich aus der Größe der Arm- und Beinknochen und aus den Spuren der früheren Muskelansätze erschließen. Mit dem Brustkorb ist der Umfang des Brustkastens gegeben. Was die Klauen angeht, ist zu bedenken, daß die als Fossilien gefundenen Knochen nur den Kern darstellen; zu Lebzeiten des Tieres waren sie wohl mit einer hornigen Scheide überzogen, die so scharf war, wie man sich die Krallen eines Vogels oder eines Drachens nur vorstellen kann. Schließlich die Haut: sie war wohl trocken und ledrig, dehnbar und an den Gelenken faltig. Man wird vielleicht denken, daß sie kaum Chancen hatte, sich zu erhalten, und doch gibt es Exemplare von *Edmontosaurus* aus Kanada, die sogar Abdrücke von der Haut zeigen, fein gewürfelt wie die eines Krokodils. Offen ist damit nur die Farbe. Man neigt wohl überwiegend dazu, den großen pflanzenfressenden Dinosauriern die mattbraunen und -grauen Töne zu überlassen, die für heute lebende Dickhäuter wie Elefanten und Nashörner typisch sind. Ihr Lebensstil ist nicht protzig, und gedämpfte Töne scheinen gut dazu zu passen. Es kann aber sein, daß manche Dinosaurier knallrot oder gestreift wie Zebras oder in allen Regenbogenfarben gesprenkelt waren. Viele Schlangen zeigen ja einen auffälligen Schmuck. Wahrscheinlich werden wir darüber nie etwas Genaues wissen, aber gefährlich wäre es, irgend etwas als unmöglich auszuschließen. Vielleicht wird man eines Tages Spuren eines zerfallenen Pigments entdecken, die die Farben der Kreidezeit wiederaufleben lassen.

Die Geschichte der Rekonstruktion ist nie abgeschlossen. Nehmen wir zum Beispiel den Dinosaurierschwanz. Ältere Rekonstruktionen von zweifüßigen Dinosauriern zeigten den Schwanz schlaff auf dem Boden liegend, eine Last, die mitherumgeschleppt wird. Das verlieh dem Tier etwas Schwerfälliges und trug zum Eindruck geistiger Tumbheit bei. Die meisten Dinosaurier hatten, wenn man das Hirnvolumen im Verhältnis zur Körpermasse zugrundelegt, kein sehr großes Gehirn, und wie bei Pu, dem Bären von geringem Verstand, förderte dies ein Image von Begriffsstutzigkeit und Schwerfälligkeit. Verstärkt wurde dieses Image durch die völlig abwegige Idee, daß riesige Dinosaurier wie *Diplodocus* «zwei Gehirne» hatten, weil dasjenige im Kopf angeblich so schwachsinnig war, daß es durch ein anderes am Ende des Rückgrats ergänzt werden mußte; dabei war es unerheblich, daß ein zweites «Gehirn» ebenso wenig wachsen kann wie ein Arm anstelle der Nase. Das zusätzliche «Gehirn» war nichts anderes als das Ganglion posterior, das für das hintere Ende des Tieres zuständige Nervenzentrum. Es ist ziemlich groß – und hat daher vielleicht etwas «Hirniges». Als man dann aber überlegte, wie sich das Gehen und Laufen unter mechanischem Aspekt abspielt, wurde deutlich, daß der Schwanz nicht bloß ein hinterer Körperanhang war. Er war ein Gegengewicht zum Rest des Tieres, wenn dieses aktiv war. Diejenigen Dinosaurier, die auf zwei Beinen gingen und liefen, trugen den Schwanz stolz im Gleichgewicht; viele derjenigen, die auf vier Beinen gingen, benutzten ihn als rückwärtiges Gegenstück zu ihren langen Hälsen. Das Image der Schwerfälligkeit traf auf die meisten Dinosaurier vermutlich gar nicht zu, sondern nur auf die panzerähnlich mit Platten bewehrten Arten, bei denen Langsamkeit eine Tugend war. Allein schon die Aufgabe, Blut von dem relativ tief liegenden Herzen zu dem sehr hoch über dem Körper getragenen Kopf zu pumpen, verlangte ein großes und hochentwickeltes Herz, vermutlich eines von der zweikammrigen Sorte, wie wir sie bei Säugern und Vögeln finden. Ein solches Herz konnte auch Lungen versorgen, die zu Höchstleistungen fähig waren. Die Emanzipation des Schwanzes wurde zum Symbol der Befreiung der Dinosaurier aus der ihnen angedichteten Dummheit.

Eine der Folgen davon war, daß die Rekonstruktionen abermals geändert werden mußten. Im Natural History Museum in London geschah das in der großen Ausstellungshalle erst in den 1990er Jahren, 170 Jahre nach dem Fund von Frau Mantell. Dort steht ein prächtiges *Diplodocus*-Skelett. Dies war einer der riesigen, aber dabei vegetarischen Dinosaurier, deren massiger Körper von vier wuchtigen Elefantenbeinen getragen wurde. Das Rückgrat dieses wahren Ungeheuers war etwa fünfundzwanzig Meter lang. Für ein Tier von solchen Ausmaßen war der Hals lang und elegant. Der Kopf ist winzig, ist so klein, daß man meint, er müsse zu einem ganz anderen Tier gehören, und er ist mit leicht vorstehenden, keilartigen Zähnen ausgestattet. Seit vielen Jahren ist er das erste Ausstellungsstück, auf das die Besucher zugehen, mit jener seltsamen Mischung aus Unbekümmertheit und Respekt, die man sich für Museumsbesuche aufspart. Solange ich zurückdenken kann, hing der gewaltige Schwanz dieses großartigen Geschöpfes hinten herunter, wie bei einem traurigen Windhund. Er setzte sich in Bodennähe fort, gestützt von einer Reihe kleiner Krücken, wie auf einem Gemälde von Salvador Dali. Als man die wunderbare Konstruktion von Sauropodomorphen wie *Diplodocus* einer neuen Deutung unterzog, zeigte sich, daß der Schwanz ein exaktes Gegengewicht zu dem langen Hals war und daß die gesamte Rückgratstruktur (bei der zu berücksichtigenden Masse) so zart gebogen und ausbalanciert war, daß die enorme Last des Körpers an ihr aufgehängt werden konnte, wobei das Ganze getragen wurde von den Säulenbeinen, so als seien sie die Stützpfeiler einer Hängebrücke aus Fleisch und Knochen. Damit er lebensecht würde, mußte man den Schwanz ganz einfach anheben. Und so geschah es. Eine sehr viel elegantere Stütze hält jetzt den Schwanz in die Höhe, der selbstbewußt, fast wie eine Peitsche, zur Seite geschwungen wird – keck, könnte man sagen. Das ganze Auftreten des Tieres hat sich geändert: dies ist kein tumber Riese, sondern ein selbstsicherer Flaneur. Die Änderung hatte noch einen kleinen, ganz praktischen Vorteil. Die hintersten Schwanzknochen von *Diplodocus* (natürlich Gipsabgüsse) waren regelmäßig gestohlen waren, und deshalb gab es im Hintergrund eine Schachtel mit Duplikaten, aus der man fehlende Stücke am nächsten Morgen, noch ehe der erste Besucher eintrat, geschwind ersetzen konnte. Jetzt schwebt der Schwanz des jurassischen Giganten über der großen Masse von *Homo sapiens*, ihrem Zugriff entzogen.

Walt Disneys Meisterwerk *Fantasia* kam 1940 heraus. Damals war es der teuerste Zeichentrickfilm, der je geschaffen wurde. Ihn zu betrachten ist noch immer ein phantastisches Erlebnis. Disney wollte eine perfekte Übereinstimmung zwischen der Musik und den Bildern. Zwischen den gezeichneten Episoden gab eine ziemlich affektiert klingende Stimme Einführungen, während das Orchester im dramatischen Schattenriß zu sehen war, bis Leopold Stokowski, der Maestro der Maestros, seinen Stab hob. Von da an war es zauberhaft! Eine meiner ältesten Erinnerungen aus den fünfziger Jahren ist, daß ich zur Oxford Street mitgenommen wurde, um den Film zu sehen. Ich bekam vor Aufregung kaum Luft. Meine schwitzenden Hände umklammerten fast unentwegt meine nackten Knie (kleine Jungen trugen damals kurze Hosen). Den Mittelteil des Films bildete eine Animation zu Igor Strawinskys *Sacre du printemps*. Auf ihre Weise stellte diese Episode ebenfalls eine unautorisierte Biographie des Lebens dar. Sie schritt, ähnlich wie viele solcher Geschichten – siehe mein Hinweis am Anfang dieses Kapitels –, wundersam rasch von der Schöpfung voran zu den Dinosauriern, bei denen sie liebevoll verweilte. Das Abgehackte von Strawinskys Musik hat die Zeichner sicherlich beim Entwurf einer urzeitlichen Welt inspiriert. Ich bin fest überzeugt, daß Walt Disney sich in der Frage, wie die Dinosaurier gelebt und agiert haben, nur von den besten Fachleuten beraten ließ – die wissenschaftliche Beratung war wohl einer seiner kleinsten Kostenfaktoren –, und so ist das, was wir in bunten bewegten Bildern vor uns haben, so etwas wie eine Zusammenfassung dessen, was viele Paläontologen 1940 über die Welt des

Der alte Diplodocus mit herabhängendem Schwanz in der wunderschönen Haupthalle des Natural History Museum in London

Diplodocus, nun mit forsch erhobenem Schwanz, wie es nach heutiger Auffassung seiner Körperhaltung entspricht

Jura und der Kreidezeit dachten. Von der Vermenschlichung der Tiere – einer Schwäche, der Disney oft erliegt – hat er sich hier in erfreulichem Maße ferngehalten. Riesige, mit dem *Diplodocus* verwandte Tiere suhlten sich in endlosen Sümpfen, wo sie weiche, leckere Wasserpflanzen abweideten. Ähnlich lebten entenschnäbelige Dinosaurier, die mit ihrem Schnabel Wasserpflanzen abrupften. *Parasaurolophus* besaß ein Segel, das sich von seinem langen Kopfkamm an über den ganzen Rücken erstreckte. Es gab kleinere, pflanzenfressende Dinosaurier, wahrscheinlich *Hypsilophodon*, die in kleinen Herden weideten und als tüchtige Läufer bei Gefahr mit hocherhobenen Schwänzen die Flucht ergriffen. Flugreptilien – natürlich *Pteranodon* – stürzten sich von hohen Klippen, wo sie wie Albatrosse lauerten, um aufs Meer herabzustoßen und tauchend einen Fisch zu ergattern. All diese Tiere flohen entsetzt vor *Tyrannosaurus*, dessen Maul von einem angsterregenden Rot war, damit es um so besser mit seinen scharfen weißen Zähnen kontrastierte. Ein Kampf zwischen einem trägen, gepanzerten *Stegosaurus* und dem fleischfressenden Ungeheuer endete unausweichlich mit dem Tod des Pflanzenfressers, dessen dornenbesetzter Schwanz im Todeskampf den Boden peitschte und ihn wie ein Gong des Verhängnisses erzittern ließ, genau im Takt der Musik Strawinskys. Am Himmel herrschte während dieser ganzen Sequenz eine rötliche Glut. Die hohe Zeit der Dinosaurier wurde als ausgesprochen naß dargestellt. In einer feuchten Welt mit üppiger Vegetation taten sich die meisten Dinosaurier schlürfend an Kräutern gütlich. Am Ende dieser Bildfolge trocknete diese üppige Welt aus. Die armen Tiere schleppten sich durch eine schmutziggelbe Wüste und sogen verzweifelt die letzten Tropfen Flüssigkeit aus schlammigen Tümpeln, in einem hoffnungslosen Versuch zu überleben. Von ihnen blieben nur die Knochen zurück, um uns zu sagen, daß sie es nicht geschafft haben.

Gut fünfzig Jahre später verfilmte Steven Spielberg den Roman *Jurassic Park* von Michael Crichton. Er war fast überall ein Erfolg. Ein Vergleich mit *Fantasia* macht deutlich, wie sich unser Wissen von der Vergangenheit gewandelt hat. Viele der Dinosaurier sind in beiden Filmen dieselben oder doch ähnlich. Viele entstammen eher der Kreidezeit als dem Jura, aber es wäre allzu pingelig, sich darauf zu versteifen. Spielberg hat sie jedoch zu wirklich erstaunlichen lebendigen Abbildern erweckt. Diese Dinosaurier sind so perfekt, daß man kaum glauben kann, daß es noch immer nur spekulative Rekonstruktionen sind, genau wie die von Gideon Mantell und Walt Disney. Die Rekonstruktionen, die der moderne Regisseur benutzte, stützen sich auf einige zusätzliche Jahrzehnte der Forschung durch Paläontologen wie

Bob Bakker oder Jack Horner (der angeblich das Vorbild für den Helden des Films war). Sie stehen in Einklang mit echten Neuentdeckungen, aber auch mit unzweifelhaften modernen Vorurteilen. Große herbivore Dinosaurier vom Typ *Diplodocus* suhlten sich bei Disney in Sümpfen, während sie bei Spielberg in Scharen über die Ebene trotten und an Baumkronen knabbern. Diese riesigen Sauropodomorphen ähnelten der neuen Orthodoxie zufolge in ihrem ökologischen Verhalten kolossalen Elefanten, wogen aber um die 27 Tonnen, eine Größenordnung mehr als das Gewicht heutiger Dickhäuter. Der Grund erbebte unter ihrem Schritt. Ihre Beine waren, damit sie ihre Masse tragen konnten, gewaltige Säulen, und die Zehen waren zur Unterstützung dieses Zweckes verkürzt. Sie konnten den Boden unter ihren massigen Füßen aufwühlen. (In Gesteinen hat man diese Art von Störung gefunden und sie mit dem schwerfälligen Namen «Dinoturbation» belegt.) Die Lebensweise in beiden Filmen könnte kaum unterschiedlicher sein, doch dem verzauberten Zuschauer im Dunkel des Kinosaals erscheint sie in beiden Fällen plausibel. Früher meinte man, die bloße Masse des Körpers sei so wuchtig, daß nur Wasser sie zu tragen vermochte, und der lange Hals diente dazu, daß das Tier im untergetauchten Zustand bequem atmen konnte. Schwache Zähne, meinte man, seien nur geeignet, weiche Wasserpflanzen zu zerkleinern. Nichts von alledem, verkündete darauf die Gegenseite: Der Wasserdruck hätte, wie sorgfältige Berechnungen zeigten, in Wirklichkeit verhindert, daß die Lungen vernünftig funktioniert hätten, und im übrigen waren die säulenartigen Beine und die Konstruktion des Rückgrats mit dem ausbalancierten Schwanz nur bei einem landlebenden Tier plausibel. Darüber hinaus hatte man Spuren von ihnen gefunden, Massen von Spuren, die alle in dieselbe Richtung wiesen – ein unanfechtbarer Beweis, daß diese großen Tiere tatsächlich in Herden umhergezogen waren. Daraufhin stellte sich ganz zwanglos die Analogie zu den Elefanten ein. Jetzt sah man ein, daß der lange Hals den gewaltigen Tieren ermöglichte, an die Baumkronen zu gehen, so wie es die Elefanten in der Serengeti-Ebene mit ihren Rüsseln tun. Dabei waren die Dinosaurier trotz ihrer Größe wählerische Esser – deshalb ihr relativ feines Gebiß. Einiges spricht dafür, daß ihr Magen umgestaltet war zu einem Behälter von Mikroben, die die Verdauung durch Gärung unterstützten. Sogar ihre Ausscheidungen hat man entdeckt, fossile Dunghaufen, die als Kotsteine oder Koprolithen bezeichnet werden.

So ändert sich die Wahrheit immer wieder. Auch wenn sie auf Zelluloid gebannt ist und so gediegen erscheint wie ein Dokumentarfilm, ist eine Schilderung des früheren Lebens doch nur so wahr wie die

Wissenschaft, die hinter ihr steht. Letzten Endes läuft alles auf Knochen hinaus.

Tyrannosaurus hat sich von einem Film zum anderen nicht sehr verändert. Bei Spielberg ist er grauenhafter, weil ein Hauch von durchtriebener Intelligenz und ein unersättlicher Hunger in seinen Augen glitzern darf. Nur ein Pedant würde ein Wort darüber verlieren, daß er bei Disney drei statt zwei Finger hatte. Professor McNeil Alexander, der sich in der Mechanik von Tieren so auskennt wie ein Fan in den Details des Jaguar E, macht mich jedoch darauf aufmerksam, daß Spielberg sich einer unglaubwürdigen Übertreibung schuldig gemacht habe, als er *Tyrannosaurus* einem Automobil nachjagen ließ. Bei seiner Größe hätten weder die Knochen noch die Muskeln ein derartiges Tempo ausgehalten; wenn schon, dann wäre vielleicht der ruckartige Gang von Godzilla angemessener gewesen. Straußenartige Dinosaurier (wie etwa *Gallimimus*) ähnelten phantastisch ihren heute lebenden Gegenstücken: sie sahen aus wie flugunfähige Vögel, wenn sie durch eine Landschaft stolzierten, die weit mehr der Savanne als einem Sumpf glich. Bei den kleinen, springenden Dinosauriern war die Ähnlichkeit in beiden Filmen wohl am größten; schon als man mit ihrer Erforschung begann, erkannte man, daß sie in ökologischer Hinsicht den Gazellen und anderen lebhaften Pflanzenfressern entsprechen. Die schaurigsten aller Jäger hießen in Spielbergs Film *Velociraptor*. (Es handelte sich, genauer gesagt, um *Deinonychus*, einen Dinosaurier, der erst 1964 in den Felsen der frühen Kreidezeit in Montana entdeckt wurde.) Es wurde gezeigt, wie *Velociraptor* in Rudeln jagte und die Beute zu Tode hetzte. Daß diese Tiere, wenn der Film aus ist, am längsten in den Alpträumen nachwirken, liegt an ihrem grauenerregenden Jagdfieber und ihrer verblüffenden Intelligenz. Einmal zeigt man sie sogar beim Problemlösen – irgendwann machen sie eine Tür auf. Hier hat sich der Filmemacher eine kleine Freiheit erlaubt, denn natürlich wissen wir *nicht*, wie intelligent genau diese Tiere waren. Wir können sie nicht wie Ratten oder Hühner durch ein Labyrinth schicken, um ihre Intelligenz zu testen. Im Film macht sich das zwar schön, aber ist es auch wahr? Was immer es mit der Wahrheit auf sich haben mag – Spielbergs Film hat endgültig aufgeräumt mit der verbreiteten Vorstellung von dummen Riesen auf Reptilienniveau, die schwerfällig durch eine nur dunkel verstandene Welt tapsen. Diese Tiere waren präzise konstruiert, gut angepaßt und auf ihre Artgenossen eingestellt. Nur die gepanzerten Dinosaurier *(Ankylosaurus)* und die gehörnten Dinosaurier wie *Stegosaurus*, die Nashörner der Kreidezeit, trotteten wie eh und je schwerfällig dahin, auf der Suche nach pflanzlicher Nahrung.

Es gibt aber immer noch Grenzen des Wissens, wo das, was Paläontologen in geduldiger Arbeit allein aus Knochen und Steinen herzuleiten wußten, von der Phantasie ausgeschmückt wird. Diese Grenzen sollte man beachten.

Klar ist, daß ein künftiger Film uns nochmals eine andere Version der Vergangenheit liefern könnte. Wir erfassen die Vergangenheit nicht mit derselben Gewißheit, mit der wir unser eigenes Leben kennen. In einem gewissen Sinne ist die Vergangenheit immer Fiktion, ein vom Bekannten ausgehender Vorstoß ins Verborgene. Einen definitiven *Jurassic Park* wird es nie geben.

Die Aufwärtsjagd hin zum Unbekannten wird durch das Wachstum der Giganten hinreichend verdeutlicht. Bei einigen der Dinosaurierfossilien gibt es eine Eskalation der Größe, so als habe ein einmal begonnener Prozeß seinen Lauf genommen. Die ältesten, bisher bekannten Dinosaurier aus der Oberen Trias von Argentinien sind nicht sehr viel größer als ein Mensch. Schon recht früh gab es zwei Typen von Dinosauriern mit unterschiedlichem Beckenaufbau, solche mit einem «Vogel-» und solche mit einem «Echsenbecken», die nach Ansicht einiger Fachleute nicht eng miteinander verwandt waren. Aus den letzteren gingen die Riesen hervor, sowohl unter den Fleisch- wie unter den Pflanzenfressern. Wegen der zusammenhängenden Geographie breiteten sich die Dinosaurier im Mesozoikum fast weltweit aus. Die größten Pflanzenfresser nahmen während ihrer ganzen Geschichte an Größe zu. Als wollten die Paläontologen den Witz parodieren, wonach das Größte von allem immer in Amerika ist, wird alle zwei Jahre eine neue Entdeckung der gigantischsten Sauropoden gemeldet, stets aus Nord- oder Südamerika und gewöhnlich von Arm- oder Beinknochen. Die Namen, die man prägt, sollen die Dimensionen zum Ausdruck bringen: *Supersaurus, Seismosaurus* und *Ultrasaurus*. Da *ultra* der superlativischste aller Superlative ist, kann man sich einen weiteren Fortschritt nur schwer vorstellen. Nach einer Schätzung wiegt *Seismosaurus* fünfzig Tonnen und ist achtzig Meter lang.

Die Größenzunahme wird unter anderem mit der Vorstellung begründet, daß jede neue Art fähig sein sollte, ihren Hals höher zu recken als die Konkurrenten, um an Laub heranzukommen, das sonst gerade außerhalb der Reichweite bleiben würde. Größe bot im warmen Klima jener Zeit außerdem eine bessere Möglichkeit des Energiesparens. Rezente Tiere liefern den Beweis, daß Größenzunahme eine relativ leicht zu bewerkstelligende genetische Modifikation ist, bei der die natürliche Auslese sogleich ans Werk gehen kann. Das führt zu der Frage, ob es irgendwo eine Grenze gibt. Die Größe eines Baumes ist sicherlich nach oben begrenzt durch die Höhe, bis zu der Wasser durch Saugspannung gehoben werden kann, und auch Knochen und Fleisch haben ihre mechanischen Grenzen. Deshalb wurden auch diese größten Landtiere, die es je gegeben hat, durch die physikalischen Gesetze begrenzt, die Eichen daran hindern, die Höhe des Empire State Building zu erreichen. Wollte man größere Tiere bauen, müßte man sie von den Fesseln der Schwerkraft befreien und sie auf den Sternen ansiedeln.

In der Kreidezeit wurden die größten Fleischfresser noch größer. *Tyrannosaurus* ist tatsächlich das unübertroffene Raubtier. Man ist fast versucht, den Aphorismus von den größeren Flöhen, auf deren Rücken immer kleinere Flöhe sitzen, die sie beißen, umzudrehen und von größeren Mahlzeiten zu sprechen, die größere Esser auf dem Rücken haben, deren Futter sie sind. Er ist eine verlockende Analogie, dieser «Rüstungswettlauf» zwischen Fresser und Gefressenem, aber ich zweifle ein wenig an ihrer Richtigkeit. Ich habe einmal meine eigene Theorie über das Größer- und Größerwerden in bezug auf italienische Restaurants entwickelt. In der Casa Nostra und ähnlichen Lokalen kommt dauernd der Kellner und bietet einem gemahlenen schwarzen Pfeffer aus einer Pfeffermühle an. Mir fiel auf, daß die Pfeffermühlen im Laufe der Zeit und mit zunehmender Konkurrenz immer größer wurden. Vielleicht glaubten die Eigentümer, ihren Nachbarn mit einer größeren Pfeffermühle etwas voraus zu haben. Ich habe kleine Kellner mit gewaltigen schwarzen Pfeffermühlen kämpfen sehen, wobei sie zu lächeln und zu scherzen versuchten. In meiner Vorstellung geht das so weiter, bis die Pfeffermühle so groß wird, daß der Kellner, auf wackligen Beinen umherwankend, sie nicht mehr heben kann. Das Geschäft geht zurück, und das Restaurant stirbt aus. Dies ist nicht als ernsthafte Analogie zur Evolution gemeint, aber etwas Ähnliches wurde schon vorgeschlagen, um den Gigantismus zu erklären, nämlich, daß ein einmal begonnener Trend solange weiterläuft, bis er tödlich wird. In Wirklichkeit würde es wohl anders laufen: Entweder würde man auf die Pfeffermühle verzichten – oder das Restaurant würde vielleicht einen größeren Kellner einstellen.

Man sieht die Dinosaurier heute anders als noch in *Fantasia*, und das betrifft nicht nur ihren Lebensraum oder die Frage, ob sie Zwei- oder Vierbeiner waren. In den siebziger Jahren wurde mit seltener Leidenschaft darüber gestritten, ob die Dinosaurier Warmblüter waren. Warmblütigkeit würde die Dinosaurier den Säugetieren annähern und sie von den kaltblütigen Reptilien trennen. Reptilien können Änderungen ihrer Körpertemperatur ertragen, die Säugetiere nicht verkraften können. Besonders in kühleren Klimazonen müssen sie sich in der

Sonne «aufwärmen», ehe sie richtig aktiv werden können. Sie brauchen nicht zu schwitzen, und sie können mit sehr wenig Wasser überleben. Andererseits wurden die Dinosaurier so groß, daß ihr bloßes Volumen ihnen eine Wärmespeicherung gesichert hätte, die den rezenten Reptilien heute fehlt. Warmblütige Tiere sind auf eine konstante Körpertemperatur angewiesen. Daher brauchen Säugetiere mehr Nahrung als Reptilien, um ihre innere «Heizung» in Gang zu halten. Sie können durchaus in kühlen Klimazonen leben, die kaum ein Reptil ertragen kann.

Ob die Dinosaurier Warmblüter waren oder nicht, ist wichtig für das Verständnis ihrer Lebensgewohnheiten, ihres Energiehaushalts und der Kräfte, die ihre Evolution antrieben. Die Beweise für Warmblütigkeit sind in mehreren Punkten recht überzeugend. Das gekammerte Herz, das wohl notwendig war, um die Giganten mit Sauerstoff zu versorgen, ist von einer Bauart, die wir schon von Säugern und Vögeln kennen, beides Warmblüter. Der Knochenaufbau zumindest einiger Dinosaurier zeigt bei starker Vergrößerung eine typische konzentrische Anordnung von Kanälen – dies sind Gefäße für den Bluttransport – und hat mehr Ähnlichkeit mit dem Säuger- als mit dem Reptilienknochen. Das aktive Jäger- und Aasfresserleben, das von der neuen Orthodoxie den karnivoren Dinosauriern zugeschrieben wird, ähnelt in ökologischer Hinsicht so sehr dem von heute in Afrika lebenden karnivoren Säugern, daß man kaum umhin kann, die Übereinstimmung auch auf ihren Stoffwechsel und ihre Gewohnheiten auszudehnen. Einige der winzigen Dinosaurier waren nicht größer als Hühner, und viele rezente Insektenfresser dieser Größe sind homöotherm (so die korrekte Bezeichnung für Warmblüter). Andererseits gibt es bei Dinosauriern offenbar keinerlei Anhaltspunkte für Strukturen, die wir mit dem Kühlungssystem von Säugern in Verbindung bringen, zum Beispiel Schweißdrüsen (die Haut von Dinosauriern gleicht der von Reptilien), und es gibt keinen Grund, eine der Isolation dienende dicke Fettschicht anzunehmen, ganz zu schweigen von einem Fell. Wäre es wirklich möglich, durch den kleinen Kopf von *Seismosaurus* oder *Diplodocus* soviel Nahrung zu stopfen, daß ein Ofen beschickt wird, der ausreicht, um dreißig bis fünfzig Tonnen zu wärmen? Und wieviel muß ein Tyrannosaurier fressen, um aktiv zu bleiben? Die Dinosaurier legten Eier, wie auch die Vögel. Inzwischen belegen zahlreiche fossile Funde, daß einige Arten unordentliche Nester bauten, in Gemeinschaften, wie riesenhafte Tölpel. Seit 1990 sind Hunderte von Dinosaurier-Eiern von Fundorten in China auf den Markt gekommen. Sie wurden exportiert, mit zweifelhafter Berechtigung. In den Eiern fanden sich winzige Embryos. Sie haben Knochen, die denen von Vogelembryos zu ähneln scheinen, und wie diese könnten sie in diesem Stadium einen warmen Körper gehabt haben – sie waren Küken, die in diesem Wachstumsstadium von «schnellen» biochemischen Reaktionen unterhalten wurden; sie waren, als sie jung und verletztlich waren, effektiv homöotherm, und als sie dann größer wurden, wurden sie mehr wie andere kaltblütige Reptilien. Da in Jura und Kreidezeit generell ein warmes und ausgeglichenes Klima herrschte, waren die Dinosaurier perfekt daran angepaßt. Sie waren, verglichen mit den verschwenderischen Säugetieren, energie-effizient.

Noch größere Leidenschaften als die Frage der Warmblütigkeit hat das Problem entfacht, ob Vögel Dinosaurier sind. Auf den ersten Blick mag dies als eine ausgefallene Frage erscheinen, gerade so sonderbar, als würde man fragen: «Sind Affen Fische?» oder «Sind Wiesel Frösche?» Vor gut dreißig Jahren, als diese Idee vorgetragen wurde, galt sie als überspannt, doch mit der Zeit fand sie, wie es scheint, immer mehr Anklang. Als erstes müssen wir uns von vorgefaßten Ansichten befreien, um die Vögel ganz unbefangen betrachten zu können. Stellen Sie sich ein Huhn auf dem Bauernhof vor, vollständig gerupft, aber dennoch gesund und munter, das in der Scheune umherstolziert und nach Weizenkörnern sucht. Es hat ein tiefreichendes Brustbein, aber sein erhobener Kopf, sein ruckartiger Gang und die massiven Unterschenkel erinnern einen vielleicht an ein kleines jurazeitliches Tier. Die hornigen Krallen hinterlassen im Staub Abdrücke, die mehr als nur flüchtige Ähnlichkeit mit den Fußspuren von Dinosauriern haben. Die großen runden Augen beobachten aufmerksam die Umgebung, auch wenn sie nicht gerade vor Intelligenz strahlen. Wenn Sie sich nun vorstellen, daß die kleinen, nackten Flügel verwandelt wären in klauenbewehrte, zupackende Arme, und den Schnabel noch mit gezackten Zähnen ausstatten, wird Ihnen die Hypothese vielleicht nicht mehr ganz so unwahrscheinlich vorkommen. Sie erscheint jedenfalls plausibler als die lange bevorzugte Theorie, die die Krokodile als die engsten Verwandten der Vögel ansieht. Außerdem sollten wir als Vergleich nicht dieses arme nackte Huhn wählen, sondern den primitivsten aller fossilen Vögel, das berühmte jurassische Fossil aus dem lithographischen Kalk von Solnhofen, *Archaeopteryx*. Ausführlicher bin ich auf dieses Tier im zweiten Kapitel eingegangen, als ich Professor Hoyles Behauptungen, es handele sich um eine Fälschung, zurückwies. Hier brauche ich nur nochmals seine Echtheit zu bekräftigen. In *Fantasia* gibt der frühe Vogel nur eine sehr kurze Vorstellung; er flattert einigermaßen verzweifelt über einer der vielen Lagunen des Films. *Archae-*

opteryx hat echte fossile Federn, und Federn kennzeichnen Vögel; die Wahrscheinlichkeit, daß sich etwas so Raffiniertes und Komplexes wie Federn mehrfach entwickelt hat, ist verschwindend klein. Der Rest der Anatomie von *Archaeopteryx* hat verblüffende Ähnlichkeit mit der eines kleinen karnivoren Dinosauriers (Theropoden), zum Beispiel dem in Montana gefundenen *Velociraptor*. Die Schädel gleichen sich in vielen Details, die ganz nach dem Geschmack der Paläontologen sind; *Archaeopteryx* hatte noch ein vollständiges Gebiß, das im hornigen Schnabel rezenter Vögel verlorengegangen ist. Die Vordergliedmaßen, die zu Schwingen umgebildet waren, trugen Krallen, und man sieht keinen Unterschied zu den Krallen an den Vordergliedmaßen von *Velociraptor*. Es ist sogar gut, daß sich bei *Archaeopteryx* Federn erhalten haben, denn sonst könnte man ihn fälschlich für einen kleinen Dinosaurier halten. Die besondere Stellung von *Archaeopteryx* als Bindeglied wurde durch die Entdeckung weiterer jurazeitlicher Vögel Mitte der neunziger Jahre bestätigt, denn die anderen Vögel waren schon «fortgeschrittener». Die Lösung des Problems, ob Vögel Dinosaurier sind, lautet, daß einige Dinosaurier enger mit Vögeln verwandt sind als andere und daß Vögel tatsächlich gefiederte Dinosaurier sind. Bis zu einem gewissen Grade, wie ängstliche Angestellte in Evelyn Waughs Roman *Die große Meldung* zu Lord Copper zu sagen pflegten, sind alle Vögel Dinosaurier, doch keinesfalls sind alle Dinosaurier Vögel. Das heißt nicht, daß wir die Vögel nicht weiterhin Vögel nennen dürften; der Kladist würde jedoch einen Namen für eine Gruppe von Tieren fordern, die sowohl die Vögel als auch die Dinosaurier umfaßt, eine Gruppe, die auf einen gemeinsamen Vorfahren zurückgeht. Die rezenten Vögel sind *alle* Warmblüter, und wenn der erste Vogel *Archaeopteryx* ihnen gleich war, dann müßten es eigentlich auch seine engsten ungefiederten und flugunfähigen Dinosaurier-Verwandten gewesen sein. Nach sehr eingehenden anatomischen Untersuchungen der frühen Vögel spricht jedoch mehr dafür, daß sie noch Kaltblüter waren. Warmblütigkeit war ein Merkmal, das erst von Vögeln erworben wurde, die auf ihrem Evolutionsstammbaum fortgeschrittener waren. Wenn wir einen Strauß über die Ebenen Afrikas stolzieren sehen, dann sehen wir also möglicherweise etwas, das von einer Szene aus dem Jura nicht so weit entfernt ist.

Nicht alle fliegenden Zeitgenossen der Dinosaurier waren Vögel. Weit zahlreicher waren in den Lüften der Jura- und der Kreidezeit Flugreptilien, die Pterosaurier, noch eine Gruppe von Geschöpfen, die beweisen, daß die Eroberung des Luftraums einfacher war, als unsere Vorurteile einzuräumen bereit sind. Von dem extrem verlängerten vierten Finger dieser Tiere spannte sich eine Flughaut zum Körper – im Aufbau glichen sie mehr einer Fledermaus als einem Vogel. Ihr graziler Körper wurde gestützt von hohlen Knochen, die stark und dabei doch leicht waren. Es gab diese Tiere in einer außerordentlichen Vielfalt von Formen und Größen, von winzigen, drosselähnlichen Arten bis hin zu fliegenden Ungeheuern, deren Flügelspannweite von keinem Geschöpf mehr übertroffen wurde. Es gab Pterosaurier, die als die Flamingos der Kreidezeit, und andere, die als deren Pelikane oder Geier gelten können. Ausnahmsweise einmal weicht die heutige Rekonstruktion dieser seltsamen Flugwesen nicht sehr stark von derjenigen ab, die in einer kurzen Episode in *Fantasia* zu sehen ist. *Pteranodon* gilt nach wie vor als ein fliegender Angler, der sich mit seinem langen «Schnabel» Fische aus dem Meer holte. Allerdings gab es sehr viel Streit über die Frage, wie er eigentlich geflogen ist. Einst nahm man an, die größeren Arten seien Segelflieger gewesen. Man ließ ihre kritische Geschwindigkeit von Flugzeugbauingenieuren berechnen, und Wissenschaftler stritten darüber, ob sie vom Boden abheben konnten oder nicht. Eine Zeitlang wurden sie als auf hohen Klippen sitzend dargestellt, von denen aus sie sich in die Lüfte schwingen konnten. Doch dann haben die Maschinenbauingenieure noch einmal nachgedacht, und die Anatomen haben nochmals die Muskulatur geprüft, mit dem Ergebnis, daß die Pterosaurier wieder allgemein als aktive Flieger angesehen werden. Doch auch die Pterosaurier neigten in der Kreidezeit zum Gigantismus, und der größte von allen, *Quetzalcoatlus*, benannt nach dem entsprechend schrecklichen aztekischen Gott, soll sogar eine Flügelspannweite von fünfzehn Metern gehabt haben. Es gibt Flugzeuge, die kleiner sind! Für die Mathematiker und Paläontologen, die seine Lebensweise zu rekonstruieren versuchten, ist das ein Rätsel. War er so etwas wie ein reptilischer Geier, der an den kreidezeitlichen Himmeln über dem heutigen Texas kreuzte und vielleicht nach dem aufgedunsenen Kadaver eines Brontosauriers Ausschau hielt? Der Himmel muß sich verdunkelt haben, wenn die Aasfresser ihr gräßliches, verwesendes Festmahl erspähten. Das sich aufdrängende Bild ist finsterer als alles, was der Dichter Beddoes sich ersehnt oder was Goyas schlafenden Philosophen gepeinigt haben könnte. Prosaischer gewendet, wäre *Quetzalcoatlus* seinerseits zur leichten Beute eines der kleinen Theropoden geworden, die es damals im Überfluß gab. Und wie hätte ein derart plumpes Wesen sich nach der Landung wieder in die Lüfte schwingen können?

Es gibt zu der Dinosaurier-Vogel-Geschichte eine amüsante Fußnote, die wieder einmal zeigt, wie vergänglich unsere Gewißheiten über die Vergangenheit sind. Die Dinosaurier legten Eier, und einige nisteten wahrscheinlich gemeinsam. *Maiasaura*, eine entenschnäblige Dinosaurierin, galt als Nestbauerin und somit als gute Mutter. Ausnahmsweise einmal wurde (mit der Endung *saura* statt *saurus)* ein Dinosaurier-Gattungsname dem weiblichen Geschlecht zugeordnet, in leicht rührseliger und grammatikalisch fragwürdiger Anerkennung seiner angeblichen Vorzüge in der Brutfürsorge. Ein anderer, eher kleiner kreidezeitlicher Dinosaurier, der etwas mit Eiern zu tun hatte, hieß *Oviraptor*, was wörtlich «Eierräuber» bedeutet. Er galt als der Schurke jener Zeit, der sich wie eine Elster einschlich, um die Eier unschuldiger Pflanzenfresser zu stehlen. Solche Eier wurden in großer Zahl bei den Flammenden Bergen in der Wüste Gobi entdeckt, einem berühmten Jagdrevier für Paläontologen, wo über die trockenen Hänge verstreut noch immer neue Knochen entdeckt werden können. Auf die karnivore Deutung fiel der Hauch eines Zweifels, als man ein vollkommen intaktes Ei fand, das einen Dinosaurier-Embryo enthielt. Da dieser jedoch offenbar zu *Oviraptor* und nicht zu einer anderen Dinosaurierart gehörte, erschien der vermeintliche Eierdieb plötzlich mehr als Hüter denn als Angreifer. Hatte man vorschnell über ihn geurteilt? Ein unglaublicher Beweis seiner Unschuld in allen Punkten erschien am 21. Dezember 1995 in der Zeitschrift *Nature*. Man hatte einen *Oviraptor* gefunden, fossiliert, noch immer über seinem Nest mit Eiern hockend, in derselben Brütehaltung, wie sie ein heutiger Strauß zeigt. Er war von einem heftigen Sturm überrascht worden, aber treu bei seinen zweiundzwanzig Eiern geblieben – der Inbegriff mütterlicher Hingabe. Leider wird sein Name für immer seinen früheren schlechten Charakter bezeugen, obwohl er jetzt vielleicht der einstige Wilderer ist, der zum Wildhüter wurde.

Oviraptor gehört zu den Dinosauriern, die ganz eng mit den Vögeln verwandt sind. Haben Federn sich vielleicht zunächst entwickelt, um nicht dem Fliegen, sondern dem Ausbrüten von Eiern zu dienen? Das erscheint plausibel, denn schon ein kleines Stückchen Gefieder würde diesem Zweck dienen. Daß es dann später für die Wärmeisolierung und schließlich für den Flug verwendet wurde, wäre leichter zu verstehen als die schlagartige Entstehung des ganzen «Pakets» der Flugapparatur.

Es muß in jener Zeit gewesen sein, daß die Erde zu singen begann. Viele Vögel sind Sänger, und diejenigen, die nicht singen, neigen zumindest zum Kreischen. Die Lautgebung dient mehreren Zwecken: der Markierung des Territoriums, dem Anlocken eines Geschlechtspartners und sogar der Abschreckung von Feinden. Was für einen Wandel muß das Auftreten tierischer Laute für die Welt bedeutet haben! Waren die Wälder des Paläozoikums stumm gewesen, so ertönte nun Geschrei, Gepruste, Gesang. Dinosaurier mit einem Kamm steuerten zu der Kakophonie das Ihre bei; heute glaubt man, daß die Kämme als Resonanzkästen fungierten, daß sie Schreie so verstärkten, daß sie in den weiten Ebenen der Kreidezeit wie eine Versammlung von Alphörnern klangen. Auch dies ist eine veränderte Deutung – bei Disney diente der Kamm von *Parasaurolophus* lediglich dazu, ein Segel zu stützen, das sich über den ganzen Rücken erstreckte.

Oft ging mir der Gedanke durch den Kopf, daß so, wie Hunde und ihre Besitzer sich angeblich mit der Zeit immer ähnlicher werden, auch Wissenschaftler sich den Organismen angleichen, über die sie forschen. Bisweilen tragen sie sogar einen Namen, der ihrer geliebten Berufung entspricht. Am Natural History Museum in London hatten wir einen Herrn Wrigley, der über Würmer forschte.* Man staunt, wie viele Botaniker Green oder Bush heißen. Ein renommierter Fischexperte heißt Herring.** Ein anderer Forscher am Natural History Museum war ein Bienenfachmann. Er war recht stämmig und trug bevorzugt auffällige, gestreifte Pullover. Oft traf man ihn an, wie er, vor sich hin summend, durch die Gänge schwirrte. Dinosaurier-Forscher müßten demnach logischerweise groß sein, zumindest über-lebensgroß. Gewisse Anhaltspunkte dafür findet man in den Schlachten, die in der Geschichte ihres Faches Narben hinterlassen haben.

Dinosaurierknochen waren bei Medicine Bow, Wyoming, in der zweiten Hälfte des 19. Jahrhunderts in solcher Fülle auf dem Boden zu finden, daß ein Schäfer sich daraus eine primitive Hütte gebaut haben soll. Zwei bahnbrechende Paläontologen, die Professoren Edward Cope und Othniel Marsh, kämpften verbissen um den Vorrang, die größere Zahl dieser bis dahin nicht beschriebenen Tiere aus Colorado, Wyoming und Montana zu benennen. War ein neuer Fundort entdeckt, eilte jeder herbei, um als erster da zu sein; sie bestachen und intrigierten und bedienten sich der ausgefeiltesten Tricksereien. Zusammen benannten sie nicht weniger als 136 Dinosaurier. Die prächtigsten Exemplare so mancher Art, die heute in bedeutenden Museen einen Ehrenplatz einnehmen, waren das Ergebnis eines Wettstreits, der von glühendem Haß angetrieben wurde, was beweist, daß edle Zwecke ganz gelegentlich mit schäbigen Mitteln erreicht werden können. Seit-

---

* «to wriggle» bedeutet im Englischen «sich winden», «sich schlängeln» – Anm. d. Ü.

** Zu deutsch Hering – Anm. d. Ü.

her wurden bedeutende Auseinandersetzungen geführt, aber kaum eine mit der Gehässigkeit der Frühzeit. Ein Beispiel liefert die Debatte über die Warmblütigkeit, in der es an dem üblichen Streit nicht mangelte, aber doch wenig Galle floß. Bob Bakker, der erheblich dazu beigetragen hat, unser Bild vom Dinosaurier als einem schwerfälligen Dummkopf zu verändern, ist bestimmt hinreichend interessant, um für das Übergrößen-Schild in Frage zu kommen. Mit seinen langen, glatten Haaren, die unter einem arg mitgenommenen Cowboyhut hervorquellen, macht er einen wildromantischen Eindruck. Er ist ein wundervoller Zeichner, und seine Zeichnungen von kraftvollen springenden Dinosauriern haben viel dazu beigetragen, daß so mancher andere Künstler die Welt der untergegangenen Giganten anders darstellte. Spielberg hat viele von ihnen bloß mit Leben erfüllt. John («Jack») Horner ist der Buffalo Bill der Paläontologie, mit demselben Hauch von Wildnis und einem gewissen Nimbus des Spürhundes, der aber statt nach Angehörigen feindlicher Stämme nach Knochen sucht. Es gibt eine Art von Helden, die Bildung mit Verwegenheit verbindet, so etwas wie eine muskelstrotzende Gelehrsamkeit, die mindestens bis zu den populären Abenteuerromanen von Henry Rider Haggard zurückreicht. Archäologen eignen sich besonders für diese Rolle, wie die Filme über Indiana Jones bestätigen werden. Jack Horner füllt die entsprechende Nische bei den Paläontologen aus. Was die jüngere Generation der Wirbeltier-Spezialisten angeht, so tragen die Doktoren Mark Norrell und Michael Novacek vom American Museum of Natural History dunkle Bärte, lange Haare und dunkle Brillen mit runden Gläsern. Bei Symposien sitzen sie abseits. Sie sind so «cool», wie es ein Wissenschaftler nur sein kann, und haben nicht die geringste Ähnlichkeit mit dem verbreiteten Bild vom Forscher als einem stillosen Monomanen. Bedingte Unterstützung also für die Theorie, daß Knochen-Leute übergroß und interessante Erscheinungen sind.

Die Meeresreptilien waren Zeitgenossen der Dinosaurier. Sie stammten von terrestrischen Vorfahren ab und waren somit frühe Beispiele von Tieren, die ins Meer zurückgekehrt waren, dasselbe Meer, das sie vor mehr als hundert Millionen Jahren verlassen hatten. Dies waren die «Fischechsen» von Thomas Beddoes, die «Seedrachen» von John Martin, heute wohl ebenso sehr bekannt unter ihren wissenschaftlichen Bezeichnungen «Ichthyosaurier» und «Plesiosaurier». Die Plesiosaurier hatten einen langen Hals und einen relativ kleinen Kopf sowie vier oft rautenförmige Flossen. Die Ichthyosaurier waren ganz und gar fischförmig, komplett mit Rückenflosse und gegabeltem

Schwanz. Am Schädel erkennt man jedoch auf Anhieb, daß sie in Wirklichkeit Reptilien sind. Für Wirbeltierfossilien ungewöhnlich, findet man nicht selten eine Andeutung oder einen Abdruck von der glatten Haut dieser bemerkenswerten Tiere. Erhalten haben sich ihre Körper in Schiefergesteinen, die, aus dunklem Meeresschlamm entstanden, feinste Details bewahren können. Die Skelette sind umgeben von einer schattenhaften Andeutung des Fleisches, so als seien sie nach ihrem Tod in ein schwarzes Leichentuch gewickelt worden. Auch bezüglich ihrer Zuordnung gibt es nicht den geringsten Zweifel, denn der Pathologe kann aus ihrem Mageninhalt auf die letzte Mahlzeit des toten Tieres schließen – oft findet er Spuren von Ammoniten oder anderen tintenfischartigen Tieren. Man hat sogar Ammoniten gefunden, die deutliche Zahnabdrücke eines Plesiosauriers trugen; als Schuldbeweis ist dies das paläontologische Pendant eines rauchenden Colts. Zweifellos fraßen sie auch Fische, wie die rezenten Meeressäuger, Delphine und Tümmler, mit denen sie in ihren mutmaßlichen ökologischen Anpassungen oft verglichen wurden. Der Vergleich ist bis zu einem gewissen Grad gerechtfertigt, aber nicht in dem schlichten Sinne, wie es einmal behauptet worden ist. Per Analogie könnte man vielleicht sagen, daß Soldaten daran zu erkennen sind, daß sie Waffen tragen, einem das aber wenig über ihre Kampfesweise verrät: gleicher Beruf, verschiedene Schlachten.

Schauen wir uns einmal die Vorzüge und Beschränkungen von Analogieargumenten an. Plesiosaurier könnten ihre Flossen in derselben Weise benutzt haben wie Schildkröten, die sich durch Auf- und Abwärtsbewegungen vorwärtsbewegen – und nicht, wie man einmal geglaubt hat, zum schnellen Wriggen. Aufgrund ihrer eigentümlichen hydrodynamischen Struktur würden die Flossen nämlich nur dann befriedigend funktionieren. Andererseits benutzen rezente Schildkröten nur die Vordergliedmaßen zum Schwimmen und die hinteren, um zu bremsen und einen Schwenk zu machen; die Fortbewegung könnte also eine ganz andere gewesen sein als die aller Tiere, die heute im Meer schwimmen. Offen ist nach wie vor die Frage, in welchem Takt und in welcher Reihenfolge die Flossen bewegt wurden. Nach Ansicht einiger Forscher gab das vordere Flossenpaar den Takt an, während das hintere nachzog. Ichthyosaurier sind offenkundig in einer Weise stromlinienförmig, die zum Vergleich mit dem Delphin herausfordert; es gibt aber einige Unterschiede, zum Beispiel die vertikale Ausrichtung des Schwanzes der ausgestorbenen Reptilien. Einige Ichthyosaurier waren sehr groß – über zehn Meter lang. Ein schönes Exemplar einer der größten Arten wurde 1985 bei Charmouth in Dorset geborgen und ist heute im Bristol City Museum zu besichtigen. Einer ihrer Namen gibt Kunde von ihrem früheren Ruf als Ungeheuer: *Grendelius* ist benannt nach Grendel, dem ersten Ungeheuer der englischen Literatur, das dreißig von Hrothgars Edlen hinwegraffte, wie es das Gedicht *Beowulf* in blutigen Einzelheiten schildert. Andere Arten waren im Vergleich dazu winzig und haben vielleicht Jagd auf kleine Beutetiere gemacht. Einige hatten einen schmalen, aquadynamischen, auf Schnelligkeit ausgelegten Körper; andere mit einem breiteren, schwereren Körper schwammen vermutlich gemächlicher einher. Ihre Hydrodynamik läßt sich durch maßstäbliche Modelle auf plausible Weise reproduzieren. Mehrere Arten hatten riesige Augen, umringt von Platten. Sie hatten offenbar ein ausgezeichnetes Sehvermögen. Es ist behauptet worden, diese Ichthyosaurier seien imstande gewesen, auf der Jagd nach Beute in große Tiefen zu tauchen. In der heutigen Fauna gibt es nichts, womit diese Augen direkt vergleichbar sind. Fest steht jedoch, daß marine Reptilien der Jura- und Kreidezeit ebenso wie die Meeressäuger von heute gezwungen waren, zum Luftholen aufzutauchen. Eine regelrechte Lehrsammlung von Ichthyosauriern (und Plesiosauriern) säumt heute eine der Galerien im Natural History Museum in London. Die Platten, welche die Fossilien enthalten, reichen vom Boden bis zur Decke, noch immer in ihren Schaukästen aus den zwanziger Jahren. Die meisten stammen aus dem zutageliegenden Blauen Lias längs der Küste von Dorset, und zumindest einige wurden von Mary Anning gesammelt, deren ernstes Porträt neben ihnen zu betrachten ist. Wenn Sie hier ein wenig verweilen, bis das Gekicher von Schulklassen, die das Museum besuchen, verklungen ist, können Sie sich vorstellen, im jurazeitlichen Meer zu schweben, während Gruppen von Meeresreptilien an Ihnen vorbei eilig der Tiefe zustreben. Der dunkle Stein, auf dem die Fossilien liegen, verstärkt die Illusion. In dieser Umgebung braucht man eigentlich keine künstliche Animation, um diese toten Knochen wiederzuerwecken: Die Seeungeheuer sind so freundlich, ihr Maul in einem stummen Gruß zu öffnen, so als seien sie eben erst aufgekreuzt.

Am einen Ende dieser Ausstellung stößt man auf einen Ichthyosaurier, der in sich mehrere kleinere Exemplare seiner Art enthält – kleine Skelette innerhalb des größeren. Sollten diese eleganten Fischechsen Kannibalen gewesen sein? Bei genauerem Hinsehen erkennen Sie, daß die winzigen Geschöpfe unverletzt sind, zumindest nicht zermalmt und halbverdaut. Manche von ihnen befinden sich noch nicht einmal dort, wo die Verdauung stattfindet, sondern hinter der Stelle, wo der Magen gewesen sein muß. Einige scheinen die richtige Stelle einzunehmen, um sich im Geburtskanal zu befinden. Es ist mehr als bloße Vermutung, daß diese Ichthyosaurier ihre Jungen lebend gebaren, vollkommen entwickelt, um gleich nach der Geburt loszuschwimmen. Einige unglückliche Muttertiere starben während der Geburt. Wieder gibt es eine Analogie zu Angehörigen der Familie der Wale, zum Beispiel den Delphinen, die gleichfalls ihre Jungen im Meer zur Welt bringen. Offensichtlich hat das Leben im Meer solch frühe Unabhängigkeit mehr als einmal gefördert. Lebendgebärende Reptilien sind nicht unbekannt; weiter im Norden gibt es entsprechende Schlangenarten, und der Vorgang ist mehrfach auf Film festgehalten worden.

Beinahe wären diese außergewöhnlichen Schaustücke eingemauert worden. Diejenigen, die für moderne Museumsdarbietungen verantwortlich sind, entwickelten in den letzten Jahren einen Widerwillen gegen das, was man als eine altmodische Zurschaustellung von Objekten empfand. Wenn in einer Galerie nach der anderen *Dinge* in Kästen aufgereiht stehen, geht von ihnen etwas Einschüchterndes aus – jedenfalls wird das behauptet. Von einem Museum wird dagegen erwartet, daß es informiert, erklärt und eine Geschichte erzählt. Die große Ichthyosaurier-Galerie entsprach nicht der zeitgerechten Ausstellungspraxis, und man hätte sie womöglich abgebaut, hätte nicht schon die Größe der Plesiosaurierexemplare dagegen gesprochen, unter ihnen das zentrale Ausstellungsstück. Sie waren zu schwer, um sie zu entfernen. Anfang der neunziger Jahre machte man schließlich aus der Not eine Tugend und beschloß, die ganze Wand mit jurassischen Meerestieren zu reinigen und zu restaurieren. So kann man noch immer den direkten Beleg einer kleinen Tragödie sehen, die sich während einer Lebendgeburt im Meer abspielte, 150 Millionen Jahre bevor das Museum erstmals seine Pforten dem Publikum öffnete. Er bezeugt das Drama der Vergangenheit weit beredsamer, als irgendein aufgedonnertes sprechendes Plastikteil es könnte.

Es ist schade, daß der vom Biß eines Plesiosauriers zerdrückte Ammonit nicht gezeigt wird. Aber es gibt eine Menge anderer Ammoniten, und sie erinnern daran, daß nicht alles Leben im Mesozoikum zum Maßlosen strebte. Man findet diese fossilen Steinböcke in jeder Liebhabersammlung von Fossilien; es gibt sie mit engen Spiralen, gerippt oder gewellt, knotig oder glatt. Oft haben sie die Größe einer Münze oder eines Medaillons, aber manche erreichen auch den Durchmesser eines Schildes. Sie mögen unscheinbar gewesen sein, doch wimmelte es von ihnen in den urzeitlichen Meeren. Gelegentlich bilden sie ganze Gesteinsschichten. Dazu paßt, daß das Ammonshorn das ursprüngliche Füllhorn war, von Zeus mit der Eigenschaft versehen,

Ein jurassischer Ammonit, Dactylioceras, eine von abertausend Variationen der Spiralform

unaufhörlich Wünsche zu erfüllen. Er präsentierte es der Nymphe Amalthea. Nur flink das Geschlecht gewechselt, und schon hieß einer der bekanntesten jurazeitlichen Ammoniten *Amaltheus*. Die Ammoniten entwickelten sich während ihrer langen Geschichte so rasch, daß sie die idealen Fossilien für die geologische Epocheneinteilung abgeben; Tausende von Arten dieser Fossilien wurden identifiziert, wofür man allerdings einen Kennerblick braucht. Meine ammonitischen Bekannten necke ich gern mit der Behauptung, im Grunde gebe es lediglich zehn verschiedene Ammoniten, die nur von Zeit zu Zeit in verschiedenen Gesteinen wiederauftauchen. Es stimmt zwar, daß Ammonitenschalen von im ganzen recht ähnlicher Gestaltung (sie bezeichnet man als homöomorph) bei etlichen Gelegenheiten im Laufe ihrer langen geologischen Geschichte wiederauftauchen, doch tatsächlich bieten sie eine fast unbegrenzte Menge von Variationen über ein paar einfache Themen. Es ist verblüffend, daß eine spiralige Schale mit äußeren Ornamenten eine so ungeheure Vielfalt entwickeln kann. Manche Formen sind so glatt und so flach wie ein Diskus, andere sind

Zwei kreidezeitliche fossile Seeigel,

dick und geschwollen, fast kugelrund; einige sind mit Höckern übersät, andere mit Rippen überzogen, die so zart wie ein Gewebe sind. Manche haben einen Kiel auf dem Rücken. Vor einigen Jahren entdeckte man, daß Ammoniten paarweise vorkommen: Es gab kleinschalige und großschalige Individuen derselben Art. Diese dimorphen Formen ordnet man heute den Geschlechtern zu; eigentlich erübrigt sich der Hinweis, daß die schmächtigeren in der Regel als die Männchen betrachtet werden. Die Schale des lebenden Ammoniten beherbergte ein Tier, das ein wenig einem Kraken glich, Fangarme besaß und mit einem komplizierten Gebiß ausgestattet war, mit dem es Garnelen und andere kleine Beutetiere knacken konnte. Die Schale war innen unterteilt in Kammern, die sich, wenn man die Fundstücke poliert und durchtrennt, vorteilhaft ausnehmen; in Mineralienläden gehören solche bearbeiteten Stücke zum Standardangebot. Während das Tier wuchs, baute es sich dann und wann eine neue Kammer und versperrte seine bisherige Wohnung mit einer Wand. Den Kontakt mit dem verlassenen Wohnraum hielt es durch eine hohle Röhre aufrecht, durch

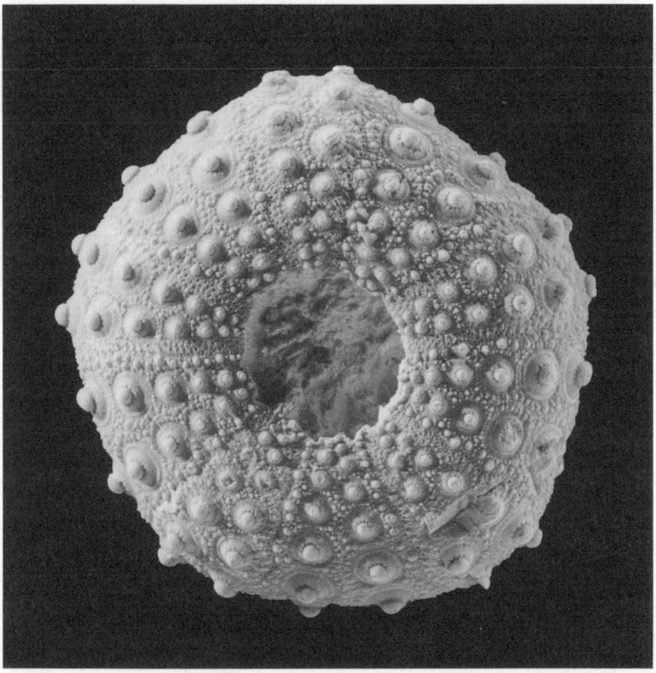

Micraster (links) und Phymosoma (rechts)

die es seinen Auftrieb steuern konnte – über die Menge leichten Gases in den Kammern am Anfang der Spirale. Dieses Tier war natürlich schlau genug, dem Rachen einer Meerechse zu entfliehen, wenn die Situation es verlangte.

Einen meiner ersten Fossilienfunde habe ich in einem alten Steinbruch in den Cotswold Hills gemacht. Die reichlich ockerfarbenen Kalksteine aus dieser Gegend sind berühmt, lieferten sie doch das Baumaterial, aus dem viele Dörfer von geradezu unwiderstehlich malerischem Charakter errichtet wurden. In den Steinmauern, die kreuz und quer die Gegend durchziehen, stößt man hin und wieder auf Fossilien von Seeigeln. Ich hatte das Glück, ein solches Fossil in dem Steinbruch zu entdecken. Es hatte ungefähr die Größe von dänischem Buttergebäck, aber mehr die Form eines Brötchens, mit einer Verdickung in der Mitte. Ich versah es in meiner schönsten Schrift mit dem Namen «*Clypeus ploti*» und befestigte das Schildchen mit Klebstoff. Kein Dinosaurierknochen hätte für mich mehr Bedeutung haben können. Seeigel findet man in jura- und kreidezeitlichen Gesteinen relativ häufig, doch immer wieder sind sie aufregend. Ihr Körper ist mit Platten aus Kalziumkarbonat gepanzert, wie ein dreidimensionales Mosaik. Seeigel sind auch heute noch sehr zahlreich, und wer einmal am Mittelmeer war, wird sich bestimmt erinnern, daß er sie wie merkwürdig finstere, schwarze Igel um Abwasserrohre versammelt sah, wo sie zweifellos eine nützliche und hygienische Aufgabe erfüllten. Auf eines dieser Tiere getreten zu sein, ist eine andere, insgesamt aber gleichfalls denkwürdige Erfahrung. Es ist nicht erstaunlich, daß man die kräftigen Stacheln von Arten wie diesen häufig als Fossilien antrifft, auch wenn die Igel, die sie einst trugen, fehlen. In der weißen Kreide der späten Kreidezeit fallen die Seeigel neben den prosaischeren Weichtieren und Brachiopoden durch ihre Pracht auf. Der herzförmige Seeigel *Micraster* hatte winzige, filzige Stacheln, die aber bei den Fossilien fehlen. *Echinocorys* hat ungefähr die Form einer Bischofsmütze. Manchmal findet man diese Tiere im Flint, der beständiger ist als die weiche Kreide. Zu entdecken sind diese Seeigelfossilien dort, wo sie «ausgewittert» auf der Erde herumliegen, und sie gehören zu den wenigen Fossilien, die einen gewöhnlichen Namen erhalten haben – im Englischen heißen sie *shepherd's crowns*.

Kreide ist eine bemerkenswerte Ablagerung. Sie ist wahrscheinlich die verbreitetste Gesteinsformation. Sie ist typisch englisch, wie in den Weißen Klippen von Dover oder den Seven Sisters. Doch dieselbe Kreide (aus derselben Zeit) tritt an Bächen zutage, die die texanische Stadt Austin durchfließen, wo man, um ihrer ansichtig zu werden, am hinteren Ende von Grundstücken entlangwandern muß. Sie kommt desgleichen in Trockengebieten von Kasachstan und in Südfrankreich vor. Zu genau derselben Zeit, als die jüngsten, größten und phantastischsten Dinosaurier über die Ebenen des mittleren Westens schritten, füllte das warme und ausgeglichene Klima die Meere mit einem sanften, kalkigen Schlamm, aus dem schließlich Kreide werden sollte.

Kreide ist eine genauere Betrachtung wert. Wenn man ein Stück Kreide sanft mit einer alten Zahnbürste schrubbt und es sich dann unter einer starken Lupe oder einem schwachen Mikroskop anguckt, kann man winzige, nur ein bis zwei Millimeter große gekammerte Schalen sehen, die aus der Oberfläche herausragen. Dies sind die winzigen Schalen einzelliger Foraminiferen, von Protisten, deren Geschichte bis in die ersten Kapitel dieses Buches zurückreicht. Doch sind dies überwiegend neue, planktische Arten, die, aus einer Reihe von blasenartigen Kammern aufgebaut, zu Milliarden und Abermilliarden in den sonnendurchfluteten Wassern des Kreidemeeres schwebten. Ihre leblosen Schalen trugen bei zu dem reinen weißen Schlamm am

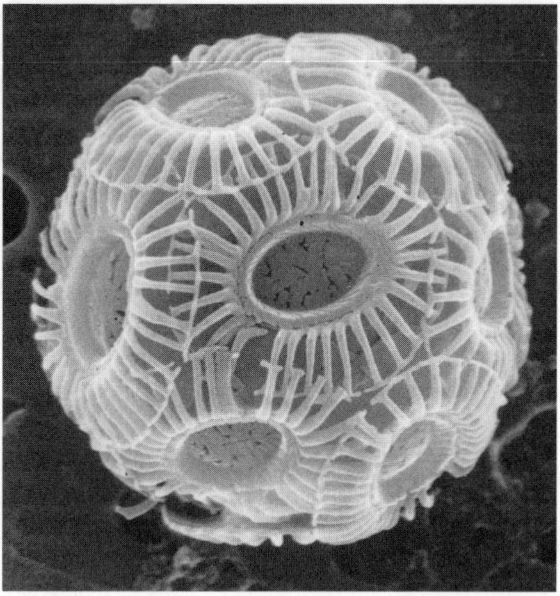

Emiliania huxleyi, ein rezenter Coccolithenträger mit dem Außenskelett aus Kalkplatten, im Elektronenmikroskop 10 000fach vergrößert

kreidezeitlichen Meeresboden. Beigemengt kann man feine Weichtierfragmente und sonstige Schalentrümmer finden. Aber schauen Sie noch genauer hin. Der Staub, den Sie abgebürstet haben, um die Foraminiferen freizulegen, kann unter einem sehr starken Mikroskop untersucht werden, vorzugsweise einem Rasterelektronenmikroskop. Dann entdecken Sie eine Größenordnung von Lebewesen, von der Sie sonst nichts bemerkt hätten. Der Staub selbst besteht fast ausschließlich aus Fossilien, winzigen Rosetten aus Kalziumkarbonatplatten mit regelmäßiger Anordnung, wie Räder mit zarten Speichen oder winzige Steinblumen, von denen rund hundert auf einen Stecknadelkopf passen würden. Es sind sogenannte Coccolithe. Es sind Überreste eines anderen einzelligen Organismus, einer planktischen «Alge». Die Coccolithe wurden in großer Zahl von der lebenden Zelle ausgeschieden. Es gibt keine kleineren Fossilien, und doch ist jedes auf seine Weise genau so organisiert wie *Supersaurus*. Diese unscheinbarsten Überreste verhalten sich zu den größten Dinosauriern wie die Erde zur Sonne. Die Kreide, darunter alle Klippen von Texas bis Dover, das Hügelland, aus dem große Teile Südenglands bestehen, die Senke, zu der das Pariser Becken gehört, das alles besteht aus Fossilien, deren Unmengen sich jeder Berechnung entziehen. Kreide mag wohl eines der häufigsten Gesteine sein, aber sie ist bestimmt eines der interessantesten.

Kreide von Käse unterscheiden zu können, war im Mittelalter einer der Tests, denen man Personen von zweifelhafter geistiger Gesundheit unterzog, um ihre Zurechnungsfähigkeit festzustellen. Hätten wir damals bekundet, Kreide sei ein Potpourri aus winzigen Tieren und kleineren Pflanzen, dem wie eine Rosine im Kuchen hin und wieder ein Seeigel beigemengt ist, hätte man uns mit weiteren Fragen verschont und uns gleich für verrückt erklärt. Die Gefahr, daß wir unser begrenztes Gesichtsfeld für etwas Selbstverständliches halten, ist groß. Was wir wissen, ist zum Teil, was wir sehen. Louis Pasteur kämpfte darum, daß man die Existenz von Mikroben anerkannte, die im 19. Jahrhundert nah an der Grenze der Sichtbarkeit lagen. Heute sind wir ein wenig enttäuscht, wenn Abbildungen von Viren etwas unscharf sind, so als hätten wir ein *Recht* darauf, alles zu sehen. Bilder, die von Sonden aus dem All zu uns zurückgeschickt werden, lassen die Spekulationen von Astronomen zu harten Fakten werden, Fakten allerdings, die in immer weiterer Ferne liegen. Die Mikroskopie hat im entgegengesetzten Bereich, der Erforschung des Kleinen und noch Kleineren, einen ähnlichen Effekt gehabt. Die moderne Mikroskopie hat uns gezeigt, was die Kreide wirklich ist, und sie ist mit gleichem Effekt auf den Käse angewandt worden, so daß wir nun wissen, daß beides Massen sind, die von Leben wimmeln. Die Veränderung unseres Bildes von früherem Leben in diesem kleinen Maßstab ist vermutlich noch tiefgreifender als die verschiedentlichen Änderungen in unserer Wahrnehmung des früheren Lebens der Dinosaurier, die ein Anlaß zu neuen Interpretationen und frischen Beobachtungen waren. Gewiß, das Elektronenmikroskop hat Einzelheiten von Dinosauriereierschalen sichtbar gemacht, die auf keine andere Weise zu erlangen sind. Die Verfahren, die es erlaubten, kleine Fossilien ebenso minutiös zu erforschen wie große, hatten jedoch weitreichende Implikationen, nicht zuletzt, weil kleine Fossilien in sehr großer Zahl zu beschaffen sind, so daß Statistiker ihre mathematischen Kenntnisse auf Veränderungen in ganzen Populationen anwenden können.

Sehen und Verstehen ist zweierlei. Einer der bemerkenswertesten Wissenschaftler, die ich kenne, ist vollkommen blind, «sieht» aber besser als die meisten. Professor G. J. Vermeij weiß Bescheid über Schalen. Er sieht sie mit seinen Fingern, erkennt ihre feinsten Details allein durch Betasten. Er kann Hunderte von Arten durch Berühren identifizieren, besitzt er doch ein übernatürliches Feingefühl für Ornament und Form, jene Merkmale, die das Auge nicht so gut zu erfassen vermag wie der Tastsinn. Er bedient sich der Augen von Hilfskräften, um sich wissenschaftliche Abhandlungen vorlesen zu lassen; sein Geist kommt also auch dorthin, wo seine Finger nicht hin können. Er vermag nicht nur zu erklären, wie sich eine Schale von der anderen unterscheidet, sondern auch, warum. Ihm fiel auf, daß sich im marinen Leben des Mesozoikums ein bedeutender Wandel vollzog, besonders während der Kreidezeit. In dieser Zeit dehnte sich das räuberische Verhalten aus. Neue Arten von räuberischen Schnecken tauchten auf, die mit ihrer zahnbesetzten Radula ein sehr effektives Mittel hatten, um Schalen zu durchbohren; Krebse und Hummer besaßen wuchtige Scheren, um Schalen direkt zu knacken – oder um den Deckel von Schneckenhäusern abzuziehen, um so an das saftige und verletztliche Fleisch heranzukommen; es erschienen moderne Arten von Seesternen, die imstande waren, recht ansehnliche Muscheln zu packen und aufzuhebeln, bevor sie sie mit ihrem ausgestülpten Magen auf grausige Weise verdauten. In jener Zeit diversifizierten sich auch die «Knochenfische» mit ihren unzähligen Arten, zu zupfen, zu beißen und zu wühlen.

Kurz, das Leben unter Wasser wurde gefährlicher als bisher. Vermeij erkannte, daß die Beutetiere die gesteigerte Vielfalt des Angriffs mit einer gesteigerten Vielfalt der Abwehr beantworteten. Es war fast wie ein Rüstungswettlauf, bei dem jeder raffinierte Vorstoß von einer entsprechend geschickten Parade abgefangen wurde. So entstand eine größere Mannigfaltigkeit des Lebens, denn Räuber und Beutetiere versuchten, einander zu überlisten. Manche Beutetiere entwickelten ganz dicke Schalen, durch die sie allen außer den hartnäckigsten Bohrern entgingen. Andere, besonders Muscheln, gruben sich immer tiefer in weiche Sedimente ein, während holz- und steinbohrende Muscheln sich wahrlich allen Angriffen entzogen (und für ihre speziellen Talente heute von Seeleuten und Bauingenieuren kräftig verflucht werden). Kammuscheln lernten, besser zu schwimmen, indem sie ihre Schalen wie lebende Kastagnetten aneinanderschlugen. Einige Schnecken entwickelten einen Außenpanzer mit langen Stacheln. Napfschnecken und Entenmuscheln besiedelten flache Ufergewässer, in die sich nur die hartnäckigsten Jäger wagen konnten und wo sie heute dafür sorgen, daß Badende mit empfindlichen Füßen sich ärgern und humpeln. Es gab auch stille Nutznießer, die aus den verschärften Konfrontationen anderwärts auf neue Art Nutzen zogen, so wie Waffenhändler und

Schwarzhändler am Rande menschlicher Konflikte profitieren. So entwickelten sich Einsiedlerkrebse, die die verlassenen Häuser verschiedener Schneckenarten (je dicker desto besser) beziehen konnten. Diese Krebse suchten sich dann dadurch zu verbergen und zu schützen, daß sie Seeanemonen auf ihren Rücken anpflanzten, was viele andere Tiere als ungebetene Gäste anzog, besonders Bryozoen (Moostierchen). Alle Seiten scheinen von der Beziehung profitiert zu haben. Es gibt felsige Tümpel, in denen jedes Schneckenhaus von einem Krustentier besetzt zu sein scheint, und die Konkurrenz um den Platz ist so scharf, daß ich einen Flaschenhals, der in einem solchen Tümpel gelandet war, auf gegliederten Beinen umherwanken sah – er war vorübergehend von einem verzweifelten Einsiedler besetzt worden. Wenn solche Beschreibungen menschliche Motive auf etwas übertragen, das, evolutionär gesehen, ein Kampf um Fortpflanzungserfolg ist, dann bin ich in diesem Fall geneigt, der militärischen Metapher den Vorzug zu geben. Im Grunde hat Professor Vermeij diese Behauptungen durch alle möglichen Experimente und Diagramme erhärtet, doch irgendwie läßt sich das Bild der Eskalation von Angriff und Verteidigung in der Kreidezeit am ehesten mit der Rüstungspolitik des Kalten Krieges verständlich machen, die viele von uns miterlebt haben: zur Wahrung des Gleichgewichts wurden ständig neue Methoden von Angriff und Verteidigung erfunden.

Ich ziehe hier keine moralische Schlußfolgerung – dies ist ein rein deskriptives Verfahren, das sich leicht abgewandelt auch auf die fortschreitende Größenzunahme von Beute- und Raubtieren unter den Dinosauriern übertragen ließe. Möglich sind ganz andere Arten von Interaktionen – und es gab sie auch, zur selben Zeit.

In der Kreidezeit wurden die Blütenpflanzen (Angiospermen) zu einem bedeutenden Teil der Flora. Was sich zwischen Insekten und Blütenpflanzen abspielt, läßt sich überzeugender und umfassender mit der reichen Komplexität menschlicher Beziehungen vergleichen. Zusammenarbeit und Aggression, Rivalität und Belohnung finden sich hier vermischt. Pflanzen kämpfen ständig gegen Insekten als Feinde, werben jedoch um Insekten als Bestäuber. Im Falle der Schmetterlinge sind beide Rollen in einer Art verknüpft: Aus der zerstörerischen Raupe wird die schöne Imago, die die Fortpflanzung der Pflanze unterstützt. Auch die Haßliebe, Grundlage so vieler Bühnenstücke, eignet sich als Metapher für die gemeinsame Entwicklung von Blütenpflanzen und Insekten, die miteinander verbunden sind durch eine wechselseitige Abhängigkeit, welche so bindend und ambivalent ist wie nur irgendeine von Tschechow erdachte Beziehung. Ich betreute einmal einen jungen Forscher, der drei Jahre lang untersuchte, wie Insekten durch Knabbern und Bohren Blätter verändern und dabei Spuren hinterlassen, die sich in Fossilien erhalten können. Er konnte zeigen, daß die Vielfalt solcher Angriffe auf Blätter in den Gesteinsserien der Kreidezeit und bis ins Tertiär hinein laufend zunahm. Manche der Reaktionen der Pflanzen waren zwar nicht zu *sehen*, aber daß darunter auch der Beginn der chemischen Kriegsführung war, ließ sich unschwer erschließen. Um sich der Übergriffe der Knabberer zu erwehren, wurden manche Pflanzen giftig, woraufhin spezialisierte Insekten eine Toleranz gegen die Gifte entwickelten. Bestimmte Insekten nahmen die Gifte sogar in den eigenen Körper auf, um für ihre eigenen Freßfeinde giftig zu werden, eine Art doppelter chemischer Bluff. Diesen Evolutionsweg haben vermutlich jene Raupen beschritten, die eine gelb-schwarze Warntracht tragen. Andere Pflanzen entwickelten fein behaarte Blätter, auf denen Insektenbeine keinen Halt fanden. Aromatische Öle verdanken ihre Entstehung diesem Konflikt. Wann immer wir Basilikum, Fenchel oder Bockshornklee verwenden, um unsere Küche zu beleben, oder Lavendel, um unserem Kopfkissenbezug einen angenehmen Duft zu verleihen, sollten wir an diesen Rüstungswettlauf zwischen Blatt und sechsbeinigen Schädlingen denken. Die Pracht der Blüten ist das genaue Gegenteil: das Ergebnis von Bemühungen, Insekten als Bestäuber *anzuziehen;* es entstanden honigsüße Belohnungen, höchst verlockender Nektar, gezuckerte Verstecke innerhalb der Blütentaschen und die tausend Düfte, die erotische Gedanken geweckt und Parfümiers reich gemacht haben.

Aus der Kreidezeit gibt es mehrere Arten fossiler Pollen – man gewinnt sie, indem man Gesteine in Säure auflöst –, die nur von Blütenpflanzen stammen können. Fossilien von kreidezeitlichen Blüten sind verständlicherweise selten, da diese ihrer Natur nach vergänglich sind, doch finden sich verbreitet Fossilien, die unzweideutig von Magnolienbäumen und strauchigen Verwandten der Mohnblume stammen. Deren Blüten sind einfach – nicht viel mehr als bunte Blätter, welche die Samenkapsel umgeben. Von diesem schlichten Ausgangspunkt leiten sich alle erdenklichen exotischen Blumen ab, von der Wachsorchidee oder dem nur in einer Nacht seine Blüte öffnenden Kaktus, der Königin der Nacht heißt, bis zu den vielköpfigen Doldengewächsen und den Gänseblümchen. Sie alle haben unterschiedliche Insekten verleitet, die Arbeit der Bestäubung zu leisten. Die einen lockten Bienen an, die anderen Nachfalter, wieder andere Schmetterlinge oder auch nur schlichte, unauffällige Fliegen. Seit der Kreidezeit haben Insekten und Blütenpflanzen sich zusammen in einer Art von gemeinsamem Tanz von ständig wachsender Komplexität entwickelt, auf den man den Ausdruck «Koevolution» angewandt hat. Dies ist ebenfalls eine Art von Eskalation, doch eine Eskalation nicht des Gegensatzes, sondern der wechselseitigen Abhängigkeit, da das Ende eine Blütenpflanze ist, die von einer Insektenart abhängt, und ein Insekt, das ohne seine spezielle Blütenpflanze kaum zu existieren vermag. Die komplizierten Vorrichtungen, mit deren Hilfe Orchideen die Bestäubung erwirkten, beschrieb Charles Darwin in *Die verschiedenen Einrichtungen, durch welche Orchideen von Insekten befruchtet werden* (2. Aufl. 1877). Die Listen, die diese Pflanzen anwenden, gehen so weit, daß ihre Blüten bestimmte Bienen- oder Wespenarten nachahmen, so daß ihre Befruchtung stattfinden kann, wenn das bestäubende Insekt einen zum Scheitern verurteilten Versuch macht, sich mit der Blume zu paaren. Bei anderen Blütenpflanzen kann die Länge der Kronröhre genau auf eine bestimmte Schmetterlingsart zugeschnitten sein. Das Nahrungsorgan des Tieres ändert sich im Einklang mit der Pflanze. Es kommt auch vor, daß ein geheimer Weg zum Nektar führt, den nur eine Bestäuberart knacken kann. Doch die Wirkung ist in all diesen Fällen dieselbe – und sie entspricht derjenigen, die durch eskalierende Interaktionen zwischen Räuber und Beute herbeigeführt wird: die herrliche Komplexität der biologischen Welt nimmt zu. Viele der für die Koevolution in Frage kommenden Insektengruppen sind durch Fossilien schon in der Kreidezeit, ja sogar schon in der Jurazeit belegt. Um es mit einem Wort zu sagen, das inzwischen so oft und auf so unterschiedliche Weise benutzt wurde, daß es gerade wegen seiner Nützlichkeit an Wert verloren hat: seit jener Zeit nahm die «Biodiversität» zu; nach dem Trauma des Aussterbens am Übergang vom Perm zur Trias wuchs die Vielfalt des Lebens. Ich denke mir, daß sich in einem stillen Winkel der Erde Interaktionen zwischen Insekten und Pflanzen vollzogen, die sich auf die Erhöhung der Artenvielfalt auswirkten, während gleichzeitig *Tyrannosaurus* seine bombastischen Auftritte hatte. Die Folgen dieser leisen Schritte zur Förderung der botanischen und entomologischen Vielfalt waren sehr wahrscheinlich von größerer Dauer.

Ich stelle mir gern vor, daß Charles Darwin über solche Wunder der Bestäubung nachdachte, wenn er allabendlich den Sandweg seines Anwesens Down House in der Grafschaft Kent entlangschritt, nicht sehr viele Meilen südlich von Piccadilly im Herzen Londons. Down House liegt inmitten einer kreidezeitlichen Kalklandschaft, und so hat es eine indirekte chronologische Beziehung zum Beginn des Bestäubungs-*pas de deux*. Man kann Darwins Weg in Down noch immer nachvollziehen. Es ist kein vornehmes Anwesen, kein imposantes Gebäude, sondern das Haus eines Landedelmanns, und es strahlt Gemütlichkeit aus. Die Einrichtung ist nur ein wenig abgenutzt. Man spürt, daß Charles Darwin wichtigere Dinge im Sinn hatte als einen leicht ausgefransten Teppich. Man kann Notizbücher und Schreibutensilien besichtigen, die aber nicht ganz so steif wirken wie manche der Gerätschaften, die in den Arbeitszimmern anderer großer Männer ausgestellt sind. Ich ertappte mich dabei, daß ich diese alltäglichen Gegenstände aufmerksam betrachtete, so als läge in ihnen der Zugang zu seinen außergewöhnlichen Erkenntnissen. Natürlich verraten sie nichts. Aber man kann sich ohne weiteres vorstellen, daß Down der Familiensitz eines der wenigen geistigen Riesen war, der auch von seiner Familie und seinen Freunden innig geliebt wurde. Er war weit genug von Piccadilly entfernt, um eine einwandfreie Entschuldigung zu haben, nicht an den Sitzungen der Linnean Society in Burlington House teilzunehmen, wenn er keine Lust dazu hatte – und das war oft der Fall (es ist viel darüber diskutiert worden, ob die Leiden, die ihn plagten, psychosomatischer Natur waren – oder eine Hinterlassenschaft seiner Zeit an Bord der *Beagle*, vielleicht ein Parasit, den er sich in Südamerika eingefangen hat). Er hatte eine Menge Zeit, um über Bestäubung, über Entenmuscheln oder Korallenriffe nachzudenken und seine ausgedehnte Korrespondenz zu pflegen. Die Aussicht von der Terrassentür über den Rasen in Down hat sich seit Darwins Zeit nicht sehr geändert. Die Eibe dürfte ein bißchen gewachsen sein, und ich habe den Verdacht, daß die Rabatten früher ordentlicher waren. Im moosdurchwachsenen Rasen sprießen im Herbst interessante Pilze. Man begreift unschwer, daß eine zögernde Feder sich in der ländlichen Stille leichter in Bewegung setzen konnte. Der Sandweg wurde um ein Gehölz am Ende des Gartens herumgeführt, Platz für einen maßvollen Verdauungsspaziergang, bei dem man über Einfälle nachdenken und an Äußerungen, die für die Presse bestimmt waren, feilen konnte. Der Besucher ist möglicherweise nicht darauf gefaßt, daß einige von Darwins Forschungen sich mit heimatlichen Dingen befaßten. In den Hekken, die die Feldwege der Umgebung säumen, winden sich noch immer Zaunrübe und Geißblatt, Stoff für seinen Essay über «Die Bewegungen und Lebensweise der kletternden Pflanzen». Auf einem nahegelegenen kalkigen Hang wachsen immer noch Orchideen, ganz wie zu Darwins Zeit, und dort konnte er die Bienenragwurz in aller Ruhe beobachten. Die Untersuchung über die Bedeutung von Würmern führte er ebenfalls in der engeren Umgebung durch. Einige seiner bedeutendsten Schlußfolgerungen zog er aus vergleichsweise bescheidenem Material: Finken statt Dinosauriern. Seine Überlegungen über die Entstehung der Arten veränderten unser Verständnis der natürlichen Welt und prägen meine Erzählung ebenso tiefgreifend wie die Grammatik einen Roman. Seine große vereinheitlichende Theorie umfaßte mit gleichem Wohlwollen das Ungeheure und das Unscheinbare.

10

Theorien vom Ende

Die Dinosaurier überlebten die Kreidezeit nicht, außer jenen, die sich in Vögel verwandelt hatten. Ihr Ende kam offenbar plötzlich. Und sie starben auch nicht allein.

Vor rund 65 Millionen Jahren, zwischen Kreidezeit und Tertiär, muß es eine Katastrophe gegeben haben. Es hatte früher schon Fälle massenhaften Aussterbens gegeben, doch dieser hat sich der Phantasie bemächtigt wie kein anderer. Der Tod der Riesenreptilien ist der Tod schlechthin und irgendwie zu einem Symbol der Gefährdetheit unserer eigenen Stellung in der Welt geworden. Wir müssen uns ändern und anpassen, sonst könnte es uns so ergehen wie den Dinosauriern – so jedenfalls will es das Klischee.

Jean-Anthelme Brillat-Savarin war der erste bedeutende französische Autor in Sachen Gastronomie. Seine *Physiologie des Geschmacks* (1825), ein Jahr vor seinem Tod erschienen, ist ein köstliches Soufflé von Anekdoten und Bemerkungen, die sich, allerdings exzentrisch, um die Herrlichkeiten der Feinschmeckerei drehen. Was er nebenbei über die Extravaganzen der menschlichen Natur äußert, ist genauso unterhaltsam und vermutlich ein wenig zutreffender als seine Bemerkungen über die Vergnügen der Tafel. Er glaubt uneingeschränkt, alles auf die Ernährung zurückführen zu können. «Sage mir, was du ißt, und ich sage dir, was du bist», lautet ein Aphorismus zu Beginn seines Werkes. Überrascht stößt man dann inmitten seiner philosophischen Betrachtungen auf einen Abschnitt über «das Ende der Welt»:

Unverwerfliche Denkmäler belehren uns, daß unser Erdball schon mehrere durchgreifende Veränderungen erfahren hat, deren eine jede der Welt Ende war, und ein geheimer Instinkt sagt uns, daß noch weitere Umwälzungen folgen werden. Schon wiederholt hat man den Augenblick dieser Umwälzungen nahe geglaubt, und es leben noch viele, die einst der Wasser-Komet des braven Jerôme Lalande in die Beichte trieb. Dem zufolge, was über diesen Punkt gesagt und geschrieben worden ist, scheint man durchaus geneigt, diese große Katastrophe als Ausstattungsstück mit Rachegeistern, Zerstörungsengeln, Posaunenbläsern und anderm nicht minder schrecklichem Zubehör zu betrachten. Du lieber Gott! es bedarf bei unserer Ausrottung gar nicht so vielen Spektakels: wir sind so viele Unkosten gar nicht werth, und wenn der Herr es will, kann er die Oberfläche des Erdballs ohne alle diese Zurüstungen verändern. Nehmen wir z. B. an, einer jener Irrsterne, deren Straße und Bestimmung niemand kennt, und deren Erscheinen stets einen traditionellen Schrecken verursacht hat: nehmen wir also an, ein Komet streife nahe genug an der Sonne vorüber, um eine überreichliche Menge Wärme aufzunehmen, und komme alsdann der Erde nahe genug, um sechs Monate lang eine allgemeine Temperatur von 60° R. (...) auf derselben zu erzeugen und zu erhalten. Nach Ablauf dieser unheilvollen Epoche wird alles thierische und pflanzliche Leben erstorben, jedes Geräusch verstummt sein, und lautlos wird die Erde durch den Weltraum rollen, bis andere Umstände neue Keime zur Entwicklung gebracht haben.

Diese erfrischende Litanei des Verderbens zeigt, daß die Vorstellung von einer aus dem «All» kommenden katastrophalen Veränderung eine lange Ahnenreihe hat. Brillat-Savarin verstand sich als einen Mann der rationalen Methode, ja sogar der Wissenschaft, und die von ihm formulierten Ideen wurden von einer vornehmen und relativ freigeistigen Gesellschaft in den Salons diskutiert. Er glaubte an «unverwerfliche Denkmäler». Man sollte das, was er vorhersieht, nicht zu wörtlich nehmen. Ihm könnte durchaus eine Umwälzung vorgeschwebt haben, war er doch während der Französischen Revolution gezwungen, Frankreich zu verlassen, und wir können sicher sein, daß seine diversen Enden der Welt nicht identisch waren mit den Fällen massenhaften Aussterbens, die der damals noch kaum katalogisierte Fossilbestand offenbarte. Er mag dabei an die Zyklen gedacht haben, die der bahnbrechende Paläontologe Alcide d'Orbigny in den Gesteinen der Pariser Umgebung erkannt hatte, getrennte, aufeinander folgende fossile Faunen, die später die Grundlage für die Zuordnung der Formationen in weiten Teilen Frankreichs abgaben; vielleicht auch an die Serien aufeinanderfolgender «Schöpfungen», die der große Anatom Baron Cuvier beschrieb, um die Aufeinanderfolge der von ihm studierten fossilen Säugetierfaunen zu erklären. Brillat-Savarins Ideen eines katastrophalen Aussterbens stützten sich nicht auf unanfechtbare Tatsachen, blieben aber sozusagen eine Zutat in der intellektuellen Küche. Schließlich sollte die Zeit kommen, da ein neues Rezept diese außerirdische Zutat in ein neues Gericht wissenschaftlicher Kochkunst einbeziehen würde, das den Gaumen Brillat-Savarins entzückt hätte.

Zunächst folgte jedoch eine lange Zwischenzeit der Geistesgeschichte, in der es unmodern war, Ereignisse der Erdgeschichte mit Katastrophen zu erklären. Der Triumph von Charles Lyells Aktualitätsprinzip gab der Geologie in den 1830er Jahren eine Methode, die Vergangenheit anhand von aktuellen Beobachtungen zu deuten; er reduzierte die Vergangenheit auf Chemie und Physik. Das Prinzip besagte in seiner einfachsten Formulierung, daß in der Vergangenheit dieselben physikalischen Vorgänge wirksam waren wie heute, wobei Zeit und Geschehen sich in ungebrochener Kontinuität gleichförmig bis zu den Anfängen der Welt erstrecken. Das Wirken eines Stroms im Devon ließ sich folglich herleiten, wenn man einen entsprechenden Fluß in der Gegenwart beobachtete; erloschene Vulkane hatten ihre donnernden Pendants im Ätna oder den Azoren. Die Katastrophendeutung, nach der Fossilien ein handgreiflicher Beweis für die Sintflut waren, wurde ins Reich des Mythos und der Phantasie verwiesen. «Im Anfangsstadium unserer Wissenschaft», formulierte Lyell knapp, «sind wir nicht berechtigt, auf außergewöhnliche Faktoren zurückzugreifen.» Der Aktualismus behauptete sich im 19. und in den ersten Jahrzehnten des 20. Jahrhunderts. Warum sollte man sich auch auf etwas Außergewöhnliches berufen, wo doch Phänomene, die man ohne weiteres beobachten konnte, so vieles so befriedigend erklärten?

Wegweisend war Lyell auch für Charles Darwin, dem er für seine Entwicklung als Wissenschaftler nicht nur den großzügigen Zeitmaßstab bereitstellte, den Arten für ihre Ausbreitung brauchen, sondern auch die Idee, daß man den *Prozeß* der Artenbildung beobachten kann, indem man die gegenwärtig existierende Welt untersucht. Darwin zögerte zunächst, Lyells Prinzipien streng anzuwenden, aber er hätte wohl kaum so zuversichtlich den Gedankensprung von seinen Beobachtungen von Finken auf den Galapagos-Inseln zu Theorien über die Entstehung *aller* Arten getan, wäre er nicht inzwischen ganz von dieser Denkweise durchdrungen gewesen; tatsächlich sind all seine Schriften von ihr erfüllt. Die Welt und ihre lange Geschichte waren somit erklärbar mit dem An- und Abschwellen von Prozessen, die noch immer am Werk waren, natürlich mit wechselndem Tempo, aber doch im Prinzip gleichbleibend. Die Evolution selbst war ein sich entfaltender, von der natürlichen Auslese angestoßener Prozeß, der durch das Zusammenwirken von Konkurrenz und Vererbung Folgen zeitigte, die fast durchweg als «Verbesserungen» bezeichnet wurden. Diese Idee hat sich bis heute unter uns erhalten, als Sozialdarwinismus in der einen oder anderen Form, darunter auch durch faschistische Mißdeutungen entstandene Verunstaltungen mit schrecklichen rassistischen Folgen. Der Denkansatz als solcher bleibt jedoch ungeachtet dieser Verirrungen sehr ansprechend für alle, die strenge und klare logische Zusämmenhänge schätzen. Katastrophen geben Anlaß zu Panik und Verwirrung, werfen Gesetzmäßigkeiten über den Haufen, und es kann von rätselhaftem Zufall oder verborgener Tugend abhängen, ob man sie überlebt. Jede Katastrophe ist möglicherweise ein Fall für sich. Es wird kaum möglich sein, eine Exkursion durchzuführen, um eine aktuelle Katastrophe zu untersuchen und sie mit einer anderen zu vergleichen, die vor langer Zeit stattgefunden haben soll. Schlimmer ist, daß man sich, wenn Katastrophen einmal als Erklärung zugelassen wurden, jederzeit auf eine berufen kann, wenn in der steinernen Überlieferung eine unerklärliche Änderung zutage tritt. Irgendwelche Probleme? Eine Katastrophe wird's richten! Solche Ad-hoc-Erklärungen sind all jenen ein Greuel, die in der wissenschaftlichen und philosophischen Strenge von Karl Popper und Ernst Nagel erzogen wurden. Wissenschaftler ziehen keine Ad-hoc-Erklärungen aus der Tasche, so wie ein Zauberer Kaninchen aus dem Zylinder hervorzieht – das gilt als unschicklich.

Gleichwohl hat sich eine Tradition der Erklärung durch katastrophale, außerirdische Vorgänge bis ins 20. Jahrhundert erhalten, auch wenn sie Ansehen zumeist auf der verkehrten Seite der intellektuellen Scheidelinie genoß. Mit den Kometen haben wir schon Bekanntschaft gemacht. Sie sind sie auffälligsten und regelmäßigsten außerirdischen Besucher. Sie haben im Rahmen der geologischen Erklärung eine anrüchige Vorgeschichte. Immanuel Velikovsky benutzte in den fünfziger Jahren ihre verheerende Einwirkung zur Erklärung von fast allem: dem Auftürmen von Gebirgen und dem Zerreißen von Kontinenten, dem Aufkommen von Hochwasser ebenso wie der Entstehung von Mythen. Die Sintflut zum Beispiel soll eine Stammesüberlieferung von einem solchen Besuch sein. Velikovskys Bücher – *Welten im Zusammenstoß, Erde im Aufruhr* – sind mit Sensationen gespickte Führer in eine Welt wirbelnder und rutschender Felsmassen und bebender Stämme, die vor flammenden Himmelskörpern flüchten; Meere von Blut und Froschplagen – nichts, was nicht zum Beweis der astronomischen Theorie dienen könnte. Es war sehr lustig, nicht zuletzt, weil es demonstrierte, wie akademische Eigenbrötelei zur Unterstützung hochtönender Theorien herangezogen werden kann. Wie schon oben beschrieben, benutzte Fred Hoyle zwanzig Jahre später Kometen, um die Erde mit Virusplagen heimzusuchen – nicht zuletzt, um die Dinosaurier auszurotten. Mehrere Professoren mit universitären Stellungen konnten nach wie vor außerirdische Einflüsse ins Feld führen: Dr. Trechmann behauptete, die Anziehungskraft des Mondes könne Berge wachsen lassen. Professor Otto Schindewolf von der Universität Tübingen bemerkte den Kontrast zwischen massenhaftem Aussterben und einer normalen Rate des Artenverlustes. In einem 1962 veröffentlichten Artikel mit dem provozierenden Titel «Neokatastrophismus?» erklärte er, das große Aussterben im Perm habe möglicherweise eine außerirdische Ursache gehabt, auch weil er keinen irdischen Faktor ausmachen konnte, der einen solchen Schaden hätte anrichten können. Damals ignorierte man ihn. Seltsamerweise schreibt man jetzt praktisch ihm allein die Vaterschaft an der neuen Katastrophentheorie zu, nach der das Schicksal der Erde wieder einmal in den Sternen steht. Aber er war ja schließlich ein echter Wissenschaftler, und so gilt sein Rückfall als verzeihlich. Zuzugeben, daß einer der anderen Renegaten vage recht gehabt haben könnte, hieße, seltsame Käuze als Kollegen anzuerkennen, und das könnte ein ungünstiges Licht auf die angebliche Neuheit von neuen Beobachtungen werfen. Das kann man auf keinen Fall zulassen.

Beweisstücke, also harte Fakten, müssen aus dem Boden geborgen werden, Gesteinsschicht um Gesteinsschicht, um herauszufinden, was am Ende der Kreidezeit geschah. Es gibt jedoch Probleme. In vielen Aufschlüssen weist die Fossildokumentation genau zur Zeit des Aussterbens eine Lücke auf; man sieht die Welt vorher und nachher, aber nicht die entscheidenden Zeiten. Es ist, als wären ein paar Bilder eines Krimis abhanden gekommen; in einem Moment lebt das Opfer noch, im nächsten ist es tot, aber die entscheidenden Bilder, auf denen der Täter und die Mordwaffe zu sehen wären, sind verschwunden. Die nüchterne Überlegung sagt einem, daß vollständige Aufschlüsse am ehesten an Orten zu erwarten sind, die einst von tiefem Meer bedeckt waren, weit entfernt von allen Dramen, die sich möglicherweise zu Lande abspielten. Hier wird man verständlicherweise keine direkten Beweise für das Hinscheiden der Riesenreptilien finden, und so muß man die Chronologie an den Veränderungen ablesen, die sich während dieses Zeitraums an marinen Tieren und Pflanzen vollzogen. Welche Erklärung man auch findet, sie muß alle Veränderungen einbeziehen, die im Meer wie auch die zu Lande. Als Erklärungen für das Hinscheiden der großen Reptilien, von denen mein früherer Kollege Alan Charig mehrere Dutzend zusammengetragen hat, wurden so ausgefallene Dinge angeführt wie Tod durch Verstopfung (wegen Veränderungen in der Pflanzenwelt). Das kann sich kaum auf winzige Foraminiferen im offenen Meer ausgewirkt haben, die in derselben Zeit ebenfalls drastisch zurückgingen. Auch läßt sich das totale Aussterben der Ammoniten, das eine glanzvolle Geschichte von mehreren hundert Millionen Jahren zu Ende brachte, nicht auf eine Dürre zu Lande zurückführen, wie sie Walt Disneys *Fantasia* schildert. Für die Zeit des Aussterbens hat sich die Bezeichnung K/T-Grenze eingebürgert; K steht hier für Kreidezeit, T für Tertiär. Das Problem des Aussterbens könnte man auch so formulieren: *Was K/T tat.*

Begeben wir uns nach Gubbio in Mittelitalien, um die ideale marine Schichtung zu finden. Die Sedimentgesteine, jetzt hochliegend als Teil des Apennins, der das Rückgrat Italiens bildet, entstanden einst unter einem relativ tiefen Meer, wo sie sich verfestigten. Bei der Bildung des heutigen Mittelmeerraums gelangten die Tiefen an die Oberfläche, und diese Berge wurden bei einer von mehreren Zuckungen tektonischer Platten aufgeworfen, deren letztes Überbleibsel die heißen Quellen sind, die diesen Gebirgszug säumen. Stellenweise wurden die Gesteine steil nach oben gekippt. Man verläßt die alte Stadt Gubbio durch das mittelalterliche Metauro-Tor. Die Straße windet sich nordwärts die Hügel empor, und wenn man zurückblickt, verblassen allmählich die roten Dachziegel und die Zypressen, die wie dunkle Flammen aufragen, und die Schlucht, der die Straße folgt, zeigt bald sehr viel nacktes Gestein, nur selten aufgelockert durch die für Kalkgegenden typische spärliche Vegetation. Wir befinden uns im Bottaccione-Tal. Kalkbänke bilden Klippen, die die kurvenreiche Straße säumen; die steileren Hänge wurden stellenweise durch Netze gesichert (worüber die Geologen fluchen, weil dadurch der Zugang zum Gestein erschwert wird). Nach Norden hin fallen die Gesteine regelmäßig in der Weise ein, daß sie längs der Straße immer jünger werden und die Geschichte der späten Kreidezeit und dessen, was dann folgte, wunderbar zeigen. Hin und wieder sieht man neben der Straße ein Blumengebinde liegen, eine Erinnerung an jemanden, der zu schnell in die Kurve ging. Es ist nicht ratsam, am Straßenrand geologische Studien zu betreiben. Einen Kilometer außerhalb der Stadt stößt man auf eine Serie von Kalkschichten in einem warmen Rosa, die recht steil einfallen. Dies ist die Scaglia Rossa-Formation. Sie gehört zu jenem Aufschluß, den man auf Beweise für das massenhafte Aussterben untersuchen muß, denn er enthält Leitfossilien der ausgehenden Kreidezeit und des beginnenden Tertiär (Paleozän). Die Kalksteine bilden einigermaßen regelmäßige Schichten, die bis zu einem Fuß mächtig und gelegentlich weicher und mergelig sind, unterbrochen von Schichten harten Kieselschiefers – Silex –, der Fossilien von Radiolarien enthält. Man sieht mehrere hundert Meter solcher Gesteine, und sie sind, ehrlich gesagt, ziemlich langweilig. Das ist erfreulich! Ein Hauch von Langeweile ist genau das, was auf eine ununterbrochene geologische Überlieferung über einige Millionen Jahre hindeutet, in denen gewaltige ebenso wie unscheinbare Tiere gestorben sind, denn er beweist, daß sich, was immer auch in der weiten Welt geschah, zumindest hier über längere Zeit regelmäßig Sediment abgesetzt hat. Beim Graben muß man äußerst methodisch vorgehen und Schicht für Schicht abklopfen. Viele der winzigen Fossilien können Geschichten über das Los ganzer Ökosysteme erzählen. Um die mühselige Routine zu unterbrechen, kann man im Ristorante Bottaccione einkehren, doch muß selbst der großmütigste Liebhaber italienischer Kochkunst leider einräumen, daß ein Besuch enttäuschend ist. Der Rotwein ist jedoch gut und kommt der Farbe der Scaglia Rossa ziemlich nahe. Manchmal ist es verlockend, länger bei Überlegungen zu verweilen, was da draußen liegen mag, als in der heißen Nachmittagssonne auf den harten Steinen herumzuklopfen.

Was in den Steinen verborgen liegt, erweist sich allerdings als ausgesprochen interessant. Die in Gubbio gefundene Abfolge hat sich in mehreren anderen Aufschlüssen an verschiedensten Orten wie Mexiko, der Antarktis und Tunesien bestätigt, woraus man schließen kann, daß sie global war. Als erstes fällt der abrupte Wechsel von der Kreidezeit zum Tertiär auf. Es gibt nur wenige große oder kleine Arten von Fossilien, die die K/T-Grenze problemlos passieren. Die Ammoniten verschwinden auf Nimmerwiedersehen, und auch andere marine Tiere sterben aus, wenn auch nicht ihre ganze Familie verschwindet. Der Wechsel ist so abrupt, daß man seinen Finger genau auf die Grenze legen kann; in Gubbio besteht sie in einer dünnen, gerade mal einen Zentimeter dicken Tonschicht – äußerlich nichts Bemerkenswertes. Eine Tonschicht fand man auch in den anderen Profilen an genau derselben Stelle. Wahrscheinlich ist der Wechsel, was immer seine Ursache war, schnell abgelaufen – wie schnell genau, war Anlaß zu erheblichen Streitereien, auf die wir noch eingehen werden. Auf die Tonschicht folgt eine Lage von Schichten, in denen wir eine überwiegend aus Mikrofossilien bestehende, verarmte Fauna finden. Einige der wenigen Arten sind «Überbleibsel» aus der Kreidezeit, einige sind seltsame, anscheinend nirgendwo sonst vorkommende Formen, und eine oder zwei Arten sind Vorboten der Zukunft. Auf das K/T-Ereignis, worin es auch immer bestanden haben mag, folgte jedenfalls eine eigentümliche, verminderte marine Lebenswelt. Geht man in dem Aufschluß nur ein paar Meter höher, haben sich schon einige der Tiere etabliert, die für die Meere des Tertiärs typisch werden sollten; die Krise war vorüber, und die Welt hatte sich unwiderruflich verändert. Die außerirdische Störung kehrte in die Erklärungen zurück, und in der K/T-Kontroverse tauchte erstmals ein ernstzunehmender (und mittlerweile maßgeblicher) Faktor auf, der freilich so subtil war, daß die Geologen ihn draußen nicht wahrnahmen. Er steckte verborgen in der ungewöhnlichen, dünnen Tonschicht.

Für die Entdeckung war eine sonderbare Verbindung von Technik und Einbildungskraft verantwortlich. Zunächst zur Technik. Es gibt exakte Methoden zur Messung der Mengen chemischer Elemente in Gesteinen. Sie beruhen auf den unterschiedlichen Atomgewichten. Bis vor relativ kurzer Zeit war es nicht möglich, das Vorkommen von sehr seltenen Elementen genau zu messen. Heute sind Mengenangaben in Parts per Billion nicht unüblich. Als Walter Alvarez das Profil von Gubbio Ende der siebziger Jahre nach dem Spurenelement Iridium untersuchte, war er nicht auf der Suche nach der Ursache des massenhaften Aussterbens. Auch er klopfte das Profil Schicht für Schicht ab, aber ihm ging es nicht um Fossilien. Die Überraschung kam bei der Analyse der dünnen Tonschicht an der K/T-Grenze. Gegenüber dem Rest des Profils lag in dieser einen dünnen Schicht eine enorm erhöhte Konzentration von Iridium vor – damals war sie, beispiellos für ein Sedimentgestein, fast zehnmal so hoch wie in den Gesteinen darunter. Walter Alvarez wandte sich um Rat an seinen Vater Luis, der als Astronom an der Universität von Kalifornien mit dem Nobelpreis ausgezeichnet wurde. An der Erdoberfläche ist Iridium relativ selten, doch in Meteoriten kommt es vergleichsweise häufig vor. Es war sogar schon vorher ermittelt worden, daß das auf den Meeresboden gelangende Iridium überwiegend aus Meteoritenstaub stammt. Die phantasievolle Schlußfolgerung wirkte überraschend und doch naheliegend, zumindest für ihre Verfechter: Genau zur Zeit des K/T-Aussterbens muß es einen massiven Zufluß von Meteoritenmaterial gegeben haben. Das eine direkt mit dem anderen zu verbinden, war für die Logik nur noch ein kleiner Schritt, wenn auch ein großer Sprung für ihre Implikationen. Das K/T-Aussterben, das kleine und große Tiere zu Lande und im Meer gleichermaßen betraf, war eine Katastrophe, hervorgerufen durch den Einschlag eines massiven Meteoriten; das bedeutete Tod, weltweiten Tod, durch ein plötzlich von außen hereingebrochenes Unheil.

Vielleicht lag es daran, daß Luis Alvarez weder Geologe noch Paläontologe war, wenn ihm dies als eine plausible und zugleich «natürliche» Erklärung erschien. Er rechnete vermutlich nicht damit, daß sie Aufsehen erregen könnte, weil sie gegen eine stillschweigende Annahme verstieß, die in der Geologengemeinde galt: keine Katastrophen zur Erklärung heranzuziehen. Der wissenschaftliche Aufsatz, der die Neuigkeit bekanntmachte, erschien 1980 in der amerikanischen Zeitschrift *Science*, gemeinsam verfaßt von Alvarez Vater und Sohn, wobei Luis als erster Autor genannt wurde, mit F. Asaro und H. V. Michel als technischen Mitarbeitern, unter dem kühnen Titel *Extraterrestrial Cause for the Cretaceous – Tertiary Extinction*. Der Weg des Artikels zur Veröffentlichung war etwas steinig. Einer seiner Gutachter – deren Aufgabe ist es, einen Artikel daraufhin zu prüfen, ob er die Veröffentlichung wert ist – war der renommierte Chicagoer Paläobiologe David Raup. Viele Artikel sind schon auf Weisung eines ablehnenden Gutachters im Papierkorb gelandet (ich gestehe zu meinem Bedauern, daß es mir auch so ergangen ist). Raup berichtet in seinem Buch *Der schwarze Stern: wie die Saurier starben; der Streit um die Nemesis-Hypothese*, daß er damals erhebliche Vorbehalte gegen die Arbeit hatte, und ich darf wohl behaupten, daß, wären ähnliche Zweifel an einer Arbeit von mir (statt an einer, deren Hauptautor Nobelpreisträger war) geäußert worden, diese wie ein literarischer Meteorit Richtung Papierkorb gestürzt wäre, ohne den Redakteuren großes Kopfzerbrechen zu bereiten. So wurde sie mit einigen Abänderungen veröffentlicht, und rasch gewann sie mehr Aufmerksamkeit in gebildeten Kreisen, als Otto Schindewolf sie je genossen hatte, ganz zu schweigen von seinen eher anrüchigen katastrophistischen Gesinnungsgenossen. Nicht alle Zweifler wurden zufriedengestellt, doch ungeachtet ihrer Einwendungen wurde das Schicksal der Erde ein weiteres Mal mit den Sternen verknüpft, aus denen der Planet hervorgegangen war: Überbleibsel der Schöpfung, mit der meine Geschichte begann, tobten sich auf einer älter und unendlich viel fruchtbarer gewordenen Erde aus.

Meteoriten fallen ständig auf die Erde, und die meisten verglühen als Sternschnuppen in der Atmosphäre. Einige kommen durch bis zum Boden, und ganz selten dringt ein wirklich großer Meteorit durch und richtet große Zerstörung an. Sie hinterlassen Krater, auch wenn ihre Masse zu nichts zerstäubt. In Museen werden jedoch berühmte Exemplare von großen, mehrere Tonnen schweren Meteoritenfragmenten aufbewahrt. Die Inuit im Norden Grönlands wußten von reinen Nikkel-Eisen-Meteoriten, aus denen sie Messer formten, direkt, durch Kaltbearbeitung. Diese Messer wurden zu geschätzten Tauschobjekten. Es gab mehrere Meteoriten dieser Art, und vermutlich stammten sie alle von einem einzigen Riesenmeteoriten, der vor mehreren Jahrtausenden einschlug, denn man konnte ermitteln, daß sie sich als Fragmente genau längs einer bestimmten Flugbahn verteilten. Wären sie nicht im hohen Norden gelandet, hätten sie größere Katastrophen verursacht. Ein riesiges Fragment wurde 1936 entdeckt und per Schlitten und Schiff mühsam nach Kopenhagen gebracht, wo man es noch immer studieren kann. Diese Geschichte inspirierte den Schriftsteller Peter Høg zu einem vielbewunderten Roman über Grönland, *Fräulein Smillas Gespür für Schnee*. Was die Dinosaurier und unzählige andere Arten umbrachte, war nicht Brillat-Savarins «Wasser-Komet», sondern einer dieser ganz, ganz seltenen riesigen Boliden; sein Durchmesser wurde von Alvarez auf etwa neun Kilometer geschätzt. Wie passend, daß die größten zoologischen Giganten von einem anderen, freilich mineralischen Giganten gefällt wurden! Als die gewaltige Masse einschlug, hat Iridium sich vermutlich um die ganze Welt verbreitet; man müßte seine Signatur in anderen, vollständigen Aufschlüssen finden, welche sich über die kritische Zeitspanne erstrecken, gleichgültig, ob diese sich während der Kreidezeit an der Erdoberfläche oder unter dem Meer befanden. Was die Todesursache angeht, so haben wohl große Staubwolken, die durch den Einschlag aufgewirbelt wurden, die Sonne verdunkelt. Das Blatt verdorrte an der Rebe. Das Phytoplankton des Meeres ging zugrunde, womit die Nahrungskette zerstört wurde. Tiefe Dunkelheit lag über der Erde. Wie W. B. Yeats in einem anderen Zusammenhang schrieb:

> Ein Brand oder Atem, der loht,
> Vernichtet zum Schluß
> All diese Gegenspiele
> Von Tag und Nacht ...

Doch dies sollte eine Nacht sein, die nicht verging. Ihrer Laubnahrung beraubt, verhungerten die riesigen herbivoren Dinosaurier und gingen zugrunde, und kurz darauf folgten ihnen ihre kolossalen Freßfeinde. Durch Nahrungsmangel unter den Status seines geringsten Untertans gedrückt, sollte *Tyrannosaurus* nicht länger *rex* sein. Allein der Temperatursturz sollte für Millionen von Arten das Ende bedeuten. Das Grauen jener Zeit steigern manche Autoren dadurch, daß sie sintflutartig Schwefelsäure herabregnen lassen. Andere finden Anhaltspunkte für gewaltige Flutwellen, Tsunamis, ausgelöst durch den größten Kiesel, der je in den Teich des Ozeans fiel, und für verheerende Feuer, die durch die ungeminderte Nacht rasten und die Dunkelheit durch Rauch verstärkten. Es war ein düsterer Alptraum, durch den erblindete, kalte, verwirrte Dinosaurier wankten, bis sie sich nicht mehr regten. Die Welt hatte sich, nach geologischen Maßstäben, im Handumdrehen verändert. Könnte ein von Cecil B. De Mille genehmigtes Drehbuch dramatischer sein? Würden sich die Stifte von Walt Disneys Topzeichnern nicht frustiert gegen das Bemühen sträuben, ein solches Chaos der Zerstörung filmisch darzustellen?

Solche romantischen Übertreibungen sind nicht Sache der Wissenschaft. Die Konvention, Sachverhalte leidenschaftslos darzustellen, soll selbst noch die folgenschwersten Ereignisse ihres dramatischen Charakters entkleiden. Was die K/T-Frage angeht, so wurden die meisten Emotionen in den Hinterzimmern des Konferenzgebäudes verausgabt, wovon allerdings nur eine ganz schwache Andeutung in die keimfrei gemachten Seiten der wissenschaftlichen Literatur durchsickert. Viele waren von dem soeben beschriebenen Szenario des Aussterbens regelrecht benebelt.

Wenn eine Debatte in ein entscheidendes Stadium tritt und einer der Beteiligten über hinreichend Einfluß verfügt, um Gelder lockerzumachen, besteht die übliche Reaktion darin, eine Konferenz einzuberufen. So geschah es, daß im Oktober 1981 in Snowbird, Utah, eine Konferenz unter dem Titel «Geologische Folgen des Einschlags großer Asteroiden und Kometen auf der Erde» zusammentrat.

Wissenschaftliche Konferenzen, so eine verbreitete Ansicht, sind Foren des geistigen Austauschs, auf denen gleichgesinnte Kollegen freimütig Informationen austauschen, allein von uneigennütziger Wahrheitsliebe getrieben. Der Erkenntnisfortschritt wird in Gang gehalten durch Enthusiasmus und vorangetrieben durch optimistische Begeisterung für neue Ideen. Rätselhaft, wie sich eine solche platonische Idealvorstellung durchsetzen konnte. Vielleicht schreiben über diese Dinge nur Topwissenschaftler, Nobelpreisträger und dergleichen, die sich entweder unaufrichtig oder im rosigen Licht des Alters ihrer einstigen Triumphe erinnern. Für die Mehrzahl der normalen Wissenschaftler ist eine Konferenz mit Gefahren und Frustrationen verbunden und eine mindestens so aggressive Veranstaltung wie jede beliebige Versammlung von Handelsvertretern. Die lange, lange Leiter der akademischen Welt kennt wenige Beförderungen. Scharfäugige Rivalen stürzen sich schadenfroh auf jede Ungeschicklichkeit, besonders darauf achtend, daß der gute alte Soundso seine besten Zeiten hinter sich hat und leider nicht mehr dem Maßstab seiner bahnbrechenden Untersuchung von 1976 genügt. Es gilt die Regel, der zukunftsweisenden Arbeit eines jener Wissenschaftler zu huldigen, die, an einer Hand abzählbar, eine gesicherte Stellung an der Spitze des jeweiligen Baumes einnehmen, Forschungsmittel bewilligen, Gutachten ausstellen und somit über große Macht verfügen. Der ideale Forschungsbericht beweist, daß eine Idee, die von einem dieser Leute stammt, auf einen neuen Sachverhalt – sei es das Präkambrium, sei es der hohe Himalaya – anwendbar ist, womit der Sprecher demonstriert, daß er auf dem allerneuesten Stand ist, und gleichzeitig bestätigt, daß die Idee des von ihm erwählten Mentors brillant ist. Taucht eine neue Idee auf, von der man glaubt, sie könne mit Forschungsgeldern und Aufstiegschancen verbunden sein, erwacht ein erstaunlicher Jagdinstinkt, der ihr rings um die Welt in neuen Situationen nachsetzt. Die Iridium-Anomalie an dem Übergang von Kreidezeit zu Tertiär in Gubbio war kaum entdeckt, da erschienen schon Aufsätze, die ihre Existenz in fast einem Dutzend weiterer Aufschlüsse bestätigten – wichtig ist, seinen Namen mit einer Idee zu verknüpfen, solange sie noch «heiß» ist. Selbst der Empfang, der zu jeder Konferenz gehört, ist noch eine Art Basar, auf dem die Ehrgeizigen verzweifelt herumirren, um die neuesten Ideen aufzuschnappen. Bündnisse werden geschmiedet, Treuegelöbnisse abgelegt.

Der Philosoph Paul Feyerabend hat gezeigt, daß eine grausame Mischung aus Ehrgeiz, Konkurrenz und echter Gehirnakrobatik den wissenschaftlichen Fortschritt vorantreibt. Der Wunsch, der erste zu sein, das andere Team zu schlagen, von der Verbindung mit einem berühmten Namen zu profitieren – das alles trägt zum Erkenntnisfortschritt bei. Die Meteoritentheorie des Dinosauriersterbens konnte sich von Anfang an mit einem berühmten Namen schmücken. Der Nobelpreisträger Luis Alvarez war sich seines Ranges bewußt. Es kommt nicht oft vor, daß so berühmte und so kluge Leute sich mit etwas so Prosaischem wie der Geschichte abgeben. Einige Sprecher auf der Snowbird-Konferenz zeigten, daß es mehrere Aufschlüsse gibt, für die sich der Beweis eines Meteoriteneinschlags möglicherweise beibringen lasse, während andere zu beweisen versuchten, daß die behaupteten tödlichen Folgen wissenschaftlich plausibel seien. Nach dieser Konferenz war die Einschlagshypothese auf dem Weg, auch wenn David Raup behauptet, ihre Anhänger seien noch in der Minderheit gewesen. Die Paläontologen sind es gewohnt, in der Wissenschaftsfamilie im Vergleich zu den Physikern und Mathematikern als arme Verwandte zu gelten, wie die obskuren Vettern, die nur zu Weihnachten und zu Ostern ins große Haus geladen werden. Doch auf einmal ergab sich die Chance, am Kopf der Tafel zu sitzen! Alle wollten wissen, was von der neuen Idee zu halten sei. Wer Profile mit kontinuierlichen Gesteinsablagerungen an der Verbindungsstelle von Kreidezeit und Tertiär kannte, untersuchte sie erneut auf mögliche Einschläge hin (und nicht immer mit positivem Ergebnis, wie man sagen muß). Was man vorher als eine geringfügige Änderung in einem gleichförmigen Kreidefelsen betrachtet hatte, die die Grenze zwischen zwei geologischen Epochen markierte, wurde auf einmal als das gesehen, was es möglicherweise gewesen war: das Aufblitzen eines gewaltigen, verfinsternden Ereignisses, das die Welt für immer veränderte. Die Aufregung war außergewöhnlich. Beweise für die Meteoritentheorie ließen sich aus aller Welt abrufen, denn ein Profil nach dem anderen zeigte eine Iridium-Anomalie. In der Umgebung von Hörsälen bürgerte sich der Terminus «Meteoriteneinschlag» ein, und man äußerte ihn mit lässiger Vertrautheit, während man in den Pausen zwischen zwei Vorträgen seinen Capuccino schlürfte. Stellen und Gelder schienen sich in dieser aufgeregten Situation plötzlich aufzutun wie Klöße in einer Suppe. Winzige Foraminiferen konnten in beträchtlicher Zahl aus Gesteinsschichten geborgen werden, die sich während der Zeit des fraglichen Ereignisses unter dem Meeresspiegel gebildet hatten; aus Veränderungen ihrer Häufigkeit und der Muster ihres Aussterbens ließe sich vielleicht ein Chronometer der Katastrophe gewinnen, eine Geschichtsschreibung, die sehr viel genauer wäre, als wenn man sich allein auf das Studium von raren Dinosaurierknochen beschränkte. Die Messung von Sauerstoffisotopen aus ihren Schalen zeigte, daß das Meer nach dem Einschlag eine geringe Produktivität besessen hatte. Diejenigen, die über diese winzigen Einzeller Bescheid wußten und bislang relativ unbekannt gewesen waren, gerieten auf einmal ins Licht der internationalen Öffentlichkeit. *Science* und *Nature* druckten bereitwillig ihre Artikel, Astrophysiker und Geochemiker hörten sich respektvoll ihre Meinung an. Es war eine berauschende Erfahrung, und welcher Paläontologe wäre nicht von der Aussicht begeistert, einem derart zentralen Ereignis in der Geschichte der Erde eine neue Deutung zu geben?

Es kam aber noch besser. Alsbald bildete sich eine skeptische Richtung heraus, die die im Gestein sichtbaren Effekte anders als mit dem Einschlag von Boliden erklären zu können glaubte und sogar der Ansicht war, der Aufschluß spreche gegen einen Einschlag. Das schmiedete die Verfechter der neuen Ideen zusammen – gegen ihre Feinde! Damit war alles beisammen, was man für eine lebhafte Kontroverse brauchte: eine vollkommen neue Interpretation, angegriffen von einer Phalanx von verkalkten Kerlen und Traditionalisten. Wo immer zwei Paläontologen zusammentrafen, tastete sich das Gespräch an die zaghafte Frage heran: «Glauben Sie, oder glauben Sie nicht?» An der Antwort gingen Freundschaften zuschanden. Hatte es vor 65 Millionen Jahren tatsächlich einen Boliden gegeben, dann war die Vernichtung von Beziehungen heute die letzte seiner Folgewirkungen.

Beide Richtungen scharten ihre Anhänger um sich. Doch für welche Seite würden sich die berühmten Persönlichkeiten entscheiden? Ehrgeizige junge Forscher würden sich nach Dissertationsthemen umschauen, die zweifelsfrei auf der Siegerseite angesiedelt waren. David Raup, Doyen der Chicagoer Schule der mathematischen Paläontologen, ließ wissen, daß er die Beweise überzeugend finde. Dr. Raups Fachgebiet ist die Wahrscheinlichkeitstheorie, die Unterscheidung zwischen Zufall und Gesetzmäßigkeit. Wenn schon jemand von so sagenhafter Intelligenz wie Raup umschwenkt, nachdem er in seinem Geist, der einem Riesenrechner gleicht, die Wahrscheinlichkeiten abgewogen hat, können Menschen von geringerem Verstand nur schwankend werden. Als Abweichler gaben sich jedoch auf der anderen Seite des Atlantiks die Doktoren Officer und Drake zu erkennen. In England gesellte sich Tony Hallam, der überschwengliche Lapworth Professor in Birmingham, zu den Skeptikern. Die wissenschaftliche Welt wartete gespannt darauf, wie der Oberdenker, Stephen Jay Gould von der Harvard-Universität, sich entscheiden würde. Endlich erteilte er in einem Artikel in *Natural History* der Deutung des K/T-Aussterbens als Katastrophe außerirdischen Ursprungs seinen Segen. Die Soziologie der Konferenzen und der Einflüsse hatte ihre übliche Wirkung getan. Nun war es höchste Zeit für alle strebsamen Forscher, zu den besten Aufschlüssen zu eilen, die sie finden konnten, um diese ungewöhnliche Geschichte mit ihren eigenen Ausschmückungen zu versehen. An diversen Universitäten der Vereinigten Staaten wurden Vorlesungen für das Frühlingssemester umgeschrieben. 1994 nahm ich an einer Konferenz des amerikanischen Geologenverbandes teil, auf der zwanzig Vorträge gehalten wurden, die der K/T-Katastrophe gewidmet waren, und nicht einer sprach dagegen.

Seit 1981 sind Dutzende von K/T-Aufschlüssen untersucht worden, und es wäre langweilig, sie alle aufzuführen. An der weltweiten Verteilung der Ausgrabungsorte läßt sich aber das verbreitete Interesse an der K/T-Frage ablesen. Hier eine Auswahl: El Kef in Tunesien, Zumaya in Nordspanien, Aufschlüsse in der Nähe des berühmten Badeortes Biarritz in Frankreich. Dänemark wies mehrere Kreidekliffs auf, die – mit Iridium und allem – zu Begriffen wurden, darunter Stevns Klint, ein Fels am Meer, wie es viele in Südengland gibt, der aber die fragliche Zeitspanne umfaßt. Neue Aufschlüsse entdeckte man in Texas und Montana und viele unterschiedliche Profile in Alaska. Am anderen Ende der Erde kämpfte Dr. Zinsmeister mit der Kältewüste von Seymour Island in der Antarktis auf der Suche nach den letzten Ammoniten.

Gleichzeitig gab es bemerkenswerte Erweiterungen der Beweise für einen Einschlag, die ergänzend zum Iridium angeführt werden konnten. Aus mehreren der K/T-Aufschlüsse wurden winzige Stücke von «geschocktem Quarz» geborgen. Quarz, Siliziumdioxid, ist ein wirklich sehr häufiges Mineral – Sand besteht zum größten Teil aus Quarz. Er entwickelt jedoch, wie man schon in der Umgebung mehrerer bekannter Meteoritenkrater ermittelt hatte, ganz merkwürdige Eigenschaften, wenn er unter hohem Druck zusammengepreßt wird. Ein Team des United States Geological Survey entdeckte unverwechselbare Beispiele dieser besonderen Form von Quarz in denselben Schichten, die die Iridium-Anomalien enthielten. Es gab einfach keine andere Erklärung für das Vorhandensein dieses Materials, und ich weiß noch, wie meine Zweifel an der Realität eines größeren Einschlags dahinschwanden, als ich Mitte der achtziger Jahre erstmals Farbdias von winzigen, deformierten Quarzstücken sah, die unter polarisiertem Licht in himmelblauen Tönen schillerten. Ein Exemplar wurde sogar aus einem Tiefsee-Bohrkern geborgen, dessen Material die Zeit um die verhängnisvolle Grenze umfaßte. In einigen wenigen Profilen entdeckte man auf der entsprechenden Höhe winzige, glasige Meteoriten (sogenannte Mikrotektite), die den großen Weltuntergangsboliden vermutlich begleitet haben.

Der Aufschluß von Gubbio bestand ganz und gar aus marinen Schichten und enthielt daher keine Fossilien von Landwirbeltieren. Ehe meine Erzählung allzu weit vorauseilt, muß ich noch einmal dorthin zurück, wo an ehemals terrestrischen Orten die Dinosaurier lebten, um das Material dort am Ende der Kreidezeit durchzumustern. Bei Gesteinen, die sich in Seen oder Flüssen gebildet haben, besteht immer die Gefahr größerer Lücken, weil die Sedimentbildung zu Lande oft launisch und schwer zu interpretieren ist. In den Badlands von Montana gibt es jedoch Profile mit Dinosaurierfossilien, die vollständig zu sein schienen. Der Aufschluß bei Hell Creek gehört zu denen, die am gründlichsten untersucht wurden, trotz der höllischen Ortsbezeichnung – in dieser grausam erodierten Landschaft kann es nämlich im Sommer so heiß werden wie die Feuer des Hades. Die jüngsten Dinosaurierskelette wurden in Schichten gefunden, die etwa zwei Meter unter der 1983 erkannten Iridiumschicht lagen. «Aha!» riefen die Kritiker aus. «Sollen wir etwa annehmen, daß die Dinosaurier über Präkognition verfügten? Sie starben *vor* dem Ereignis aus. Der Meteorit (wenn es denn einen gab) war eher eine Totenwache als eine Todesursache». Tatsächlich ist es außerordentlich schwierig, den *aller*letzten

Dinosaurier zu finden, schwerer als den Verbleib des letzten Gastes einer Party zu ermitteln, der sich irgendwohin verdrückt haben mag, um ein Nickerchen zu halten. Oft sind Dinosaurier auch in den besten Zeiten relativ selten, und eine kurze Überlegung zeigt, daß die vermeintliche Abwesenheit auf bloßen Erhebungsmängeln beruhen kann. Bei häufigeren Fossilien wie Ammoniten haben wirklich intensive Erhebungen ergeben, daß sie vor ihrem Verschwinden sehr nah an die K/T-Grenze herangekommen sind. In ein oder zwei Fällen sollen sie das Ereignis überlebt haben, zum Beispiel auf Seymour Island, doch wie ich höre, soll gezeigt worden sein, daß diese Behauptungen auf einer irrtümlichen Lokalisierung der Fundstücke beruhten. Dinosaurierüberreste kommen also in Montana und anderen kreidezeitlichen Landstrichen sehr nah an die kritische Iridiumschicht heran, doch findet man keinen gefällten Riesen, der sie überschreitet. Terrestrische Aufschlüsse schließen natürlich auch die Überreste von Pflanzen ein. Der Leser wird mittlerweile mit der Aussicht vertraut sein, winzige Fossilien mit widerstandsfähigen Zellwänden wie etwa Pollenkörner aus solchen Gesteinen zu bergen, indem diese in einer starken Säure aufgelöst werden. Mehrere Profile von terrestrischen Sedimenten, an denen dies über den K/T-Zeitraum systematisch vorgenommen wurde, zeigten etwas Auffälliges. Fand man in Alaska zum Beispiel unterhalb der K/T-Grenze Pollen in unterschiedlicher Häufigkeitsverteilung, so trifft man an der Grenze (markiert durch die nicht mehr überraschende Iridium-Anomalie) auf eine Stichprobe, in der Farnsporen weit überwiegen. Weiter oben im selben Profil kehren die Pollen wieder, und die Farnsporen gehen zurück. Die Häufigkeit ließ sich von einer Gesteinsschicht zur nächsten in einer Kurve darstellen, bis der ungewöhnliche Anstieg der Farne sich in einem plötzlichen Spitzenwert äußerte, der als «Farnzacke» bezeichnet wurde.

Aber warum Farne?

Wenn durch Vulkanausbrüche heute eine neue Insel entsteht, scheinen, jedenfalls in einem Klima mit regelmäßigem Niederschlag, Farne zu den ersten Besiedlern zu gehören. Ihre Sporen können sich – unsichtbar, aber wirkungsvoll – ausbreiten, weil sie sehr klein sind und vom Wind befördert werden können. Nach dem dramatischen Ausbruch des Mount St Helens, der Asche und Zerstörung gleichermaßen verbreitete, gehörten Farne zu den ersten Pflanzen, die sich in Ritzen oder dort, wo der Regen die unfruchtbare Wüste aufgebrochen hatte, ansiedelten. Ihre Wedel winkten den Berg hinauf, so als grüßten sie die Unverwüstlichkeit des Lebens angesichts der Katastrophe. Einige der Farne am Mount St Helens waren wiedererstanden aus schwarzen, kriechenden Wurzeln, sogenannten Rhizomen, die außergewöhnlich zäh und weit unverwüstlicher sind als die Wurzeln von Bäumen. Wieder einmal schien das, was in den Gesteinen zu beobachten war, mit der Hypothese einer großen weltweiten Katastrophe im Einklang zu sein. Dünne Kohlenstoffschichten, die man in anderen Aufschlüssen fand, sollten die anschauliche Graphithinterlassenschaft jenes verheerenden Feuers sein, von dem verschlungen wurde, was der Staub noch nicht zugedeckt oder die Säure noch nicht vergiftet hatte. Diese Welt unmittelbar nach der Katastrophe muß ein seltsames Bild geboten haben, so etwas wie eine graue Einöde, die vielleicht ein Jahrzehnt lang andauerte (die kürzeste Zeitspanne, die ich in diesem Buch erwähne); dann breiteten sich, ausgehend von einem bescheidenen Refugium, Farnsporen aus. Sie keimten ungehindert, frei von jeglicher Konkurrenz, und sehr rasch gab es Wäldchen zarter Wedel, womit wir für kurze Zeit wieder in eine Szenerie versetzt wurden, die im Devon nicht unangebracht gewesen wäre. Es wurde nicht bloß eine Seite im Buch der Geschichte zurückgeblättert, sondern mehrere Kapitel.

Die Dinosaurier starben nicht aus, weil sie – wie die Klischeevorstellung will – unangepaßt waren und sich nicht ändern wollten, sondern weil sie bewegungsunfähig gemacht wurden, rasch und unwiderruflich, genau so sicher und unausweichlich wie die armen Bewohner von Pompeji, die nichts getan haben, um ihr grausiges Schicksal zu verdienen, außer daß sie unfähig waren zu flüchten. Was uns als Beweisstück noch immer fehlt, ist ein mumifizierter Körper, der sich im Todeskampf windet und die Vernichtung vergeblich abzuwenden sucht.

Alle Details dieser Geschichte scheinen so nahtlos zusammenzupassen, jede Entdeckung sich so folgerichtig aus der letzten zu ergeben, daß man vielleicht nicht recht versteht, warum sie auf Widerstand stieß – und noch immer gibt es viele Skeptiker, die meisten von ihnen vernünftige Leute, die vernünftige Zweifel hegen. Die Beweise für den Meteoriteneinschlag scheinen mir erdrückend zu sein, wenngleich unzweifelhaft richtig ist, daß es ungefähr zur gleichen Zeit bedeutende Vulkanausbrüche gegeben hat. Diese hingen zusammen mit «Rissen», die sich in der Erdkruste auftaten, als Pangäa rasch auseinanderbrach und die Kontinente unerbittlich ihren heutigen Positionen zustrebten. Auch Vulkane haben einen hohen Iridiumanteil, und so könnte dies die Ursache des außergewöhnlichen Anteils in der Grenzschicht sein, besonders wenn zu den Ausbrüchen noch Veränderungen des Meeresspiegels hinzukamen, die für ungewöhnliche Konzentrationen sorgten – und auch dafür gibt es Anhaltspunkte. Außerdem könnte ein Zeitabschnitt entweder gänzlich fehlen oder zu einer einzigen Schicht verdichtet sein, und zwar genau auf der Höhe der Iridium-Anomalie in Gubbio: Destillation statt Sedimentierung. Auf jeden Fall gibt es berechtigte Fragen nach der mutmaßlichen *Dauer* des Ereignisses. Die Meteoritentheorie verlangt eine kurze Dauer, jene Art von weltweiter Verwüstung, wie sie viele Science-Fiction-Autoren oder die Verfechter der nuklearen Abrüstung als Folge eines totalen Atomkriegs ausgemalt haben: einige Monate bis zu wenigen Jahren. Man kann den Zeitraum, den die Tonschicht an der K/T-Grenze repräsentiert, auf unterschiedliche Weise berechnen, und nicht immer ergibt sich die benötigte kurze Dauer.

Dies alles könnte als der unter Wissenschaftlern übliche Streit erscheinen, doch für mich überraschend ist die Schärfe, mit der die Argumente ausgetauscht werden. Das Ausmaß der emotionalen Aufladung läßt sich nicht mit einer vermeintlichen Bedrohung traditioneller Ansichten erklären, mögen diese auch viele Jahre lang gegolten haben. Während das Aussterben doch schon *sehr* lange zurückliegt, hat die Heftigkeit einiger der Reaktionen mehr den Beigeschmack einer persönlichen Kränkung. Der vermuteten Gewaltsamkeit des Endes der Kreidezeit entspricht auf seltsame Weise die Heftigkeit des Meinungsaustauschs im 20. Jahrhundert. R. T. Bakker, der, wie man sich erinnern wird, einer der Urheber der Theorie vom «warmblütigen Dinosaurier» war, schrieb 1985 in der *New York Times* über die Naturwissenschaftler, die die Einschlagshypothese formuliert hatten: «Die Arroganz dieser Leute ist einfach unglaublich. Sie wissen praktisch nichts darüber, wie reale Tiere sich entwickeln, leben und aussterben. Doch trotz ihrer Unwissenheit glauben die Geochemiker, man bräuchte nur eine ausgefallene Maschine anzuwerfen, und schon sei die Wissenschaft revolutioniert.» Die Empörung, die sich hier Luft macht, steht in keinem Verhältnis zum Anlaß. In einem solchen Streit berufen sich ja beide Seiten auf das, was Brillat-Savarin «unverwerfliche Denkmäler» nennt, unumstößliche Tatsachen. Bakkers Wut nährt sich daraus, daß in das vermeintlich letzte unverletzliche Territorium der Paläontologen, die Vergangenheit selbst, die aufgeblasenen Kerle aus den Labors eindringen. Diejenigen, die in der Komplexität der Vergangenheit geschwelgt hatten, die vielleicht die unbezweifelte Wahrheit gefeiert hatten, sie werde sich nie restlos enthüllen lassen – oder es sei doch eine unendliche Zahl von Enthüllungen möglich –, mußten sich plötzlich einer Erklärung von großer Einfachheit stellen, von ihren Verfechtern vorgetragen mit einer Gewißheit, die ein Jahrhundert anderslautender Spekulationen Lügen strafte und keinen Zweifel duldete. Wie konnten sie sich nur unterstehen!

Ein Grund des Zorns könnte etwas Geheimnisvolleres, Unbewußteres sein: Dies ist die Apokalypse. Selbst die trockenste wissenschaftliche Prosa kann sich bei der Beschreibung des Meteoritenereignisses und seiner Folgen einem Anflug von Apokalypse nicht entziehen. Da sind Feuer und Schwefel – es regnet Schwefelsäure –, und die Erde ist in Finsternis gehüllt. Velikovskys Prosa und Brillat-Savarins philosophische Abschweifungen könnten kaum dramatischer sein. Die großen Schlachten, die die Paläontologie im 19. Jahrhundert geschlagen hat (und in manchen Gegenden leider immer noch schlägt), richteten sich gegen eine allzu buchstäbliche Deutung der biblischen Geschichte. Die *Relics of the Flood (Reliquae diluvianae)* von Dean Buckland sollten ja sowohl ein Beweis für die Sintflut als auch eine Erklärung für die Aufeinanderfolge der Fossilien sein. Erst kürzlich kam mir ein fundamentalistischer Text unter die Augen (er wurde, glaube ich, nach 1970 verfaßt), der die in diesem Buch skizzierte Geschichte folgendermaßen zu erklären suchte: Die ältesten und primitivsten Tiere hatten die geringste Intelligenz und ertranken daher bei der Sintflut als erste, während die intelligenteren bergauf flüchteten und deshalb in den höheren Schichten zu finden sind. Tiere wie die Pferde waren so gescheit, daß sie bis in die Nähe des Berggipfels gelangten! Die Aufeinanderfolge der Überreste entsprach auf diese Weise der Stufenleiter des Lebendigen. So naiv diese Geschichte erscheinen mag, wurde sie doch als ernsthafte Alternative zur geologischen Darstellung gehandelt. Vielleicht war die Heftigkeit des Widerstandes gegen eine Theorie, die nach Schwefel roch, Ausdruck einer tiefen Furcht vor der Wiederkehr einer Zeit, in der die hart erkämpften historischen Darstellungen noch angreifbar waren, einer Zeit, da die Menschen in Epochen des göttlichen Gerichts willkürlich mit Wasser und Feuer gestraft wurden.

Gleichgültig, was bei dem Lärm letztlich herauskommen mag, gibt die Einschlagstheorie doch einige Rätsel auf. So haben viele Tiere und Pflanzen überlebt, und es erscheint nicht ganz befriedigend, sie als diejenigen zu bezeichnen, die «Glück gehabt» haben, und es dabei bewenden zu lassen. Ihr Überleben müßte mit dem Untergangsszenario irgendwie in Einklang gebracht werden. Was überlebte und gedieh, waren natürlich Vögel und Säugetiere. Sie waren, wie wir wissen, Warmblüter, und so darf man vernünftigerweise annehmen, daß sie imstande sind, eine Abkühlung zu überstehen, die ein kaltblütiges Reptil erledigt hätte (natürlich unter der Annahme, daß die Dinosaurier Kaltblüter waren); ihre geringe Größe könnte ebenfalls dazu beigetragen haben, sie vor den schlimmsten Folgen zu bewahren. Blütenpflanzen überlebten in Form von Samen, die ja extra gebildet werden, um schwere Zeiten zu überstehen. Ein Problem habe ich mit den Insekten. Sehr viele Insekten sind für Nahrung und Deckung ganz stark auf lebende Pflanzen angewiesen, und da die meisten einen kurzen oder zumindest einjährigen Lebenszyklus haben, können sie nicht einfach dichtmachen, bis die Lage sich gebessert hat. Es gibt einige Insekten, die jahrelang auf Totholz überleben können, aber das scheint ein besonderes, den Käfern vorbehaltenes Talent zu sein. Einige Arten starben zweifellos aus, doch die Hauptfamilien der im Mesozoikum entstandenen Insekten überlebten die Katastrophe. Besonders beeindruckt war ich vom Fossil eines kreidezeitlichen Falters, eines der ersten seiner Art, die zu einer Familie von Faltern gehört, die sich ausschließlich von Pollen ernährt: keine Pollen, kein Falter. Schon eine Saison mit verdorrten Blüten hätte er keinesfalls überlebt – die kürzeste denkbare Katastrophe. Wir müssen daher annehmen, daß einige Weltgegenden vor dem Schlimmsten verschont blieben und Blüten sich dort noch immer einer bleichen Sonne öffnen konnten. Dort gab es dann auch Blätter, von denen Ameisen und Blattbohrer und all die anderen unzähligen Knabberer sich nähren konnten. Man braucht es wohl nicht ausdrücklich zu sagen, daß Insekten sich vermehren wie die Fliegen, so daß sie sich von einem Einbruch der Populationszahlen, selbst wenn nur noch ein paar Individuen von ihnen übrig waren, rasch erholen konnten. Dennoch können die biologischen Tatsachen nicht völlig von der Ausrottungsgeschichte losgelöst werden. Eher versteht man, daß große Krokodile die ganze Krisenzeit unbeschadet überstehen konnten, weil sie sich von Aas und verschiedenen kleinen Tieren ernähren können und sogar lange Zeit ohne jede Nahrung auskommen. Mag der Einschlag eines großen Himmelskörpers auf der Erde auf Höhe der K/T-Grenze auch eindeutig feststehen, so hat er doch verschiedene Tiere auf unterschiedliche Weise mitgenommen.

Im Meer überlebten die Krebse, aber sie sind ja auch die zähesten aller Geschöpfe und können sich praktisch von allem ernähren. Doch auch die «Knochenfische» trotzten den Ereignissen, was merkwürdig ist, denn viele von ihnen sind sehr anspruchsvoll. Wenn die Ozeane wirklich so in Mitleidenschaft gezogen wurden, wie behauptet worden ist, muß man sich fragen, wieso die Fische überlebten, während die Ammoniten umkamen. Die Verhältnisse, die nach dem K/T-Ereignis herrschten, hat Ken Hsu als «Strangelove-Ozean» bezeichnet, eine recht kenntnisreiche Anspielung auf Stanley Kubricks *film noir* des Atomzeitalters, *Dr. Strangelove oder Wie ich lernte, die Bombe zu lieben;* es war ein Ozean, in dem die normale Nährstoffzirkulation zusammengebrochen war (Dr. Strangelove war kein Freund des Überlebens von Organismen). Es ist behauptet worden, die verringerte Zahl kleiner planktischer Tiere, die diese Verhältnisse aushalten konnten, sei ungewöhnlich klein gewesen. Nun sind Fische letztlich auf das Plankton am Anfang der Nahrungskette angewiesen; wie konnten sie dann bei so schmalen Rationen überleben? Dann sind da die Korallen. Die engsten Verwandten tertiärer Korallen findet man, soweit mir bekannt ist, in kreidezeitlichen Schichten, so daß deren Abstammungskette nicht unterbrochen wurde. Die massiven Korallen, die heute Riffe bilden, halten Algen in ihren Geweben als Symbionten und können ohne sie nicht gedeihen. Da Algen zum Leben aber auf Licht angewiesen sind (gar nicht zu reden von einer Mindesttemperatur), erhebt sich die Frage: Wie konnten diese empfindlichen Tiere eine solche Krise überwinden, zumal im Bunde mit so wählerischen Pflanzen? Das alles sind negative Überlegungen, wie sie gern von Spielverderbern aufgetischt werden, um die Stimmung auf der Party zu dämpfen. Dagegen kann man dann immer kleine Inseln ins Feld führen, auf denen der eine oder andere Überlebende vielleicht noch fortlebt, und es kann auch sein, daß sich das am Ende als Tatsache erweist. Ich kann mich jedoch nicht freimachen von dem inneren Bild, daß ein winziger Falter nach einer Blüte sucht, wo keine Blüte sich öffnen kann.

Ein anderer Einwand – und der nächstliegende – war: Wo ist das Loch? An etlichen Orten der Erde findet man Krater, die vom Einschlag eines Meteoriten zurückgeblieben sind. Man kann sie heute datieren, einerseits anhand der radioaktiven «Uhren», die sie bei ihrem Einschlag in Gang gesetzt haben, in manchen Fällen auch anhand von Fossilien innerhalb der Sedimente, die ihren Boden ausfüllten, nachdem sich die Verhältnisse wieder beruhigt hatten. Der K/T-Krater mußte ziemlich groß sein, aber er war nicht aufzufinden. Man rekonstruierte urzeitliche Szenen, auf denen der Bolide ins Meer eintauchte und von der Tiefe verschlungen wurde; man vermutete den Urheber der Zerstörung in einem kleinen interstellaren Schwarzen Loch, unsichtbar, aber unendlich destruktiv. Doch schließlich wurde eine irdische Antwort gefunden: Die Nacht der Zerstörung hatte bei Chicxulub bleibende Spuren hinterlassen. Daß man sie nicht früher entdeckt hatte, lag an einem einleuchtenden Grund: Der Krater war zugeschüttet worden. Ablagerungen und ein üppiger Tropenwald hatten ihn verborgen. Chicxulub liegt nämlich auf der Halbinsel Yucatan, praktisch am Äquator, in jenem Teil Mexikos, der wie ein Anhang aus Mittelamerika hervorragt, auf der Landkarte einem auf den Kopf gestellten Florida gleichend. Man schätzt den Durchmesser des riesigen Kraters auf rund 200 Kilometer, doch in der Topographie hat er nur kaum merkliche Spuren hinterlassen, da er mit Sedimenten aufgefüllt wurde, vielleicht nicht ganz überraschend, nachdem 65 Millionen Jahre verstrichen sind. Gleichwohl können seine Ausmaße mit empfindlichen Instrumenten erfaßt werden, die winzige, auf der unsichtbaren Geologie beruhende Abweichungen der Erdanziehung messen können. Der Einschlag muß, wie Bohrungen ergaben, schwefelhaltige Sedimente zerstäubt haben – daher die Wolken mit saurem Regen, die das Maß des Verhängnisses voll machten. In den Sedimenten in Kraternähe entdeckte man winzige Glaskügelchen, die man auf den Einschlag selbst zurückführte. In größerem Abstand fand man Ablagerungen an der K/T-Grenze, die man auf eine riesige Flutwelle, einen Tsunami, zurückführte, ausgelöst durch die Wucht des Einschlags.

Yucatan war die Heimat der Maya-Kultur, deren Tempel sich im Unterholz erhalten haben, als zeremonielle Bauten reich an meisterhaft geschnitzten, aber fremdartig anmutenden Flachreliefs. Es fügt sich auf eine merkwürdige Weise, daß die Astronomie bei diesen Menschen in hohem Ansehen stand; Oberhaupt ihrer weitläufigen Götterwelt war Kinebahan, der Mund und die Augen der Sonne. Sie waren so besessen von der Zeit, daß sie ihr Leben einem von den Himmeln abgeleiteten Kalender unterwarfen. Sie konnten nicht wissen, daß unter dem Boden, auf dem sie den Göttern ihre Pyramiden errichteten, Spuren aus einer anderen Zeit lagen, in der die himmlische Heimsuchung, die sie am meisten fürchteten, einen Schaden angerichtet hatte, der sehr viel weiter ging, als sie ahnen konnten. Oder hat vielleicht ein mit Peyote berauschter Schamane die Vision einer brennenden Kugel gehabt, die auf die Erde zustürzt und Zerstörung nach sich zieht?

Ich sollte nicht unerwähnt lassen, daß es Stimmen gibt, die die Lokalisierung des großen Einschlags bei Chicxulub scharf kritisieren. Vor mir liegen einige neuere Ausgaben der Zeitschrift *Geology*. In drei Artikeln aus dem Jahr 1994 wird die Authentizität des Chicxulub-Kraters als Ort des K/T-Einschlags unterschiedlich dargestellt. Einer behauptet, die angeblichen «Tsunami-Ablagerungen» seien nichts dergleichen, sondern gewöhnliche, durch Strömungen erzeugte Sedimente. Die angeführten Tatsachen lassen das, wie ich finde, als durchaus möglich erscheinen. Ein anderer Artikel hat etwas an der Datierung des K/T-Zeitraums auszusetzen; er könne weit mehr Zeit als nur den verhängnisvollen Augenblick umfassen. Der Krater sehe ganz nach einem Reinfall aus; als «rauchender Colt» sei er wohl zu alt. Doch nicht minder energisch tritt eine Reihe von Zuschriften für die Einschlagshypothese ein; so werden chemische Argumente angeführt und glasige Objekte, die bei Chicxulub gefunden wurden, mit solchen von anderen bekannten Einschlagsorten verglichen. «Die Realität eines großen Einschlags an der K/T-Grenze kann nicht bestritten werden», behauptet einer rundweg. Selbstverständlich kann sie bestritten werden, denn das ist ja genau, was die Kritiker tun. Selbst wenn man einen Einschlag gelten läßt, ist es noch einmal ein eigener Schritt, einen direkten Zusammenhang mit dem Aussterben herzustellen. Die Diskussion des K/T-Kraters befindet sich in jenem Stadium einer historischen Auseinandersetzung, in dem man Argumente und Gegenargumente in den Zeitschriften aufmarschieren läßt. Seit den Anfängen hat die Lage sich geändert, denn inzwischen scheinen die *Kritiker* mehr in der Defensive zu sein. Im Meteoriten-Lager herrscht eine gewisse Selbstgerechtigkeit. «Diese Leute werden ja wohl imstande sein, das Offensichtliche zu sehen» – in dem Ton werden Gegner abgefertigt. Am Ende der Debatte wird vielleicht ein dürftiger neuer Eintrag in populären Lexika stehen, doch habe ich Zweifel, ob die Leidenschaft der Auseinandersetzung für diejenigen, die in dem Streit Blut gelassen haben, jemals ganz vergehen wird. Einige der Feinschaften werden wohl fürs ganze Leben bestehen bleiben.

Es ist noch eine Vermutung zu erwägen. Wenn ein riesiger Himmelskörper einmal Unheil anrichten konnte, wieso sollte es dann nicht mehrmals passiert sein? Ist dies vielleicht die Art, wie das Universum in die Geschichte des Lebens eingreift? Könnten die wiederholt verheerenden Dramen, die der Gourmet Brillat-Savarin vor über 150 Jahren so eindringlich beschrieb, erneut auf der Speisekarte erscheinen?

Mehrere bedeutende Fälle des Aussterbens sind im Laufe meiner Geschichte erwähnt worden. Ich habe besonders den am Ende des Ordoviziums und den anderen am Ende des Perms hervorgehoben, denn jeder Wissenschaftler, den ich kenne und der sich mit den Daten befaßt hat, erkennt diese als bedeutende Unterbrechungen in der Geschichte des Lebens an. Es ließen sich noch mehr Fälle des Aussterbens anführen, zum Beispiel am Ende des Devons oder zwischen Trias und Jura. Was als «massenhaftes Aussterben» zu gelten hat, ist eine Sache der statistischen Beurteilung; es kann sich zum Beispiel um einen kurzen Zeitraum handeln, in dem die Zahl der aussterbenden Arten über der normalen Rate liegt. Es wird ja von niemandem geleugnet, daß Tiere und Pflanzen auch unter normalen Bedingungen aussterben; andernfalls würden Fauna und Flora sich über erdgeschichtliche Zeiträume kaum ändern, und daß das nicht der Fall ist, wissen wir aus Tausenden von Aufschlüssen aus aller Welt. Um Zeiten einer erhöhten Aussterberate zu erkennen, muß die geologische Verteilung der ausgestorbenen Tiere mathematisch analysiert werden, eine haarige Aufgabe, die nicht nur Rechnerei erfordert, sondern auch das Zusammentragen einer Menge von Daten. Das ist ein Job für J. J. Sepkoski Jr. Jack Sepkoski ist einer der glänzenden Vertreter der mathematischen Paläontologie an der Universität Chicago, und er hat viele seiner Arbeiten zusammen mit David Raup veröffentlicht. Mit ungeheurer Geduld hat er Abertausende von geologischen Verteilungen von Tierfamilien und -gattungen seit dem Perm zusammengestellt. Dahinter stecken Jahre der Langeweile und Routine. Danach muß die Datenbasis mit allen Mitteln getestet, manipuliert, modelliert und durch die Mangel genommen werden, um zu ermitteln, ob es Zyklen des Aussterbens gibt, von denen das K/T-Ereignis lediglich das bedeutendste unter vielen war.

Raup und Sepkoski erklärten großartig, es gebe seit dem Beginn des Perms ein alle 26 Millionen Jahre auftretendes *zyklisches* Aussterben. Schon 1983 auf einer Konferenz in Berlin öffentlich zur Sprache gebracht, geriet die Idee 1984 durch verschiedene Artikel in *Nature* in die Schlagzeilen. Andere Wissenschaftler, besonders Astronomen, beeilten sich, Gründe für dieses Muster zu nennen. Es war eine der Gelegenheiten, wo Phantasie, Fakten und Logik vollkommen übereinzustimmen schienen. Auch die Entstehungszeit alter Meteoritenkrater schien denselben Zyklen zu entsprechen, und so kam man zu dem Schluß, daß Massen von Meteoriten regelmäßig die Erde bombardierten, in periodischen Abständen ungewöhnliche Verluste und gelegentlich Katastrophen verursachten. Man sprach von der Theorie des periodischen Massenaussterbens. Bei Regelmäßigkeit denkt man immer an Astronomie; die Umdrehungen der Erde, die Besuche des Halleyschen Kometen, das alles wird von dem gleichgültigen Uhrwerk des Newtonschen Universums gemessen. Die Astronomen suchten deshalb nach einer Todesursache, die sich in dem passenden Abstand immer wieder einstellte.

Die Nemesis-Hypothese war ein phantasievoller Versuch, alles zu erklären. Ihr zufolge hatte die Sonne einen kleinen, dunklen Begleitstern, die besagte Nemesis, die im Verlauf ihres Pas de deux mit der Sonne alle 26 Millionen Jahre die Oortsche Wolke (benannt nach ihrem Entdecker, Professor Oort) durchlief. Die Oortsche Wolke ist eine Ansammlung von unzähligen Kometen, deren Umlaufbahnen um die Sonne größer sind als die der äußeren Planeten. Beim Durchlaufen der Wolke veränderte das Gravitationsfeld von Nemesis die Bahn mancher Kometen, von denen einige in Richtung auf die Erde abgelenkt wurden, mit tödlichen Folgen. Damit sind wir wieder bei dem «Wasser-Kometen des braven Jerôme Lalande», nur daß noch zwölf Millionen

Jahre verstreichen sollen, ehe es uns in die Beichte treibt, Zeit genug, um allerlei zu begehen, was wir dann beichten können.

Träfe diese Hypothese zu, wäre das Leben abhängig von der Intensität des Kometenbombardements. Ein dunkles, ja unsichtbares Pendel würde über der Zukunft eines jeden Organismus schwingen; kein Jüngstes Gericht, sondern nur die zufällige, tödliche Ablenkung eines Himmelskörpers würde eines Tages das Ende der Welt ankündigen. Mit Anpassung wäre nichts geholfen, und daher träfe auch das alte Dinosaurierklischee nicht zu, mit dem dieses Kapitel begann. Die Welt würde tatsächlich nicht mit einem Winseln, sondern mit einem Knall enden.

Seit den Anfängen der Theorie hat die Idee des periodischen Massenaussterbens einiges von ihrem Glanz verloren. Mehrere Kollegen von mir am Natural History Museum in London haben Sepkoskis Daten unter die Lupe genommen und für unzureichend befunden. Man hat sie – wie ich finde, zu Unrecht – als Spielverderber gebrandmarkt, so als sei es kleinlich von ihnen, wenn sie nicht recht daran glauben, daß wir am Ende vernichtet werden. Die Daten der Episoden massenhaften Aussterbens fügen sich nicht so gut, wie man einmal glaubte, in den 26-Millionen-Jahre-Zyklus, und sie waren auch nicht so schwerwiegend, wie ursprünglich behauptet wurde. Ich habe versuchsweise eine Extrapolation bis zurück zum Kambrium vorgenommen, mit dem Ergebnis, daß einige der größeren Ereignisse gar nicht auf der erwarteten Kurve liegen. Es mag bedauerlich sein, eine Theorie aufzugeben, die sowohl einfach als auch originell war, aber die Tatsachen sprechen einfach dafür, jedenfalls in den Augen des Verfassers. Das soll nicht heißen, daß in der Vergangenheit keine großen Himmelskörper auf der Erdoberfläche eingeschlagen sind, nur wurden sie eben nicht, wie behauptet, von einer unerbittlichen Uhr angetrieben.

Fossilien sind Boten der Zeit. Es gibt jedoch Stücke, die mit der Vollkommenheit ihres Erhaltungszustandes der Zeit geradezu Hohn sprechen. Bernstein ist die Zeitkapsel schlechthin: er ist und bleibt für immer Bernstein. Er ist entstanden aus einem Harztropfen, wie ihn mehrere Baumarten nach einer Verletzung oder einem Schnitt ausschwitzen. Solche harzigen Ausscheidungen kann man heute in Kiefernwäldern sehen und riechen, und wenn Sie mit den Händen in den Kiefernnadeln am Fuß eines Baumes wühlen, werden klebrige Kügelchen an ihnen hängenbleiben. Stundenlang wird der aromatische Duft noch an ihnen haften. Insekten und andere Geschöpfe verfangen sich in dem Saft, der mit der Zeit dunkel und fest wird. Nach einigen hundert Jahren wird daraus Kopal (oft gelb und glänzend); nach nochmals einer Million Jahren nimmt er dann die undefinierbar tiefe, goldbraune

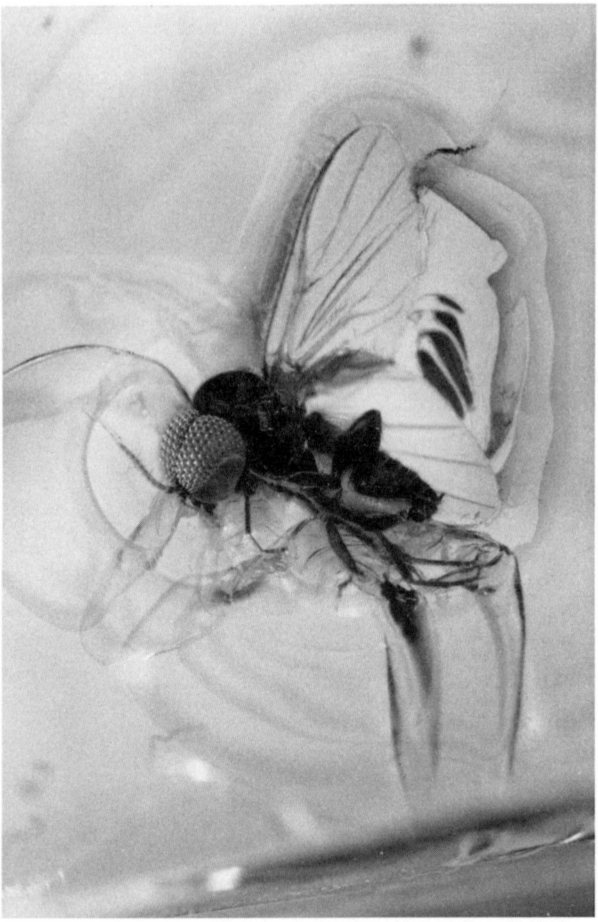

Ein fossiles Insekt (Similium), erhalten in Ostseebernstein aus dem Tertiär. Der älteste Bernstein ist mesozoisch.

Farbe des Bernsteins an. Bernstein ist ein widerstandsfähiges Material, das schließlich seinen Weg in Sedimentgesteine findet. In den Bernsteinkügelchen sitzen aber immer noch die eingefangenen Insekten, versiegelt bis ans Ende aller Zeiten. Man kennt kreidezeitlichen Bernstein von mehreren Fundorten, zum Beispiel vom Libanon. Ein Bernsteinschmuckstück kann durchaus eine Mücke enthalten, die zur Zeit der Dinosaurier eingefangen wurde und noch Blut in ihrem winzigen Magen hat. Falls sich die DNA des Dinosauriers erhalten hätte, wäre es da möglich, die Ungeheuer zu regenerieren und wieder zum Leben zu erwecken, wie es der Roman *Jurassic Park* suggeriert? Das würde alle Theorien vom Ende widerlegen – es wäre möglich, eine Blaupause des Lebens aus dem Zeitalter der Reptilien direkt in die Gegenwart zu übertragen.

Die Erhaltung des DNA-Moleküls ist nicht zu vergleichen mit der Erhaltung von Knochen, denn es ist zerbrechlich; es zerfällt in Stücke, es verliert seine Charakteristik. 1991 wurde gemeldet, daß man aus Bernsteinstücken von der Insel Dominica Fragmente von Bienen-DNA geborgen habe, eine Meldung, die auf ihre Art ebenso erstaunlich war wie die Entdeckung des Grabes von König Tutenchamon; allerdings konnte man den Fund, im Unterschied zu archäologischen Schätzen, nicht im Lichte zitternder Fackeln untersuchen, und man konnte ihn auch nicht zum Ergötzen der Menge in Vitrinen ausstellen. Man kann ihn überhaupt nur dank eines komplizierten Verfahrens «sehen», das die Fragmente unzählige Male kopiert und vervielfältigt, bis genügend für eine Identifikation zusammen ist. Der Haken ist nur: Das Verfahren ist so sensitiv, daß es die Moleküle von allem Lebendigen vervielfältigt, sei es menschliche DNA, sei es eine Schuppe vom Flügel eines Schmetterlings oder eine vom Wind zufällig hereingewehte Pilzspore. Die alte DNA – das war das Überraschende – war sehr viel älter als alles, was man bisher kannte, tausendmal älter. Knochen-DNA hatte sich (und auch nur in Fragmenten) über einige Jahrtausende erhalten, und nur unter besonderen Bedingungen, etwa im Inneren eines Pharaonengrabes. Die Möglichkeit einer Verunreinigung in vorzeitlichem Bernstein war kaum auszuschließen.

Zusammen mit mehreren Kollegen erhielt ich 1993 Forschungsmittel für den Versuch, die Entdeckung von DNA in Bernstein zu wiederholen. In unseren Sammlungen befanden sich Stücke mit derselben fossilen Bienenart, die man bei der ersten Entdeckung benutzt hatte. Fernab von allen anderen Versuchslabors wurde ein Labor eingerichtet, zu dem allein der Experimentator Zutritt hatte, Jeremy Austin, ein weltoffener Tasmanier, der sich öfter schrubben mußte als ein Hirnchirurg. Seine Knie glänzten, seine Hände waren fleckenlos. Der Bernstein wurde poliert, um selbst die Möglichkeit auszuschließen, daß der Hauch einer Fruchtfliege an ihm haften könnte. Alles wurde sterilisiert. Die fossilen Gewebe aus dem Bernstein wurden in Lösung gegeben, und dann kamen die raffinierten Vervielfältigungsverfahren zur Anwendung. Bisher haben wir nur winzige Bruchstücke von DNA gefunden, und sie könnten durchaus zu den allgegenwärtigen Pilzen gehören, von denen man nicht sagen kann, ob sie Verunreinigungen sind oder nicht. Das ist das am meisten gefürchtete Ende: *das negative*

Resultat. Es widerlegt nicht die früheren positiven Resultate, es bedeutet nur, daß sie nicht ohne weiteres wiederholbar und ein Stück weit anfechtbar sind. Das erinnert mich an Lewis Carrolls Gedicht *Die Jagd nach dem Schnark*, in dem über etliche scheinheroische Verse hinweg mit allerlei unsinnigen Mitteln nach dem schwer faßbaren Schnark gejagt wird, bis es am Ende heißt:

Inmitten des Worts, das im Munde ihm lag,
Inmitten von Jux und Gekicher,
Da löst' er sich auf, klamm, heimlich und zag,
Denn das Schnark *war* ein Buuhdschamm: todsicher!

Derzeit scheinen wir schnarklos zu sein, und keiner denkt mehr daran, aus winzigen fossilisierten Blaupausen Frankensteins Monster zu erschaffen.

In Wahrheit war es immer unmöglich, denn es gibt keine uns bekannten fossilen Mücken, die so alt wären wie die Dinosaurier. Die Ungeheuer der Urzeit wiederzubeleben, ist ein alter Traum. Sir Arthur Conan Doyle ließ sie in seinem Roman *Die vergessene Welt* (1912) in einer unerforschten, der Zeit trotzenden Enklave überleben. Professor Challenger war ein Nachfolger von Rider Haggards tapferen, aber gelehrten Helden und nicht so verschieden von dem Akademiker in *Jurassic Park*. Hinter all der Fiktion steckt ein Traum, ein Wunsch, das von der Erde Verschwundene wiederzubeleben, der Endgültigkeit zum Trotz, ja sogar eine Leugnung des Endes der Welt.

Aber es ist alles vorbei. Aussterben ist etwas Endgültiges, Immerwährendes, wie Bernstein. Und gleichgültig, wie die Meteoritendebatte auch ausgehen mag – etwas ist verlorengegangen: die Unschuld der Welt. Ob die Atmosphäre nur einmal oder mehr als tausendmal von einem zerstörerischen Himmelskörper durchdrungen wurde, spielt keine Rolle. Wir sind an das übrige Sonnensystem und die sich jenseits erstreckenden Weiten gebunden, und so war es immer. Diese Tatsache war noch nie so klar wie auf den Photos, die uns von Raumsonden mit einer bislang unerreichten Genauigkeit und Auflösung übermittelt werden; sie zeigen uns, daß das Leben nicht mehr ist als eine Glasur auf der Oberfläche oder etwas so Zartes wie der Flaum auf einem Pfirsich. Gehüllt in den Kokon der Atmosphäre, mögen wir beim Anblick der lebensfeindlichen Unermeßlichkeit geschaudert haben, mag uns der Wunsch beschlichen haben, die Erde vor äußeren Einwirkungen abzuschirmen. Doch wir können unserem Ursprung nicht entrinnen, denn er greift nach wie vor in unser Schicksal ein.

11

Saugend zum Erfolg

Säuger sind Tiere, deren Weibchen ihre Jungen an modifizierten Schweißdrüsen säugen. Sie sind damit die Verkörperung von Milch und Mutterschaft, der Inbegriff der Fürsorge. Die meisten Säuger sind behaart, und auch die, die es nicht sind, hatten behaarte Vorfahren. Und solche fell- oder pelztragenden Geschöpfe, die ihre Jungen mit einer eigens gebildeten, nahrhaften Flüssigkeit ernährten, hatten sich im Tertiär über die Landflächen der Erde ausgebreitet. Begleitet wurden sie von den Vögeln, die seither in dynamischem Kontrapunkt mit den Säugetieren florierten.

Nach dem Hinscheiden der dominierenden Reptilien wurden die warmblütigen Säuger von mehr als 100 Millionen Jahren der Unauffälligkeit befreit. Sie waren fast gleichzeitig mit den reptilischen Dinosauriern aufgekommen, abgeleitet von einem der zahlreichen säugerähnlichen Reptilien, vermutlich irgendwann während der Trias. Wie arme Verwandte einer vornehmen Familie, mußten sie am Rande der Besitzung leben und sich nach der Decke strecken, bis das Ausbleiben eines Erbfolgers sie zu Herren über Grund und Boden machte. Wir können uns vorstellen, wie sie, mit empfindlichen Schnurrhaaren versehen, zitternd unter einem Palmfarngehölz Schutz suchten, während Sauropoden donnernd vorbeistampften; sie warteten auf den Einbruch der Dunkelheit, um sich hastig über die Reste der Mahlzeit des Riesenreptils herzumachen. Mit der kleinen Größe lebte es sich nicht schlecht, speziell in der Rolle von Aas- und Insektenfressern. Insekten gab es in den Wäldern des Mesozoikums in Hülle und Fülle, wie die Bernsteintropfen bestätigen. Kleine, insektenfressende Säuger wie die

Spitzmäuse sind vielerorts noch immer häufig, ein Beweis dafür, daß Insekten eine berechenbare und zugleich nahrhafte Nahrung sind. Ich habe einmal ganz still im hohen Gras am Rand eines Feldes gelegen und zugeschaut, wie eine Zwergspitzmaus schnell und fachgerecht einen Falter wegputzte. Die Maus saß verborgen hinter einem Wust von Gräsern und Kräutern und streckte behutsam die zuckende lange Nase vor. Dann schnellte sie vor, packte den Falter mit den Pfoten, trennte mit ein paar schnellen Bissen im Handumdrehen die Flügel ab und machte sich daran, ihn genüßlich zu verspeisen. Ich schwöre, daß sie dabei sogar schmatzte wie ein Schuljunge, der sich gierig über einen saftigen Apfel hermacht. Dann verschwand das Tier, entschlossen, innerhalb von zwölf Stunden sein eigenes Körpergewicht an Insekten zu verzehren – das ist der Preis, der für Warmblütigkeit zu entrichten ist. Es war nicht schwer, sich eine ähnliche Szene in der Jurazeit vorzustellen, außer Sichtweite großer Fleischfresser und unterhalb der Wahrnehmungsschwelle mächtiger Pflanzenfresser. Ein entsprechendes Tier ist *Megazostrodon*, ein zarter jurassischer Säuger aus Südafrika, der einer Spitzmaus ähnelt. Es überrascht nicht, daß die fossile Überlieferung dieser kleinen und fragilen Insektenfresser zunächst äußerst lückenhaft ist; es ist immer eine große Sensation, fast im umgekehrten Verhältnis zur Größe des Fossils, wenn ein ganzes Skelett eines frühen Säugers entdeckt wird. Aus der Frühgeschichte der Säuger verfügt der Paläontologe in größerer Zahl fast nur über winzige Zähne. Wahrscheinlich waren Säuger von Anfang an häufiger, als die spärliche fossile Überlieferung vermuten läßt.

Mit dem Aussterben der terrestrischen Dinosaurier wurden alle von ihnen genutzten ökologischen Lizenzen frei; sie hatten lange die Spitze der Nahrungskette gebildet. Das Paleozän, der erste Unterabschnitt des Tertiärs, war eine unvergleichliche Zeit. Es war, als würde eine Auswahl an ausgedehnten Festmählern dargeboten, nicht bloß fettere Grashüpfer oder wohlschmeckendere Maden. Wenn es stimmt, daß die Natur das Leere verabscheut, dann wurde jetzt in größter Eile jede freie Stelle in der belebten Welt mit Kandidaten besetzt, die Erfahrung in einem passenden Gewerbe hatten: Grasfresser und Jäger sowie jede erdenkliche Tätigkeit von Wirbeltieren. Mehrere der Grundtypen von Säugetieren waren zwar schon während der Kreidezeit aufgetaucht, doch erst nach dem Aussterben der Dinosaurier gerieten sie in eine Art Schöpfungsrausch neuer Typen, der aus kleinen, sogar buchstäblich mit den Füßen getretenen Tieren die größte Vielfalt von Formen entstehen ließ, die je die Erde geschmückt hat. Es waren nämlich die Säugetiere und die Vögel, welche sich die neuen Gelegenheiten zunutze machten. Die anderen, die das große Sterben am Ende der Kreidezeit überstanden, nutzten sie nicht – weder die Eidechsen noch die Krokodile noch die Schildkröten. Was Vögel und Säugetiere gemeinsam haben, ist der homöotherme Stoffwechsel (sie sind also beide Warmblüter). Beide sind entsprechend isoliert, durch Gefieder bzw. Fell. Diese Eigenschaft muß sie bei der Wiederbesiedlung des biologischen Firmaments begünstigt haben. Für diese Vermutung spricht, daß das Klima im ganzen jahreszeitlich wechselhafter geworden war, und damit kommen warmblütige Tiere gut zurecht. Verläßliche Beweise deuten darauf hin, daß sich während des Tertiärs kalte Polargebiete ausgedehnt haben. Es ist ein sonderbarer Gedanke, daß die Menschen, jene nackten Affen, die heute mehr oder weniger schlecht über verletzliche Kontinente regieren, gerade jenes Merkmal verloren haben, das ihnen einmal den Vorsprung gegenüber dem Rest der Schöpfung verschaffte.

Die Schnelligkeit der, wie man gewöhnlich sagt, «Radiation» der Säugetiere, läßt sich deutlich an Aufschlüssen ablesen. Die Häufigkeit bestimmter Fossilien nimmt zu; große Arten tauchen auf, die gewöhnlich dadurch entdeckt werden, daß der Geologe ihre robusten Extremitätenknochen aus den Steinen klopft. Nur drei Millionen Jahre nach dem Aussterben der Dinosaurier treten neben den spitzmausgroßen Tieren auch solche mit der Größe von Hunden auf. Professor S. J. Stanley hat gezeigt, daß die Evolutionsgeschwindigkeit bei den Säugetieren im Alttertiär um ein Vielfaches höher war als bei den Muscheln und Schnecken, die genau zur gleichen Zeit im Meer lebten und sich wandelten. Die Zahl der neu entstandenen Arten, Gattungen und sogar Familien von Säugetieren, die innerhalb vergleichbarer Zeiträume als Fossilien auftauchen, ist weit höher als die der entsprechenden Weichtiere. Das mag damit zusammenhängen, daß die Meeresmuscheln und -schnecken sich nicht in «leere» ökologische Räume hinein diversifizierten, wie es bei den Säugern der Fall war. Die Meereswelt war keine *tabula rasa*, auf der ein wirkungsvoller Bautyp erfolgreich eingemeißelt werden konnte. Das Meer war, wie wir es viele Male beobachtet haben, ein Hort der Kontinuität, ein Ort, wo Revolutionen gedämpft werden.

Für den Erforscher der Erdgeschichte haben die Säugetiere gegenüber ihren reptilischen Vorläufern einen Vorteil: sie haben ausgesprochen charakteristische Zähne. Meine auf Säugetiere spezialisierten Kollegen können sehr redselig werden, wenn ein einzelner Zahn entdeckt wurde. Zähne setzen sich zusammen aus mehreren Höckern – das sind jene Teile, die abbrechen, wenn man die verkehrte Art Müsli ißt. Ich habe schon erlebt, daß Säugetierforscher beim Anblick nur eines Höckers auf der Spitze einer Stecknadel ganz aufgeregt wurden. Man wird das vielleicht verstehen, wenn man sich vor Augen hält, daß das Vorkommen von Säugetieren in der Antarktis mehrere Jahre lang von einem solchen Höcker abhing. Säugetierexperten können anhand eines einzigen Zahns zuverlässig Tiere identifizieren. Mein Kollege Andrew Currant, ein Fachmann für eiszeitliche Säugetiere, hatte einmal das Pech, den wirklich kleinen Zahn einer sehr wichtigen arktischen Wühlmaus zu verschlucken. Darüber, was er eigentlich mit dem Zahn in seinem Mund machte, möchte er sich nicht unbedingt äußern; anscheinend wollte er etwas Klebriges daran loswerden. Er konnte den Zahn nach Ablauf mehrerer Stunden bergen – und ich kenne keinen besseren Beweis für die Hochachtung, welche Zahnmerkmale bei Säugetierexperten genießen.

Es gibt viele heute lebende Säugetierarten, und jede hat eine Geschichte, die verdiente, daß man sich mit ihr befaßt. Nur eine Handvoll dieser Arten kann ich detailliert beschreiben – es sind einfach zu viele –, aber ich werde versuchen, einige der Mechanismen ihrer Differenzierung zu umreißen. Schauen Sie doch nur, wie vielfältig sie sind. Die Pflanzenfresser reichen von den schwerfälligen Rindern und den schnelleren Pferden über die Gazellen, die so elegant und geschmeidig sind wie junge Ballerinen, bis zu den wuchtigen Dickhäutern – Elefanten, Nashörner und Nilpferde, die die ökologischen Doppelgänger der Brontosaurier sind. Nicht zu vergessen die ausgefalleneren Pflanzenfresser: Kamele, Giraffen und Känguruhs, die Faultiere und die riesigen südamerikanischen Nager – die Capybaras oder Wasserschweine – sowie den unwahrscheinlichen Riesenpanda, den Liebhaber von Bambus. Dann gibt es noch den kleineren Stamm der Kaninchen und Hasen, die überall leben können, vom hohen Norden bis zur subtropischen Wüste. Hunderte von Arten kleinerer Nager knabbern an Samen und Nüssen und noch so mancherlei. Schweine wühlen mit der Schnauze im Boden nach Nahrung, was französische Bauern sich zunutze machen, indem sie sie nach dem köstlichsten und teuersten Nahrungsmittel schnüffeln lassen, der Trüffel. Die Vegetarier werden gefressen von solchen, die keine sind. Einige Fleischfresser sind klein und bösartig, zum Beispiel die Wiesel und Hermeline. (Maulwurf war und ist natürlich ein sehr tüchtiger unterirdischer Fleischfresser, während Ratz Vegetarier ist, aber eine Köcherfliege hin und wieder nicht verschmäht. Ratz ist gar keine Ratte, sondern eine Wühlmaus, jedenfalls zoologisch gesehen, wenngleich er sprachlich ein höheres Recht besitzen mag, die einzig wahre Ratte genannt zu werden, da es das angelsächsische Wort «*rat*» schon gab, bevor Wanderratte und Hausratte in Britannien Einzug hielten.) Der Löwe *(Panthera leo)* ist fraglos der König der afrikanischen Raubtiere, ungeachtet aller Spitzfindigkeiten hinsichtlich der Bezeichnung, auch wenn der Tiger die wildere Bestie ist, und beide sind Aristokraten in einer zahlreichen Schar von Katzen. Hunde, Hyänen, Füchse, Bären und Vielfraße vergrößern die Ordnung der Carnivora. Sonderbare Säugetiere wollen kein saftiges Fleisch, sondern ziehen Scharen von Ameisen vor: Erdferkel und Schuppentiere und Ameisenbären mit länglicher Schnauze und klebriger Zunge. Zu den konventionelleren Insektenfressern gehören die Spitzmäuse, aber es gibt auch die Igel, deren Haare zu Stacheln modifiziert sind. Die eigenartigsten aller insektenfressenden Säuger sind die Fledermäuse – Zwergfledermäuse und Mopsfledermäuse und Hufeisennasen –, Tiere, die ihre Flügel wie einen Klappschirm zusammenfalten können und sich im Dunkeln durch das Ausstoßen unhörbar hoher Quietschlaute orientieren. Zu ihnen gehören auch Obstesser und ein blutsaugender Vampir; die kleinste Art *(Craseonycteris)* wiegt kaum mehr als eine Hummel. Wenn man sie so nebeneinander betrachtet – ist es nicht fast unglaublich, was alles zu den Säugetieren gehört?

Dabei haben wir noch gar nicht alle genannt. Da sind noch diejenigen, die ins Wasser zurückgekehrt sind. Träge Seekühe und Manatis sind die Pflanzenfresser, Robben und Seelöwen die Fleischfresser, mit einer Schnauze wie Hunde, aber einem Körper, der glatt und scheckig und rund ist und einem Atem, schlimmer als der eines Kamels. Ihrer aller Krönung sind die Walartigen – Tümmler und Delphine und Wale –, die ihre Säugerherkunft allein durch Zitze und Milch verraten, während ihr Körper lässiger durch den Ozean rudert und gleitet als jedes Unterseeboot und ebenso anmutig wie ein Lachs. Dabei gehören zu ihnen Riesen, die den größten Dinosaurier an Gewicht übertreffen und die ungeheuerlichsten Erfindungen der Reptilien in den Schatten stellen würden. Ich frage mich, ob ein Paläontologe nicht an seinen eigenen Berechnungen zweifeln würde, wenn der Blauwal nur durch Fossilien bekannt wäre: 170 Tonnen Speck, die ganz aus den planktischen Kleinkrebsen stammen, die der Wal mit seinen Barten aus dem Wasser filtert. Eine zweite Evolutionslinie führte zu den Zahnwalen, deren größter der Pottwal ist, ein Riesentier mit einem stumpfen Kopf, das auf der Jagd nach Tintenfischen in enorme Tiefen hinabtauchen kann. Wale sind zum Symbol der Naturschützer geworden, weil sie der Wahrscheinlichkeit trotzen und die Fruchtbarkeit und Findigkeit des Lebens verkörpern. Bei den Walen braucht man nicht umständlich den

Beweis anzutreten, daß der Untergang einer Art ein Verlust für uns alle ist, was im Fall einer etwas abgewandelten Wühlmaus-Art fraglicher erscheint. Das rohe Gemetzel unter den Walen ist eine bekannte historische Tatsache, und gefeiert wird es in dem Roman, der am engsten das Physische mit dem Metaphysischen verknüpft: *Moby Dick*. Auf meiner ersten Spitzbergenfahrt sah ich die Überbleibsel einer lange zurückliegenden Metzelei in der Nähe von Smeerenburg – angetriebene Rippen, in der nördlichen Einöde verstreut wie ebenso viele weiße Pfähle von verschwundenen Feldlagern. Was 65 Millionen Jahre der Evolution geschaffen hatten, konnte eine Harpune an einem mörderischen Nachmittag zunichte machen.

Doch auch die Wale hatten zunächst Beine. Wenn es eines Beweises bedürfte, daß die Knochen niemals lügen, würden die Fossilien, die die Geschichte des Wals dokumentieren, wohl das beste Beispiel eines evolutionären Übergangs abgeben, und sie sind ein kaum zu überbietendes Beispiel für den Beitrag der Paläontologie zur Geschichte der Säugetiere. Der *Basilosaurus* aus dem Eozän trägt einen Namen, der so klingt, als solle er ein Reptil zieren, und ursprünglich hielt man ihn auch für eines. Als dann jedoch seine Knochen vollständig bekannt waren, entpuppte er sich als ein Säuger und noch dazu als ein primitiver Wal von zwanzig Metern Länge. Sein Kopf ist relativ kurz und sein Körper, verglichen mit heute lebenden Walen, entsprechend lang. Er besaß noch rudimentäre Hintergliedmaßen, und es sind noch Finger und Arme zu erkennen, wenn auch geschrumpft und funktionslos, so etwas wie ein Schild an der Straße der Evolution, das den Weg zu einem Vorgänger weist, der auf allen Vieren laufen konnte. Weitere Funde aus dem Eozän haben letzthin dazu beigetragen, die scheinbar unüberwindliche Kluft zwischen dem großen Wal und einem normalen Vierbeiner zu schließen. *Ambulocetus* (der Name – «wandelnder Wal» – versucht die wesentlichen Merkmale zu benennen) ist bisher nur durch ein Teilskelett bekannt – und das weist Beine auf, die wie bei einem Seelöwen angeordnet sind und folglich noch einem Zweck dienten. Das älteste Mitglied der Gruppe der Wale ist vermutlich *Pakicetus*, von dem man nur den hinteren Teil des Hirnschädels und einen Teil des Unterkiefers kennt. Doch schon an diesem Fragment erkennt man, daß die Ohrregion nur unzureichend an das Tieftauchen angepaßt war, verglichen mit den spezialisierten Strukturen anderer Wale, die einen beträchtlichen Wasserdruck aushalten können. Das Ungewöhnliche ist nun: Das Fossil wurde zusammen mit Süßwasserschnecken und Versteinerungen anderer Tiere gefunden, die sich vom Meer fernhielten, vielleicht ein Hinweis darauf, daß die Wale aus Säugetieren hervorgegangen sind, die in den seichten Flüssen und Mündungsgebieten des Alttertiärs nach Fischen und Schalentieren jagten und erst später ins Meer umzogen, dessen Gebieter sie dann wurden. Unter den Fleischfressern gibt es dazu ein modernes Pendant: *Lutra lutra*, den Otter, der zwischen der Meeres- und der Süßwasserwelt eine Brücke schlagen kann wie kein anderes Tier außer dem Lachs – der vielleicht seine Lieblingsspeise ist. Ich habe Ottern in forellenreichen Flüssen in Südwales entdeckt; ich habe ihre nahen Verwandten übermütig durch die Riesentangwälder in Kalifornien tummeln sehen. Die Geschichte der Genesis der Wale ist ausgesprochen beredt, und sie kann beispielhaft für weite Teile der Säugetierevolution stehen. Man kann wirklich zeigen, daß Tiere von bizarrer Gestalt vorzeitliche Verwandte mit Merkmalskombinationen hatten, die sie in die Nähe von gewöhnlicheren Tieren rücken. Diese Geschichte zeigt auch, wie fragmentarisch unser Wissen von einigen der verbindenden Arten ist, und das begegnet uns wieder bei etlichen Tierarten, nicht zuletzt unserer eigenen Spezies. Ich gedenke nicht, noch viele Geschichten von der Art «erst kam diese Spezies, dann jene, dann die dritte» zu beschreiben, weil sie rasch zu bloßen Auflistungen lateinischer Namen verkommen. Die am häufigsten wiedergekäute von diesen Genealogien dürfte die des Pferdes *(Equus)* sein, und im Laufe der Jahre ist es für mich recht unübersichtlich geworden, wie diese Geschichte sich verkompliziert hat, seit im Eozän die ersten kleinen, fünfzehigen, pferdeähnlichen Tiere *(Hyracotherium)* im Fossilbestand auftauchten. Bei der letzten Zählung fand ich mehr als zwanzig Gattungsnamen über den Baum der Beziehungen versteut, und ihn zu beschreiben liefe ungefähr darauf hinaus, mit einem jener Bücher des Alten Testaments zu beginnen, wo es heißt: Und Zebediah zeugte Obadiah, und Obadiah zeugte Numquat und Aliquot, und Aliquot Mizpah und Mephaniah usw. usf. über viele Generationen hinweg. Aber es gibt ein Dutzend Erzählungen dieser Art, die erzählt werden könnten, und so mancher Paläontologe verbringt sein aktives Leben mit Zähnen und Knochensplittern, die einen bisher fehlenden Absatz ausfüllen oder gelegentlich ein neues Kapitel schreiben. Sehr selten wird das beinahe Unmögliche entdeckt, wie eben ein wandelnder Wal. Es erfordert eine einzigartige, in ihrer selbstlosen Leidenschaftlichkeit bisweilen geradezu religiöse Hingabe, sich jahre- oder jahrzehntelang mit undankbaren Knochen abzuplagen.

Über die frühesten Anfänge vieler Säugetierarten weiß man kaum etwas. Die Plazentatiere, die ihre Jungen vor der Geburt bis zu einem gewissen Reifezustand in einer Gebärmutter heranziehen, gelten als vergleichsweise fortgeschritten. Die primitivsten rezenten Säugetiere sind die Kloakentiere, die von einem reptilischen Vorfahren das Merkmal behalten haben, daß sie Eier legen. Sie sind, wie andere Beispiele von Überlebenden, die in diesem Buch erwähnt werden, Ureinwohner Australiens. Das entenschnäbelige Schnabeltier ist etwas so Außergewöhnliches, daß man an einen Witz glaubte, als es erstmals beschrieben wurde. Als schließlich bewiesen wurde, daß es ein aquatisches Säugetier mit einem entenartigen Schnabel, das Eier legt, wirklich gibt, wurde aus dem Traum eines Skeptikers lediglich der Alptraum eines Zoologen. Sein häufigerer Vetter, der Ameisenigel, sieht einem richtigen Igel ähnlich. Es muß Kloakentiere während der ganzen Zeit bis zurück in die Anfänge des Jura gegeben haben, doch wird das nur durch ganz wenige Fossilien belegt. Vielleicht waren sie schon immer ziemlich selten. Beuteltiere dagegen bringen winzige Junge zur Welt, die durch angefeuchtetes Fell zu einem Beutel kriechen, in dem sie getragen und gesäugt werden. Auch sie kommen hauptsächlich in Australien vor, aber sie sind nicht ganz auf diesen Kontinent beschränkt; südamerikanische Opossums haben sich in relativ neuer Zeit nordwärts bis ins Gebiet der Vereinigten Staaten ausgebreitet. Auch über die Geschichte der Beuteltiere weiß man kaum etwas. Erste Fossilien stammen aus der tiefen Kreidezeit, doch scheinen die Tiere in dieser Zeit allein auf Nordamerika beschränkt zu sein. Etwas später in der Kreidezeit findet man sie häufig in *Süd*amerika, und einem Szenario zufolge sollen sie von dort aus Australien besiedelt haben. Im Alttertiär waren sie nahezu weltweit verbreitet. Doch auf welchem Wege sie auch zu den Antipoden gelangt sind – einmal dort angekommen, gediehen sie prächtig.

Die Geschichte der Säugetiere hängt eng zusammen mit der Geschichte der Kontinente. Während des Perms waren, wie man sich erinnern wird, die Kontinente zum großen Superkontinent Pangäa vereint. Zum ersten und letzten Mal in der Geschichte war es einem Tier (sofern es Strapazen aushielt) möglich, sämtliche Erdteile nach Belieben zu durchstreifen. Es gab natürlich Hindernisse – Wüsten, Flüsse, Gebirge –, aber kein breiter Ozean stand der Wanderung im Wege. Das weitere Schicksal des terrestrischen Lebens ist verflochten mit dem Auseinanderbrechen dieses gewaltigen Kontinents, angetrieben vom mächtigen Motor der Plattentektonik. Aus schmalen Meeren wurden breitere Ozeane. Nord- und Südatlantik trennten die amerikanischen Halbkontinente von Eurasien und Afrika. Dieser Prozeß war in der Kreidezeit weit fortgeschritten, doch Übergänge waren noch möglich, denn die Spaltung war weder einfach noch sauber. Das damalige Nord- und Südamerika verhielten sich im Tertiär wie Boxer im Sparring, mal eng verbunden, doch meistens getrennt durch das Gebiet des heutigen Panama. Ähnliche Beziehungen hatte Afrika mit dem Süden Europas und von dort aus mit dem Rest Asiens. Die Tethys, das uralte Meer, änderte laufend seine Gestalt und Ausdehnung. Die sich wandelnden Beziehungen von Land, Kontinenten und Meeren sind im Mittelmeergebiet so komplex und verworren wie die Beziehungen in der Dynastie der Borgias. Die Antarktis steuerte ihren eigenen Kurs südwärts, einen Kurs des Verderbens für einige, doch die Chance für viele Pinguin- und Robbenarten. Indien verließ sein Quartier gegenüber Afrika und trieb davon, um mit Asien zusammenzustoßen und den Himalaya hochzuschieben, unter Zurücklassung von Madagaskar, das in der Nähe von Afrika strandete. Die vorspringende Westküste Madagaskars ist bestimmt der augenfälligste Beweis der Kontinentalverschiebung; man fühlt sich fast genötigt, die Insel aus der Landkarte auszuschneiden und wieder in die Lücke zu stecken, aus der sie entlassen wurde.

Jeder Kontinent nahm eine Fracht von Tieren und Pflanzen mit, und als diese von ihrem gemeinsamen Ursprung isoliert waren, entwickelten sie sich in Isolation. Das war ein phantastischer Beitrag zum Reichtum der natürlichen Welt, denn auf diese Weise konnten fünf- bis sechsmal so viele Arten (oder, im Laufe der Zeit, höhere Ordnungen des Lebens) ernährt werden. Trennung erzeugt Vielfalt. Deshalb gibt es so viele verschiedene Lemurenarten auf Madagaskar, deshalb gibt es keine heimischen Katzen in Australien, deshalb sehen Lamas anders aus als Gabelantilopen. Weil es nur eine begrenzte Zahl von Unterhaltsmöglichkeiten für Tiere gibt, beschäftigten sich verschiedene Tiere auf den entstehenden Kontinenten mit ähnlichen Dingen. Grasfresser, Fleischfresser, Insektenfresser, Baumkronenbewohner – alle entwickelten sich mehr als einmal aus unterschiedlichen Vorläuferarten. Und auf jeden Kontinent kamen Hunderte von Ozeaninseln, auf die ebenfalls das Leben verpflanzt werden konnte. Das Ende Pangäas war somit gleichbedeutend mit der Schaffung der modernen Welt, und ein Requiem für den verschwundenen Superkontinent wurde bald zu einer Festmesse für die moderne Welt.

Es ist daher logisch, die Geschichte der Säugetiere für die einzelnen Kontinente getrennt zu beschreiben, und ich habe von jedem einfach eine Handvoll Beispiele herausgegriffen.

Wie schöpferisch die Isolation wirkt, wird am einsamsten Kontinent am besten deutlich. Australien löste sich früh von der zerfallenden

Pangäa und schlug einen Sonderweg ein, den die heutigen Bewohner dieses Kontinents zweifellos als robuste Unabhängigkeit bezeichnen würden. Er nahm eine Fracht von Beuteltieren mit, und sie blieben Beuteltiere, während in den meisten Teilen der übrigen Welt am Ende die Plazentatiere die Oberhand gewannen. Ein gewaltiger Kontinent stand zur Verfügung, um mit den Beuteltieren zu experimentieren. Sie gelten vielfach als eine eher begriffsstutzige Art von Säugetieren, und es stimmt, daß jegliche philosophische Diskussion bei einem Koala fehl am Platz ist. Sie sind aber keineswegs die Dummköpfe der Evolution, als die sie ein verbreitetes Vorurteil sieht. Das Känguruh und das Wallaby zum Beispiel sind wunderbar angepaßte Tiere. Das Känguruhweibchen ist dauernd trächtig, doch in schweren Zeiten wird die Entwicklung des Fötus unterdrückt; in guten Zeiten entwickelt sich das Junge und läßt sich in dem Beutel nieder, der, was die mütterliche Fürsorge angeht, wohl durch nichts zu überbieten ist. Ähnliche Vorrichtungen werden in Läden für Mutter und Kind angeboten, hergestellt aus waschbarem Gewebe. Die hoppelnde, springende zweibeinige Fortbewegung des Känguruhs ist energieeffizient; Känguruhs können aus schlechtem Futter gutes Fleisch machen. Wenn sie neben Schafen und Rindern leben müssen, beides fortgeschrittene plazentale Pflanzenfresser, sind es die Känguruhs, die schwere Zeiten in besserer Form überleben. Ihr eigenwilliger Bauplan ist einzigartig unter den großen Pflanzenfressern. Wenn Sie in einem Toyota durch das Innere Australiens fahren, hundertfünfzig Kilometer von einer Stadt und Stunden von stehendem Wasser entfernt, kann Ihnen plötzlich ein großes graues oder rotes Känguruh über den Weg springen, mit einer ernsten Unbekümmertheit, zu der kein anderes Säugetier fähig ist. Andererseits gibt es Beuteltierarten, die in ihrem Bauplan eine außergewöhnliche Ähnlichkeit mit placentalen Säugetieren zeigen, und das liegt in jedem Fall daran, daß sie ähnliche ökologische Aufgaben erfüllen. Es gibt Beutelmäuse, die wie jede andere Maus aussehen, und bis vor ganz kurzer Zeit gab es den Beutelwolf *(Thylacinus)*, der in jeder Hinsicht wie ein Hund aussah. Der letzte ist 1936 in einem Zoo gestorben. Ich habe ein Photo von ihm, auf dem er gewaltig zu gähnen scheint, doch wurde ich belehrt, daß es sich dabei um eine Drohgebärde handelt, wie sie ähnlich sein Verwandter, der Tasmanische Teufel, benutzt. Ein so weit aufgesperrtes Maul erinnert einen an die gequälten Schreie auf den Gemälden von Francis Bacon, und es wirkt merkwürdig angemessen für ein Tier, welches das letzte seiner Art ist. Man braucht nicht lange zu überlegen, um auf Beutelwaschbären, -ratten, -maulwürfe und -eichhörnchen zu kommen. Noch vor einer Million

Jahre gab es ein sehr viel breiteres Spektrum von Beuteltieren, die durch die Ebenen Australiens streiften. Unter ihnen war ein großer vierbeiniger Pflanzenfresser, *Diprotodon*, ein seltsames Tier, das eine flüchtige Ähnlichkeit, aber kaum mehr, mit einem afrikanischen Dickhäuter hat. Er wurde gejagt von *Thylacoleo*, der glaubhaft dem König der Tiere ähnelte, obwohl er unzweifelhaft auch ein Beuteltier war. Diese bemerkenswerten Tiere haben bis in eine vergleichsweise neue Zeit gelebt, und einige Forscher behaupten, der Mensch selbst habe ihr Ende beschleunigt.

Bis vor ganz kurzer Zeit war die Geschichte der Beuteltiere in Australien weitgehend ein Rätsel. Känguruhs und ihresgleichen, Koalas, *Thylacoleo* mitsamt den Wölfen und Teufeln, sie alle waren nur sehr spärlich durch Fossilien dokumentiert. Dann wurden in Riversleigh im Norden Queenslands ganz wunderbare Versteinerungen entdeckt, die auf einmal Licht auf ein bis dahin unbekanntes Kapitel warfen. Diese Fossilien lagen in Kalkstein, und so konnte man sie herausätzen und ganze Kiefer bergen. Es ist einer der Vorzüge der Paläontologie, daß es immer wieder Überraschungen gibt. Man hätte ja damit rechnen können, in Riversleigh frühe Formen des Känguruhs oder des Opossums zu finden. Was man statt dessen fand, waren viele Arten von völlig unbekannten Beuteltieren, an die man nicht im Traum gedacht hatte. Es gab dort rätselhafte Beuteltiere, die derart geheimnisvoll waren, daß ihre Entdecker sie als «Dingsdadonten» bezeichneten; die Wissenschaft hat sie inzwischen auf den prosaischeren Namen *Yolkaparidon* getauft, aber noch immer weiß niemand, mit welchem anderen Beuteltier sie verwandt waren oder wie sie lebten. Es gab sogar riesige Verwandte des Schnabeltiers.

Riversleigh ist eine abgelegene Station in der Nähe des Gregory River. Das ist ein schmales Gewässer, das sich durch das Hinterland schlängelt und inmitten der weiten Ebenen mit Eukalyptusbäumen und *Spinifex*-Büschen, die einen Großteil des Inneren dieses Kontinents bedecken, für ein schmales Band mit üppig wucherndem Grün sorgt. Im Oligozän und Miozän war die ganze Gegend so reich wie Amazonien, grün und feucht, mit Bäumen und Farnen in Hülle und Fülle. Das ist die verschwundene Landschaft, die in den Fossillagerstätten von Riversleigh wieder ins Gedächtnis gerufen wird. Der Wald erhob sich auf einem älteren Kalksteinboden, und wie es in solchen Gegenden öfter passiert, hatten die reichlichen Regenfälle Tümpel und Spalten ausgewaschen. In solchen Tümpeln hatten sich Schädel und Knochen von Tieren erhalten, bedeckt von einer schützenden Schicht von Tuff, die sich aus den kalkhaltigen Wassern abgesetzt hatte; in karstigem Gelände werden Tierknochen auch heute noch auf diese Weise erhalten. Die Wasser des Gregory River sind noch immer so kalkhaltig, daß der Tuff natürliche Dämme und Terrassen bildet, über die das klare Wasser herabstürzt.

Schon lange von Gondwana losgetrennt, war Australien im Miozän isoliert, und so lieferten die Beuteltiere den Rohstoff für einen Wald voller Säugetiere. Nur Fledermäuse flogen von außerhalb herein, und das war ein Glück; weil man nämlich eine fossile Fledermausgattung erkannte, zu der es in weiter Ferne, in Frankreich, ein Gegenstück gab, konnten die erstaunlichen Fossilfunde datiert werden. Seit den ersten Entdeckungen im Jahr 1976 fanden weitere Expeditionen alljährlich neue Fossilienlagerstätten in diesem weiten Land, und sie stammten, wie sich herausstellte, aus mehr als einem Zeitalter. Viele der Funde haben noch keine vollständige wissenschaftliche Beschreibung erfahren und den entsprechenden lateinischen Namen erhalten, der ihre amtliche Existenz bestätigt; sie harren, in einem kreativen Übergangsstadium befindlich, ihrer Definition. Je mehr Fundorte die Forscher untersuchten, desto klarer erwies sich, daß fast die ganze Geschichte der Säugetiere Australiens in den Steinen dokumentiert ist; an den Fossilien ließ sich ablesen, daß das Klima allmählich trockener geworden war, wodurch der Regenwald auf wenige periphere Standorte zurückgedrängt wurde. Es wuchs die Vielfalt, und daraufhin gingen die großen vierbeinigen Pflanzenfresser wie *Diprotodon* zurück; um das Fleisch dieser großen Tiere kämpften nicht nur eine, sondern mehrere Arten von Beutel-«Löwen» und -«Hunden». In den Bächen, die durch die Wälder von Riversleigh flossen, waren Schildkröten häufiger und vielfältiger als irgendwo sonst in der Welt, eine späte Blütezeit der Reptilien; und Krokodile wie das *Baru* lauerten in den Sümpfen, so wie sie es heute im Norden rings um den Golf von Carpentaria tun. Die Känguruhs bildeten einen ganzen Stamm unterschiedlicher Tiere, zu denen nicht nur die bekannten großen Hüpfer gehörten, sondern auch Verwandte der Rattenkänguruhs und Känguruhratten, und es gab, ganz unerwartet, fleischfressende Känguruhs, die ihre friedlichen Nachbarn jagten. Man darf auf keinen Fall glauben, die Verhältnisse, die wir aus der Gegenwart kennen, ließen sich auf die Vergangenheit übertragen, denn die Geschichte kann unsere Wahrnehmungen narren. Man mag sich fragen, woher die erstaunten Wissenschaftler wußten, daß das fleischfressende Tier, das sie vor sich hatten, ein Känguruh war. Sie kannten die Knochen aller Känguruhs so gut, daß die Schädelmerkmale ihre gemeinsame Herkunft verrieten; unzweifelhaft waren aber auch die spezialisierten Zähne des Fleischfressers. In den Bäumen der Wälder von Riversleigh wimmelte es von Zwergopossums und vielen anderen merkwürdigen Opossums obendrein, manche darunter eigenartig und rätselhaft (die denn auch eigenartige und rätselhafte Namen erhielten wie Ektopodontidae) und nirgendwo sonst bekannt. Es zeichnet sich das Bild eines Waldes ab, der lebendiger und vielfältiger war als alles, was in dem trockeneren Klima des heutigen Australien übriggeblieben ist. Es war der Höhepunkt der Beuteltiere. Weit entfernt davon, die armen Verwandten der übrigen Säugetiere zu sein, waren sie auf ruhmvolle Weise anders. Die Entdeckung der Riversleigh-Fossilien entsprach der Entdeckung der Inka-Ruinen in den Anden, denn Annahmen über die Möglichkeiten der Vergangenheit wurden durch greifbare Tatsachen in Frage gestellt. So wie die zähen Menschen, die im Schatten der wankenden Andenpaläste Kartoffeln anbauen, nur noch wie ein blasser Abglanz einer ruhmreichen südamerikanischen Kultur wirken, so scheinen die Beuteltiere, die bis heute überlebt haben, nur eine Stichprobe aus einer untergangenen Fülle des Lebendigen zu sein. In den Zeitungen in Queensland, die von den Entdeckungen in Riversleigh berichteten, hieß es, «die Geschichte wurde umgeschrieben», und für einmal entsprach das Klischee der Wahrheit. Man sollte sich das als Warnung dienen lassen: Sie könnte erneut umgeschrieben werden, und in einem anderen Winkel Australiens könnte eine weitere vergessene Episode in der Geschichte des Lebens aufgedeckt werden. Bedauerlich ist, daß einige der bemerkenswertesten Beuteltiere nur bis vor relativ kurzer Zeit überlebt haben. Wäre das Leben nicht reicher, wenn ein Spaziergang in den verbliebenen Regenwaldresten im Norden von New South Wales noch immer mit dem Risiko verbunden wäre, einem Beutellöwen zu begegnen?

Riversleigh ist der überraschendste neuere Fall der Entdeckung einer unerwarteten Fauna, von dem ich weiß. Ähnliche Fälle hat es schon vorher gegeben. Im 19. Jahrhundert wurde ein wißbegieriges Publikum mit den Folgen der Isolation Südamerikas im Tertiär bekannt. Wir sind inzwischen an die Fremdheit der Tiere gewöhnt, weil Rekonstruktionen des Lebens in der prähistorischen Pampa längst zu den obligatorischen Dioramen gehören, die den gängigen Darstellungen der Geschichte unseres Planeten beigegeben werden. Doch als die fossilen Tiere aus dem Tertiär und Pleistozän Argentiniens erstmals der Öffentlichkeit zugänglich gemacht wurden, lösten sie eine Sensation aus. Südamerika war nach dem Auseinanderbrechen Pangäas über lange Zeit hinweg fast ebenso eine Insel wie Australien. Die Tiere, die sich dort in Isolation entwickelten, waren daher ebenso vielfältig und auffallend wie diejenigen, die ich gerade von unserem heutigen Inselkontinent beschrieben habe. Charles Darwin lernte ihre Überreste während seiner Reise an Bord von HMS *Beagle* kennen. Er sah sich *Taxodon* an und beschrieb es auf seinem Besuch Patagoniens als «das wohl seltsamste Tier, das je entdeckt wurde». Mit gutem Recht, denn es war ein massiv gebautes Tier von drei Metern Länge, das möglicherweise einen Rüssel hatte wie ein Elefant, aber auch noch etwas von einem Nager an sich hatte, und man glaubt, daß es mit seiner spachtelartigen Schnauze Wasserpflanzen abgeweidet hat wie ein Nilpferd. Südamerika hatte, genau wie Australien, eine ganze Reihe von außergewöhnlichen Eingeborenen. Viele von ihnen gehören zwei Gruppen an, den Notoungulaten und den Litoptera, die pferdeartige, kamelartige, kaninchenartige, hirschartige und sogar nashornartige Tiere umfassen. Von diesen Tieren sind mehrere hundert verschiedene Arten bekannt – evolutionäre Eintagsfliegen waren sie nicht. Es waren plazentale Säugetiere, die ihre Jungen nicht nur lebend gebaren, sondern sie im Mutterleib mittels der wohltätigen Plazenta nährten. Die meisten Südamerikaner waren daher mit den in den übrigen Erdteilen dominierenden Säugetieren – und folglich auch mit uns – enger verwandt als die Mehrheit der Australier. Unter ihnen gab es jedoch auch andere, seltsame Tiere, die offenbar die Vorstellung bestätigen, daß isolierte Tiere zu schwerfälligen, tölpelhaften Wesen werden. Die Faultiere hängen noch immer faul auf Bäumen des Regenwaldes herum, stopfen Blätter in sich hinein und beehren den Beobachter mit einem Blick, der ganz offensichtlich beschränkt ist. Im Fell dieser Tiere wachsen sogar grünliche Algen, ein angemessener Tribut an ihr Dahinvegetieren. Das Riesenfaultier, *Megatherium*, war ein imponierender Verwandter dieser Tiere, groß genug, um sich an einem Baum aufzurichten und eßbare Früchte und Blätter herunterzuziehen. Das Skelett von einem dieser prächtigen Faultiere steht im Natural History Museum vor dem Eingang zur Paläontologischen Abteilung – nicht, so hoffe ich, als ironischer Kommentar zu der Arbeit, die dort geleistet wird. Von denen, die Größe irrtümlich mit zoologischer Verwandtschaft gleichsetzen, wird es regelmäßig für einen Dinosaurier gehalten. Ein Verwandter dieses Faultiers hat offensichtlich bis in geschichtliche Zeiten überlebt, denn aus einer großen, aus Trümmergestein ausgewaschenen Höhle, der Cueva del Mylodon bei Puerto Natales in Patagonien, wurde seine noch immer mit Haar bedeckte getrocknete Haut geborgen. Offenbar lebte das Tier in solchen Höhlen, denn sein Dung findet sich dort ebenfalls, haufenweise, und noch immer brennt er. Wäre es nicht herrlich, eine Tasse Tee zu trinken, gekocht auf dem Dung des Riesenfaultiers? Aus dem fossilen Fell wurde dieselbe

Algenart gesichert, die bis heute auf den Faultieren lebt. Die letzten dieser Riesen lebten wahrscheinlich noch vor zehntausend Jahren. Wie bei den ausgestorbenen Beuteltieren gibt es auch hier die Meinung, der Mensch selbst habe die traurigen Riesen möglicherweise ausgerottet.

Im tertiären Südamerika gab es noch andere Kuriositäten. Nager so groß wie Bären waren der Gipfel der Evolution des großen Stammes der Ratten, Schlafmäuse und Lemminge. Man hat sie Dinomyiden genannt, was wörtlich «schreckliche Mäuse» bedeutet, ein hübscher Widerspruch in sich. Auf den prähistorischen Pampas lebten sie als ernste Grasfresser. Es gab einen fleischfressenden Beutel«hund» namens *Borhyena*. Kaum weniger ausgefallen war das Glyptodon – es ist unter den Säugetieren die genaueste Nachahmung der schwergepanzerten vegetarischen Dinosaurier wie *Ankylosaurus*. Nichts genau Entsprechendes hat überlebt, abgesehen von seinem lebenden Verwandten, dem Gürteltier. *Glyptodon* ist nämlich ein drei Meter langer Panzer in Tiergestalt, mit einer knöchernen Hülle, die auf seinem Rücken einen großen gewölbten Schild bildet, ebenso massiv wie der einer Riesenschildkröte und vermutlich genau so undurchdringlich. Ein schneller Läufer kann es kaum gewesen sein, aber andererseits bezweifle ich, daß es sich damit beschäftigen mußte, vor Säugetierfeinden die Flucht zu ergreifen. Als sich die Landenge von Panama bildete und eine Brücke zwischen Süd- und Nordamerika schuf, war es unter den Tieren, die nordwärts zogen und noch lange überlebt und sich vermehrt haben. Unter seinen Gefährten auf dem Treck nach Norden war das Gürteltier, und dieses Tier gedeiht noch immer unter den Mesquitebüschen der südlichen Vereinigten Staaten. Die Glyptodonten starben durch einen Klimawechsel aus, vielleicht waren sie aber auch ein weiteres Opfer jener spezifisch menschlichen Kombination von Findigkeit beim Jagen und Töten und einem Hang zur unwiderruflichen Vernichtung.

Die Landenge von Panama beendete die Isolation Südamerikas; die vollständige Verbindung zwischen den beiden Halbkontinenten kam vor drei Millionen Jahren zustande. Der schmale Isthmus diente als Korridor, durch den Tiere in beiden Richtungen zogen. Mindestens ebenso viele Tiere zogen erfolgreich nach Norden wie nach Süden. Die Pferde und Hirsche und diversen Raubtiere (Pumas, Bären, Hunde), die bald die Wälder und Ebenen Südamerikas besiedelten, stammten aus der nördlichen Hemisphäre und hatten dort eine lange und sehr komplizierte Vorgeschichte durchlebt. Auch Elefanten waren unter denen, die in den Süden vordrangen. Gürteltiere, Stachelschweine und Meerschweinchen wanderten in die umgekehrte Richtung. Viele der übrigen Südamerikaner konnten sich eine Zeitlang in Mittelamerika behaupten, und einige zogen weiter nach Norden, doch gingen sie wie die Glyptodonten unter ungeklärten Umständen zugrunde.

Im Meer trat ein völlig entgegengesetzter Effekt ein. Schalentiere und Korallenarten des Pazifiks und des Atlantiks waren während der längsten Zeit des Tertiärs über die heutige Landenge hinweg identisch. Sie waren Bewohner eines einzigen Meeres. Nachdem die Verbindung durch die Landenge gekappt war, entwickelten die Tiere schrittweise eine der jeweiligen Seite entsprechende Persönlichkeit; der Genpool wurde aufgeteilt. Es erschienen andere und neue Arten, die jeweils auf den Pazifik oder die Karibik beschränkt waren. Fachleute können ein Schalentier oft mit einem einzigen Blick der einen oder anderen Seite zuordnen. Erst jetzt ändern sich die Verhältnisse dank der Verbindung, die der Panamakanal geschaffen hat, zweifellos unterstützt von den Dampfern, die ihn durchfahren. Das Paradoxe ist also, daß dieselbe Landbrücke, die die Säugetiere einte, die Meeresfauna trennte.

Es war verhältnsmäßig einfach, die hervorstechenden Merkmale der Besitzergreifung Australiens und Südamerikas durch die Säugetiere nach dem Aussterben der Dinosaurier zu beschreiben. Es gibt Parallelen in der Geschichte dieser Kontinente, schon wegen ihres vergleichbaren Inselcharakters. Die soeben beschriebenen Wanderungen, die Südamerikas Isolation beendeten, finden sich auf verblüffende Weise regelmäßig auch in der Geschichte der Säugetiere in den anderen Erdteilen. Ob man Nordamerika und Europa, Afrika und Asien, Indien und Arabien nimmt – die geschichtlichen Prozesse treten immer wieder in Wechselwirkung. Die Geschichte ähnelt der eines militärischen Feldzuges, bei dem die einzelnen Streitkräfte mal in diese, mal in jene Richtung vorwärtsdrängen; es gibt Flankenbewegungen und Friedensverträge, die ganz nach Laune gebrochen werden. Die Bewegungen eines Bataillons, so schwer sie auch mit Sicherheit zu rekonstruieren sein mögen, sind für den Militärhistoriker faszinierend. Den Nicht-Historiker interessiert vielleicht ein menschliches Detail oder der Ausgang der einen oder anderen Schlacht, aber man kann nicht erwarten, daß er sich die unzähligen Ereignisse merkt, die zusammen eine wahre Beschreibung der Geschichte ergeben. So ist es auch mit der Geschichte des Lebens im Tertiär. Es gab in Eurasien und Afrika Hunderte von verschiedenen Säugetieren, und jedes davon hat eine Geschichte zu erzählen. Eine Aufzählung dieser Tiere würde den Rest dieses Buches füllen, und ich werde sie nicht geben. Eine Zusammenfassung ist fast immer eine Vereinfachung, die den Zorn des Fachmanns erregen würde.

Es gibt allerdings einige Tiere, die so ungewöhnlich sind, daß man sie nicht übergehen sollte, weil einem dann die unwahrscheinlichsten Episoden entgehen würden. Im Alttertiär Nordamerikas gab es zum Beispiel einen Riesenvogel namens *Diatryma*. Er hatte die Flugfähigkeit eingebüßt, und da er sich auf die Jagd verlegt hatte, besaß er einen wuchtigen Schnabel, mit dem er viele der frühen pflanzenfressenden Säugetiere zerfetzen konnte. Wenn man diese Tiere sieht, glaubt man ohne weiteres, daß die Dinosaurier an der K/T-Grenze nicht wirklich ihren letzten Atemzug getan haben. Sie lebten weiter als unersättliche Laufadler, die auf massiven, muskulösen Beinen einherschritten. Wie anders würden Kindergeschichten lauten, wenn diese monströsen Vögel überlebt hätten. Rotkäppchen würde sich vor einem ungeheuren Strauß fürchten, und der König der Tiere wäre aus einem königlichen Ei geschlüpft.

Dann gibt es noch gewisse Verallgemeinerungen, die zu treffen sinnvoll ist. Die Geschichte der Säugetiere zerfällt in zwei Hälften, wovon die frühere, bevölkert von vielen seltsamen Tieren, die es nicht mehr gibt, die exotischere ist; die spätere umfaßt Tiere, die, wenn sie nicht der rezenten Fauna angehören, eindeutig verwandt sind mit Arten, die wir ohne weiteres in einem Zoo betrachten können, wenn nicht sogar hinter unserem Haus. Die erste Hälfte umfaßt Paleozän, Eozän und Oligozän, die letztere einen Großteil von Miozän, Pliozän und Pleistozän. Es gab eine Reihe von uralten Exoten, die wenigstens bis zur letzten, pleistozänen Eiszeit überlebten und sich zeitlich sogar mit dem Menschen überschnitten, wie etwa das Riesenfaultier. Allerdings gab es in der früheren Phase eine hinreichende Zahl von mit der Fauna und Flora von heute verwandten Arten, um bei der Interpretation untergegangener Lebenswelten anders zu verfahren als bei allen Lebenswelten, die wir bisher kennengelernt haben (Algenmatten ausgenommen): ich meine den *direkten* Vergleich mit lebenden Pendants. So läßt sich eine fossile Palme leicht einer heutigen Familie von Palmen zuordnen, und ihre ökologischen Präferenzen lassen sich direkt dort ermitteln, wo solche Palmen noch vorkommen. Dabei wird die – nicht unbedingt vernünftige – Annahme gemacht, daß die Lebensweise seit vielleicht 50 Millionen Jahren unverändert geblieben ist. Dennoch erhalten Szenarien des Lebens im Tertiär durch diese vergleichende Methode eine ungeahnte Präzision.

Der Geschichte der Säugetiere in Europa nähert man sich wohl am besten, indem man einen Ausgrabungsort beschreibt, der das Leben auf wahrhaft außergewöhnliche Art dokumentiert. Er liegt in Deutschland, in der Nähe von Frankfurt am Main, bei Messel. Mitten in einem

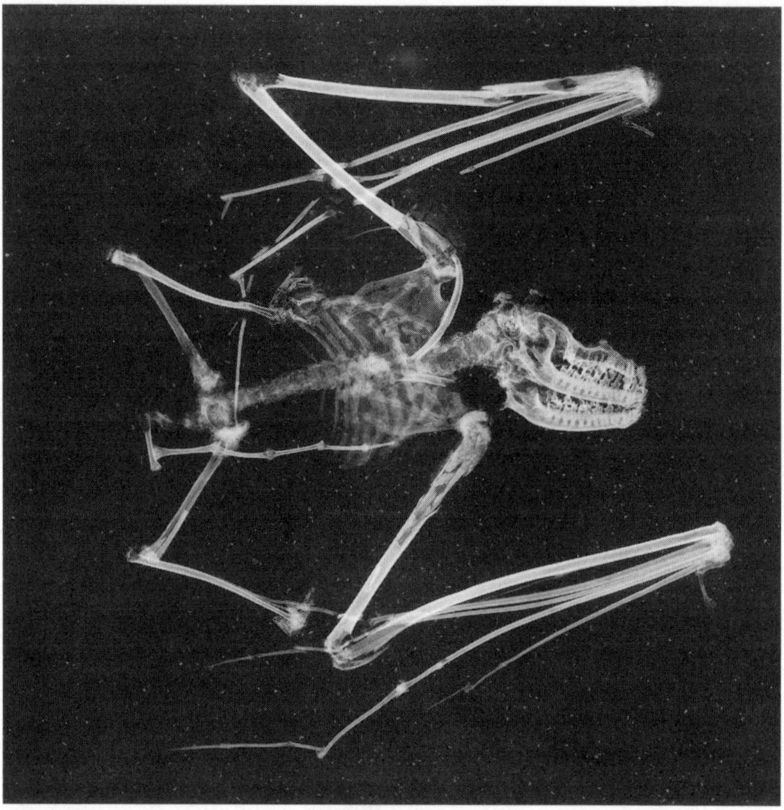

Diese Röntgenaufnahme derselben Messeler Art Palaeochiropteryx läßt die kleinsten Details des Skeletts erkennen

später entstandenen Wald liegt eine riesige Grube mit einem Kilometer Durchmesser, die jetzt teilweise unter Wasser steht. Eine Reihe von dunklen Ölschieferschichten ist so reich an tierischen und pflanzlichen Überresten, daß die ganze Ablagerung als ein fossiles Ökosystem bezeichnet wurde, das sich integral erhalten hat. Früher wurden durch Destillation des Schiefers Öl und Paraffin gewonnen, und dieser fossile Brennstoff ging seinerseits auf den Zerfall der unzähligen Lebewesen zurück, die in und um Messel lebten. Hier befand sich nämlich vor 50 Millionen Jahren ein eozäner See, in dem sich weiche Ablagerungen ansammelten, wodurch die Fossilien sich erhalten haben. Der See war umgeben von einem subtropischen Wald, der voller Leben war. Von Zeit zu Zeit wurden Tiere, Pflanzenfragmente und Insekten von schlammigen Sedimentlawinen begraben. Das schnelle Begräbnis hat sie in herrlichem Detail erhalten. Stellen Sie sich eine delikate Fledermaus vor, *Paleochiropteryx*, so zerbrechlich wie ein Papierdrachen, mit allen Knochen ausgebreitet auf einer dunklen Platte, so als warte das Tier auf seinen Auftritt als Komparse in einem Dracula-Film. Da gibt es Prachtkäfer *(Buprestidae)*, deren heute lebende Vertreter grün und blau schillern, als wären es kostbare Smaragde, und nicht anders ist es bei den Messeler Funden, deren Farbenpracht so vollkommen erhalten ist, als wäre die Zeit stehengeblieben. Da sind Riesenameisen und Termiten, im See ertrunken während ihres Hochzeitsfluges, der vermutlich sehr kurz war – ein einziger Tag in ferner Vergangenheit, für immer festgehalten auf einer Gesteinsoberfläche; selbst die Flügel und Fühler sind vollkommen erhalten. Möglicherweise hat in dem See das Algenplankton geblüht und dem Wasser den Sauerstoff entzogen, der sonst die Zersetzung beschleunigt hätte; die dadurch entstandenen anaeroben Bedingungen beförderten die erhaltenen Kadaver dieser weichkörperigen Tiere wohlbehalten bis in die Gegenwart. Dasselbe Schicksal traf eine Spinne, die über dem Wasser an einem seidenen Faden hing. Normalerweise hätten gierige Fische wie der Knochenhecht und der Schlammfisch, die im See von Messel in großer Zahl lebten, diese Geschöpfe weggeschnappt. In den Gewässern Nordamerikas haben sich solche Fische noch erhalten, und nach Ansicht von Ichthyologen gehören sie zu den primitivsten heute lebenden Knochenfischen; in der Vergangenheit waren sie natürlich häufiger und verbreiteter. Es findet sich auch ein fossiler Aal.

In dem dunkeln Ölschiefer von Messel kommen etliche Amphibien vor: Kröten, Salamander und Frösche. Die Frösche scheinen mitten im Sprung erstarrt zu sein, mit angezogenen und sprungbereiten Beinen, und sogar die eine oder andere Kaulquappe ist da, zum Beweis, daß der See genau wie heutige Seen den Nachwuchs ernähren konnte. Es wimmelte von Süßwasserschildkröten, insbesondere *Trinoyx*, und es gab nicht weniger als sechs Krokodilarten, von denen *Diplocynodon* die häufigste war (soviel zum Rückschlag *dieser* Reptilien an der K/T-Grenze!). Es gibt Präparationen dieser Tiere, die vollständig, Knochen für Knochen, aus ihrem steinigen Bett geborgen wurden, so daß sie aussehen, als seien sie frisch vom Oberlauf des Parana importiert worden. Echsen und Schlangen waren damals wie heute Landtiere und in den Süßwassersedimenten keineswegs so häufig wie Schildkröten. Wegen ihres guten Erhaltungszustands sind sie von großer Bedeutung für die Herpetologen. Unter den Echsenfossilien sind frühe Vertreter etlicher rezenter Gruppen: Skinks, Warane und Leguane sowie die beinlosen Abarten, die alles tun, um den Eindruck zu erwecken, sie seien Schlangen. Nicht, daß es an echten Schlangen mangelte; das Material von Messel bestätigt, daß diese Gruppe von Reptilien nach dem Aussterben der Dinosaurier ihre größte evolutionäre Entfaltung erlebte, obwohl ihre Anfänge wie die der Beuteltiere weiter zurückliegen. Die Fossilien bewahren jede einzelne Rippe, seien sie auch so zahlreich wie die Beine von Tausendfüßern: Es gibt mehrere Meter lange Boas, fossile Würger und Totquetscher, aber nicht ein Exemplar der Giftschlangen, von denen es heute sehr viele Arten gibt – sie sind offenbar eine relativ moderne, miozäne Erfindung.

Es gab Vögel. Daß ihre Fossilisierung nicht einfach ist, wird man sich leicht vorstellen können, da sie eine ungünstige Merkmalskombination aufwiesen: sie waren zart und wohlschmeckend. Dennoch haben sich einige von ihnen als Skelette erhalten, sogar einschließlich Gefieder, und eine sonderbare und interessante Schar waren sie auch, von unersetzlicher Bedeutung für unser Wissen über die Geschichte der beliebtesten Vertreter der heutigen Tierwelt (in Großbritannien gibt es mehr Ferngläser als Hunde). Es gab ein paar Vogeltypen, die heute allenfalls mit südamerikanischen Seriemas verglichen werden können, merkwürdigen Überlebenden einer einst verbreiteten Gruppe. Darüber hinaus erkennt man aber auch Flamingos, Eulen, Kiebitze, Ziegenmelker, Mauersegler und Blauracken. Einige der Fossilien sind so zart, daß man sie mit Röntgenstrahlen untersuchen muß. Die Anatomie des fossilen Flamingos löste eine Kontroverse aus, die die Gemeinde der Vogelkundler jahrelang spaltete. Sie bewies, daß der Flamingo eher mit den Säbelschnäblern als mit den Enten und Störchen verwandt ist; das Fossil hatte noch nicht den sonderbaren Schnabel der heutigen Flamingos erworben, doch die übrige Anatomie einschließlich der Beine war bereits typisch. Der Säbelschnäbler ist der eleganteste unter den Watvögeln, und in Britannien ist er bekannt geworden als Emblem der Königlichen Vogelschutz-Gesellschaft. Abgesehen von seinem fernen Verwandten lebte die Mehrheit der Messeler Vögel wahrscheinlich in den Büschen und Bäumen um den See. Wir können sicher sein, daß schrille oder auch volltönende Vogelstimmen durch die unbewegte feuchte Luft drangen.

Was nun die Säugetiere angeht, so finden wir dort einige zierliche Arten, die sich nirgendwo sonst erhalten haben würden. Die Beuteltiere waren in Gestalt eines unscheinbaren Opossums vertreten; im Eozän waren sie noch weitverbreitet. Zu den Insektenfressern gehörte ein ungemein langschwänziges, spitzmausähnliches Tier namens *Leptictidium*, das vermutlich in halb aufgerichteter Haltung auf seinen langen Hinterbeinen lief. Es gab Verwandte des Igels, komplett erhalten einschließlich Stacheln; aber einer von ihnen hoppelte wahrscheinlich – oder sollte ich sagen: unwahrscheinlich? – wie ein Kaninchen. Ich habe die Fledermäuse erwähnt, die vollständig einschließlich ihrer Flughäute erhalten sind. Von ihnen gibt es drei Hauptarten, und sie sind hier als Fossilien in größerer Zahl zu finden als irgendwo sonst auf der Erde. Ihr Mageninhalt ist noch vollständig erhalten, ein Zeichen dafür, daß sie plötzlich gestorben sind. Es wurde sogar die Vermutung geäußert, sie seien durch giftige Ausdünstungen des Sees umgekommen. In feuchten Dschungelgebieten kann man heute aus stehenden Tümpeln gelegentlich übelriechende, giftige schwarze Blasen hochsteigen sehen, und so kann man sich, ohne der Wahrscheinlichkeit Gewalt anzutun, vorstellen, daß eine angeschlagene Fledermaus ins Wasser fiel, nicht wieder hochkam und unter heftigen Zuckungen schließlich ertrank und unterging, um in dem stinkenden Schlamm bewahrt zu werden.

Es gab ein lemurenartiges Tier, das im Gebüsch lauerte, ein kleines Geschöpf mit nach vorn gerichteten Augen, von dem man vielleicht meinen könnte, es sei nichts Besonderes, doch sind die Lemuren Primaten und folglich primitive Mitglieder derselben Gruppe, der auch die Menschenaffen und die Menschheit angehören. Aus dem Gesicht dieses winzigen Lemuren schaut einen die Zukunft an. Ein von diesem im Gebüsch verborgenen Tier abstammender Naturforscher hätte ohne Schwierigkeiten mehrere Arten von Nagetieren erkannt, denn die Messeler Tiere hatten in Ober- und Unterkiefer die typischen Schneidezähne, Zähne, die ständig an etwas knabbern müssen, damit die Nagekanten scharf bleiben. Die eozänen Arten waren für Nager ziemlich groß – einige so groß wie eine kleine Katze. Von mehreren Individuen von *Ailuravus* ist der Mageninhalt erhalten, stets aus aufgequollenen Blättern bestehend, was vermuten läßt, daß das Tier auf Bäumen lebte, in den Zweigen hin und her hastete und ununterbrochen knabberte. Es mag Grund gehabt haben, so schnell wie möglich davonzuspringen, um sich der Aufmerksamkeit von Freßfeinden zu entziehen, denn einige waren ganz sicher in der Nähe, wenngleich sie als Fossilien sehr selten auftauchen. Erforscht wurden sie von Dr. Springhorn, der ein weiteres Beispiel für die enge Beziehung zwischen Name und Fachgebiet liefert – oder gibt es für einen Säugetierforscher einen besseren Namen als eine Kreuzung zwischen *springbok*/ Springbock und *pronghorn*/Gabelantilope? Unter den Raubtieren war ein sehr früher Vertreter der engeren Karnivoren-Linie, nicht weit entfernt von dem gemeinsamen Vorfahren von Löwe, Bär und Seehund. Da war ferner ein recht seltsames Geschöpf, das zu der ausgestorbenen Gruppe der Creodonten gehörte, bei denen Schneide- und Reißzähne unterschiedlich beschaffen sind, ein Bezahnungsmerkmal, an dem man auf Anhieb die karnivore Lebensweise erkennt. Beiden war wohl kein großer Erfolg beschieden, wenn sie Schuppentieren auf dem Waldboden nachjagten. Das Messeler Schuppentier unterscheidet sich kaum von seinem rezenten Pendant, mit seinem eigenartigen, aber undurchdringlichen Panzer aus einander überlappenden, dreieckigen Schuppen und einer Schnauze, die speziell an eine aus Ameisen und Termiten bestehende Kost angepaßt ist. Wenn es sich zu einer Kugel zusammenrollt, widersteht es selbst dem entschlossensten Angreifer. Es gibt kein augenfälligeres Beispiel für unterschiedliche Geschwindigkeiten des Wandels in der langen Geschichte der Säugetiere: Während die Nager vor 50 Millionen Jahren fast noch am Anfang ihrer Geschichte standen, hatte das Schuppentier seine Evolution schon weitgehend abgeschlossen. Der andere Ameisenfresser ist nicht minder aussagekräftig, war er doch unzweifelhaft mit dem südamerikanischen Ameisenbären verwandt, der noch immer über die Pampa zieht, von einem Ameisenbau zum nächsten. Er ist ein Edentate, ein Säugetier mit verringerter Bezahnung; diese Gruppe, der auch die Faultiere angehören, galt immer als typisch für den südamerikanischen Kontinent in seiner Inselphase, und dieser verwirrende Wanderer war ein Rätsel. Auf jeden Fall beweist er, daß zwischen Südamerika und der übrigen Welt mehr Kontakt bestand, als man geglaubt hatte.

Schließlich gab es die huftragenden Säugetiere (Ungulaten), die große Gruppe der Grasfresser, die uns heute mit Fleisch und Milch und Reitpferden und Wolle versorgen – für die meisten Stammesgesellschaften die Basis ihrer Existenz. Aus den Messeler Ablagerungen hat man die perfektesten Kleinpferde geborgen, *Propalaeotherium*, mit zwei Arten, die eine so groß wie ein Terrier, die andere wie ein Schäferhund. Daß es sich bei diesen exquisiten Geschöpfen um fossile Pferde handelt, wird an der Anatomie der Schädelknochen deutlich, doch haben sie in ihren «Hufen» noch immer mehrere Zehen, ein von noch ferneren Vorfahren beibehaltenes Merkmal. Man fand sogar trächtige Stuten, deren Fötus im Mutterleib bis zum allerkleinsten Knochen erhalten war, sicher ein unübertrefflicher Beweis für die Überlegenheit der Gebärmutter. Diese kleinen Pferde verbargen sich scheu im Unterholz und rupften Blätter, nur von Furcht zu plötzlicher Flucht bewegt. Spätere Arten, von denen es viele gibt, paßten sich an die Steppe an und wurden immer schneller, bis sie schließlich nur noch einen Zehenstrahl hatten, der zu einem Huf umgebildet worden war. Das Tapir und das Nashorn sind entfernte Verwandte des Pferdes, und auch sie haben frühe Verwandte in der Messeler Fauna. Die anderen Haupttypen von Grasfressern sind die mit zwei Hufen, darunter Rinder, Ziegen, Kamele, Schafe, Schweine und Hirsche, die zusammengenommen den größten Teil der Menschheit mit Nahrung und einen kleineren Stamm mit weidmännischer Kurzweil versorgen. Zwei eher unscheinbar wirkende Tiere, die auf dem Waldboden nach Nahrung suchten, standen der Urform des Hirsches nahe. Die prächtigsten Huftiere fand man andernorts und in anderen Faunen. Sicherlich klingt diese Beschreibung von Messel allmählich wie ein Bestandsverzeichnis – aber was für ein Bestandsverzeichnis! Es war eine Welt, die wir wiedererkennen würden. Reich und vielfältig in ihrer Ökologie, war sie von vielen Tieren bevölkert, die erst am Anfang ihrer Evolutionsgeschichte standen, die aber schon die Gewohnheiten besaßen, die ihre Nachkommen heute noch haben.

Inmitten dieser Vielfalt zeichneten sich zaghaft Intelligenzunterschiede ab. Der Jäger muß den Gejagten überlisten. Die warmblütige Physiologie trieb die Einsätze in die Höhe. Mehr Nahrung mußte verzehrt werden, um die metabolischen Feuer zu beschicken; der Opportunismus der Reptilien mußte der List weichen, die teils Instinkt, teils Erfahrung ist. Intelligente Jäger müssen überlistet werden durch empfindliche Nerven und scharfe Sinne. Es braucht nur ein Blatt zu zukken, und schon wird ein Vogel in Alarm versetzt und fliegt auf – oder ein kleines Säugetier eilt in einen eigens gebauten Tunnel hinab. Die Sinne der einen forderten die Sinne der anderen heraus. Schauen Sie sich die Katze an: wie scharf ist ihr Auge, wie präzise ihr Angriff, wie diskret ihr Anpirschen, wie unersättlich ihr Blutdurst. Ich habe mitten im australischen Outback beobachtet, wie verwilderte Katzen mit ihren herausgestreckten Krallen und ihrer nächtlichen Virtuosität die in 60 Millionen Jahren der Isolation geschaffenen Beuteltiere vernichteten. In den Archiven des Natural History Museum in London liegen Zeichnungen von Beuteltieren, die es in freier Natur nicht mehr gibt. Die Bücher wurden angefertigt von australischen Naturforschern, die in den Anfängen ihrer Erhebungen auf die Tiere gestoßen sein müssen. Das einzige Zeugnis von ihnen befindet sich jetzt, in Leder gebunden, in der Obhut des Museumsarchivars. Ich habe einige dieser Zeichnungen aufmerksam betrachtet, so wie man das Gesicht eines verschollen geglaubten Verwandten abtastet, und konnte in ihrem naiven Ausdruck keinen offenkundigen Mangel entdecken, doch eine Katze oder ein Hund haben natürlich ihre Verletzlichkeit erkannt. Manche Katzenarten (und viele Hundearten) entwickelten soziale Systeme, um ihre Opfer besser fangen und ihren Nachwuchs besser ernähren zu können. Die Kommunikation untereinander setzte gegenseitige Verständigung voraus, was wahrscheinlich dazu führte, daß höhere Intelligenz zu einem Selektionsvorteil wurde. Da Intelligenz sich in der Entwicklung von Nervenbahnen im Gehirn niederschlägt, ist für sie mehr kortikales Gewebe nötig, mehr von dem, was Hercule Poirot zum Verdruß der Leser ständig als «die kleinen grauen Zellen» bezeichnete. Ein größeres Gehirn (größer in bezug auf die Gesamtmasse des Körpers) erfordert eine größere Hirnschale, und auch sie kann man bei Fossilien entdecken.

Der Intelligenz schreiben wir Tugend zu, und viele Arten verdammen wir stillschweigend zu Trägern dummer Nebenrollen. Schafe, heißt es, befänden sich fast am Tabellenende, seien einzig von Nervosität beseelte, zitternde Blödiane, die ausgemachten Narren der Säugetierklasse. Widerwillig räumt man ein, daß diese angeblich beschränkten Tiere an Orten und unter Bedingungen überleben können, wo sprühender Witz nicht weiterhilft, doch irgendwie erhalten die armen Schafe keine Anerkennung für diese Leistung. Ich vermute, daß das Schaf ganz im Gegenteil gerade so intelligent ist, wie es sein muß, und wenn der Wolf auch intelligenter ist (was er ist), so doch nur im Maße der Findigkeit, die er zeigen muß, um das Schaf zu erwischen. Befände er sich in einer vollkommen anderen Klasse, etwa derjenigen der verwilderten Katzen in Australien, so würde das arme Schaf der Intelligenz der Attacke nicht lange widerstehen, doch nur wenige Generationen, und der ungebremste Appetit hätte die Speisekammer leergefegt, und dann würden die unterernährten Wölfe rasch aussterben. Intelligenz ist auch eine Frage des Kontextes.

Unter den Karnivoren fehlt heute einer der Typen, der sie einst besonders prägte: die Säbelzahnkatze. Sie hat bis vor relativ kurzer Zeit überlebt. Die letzte von ihnen, *Smilodon*, fand man in den pleistozänen Teergruben von Rancho La Brea. Die Teergruben liegen mitten im Zentrum von Los Angeles, Kalifornien. Nur ein paar Straßen weiter erheben sich die granitverkleideten glitzernden Fassaden von Banken. Es ist lange her, daß dort eine Ranch stand. An den Stellen, wo der Erdteer zutage tritt, waren einst Wassertümpel mit ungesicherten Rändern, und wenn ein grasendes Tier seinen Halt verlor, konnte es auf Nimmerwiedersehen in dem Bitumen verschwinden. Wahrscheinlich ließ *Smilodon* sich von der Aussicht auf leichte Beute anlocken und wurde dann selbst zum Opfer. Sein exhumiertes Skelett, perfekt bis ins letzte Detail, kann man in dem benachbarten Museum betrachten, das im Dickicht der Hochhäuser unschwer an seinen bescheidenen Proportionen zu erkennen ist. Es steckt eine gewisse Ironie darin, daß inmitten dieses Chrom-und-Glas-Heiligtums der wirtschaftlichen Konkurrenz die Relikte untergegangener Raubtiere verborgen liegen, und wenn das große San Andreas-Beben das Ganze irgendwann zum Einsturz gebracht haben wird, stelle ich mir gern vor, wie die Schatten von *Smilodon* zwischen den Leichen des gierigsten aller Tiere umherstreichen werden, und dann wird die Natur wieder an der Pazifikküste einkehren. Die säbelartigen Eckzähne von *Smilodon* waren fünfzehn Zentimeter lang, und die Katze konnte ihr Maul weit aufreißen, eine Vorstufe des Erdolchens. Die Zähne waren vermutlich imstande, die zähen Häute der Nashörner und Elefanten zu durchstoßen, die damals ebenfalls in Nordamerika (und Europa) lebten. Die Säbelzahnkatze soll imstande gewesen sein, ein Stück Fleisch herauszureißen, um das Opfer ausbluten zu lassen. Es ist bemerkenswert, daß solche Eckzähne während des Tertiärs nicht nur einmal, sondern mehrfach entwickelt wurden, und das bei sehr entfernt verwandten Tieren – sie kamen sogar bei den südamerikanischen Beuteltieren vor. Paläontologen kennen eine solche parallele oder richtiger: «konvergente» Evolution. Die Natur ist nicht eben großzügig mit brauchbaren Bauplänen.

In gewissen Fernsehserien erkunden Schauspieler in Raumschiffen paradoxe Winkel des Raumzeit-Kontinuums und begegnen dabei Aliens, die in den meisten Fällen eine bemerkenswerte Ähnlichkeit mit *Homo sapiens* haben, sieht man einmal davon ab, daß sie oft grünlich sind. Manchmal habe ich mich gefragt, ob die Szenen nicht von einem Paläontologen stammen könnten, der zu dem Schluß gelangt ist, daß die optimale Gestalt für ein intelligentes Wesen ein aufrechter Körper sei, mit Armen, Beinen, Augen und makellosen Zähnen. Anders kann man sich kaum die hochgradige Konvergenz erklären, in der man sogar eine Parallele zum Fall der Säbelzahnarten sehen könnte. Eine kurze Überlegung enthüllt mir freilich die Unwahrscheinlichkeit meines intergalaktischen Szenarios. Nicht nur das gegenwärtige Kapitel, sondern das ganze Buch handelt ja von Geschichte. Der Bauplan von Säbelzahnträgern beruht nicht nur auf Ereignissen seit dem Aussterben der Dinosaurier, sondern mindestens in gleichem Maße auf Ereignissen im Devon, als landbewohnende Tetrapoden erstmals Beine und Finger entwickelten; der Bauplan ist die Folge von tausend zurückliegenden Umständen. Die Wahrscheinlichkeit, daß die Helden von *Star Trek* auf einem fernen Planeten einer entsprechenden Geschichte begegnen könnten, insbesondere einer Geschichte, die eine Blondine mit Lippen hervorzubringen vermochte, ist statistisch gering. Schon die kleinste Abweichung zwischen den Planeten würde sich auf alle Einzelheiten auswirken. Um es an einem einfachen Beispiel zu verdeutlichen: Ein größerer Planet mit einer stärkeren Gravitation hätte Folgen für die Größe und Muskulatur von Tieren, die sich dort entwickeln würden; könnte die Lösung für das Problem einer intelligenten Fortbewegung nicht in der Evolution eines durchgeistigten Wurms auf hundert Rädern bestehen? Ich komme zu dem Schluß, daß Humanoide in der Weltraumfiktion deshalb überwiegen, weil sich mit Lebensformen, die an Eiercreme erinnern, nur schwer eine Handlung entwickeln läßt.

Etwas ernster ist die Frage, ob die Möglichkeiten der Gestaltung zu Wasser und zu Lande voll ausgeschöpft worden sind. Gibt es zum Beispiel einen Raubtier-Bauplan, der sich aus unserer Säugetieranatomie entwickeln ließe, aber niemals ausprobiert wurde? Ist Nachahmen leichter als Neuerfinden? Die Antwort könnte, wie sie in *Star Trek* sagen, «positiv» sein. Bei Säugetieren sind zum Beispiel die Möglichkeiten des Gifts nicht richtig erkundet worden, die bei einer Ordnung von Reptilien so wirksam sind, den mit Giftzähnen versehenen Schlangen (es gibt auch eine giftige Echse, die Gila-Krustenechse). Man könnte sich vorstellen, daß eine Katze mit Giftzähnen unbesiegbar wäre. Grundsätzlich spricht nichts dagegen, daß sich ein giftiges räuberisches Säugetier entwickelt hätte, wenn man bedenkt, wie oft im Tierreich insgesamt Giftdrüsen entwickelt wurden. Die Anpassungen der Katze waren indessen auf eine Verfeinerung der Sinne gerichtet, verbunden mit Intelligenz und Krallen. Das ist offensichtlich ausreichend. Umgekehrt könnte man fragen, ob eine ökologische *Rolle* unerforscht geblieben ist, ob eine großangelegte Gelegenheit versäumt wurde. Wie ich zu Beginn dieses Buches erklärte, gibt es nur ein begrenztes Spektrum ökologischer Rollen, auch wenn es ebenso viele aktuell lebende Spieler gibt, die gewillt sind, sie auszufüllen. Das scheint im Zeitalter der Säugetiere ebenso zu gelten wie im Zeitalter der Trilobiten. Nach einiger Überlegung fiel mir eine Nische ein, die offenbar nie gebildet worden ist. In der oberen Atmosphäre gibt es einen Luftstrom, der Insekten und Spinnen transportiert, gleichsam ein Plankton des Äthers. Hätte sich ein «Wal» der Lüfte entwickeln können, um dieses stratosphärische Protein abzuernten: ein leichtes, fliegendes Tier mit weit aufgesperrter Ladeluke, ein Tier, das einen Schatten über den Himmel zu werfen vermochte? Es mag mehrere respektable mechanische Gründe dafür geben, daß ein solches Wesen nie existieren konnte, es kann aber auch sein, daß Geschöpfe der Erde – man denke an Ikarus – der Sonne nicht allzu nahe kommen sollten.

Fragt man sich andererseits, wozu ein Insekt fähig sein könnte, so fällt einem kaum etwas ein, was nicht von der einen oder anderen Art erfolgreich realisiert wurde. Sich von lebendem Fleisch ernähren? Einen Vogelklacks nachahmen? Oder ein totes Blatt? Oder ein anderes, abstoßenderes Insekt? Bei totalem Wassermangel von nichts anderem leben als von Papier? Es gibt Insektenarten, die das alles perfekt können. Im Tertiär haben die Insekten sich stetig vermehrt wie nie zuvor, während gleichzeitig die Blütenpflanzen florierten und sich diversifizierten. Schmetterlinge belebten die Waldlichtungen mit ihren bunten Farben. Bienen vervollkommneten die Kunst der Bestäubung. Die Bilder, Düfte und Klänge eines Sommernachmittags erstanden aus der wachsenden Interdependenz von Pflanze und Bestäuber. Nektar erschien. Das biblische Paradies auf Erden, das gelobte Land, «wo Milch und Honig fließen», hätte also vor dem Tertiär gar nicht florieren können, denn erst seit dem Tertiär gab es reichlich Milch und Honig. In Millionen von verrottenden Baumstämmen, in Dunghaufen, an dunklen Orten in Höhlen war die Phalanx der Käfer dabei, sich zu verdoppeln und nochmals zu verdoppeln. Über diesen Prozeß wissen wir wenig, aber dafür kennen wir die Auswirkungen des Erfolges der Coleoptera. Heute sind die Käfer eine Ordnung mit derart vielen Arten, daß es uns nie gelingen wird, sie alle zu kennen oder zu benennen. Gefragt, welches Merkmal Gott auszeichnen könnte, äußerte J. B. S. Haldane die berühmte Bemerkung: «Eine übermäßige Vorliebe für Käfer» – was durchaus auch als Motto für alle Käferkenner gelten könnte.

Als die Kontinente langsam in ihre heutigen Positionen drifteten und die Ozeane sich auftaten, stiegen, wie wir wissen, vulkanische Inseln aus dem Erdmantel auf und durchbrachen die Oberfläche des Meeres. Auch sie wurden gewiß von Insekten bevölkert, und es steht außer Frage, daß sich auf den einzelnen Inseln besondere Käferarten entwikkelt haben. Als die Insel dann wieder in den Wellen versank, riß sie zweifelsohne ihre endemische Käferart mit in den Untergang. Inselendemische Arten sind für ihre Verletzlichkeit bekannt. Das aktuellste Beispiel ist ein am 31. Januar 1996 eingetretener Todesfall; an diesem Tag wurde das letzte Exemplar von *Partula turgida*, das im Londoner Zoo gehalten wurde, für «hingeschieden» erklärt. Es handelt sich hier (handelte sich, um korrekt zu sein) nicht um einen Käfer, sondern um eine Baumschnecke, eine von über 100 Arten, die auf den vulkanischen Gesellschaftsinseln in der Nähe von Hawaii endemisch waren und sich in Reaktion auf ihre Abgeschiedenheit und Isolation entwickelt hatten. Raffiniertere Schneckenarten, die von außerhalb eingeschleppt wurden, sollen für ihr späteres Schicksal verantwortlich sein. Es gab einen französischen Sammler, M. Thirioux, der die beiden letzten

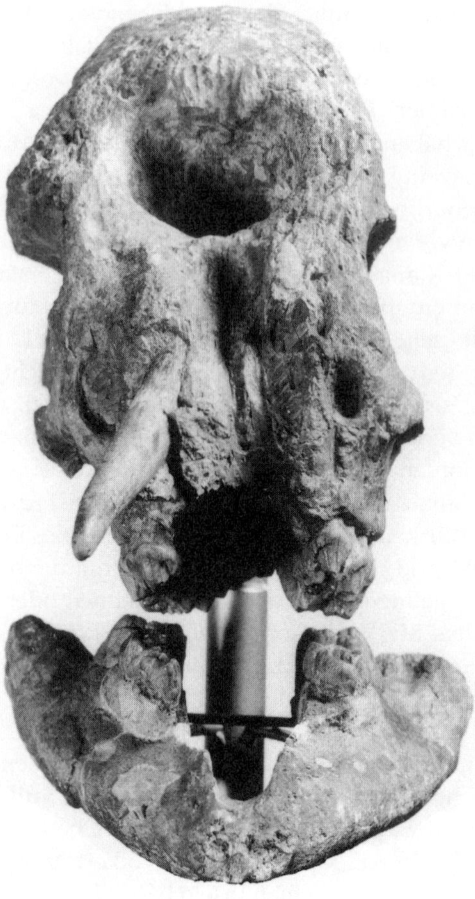

Der ausgestorbene Elefant Zygolophodon aus Griechenland mit seiner Cyclops-artigen Nasenöffnung

Exemplare einer exotischen Echsenart von der Rodriguez-Insel im Pazifik erwarb und «rettete», nur um am selben Tag noch einem Herzschlag zu erliegen, womit er auf elegante Weise für das simultane Hinscheiden einer Tierart und seiner eigenen Person sorgte.

Daß von kurzlebigen Inseln kaum Fossilien überliefert sind, ist nicht erstaunlich. Im Mittelmeer hat man ein halbes Dutzend ehemaliger Inseln aus dem Miozän identifiziert. Auch sie brachten bizarre Endemiten hervor. Mein Liebling ist ein riesiger Igel, *Deinogalerix*, fünfmal so lang wie die Igel in meinem Garten und vermutlich der Schrecken aller kleineren Säugetiere auf seiner Heimatinsel. Als die Insel dann mit dem Festland und auf diese Weise mit der Geschichte der Biologie Europas verbunden wurde, war das plumpe Monster den Ansprüchen nicht mehr gewachsen und starb aus. Auf Malta gab es im Pleistozän eine riesige Schlafmaus von der Größe eines Eichhörnchens. Manche bringen den Mythos vom Zyklopen, dem einäugigen Riesen, mit einem ausgestorbenen mediterranen Inselelefanten in Verbindung, dessen Fossilien die große mediane Nasenöffnung zeigen (zweifellos ein glotzendes «Auge»), die für diese Dickhäuter charakteristisch ist. Odysseus und Theseus reisten durch die Inselwelt der Ägäis, die mehrere unvergleichliche Monster behauste. Es ist denkbar, daß ein erstaunter Seefahrer auf ein Fossil stieß, das in einer Höhle lag oder aus einem Kalkfelsen ausgewittert war, und sich von dem Wesen, von dem der Überrest stammte, seine eigene Vorstellung machte. Von seiner maßlosen Phantasie geängstigt, eilte der Held davon, und der Keim einer Legende war gelegt. Es hat wirklich Inseln gegeben, die man sich nur vorstellen muß, auf denen einst unbetrauerte Monster hausten, Inseln, die heute unter den Rändern der tektonischen Platte verschwunden sind oder im Meer versanken und früh in Vergessenheit gerieten. Wir können diese Inseln nach Belieben mit den Ausgeburten unserer Phantasie bevölkern.

Oberflächlich betrachtet, gibt es nichts Gewöhnlicheres als Gras. Es ist dazu da, daß man sich darauf setzt, es an unsere Tiere verfüttert und im Sommer jeden Sonntag kräftig verflucht. Es ist eine Blütenpflanze, auch wenn seine vom Wind bestäubten Blüten nicht besonders auffällig sind – unbeschadet dessen ist der Heuschnupfen eine auffällige menschliche Reaktion auf seine allgegenwärtigen Pollen. Freilich ist Gras ein ganz besonderes Kraut. Das Erscheinen von Gräsern im Tertiär war von entscheidender Bedeutung für die moderne Säugetierfauna, denn viele der Tiere, die in der Geschichte des Menschen eine prominente Rolle spielen, ernähren sich überwiegend von Gras. Es hat eine bemerkenswerte Eigenschaft: Seine Blätter wachsen nicht, wie bei den meisten Pflanzen, aus der Spitze von Trieben hervor, sondern aus einer verborgenen Basis. Man kann es daher beweiden, seine Blätter endlos abknabbern lassen, ohne seinen generativen Kern zu gefährden. Gras bildet Wiesen, und es gibt praktisch nichts, was dies auch täte.

«Alles Fleisch ist Gras», heißt es bei Jesaja, und zum großen Teil ist es das wirklich. Sogar das Fleisch von Wölfen ist (jedenfalls in Märchen) das Fleisch von Schafen und somit umgewandeltes Gras. Die

Stellung des Grases im Haushalt der Dinge ist vergleichbar mit derjenigen der endlosen «Suppe» von Algenplankton, welche die Basis so vieler Nahrungsketten in den Meeren bildet. Im Miozän schließlich – jener Epoche, die so oft eine Wasserscheide am Ursprung der modernen Welt bildete – wurden weite Teile der Welt von Grasland erobert; Savanne, Prärie und Pampa, diese ausgedehnten Formen von Grasland, gehen auf jene Zeit zurück. Daß das Gras sich nicht weiter ausbreitete, mag letztlich an klimatischen Gründen gelegen haben, insbesondere an der Festigung des Tropengürtels durch die Zunahme der antarktischen Eiskappe. Diese hatte sich gebildet, nachdem der antarktische Kontinent seine endgültige Lage um den Südpol herum erreicht hatte. Zusammen mit der Ausbreitung der Gräser verbreiteten sich Wiederkäuer, die die neuen Nahrungsquellen am besten zu nutzen wußten. Da die Wiederkäuer, zu denen Rinder, Kamele und Hirsche gehören, mehrere «Mägen» haben, kann die Nahrungsaufnahme von der länger dauernden Verdauung getrennt werden. Der Nahrungsbrei gelangt aus dem Magen wieder ins Maul, um ein weiteres Mal in Muße zerkaut zu werden – ein effizientes Verfahren der Umwandlung von Gras in Fleisch. Die Ausbreitung dieser Grasfresser könnte Pflanzen ohne die speziellen, regenerativen Wachstumsgewohnheiten der Gräser sogar entmutigt haben. In vielfältigen Pflanzenfresser-Gemeinschaften wie denen der afrikanischen Savanne lebten (und leben noch immer) Grasfresser Seite an Seite mit Tieren, die Schößlinge von Bäumen und Sträuchern abknabbern oder gar ganze Zweige verarbeiten, wie es die Elefanten tun.

Diese gebieterischen Säugetiere waren einmal weit vielfältiger und verbreiteter als heute. Die ersten eozänen Elefanten hatten etwa die Größe eines kleinen Schweins. Während ihre Stoßzähne von einer Art zur nächsten an Länge zunahmen, wuchs vermutlich auch der Rüssel, der die Aufgabe übernahm, das Maul mit der großen Menge an Futter vollzustopfen, die ein Elefant braucht. Er ist wirklich ein äußerst ungewöhnliches Gebilde, das, was die Flexibilität der Muskeln angeht, im Tierreich nicht seinesgleichen hat, sieht man einmal vom Arm des Oktopus ab. Im Miozän gab es viele Arten von Elefanten, und mein Liebling unter ihnen kann nur der mit dem großartigen Namen *Gomphotherium* sein, ein wuchtiger Elefant nicht mit zwei, sondern mit vier Stoßzähnen, die wie zwei unförmige Zangen aus dem Kopf ragten. Die Stoßzähne entsprangen dem Unter- und dem Oberkiefer. Es gab noch einen Elefanten, *Deinotherium*, bei dem nur der Unterkiefer in dieser Weise gestaltet war und das eine Paar Stoßzähne sich herabkrümmte wie die Zinken eines primitiven Ackergeräts; er wirkt unwahrschein-

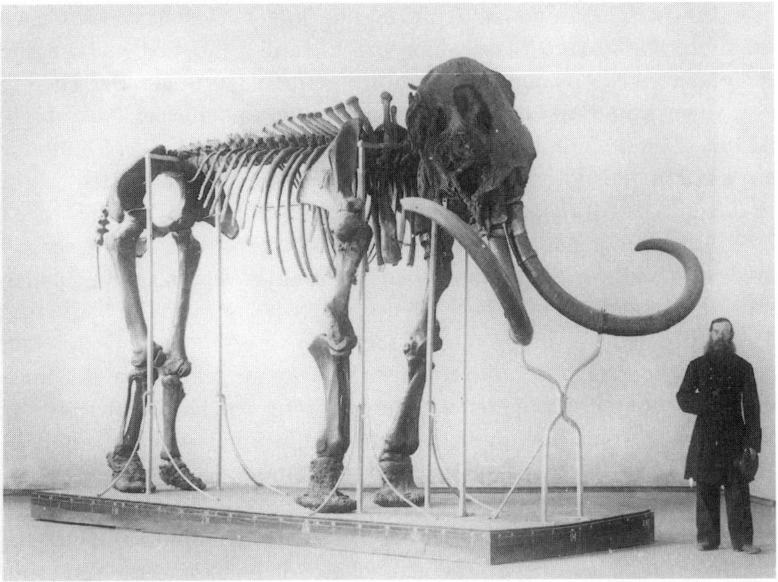

Das Mammut, das 1793 im Lena-Delta in Sibirien gefunden wurde,
in Gesellschaft eines wollhaarigen Kurators

lich, wie eine der Erfindungen von Doktor Dolittle. Die übrige Anatomie sowohl von Gompho als auch von Deino ist von gewöhnlicher Elefantenbauart. Bei modernen Elefanten sind natürlich nur die *oberen* Stoßzähne entwickelt. Ihre ausgestorbenen Verwandten streiften in der Eiszeit des Pleistozäns durch die Welt. Wenn das Leben der Eiszeit rekonstruiert wird, bildet man unweigerlich das Mammut mit seiner wolligen Mähne ab. Riesengroß und mit Stoßzähnen, die so elegant wirken wie Skulpturen von Brancusi, lebten die zottigen Tiere in der Tundra und den Wäldern, die die große Eiskappe säumten, welche vor 40 000 Jahren einen Großteil der Nordhalbkugel bedeckte. Wir kennen seine Anatomie ungewöhnlich genau, weil an mehreren Fundorten in Sibirien tiefgefrorene Exemplare aus dem Boden geholt wurden. Sie wurden von Sümpfen verschlungen und dann im Permafrost eingefroren. Das Fleisch ist so frisch, daß man es an Hunde verfüttert hat; das fossile Haarkleid ist grob und braun, und es stecken sogar Parasiten darin. Wenn überhaupt ein Tier wiederbelebt werden könnte, dann sollte es auf jeden Fall dieses sein, denn von ihm ist sogar die DNA erhalten, stückweise. Ein mit diesem Tier verwandtes Mastodon mit geraden Stoßzähnen war eines der Opfer, die in die Teergruben von Rancho La Brea gerieten, und ist nur noch in Gestalt von Knochen erhalten. Die großen Mahlzähne von Elefanten tauchen mit schöner Regelmäßigkeit aus den terrassenförmigen Ablagerungen der Themse auf, sogar mitten in London. Gerippt wie ein knöchernes Waschbrett, ist ein solcher Zahn so massig wie ein Bordstein. Als Kind hatte ich ein Lexikon, das London vor gar nicht so vielen Jahrtausenden zeigte; in das Bild des Trafalgar Square mit der Nelson-Säule war die Darstellung von untergegangenen Elefanten (und irgendwo im Hintergrund auch von Nashorn und Nilperd) auf raffinierte Weise so eingeblendet, daß die ausgestorbenen Tiere ebenso real wirkten, wie die Säule und die berühmten Löwen zu ihren Füßen winzig erschienen. Dieses Bild hat sich mir eingeprägt, um mich stets daran zu gemahnen, daß auch die Solidität von Pflastersteinen und der Pomp von Denkmälern wenig mehr sind als eine flüchtige Phase unserer Geschichte und wieder verschwinden und in Vergessenheit geraten können, wie es so vielen Szenen zuvor ergangen ist.

Die Eiszeit des Pleistozäns ist die dritte, die ich in dieser Geschichte beschrieben habe; an erdgeschichtlichen Maßstäben gemessen, sind wir gerade erst aus ihr hervorgegangen. Das Wachsen und Schrumpfen von Eiskappen in den letzten 1,5 Millionen Jahren hat den Tieren große Wanderungen aufgezwungen. Etliche Arten starben bei Beginn der globalen Abkühlung für immer aus. Doch für andere wurde sie zur großen Chance. Kälteliebende Tiere wie das Mammut, der Höhlenbär und das Wollhaarnashorn gediehen, wenn das Eis vordrang, während wärmeliebende Tiere wie das Nilpferd und der Elefant sie auf der Nordhalbkugel verdrängten, wenn die Vereisungen durch Wärmezwischenzeiten (Interglaziale) abgelöst wurden; einige der Interglaziale waren sogar wärmer als das heutige Klima. Die Vegetation wechselte entsprechend, und die unübersehbaren Veränderungen der in Sedimenten erhaltenen Pollenarten geben so etwas wie ein Thermometer für die Vergangenheit ab. Das Pleistozän war der Gegenwart so ähnlich, daß wir ganz sicher sein können, daß die Pflanzen ihre Lebensweise nicht geändert haben, seit sie ihre Fossilien beisteuerten. Es gab mehrere große Kältephasen, und in den letzten Jahrzehnten hat man noch mehr von ihnen nachgewiesen. Man weiß heute, daß auch die vier großen Vorstöße der Eiskappen zu Lande im Laufe der letzten Millionen Jahre von weit mehr kleineren Wärmeschüben unterbrochen wurden, kurzlebigen Klimaverbesserungen, die wir als «Interstadiale» bezeichnen. Zur Zeit ihrer größten Ausdehnung reichte die Eiskappe in der Mitte Nordamerikas bis südlich der Großen Seen, und in Europa bedeckte sie einen Großteil von England und Deutschland und Rußland. Das Eis hinterließ seine Spur auf zerschrammten Gesteinen und lagerte Moränen ab, wie ich sie in Oman als Hinterlassenschaft der vorzeitlichen Gondwana-Vereisung während des Karbons und Perms beschrieben habe. Unübersehbar sind die Anzeichen in Schottland oder Wisconsin, weniger abgeschliffen durch das Darübergehen von zig Millionen Jahren. Man kann noch immer vereiste Täler sehen und zerkratzte Kiesel aus dem glazialen Geschiebe klauben, so als habe sich das Eis erst gestern zurückgezogen.

Man kann sich gut vorstellen, daß Herden von Rentieren und Mammuten sich in der Tundra sammelten, während wärmeliebende Säugetiere in Richtung Süden zogen, um den schlechter gewordenen Bedingungen auszuweichen. Um mit der Kälte fertigzuwerden, entwickelten sich besondere Riesenformen von Säugetieren, weil Größe in einem kalten Klima ein wirksames Mittel ist, die Wärme zu konservieren. Es gab riesige Bären und den Irischen Riesenhirsch mit einem entsprechenden Geweih. Im Untergeschoß des Natural History Museum in London hängt ein ganzer Raum voll mit diesen Geweihen, so als habe hier ein megalomaner Großwildjäger seine Trophäen zurückgelassen. Nicht alle hier interessierenden Tiere sind Giganten; auch die Mimomys newtoni kann uns einiges verraten, deutet ihr Auftreten doch auf einen Kälteschub in der Klimageschichte. Die Geschichte des Vordringens und des Rückzugs des Eises ist sehr komplex geworden, und die Modellierung des Eiszeitklimas ist inzwischen ein bedeutender eigenständiger Forschungszweig. Die eindeutigsten Zeugnisse klimatischer Ereignisse liegen wohl in Sedimentkernen aus der Tiefsee aufgehoben, wo der sanfte Regen von mikroskopischen Fossilien nicht nachließ, gleichgültig, ob auf dem Lande die Eisdecke wuchs oder schrumpfte. Diverse Arten von planktischen Tieren wanderten hin und her, nord- und südwärts, im Einklang mit den Klimaschwankungen. Deshalb zeigt ein dem Meeresboden entnommener Bohrkern ein Tagebuch des Klimawandels, das leichter zu entziffern ist als die wechselnden glazialen Ablagerungen zu Lande, wo ein jüngerer glazialer Schub das Zeugnis eines älteren weggewischt haben könnte. Kalkhaltige fossile Schalen haben in den Elementen, aus denen ihre Skelette bestehen, sogar eine klimatische Signatur festgehalten. Mit modernen Geräten können Sauerstoff-Isotope so genau erfaßt werden, daß man die Temperaturschwankungen direkt ablesen kann. Auf dieser Grundlage wurden die neuen, sehr komplizierten Kurven der zu- und abnehmenden Eisdecken berechnet. Nick Shackleton von der Universität Cambridge gehört zu den ersten, die solche Berechnungen durchgeführt haben. Er stammt aus einer Dynastie von geologischen Shackletons.

Sein Vater Robert ist für seine Unverwüstlichkeit wie für seinen Scharfsinn berühmt. Mit fünfundachtzig Jahren führte er eine Expedition über die Hochebene von Tibet, die das Durchhaltevermögen eines jeden, der nicht mit ranziger Yakbutter großgeworden ist, auf die Probe gestellt hätte. Beide Shackletons sind verwandt mit dem Polarforscher Shackleton, und es ist eine eigentümliche Fügung, daß Nick die wechselhaften Launen des Klimas erforscht, die seinen Urgroßonkel auf die Probe stellten.

Unsere Mit-Säugetiere sind so eng mit der Geschichte der Menschen verbunden, daß es besonders schwerfällt, ihre Evolution unvoreingenommen zu betrachten. Säugetiere sind seit langem unsere Begleiter und unsere Nahrung, und in vielen Gesellschaften sind sie auch Maßstab des Reichtums; man beurteilt einen Mann nach der Zahl seiner Rinder, so wie der Firmenangestellte darauf achtet, welches Modell der Nachbar als Dienstwagen fährt. Wir reden mit Hunden und Katzen wie mit Freunden, die uns geduldig zuhören. Es ist nicht sonderlich überraschend, daß jede Darstellung von Säugetieren eine Neigung zur Vermenschlichung hat. Die Tiere von Beatrix Potter sehen immer noch den Wesen ähnlich, die sie darstellen sollen, wenn man sich die Kleider wegdenkt. Doch der Nachkomme ihrer Mäuse heißt Wiffly the Mouse, lebt in einem schmucken Wohnzimmer und scheint nie das zu tun, was Mäuse sonst tun, zum Beispiel ekelhafte Tiere verspeisen, sondern schätzt eher Selbstgebackenes. Bei Mickymaus ist die Sache einen Schritt weiter; sie hat den größten Teil der hervorstehenden Nase verloren, und mit der verkürzten Schnauze wirkt sie, man kann es nicht anders sagen, fast menschlich. Mit den Bären ist dasselbe passiert; die frühen Teddybären hatten lange Nasen wie die Hunde, mit denen sie in der Säugetierordnung Carnivora verwandt sind. Die Nasen sind immer kürzer geworden, und heute ist der Teddybär im Grunde ein orangefarbenes pelziges Menschenbaby. Das Robbenbaby ist – mag die Jagd nach ihm gerechtfertigt sein oder nicht – eine so beliebte Ikone wegen seiner großen Augen und seines runden Gesichts und generell wegen seiner Babyhaftigkeit. Wir züchten den Hunden die Schnauze ab und schätzen Katzen mit großen, mondartigen Gesichtern wie Babys, die gerade beruhigt worden sind. Koalas sind die Beuteltiere, die kleine Mädchen aus dem Zoo mit nach Hause nehmen möchten. Als häßlich gelten Tiere, die entweder wirklich häßlichen Menschen ähneln oder überhaupt keine Ähnlichkeit mit uns haben. Über manche Paviane sind wir entsetzt, weil sie uns unheimlich an Onkel Jochen erinnern, nachdem er einige getrunken hat. Im gesamten Tierreich gibt es wohl kein Wesen, das ästhetisch weniger ansprechend wäre als der

Nacktmull, der, mag sein Sozialleben noch so interessant sein, wie eine aufgedunsene, bezahnte Made wirkt.

Die Neigung zur Vermenschlichung hat Spielarten einer Pseudo-Evolution hervorgebracht. Am besten hat es Rudyard Kipling mit seinen *Nur so Geschichten für Kinder* gemacht, in denen er auf amüsant mythische, aber emotional einleuchtende Weise erklärt, wie eigentümliche Tiere zu ihren Eigentümlichkeiten kamen. Es ist wirklich schwer, eine rein adaptive Erklärung dafür zu finden, wie der Leopard zu seinen Flecken kam; Fossilien werden uns da kaum weiterhelfen, denn wenn eines sich auf keinen Fall erhält, dann die Flecken. Es gibt allerdings Geschichten, die durch die Wahrheit der Knochen enthüllt werden: Ich habe Wale mit Gliedmaßen und wachsende Elefantenrüssel erwähnt, und ich hätte erklären können, was wir heute über die frühe Geschichte der Giraffen vor der Entwicklung des langen Halses wissen. Stammesgesellschaften haben oft die Geschichten vom Ursprung ihrer bevorzugten oder verehrten Säugetiere oder Vögel mit Geschichten über ihre eigenen Götter verflochten. Diese Erzählungen sollen eine Bindung zwischen den Menschen und den von ihnen gejagten Tieren herstellen. Der rituelle Tanz vieler nordamerikanischer Ureinwohner war ebenso sehr Ausdruck der Verehrung für das gejagte Tier wie Teil eines sich in das Tier einfühlenden Zaubers, der den Erfolg der Jagd sichern sollte. Erklärungen können mehr tun, als nur mit den Tatsachen der Abstammung übereinzustimmen. Ich bin sicher, daß Völker, die wissen, wie die Götter die Tiere schufen, mit amüsiertem Staunen meine Schmeicheleien über die Brust als eine modifizierte Schweißdrüse oder über die Geschichte der Wale mit Gliedmaßen aufnehmen würden. Und gewiß ist die Geschichte, die ich in diesem Kapitel berichtet habe, ebenso erstaunlich wie jede andere Schöpfungslegende, die man am Feuer jungen Jägern erzählt, während kreischende Säugetiere sich in der Ferne etwas zurufen und das Unterholz raschelt von den Trippelschritten winziger, bepelzter Wesen auf der Suche nach der nächtlichen Portion Insekten.

12

Die Menschheit

Ich beobachte, wie meine Frau eine Nadel einfädelt. In der einen Hand hält sie die Nadel, exakt ergriffen zwischen Zeigefinger und Daumen, die sie erhoben hat wie zu der Geste, mit der Franzosen sich über ein gutes Essen äußern. In der anderen Hand hält sie auf gleiche Weise den Faden, der mit der Zunge vorsichtig angefeuchtet wurde, um die kleinen Fasern zu glätten, die sonst verhindern könnten, daß er durchs Öhr geht. Der Blick ist aufmerksam nach vorn gerichtet, exakt auf das Manöver konzentriert, das ein genaues Manipulieren, eine Koordination und zeitliche Abstimmung von Hand und Auge erfordert. Der Mund ist leicht geöffnet, und die herausgestreckte Zungenspitze zeigt ihre gespannte Aufmerksamkeit an. Eine geschickte Bewegung, und der Faden ist durch.

An den ganz gewöhnlichen Fertigkeiten zeigt sich, was es heißt, ein Mensch zu sein, und zugleich, was wir mit unseren äffischen Verwandten gemein haben. Jane Goodall hat den Werkzeuggebrauch durch *Pan*, den Schimpansen, in einem Film dokumentiert, und zeigt in einer Szene, wie diese Tiere Strohhalme benutzen, um ungefährdet wohlschmeckende Termiten aus deren wohlbehüteten Bauten zu fischen. Die Strohhalme wurden genau so ausgesucht, wie man eine Nadel auswählen würde. Die Aufmerksamkeit, die der Schimpanse der Aufgabe widmete, war ebenso konzentriert wie die meiner Frau beim Einfädeln, und sogar der Gesichtsausdruck war bei dem afrikanischen Primaten nicht sehr viel anders. Eine der ersten Definitionen dessen, was es bedeutet, ein Mensch zu sein, wurde von Dr. Kenneth P. Oakley als Buchtitel formuliert; Dr. Oakley war vor fünfundzwanzig Jahren, als ich meine Berufslaufbahn antrat, in London noch als Anthropologe tätig, und sein Titel lautete: *Man the Toolmaker*, «Der Mensch als Werkzeugmacher». Nach dieser Definition war der Schimpanse eindeutig ein Mensch.

Die Merkmale, die wir mit den Affen teilen, sind Legion, gleichgültig, ob ich «Merkmal» im körperlichen oder im Sinne von Verhaltensweisen benutze: Da ist die Ausprägung der Nase, die Form des Gesichts, da sind die guten Augen, die geschickten Hände und eine ganze Liste von Körperhaltungen und Gesichtsausdrücken, von denen mehrere schon von Charles Darwin beobachtet wurden. Einige weitere Merkmale halfen Dr. Desmond Morris, zum Verbreiter einer Ansicht zu werden, derzufolge der Mensch nur ein unbekleideter Primate ist. Es gab einmal eine Zeit, da diese Meinung Empörung auslöste, und in gewissen Kreisen tut sie es noch heute. Möglicherweise war es dieses Vorurteil, das – vielleicht unbewußt – das Gros der Anthropologen zu der Ansicht verleitete, die Affen seien mit dem Menschen nicht *eng* verwandt. Vorausgesetzt, eine gemeinsame Abstammung von Mensch und Affe werde weithin anerkannt, könnte man den Abstand, der die Menschheit von ihren ungeschlachten Vettern trennt, doch auf wenigstens 20 bis 30 Millionen Jahre veranschlagen, womit reichlich Zeit für die Evolution unserer höheren Fähigkeiten gewonnen wäre und die gemeinsamen Grimassen in eine ferne Vorgeschichte verbannt werden könnten. Die Menschenaffen – Gorilla, Schimpanse und Orang-Utan – bildeten dieser Ansicht zufolge eine eigene Gruppe von Tieren mit einer langwierigen, spezifischen Evolutionsgeschichte. Die Anthropologen haben die nichtmenschlichen Merkmale der Menschenaffen betont, speziell die Gewohnheit von Gorilla und Schimpanse, auf den Handkanten zu gehen, ein Merkmal, das kleine Jungen instinktiv parodieren, wenn sie «den Affen machen». Ausgeprägte Eckzähne, der auffallende Größenunterschied von Männchen und Weibchen, gar nicht zu reden von der allgemeinen Behaarung – das alles galt als Beleg für eine seit langem getrennte Evolution von Affen und Menschen. Es ist nahezu sicher, daß diese Auffassung falsch ist.

Bei Untersuchungen der genetischen Hinterlassenschaft unserer Vorfahren zeigte sich, wieviel Erbmaterial wir mit dem Schimpansen gemein haben. Unsere DNA-Moleküle sind einander ähnlicher als die von zwei Arten ein und derselben Gattung von Muscheln! Ein Kladogramm auf der Grundlage mehrerer Moleküle zeigt, daß die Menschen mit den Schimpansen enger verwandt sind als mit den Gorillas und daß alle drei enger miteinander verwandt zu sein scheinen als mit *Pongo*, dem Orang-Utan. Doch vielleicht sollte man sämtliche Affen und den Menschen in ein und dieselbe zoologische Familie stecken, da sie einen gemeinsamen Vorfahren haben.

Als ich noch ein Junge war, gab es im Londoner Zoo ein beliebtes Ritual: Teestunde bei den Schimpansen. Sie fand natürlich um vier Uhr statt. Um diese Zeit eilten Kinder und ihre Eltern zu einer Freifläche neben dem Restaurant, wo zwei oder drei Schimpansen um einen Tisch saßen. Es gab Teekannen und Tassen und Untertassen und Bananen und Sandwiches. Es war eine gespenstische Parodie auf das (damalige) Familienritual des Nachmittagstees, dem Ironie nicht abzusprechen ist, wenn wir und die Schimpansen wirklich ein und derselben Familie angehören. Nachdem es halbwegs zivilisiert angefangen hatte, entstand bald ein Durcheinander. Die Tiere führten vor, daß sie Bananen zerstückeln können. Tee wurde verschüttet, Tassen aufs Geratewohl in Richtung des Tisches geworfen. Wenn wir Glück hatten, gingen eine oder zwei kaputt. Es kam vor, daß einer der Schimpansen auf den Tisch kletterte und seinen Freunden etwas wegzunehmen versuchte. Wir Kinder fanden das herrlich – es war wohl eine atavistische Sehnsucht nach einer Zeit, bevor es Tische und Teekannen gab und bevor es hieß: Mit vollem Mund redet man nicht. Im modernen Zoo hat man diese Art von Belustigung aufgegeben, und ganz zu Recht. Sie machte aber auf schauerliche Weise deutlich, wie ähnlich wir dem Tier sind, das nahezu mit Sicherheit unser engster lebender Verwandter ist – und gleichzeitig wie verschieden. Wir konnten viele der Gesichtsausdrücke identifizieren, auch wenn es uns nie gelang, das Zähneblecken bei weit aufgerissenem Maul nachzuahmen. Das Ergreifen der Tassen funktionierte ganz gut, meist wurde dazu allerdings die ganze Hand benutzt, und es hatte gar nichts von der Delikatesse einer Teestunde im Pfarrhaus. Ganz anders als bei uns waren die Füße, besonders die gekrümmte große Zehe, und die Knie. Selbst wenn sie auf beiden Hinterbeinen gingen, hatten sie so etwas wie eine geduckte Haltung, schwenkten sie großtuerisch ihre langen Arme wie ein Seemann, der zu lang auf See war und zuviel Rum intus hat. Die Arme hätten loslegen und sich in einen Baum hinaufschwingen können, wenn einer dagestanden hätte, und dann wären wir uns unserer Beschränkungen bewußt geworden. Der Schimpanse ist nämlich kein unfertiger Mensch, sondern ein wunderbar vielseitiges Tier, keine zur Nachäffung einladende Ersatzperson, kein komischer Homunkulus. Wenn er uns so nahesteht, wie die genetische Übereinstimmung vermuten läßt, dann müssen die kleinen genetischen Änderungen, die es seit unserem gemeinsamen Vorfahren gegeben hat, ziemlich gewichtige Änderungen gewesen sein. Neueren Studien zufolge können

Schimpansen eine symbolische «Sprache» verstehen – aber reden können sie natürlich nicht. Da sie außerdem Werkzeuge benutzen können (auch wenn sie die meisten gebrauchsfertig vorfinden), scheint Kenneth Oakleys Definition des Menschen mehr als nur ein bißchen unangemessen zu sein. Der Mensch als schwatzender Affe – wäre das nicht besser?

Anfang der neunziger Jahre schätzten Molekularbiologen, daß die Entwicklungswege des Menschen und seines engsten Verwandten sich vor rund 5 Millionen Jahren getrennt haben; die von ihnen beobachteten Abweichungen bei den Genen ließen sich mit dieser Zeitspanne erklären, während die bis dahin geschätzten 20 bis 30 Millionen Jahre als viel zu lang galten. Aber ließen sich die Fossilien mit dieser Schätzung in Einklang bringen?

Man vergißt allzu leicht, daß es um fossile Belege der Evolution zum Menschen bis in die jüngste Zeit äußerst kläglich bestellt war. Auch jetzt noch würden sämtliche Belege der Frühgeschichte unseres Skeletts in eine große Transportkiste hineinpassen. Es vergehen ganze Grabungskampagnen, und wenn das Suchen und Graben dann einen einzigen Kieferknochen zutage fördert, herrscht aufrichtige Freude. Nachdem Huxley und Darwin behauptet hatten, wir hätten eine gemeinsame Abstammung mit den Affen, suchte man viele Jahre lang nach dem «missing link», dem fehlenden Glied, das die Verbindung herstellen würde, im großen und ganzen ohne Erfolg. Man ließ sich auf falsche Spuren locken, etwa durch den 1911 von Charles Dawson «entdeckten» Piltdown-Menschen, einen Schwindel, eine kunstvolle Mischung von Mensch und Menschenaffe; der Wunsch, an das «Bindeglied» zu glauben, war so stark, daß mehr achtbare Wissenschaftler daran glaubten – und länger auf ihrem Glauben beharrten, als es richtig gewesen wäre. Der gute Ruf von Kenneth Oakley wurde 1953 dadurch bestätigt, daß die Fälschung endlich aufgedeckt wurde.

Jetzt hat sich die Lage fast ins Gegenteil verkehrt. Seit die Vorstellung vom Ursprung des Menschen in Afrika allgemeine Anerkennung gefunden hat, werden immer mehr Hominiden-Fossilien entdeckt, besonders in Südafrika, Kenia, Tansania und Äthiopien. Aus dem Glied wurde erst eine Kette, und dann bekam die Kette Verzweigungen. Ergebnis der ersten Funde war – zunächst – eine absolute Gewißheit bezüglich der Abstammung. Dann zeigten weitere Funde, daß es ausgestorbene Affen gab, die eindeutig *nicht* zur Abstammungslinie des Menschen gehörten. Waren sie Menschen oder nicht? Auf jeden Fall waren sie nicht *Homo sapiens*. Da half nur eines: das Skelettmaterial noch kritischer unter die Lupe zu nehmen, denn es hieß ja, *Knochen lügen nie.* So geschah es denn auch, und dabei haben sich die Namen, die den Fossilien gegeben wurden, auf verblüffende Weise wieder und wieder geändert. Ein Name wird jeweils einer Art (Spezies) zugeordnet, und das Problem war, daß ernste Meinungsverschiedenheiten darüber bestanden, wie viele Arten es gibt und wie man sie nennen sollte. Die armen Studenten mußten einen neuen Namen lernen, um ihn, nachdem die Meinungen sich geändert hatten, wieder zu verlernen. Dieser Prozeß ist noch keineswegs zu Ende. Bernard Wood von der Universität Liverpool behauptete kürzlich in einem Artikel, in den Anfängen der Evolution zum Menschen habe es wahrscheinlich mehr Arten gegeben, als derzeit anerkannt sind – und wenn sich diese Ansicht durchsetzt, wird man ohne Zweifel wieder einmal mehr Namen lernen müssen.

Die ersten Entdeckungen von verbindenden Formen wurden nicht in Afrika gemacht, sondern in Java und China. Eugène Dubois, ein nach Niederländisch-Ostindien abkommandierter Stabsarzt, berichtete 1895 auf einer Konferenz in Leiden (Holland) von der Entdeckung des *Pithecanthropus erectus,* des Java-Menschen. Durch einen dieser wunderbaren Glücksfälle, die sich in der Geschichte der Paläontologie immer wieder ergeben, war er bei Trinil am Solo-Fluß entdeckt worden. *Pithecanthropus* ist der erste Name im Bestandsverzeichnis, aber er ist verschwunden. Der Java-Mensch wurde zu *Homo erectus,* was eine Nachbarschaft zu uns herstellt, doch verdient der erste Name festgehalten zu werden, denn *Pithecanthropus erectus* bedeutet wörtlich «aufrechter Affenmensch» und faßt Dubois' Ansicht von der Stellung des Fossils im Gesamtzusammenhang elegant zusammen. Dubois war aufgefallen, daß das Hirnvolumen (bzw. die Schädelkapazität) auf halber Strecke zwischen dem eines Menschenaffen und dem eines Menschen zu liegen schien, doch die Gliedmaßenknochen deuteten auf eine aufrechte Haltung. Die vergrößerten äffischen Eckzähne hatten sich zurückgebildet. Dies war ganz ohne Zweifel das «missing link», und wie um seinen Status mit einem Namen zu besiegeln, wurde es zu *Pithecanthropus.* Der Name gilt zwar nicht mehr, doch ist man sich einig, daß Dubois im wesentlichen recht hatte. Mit seinen Zeitgenossen hatte er freilich ernste Scherereien. Dies ist das erste Beispiel für das, was in der Geschichte unserer Geschichte so oft geschehen ist. In der Anthropologie gibt es immer wieder Fälle, welche die Mängel unserer Spezies beleuchten, darunter vor allem Streitsucht und Sturheit. «Menschenmännchen» kämpften und balgten sich um Knochen in einer Weise, die an die Sandwichkriege bei der Teestunde der Schimpansen erinnert. Sie sind ein sehr streitsüchtiger Haufen. Der arme Dubois wurde von der Krittelei und den Anwürfen seiner Kritiker schließlich so entmutigt, daß er die Knochen dem öffentlichen Zugang entzog. Dreißig Jahre nach seinem ersten Bericht fand Ralph von Königswald, ein junger deutscher Adliger, mehr Überreste von *Homo erectus* und zeigte, daß sie große Ähnlichkeit mit Exemplaren aus China hatten, die – eine berühmte Geschichte – bei einem Apotheker gefunden wurden, der sie im Rahmen des verschwenderischen Angebots der traditionellen chinesischen Medizin als «Drachenzähne» führte. 1925 berichtete Raymond Dart, daß er bei Taung in Südafrika ein weiteres und von den anderen verschiedenes «missing link» entdeckt habe, diesmal ein mehr affenartiges «Bindeglied», das *Australopithecus africanus* genannt wurde. Dieser Name gilt noch immer.

Der Keeper der Paläontologie am Natural History Museum war während des längsten Teils dieser aufregenden Zeiten Sir Arthur Smith Woodward. Er pflegte die führenden Anthropologen der Zeit zum Nachmittagstee einzuladen, um vier Uhr natürlich, und ich bin sicher, daß man sich dort von Anfang bis Ende schicklich betrug. Die Finger waren ohne Zweifel zierlich gekrümmt, während man Gurkensandwiches verzehrte, die von ihrer Kruste befreit waren, und anschließend wurde dünn geschnittener Dundee Cake gereicht. Am Ende des Rituals forderte Maud, Lady Smith Woodward, den Gast auf, das weiße Batist-Tischtuch zu signieren. Füllfederhalter wurden gezückt, und das Tuch wurde mit dem direktesten Symbol menschlichen Bewußtseins verziert: der Unterschrift. Wenn der Gast gegangen war, schickte Lady Smith Woodward sich an, die Unterschrift sorgfältig mit Stickerei zu umgeben, so als wolle sie jede Nuance der Handschrift bewahren. Sowohl Raymond Dart als auch von Königswald signierten das Tuch. Ihre unversöhnlichen Differenzen bezüglich des verbindenden Status der Fossilien, für den sie mit ihrem guten Namen einstanden, wurden in der Demokratie der Teetafel auf schöne Weise versöhnt. Die Teerunde des Paläontologen könnte am Ende ein Beispiel für das liefern, was die Anthropologen des 19. Jahrhunderts die «höheren Vermögen» des Menschen zu nennen pflegten. Das Tischtuch ist sorgfältig aufbewahrt worden und hängt heute eingerahmt im Museum, vor dem Amtszimmer des Keepers.

In einer anderen Ecke des Tuches kann man den Namen L. B. Leakey finden. Louis und Mary Leakey (und dann wieder ihr Sohn Richard) waren Darts entschiedenste Nachfolger auf der Suche nach afrikanischen Hominiden. Ab Ende der 1920er Jahre entdeckten und klassifizierten sie unzählige Steingeräte, darunter solche, die aus vulkanischer Glaslava gehauen waren, wie etwa bei Kariandusi in Kenia. Werkzeu-

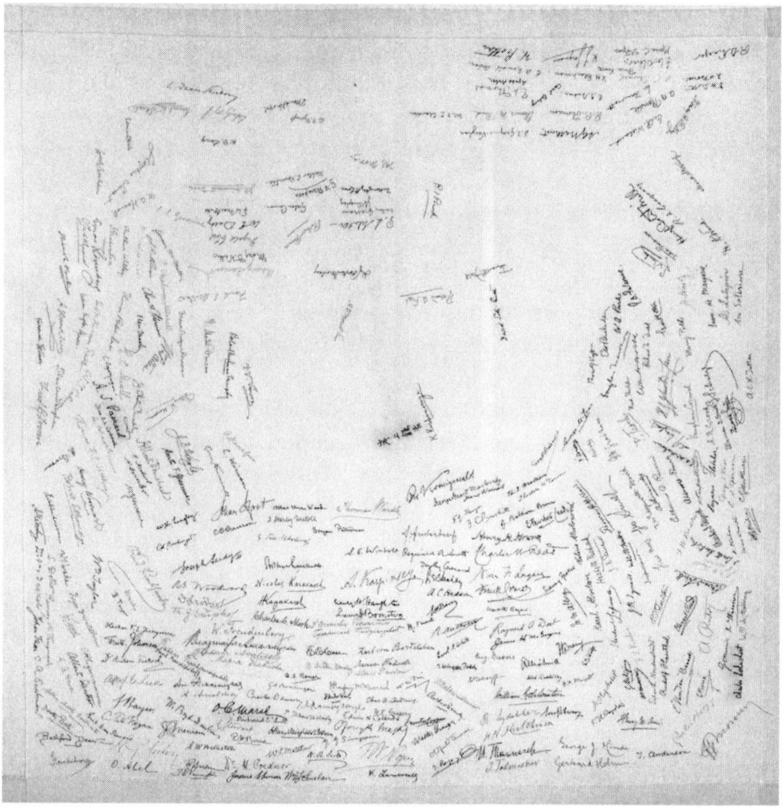

Lady Smith Woodwards Tischtuch. Die Frau des Keepers der Paläontologie am Natural History Museum umstickte die Unterschriften all ihrer Teegäste auf ihrem Tischtuch

ge findet man weit häufiger als Knochen, aus dem naheliegenden Grund, daß sie viel härter sind. Steingeräte sind besonders häufig an zwei Fundorten in Äthiopien, Omo und Afar. Die Leakeys gelangten zu der Überzeugung, daß ein anderer Fundort, die Olduvaischlucht in Tansania, die Geschichte der Hominiden ungeschmälert enthüllen würde, weil dort die gesamte Serie der Gesteine aus den letzten paar Millionen Jahren erhalten war. Ihre Geduld wurde schließlich belohnt, denn 1959 fanden sie *Zinjanthropus* und bei mehreren Grabungen zwischen 1960 und 1963 den «geschickten Menschen», *Homo habilis.*

Welche Geduld diese Art von Arbeit erfordert, läßt sich nur schwer angemessen wiedergeben. Die meisten, die es auf die Vergangenheit abgesehen haben, können zu einer höffigen Gesteinsformation gehen und sich eine recht gute Chance ausrechnen, die Objekte ihrer Begierde zu finden, und seien es auch obskure Objekte. Anders bei den Hominiden. Jahre können vergehen, ohne daß man etwas anderes findet als Hinweise, Splitter, die verlocken, aber nicht befriedigen. Begehrt ist vor allem der Schädel, denn er liefert Aufschluß über Hirnvolumen und Zähne und damit über Ernährung und Intelligenz. Es hat in der Geschichte der Entdeckung des afrikanischen Ursprungs zahlreiche unbesungene Helden unter den Mitarbeitern gegeben, überwiegend Mitglieder örtlicher schwarzer Stämme, die den Leakeys halfen, und viele, die bei der Jagd nach der Beute der großen Entdeckung mitmachten. Vielleicht waren sie es, die das bedeutende Fragment erspähten, der Blick geschärft durch die Aussicht auf Berühmtheit. In Olduvai kann es heiß sein, sehr heiß, und nur wer die Hitze gewohnt oder von dem Hunger nach Ruhm oder Wahrheit angetrieben ist, kann es aushalten, den ganzen Tag durchzuarbeiten. Die Leakeys wurden jahrelang von einer solchen Zuversicht getragen. Beim systematischen Suchen kommen jedoch nicht nur kostbare Überreste von menschlichen Fossilien zutage, sondern auch nicht minder kostbare, wenn auch weniger schlagzeilenträchtige Informationen über das Klima vergangener Epochen. Dadurch erfährt man etwas über die Umwelt, in der die Menschen der Frühzeit gediehen. Die mit den Hominiden-Resten einhergehenden Pflanzen und Tiere sind für die Geschichte ebenso wichtig wie die menschlichen Knochen selbst. In der Ökologie vergangener Zeiten fand man unterschiedliche Arten von grasenden Tieren: Gazellen und mit ihnen verwandte Formen. Der Klimawandel dürfte der Hauptantrieb der Veränderungen gewesen sein, die sich an den Gliedern der Kette vollzogen, die den modernen Menschen mit seinen frühesten äffischen Verwandten verbindet. Einige meinen, der Wandel vom dichten Wald zum lichten Wald und zur Savanne vor vier bis fünf Millionen Jahren habe die wichtigsten Schritte in der Evolution zum Menschen ausgelöst. Solche Veränderungen erkennt man durch das geduldige Ausgraben, das keine Schlagzeilen im *Daily Telegraph* oder der *New York Times* macht. Fast so aufschlußreich sind Werkzeuge, denn an ihnen kann man im großen und ganzen die Fähigkeiten ablesen, die erlernt wurden, während das Gehirn vom Affen zum Menschen an Masse zunahm.

Zur modernen Forschung nach den Ursprüngen des Menschen gehört noch etwas. An vielen Fundorten in Tansania und weiter entlang dem Graben, der Ostafrika fast zerspaltet, gab es aktive Vulkane, die von Zeit zu Zeit heiße Asche und Lava ausspien. Diese Eruptionen ereigneten sich in derselben Zeit, in der es zu entscheidenden Veränderungen im Klima und in der Anatomie der Hominiden kam. Überbleibsel der Vulkane rauchen noch immer, und der Kilimandscharo ist heute der am vollkommensten geformte Vulkankegel, der so hoch aufragt, daß er mit Schnee bedeckt ist, obwohl er tief in den Tropen liegt. Vulkanische Ablagerungen – Asche und Lava – sind durchsetzt mit Sedimenten von Seen, die an manchen Orten Fossilien bergen. Sie sind für unsere Erzählung besonders wertvoll, weil sie anhand der natürlichen radioaktiven Minerale, die sie enthalten, ganz genau datiert werden können. Sie stellen eine «Uhr» dar, die Raymond Dart noch nicht zur Verfügung stand. Ich war Forschungsstudent in Cambridge, als John van Couvering sich als einer der ersten daran versuchte, genaue Datierungen aus schwierigen Gesteinen zu gewinnen. Es war meine erste Erfahrung mit der amerikanischen Arbeitsethik, die nicht nur verlangt, daß gearbeitet wird, sondern auch, daß man sieht, daß gearbeitet wird. Egal, wann ich am Department vorbeikam, John war immer da und hantierte ganz begeistert mit diesem oder jenem. Das flößte dem Engländer, der diese Zeilen schreibt, ein nicht geringes Schuldgefühl ein, war er doch in der nicht minder fragwürdigen Tradition erzogen worden, sich den Anschein zu geben, als arbeite man gar nicht, um Resultate durch bloße Brillanz aus dem Hut zu zaubern, was natürlich eine Täuschung ist.

Was dem zugrunde liegt, was Menschsein bedeutet, ist möglicherweise nicht mehr als eine Fußspur. An einem Septemberabend des Jahres 1976 entdeckte Andrew Hill bei Laetoli in Tansania zwei Fußspuren, die anscheinend von Menschen stammten, neben anderen, die auf Nashörner und Elefanten zurückgingen. Alle hatten ihre Abdrücke auf einer der vulkanischen Ascheschichten hinterlassen, so wie ein Urlauber, der am Meeressaum über den Strand läuft, seine Spur hinterläßt. Zwei Jahre später fand Mary Leakey zwei Spuren, die sozusagen nebeneinander liefen. Das Schöne an diesen Entdeckungen war, daß das Alter dieser vulkanischen Gesteine mit radiometrischen Methoden auf 3,6 Millionen Jahre bestimmt werden konnte. Die Abdrücke bewiesen, daß Hominiden damals aufrecht gingen, wie eine Familie beim Sonntagsnachmittagspaziergang. Die Entdeckung dieses bleibenden Zeugnisses einer vertrauten Beziehung ruft Longfellows Gedicht in Erinnerung, das ebenfalls in einem stetigen Tempo dahinzockelt:

> We can make our lives sublime,
> And, departing, leave behind us
> Footprints on the sands of time.

Man hat geschätzt, daß der größere der beiden Gehenden 1,40 Meter groß war. Es hat also lange vor der Zeit, aus der wir Schädel mit auch nur annähernd dem Hirnvolumen des modernen Menschen kennen, aufrecht gehende, bipede Hominiden gegeben. Das Alter lag näher bei dem oben vermerkten, das auf DNA-Analysen beruhte. Beruhte der entscheidende Durchbruch auf dem Weg zum Menschen vielleicht auf der zweibeinigen Lebensweise: der Mensch als Geher? Es ist gezeigt worden, daß Gehen eine gute Methode ist, um große Entfernungen zu überwinden. Die lockere Gangart des erfahrenen Gehers erlaubt ihm, bei wenig Nahrung große Strecken zurückzulegen. Um einmal unzulässigerweise spätere Ereignisse in eine teleologische Deutung einzubeziehen: Der aufrechte Gang entwickelte sich zuerst und befreite die Arme; auf diese Weise freigesetzt, lernten die Hände, exakt zu manipulieren und zu manövrieren; das erforderte jene Art von Koordination, mit der dieses Kapitel anfing, und dann – und nur dann – wurde das Hirnvolumen wichtig: und so erlaubte das Zusammenwirken von Hirn, Hand und Auge meiner Frau, die Nadel einzufädeln. Als unsere Spezies den Mond erreichte und damit die Schranken der Erde für immer durchbrach, waren es – und das paßt sehr gut – die ersten Schritte auf dieser fremden Oberfläche, die sich uns allen eingeprägt haben. Das Beschreiten dieser Fläche war fast gleichbedeutend mit ihrer Inbesitznahme. Doch auch vor vier Millionen Jahren wurde ein einziger kleiner Schritt des frühen Urmenschen zu einem Riesenschritt für die Menschheit.

Die ersten Schritte des Babys sind für uns noch immer ein markanter Punkt in der Entwicklung unserer Kinder. Ohne Schwierigkeiten geht das nicht ab. Die Eltern stützen den Körper, strecken ihre Hände aus, geben ermutigende Geräusche von sich. Gerade lauffähig geworden, ist es dem Kleinkind bewußt, daß es etwas Wichtiges geschafft hat, wenn es imstande ist, wankend die drei Schritte vom Stuhlbein bis zu den ausgestreckten Händen der Mutter zurückzulegen; es strahlt vor Freude, mit einem Ausdruck, den jeder Primatologe zu deuten wüßte. Ich frage mich, ob wir mit der weitreichenden Bedeutung, die wir diesem Rubikon in unserer Entwicklung beimessen, nicht in Wahrheit unbewußt die Stellung anerkennen, die der zweibeinige Gang in unserer Geschichte einnimmt, so als spielten wir noch einmal einen entscheidenden Durchbruch in unserer Evolution durch. Die Freude des Babys fällt zusammen mit dem Moment, in dem es ein Mensch wird.

Der aufrechte Gang hat gewiß seine Vorteile, und er ist fast einzigartig im Tierreich, aber er ist auch mit versteckten Kosten belastet. Rückenprobleme verursachen mehr verlorene Arbeitstage als jede andere Ursache. Das liegt daran, daß unser Körper noch nicht ganz die vierbeinige Vergangenheit vergessen hat, und manchmal sehnen sich unsere Knochen zurück in eine Zeit, da wir uns in den Bäumen genau so fröhlich tummelten wie am Boden. Liegt in dem schlichten, freudigen Triumph, mit dem ein kleiner Junge kundtut, daß er sich hoch oben in den Ästen eines Baumes befindet, nicht eine Erinnerung an eine Zeit, die unser Geist vergessen hat, unser Körper hingegen nicht?

Ohne Fossilien hätten wir nie in Erfahrung bringen können, daß der aufrechte Gang – und das Gehen – *vor* dem großen Gehirn kam, gar nicht zu reden von den vielen sonstigen Attributen des Körperbaus und des Geistes, die zusammen den *Homo* ausmachen. Eine Klimaänderung, die von dichteren Wäldern zu offeneren Habitaten führte, ist mit der veränderten Körperhaltung in Verbindung gebracht worden. Eine unregelmäßige Ernährung begünstigte diejenigen, die weite Strecken laufen konnten. Es gab weitere Veränderungen, über die zu spekulieren weit schwieriger ist. Äußerst unklar ist der Spracherwerb, denn von den unbedeutenden sekundären Skelettveränderungen, die schon mit der Entwicklung unserer fortgeschrittenen Stimmbänder in Verbindung gebracht wurden, ist doch keine ganz überzeugend. Wir wissen nicht genau, wann sich in einer Nomadenhorde die ersten Rufe von Mund zu Mund ausbreiteten oder wann ein Alter erstmals einen bewundernden jungen Burschen in den Genuß seiner Erfahrung kommen ließ.

Auch der aufrechte Gang muß nicht «schlagartig» gekommen sein – gerade hörte ich den südafrikanischen Anthropologen Philip Tobias die Knochen eines fossilen Fußes beschreiben, der vermuten läßt, daß zumindest frühe Arten von *Australopithecus* noch Gewohnheiten von Baumbewohnern beibehalten hatten. Wahrscheinlich mußten unsere ältesten Verwandten des öfteren eilig auf die Bäume klettern, um sich ihren zahlreichen räuberischen Zeitgenossen zu entziehen ...

Was die Frage angeht, wer die Fußspuren im Sand der Zeit erzeugte, so war der Schuldige aller Wahrscheinlichkeit nach die älteste bisher bekannte Art von *Australopithecus, A. afarensis*. Das vollständigste Exemplar dieser Art ist Lucy. Man kennt sie (denn die Knochen enthüllen das Geschlecht) durch rund 40 Prozent ihres gesamten Skeletts, ein bemerkenswert hoher Prozentsatz angesichts ihres Alters. Das Skelett wurde 1974 Stück für Stück von Donald Johanson und Tom Gray bei Hadar in Äthiopien zusammengetragen. Johanson hat beschrieben, wie er am Morgen des 30. Novembers aufwachte und das hatte, was wir in den frühen siebziger Jahren als «good *vibrations*» bezeichnet hätten. Er hatte das Gefühl, dies werde ein Glückstag. Doch zu dem

Fund kam es erst, als er und Tom gerade einpacken und Feierabend machen wollten, nachdem sie den ganzen Tag lang auf dürren Hängen hin und her gelaufen waren und eine Auswahl von Säugetierknochen aufgelesen hatten – alles, nur keine Hominiden. Sie verständigten sich auf einen letzten Gang vor Feierabend – und stießen gleich danach auf einen Extremitätenknochen. Innerhalb von Sekunden hatte Johanson die Rückwand eines kleinen Schädels. Es fanden sich noch mehr Teile verstreut, und man glaubt es kaum: Die Knochen schienen alle von *einem* Individuum zu stammen. Es wurde schon dunkel, als der Traum eines Anthropologen Gestalt annahm: ein zusammenhängendes Skelett eines frühen Hominiden! In jener Nacht wurde im Camp nicht geschlafen; die Entdecker tranken Bier und versuchten, das schiere Adrenalin der Entdeckung in Diskussionen und Träume umzuwandeln. Im Hintergrund, schreibt Johanson, sei auf einem Grammophon immer wieder «Lucy in the Sky with Diamonds» gespielt worden, und als der Morgen dämmerte, sei aus der Entdeckung, die als AL 288-1 in ihren Tagebüchern eingetragen war, Lucy geworden.

Lucy war ein heranwachsendes Mädchen. Sie hatte, verglichen mit späteren Hominiden, relativ kurze Beine, ein Erbe der äffischen Vorfahren. Doch verglichen mit ihrem leiblichen Cousin, dem Schimpansen, waren ihre Eckzähne bereits verkürzt. Sie war ohne Frage schon auf dem Weg, der zum Menschen führte. Die beste Datierung, gewonnen aus Lavagestein im benachbarten Hadar, beträgt 3,1 Millionen Jahre, und so ist Lucy etwas jünger als die Fußspuren. Johanson und seine Freunde haben eine ganze Reihe fossiler Fragmente von anderen Fundorten zu *Australopithecus afarensis* zusammengefügt, und sie halten es für wohlbegründet, daß ein früher Hominide wie Lucy die Fußspuren hinterließ. Wie immer, wenn es um die Ursprünge des Menschen geht, hat es viel Streit darum gegeben, wie viele verschiedene Arten an diesen frühen Überresten beteiligt sein könnten, und Richard Leakey vertrat wie andere die Meinung, es habe wohl mehrere verschiedene frühe Affenmenschen gegeben. Nun gibt es bei allen Tieren Unterschiede von einem Individuum zum anderen, und es ist immer möglich, daß man die Variation mit Unterschieden *zwischen* Arten verwechselt. Inzwischen ist man überwiegend der Meinung, daß alle frühen Überreste von einer einzigen Art stammen, *A. afarensis*, und daß diese Art Ausgangspunkt des menschlichen Stammbaums ist. Es müßte jedoch ein kühner Wissenschaftler sein, der vorhersagte, daß es keine Entdeckungen mehr geben wird, die an dieser Auffassung rütteln könnten.

Heute kennen wir ein reicheres Aufgebot an Arten, die im Rahmen des Aufstiegs zur Menschheit ausgestorben sind, als es zu jener Zeit bekannt war, als Raymond Dart und Louis Leakey sich bei den Smith Woodwards zum Tee niederließen. Demnach hat es nach Lucy und ihresgleichen mehrere menschenähnliche Affen (oder, wenn Sie lieber wollen, affenähnliche Menschen) gegeben, die vor 3 bis 1 Millionen Jahren nebeneinander in Afrika gelebt haben. Die frühen Vertreter werden derselben Gattung wie Lucy zugeschlagen, *Australopithecus*. Ich erwähnte schon Darts *Australopithecus africanus*, der als erster entdeckt wurde. Wenn diese Darstellung auch nur annähernd vollständig sein soll, müssen die anderen Namen vorgestellt werden. Nachfolgend daher der Versuch, die evolutionären Veränderungen Art für Art festzuhalten, wie ich ihn für keine andere der in diesem Buch erwähnten Arten unternommen habe. Vielleicht verdient es der Mensch, vielleicht auch nicht; an seinem Beispiel soll aber gezeigt werden, was möglicherweise in der Geschichte jeder anderen Art auf unserem herrlich komplizierten Planeten geschehen ist.

Eine Linie von Affenmenschen hat sich, wenn man mir dieses schiefe Bild verzeiht, als ein Holzweg erwiesen. Als Mary Leakey am 17. Juli 1959 *Zinjanthropus boisei* entdeckte, war wieder einer dieser Momente gekommen, da lange Geduld mit Freude belohnt wurde. Es handelte sich um einen Schädel, der eine sehr niedrige Stirn und vorspringende Wülste über den Augenbrauen aufwies. Über die Mitte des Schädelknochens zog sich merkwürdigerweise ein Scheitelkamm, wie ein Mohikaner-Haarschnitt. Am Hirnschädel gab es große seitliche Einbuchtungen, an denen die Kaumuskeln ansetzen konnten. Den Grund für diese Merkmale findet man, wie immer, durch eine Untersuchung der Zähne. Es sind große Molaren, und um sie in Bewegung zu setzen, bedurfte es gewiß kräftiger Muskeln. Diese Zähne wurden mit Samen, Wurzeln und sonstigem zähem Pflanzenmaterial fertig; nicht von ungefähr hieß der Fund bei den Forschern umgangssprachlich «Nußknacker». Heute gilt dieses Tier als eng verwandt mit Darts *africanus* und wird deshalb mit diesem zusammen der Gattung *Australopithecus* zugerechnet, ebenso wie ein anderer strammer Vegetarier, *Australopithecus robustus*, dessen Name schon alles sagt. Eine ähnliche, aber ältere Art wurde vor einiger Zeit nach dem Turkanasee in Äthiopien *Australopithecus aethiopicus* benannt. Diese vergleichsweise harmlosen Geschöpfe lebten in Afrika neben frühen Vertretern der Gattung *Homo*, natürlich als Zweibeiner, aber unter Nutzung pflanzlicher Nahrung, die von anderen Tieren möglicherweise verschmäht wurde und die sie mit ihren massigen Kiefern zermalmten. Die Menschenfamilie muß damals sehr viel interessanter gewesen sein als heute. Merkwürdig, wenn man es sich überlegt: Hätte sich statt unserer Linie diese evolutionäre Nebenlinie durchgesetzt, würden in unseren Läden nur Gemüse, Getreideprodukte, Nüsse und Wurzeln angeboten werden, und schwellende Kaumuskeln würden unser Schönheitsideal bestimmen.* Man hat schon die Vermutung geäußert, daß eine solche Art überlebt haben könnte, um den rätselhaften Yeti zu erklären, der angeblich auf den Höhen des Himalaya sein Unwesen treibt; leider gibt es keinen Anhaltspunkt dafür, daß *Australopithecus* je aus Afrika herauskam, ehe er – niemand weiß, warum – vor etwa 1 Million Jahren verschwand.

Waren diese robusten *Australopithecus*-Arten Nebenlinien der evolutionären Menschwerdung, so gilt das nicht für *Australopithecus africanus*. Die meisten Theorien der evolutionären Menschwerdung rücken diese vergleichsweise schlanke, sogenannte «grazile» Art in die Nähe der *fons et origo* jener Abstammungslinie, aus der letztlich der Mensch hervorgeht. Dart hatte insofern recht, wenn er ihr einen «Bindeglied»-Status zuschrieb, nur befand sich dieses Glied ziemlich weit unten in der Kette. *A. africanus* wurde bisher in Südafrika in Gesteinen gefunden, die 3 bis 2,3 Millionen Jahre alt sind, ist also jünger als viele, aber nicht alle Exemplare von *A. afarensis*. Er unterscheidet sich von den robusten Formen durch das Fehlen des Scheitelkamms und kleinere Backenzähne, wodurch die Ähnlichkeit mit *Homo* stark zunimmt. Das Hirnvolumen unterschied sich nicht sehr von dem seiner robusten Landsleute. Manches spricht dafür, daß *africanus* in einer weniger dürren Umwelt lebte als der letztere, und vielleicht ernährte er sich vorwiegend von Früchten, ging aber auch an einer Made oder einem Vogel, der ihm in die Hände fiel, nicht vorbei, sondern genoß ihn als willkommene Ergänzung seines Speisezettels. Der übrige Körper (soweit bekannt) unterschied sich wohl nicht sonderlich von dem anderer *Australopithecus*-Arten.

In diese Galerie ausgestorbener Arten gehört schließlich *Australopithecus ramidus*, der erst 1992 im Norden Äthiopiens entdeckt wurde, rund 75 Kilometer von Hadar entfernt. Mit 4,4 Millionen Jahren ist dieses Tier sogar älter als Lucy und ihresgleichen. Tim White von der Universität von Kalifornien, der ihn entdeckte, hält die siebzehn Knochenfragmente für ausreichend, um zu beweisen, daß diese älteste Art noch näher als *afarensis* an jenem Punkt ist, wo die Entwicklungswege der Menschenaffen und der Hominiden sich trennten. Die Fragmente

* Ich sollte darauf hinweisen, daß sich die Gelehrten nicht einig darüber sind, ob die robusten Arten Vegetarier waren; man beruft sich auf die Chemie der Knochen, derzufolge die Kost auch Fleisch umfaßte; vielleicht haben sie wie die Schimpansen Fleisch gefressen, wenn sie konnten.

ließen den Schluß zu, daß sogar dieses frühe affenartige Tier schon überwiegend biped gewesen sein und damit ein weiteres «Bindeglied» in unserer sich entfaltenden Vorgeschichte darstellen könnte. Vielleicht kommt ja noch einmal ein Abend, an dem wachsame Augen auf einem vom Glück begünstigten Spaziergang in einer dürren Gegend Äthiopiens mehr von diesem rätselhaften Wesen entdecken.

Aus dem Evolutions«busch» der verschiedenen *Australopithecus*-Arten kroch *Homo* selbst hervor. Sehr wahrscheinlich waren es die ersten Mitglieder unserer Gattung, welche die ersten Werkzeuge machten, jene Werkzeuge, welche die Leakeys so problemlos gefunden hatten, obwohl die Knochen des Tieres, das sie hergestellt hatte, so schwer auffindbar waren. Manche Werkzeuge werden auf ein Alter von 2,5 Millionen Jahren geschätzt, während die ersten Knochen, die *Homo* zugeschrieben werden, 2,0 Millionen Jahre alt sind. Bezüglich der Knochen von *Homo* gilt das geometrische Gesetz: Nähert man sich der Gegenwart, werden sie unverhältnismäßig häufig; nähert man sich der Zeit des Ursprungs unserer entfernten Verwandten, werden sie äußerst rar, und sie bleiben auf Afrika beschränkt. Die älteste, in Olduvai entdeckte Art wurde *Homo habilis* genannt, und sie war vermutlich der erste Werkzeugmacher. Daß der Status von *H. habilis* heiß umstritten war, wird niemanden überraschen. Die einen teilen die Ansicht von Philip Tobias, daß *H. habilis* das eigentliche Bindeglied zwischen dem mehr affenartigen *Australopithecus* und jenen Arten von *Homo* sei, die eindeutig auf dem Weg zum modernen Menschen sind. Andere fragen sich, ob es überhaupt eine richtige Art ist, und streiten darüber, ob ein paar vereinzelte Fundstücke sich hinreichend von *Australopithecus africanus* auf der einen und von *Homo erectus* auf der anderen Seite unterscheiden, um einer eigenen Spezies zugeschlagen zu werden. Doch wie auch immer die Fundstücke gedeutet werden, die zu diesem frühen Mitglied unseres eigenen biologischen Clans gehören – sie befinden sich zwischen unzweifelhaften Cousins unserer Spezies und den mehr affenartigen Australopithecinen.* Das Hirnvolumen von *H. habilis* lag zum Beispiel irgendwo zwischen dem von *Australopithecus africanus* und *Homo erectus*. Er ist, so könnte man sagen, ein weiteres Bindeglied.

Es erregt immer Aufsehen, wenn ein neues Hominidenfossil entdeckt wird. Die Berichte, die im Laufe der Jahre in den Zeitungen erschienen, sind deshalb interessant, weil sie ein Licht auf die Psychologie sowohl

* Ganz neue Studien erkennen für den afrikanischen *H. erectus* eine zusätzliche Art an, den *Homo ergaster*.

des Wissenschaftlers als auch des Reporters werfen. Soweit ich sehe, wurde über eine neue Entdeckung nie unter dem Titel KNOCHEN DER KLEINEN ZEHE ERGÄNZT BILD DES AFRIKANISCHEN HOMINIDEN berichtet. Immer heißt es BIBEL DURCH FUND EINES FOSSILEN MENSCHEN WIDERLEGT oder so ähnlich, und im Bericht wird fast immer behauptet, die Lehrbücher müßten jetzt umgeschrieben werden. Bei mir beschwört das stets das wunderbare Bild von Schreibern herauf, die sich anschicken, mit ihrem Gänsekiel den alten Text auszustreichen und dafür den neuen hineinzuschreiben.

Die frühe Werkzeugherstellung hat in jüngster Zeit, dank Versuchen des Anthropologen Nicholas Toth eine Umdeutung erfahren. Es ist eigentlich eine sehr gute Idee, das Funktionieren von Werkzeugen dadurch zu testen, daß man sie ausprobiert, und die Frage, wie einfach sie herzustellen waren, dadurch zu klären, daß man selbst welche macht. Ebendas tat Nicholas. Praktisch alle Steingeräte, frühe wie späte, wurden aus harten und homogenen Steinen angefertigt; in Afrika wurde vulkanische Glaslava bevorzugt, in Europa Feuerstein. Richtig behauen, zerspringen diese harten Gesteine nämlich konchoidal, d. h. muschelförmig, und durch kontrolliertes Behauen kann man aus diesen Bruchstücken dann scharfe Schneiden machen. So entstehen Werkzeuge, die hart genug sind, um die meisten in der Natur vorkommenden Stoffe zu schneiden. Ich kann das durch den tiefen Schnitt in meinem Daumen bezeugen, den ich mir bei meinen schwachen Versuchen zufügte, an den feuersteinreichen Stränden von Suffolk Techniken der Altsteinzeit nachzuahmen. Der Strahl scharlachroten Blutes, der hervorschoß, war schockierend – ich sagte mir dann aber, daß dies ja nur ein Versuch mit Feuerstein sei; der erwies allerdings seine Brauchbarkeit. Professor Bordes, ein Pionier der experimentellen Herstellung von Feuersteingeräten, kann in ein bis zwei Stunden ein sehr brauchbares Steingerät anfertigen. Nach der herkömmlichen Deutung der frühen Steingeräte wurden von einem Brocken des entsprechenden Gesteins Splitter abgeschlagen, bis das, was übrigblieb (der «Kern»), ein brauchbares Gerät war, um damit einem Wesen aufs Haupt zu schlagen oder es abzuhäuten. Nicholas Toths erstklassige Arbeit über die frühesten Steingeräte kam zu dem einigermaßen überraschenden Schluß, nicht die «Kerne» seien benutzt worden, sondern die Splitter. Er fand heraus, daß es ihm mit den Splittern besser als mit dem Kern gelang, ein totes Tier abzuhäuten, zu zerlegen und zuzubereiten, wenngleich der Kern eine Rolle gespielt haben könnte, zum Beispiel beim Zertrümmern von Knochen, um das Mark herauszuholen. Auffällig ist auch, daß eine schlichte Art von Steingeräten sich mit nur geringen Modifikationen über einen sehr langen Abschnitt des ersten Teils der Altsteinzeit (Paläolithikum) gehalten hat. Man kennt sie aus Gesteinsserien, die auf ein Alter von 2,5 Millionen Jahren geschätzt werden, und sie bleiben mehr als 1 Million Jahre lang unverändert. Ein solcher Konservatismus ist nach modernen menschlichen Maßstäben ungeheuer einfallslos, und man hat deshalb behauptet, diese frühen «Menschen» hätten sich über die Schaffung von Werkzeugen keine Gedanken gemacht, sondern hätten «instinktiv» gehandelt, wie der Webervogel beim Nestbau.

Homo erectus kennt man aus rund 1,7 Millionen Jahre alten afrikanischen Fossilien, die um den Turkanasee in Äthiopien gefunden wurden. Wir sind ihm schon begegnet, als ich von den bahnbrechenden Hominidenfunden in Java und China berichtete. Der letztere führte zu dem Schluß, daß es nach dem ersten Kapitel der Menschheitsgeschichte in Afrika eine Phase gegeben haben muß, in der *Homo erectus* sich nach Asien ausbreitete, vielleicht noch darüber hinaus. *H. erectus* ist durch ein beinahe vollständiges Skelett bekannt, das 1985 von Richard Leakey entdeckt wurde: den «Turkana Boy». Einen vertrauteren Beinamen à la Lucy scheint er nicht bekommen zu haben. Er zeigt so etwas wie eine Mischung aus Merkmalen des modernen Menschen und des *Australopithecus*. Sein Hirnvolumen liegt (mit durchschnittlich 850 cm) zwischen beiden, und die Zähne sind zwar immer noch robust, aber durchaus auf dem Weg zur Form, die sie beim modernen Menschen haben. Die vorspringenden Augenbrauenwülste waren noch da. Wahrscheinlich betrug der Größenunterschied zwischen Männern und Frauen nur rund 25 Prozent, wohingegen die Männchen von *Australopithecus* fast doppelt so groß waren wie die Weibchen. Die stark angenäherte Größe von Männern und Frauen war mehr als nur eine Bequemlichkeit beim engen Tanzen «*cheek to cheek*» – sie deutet auf ein vollkommen anderes Sozialsystem als das der Menschenaffen hin. Vermutlich steuerte *Homo erectus* langsam auf größere Ähnlichkeit der Geschlechter zu. Wo sie auftaucht, stößt man auch auf charakteristische Steingeräte in «Tropfen»form, die man vielerorts außerhalb der Olduvaischlucht gefunden hat. Diese Geräte wurden wahrscheinlich als Faustkeile verwendet und belegen damit die raffiniertere Verwendung der «Kerne» der bearbeiteten Steine. Etliche der Geräte wurden beiderseits einer Kante behauen, um eine schärfere Schneide zu erhalten. Ganz ähnliche Geräte aus Europa wurden als Acheuléen bezeichnet, nach der Stadt St Acheul in Nordfrankreich, wo Prähistoriker des 19. Jahrhunderts erstmals diese Gerätekultur der Altsteinzeit charakterisierten. Die Franzosen lieben das Klassifizieren, und so wurden diese frühen Artefakte rasch in Kategorien eingeteilt: Schaber, Schneider und Keile. Wie immer es sich mit ihrer Funktion verhalten mag, wahr ist, daß das Auftreten von *H. erectus* mit einer größeren Vielfalt von Geräten einherging, auch wenn man schon ein Kenner sein muß, um die feineren Unterschiede würdigen zu können. Es ist vielleicht nicht übertrieben, hier von einem technischen Durchbruch zu sprechen.

So weit, so subhuman. Zwar hat niemand behauptet, *Homo erectus* sei möglicherweise nur eine Unterart von *H. sapiens*, doch manche Forscher würden die Fundstücke, auf die man *erectus* gestützt hat, gern auf mehrere Arten von unterschiedlicher Nähe zum modernen Menschen aufteilen. Wenn die neuesten Daten stimmen, sind die Exemplare vom Java-Menschen, die Dubois vor so langer Zeit am Solo-Fluß bei Trinil fand, nur rund 100 000 Jahre alt, was beweisen würde, daß die primitive Art weiterlebte, während sich anderwärts bereits Menschen von modernem Aussehen entwickelten. Nach den von *erectus* angefertigten Geräten zu urteilen, machten Jagdbeute und Aas bereits einen erheblichen Teil seines Speisezettels aus. An manchen Fundorten wurden Tierkörper mit Steingeräten bearbeitet; die auf den Knochen zurückgebliebenen Schnittspuren erinnern bis heute an ein vor langer Zeit genossenes Mahl. In Olduvai hat man an einigen Stellen die Bruchstücke zerbrochener Knochen wieder zusammengefügt und damit bewiesen, daß die Knochen genau dort wegen des Knochenmarks aufgebrochen wurden. Meine vegetarischen Freunde mögen einwenden, was sie wollen – es steht außer Frage, daß fleischliche Kost (zweifellos ergänzt durch Wurzeln, Blätter und Beeren) früh in der Menschheitsgeschichte sehr wichtig wurde; Fleisch ist nahrhaft, und vielleicht konnte man es sich nach einer tüchtigen Mahlzeit erlauben, faul herumzuliegen und Neuerungen auszuhecken. Die Reste von Feuerstellen aus etwa derselben Zeit zeigen, daß das Feuer gezähmt war. Es wird behauptet, schon *Homo erectus* habe in der Spätphase seiner Geschichte das Feuer benutzt, doch dürften die Fälle, in denen es zum Kochen benutzt wurde, verschwindend selten gewesen sein, verglichen mit denen, wo es half, Löwen und Tiger vom eigenen Lager fernzuhalten. Prometheus könnte ein ziemlich kleines Individuum mit knöchernem Brauenwulst und großer Nase gewesen sein.

Das nächste Stadium der evolutionären Menschwerdung sieht in der herkömmlichen Darstellung so aus, daß *Homo erectus* gewissermaßen in der modernen Menschheit, unserer eigenen Spezies, aufgeht, vielleicht vor 500 000 Jahren. Das soll sich in seinem gesamten geographischen Verbreitungsgebiet vollzogen haben, wobei vorteilhafte Veränderungen sich durch Vermischung in der ganzen Population ausbreiteten. Die Tendenz zur Vergrößerung des Gehirns setzte sich fort, während die sozialen Verkehrsformen, die Werkzeugherstellung und alles, was sonst noch zu einem Stamm von Jägern und Sammlern gehört, Stück für Stück hinzukamen, bis man von dem Geschöpf, das vor einem stand, sagen konnte: *ecce homo*. Auch diese Geschichte ist zusammengestückelt aus recht wenigen Fossilien, überwiegend Schädeln. Mein Kollege Chris Stringer vergleicht die Aufgabe, aus diesen quälend unzureichenden Fragmenten die Evolutionsgeschichte zu rekonstruieren, kummervoll mit dem Besuch eines abgedunkelten Theaters, in dem, nur gelegentlich und willkürlich angestrahlt, eine Legende von der Komplexität des chinesischen *Affenkönigs* aufgeführt wird. Man sieht zwar dramatische Szenen, aber wie sie zusammenpassen, ist völlig offen. Viele der entscheidenden Fossilien sind aus Afrika, und die Anthropologen sprechen von ihnen mit einer Vertrautheit, die man gewöhnlich einem alten Bekannten vorbehält. Sie reden über Broken Hill, Dschebel Irhoud oder Awash – das sind alles Schädel –, so wie man über den alten Percy in Nummer 49 oder Mrs. Jones von gegenüber spricht. Vertrautheit erzeugt in diesem Fall jedoch keine Geringschätzung, sondern Streit.

Der Streit, der Chris Stringer derzeit beschäftigt – und zwar dermaßen beschäftigt, daß ich gelegentlich höre, wie er die Namen seiner Kritiker leise vor sich hin brummt –, betrifft das Alter des *Homo sapiens*, unserer Art. Die orthodoxe Auffassung von der graduellen Transformation des *H. erectus* wird in Zweifel gezogen. Durch erneute Untersuchungen von Schädelmerkmalen sind Chris und viele seiner Kollegen zu der Überzeugung gelangt, daß eine Art, die wirklich mit uns gleichgesetzt werden kann, erst vor 40000 Jahren entstand. Diese Zahl schafft eine saubere Trennung zwischen zwei älteren Chronologien: Sie beträgt ein Zehntel der Zeit, die bisher für die Transformation von *H. erectus* in *H. sapiens* veranschlagt wurde, und ist fast genau zehnmal so groß wie das Alter der Erde, das Bischof Ussher auf der Grundlage der Heiligen Schrift errechnete – damit dürfte sie wohl die größtmögliche Zahl von Parteien gegen sich aufbringen. Der Ursprung liegt, wie die schon erwähnten bedeutenden Hominidenfunde, in Afrika. In der Folgezeit, erdgeschichtlich nur ein Augenblick, ging der moderne *Homo sapiens* über seine Heimat Afrika hinaus, um die arktischen Eiskappen, den brasilianischen Regenwald und die Wall Street zu besiedeln.

An dieser Stelle muß ich auf den Neanderthaler eingehen. Ich muß auch auf die im letzten Kapitel erwähnte große Eiszeit des Pleistozäns zurückkommen, speziell die Zeit vor 110000 bis 35000 Jahren. Denn hinter den Eisdecken lauerten Zeitgenossen des Höhlenbären und der wolligen Dickhäuter, untersetzte menschliche Gestalten, kurzbeinig, mit vorspringenden Augenbrauenwülsten und großen Nasen, Gestalten, die in kleinen Horden eng zusammenhielten. Sie besaßen Steingeräte von höchst komplizierter und erlesener Qualität; ihre Schädelkapazität war so groß oder noch größer als die des modernen Menschen, obwohl der Gehirnschädel niedrig war. Dies waren die Altmenschen, die man erstmals im Neanderthal bei Düsseldorf entdeckt hatte. Abbé Breuil fand 1909 bei La Ferrassie in der französischen Dordogne die Überreste von Menschen, die sorgfältig bestattet worden waren. Ähnliche Beispiele der Totenverehrung sorgten dafür, daß von diesen frühen Europäern mehr Fossilien überliefert sind als von den meisten Hominiden. Man hat sie während längerer Zeit erforscht als andere Fossilien der menschlichen Abstammungslinie. In einem anrührenden Fall waren dem Grab Kornblumen beigegeben. Hier handelte es sich offensichtlich um Menschen, die auf diese Weise ihre Zuneigung für ihresgleichen demonstrierten.

Als ich vor über zehn Jahren einen etwas konventionelleren Vorläufer dieses Buches schrieb, ließ ich mich von Anthropologen über den Status der Neanderthaler aufklären. Sie galten damals als eine Unterart des *Homo sapiens*, die während des größten Teils eines Hunderttausend-Jahre-Zeitraums speziell an die kühlen Verhältnisse in Europa und im Nahen Osten angepaßt war. Heute werden diese zähen Menschen vielfach als eine eigene Art betrachtet. Ihr Leben war hart; kaum ein Mann, kaum eine Frau wurde sehr viel älter als dreißig; die verheilten Brüche, die an ihren Skeletten häufig zu sehen sind, wurden nicht zu ihrem Vorteil mit denen verglichen, die erprobte Rodeoreiter davontragen. Vielleicht war ihr Leben, wie es bei Hobbes heißt, «häßlich, grausam und kurz», aber dann fallen einem die Kornblumen ein, diese kleinen rituellen Hilfsmittel, und man stellt sich vor, daß am Lagerfeuer Geschichten erzählt und Geister beschworen wurden auf eine Weise, die wir alle wiedererkennen würden. Ihr gedrungener Körperbau war unzweifelhaft eine Anpassung an die Erfordernisse einer eiskalten Zeit, und die große Nase mag ebenso dazu gedient haben, Wärme zu bewahren, wie dazu, alle möglichen Gerüche einzufangen. Vielleicht lebten sie in stolzer Unabhängigkeit weit nördlich der afrikanischen, südeuropäischen und arabischen Menschen, die uns ähnlicher sahen.

H. sapiens ist aus einer Reihe von Populationen hervorgegangen, die in der Zeit zwischen 700 000 und 125 000 Jahren vor der Gegenwart lebten. Einige davon weisen tatsächlich eine Mischung, genauer, ein

Mosaik von Merkmalen sowohl des *H. erectus* als auch des *H. sapiens* auf. Eines der berühmtesten Fossilien dieser Art ist der Schädel von Petralona; er wurde 1959 in einer Höhle bei dem Dorf entdeckt, das ihm den Namen gab, unweit Saloniki in Griechenland. Seine Schädelkapazität ist groß, doch seine Augenbrauenwülste gleichen denen eines typischen *H. erectus*. Er ist rund 220 000 Jahre alt. Aus diesen frühen Populationen ging der «archaische *Homo sapiens*» hervor, wie man ihn einmal bezeichnete und wovon fossile Überreste von rund einem Dutzend Fundorten bekannt sind, überwiegend in Afrika, aber auch in Europa und sogar im Mittleren Osten. Archaische oder Altmenschen waren es auch, die sich über ihren Heimatkontinent hinaus ausbreiteten. Derzeit neigt man dazu, die betreffenden Funde als eine eigene Art einzustufen (manche wollen sogar mehr als eine Art erkennen). Das Hickhack um die Benennung ergibt sich aus der Theorie, der zufolge alle modernen Menschen – vulgo der *Homo sapiens* – erst vor 40 000 Jahren entstanden sind. Wenn diese «Out of Africa»-Theorie stimmt, kann der moderne Mensch *per definitionem weder* mit dem älteren «Altmenschen» *noch* mit dem Neanderthaler identisch sein. Sie waren demnach verschiedene Arten. Folglich haben unsere direkten Vorfahren die Neanderthaler zur Seite geschoben und die Altmenschen verdrängt. Das kann gewaltsam geschehen sein oder auch gewaltlos; es wäre jedoch falsch, nähme man an, daß der Neanderthaler unbedingt durch Krieg ins Hintertreffen geriet, denn schon klimatische Veränderungen können ausgereicht haben, einige der Spezialisierungen des Neanderthalers überflüssig zu machen. In dem Maße, wie unsere Art sich ausbreitete, entwickelten sich neue Kulturen. Das wird deutlich durch spektakuläre Fortschritte in der Steingeräteherstellung; innerhalb weniger Jahrtausende entstanden mehr Neuerungen, als *H. erectus* und sein Nachfolger, der «archaische *sapiens*» – oder wie immer man sie nennen soll –, in den vorhergegangenen Millionen Jahren zustande gebracht hatten. Die entsprechenden «Industrien» weisen eine regionale Variation auf und zeigen deutlich die «Handschrift» des Handwerkers, der auf sein Werk stolz ist. Die besten Stücke der hochentwickelten Solutréen- oder Magdalénien-Geräte sind ebenso wohlgefällig für das Auge wie eine schöngeformte Keramik. Es gibt darunter polierte Faustkeile von makelloser Symmetrie.

Beeindruckend ist die zeitliche Koinzidenz zwischen der beschleunigten Verfeinerung der Geräte und dem «Out of Africa»-Szenario. Genetische Beweise sind in letzter Zeit hinzugekommen. Tatsächlich ist die genetische Variation zwischen den eingeborenen Völkern Afrikas größer als die zwischen allen übrigen Völkern der Welt. Das mag überraschend erscheinen, wenn man an die unübersehbaren physischen Unterschiede zwischen, sagen wir, einem australischen Ureinwohner, einem Han-Chinesen und einem irischen Rotschopf denkt. Trotzdem ist es so, und diese Variation beweist, daß die afrikanischen Populationen, die sie aufweisen, am längsten bestehen. In mancher Hinsicht sind die Bewohner der Kalahari dem, was einmal der menschliche «Wurzelstock» gewesen sein könnte, am nächsten, zumindest wenn man nach dem genetischen Wandel geht. Alle Unterschiede, die verschiedenen rassischen Typen zugeschrieben werden können, sind nur ein relativ neuer Glanz, mit dem man ein im wesentlichen gleichartiges Skelett überzogen hat. Wenn dieses «allzu feste Fleisch» (so Hamlets Seufzer) dahinschmilzt, sind wir unter der Haut wirklich Brüder. Aus der Tatsache, daß heute lebende Völker in der genetischen Struktur der Mitochondrien-DNA – diese DNA wird nur in der weiblichen Linie weitergegeben – im wesentlichen übereinstimmen, hat man gefolgert, daß *wir alle* Erbmaterial enthalten, das auf eine einzige Frau zurückgeht, und daß der evolutionäre Stammbaum in Afrika entstand.* Vielfach war von der «Mitochondrien-Eva» die Rede, aber das ist irreführend, bedeutet es doch die Abstammung von einer einzigen «Urmutter», wie in der biblischen Geschichte. Korrekter würde man sagen, daß «Evas» Gene sich dank einer Reihe glücklicher Zufälle in der weiblichen Linie über mehrere tausend Generationen erhalten haben; die Population, in der sie und ihre Nachfolgerinnen lebten, trug zur Fitness aller bei, die sie überlebt haben. Es gab, der Reihe nach, viele «Adams».

Zusammengenommen, sprechen diese unterschiedlichen Argumente recht überzeugend für eine relativ späte Entstehung unserer Art, jedenfalls, wenn man diese genau definiert. Aber die Vorstellungen über die Abstammung des Menschen, ja selbst die Namen haben sich in der Vergangenheit schon so oft geändert, von dem entscheidenden *missing link* gibt es so viele Versionen, daß es töricht wäre, anzunehmen, daran werde sich künftig nichts mehr ändern; wir können sogar fest mit Änderungen rechnen. Nichts spricht für die Annahme, wir seien heute bei einer endgültigeren Version angelangt, als es zu Zeiten Darwins, Darts oder Leakeys der Fall war. In gewisser Hinsicht hat sich der Bogen der Geschichte geschlossen. In den Anfängen der physischen Anthropologie erhielt fast jede neue Entdeckung einen eigenen

---

* Ich sollte darauf hinweisen, daß es an dem Verfahren, mit dem diese Resultate analysiert wurden, Kritik gegeben hat, und wir der definitiven Antwort entgegensehen.

Namen: *Pithecanthropus, Sinanthropus, Zinjanthropus*. Diese Namen gerieten jedoch fast in Vergessenheit, als die Entdeckungen zurückgestuft wurden zu Arten der Gattungen *Australopithecus* und *Homo*. Die Biologen sprechen gewöhnlich vom «Zusammenfassen». Jetzt hat es erneut den Anschein, als stiegen aus dem fließenden Prozeß der Menschwerdung neue Arten auf, einige davon nur wiederbelebte alte Namen, andere frisch geprägt.

Es ist heilsam, sich zu erinnern, daß die ersten Auseinandersetzungen über das Alter des Menschen sich überwiegend auf seine Artefakte stützten, etwa die in Maccagnone auf Sizilien oder im Tal der Somme gefundenen und in den 1850er Jahren mit so erlesenen Zeichnungen publizierten Steingeräte. Daß man die Artefakte in einen engen Zusammenhang mit ausgestorbenen Säugetierarten wie Mammut und Höhlenbär brachte, war wichtig für die Erkenntnis, daß die Entstehung unserer Art weit in die Vorgeschichte hineinragte. Die ersten Fossilien des Neanderthalers wurden 1857 in dem Tal gefunden, nach dem er benannt ist; der große Sir Charles Lyell bestätigte zu seiner Befriedigung 1858 ihre Echtheit. Hugh Falconer schrieb in jenem Jahr an Lyell: «Hätte ein anderer von dem menschlichen Skelett im Lößboden gesprochen, hätte ich es demselben Unfug zugeordnet wie mumifizierten Weizen, die Seeschlange und lebende Frösche rezenter Arten, die aus paläozoischen Gesteinen heraushüpfen.» Eine gewisse Skepsis war unverkennbar. Praktisch gleichzeitig mit der Entdeckung im Neandertal verbesserten so eifrige Forscher wie William Pengelly, der in der Höhle von Brixham in Devonshire arbeitete, die Verfahren der exakten Grabung unterhalb der Stalagmiten auf Höhlenböden. Die unterschiedlichen Steingeräte und die zusammen mit ihnen gefundenen Ansammlungen von Knochen dokumentierten einerseits die verstrichene Zeit und andererseits den Klimawandel. Der arme Pengelly sollte nicht die verdiente Anerkennung erfahren, da andere zu seinem Nachteil ihre eigenen Entdeckungen in den Vordergrund stellten. Charles Lyell wurde davon in Kenntnis gesetzt. 1863 schrieb er an Pengelly: «Was ich über die Hindernisse erfahre, die der Veröffentlichung der Brixham-Ergebnisse in den Weg gelegt werden, finde ich ziemlich empörend.» Ein durchaus berechtigtes Empfinden, denn hier äußerte sich – wohl der erste von vielen ähnlichen Fällen – unmenschliches Verhalten in Verbindung mit der Geschichte der Menschheit. Pengellys gründliche Untersuchung erfuhr jedoch vorbehaltlose Anerkennung in Lyells Anfang 1863 erschienenem Buch *The Geological Evidence of the Antiquity of Man* (deutsch 1874 unter dem Titel *Das Alter des Menschengeschlechts auf der Erde und der Ursprung der Arten durch*

Abänderung). Es schlug sofort bei den Lesern ein, und die erste Auflage war binnen Wochenfrist ausverkauft. Im selben Jahr erschien Thomas Henry Huxleys *Evidence as to Man's Place in Nature*. Innerhalb eines einzigen bedeutsamen Jahres behaupteten also zwei der scharfsinnigsten Denker ihrer Zeit, daß der Mensch während der Eiszeit gelebt habe – und daß er eine gemeinsame Abstammung mit den Affen habe. Die Geschichte, wie ich sie hier nacherzählt habe, war eine Rechtfertigung dieser Ansichten. Lyell konnte damals ebenso wenig wie Huxley ahnen, daß der Mensch sehr viel älter und seine Abstammung sehr viel verworrener sein sollte und daß Afrika in dieser Geschichte eine so bedeutende Rolle spielen würde. In der Zeit, in der sie schrieben, war es jedenfalls vorstellbar, daß die Entstehung unserer Art sich in der Gegend abgespielt hatte, in der heute Paris, London oder Berlin liegen. Und wer sagt uns, daß wir unsere Vorstellungen in den nächsten hundert Jahren nicht noch einmal genauso radikal werden ändern müssen?

Die ersten Funde von vorzeitlichen, anatomisch aber schon modernen Menschen wurden fünf Jahre nach dem Erscheinen von Lyells Buch gemacht, in Cro-Magnon, einer Höhle in den Felsen bei Les Eyzies in Frankreich. In einen Anzug gesteckt und ein bißchen zurechtgemacht, hätte der Cro-Magnon-Mensch an der Teetafel von Lady Smith Woodward einen passablen Gast abgegeben. Seine Sprache wäre unverständlich gewesen, doch an seiner Artzugehörigkeit hätte kein Zweifel bestanden. In Gesellschaft wäre sein Äußeres durchaus akzeptabel gewesen. Er erwies sich als Könner auf einem anderen Gebiet, durch das die Menschheit sich auszeichnet: Er konnte malen. Der Mensch als Künstler. In dunklen Winkeln von Höhlen – so bei Lascaux in der französischen Dordogne oder bei Altamira in Nordspanien – zeichneten Cro-Magnon-Menschen erlesene Bilder der Tiere, die sie heilig hielten oder jagten. Diese Umrißzeichnungen in Ocker, Holzkohle und Naturfarben zeigen Mammute, Antilopen, Büffel, Rinder, Pferde. Der Mensch selbst ist mehr als ein Symbol denn als Abbild dargestellt, eine spindeldürre Figur, ein dunkles, abgeschwächtes Schemen, weniger deutlich ausgeführt als die ihn umgebenden Tiere. Die Zeichnungen verbinden Sparsamkeit der Mittel mit Genauigkeit der Kennzeichnung auf eine Weise, die keinen Zweifel daran läßt, daß sich Freude und Verehrung in der Geschicklichkeit ihrer Ausführung vereinen. Durch Pfusch haben die Geister sich wohl nicht beschwichtigen lassen. Es sind gekonnte Zeichnungen, nicht die unsicheren Annäherungen von Kinderhand. Wenn sie an irgend etwas aus der späteren Kunstgeschichte erinnern, dann an die meisterliche Ähnlichkeit, die Picasso mit wenigen Bleistiftstrichen hinbekam. Einige der von diesen frühen Europäern dargestellten Tiere sind mit der Eiszeit des Pleistozäns verschwunden, zum Beispiel die größeren Mammute. Andere haben sich erhalten, so das Przewalski-Pferd und der Moschusochse. Wieviele unter den heutigen Kunststudenten würden es wohl schaffen, die Wesenszüge dieser Tiere mit der Sicherheit einzufangen, die die frühen Menschen vor fünfzehn- bis dreißigtausend Jahren erreichten, als sie, unbequem in der ehrfurchtsvollen Stille und den ungewissen Lichtverhältnissen einer Höhle hockend, ihre Bilder tief in das Kalkgestein ätzten?

Wenn man die Linie, die vom afrikanischen *sapiens* zum modernen Menschen führt, aufteilt und den Neanderthaler zu einer eigenen Spezies und ausgestorbenen Seitenlinie erklärt, so hat das eine eigenartige Konsequenz: Bewußtsein ist nicht mehr das alleinige Vorrecht einer einzigen Art, der unseren.

Die Geschichte des Lebens kann man sich vorstellen als ein fortgesetztes Überwinden von Schwellen, bei dem jeweils mehr Freiheit für Wachstum und Wandel entstand. Nachdem die erste Schwelle überwunden war, der Zusammenschluß sich replizierender Moleküle zu lebenden Zellen, folgte die nächste: die Zellen wirkten in Geweben und Organismen zusammen; später kam die Differenzierung in Geschlechter, die das Tempo des Wandels erhöht; dann wurde das Land besiedelt, und schließlich eroberte das Leben die Luft, die es selbst erzeugt hatte. Die letzte Schwelle ist dann jedoch das Bewußtsein, das den Geist von den Beschränkungen bloßer Zellen befreit, das es der Vorstellungskraft erlaubt, noch nie erlebte Situationen zu erkunden. Ein Ichbewußtsein und die Vernunft sind jene Merkmale, die wir gern allein dem Menschen zuschreiben. War dies ein ebensolches Artmerkmal wie das Gefieder des Fasans oder des Paradiesvogels oder die Tüpfel im Fell des Leoparden? Es liegt an der Einzigartigkeit dieser Schwelle, wenn diese eine Art in meiner Erzählung einen unverhältnismäßig großen Platz einnimmt: der Mensch als Denker, der weise Mensch.

Noam Chomsky hat gezeigt, daß alle Sprachen gemeinsame Grundstrukturen haben – die Bausteine von Babel. Sprache ist mehr als eine erlernte Fähigkeit wie das Foxtrott-Tanzen. Die Konversation an der Teetafel ist das, was den Menschen auszeichnet. Daß Sprechen und Denken sich zusammen entwickelten, ist eine ebenso vernünftige Annahme wie die, daß die symphonische Musik sich zusammen mit dem Orchester entwickelte. Die mit der Sprache befaßten Teile der Stirnlappen des Gehirns sind beim Menschen, wie zu erwarten, besonders stark entwickelt. Aber nichts wäre möglich ohne die «Technik» des Kehlkopfs und der Stimmbänder. Gehirn, Stimme und Bewußtsein gehören zusammen als eine *Gestalt* – im Geschäftsleben würde man von einem «Paket» sprechen. Die Antwort auf die Frage, ob zu dieser innovativen Zusammenarbeit auch eine unsterbliche Seele gehörte, überlasse ich den Theologen. Es ist aber nicht zu bezweifeln, daß das Gefühl der «Ichheit» zu den Dingen gehört, die unsere Art kennzeichnen. Wenn wir also den empfindungsfähigen Ureinwohner des Neandertals aussondern und zu einer anderen Art schlagen, dann entthronen wir zugleich *H. sapiens* als den einzigen Besitzer von Bewußtsein. Wenn schon der «archaische» *H. sapiens* (der jetzt vielfach als eine eigene Art, ja sogar als mehrere Arten angesehen wird) dieselben Fähigkeiten besaß, wird das Bewußtsein nur zu einem Merkmal unter anderen und seine Entwicklung zu einer graduellen Sache, wie die Fülle der Schwanzfedern der *Paradisidae*, der Paradiesvögel. Dies kann durchaus bedeuten, daß der Menschheit definitiv eine besondere Stellung innerhalb der Natur abgesprochen wird.

Auf der trostlosesten der Reisen Lemuel Gullivers ließ Dekan Swift die Besonderheiten des Menschen in zwei getrennten Verkörperungen auftreten. Die höheren Vermögen, speziell die Vernunft, waren Besitz der Houyhnhnms, von Pferden ganz außergewöhnlichen Adels, die sich in allen Dingen von der Gabe der Logik leiten ließen. Die andere Hälfte, die schmutzige Seite der Menschheit, war verkörpert in den Yahoos, haarigen, zwergenhaften, herumwuselnden Wesen von ungezügelten Neigungen. Swift hat sich unverkennbar vor diesen grausigen, nicht vertrauenswürdigen Tieren geekelt, und man wird eigentlich kaum im Zweifel darüber gelassen, daß sie seiner Meinung nach den größeren Teil der Menschheit ausmachen. Sie haben eine merkwürdige Ähnlichkeit mit gewissen Rekonstruktionen der Neandertha-ler, obwohl *Gullivers Reisen* weit mehr als hundert Jahre vor deren Entdeckung erschien. Im Englischen wird unzivilisiertes Benehmen abschätzig mit *«Yahoo»* bezeichnet, und im gleichen Sinne habe ich auch schon das Wort *«Neanderthal»* gehört. Swift trennt in seiner bifokalen Sicht der Menschheit die altruistische Seite, die angeblich von der gepriesenen Vernunft unterstützt wird, von einer dunkleren, instinkthaften Seite, die für ihn allzu oft die Oberhand gewinnt. Im 19. Jahrhundert hätte man vielleicht gesagt, die Yahoo-Seite sei eine Hinterlassenschaft unserer «Äffischkeit», unsere Houyhnhnm-Seite dagegen die jüngere Innovation, die uns aus den dunklen Verwicklungen herausholt. Gelegentlich werden Studien über die Sozialstruktur von Schimpansen und Gorillas als Beleg für die Grundlagen unseres eigenen Verhaltens und besonders unseres schlechten Benehmens angeführt, so als seien dies nicht ganz andere Arten, sondern eine Yahoo-Version unserer eigenen. Das Gekicher über die erwähnte Teestunde im Zoo wurzelte vermutlich in einer solchen Wahrnehmung. Nun, da wir über die Komplexitäten unserer Ursprünge ein wenig im Bilde sind, haben wir wahrscheinlich mehr Anlaß denn je, uns vor so einfachen Vergleichen in acht zu nehmen. Möglicherweise reichte schon der in der menschlichen Abstammungslinie eingetretene Verlust des beträchtlichen Größenunterschieds zwischen Männchen und Weibchen, um eine völlig andere Sozialstruktur hervorzurufen, als wir sie bei unseren rezenten äffischen Verwandten beobachten, bei denen die Männchen körperlich dominant sind. Unleugbar ist die Ähnlichkeit unserer Gesten, die aber keine Ähnlichkeit der Bedeutung garantiert.

Was immer es mit seinen Ursprüngen auf sich hat – *H. sapiens* hat sich in den letzten 30 000 Jahren auf der ganzen Erde ausgebreitet und sich dabei an Klimaänderungen angepaßt. Weil sie tierische Häute als Kleidung benutzten, konnten Menschen ein breiteres Spektrum von Umgebungstemperaturen vertragen als jede Tierart, die jemals gelebt hat. Von Afrika aus zogen Menschen über die Arabische Halbinsel in den Mittleren Osten und von dort nach Asien hinein. Während dieser Zerstreuung entstanden die bis heute erhalten gebliebenen äußeren Unterschiede in Hautfarbe und Körperwuchs und die subtileren, unsichtbaren Unterschiede in den Genen, auf denen die verschiedenen Menschheitsrassen beruhen. In einer der Vereisungsphasen, vermutlich vor rund 15 000 Jahren, war in den Eisdecken soviel Wasser gespeichert, daß der Meeresspiegel weltweit so tief sank, daß sich in der Beringstraße, einer eisfrei gebliebenen Region, eine Landbrücke aus dem Meer erhob. Alte Asiaten wanderten nach Alaska. Anschließend zogen diese Menschen weiter nach Süden, um die «Indianer»stämme der Prärien zu begründen, und wiederum weiter über die Landenge von Panama und noch weiter durch Amazonien, bis sie schließlich in Feuerland ankamen, wo die abgeschiedensten Menschen zäh und allein blieben, bis sie den jungen Charles Darwin auf der Reise der *Beagle* in Erstaunen versetzten. Andere Menschengruppen fanden ihren Weg durch das heutige Indonesien und Neuguinea, bis sie in Australien ankamen. Man hat sie «Aborigines» getauft, Ureinwohner – ein recht unpassender Name für Menschen, die von so weit her gekommen sind und so viel gelernt haben.

Man hat die Eigenschaften der frühen Stammesgesellschaften aus begrenzten archäologischen Funden erschlossen, ergänzt durch Vergleiche mit heutigen Stämmen, die von Sozialanthropologen beschrieben wurden. Wenn es freilich in einem ernsthaften Dokumentarfilm über einen Stamm in Amazonien heißt, er habe sich «seit der Steinzeit kaum geändert», dann ist das bloße Vermutung. Woher können wir das überhaupt wissen? Vertretbar ist allenfalls die Behauptung, daß Stammesvölker, die noch immer ein Wanderleben führen, so etwas wie ein Modell für den Zustand der Menschheit nach der ersten Zerstreuung abgeben. Man kann daher getrost behaupten, daß die Menschen ursprünglich Jäger und Sammler waren und jeder Stamm genau an seine Umgebung angepaßt war. Die Stammesmitglieder halfen sich gegenseitig, und jeder einzelne hatte eine bestimmte Funktion innerhalb einer Gemeinschaft, die häufig auf Wanderschaft war. Kenntnisse über die Eßbarkeit von Pflanzen und die Verwendung ihrer Gifte wurden durch Versuch erworben – über den zugehörigen Irrtum werden wir nie etwas erfahren; so probierte irgend jemand irgendwo eine Magnolienart aus und erklärte sie zu Tee. Die Jäger und Sammler zogen durchs Land und waren ein Teil von ihm. Mythen banden die Menschen aneinander, und Tiere und Pflanzen waren in diese Mythen einbezogen. In manchen Gesellschaften wurde das Land selbst zu einer Verlängerung des Bewußtseins, wie es Bruce Chatwin für die Bewohner des australischen Outback höchst denkwürdig in seinem Buch *Traumpfade* beschrieben hat.

Als die Eiskappen abschmolzen und der Meeresspiegel wieder stieg, waren die neuen Völker isoliert. So nahm Südamerika eine Eigenentwicklung, bis Columbus und Vasco da Gama auftauchten. Kulturelle Unterschiede wurden durch Eigentümlichkeiten des Ritus und der Sprache verfestigt. Die kulturelle Vielfalt der Menschheit entstand in den rund 10000 Jahren der Stammesdifferenzierung. Verschiedene Jagdgeräte prägten die jeweilige karnivore Lebensweise, je nach den vorhandenen jagdbaren Tieren: Blasrohre, Bumerangs, Keulen oder Harpunen. Bei allen Völkern wurden Rituale durch Musik und Tanz unterstützt, und vor der Einführung der geschriebenen Gesetze wurden die Gesellschaften durch feierliche Rituale zusammengehalten. Erst waren die Riten da, dann kamen die Rechte. Rituale in Verbindung mit der Initiation in die Mannbarkeit, mit der Jagd und mit Festtagen gibt es offenbar bei allen heutigen Stämmen, und oft haben sie eine religiöse Bedeutung angenommen. Merkwürdigerweise scheint die neurale «Verdrahtung» der Musik im Gehirn von anderen kognitiven Funktionen getrennt zu verlaufen (der schriftstellernde Psychologe Oliver Sacks hat beschrieben, daß ein Mann, der seine Frau wegen eines Hirnschadens nicht von einem Hut unterscheiden konnte, trotzdem Chopin und Scarlatti spielen konnte). Es ist doch eigentlich wunderbar, daß als eine natürliche Folge der Entwicklung der Menschheit der Hang zum Singen entstand.

Scharmützel zwischen benachbarten Stämmen gehörten vermutlich von Anfang an zum normalen Leben. Die Angehörigen der Kriegerkaste sind bis heute die bestangezogenen, die prächtigsten, am wenigsten *Yahoo*-artigen Mitglieder des Stammes. Der erstaunliche Erfindungsreichtum der Menschen wurde, fürchte ich, nicht überwiegend auf die Diskussion abstrakter Tugenden gerichtet. Wo die Menschheit sich breitmachte, starben mehrere Großtierarten aus. Ob an diesem Aussterben ein intelligenter, zweibeiniger Hominide mit einer Art beiläufiger Unersättlichkeit schuld war, ist heiß umstritten. In Neuseeland gab es einen riesigen flugunfähigen Vogel, den Moa, der zu Tausenden über die Inseln zog, als eine Art wandelndes Festmahl. Zwischen dem Eintreffen der ersten Maoris und dem Rückgang sowie der Ausrottung dieses riesigen Emus scheint ein zeitlicher Zusammenhang zu bestehen. Es sind fossile Festmähler gefunden worden. Sogleich kommt einem die unangenehme Vorstellung von Menschen in den Sinn, die sich bis zur Übersättigung gütlich getan hatten und sich trotzdem immer noch einen Vogel schnappten, bis nichts mehr in sie hineinging. Was aber war mit dem Riesenfaultier, dem Mammut oder dem Höhlenbär? Diese Tiere waren gleichfalls dem Klimawandel ausgesetzt, der zum Aussterben einer Art auf eine weniger auffällige Weise beitragen kann, indem er sie in immer entlegenere Rückzugsgebiete zurückdrängt, bis eine anfällig gewordene Population sich ein verirrtes Virus einfängt, von dem es sich nicht mehr erholt. Jedenfalls ist es genauso plausibel, daß der Klimawandel – ebenjener Wandel, der sich zeitgleich mit dem Aussterben des Neanderthalers vollzog – diese wunderbaren Geschöpfe anfällig machte. In vielen Fällen wird das Beutetier von Stammesangehörigen zugleich verehrt und verzehrt. Nordamerikas Indianer mußten sich beim Geist der von ihnen erlegten Tiere entschuldigen. Auf der Stufe der Jäger und Sammler hat die Menschheit wenn nicht in Harmonie, so doch im Gleichgewicht mit anderen Großtierarten gelebt. Aus dem Lot geriet das Verhältnis offenbar mit dem Aufkommen der Feuerwaffen. Der Auerochse, *Bos primigenius*, der wildlebende Vorläufer des Hausrinds, schon auf den Wänden von Lascaux festgehalten, überlebte bis 1627, als das letzte Exemplar in Polen erlegt worden sein soll. Man muß sich außerdem klarmachen, daß eine kleine Mammutart auf der Wrangel-Insel bis vor fünftausend Jahren überlebt hat – bis in die Zeit, zu der Menschen andernorts Pyramiden errichteten.

Manche Stämme folgten den Herden wildlebender Tiere auf ihren alljährlichen Wanderungen, wie es die Lappen bis heute tun. Die Tiere lieferten Nahrung, ihre Häute Kleidung, ja sogar Unterkunft. Doch in reicheren Weidegründen wurde die Viehhaltung erfunden. Warum den Herden hinterherziehen, wenn man sie bändigen und beschützen kann? Das geschah unabhängig voneinander in mehreren Gesellschaften, denn einige fernöstliche Gegenden domestizierten das Schwein, andere im fruchtbaren Mittleren Osten züchteten Schaf und Ziege und möglicherweise das Hausrind, während in Mittelamerika das Lama gezähmt wurde. Schweine und Rinder gehen jeweils auf eine einzige wilde Stammart zurück, von denen das Wildschwein, das Obelix der Gallier so liebte, bis heute überlebt hat. Der Stammbaum von Schafen und Ziegen ist verwickelter: Die stilleren Tiere wurden ausgewählt, die leichter lenkbaren gegenüber den eigenwilligeren bevorzugt, bis sich durch fortgesetzte menschliche Auslese nach und nach eine domestizierte Varietät entwickelte. Deshalb sind die Gazellen nie domestiziert worden; ihre feinnervige Art wird sich der Viehzucht nicht beugen. Jene Tiere, die reichlich Milch gaben oder süßeres Fleisch lieferten, wurden gegenüber ihren wilden Pendants bevorzugt. Allerdings wurde das Rind anfangs in weiten Teilen seines Verbreitungsgebiets mehr als Arbeitstier denn als Milchtier genutzt. Die Mehrheit der Han-Chinesen kann Milchprodukte bis heute nicht verdauen und findet die Vorstellung, Käse zu essen (igittigitt, *verdorbene Milch*!), ausgesprochen abstoßend. Gerade einmal tausend Jahre später, und es gab schon verschiedene Züchtungen, die sich für spezielle Zwecke oder als Weidetiere eigneten. Das Vieh war bestimmt eines der ersten unerschöpflichen Gesprächsthemen, und ich kann mir vorstellen, daß Menschen aus der Jungsteinzeit bestimmte Gebärden und das Betätscheln der Flanken der Tiere, wie es an einem Freitagmittag in einem englischen Marktflecken zu beobachten ist, sehr gut verstanden hätten.

Sogar das Houyhnhnm wurde von seinem wilden Weidegrund geholt und das Gebiß in sein weiches Maul eingeführt. Diese Tiere werden noch immer von Zureitern «zugeritten», ein Wort, in dem sowohl die Unterwerfung als auch ein Hauch von verlorenem Adel anklingt. Wer zuerst einen der letzten der «unpaarhufigen» Pflanzenfresser gezähmt hat, ist unter den Gelehrten umstritten, doch als sie im fünften Jahrhundert aus der Mongolei mit Kriegern auf dem Rücken hereingefegt kamen, war die Wirkung unzweifelhaft neuartig und verheerend.

Die Domestikation führte zu Einfriedungen – Feldern – und zu der Idee, dem Tier das Futter zu bringen, statt es in einer feindlichen Welt frei umherschweifen zu lassen. Einfriedung bedeutete auch Besitz und brachte die Idee mit sich, den Reichtum an der Menge der Rinder oder Schafe zu messen. Die Quelle des Materialismus könnte die Domestikation von Schweinen und Ziegen gewesen sein. Bei vielen afrikanischen Stämmen ist die Zahl der Rinder noch heute Maßstab für Wert und Besitz. Schafe und Ziegen wurden so zahlreich wie die Menschen. Nicht länger echte Fossilien, tauchen sie auf, wenn Abwasserleitungen verlegt oder Gärten tief umgegraben werden. Sie sind so häufig, daß das Natural History Museum in London eigens eine Karte drucken ließ, um die noch immer massenhaft eintreffenden Anfragen abzuwehren. Die Fundstücke, die zur Prüfung vorgelegt werden, sind Zähne und Knochen von Pferd, Rind, Schwein, Schaf, Ziege oder Hund.

Pflanzen wurden domestiziert zu Nutzpflanzen. Das war eine Befreiung von der Plackerei, ständig nach Nahrung zu suchen, um hier eine Beere, dort eine Wurzel zu finden. Während die Frage, ob die Verwandlung der Vorläufer des Menschen in seine moderne Form sich an einem Ort oder in einem größeren Bereich vollzogen hat, noch umstritten ist, steht außer Frage, daß 5000 bis 10 000 Jahre vor der Gegenwart in ganz verschiedenen Erdteilen mit der Züchtung verschiedener Getreidepflanzen begonnen wurde. In Südamerika wurde vor 5 000 Jahren der Mais (und daneben das Meerschweinchen) domestiziert, völlig unabhängig davon, daß rund 5 000 Jahre früher im «fruchtbaren Halbmond» zwischen Euphrat und Tigris züchtungsfähige Sorten von Weizen, Gerste und Erbsen ausgewählt wurden. Die Idee, Pflanzen zu züchten, trat in verschiedenen Gesellschaften unabhängig voneinander auf. Fossile Belege der Tier- und Pflanzenzucht in Gestalt von Knochen oder Sporen tauchen in vielen archäologischen Grabungsstätten gleichzeitig auf. In Jericho sind die Überreste von Zuchtgetreide älter als die von Haustieren. Man findet Körner von Emmer und zweizeilige Gerste. Es gibt Anhaltspunkte dafür, daß das Jagen und Sammeln bis in die Jungsteinzeit (vor 7000 Jahren) fortgesetzt wurde, während schon kleine bewässerte Felder bebaut wurden. Zu der verwickelten Vorgeschichte unserer modernen Getreidesorten gehören, wie genetische Untersuchungen gezeigt haben, die Hybridisierung ebenso wie die Verdopplung der Chromosomenzahl in jeder Zelle. Die Wildsorten findet man im Mittleren Osten bis heute. Es sind rauhe kleinwüchsige Pflanzen, und sie geben, wenn man ihre Ähren zwischen den Händen reibt, ein paar grobe eßbare Körner her. Die Geschicklichkeit, mit der die ersten Ackerbauern in einer bis dahin von der natürlichen Vielfalt dominierten Welt die künstliche Auslese einsetzten, ist bewundernswert. Das ergiebigste und wohlschmeckendste Getreide ist nämlich nicht unbedingt dasjenige, das sich unter natürlichen Bedingungen am besten behauptet. Die menschlichen Gemeinschaften ernteten durch die Züchtung von Getreidepflanzen einen gewaltigen Mehrertrag.

Haus aus Mammutknochen, etwa 20000 Jahre alt. Der Bau war vollständig unter einer Lößschicht begraben und wurde von Archäologen rekonstruiert. Meshiritsch-Fluß, Ukraine

Der Mensch teilt sein Brot mit anderen. Getreide zu mahlen, Teig zu bereiten und Brote zu backen, das ist ein erster Akt der Zivilisation. Claude Lévi-Strauss hat gezeigt, wie wichtig die Rituale der Nahrungszubereitung für den sozialen Zusammenhalt sind. Wie oft ist das Brechen und Austeilen von Brot in der Bibel der einfachste und zugleich tiefste Ausdruck von Altruismus und Zusammengehörigkeit. Ich stelle mir gern vor, daß die dünnen Gurkensandwiches, die Lady Smith Woodward Louis B. Leakey servierte, in einer kulturellen Kontinuität mit den ungesäuerten, aus grobem Mehl gebackenen Laiben standen, welche die ersten Züchter verspeisten. Ich habe ein Brot aus Emmer, einem primitiven Getreide, gekostet, das ein experimentierfreudiger Archäologe bereitet hatte. Es schmeckte nicht sonderlich gut, war eher steif und zäh, aber vermutlich besser als die schwammigen Klötze, die man in Supermärkten kriegt. Vielleicht ist es am Ende das, was wir an der Teestunde der Schimpansen so abstoßend finden: Sie teilen nicht das Brot miteinander.

Die Züchtung führte zur Seßhaftigkeit. Bei Meschiritsch in der Ukraine fand man Unterkünfte aus Mammutknochen, eine komplizierte, sorgfältig ineinander gefügte Masse von Rippen, Schenkelknochen und Wirbeln. Sie waren 15 000 Jahre alt, und sie dürften wahrscheinlich älter sein als der Ackerbau in dieser Region. Möglicherweise hat der ungewöhnliche Baustoff für ihre Dauerhaftigkeit gesorgt, denn ansonsten findet man kaum frühe Behausungen aus der Jungsteinzeit. Die Entstehung fester Dörfer ist noch immer weitgehend eine Sache der Spekulation. Was wir erkennen, ist, daß Nahrungsüberschuß zu einem strukturierten System geführt haben könnte, zu jenen unzähligen Gesellschaften, die von den Sozialanthropologen untersucht wurden und deren einzige Gemeinsamkeit darin besteht, daß sie einen Häuptling und einen Schamanen haben. Der Schamane bewahrt die Geheimnisse der Natur, indem er esoterisches Wissen hütet; achtsame Rituale unter seiner Leitung sorgen dafür, daß die Sonne aufgeht, daß es regnet oder daß die Ernte reichlich ausfällt.

Es gab weitere, auf dem Seßhaftwerden basierende Entdeckungen. Aus Ton und Stroh wurden Ziegel, aus Ziegeln Häuser. Aus in der Sonne gebackenem Ton aus Flußbetten machte man Gerätschaften. Durch Brennen des Tons erhielt man festere Töpfe; man formte Speicherkrüge, um in guten Jahren zu sparen und damit die schlechten Jahre besser zu überstehen. Nun entstand ein Füllhorn neuer Artefakte. In vielen Regionen besteht zwischen der Domestikation der Tiere und dem Aufkommen der Töpferei ein enger zeitlicher Zusammenhang. Die Bevölkerung verdoppelte und vervierfachte sich. Mehr Menschen bedeutete mehr Erfindungsreichtum; der Andrang der Erfindungen hielt mit dem Bevölkerungswachstum Schritt und ist seither nicht zum Stillstand gekommen. Das Schreiben begann auf eine höchst zweckmäßige Weise, mit dem Zählen von Linsen oder dem Backen von einem Dutzend Brotlaiben, das auf einer Tontafel festgehalten wurde. Dörfer taten sich zusammen. Alexander Pope hat es in seiner *Untersuchung des Menschen* beschrieben:

> Dieß sprach die mächtige Natur; der Mensch gelehrig, folget' ihr.
> Es wurden Städte aufgeführt, wodurch Versammlungen entstunden,
> Ein kleiner Staat erhob sich hier,
> Ein andrer dort. Die wurden bald, durch Lieb' auch durch die Furcht, verbunden,
> Da aller Absicht einerley.

Die Geschichte konnte beginnen.

13

Räder des Zufalls, Räder des Glücks

Wenn all dies endet, was ist dann vollbracht?
Obs glückt, ob nicht, die Fron läßt ihre Spur:
Die alte Unruh leere Taschen nur,
Bei Tage Eitelkeit, die Reue nachts.

W. B. Yeats

Im höhlenartigen Inneren des Excalibur Hotels in Las Vegas, Nevada, stehen Glücksspielmaschinen aufgereiht wie bunt uniformierte Soldaten beim Appell, alle einem gemeinsamen Muster gehorchend, aber doch jede ein wenig anders. Sie fordern einen heraus, sie sich näher anzusehen. Die Maschinen sind so gestaltet, daß sie der Größe von Menschen genau entsprechen. Man sitzt vor ihnen auf knapp bemessenen Hockern oder steht vor ihnen in Habachtstellung, die unergründlichen Regeln erforschend, von denen es abhängt, ob man seinen Spieleinsatz reichlich zurückbekommt. Der Gewinner streicht alles ein.

Es ist ein Tempel des Zufalls. Zwischen den Maschinen findet man Roulettetische, deren Räder kreisende Symbole der Unwägbarkeit schlechthin sind. Gespannt starren die Spieler auf das Rad, bestrebt, die Kugel allein mit ihrer Willenskraft in den numerierten Hafen ihrer Wahl zu lenken. Man kann seinen Einsatz auf unterschiedliche Weise plazieren. Am riskantesten ist es, nur auf eine Zahl zu setzen, mit der geringen Möglichkeit, riesige Gewinne einzustreichen. Wer vorsichtiger ist, kann statt dessen auf Rot oder Schwarz setzen. Egal, was Sie machen, die Bank hat den Vorteil. Zeitweilig kann man der Wahrscheinlichkeit ein Schnippchen schlagen, und manchmal reicht diese

Zeit, ein kleines Vermögen zu machen. Am Ende macht sich die Wahrscheinlichkeit aber mit der Unausweichlichkeit einer mathematischen Gewißheit geltend.

Die piepende, blinkende, schlaflose Höhle im Excalibur kennt weder Tag noch Nacht. Sie ist ständig in freilich gedämpftes elektrisches Licht getaucht. Die Höhle wird auf der Temperatur eines warmen Frühlingstages gehalten. Draußen herrschen 100 Grad Fahrenheit – für diesen Teil der Welt kein besonders heißer Tag. Ringsum erstreckt sich die Wüste von Nevada, und falls das Wasser versiegen oder der Strom abgeschaltet werden sollte, würde die Wüste sich rasch wieder durchsetzen. Die Leute würden in ihren Chevies und Kombis wegfahren, das ganze aberwitzige Gemisch aus Neon und Gips würde zerbrökkeln, und bald würden heiße Winde die Boulevards peitschen, in den verlassenen ionischen Kapitellen von Cesar's Palace und um die glitzernde nilotische Pyramide des Luxor heulen und gegen den burgartigen Betonbau des Excalibur klatschen. Dann würde vielleicht eine schüchterne Gabelantilope von den Hügeln herabkommen und auf der Suche nach lohnenden Hinterlassenschaften der abgereisten Männer und Frauen vorsichtig zwischen den Trümmern schnuppern. Eidechsen würden hervorkriechen, um sich auf den verlassenen langgestreckten Limousinen zu sonnen. Geschöpfe, denen es an Dünkel mangelt, die aber reich sind an den Qualitäten, derer es bedarf, um auch bei geringen Chancen zu überleben, würden den Strip in Besitz nehmen. Denn die Sanftmütigen werden möglicherweise nicht das Land besitzen, aber sie werden überleben.

Das Leben ist, wie jeder weiß, ein Glücksspiel. Der Zufall fördert oder verurteilt, wie es die Laune der Geschichte will. Der Vergleich mit Permutationen bei einem Glücksspiel wird seit langem auf genetische Mutationen, spontane Änderungen des genetischen Codes, angewandt. So wie die überwiegende Zahl der Glücksspieler Las Vegas mit nichts verläßt, so führen auch die meisten Mutationen zu nichts. Ihr Ergebnis ist nicht erhöhte Tüchtigkeit. Einige sind tödlich – wenn zum Beispiel ein ungeflügelter Schmetterling entsteht. Andere könnten den Mutanten benachteiligen – wenn ein neues Farbmuster zum Beispiel bei potentiellen Geschlechtspartnern keinen Anklang findet. Aber es gibt auch einige wenige Mutationen, bei denen eine vorteilhafte Kombination herauskommt, der Hauptgewinn, der Jackpot. Ihr Lohn besteht nicht in der groben Währung von Vierteldollars oder Dollars, sondern in der unwiderstehlichen Münze vieler erfolgreicher Nachkommen. Anders als bei dem Glücksspieler im Excalibur oder in Cesar's Palace, der einen großen Treffer landet, wird das Glück des erfolgreichen Gens weitergegeben, um auch künftige Generationen glücklich zu machen.

Durch die 4 Milliarden Jahre der Geschichte des Lebens habe ich nur einen von zahllosen möglichen Wegen beschritten. Ein wiederkehrendes Motiv war der mehr oder weniger glückliche Zufall. Die Tiere und Pflanzen, welche die Dinosaurier überlebten, verdankten dies nicht dem Umstand, daß sich zum entscheidenden Zeitpunkt eine geringfügige Änderung an ihren Genen vollzog. Was sie zum Überleben brauchten, hatten sie bereits – dank eines anderen glücklichen Zufalls. Kleine, warmblütige Säugetiere und Vögel überlebten zusammen mit Insekten und Magnolien die Krise am Ende der Kreidezeit, der die Dinosaurier und Ammoniten zum Opfer fielen, weil sie bereits fürs Überleben gerüstet waren, nicht weil sie in letzter Minute einen Trick erfanden. Der ganze Weg, den das Leben genommen hat, beruhte auf der Tatsache, daß einige der im Kambrium auftauchenden Tiere das Pech hatten, *nicht* zu überleben, und ihre Baupläne daher nicht an ihre Nachkommen weitergaben. Bedenken Sie auch die ständige Aufspaltung und Neuordnung der Kontinente, zu der es kommt, weil die großen Platten, aus denen sich die Landoberfläche der Erde zusammensetzt, gemächlich über die Oberfläche des wandelbaren Globus ziehen. Der Zufall, nur der Zufall bestimmt, welche Tiere wann und wo einem bestimmten Kontinent zugewiesen werden. Als die Antarktis nach dem Auseinanderbrechen von Pangäa in Richtung Südpol trieb, war ihre Fracht an Landtieren dem Untergang geweiht. Dank seltener Fossilien wissen wir, daß es dort Säugetiere gab, bevor die Eiskappen wuchsen. Zweifellos hat es dort im Laufe der Klimaverschlechterung jede Menge Mutationen gegeben, und durch einige wurden vermutlich kälteverträgliche Arten gegenüber weniger verträglichen begünstigt. Aber alles war umsonst angesichts des unerbittlichen Eises und der ewigen Winter, angesichts einer Kälte, die das Blut erstarren läßt. Dies war weit schlimmer als Las Vegas mit abgeschaltetem Wasser und Strom. Es war Pech.

Auch die Geographie kann schöpferisch sein. Als durch das Ausströmen ozeanischer Basaltlava die Insel Hawaii entstand, war sie innerhalb des jungen Pazifischen Ozeans isoliert, weit vom nächsten Kontinent entfernt. Sie war eine *tabula rasa*, auf der die Natur schreiben konnte. Fruchtbarkeit war ihr durch das Tropenklima nahezu sicher. Vulkanischer Boden ist reichhaltig und vermag alle Pflanzen, die ihn erreichen, zu ernähren. Einige schafften es. Samen schwammen herbei, von Stürmen gebracht, andere Samen, leicht wie Distelwolle, kamen mit der Brise an zarten Fallschirmen herbeigeschwebt. Schon die Entfernung sorgte für Auslese – sehr wenige Tierarten kamen wohlbehalten an. Weniger schwierig mag es für Vögel gewesen sein, die frisch ergrünte Insel zu erreichen, aber dennoch war die Zahl der Gründerarten gering. Es kann durchaus sein, daß nur sieben Insektenarten in der Lotterie gewannen. Hier aber löste der glückliche Zufall eine fieberhafte schöpferische Evolution aus, das Gegenteil der antarktischen Vernichtung. Aus den wenigen Arten, die in dieses evolutionäre Eden kamen, entstanden Dutzende von Arten. Da der Wandel nur an dem vorhandenen Material ansetzen konnte, ereigneten sich Wunder. Aus harmlosen Pollenfressern wurden räuberische Tiere; aus kleinen Insekten wurden große; es entstanden viele Arten, die auf die neuentstandene heimische Flora als Nahrungsquelle spezialisiert waren. Diese einmaligen Arten kamen nirgends außerhalb von Hawaii vor. Die Glücklichen waren unter sich, abgezäunt vom Rest der Welt.

Das Glück ist jedoch in Pech umgeschlagen, seit dank der Besiedelung durch Menschen der Kontakt zur Welt hergestellt wurde. In einer tragischen Umkehrung jener ursprünglichen Kreativität vertreiben eingeschleppte Tiere wie die Ratte die ehedem Glücklichen aus ihrem privaten Eden: das Schicksal wendet sich gegen sie.

Australien war mit seiner Fracht von Beuteltieren gleichfalls unterwegs nach Süden, und ich habe beschrieben, daß sich auch unter ihnen eine vielfältige Evolution vollzog. Das Auftauchen des Menschen im Rahmen der Zerstreuung des *Homo sapiens* fiel auch hier zusammen mit dem Rückgang einiger großer herbivorer Beuteltiere, doch den größten Schaden richtete die Gier der modernen Menschen und ihrer Katzen an. Dennoch sind nicht alle einheimischen Australier in der Konkurrenz mit der weiten Welt zu Verlierern geworden. Die verschiedenen Eukalyptusarten sind Australiens Beitrag zur weltweiten Vielfalt des Baumlebens. Es gibt große Waldbäume wie den Eisenrindenbaum, den trockenheitsresistenten glänzenden Zwergeukalyptus und die weißen Eukalyptus mit ihrer hellen Rinde – im ganzen Pflanzenreich gibt es keine größere Bandbreite der Anpassung an die verschiedensten Erfordernisse. Im Westen Argentiniens habe ich unter hohen Eukalyptusbäumen gesessen, neben denen die heimischen Akazien wie Zwerge wirkten. Eukalyptusblätter baumeln in der Sonne und wehren dadurch deren volle Glut ab. Ihre duftenden Öle helfen, die Transpiration zu verringern. Sie vertragen es sogar, wenn das Feuer glühendheiß durch ihre Lichtungen fegt; das kühle Herz der Bäume bleibt davon unberührt und schlägt wieder aus. Sie sind Welteroberer. Heute säumen sie Straßen in Andalusien, zieren sie den Campus kalifornischer Universitäten und beschatten die Plätze portugiesischer

Städte. Eine energische Bekannte wollte mir einmal einreden, der Eukalyptus sei in Portugal heimisch und von Seefahrern einst nach Australien gebracht worden, so harmonisch fügte er sich nach ihrer Überzeugung in die iberische Landschaft. Die Isolation, die sich für viele australische Beuteltiere als so verheerend erwies, als sie sich der Konkurrenz von Plazentatieren ausgesetzt sahen, war ein Glück für den Eukalyptus. Die Fähigkeiten, die diese Bäume an Bächen und toten Flußarmen erwarben, erwiesen sich andernorts als nützlich. Pflanzen und Tiere, die auf vier verwickelte Milliarden Jahre der Geschichte des Lebens zurückgehen, können wir nicht einfach mit einem Etikett versehen, auf dem wir für die einen den Untergang und für die anderen unbegrenzte Wachstumsaussichten vorhersehen. Es wird immer Überraschungen geben.

Im Unterschied zu allen Glücksspielern in Las Vegas hat das Leben nämlich selbst für sein Glück gesorgt. Jede der Innovationen, von denen meine Geschichte handelt – von den Anfängen der Photosynthese, die die Uratmosphäre in einer für «höheres» Leben günstigen Weise veränderte, bis zur Besiedlung des Festlands und schließlich der Lüfte –, beeinflußte die Aussichten und eröffnete ein neues Spiel. Eine derart bereicherte Welt ist vielleicht besser imstande, die Schleudern oder gar die Pfeile eines grausigen Schicksals zu ertragen; das Leben hat die schlimmsten Katastrophen überstanden, die der Kosmos ihm bereiten konnte: Kometen wurden geschlagen von Käfern und Krebsen. Das waren Zeiten des Massenaussterbens, in denen für kurze Zeit alle Wetten außer Kraft gesetzt waren. Zu anderen Zeiten hat das Leben Eiszeitalter, Veränderungen des Meeresspiegels und Schwankungen des Kohlendioxidgehalts der Luft überstanden. Kurz, das Leben hat Glück gehabt.

Es ist auch beileibe keine Trivialität, wenn hier zwischen der Biographie des Lebens und einer Autobiographie eine Parallele gezogen wird. Wenn ich Episoden aus meinem Leben als Forscher in die Geschichte der Biosphäre einflechte, so dient das nicht nur dem Zweck, hin und wieder für Ablenkung zu sorgen. Seit meinen Anfängen auf Spitzbergen hat der Zufall – das Glück, wenn Sie wollen – die von mir eingeschlagene Richtung mitbestimmt. Manchmal hing der gewählte Kurs von Entscheidungen ab, die fast so beliebig waren wie ein Münzwurf. So töricht es wäre, die kaum zu überschätzende Bedeutung der Gene zu leugnen, ist unser Leben doch mehr als die unerbittliche Abwicklung der Konsequenzen, die sich aus unserem Genom ergeben. Man könnte die Gene vergleichen mit einem guten (oder schlechten) Blatt beim Pokerspiel – man kann es während des

Spiels beeinflussen, doch ignorieren kann man es nie. Glück, Umwelt, Erziehung, alles trägt zur persönlichen Biographie bei: «Ob's glückt, ob nicht, die Fron läßt ihre Spur». Doch der einzelne kann auch von seiner Willensfreiheit Gebrauch machen und Entscheidungen treffen, um selbst für sein Glück zu sorgen. Ich sehe deshalb mehr als nur eine oberflächliche Ähnlichkeit zwischen unseren Biographien – mit all ihren verrückten Zufällen und Rückschlägen und Folgewidrigkeiten – und der größeren Geschichte des Lebens selbst. Was Stephen Jay Gould über die Zufälligkeiten schreibt, die die Geschichte des Lebens prägten, läuft auf die Bemerkung hinaus, daß es keine zwei Biographien von Menschen gibt, die identisch wären, und daß kein Leben sich ein zweites Mal in derselben Weise abspielen würde. Eigentlich eine Selbstverständlichkeit, denn es ist klar, daß keine Biographie ein zweites Mal durchlebt werden kann. Es gibt nur eine Erzählung. Sir Karl Popper hat darauf im *Elend des Historizismus* hingewiesen. Dennoch bleibt ein Leben ein Kompromiß zwischen dem, was einem zugeteilt wurde, und dem, was man daraus macht, vermittelt durch die Willenskraft. Die umfassendere Geschichte des Lebens auf unserem Planeten ist teils eine Geschichte des Zufalls, der Veränderungen, die der Welt durch irdische und universelle Kräfte aufgezwungen wurden, und teils eine Geschichte der Gene, und schließlich ist sie ein Ergebnis der Veränderungen, die das Leben selbst bewirkt hat, um seine Chancen zu verbessern.

Wir können uns nicht leicht einen Planeten vorstellen, der seiner Wälder beraubt wäre oder dessen Atmosphäre nach Schwefel röche oder durch ein Zuviel an Kohlendioxid erstickend wäre. Die Änderungen, die das Leben an unserem Globus vornahm, haben sich sogar auf die Erosion der Gesteine ausgewirkt. Mit Grün bedeckte Hügel wirken wie Schwämme und saugen eine Energie auf, die sonst schon im Paläozoikum die Hänge weggefressen hätte. Auch jetzt noch haben wir von der wahren Komplexität des verworrenen Lebens nur eine blasse Ahnung, vom Verständnis seiner Zusammenhänge ganz zu schweigen. Es gefällt mir, wie Goethe «der ewigen Weberin Meisterstück» beschreibt: «Wie ein Tritt tausend Fäden regt, die Schifflein hinüber herüber schießen, die Fäden sich begegnend fließen, ein Schlag tausend Verbindungen schlägt». Während ich dies schreibe, ist eine Debatte darüber im Gange, ob die Biosphäre bis tief ins Erdinnere reicht, denn angeblich sind aus Gesteinen, die durch Tiefenbohrungen geborgen wurden, lebende Bakterien gewonnen worden. Ich habe keine Ahnung, wie diese Debatte ausgehen wird, aber sie könnte «mit einem Schlag» die Sphäre des Lebens verdoppeln und nochmals zu der innigen Verflechtung zwischen dem Leben und seinem geologischen Urgrund beitragen.

Das letzte Element dieser Verflechtung ist das Bewußtsein. Die Regeln des Evolutionsspiels wurden an einem entscheidenden Punkt in der Evolution von *Homo* geändert. Bischof Berkeley hat vielleicht nicht recht mit seiner Bemerkung, daß die Welt zu existieren aufhören könnte, würde sie nicht von einem mit Bewußtsein begabten Geist betrachtet, aber es stimmt auf jeden Fall, daß die Wahrnehmung alle Regeln, die einmal unterschiedslos für die gesamte organische Evolution galten, verändert hat, weil Bewußtsein einhergeht mit Entscheidung. Im Bewußtsein kommen die Geschichtserzählung und die des einzelnen endlich zusammen. Den Entscheidungen, die die persönliche Erbschaft unserer Gene modifizieren, und den Anforderungen unserer Umwelt entspricht der Einfluß, den das Bewußtsein *insgesamt* auf die Erzählung der Zukunft ausüben könnte. Unsere Zukunft schließt die Zukunft der Welt ein. Wir haben Macht über sie, falls wir Macht über uns selbst haben könnten. Menschliches Gewissen und Bewußtsein hängen eng zusammen.

Interessanterweise sind oft militärische Metaphern benutzt worden, um zu beschreiben, was ich mir lieber als Schwellen vorstelle, die das Leben überwunden hat. In einem Dutzend verbreiteter illustrierter Bücher ist die Rede von der «Eroberung des Festlands». Wer, frage ich mich, war bei dieser Eroberung der Feind, und wer der Besiegte? Das erinnert an die von Susan Sontag erwähnten Kampfmetaphern im Krankheitsbereich: «der Kampf gegen den Krebs, der um sein Leben ringende Patient, die Schlacht gegen AIDS». Das hat einen heroischen Subtext, wie bei Theseus und seinem Ringen mit dem Minotaurus. Eines der bemerkenswerten Dinge an den wichtigen Schwellen in der Biographie des Lebens war jedoch, daß sie Erkundungen waren, Innovationen. Der «Feind» war die Herausforderung einer neuen Physiologie, nicht ein kryptischer Minotaurus. Die Metapher scheint auf Anhieb zu passen, wahrscheinlich weil der Kampf um Erfolg zur Hinterlassenschaft des klassischen Darwinismus gehört. Die Implikation ist dann: keine Veränderung ohne Herausforderung. So mag es sich beim normalen evolutionären Wandel verhalten haben (wovon einige Gelehrte nicht überzeugt sind), doch wenn Schwellen überwunden wurden, löste das Leben sich zumindest für eine Weile gänzlich vom Kampf und verlor sich in kreativen Neuerungen, wie bei den erwähnten Pionier-Insekten auf Hawaii.

Die Geschichte des Lebens insgesamt ähnelt in Form und Tempo der Geschichte des Menschen, einer einzigen Art. Ich denke an Maurice Ravels *Bolero*, der langsam und ruhig beginnt, eine lange Folge von geringfügigen Variationen über ein wiederkehrendes Thema, die nach und nach an Schwung gewinnt, von einem Instrument zum anderen übergeht, während ein Grundpuls durchgehalten wird. Dann und wann wird die Tonart gewechselt, es kommen weitere Instrumente hinzu, das Tempo und die Erregung steigern sich, bis die Instrumente sich am Ende zu einer einzigen wirbelnden und huschenden Masse verflechten. Die allmähliche Zunahme des Hirnvolumens beim Menschen hat sich über mehrere Millionen Jahre hingezogen. Die Innovation der Geräteherstellung war gewiß eine Schwelle, doch wie ähnlich sind diese Geräte einander während mehr als einer Million Jahre geblieben, langsam wechselnde Variationen über vertraute Themen. Doch die Technik hatte ihre eigene Dynamik, und die Wechselwirkungen mit einer wachsenden Bevölkerung nahmen zu, bis es plötzlich zu einer Blütezeit der Steingerätetypen, der Bauverfahren, der Domestikation von Tieren und Pflanzen kam. Die unüberschaubare Komplexität der menschlichen Gesellschaft nahm während eines erdgeschichtlichen Augenaufschlags explosionsartig zu. Ähnlich hatte sich während Jahrmilliarden die Welt der Bakterien und Algen nur langsam, fast unmerklich geändert, ein langsames, gemächliches Thema, das wiederholt und allmählich modifiziert wurde, bis der Reichtum des Lebens innerhalb der letzten 500 Millionen Jahre ums Tausendfache zunahm. Die Geschichte einer Art, derjenigen, welcher der Autor und der Leser angehören, hat ein Kapitel dieses Buches in Anspruch genommen, und doch konnte sie nur in den allgemeinsten Umrissen skizziert werden. Wollte man die Geschichte all der anderen Millionen Arten, die in dieser verwickelten und überaus fruchtbaren Biosphäre leben, in gleicher Ausführlichkeit beschreiben, müßte man, um sie zu drucken, sämtliche Bäume der Welt zu Papier verarbeiten. Und es spricht alles dafür, daß jede Art eine Geschichte hat, die es verdient, erzählt zu werden. Stellen Sie sich vor, Sie seien ein Adler, der mühelos übers Dach des Regenwaldes dahingleitet, und nach allen Himmelsrichtungen erstrecken sich, so weit Sie schauen können, die wogenden Kronen von Bäumen, die aufwärts streben ins Licht. Jeder dieser Bäume könnte für die sich verzweigende Geschichte einer heute lebenden Art stehen, und der Wald als solcher könnte ein angenähertes Bild von der Dichte der geschichtlichen Vergangenheit liefern. Wir werden niemals jedes Detail eines jeden Baumes kennen, doch wir begreifen die Vitalität des Ganzen, und es geht uns nicht so, daß wir den Wald vor lauter Bäumen nicht sehen.

Meine Erzählung endet dort, wo die Zivilisation anfängt und die Vorgeschichte allmählich in die Geschichte übergeht. Von da an gibt es historische Dokumente, bescheidene Stelen und prunkvolle Denkmäler, die von der Unmenschlichkeit des Menschen und seinem Bestreben zeugen, gottähnlich zu sein. Passenderweise sind einige der frühesten schriftlichen Zeugnisse biographischer Natur: Inschriften, die die Erfolge von Königen hinausposaunen. Die Glaubwürdigkeit eines Lebens hängt auch davon ab, welche seiner Ereignisse man auswählt, genau wie bei der Darstellung einer Zivilisation. Bei einer so unnatürlichen Auslese kann es auch zu Lügen und unabsichtlichen Täuschungen kommen; die Natur ist schon voller Tarnung, doch wir sind die erste Art, die sich selbst täuscht.

Eine Betrachtung der Geschichte des Lebens sollte vor allem Ehrfurcht erwecken. Wie Goethe sagte: «Zum Erstaunen bin ich da.» Erwünscht sind weder platte moralische Lektionen noch Homilien über geschichtliche Zyklen, die sich wiederholen müssen. Sicher ist nur, daß es immer wieder Veränderungen geben wird. Eine zusätzliche Ursache des Wandels wird zweifellos der Mensch sein. Der Unterschied zu den Hunderten von Ereignissen, die ich in dieser Biographie beschrieben habe, ist der, daß wir in der Lage sein sollten, die Folgen vorherzusehen. Hoffen wir, daß wir klug handeln. Dennoch werden Zufallsereignisse in unser Schicksal eingreifen. Es könnten Meteoriten einschlagen, es wird mit Sicherheit Klimaveränderungen geben, es könnten sich beispiellose Vorfälle ereignen.

Das Leben wird das alles verkraften.

Anhang

Danksagung

Ohne die energischen Eingriffe von Heather Godwin und die pedantischen Anmerkungen von Stuart Proffitt wäre dieses Buch nicht zu dem geworden, was es ist. Bei beiden stehe ich in tiefer Schuld. Aufrichtigen Dank schulde ich Robin Cocks und Neale Monks dafür, daß sie als wissenschaftliche Korrektoren fungiert und mich auf allerlei Fakten hingewiesen haben. Claire Mellish war so freundlich, zwei der Diagramme zu zeichnen. Chris Stringer, Theya Molleson und Robert Kruszynski danke ich besonders für anthropologische Beratung. Viele Freunde und Kollegen halfen mir durch das Bereitstellen von Illustrationen und gute Ratschläge (sie sind nicht daran schuld, wenn ich diese nicht befolgt habe): Stefan Bengtson, Per Ahlberg, Cedric Shute, Paul Cornelius, Angela Milner, Bill Schopf, John Richardson, Brian Rosen, Phil Palmer, Jerry Hooker, Giles Miller, Joyce Pope, Andrew Ross, Sally Young, Alison Longbottom, John Whittaker, Clive Jones, Richard Thomas, Peter Forey, Sandy Knapp, Charlotte Jeffery, Jeremy Young, Solene Morris, Andy Gale, Norman McLeod, Anthony Sutcliffe, Harry Taylor, Bob Bloomfield und Tracey Elliott. Ich danke der Paleontological Association für die Reproduktion eines Conodontentieres. Hamish Francis las freundlicherweise Korrektur. Schließlich danke ich meiner Familie, die mein anderthalbjähriges Exil im Abstellraum in Gesellschaft der Schlange ertrug.

Richard A. Fortey FRS

Glossar

Dies ist kein Lehrbuch, und so habe ich Fachausdrücke weitgehend gemieden oder sie an Ort und Stelle erklärt. Eine kurze Liste von einfachen und vereinfachten Definitionen mag jedoch als bündige Gedächtnishilfe von Nutzen sein.

Ammoniten – ausgestorbene Molluskengruppe mit spiraligen Gehäusen und Tentakeln, entfernt verwandt mit rezenten Tintenfischen und Nautiloiden

Amnion – eine Membran, die den sich entwickelnden Embryo umhüllt

anhydrisch – wasserfrei

Archaebacteria – primitive Bakterien, wahrscheinlich die ältesten Lebensformen auf der Erde (siehe Abb. 8)

Archaeocyathiden – eine Gruppe von schwammartigen Organismen aus dem Kambrium, bemerkenswert wegen der Bildung früher riffartiger Strukturen

Archaikum – die älteste erdgeschichtliche Periode, von der Bildung der Erde vor etwa 4,6 Milliarden Jahren bis zum Proterozoikum vor 2,4 Milliarden Jahren

Arthropode – Mitglied des großen Stammes Arthropoda, der Gliederfüßer; dazu gehören Insekten, Spinnen, Skorpione, Krabben, Garnelen und ausgestorbene Trilobiten. Das Skelett befindet sich bei diesen Tieren außen

Australopithecinen – «Affenmenschen» der Gattung *Australopithecus*, Hominiden, die unzweifelhaft mit *Homo* selbst verwandt sind

Bärlappgewächse – eine breite Klasse von Pflanzen, zu denen im Karbon auch Bäume gehörten und die heute durch moosartige Pflanzen wie den Keulenbärlapp vertreten wird

Basalt – ein dunkles, feinkörniges vulkanisches Gestein, aus dessen verschiedenen Formen ein Großteil der ozeanischen Kruste und die Ozeaninseln bestehen, zum Beispiel Hawaii

Beuteltiere – Säugetiere, die ihre Jungen in einem speziellen Beutel nähren.

Im Vergleich zu den plazentalen Säugetieren sind die Jungen bei der Geburt sehr unausgereift

Bionten – die Gesamtheit aller lebenden Organismen

Bolide – allgemeiner Begriff für große Himmelskörper

Brachiopode – eine Gruppe (ein Stamm) von Tieren, eingeschlossen in zwei Schalen, oberflächliche Ähnlichkeit mit den Muscheln, mit denen sie nicht verwandt sind

Bryozoen – eine Gruppe von koloniebildenden Tieren, die man häufig auf Steinen oder Meerespflanzen findet, bisweilen fälschlich als «Moostierchen» bezeichnet; die Individuen der Kolonie sind winzig und ernähren sich durch Herausfiltern von eßbaren Teilchen aus dem Meerwasser

Chlorophyll – für die Photosynthese verantwortliche Pigmente (das «Grün» der Pflanzen)

Coccolithen – winzige Platten, die von einzelligen Algen erzeugt wurden, ein wesentlicher Bestandteil vieler mariner Sedimente

Crinoide – eine «Seelilie», die aber gar keine Pflanze ist, sondern zu den Stachelhäutern (Echinodermen) gehört; entfernt verwandt mit Seeigeln und Seesternen

diözisch – zweihäusig; so nennt man getrenntgeschlechtliche Pflanzenarten, bei denen männliche und weibliche Organe auf verschiedenen Individuen sitzen

DNA – englische Abkürzung für Desoxyribonukleinsäure (DNS), das grundlegende Erbmolekül der lebenden Zelle, bestehend aus Nukleotiden, die in der berühmten, von Crick und Watson entdeckten Doppelhelix angeordnet sind

Echinodermen – wörtlich «Stachelhäuter». Der Stamm Echinodermata umfaßt eine Reihe von marinen Tieren, die außen Kalzitplatten tragen; Seesterne, Schlangensterne, Seeigel und Seelilien (Crinoiden) sind die bekanntesten

Einschluß – ein Bereich älterer Gesteine, der vollständig von geologisch jüngeren Schichten umgeben ist

endemisch – auf ein bestimmtes Gebiet beschränkt (das Gegenteil ist pandemisch)

Enzym – ein Zell- oder Körperprotein, das wichtige Funktionen in der Zelle einschaltet – und als Katalysator biochemischer Reaktionen wirkt

Euglena – einer der bekannteren einzelligen Protisten, mit einer peitschenartigen Geißel versehen

Eukaryonten – Organismen, deren Zellen einen abgegrenzten Zellkern besitzen, der das Erbmaterial enthält

eustatisch – eustatisch nennt man ein weltweites Ansteigen oder Sinken des Meeresspiegels

Familie (von Organismen) – eine Kategorie der Systematik, die gewöhnlich mehrere Gattungen enthält. Die Menschheit, Gattung *Homo*, gehört zum Beispiel zur Familie Hominidae, die auch die ausgestorbene Gattung *Australopithecus* umfaßt

Feuerstein – siehe Silex

Foraminifere – einzelliger Organismus (Protist), oft mit einem Skelett, das bei bestimmten Arten eine beträchtliche Größe erreichen kann

Fumarolen – Spalten in vulkanischen Gebieten, aus denen (vielfach giftige) Gase entweichen

Gattung (von Organismen) – eine Kategorie der Systematik, die gewöhnlich mehrere Arten umfaßt, die aufgrund gemeinsamer Merkmale vermuten lassen, daß sie auf einen gemeinsamen Vorfahren zurückgehen. Unsere eigene Gattung *Homo* enthält auch die ausgestorbenen Arten *H. erectus*, *H. habilis* und *H. neanderthalensis*.

Ginkgos – heute nur noch durch eine Art, ein «lebendes Fossil», vertretener Baum, im Mesozoikum aber eine vielfältige Gruppe von Sträuchern und Bäumen

Glimmerschiefer – ein metamorphes Gestein, das sich leicht in Blättchen mit schimmernder Oberfläche aufspaltet, weil es das Mineral Glimmer enthält

Golgi-Apparat – Organelle der pflanzlichen und tierischen Zelle, 1898 von Camillo Golgi entdeckt (daher der Name); ist mit der Abgabe vieler wichtiger chemischer Stoffe der Zelle befaßt, z. B. Enzyme und Hormone und Polysaccharide wie die Zellulose

herbivor – pflanzenfressend

Hominide – Mitglied der Familie der Menschenartigen, Hominidae

Hydroidea – kleine Polypen, die oft seßhaft sind und verzweigte Kolonien bilden

hydrothermal – wörtlich «Heißwasser», in Verbindung mit vulkanischer Aktivität, erzeugt Minerale, heiße Quellen und dergleichen

Invertebrata – Wirbellose, gebräuchlicher Begriff für alle Tiere außer den Wirbeltieren

Kalzit – die mineralische Form von Kalziumkarbonat, in der Natur verbreitet als Kalkgestein, aber auch in den (oft fossilisierten) Gehäusen von Weichtieren, Korallen, Brachiopoden, Trilobiten usw.

karnivor – fleischfressend

Kladistik – Verfahren, um die Verwandtschaftsverhältnisse zwischen Organismen zu ermitteln, wobei man ihre Körpermerkmale (bzw. ihren angeborenen Bauplan) benutzt, um sich verzweigende *Kladogramme* zu erstellen. Sie lassen die wichtigen Verzweigungen der Vergangenheit erkennen, bei denen neue Merkmale erworben wurden

Knorpel – aus Knorpel bestehen die Wirbel von Haifischen

Koralle – Mitglied der Gruppe der Nesseltiere (Stamm Cnidaria), das ein Skelett aus Kalziumkarbonat bildet und daher leicht fossilisiert

Kreide – ein reiner weißer Kalkstein, der überwiegend aus Coccolithen besteht. Die Kreide ist eine kreidezeitliche Gesteinsformation

Lanzettfischchen – Amphioxus, das Labortier, an dem Biologiestudenten die primitiven Merkmale von Tieren mit einer Chorda studieren; in einem sehr weiten Sinne Vorläufer der Wirbeltiere

Lebermoos – primitive, kriechende Landpflanze feuchter Standorte

Löß – eine feine sedimentäre Ablagerung, die weite Teile Zentralasiens bedeckt, einschließlich Chinas und der Steppen; eine Ansammlung von feinem Staub, großenteils glazialen Ursprungs, manchmal nur wenige tausend oder gar nur wenige hundert Jahre alt

Lysosomen – Organellen in den Zellen von Pflanzen und Tieren, die besonders mit Verdauungsenzymen befaßt sind; an zahlreichen Lebensfunktionen beteiligt, von der Verarbeitung der Nahrung bis zum Verschlingen eingedrungener Mikroben (in weißen Blutzellen)

Magdalénien – einer von mehreren Stilen der Steingeräteherstellung, die gewöhnlich nach einem typischen Fundort benannt werden

Magma – die vulkanische Schmelze, aus der beim Abkühlen magmatische und Eruptivgesteine auskristallisieren

Magnetisierung – vulkanische Gesteine nehmen, wenn sie an den mittelozeanischen Schwellen austreten, die jeweils herrschende Magnetisierung an. Diese kann entweder «normal» (d. h. wie heute) oder «umgekehrt» sein (Nordpol wird Südpol und umgekehrt). Umkehrungen des Magnetfeldes der Erde hat es vielfach gegeben, sie stellen daher eine Art Chronometer dar. Regelmäßige «Streifen» eines normalen und umgekehrten Magnetismus beiderseits von mittelozeanischen Schwellen lieferten eine wichtige Bestätigung dafür, daß von diesen Gebirgsrücken aus die Platten sich ausbreiten

Metazoen – Vielzeller, Tiere, die aus Geweben mit unterschiedlichen Funktionen bestehen

Mitochondrien – Organellen, die zumeist wurstförmig sind und in eukaryotischen Tier- und Pflanzenzellen die Enzyme enthalten, die für die aerobe (Sauerstoff-) Atmung verantwortlich sind

Mollusk – Weichtier, Mitglied des Stammes Mollusca, darunter Schnecken, Muscheln, Tintenfische, Nautiloiden und die ausgestorbenen Ammoniten

Nautiloiden – schwimmende marine Weichtiere mit einer eingerollten, gekammerten Schale, in der rezenten Fauna vertreten durch den perlenfarbigen *Nautilus* (So nannte Jules Verne Kapitän Nemos Unterseeboot in *20000 Meilen unter dem Meer)*

Nematoden – Mitglieder des Stammes Nematoda (Fadenwürmer) – unsegmentierte Würmer, die meisten klein, einige davon parasitisch

Neolithikum – siehe Paläolitikum

Organelle – ein membranumhüllter Körper innerhalb von Zellen; es gibt davon mehrere Arten mit jeweils spezifischer Funktion; Chloroplasten sind zum Beispiel entscheidend an der Photosynthese beteiligt

Paläolithikum – Altsteinzeit, bezogen auf Stile von Feuerstein- und anderen Geräten, einsetzend vor rund 1,5 Millionen Jahren; typisch für das Neolithikum, die Jungsteinzeit, sind hochentwickelte Steingeräte, generell ab 10000 Jahre vor der Gegenwart bis zum Beginn der Bronzezeit; vielfach wird zwischen beiden noch das Mesolithikum, die Mittelsteinzeit, unterschieden

Palmfarne – eine Gruppe von Sträuchern und Bäumen, äußerlich an Palmen erinnernd, besonders wichtig während des Mesozoikums, aber auch heute noch recht zahlreich, besonders in der südlichen Hemisphäre

Pangäa – der Superkontinent der Perm- und Triaszeit

Phosphate – Verbindungen der Elemente Phosphor und Sauerstoff, an vielen wichtigen chemischen Reaktionen in der Zelle beteiligt

Photosynthese – der Lebensprozeß, durch den atmosphärisches Kohlendioxid in seine Bestandteile zerlegt wird, wobei der Kohlenstoff als Zellbaustoff dient, während der Sauerstoff an die Atmosphäre abgegeben wird

Polyp – das Nahrung aufnehmende Individuum von Korallen und ihren

Verwandten, bei denen der Mund von einem Ring von Tentakeln umgeben ist (die freischwimmende Qualle nennt man «Meduse»)

Productiden – Riesenart von Brachiopoden, sehr häufig im Karbon

Prokaryonten – «Bakterien» ohne einen abgegrenzten Zellkern

Proteine – die elementaren (organischen) Substanzen des Lebens. Ihre Moleküle sind lange Ketten von aneinandergefügten Aminosäuren

Protist – allgemeiner Begriff für einen einzelligen Organismus, der größer und höher organisiert ist als ein Bakterium. Früher war die Bezeichnung «Protozoen» gebräuchlich, was unnötigerweise implizierte, daß es sich um Tiere handelt. Heute werden den Protisten sehr ausgeprägte, unterschiedliche Gruppen von Organismen zugeordnet, die sich nah an der Basis des Stammbaums des Lebens befinden

Protoplasma – das zähflüssige, farblose Material im Inneren einer Zelle

Pyrit – Schwefelkies, ein Eisensulfid, eine Verbindung der Elemente Eisen und Schwefel, sehr häufiges Mineral

Quarz – Siliziumdioxid, eine der häufigsten Substanzen in der Natur, uns vertraut als goldener Sand, von Schwämmen und Radiolarien als Skelettmaterial benutzt

Radiolarien – winzige einzellige Organismen mit schönen, zarten Schalen aus Kieselsäure

Regression – besonders marine Regression, «Rückzug» des Meeres von den Kontinenten, oft infolge eines eustatischen Einflusses

Respiration – Atmung im allgemeinsten Sinne, bei der Tiere Sauerstoff verwenden (aerobe Atmung)

rezent – heute lebend, Gegenteil von fossil

RNA – engl. Abkürzung für Ribonukleinsäure (RNS), die Substanz, die in der Zelle für die Synthese wichtiger Proteine verantwortlich ist. Ribosomale RNA funktioniert in den Organellen, die wir als Ribosomen bezeichnen

Schieferton – ein feinkörniges Sedimentgestein, das leicht in dünne Platten zersplittert

Schild – z. B. Kanadischer Schild – uralter, oft auf das Archaikum zurückgehender «Kern» von heutigen Kontinenten

Schlangensterne – eine Klasse der Stachelhäuter (Echinodermen), mit sehr schlanken, biegsamen Armen, oft in großer Zahl auf dem Boden der Tiefsee

Schwamm – primitiver mariner Organismus mit eher locker gebauten Geweben, Mitglied des Stammes Porifera. Der Badeschwamm ist nur der bekannteste von einer sehr alten und artenreichen Gruppe von Organismen

Sedimentgesteine – Gesteine, die aus Ablagerungen entstanden sind, gewöhnlich unter See- oder Süßwasser; aber auch angewehte Ablagerungen führen zu Sedimentgesteinen. Ton ist, ungeachtet seiner Plastizität, ein Sedimentgestein

Seelilien – elegante, oft gestielte Echinodermen, deren Arme der Nahrungsgewinnung dienen; Tiere ungeachtet ihres Namens, der von ihrer oberflächlichen Ähnlichkeit mit Tulpen herrührt

Sequenzierung – das Verfahren, mit dem die Reihenfolge von Nukleotiden auf Genen ermittelt wird

Silex – Hornstein, ein hartes Sedimentgestein aus Quarz (siehe dort), aus dem Steingeräte hergestellt wurden und in dem sich bemerkenswerte Fossilien vom Präkambrium an erhalten haben. Feuerstein (Flint) ist eine reine Art von Silex aus der Kreide

Spektrum – Licht von unterschiedlichen Wellenlängen, das für die einzelnen chemischen Elemente charakteristisch ist

Stromatolith – Gebilde aus feinen Schichten, gebildet aus Matten von Cyanobakterien und typisch für präkambrische kalkige Sedimentgesteine. Rezente Stromatolithen entstehen heute an wenigen geschützten marinen Orten

Stromatoporenfauna – eine Gruppe von Schwämmen bzw. schwammartigen Organismen, die im Paläozoikum einen wesentlichen Teil der Riffe bilden, in Gestalt niedriger Wälle und Krusten

Subduktion – in der Plattentektonik der Prozeß, durch den ozeanische Platten an den Rändern von Kontinenten (Subduktionszonen) verschwinden; diese Gebiete sind gekennzeichnet durch Ozeangräben, und natürlich besteht ein enger Zusammenhang mit Erdbeben und vulkanischer Aktivität

Symbiose – wörtlich «Zusammen-leben», die enge Verbindung zweier Organismen verschiedener Art zum beiderseitigen Vorteil

tetrapod – «vierfüßig», ein Begriff zur Bezeichnung der Landwirbeltiere und ihrer Abkömmlinge

Transgression – speziell marine Transgression, die Überflutung von Festlandsteilen während eines Anstiegs des Meeresspiegels, oft aufgrund eines eustatischen Einflusses

Trilobit – Mitglied einer ausgestorbenen Klasse der Gliedertiere, mit hartem Außenskelett aus Kalzit (Kalziumkarbonat)

Vertebrata – Wirbeltiere, Tierstamm, der die Klassen der Fische, Lurche, Kriechtiere, Vögel und Säuger umfaßt, wichtigstes Merkmal ist der Besitz von Knochen (die auch die namengebende «Wirbelsäule» bilden)

Zellulose – verstärkendes Material in den Zellwänden von Pflanzen; Zellulosemoleküle sind lange, unverzweigte Ketten (Polysaccharide), zusammengefaßt zu Bündeln, worauf ihre Stärke beruht

Abbildungsnachweis

Sämtliche Abbildungen von Richard Fortey, mit Ausnahme der Photographien auf S. 71 (Photo von M. K. Howarth), S. 237 (Photo von C. P. Palmer), S. 356 (Photo von Dr. Jörg Habersetzer, aus: Du Pont Kalender 1988 mit freundlicher Genehmigung von Du Pont de Nemours), S. 369 (Wissenschaftskolleg, Leningrad).

Register

Anzeigen